使我们事倍功半的常是一些因情绪错乱而造成的芝麻小事……无数事实均证明了这样的一个道理：拥有一个好情绪，方能拥有一个快乐的人生。

不抱怨

不生气 不失控

—— 宿文渊 编著 ——

汕头大学出版社

图书在版编目（CIP）数据

不抱怨　不生气　不失控 / 宿文渊编著. — 汕头：
汕头大学出版社，2016.9
　ISBN 978 - 7 - 5658 - 2778 - 5

　Ⅰ．①不… Ⅱ．①宿… Ⅲ．①情绪 - 自我控制 - 通俗
读物 Ⅳ．①B842.6 - 49

　中国版本图书馆 CIP 数据核字（2016）第 221387 号

不抱怨　不生气　不失控　　　　　BUBAOYUAN BUSHENGQI BUSHIKONG

编　　著：宿文渊
责任编辑：任　维
责任技编：黄东生
装帧设计：松雪图文　王　进
印刷监制：高　峰　苏画眉
出版发行：汕头大学出版社
　　　　　广东省汕头市大学路 243 号汕头大学校园内　　邮政编码：515063
电　　话：0754 - 82904613
印　　刷：北京世纪雨田印刷有限公司
开　　本：889mm × 1194mm　1/16
印　　张：27.5
字　　数：720 千字
版　　次：2016 年 9 月第 1 版
印　　次：2016 年 9 月第 1 次印刷
定　　价：59.00 元
ISBN 978 - 7 - 5658 - 2778 - 5

发行/广州发行中心　　通讯邮购地址/广州市越秀区水荫路 56 号 3 栋 9A 室　　邮政编码/510075
电话/020 - 37613848　　传真/020 - 37637050

前　言

不抱怨是获得幸福生活的秘密所在。"对过去不悔，对现在不烦，对未来不忧。"远离抱怨能够让我们幸福、快乐地生活。在无法得到自己想要的东西时，与其耿耿于怀，不如放下心结，整装待发，为下一次的奋斗做好准备。当我们抱怨时，其实是在不断强调我们不想要的人、事、物，但最终这些糟粕不会因抱怨而消失，他们还是会挥之不去，围绕在我们身边。不抱怨是一种大智慧，它是最有效的吸引力法则，不抱怨的人是最受欢迎的人，没有人喜欢喋喋不休的抱怨者。一味地抱怨，使人丧失的不只是面对生活的勇气，还有身边的朋友。爱抱怨也是影响人的职业生涯的因素之一。职场上永无休止的抱怨，只会让人失去奋斗的激情，且让他人敬而远之。荀子说："自知者不怨人，知命者不怨天，怨人者穷，怨天者无志。"因此，我们应该学会感恩生活，远离抱怨。人类的烦恼起源于困难本身，但让烦恼得以延续下去的却是抱怨。心理学家研究发现，人们所有的消极情绪和负面情绪不断滋长的根源就在于抱怨。当出现问题或者面对困境时，大多数人会习惯性地先推卸责任，去指责和抱怨他人。对于抱怨，17 世纪的西班牙思想家、哲学家葛拉西安告诫人们："藏起你受伤的手指，否则它会四处碰壁。"抱怨也许是一贴心灵的镇痛剂，能暂时缓解失败的痛苦，但却不能从根本上解决问题，它只会在你的痛觉苏醒的时候让你的痛感更加强烈。久而久之，抱怨就成了难以戒掉的鸦片。一个人的心态决定了他的行为和语言，同样，一个人的行为和语言也折射了他的心态，越是绝少抱怨、积极进取的人将越成功，越是怨天尤人、失意颓废的人将越失败。

不生气是成就卓越人生的大智慧。生活中，我们往往会为了一些人和事而生气：当我们工作不顺心的时候，我们会生气；当我们被别人误解的时候，我们会生气；当我们看到不顺眼的做法的时候，我们会生气。此外还会为塞车、为天气、为别人的态度、为自己的遭遇等生出种种怒气、闷气、闲气、怨气、窝囊气，仿佛我们的人生总有生不完的气。然而生了气之后，问题就消失了吗？不，生的气越大，局面反而会更加恶化，甚至一发不可收拾。同样，因生活遭受磨难而生气的人，只会每天愁眉不展，更加穷困潦倒；因得不到升迁和重用而生气的人，只会牢骚满腹，惹得人人侧目，以致完全失去被扶起来的可能性；因与别人话不投机而生气的人，气的是自己，伤的同样是自己。生气让我们在工作、生活和待人接物上损失极大，不仅让我们变得烦躁，而且使我们的心胸越来越狭窄。我们生活的质量取决于我们对生活是否有平和的态度，而生气浪费了我们最宝贵的资本。生气不但无助于问题的解决，还扰乱我们的心境，恶化我们的人际关系，破坏我们的人生幸福。更为严重的是，生气还是摧残身体健康的罪魁祸首，会加速我们的衰老。中国人常说："别动气，动气就损了精气；别生气，生气就坏了元气；别斗气，斗气就伤了和气；宜忍气，忍气便能神气。"其实，一切情绪都来源于我们自身，要知道，我们自己是一切情绪的创造者，没有你的同意谁也别想让你生气。因此，与其拿别人的错误来惩罚自己，还不如给别人台阶下，一笑了事罢了。这样，既不伤害自己的身体，又能保持良好的心境和人际关系，何乐而不为呢？我们虽然不能做到无贪无嗔无痴，但是我们可以做到不生气。在人生低谷时奋起，在痛苦时不去计较，在愤怒时选择冷静，在执迷时敢于放弃，用感恩的心看待世界，这样我们就能远离生气，不再让生气损害我们的身心，而以积极健康的心态面对人生。

　　不失控是有效表达自己的最佳状态。性格好了，运气来了；情绪好了，福气来了。我们每天都在经历各种各样的事情，以及这些事情给我们带来的诸多感受：时而冷静，时而冲动；时而精神焕发，时而委靡不振。有时可以理智地去思考，有时又会失去控制地暴跳如雷；有时觉得生活充满了甜蜜和幸福，而有时又感觉生活是那么的无味和沉闷。这就是情绪在作怪，它存在于每个人的心中，而且在不同的时期、不同的场合产生奇妙的效果。你是否也有过这样的体验：心情好的时候，看什么东西都顺眼，就连原来不喜欢的人也有了几分好感，对原来看不惯的事也觉得有了几分道理；而心情不好的时候，面对再美味的佳肴也难以下咽，再美丽的风景也视若无睹。情绪的影响力可见一斑，而成功和快乐总是属于那些能做情绪的主人的人。卓越的成功者活得充实、自信、快乐，平庸的失败者过得空虚、窘迫、颓废。究其原因，仅仅是因为这两类人控制情绪的能力不同。善于控制自己的情绪的人，能在绝望的时候看到希望，能在黑暗的时候看到光明，所以他们心中永远燃烧着激情和乐观的火焰，永远拥有积极向上、不断奋斗的动力；而失败者并不是真的像他们所抱怨的那样缺少机会，或者是资历浅薄，甚至是上天不公。其实，大多数失败者失意时总是一味地抱怨而不思东山再起，落后时不想奋起直追，消沉时只会借酒消愁，得意时却又忘乎所以。他们之所以失败，就是因为他们没有很好地掌控自己的情绪。

目 录

上篇 不抱怨——心态好了，运气来了

中篇　不生气——脾气好了，福气来了

下篇 不失控——情绪好了，人气来了

上篇

不抱怨

——心态好了，运气来了

第一章　别让抱怨摧毁了你的生活

终结抱怨，接受21天的挑战

你对你的现状如何评价？你觉得你的生活幸福吗？你认为你是快乐的吗？你研究过不快乐的人吗？他们为什么会不快乐，你找到答案了吗？

让我们来告诉你：幸福的人生就是不抱怨的人生，快乐的世界就是不抱怨的世界。

尽管我们在抱怨的时候能够尝到一定的甜头：你可能因为抱怨身体不舒服而不用参加社会活动；你可能因为抱怨自己的怀才不遇而获得过别人的同情；你甚至可能因为抱怨公交车太挤而让别人对你的迟到表示谅解……可是，当你为了那一些甜头沾沾自喜的时候，你会发现，原来自己已经变成了一个爱抱怨的人，身边的任何一件小事，都可能引发你的不满情绪。

由于习惯了抱怨，你总是关注于生活中最不好的那一面，于是你会变得越来越悲观失落，你的生活也将被阴霾填满。果真要这样吗？难道你不想改变自己的生活吗？那就赶快加入"不抱怨运动"，接受21天的挑战吧！

美国的心灵导师威尔·鲍温与他的同事们一起，组织了这场构建"不抱怨的世界"的活动，他们把这种鼓励人们放下抱怨、用健康的心态面对生活的运动，称之为"紫手环的力量"。它的具体环节是这样的：

（1）首先订制一枚紫手环，将它带在你的手腕上。

（2）如果你发现自己说了抱怨他人的话，这其中也包括对别人的批评和指责、向别人诉苦、说自己身体的某个部位不舒服等等，一旦发现你说出了这样的话，就要将紫手环移至另一只手的手腕上。

（3）你也可以让身边的人对你进行监督。如果别人发现你说出了抱怨的话，对你进行了指正，那么你就必须将紫手环再挪回另一只手上重新开始。当然，如果对方也带着紫手环，那么在他提醒你的那一刻，他也必须将紫手环换手，因为他在指出你的错误的时候，也算是一种抱怨。

（4）坚持做下去。尽管活动的计划是21天内不抱怨就算是成功了，可是通常情况下是不可能在一个月之内完成的。因为抱怨总是纠缠着我们，所以如果没有恒心和毅力，我们是没有办法将这样的活动进行到底的。

（5）心态要放轻松。不要因为参加了这样的活动，就对什么事情都变得小心翼翼了。因为不抱怨并不是你不说出来就算做到了，而是要杜绝抱怨的念头。从心态上改变自己的想法。所以，在这个过程中，你的世界观和价值观也会跟着变化。

当然，如果你已经意识到了抱怨的坏处，并且希望加入这样的活动，接受21天的挑战，那么你完全不必等着订制紫手环，因为那不过是一种象征，你可以用身边的橡皮筋、硬币等物品代替它。

只要你有加入"不抱怨"的活动，有接受这样的挑战，即使是没有成功，你也会从中了解到：我们几乎每天都在抱怨，而杜绝抱怨却是那么的难。一旦你成功了，你就会发现，原来我们一直用抱怨的眼光看世界，而忽略了它很多的美好。当我们杜绝了抱怨的时候，身边的世界就会变得多彩而充满欢乐了。

抱怨是世界上最没有价值的语言

今天抱怨这个，明天抱怨那个，仿佛一刻不说抱怨的话，我们就感受不到心里的平衡。可是只是一味地去抱怨，对于改善处境没有丝毫益处，只有先静下心来分析自己，并下定决心去改变它，付诸行动，它才能向你所希望的方向发展。一分耕耘，一分收获，不要企望在抱怨或感叹中取得进步，事情的进展是你的行为直接作用的结果。事在人为，只要你去努力争取，梦想终能成真。

画家列宾和他的朋友在雪后去散步，他的朋友瞥见路边有一片污渍，显然是狗留下来的尿迹，就顺便用靴尖挑起雪和泥土把它覆盖了，没想到列宾发现时却生气了，他说："几天来我总是到这来欣赏这一片美丽的琥珀色。"在我们的生活中，当我们老是埋怨别人给我们带来不快，或抱怨生活不如意时，想想那片狗留下的尿迹，其实，它是"污渍"，还是"一片美丽的琥珀色"，都取决于你自己的心态。

不要抱怨你的工作不好，不要抱怨你住在破宿舍里，不要抱怨你的男人穷或你的女人丑，不要抱怨你没有一个好爸爸，不要抱怨你空怀一身绝技没人赏识你，现实有太多的不如意，就算生活给你的是垃圾，你同样能把垃圾踩在脚底下，登上世界之巅。

孔雀向王后朱诺抱怨。它说："王后陛下，我不是无理取闹来诉说，您赐给我的歌喉，没有任何人喜欢听，可您看那黄莺小精灵，唱出的歌声婉转，它独占春光，风头出尽。"

朱诺听到如此言语，严厉地批评道："你赶紧住嘴，嫉妒的鸟儿，你看你脖子四周，如一条七彩丝带。当你行走时，舒展的华丽羽毛，出现在人们面前，就好像色彩斑斓的珠宝。你是如此美丽，你难道好意思去嫉妒黄莺的歌声吗？和你相比，这世界上没有任何一种鸟能像你这样受到别人的喜爱。一种动物不可能具备世界上所有动物的优点。我们赐给大家不同的天赋，有的天生长得高大威猛；有的如鹰一样的勇敢，鹊一样的敏捷；乌鸦则有可以预告未来之声。大家彼此相融，各司其职。所以我奉劝你停止抱怨，不然的话，作为惩罚，你将失去你美丽的羽毛。"

抱怨对事情没有一点帮助，与其不停地抱怨，不如把力气用于行动。

抱怨的人不见得不善良，但常不受欢迎。抱怨的人认为自己经历了世上最大的不平，但他忘记了听他抱怨的人也可能同样经历了这些，只是心态不同，感受不同。

宽容地讲，抱怨实属人之常情。然而抱怨之所以不可取在于：抱怨等于往自己的鞋里倒水，只会使以后的路更难走。抱怨的人在抱怨之后不仅让别人感到难过，自己的心情也往往更糟，心头的怨气不但没有减少，反而更多了。常言道：放下就是快乐。与其抱怨，不如将其放下，用超然豁达的心态去面对一切，这样迎来的将是一番新的景象。

天下有很多东西是毫无价值的，抱怨就是其中一种。

抱怨往往来自心理暗示

暗示是一种奇妙的心理现象，暗示又可分为他暗示与自我暗示两种形式。他暗示从某种意义上说可以称之为预言，虽然它对我们的生活也起一定作用，但却不及自我暗示的力量大。

自我暗示就是自己对自己的暗示。所有为自我提供的刺激，一旦进入了人的内心世界，都可称之为自我暗示。自我暗示是思想意识与外部行动两者之间沟通的媒介。它还是一种启示、提醒和指令，它会告诉你注意什么、追求什么、致力于什么和怎样行动，因而它能支配影响你的行为。这是每个人都拥有的一个看不见的法宝。

自有人类以来，不知有多少思想家、传教士和教育者都已经一再强调不抱怨的重要性。但他们都没有明确指出：不抱怨其实也是一种心理状态，是一种可以用自我暗示诱导和修炼出来的积极的心理状态。

成功始于觉醒，心态决定命运。这是当今时代的伟大发现，是成功心理学的卓越贡献。成功心理、积极心态的核心就是自我主动意识，或者称作积极的自我意识，而这种意识的来源和成果就是经常在心理上进行积极的自我暗示。反之也一样，消极心态、自卑意识，就是经常在心理上暗示，不同的心理暗示也是形成不同的意识与心态的根源。所以说心态决定命运，正是以心理暗示决定行为这个事实为依据的。

不同的心理暗示，会给你带来不同的情绪。

我们多数人的生活境遇，既不是一无所有、一切糟糕，也不是什么都好、事事如意。这种一般的境遇相当于"半杯咖啡"。你面对这半杯咖啡，心里会产生什么念头呢？消极的自我暗示是为少了半杯而不高兴，情绪消沉；而积极的自我暗示是庆幸自己已经获得了半杯咖啡，那就好好享用，因而情绪振作、行动积极。

由此可见，心理暗示这个法宝有积极的一面也有消极的一面，不同的心理暗示必然会有不同的选择与行为，而不同的选择与行为必然会有不同的结果。有人曾说："一切的成就，一切的财富，都始于一个意念。"我们还可以再说得浅显全面一些：你习惯于在心理上进行什么样的自我暗示，就是你贫与富、成与败的根本原因。因而，我们一直强调，发展积极心态、取得成功的主要途径是：坚持在心理上进行积极的自我暗示，去做那些你想做而又怕做的事情，尤其要把羞于自我表现、惧于与人交际的心理改变为敢于自我表现、乐于与人交际的心理。

每个人都带着一个看不见的法宝。这个法宝具有两种不同的作用，这两种不同的力量都很神奇。它会让你鼓起信心勇气，抓住机遇，采取行动，去获得财富、成就、健康和幸福；也会让你排斥和失去这些极为宝贵的东西。

这个法宝的两面就是两种截然不同的心理上的自我暗示，关键就在于你选择哪一面，经常使用哪一面了。

一个人的心理暗示是怎样的，他就会真的变成那样。如果经常给自己一些对现状不满的心理暗示，自然会产生抱怨。所以，我们要调动自己的情绪心理，充分利用积极的心理暗示。让自己从内心中剔除抱怨，不断地给自己激励与鼓舞的正面暗示，你才能感受到精神与行动的统一，才能感受到在不抱怨的世界里，那股来自宇宙间的神奇力量。

怨天尤人不如改变心态

电视剧《好想好想谈恋爱》中有这样一段，女主人公谭艾琳和男朋友伍岳峰分手之后，巨大的伤痛让她几乎崩溃，她将自己所有的情绪都用来抱怨：

"你现在打死伍岳峰他也不会明白，其实最受损失的是他，而不是我。我是他生命中唯一的一次爱情机会，他错失了，他以后再也没有机会了，他以为他的天底下有几个谭艾琳？他真是有眼无珠，他以后只有哭的份儿了，这就叫过了这村就没这店了，他肠子都得悔青了。

"有的男人对我来说重如泰山，有的轻如鸿毛。伍岳峰就是鸿毛。我像扔个酒瓶似的把他彻底打碎了，他根本不懂女人，离开他是我的幸运和解脱，他将永远处处碰壁，对，碰壁，碰得头破血流。而我经过历练，炉火纯青，笑到最后的是我。他完蛋了，他会一蹶不振，追悔莫及，太好了。"

诸如此类的抱怨她几乎如同潮水一样的倾倒给自己所有的朋友，直到有一天，朋友实在忍受不住她的抱怨："你已经唠叨了一个星期了。说实话我听得已经有点儿头晕耳鸣了，再听下去我会疯掉的。"于是，在之后的日子中，她与同样失恋的男人章月明一起倾诉彼此的不幸，在章月明的不断抱怨中，谭艾琳自己渐渐开始沉默，直到有一天她也听够了大喊道："别说了，太无聊了，一个男人或一个女人一辈子愤怒的是爱情，谩骂的是爱情，得意的是爱情，沮丧的还是爱情，一辈子就忙活爱情吗？你别再跟我唠叨了，我受够了。别人没有义务承担你感情的后果，这是你应该自己解决的问题，你爱一个人就是愿打愿挨的事，没有人逼你，知道吗？敢做就得敢当。"

的确，就像谭艾琳那样，当自己不断地抱怨的时候，自己对于已经成为别人眼中的"怨妇"毫无知觉，可当看到另一个人如同自己一样整天抱怨的时候，这时候才会突然觉醒，原来自己竟是如此可怜、可悲，在别人的事情中看到了自己的影子，也可能会突然觉得如此的抱怨多么的令人厌倦。

生活中，我们常常以为自己通过抱怨可以博得别人的同情，但就像鲁迅笔下的祥林嫂一样，不幸的事情在别人的耳朵里已经长茧，当初的同情也可能化成嘲笑，最终成为别人茶余饭后的笑柄。而对于我们每一个人来说，遇到不幸的事情，抱怨根本不能让失去的东西重新回来，反而更加影响自己的生活，失去的越来越多。

当一个人开始抱怨的时候，他能想到的只是自己当初如何的不幸，才造成如今的结果，越想越伤心，越想越生气，当这种情绪不断蔓延的时候，根本没有心情去做别的事情。比如当抱怨自己的生活条件不佳，不仅不能为改善你的生活起到任何作用，反而影响到你为自己创造更好条件的机会和时间，如果说将抱怨的时间用来努力想办法改善自己的生活条件的话，那么很可能当初和自己条件相当的人在一年之后仍然在抱怨，而自己却已经在咖啡厅里悠闲地享受生活了。所以说抱怨远远不如调整好自己的状态，努力地改变现状，这样更容易使自己摆脱困境。

虽然有时候我们常常会因为遇到了困难而暴躁不安，可是苦难不会因为你的暴躁而消失。所以，当我们苦闷的时候可以尝试着放松心情，暗示自己这是很正常的事情，没有什么大不了的。可以适当地倾诉，但是不能一直沉浸在不幸的事情上。充满信心，昂首挺胸地迎接生活的挑战才是打好胜仗的前提条件。人生处处都有希望，只要你想去做，尽力做，就能做得更好。

内心足够强大，生命就会屹立不倒

在每个人的生命中，每一年都会发生各种各样的事情，或大喜或大悲，无论如何，这些事情就像我们生命中的坐标一样，它们或深或浅或明媚或黯淡的色调，构成了我们的人生画卷。

尽管在人生的岁月里，起伏不定常常带给人们不安全感。所以，人们常常抱怨磨难，抱怨那些让我们的生活变得艰苦的事情，抱怨那些让我们的内心承受煎熬的经历。可是，人们在抱怨的时候并没有想到，这些磨难就像烈火，我们只有经过锤炼，才能变得更加坚韧、更加刚强。

德国有一位名叫班纳德的人，在风风雨雨的 50 年间，他遭受了 200 多次磨难的洗礼，成为世界上最倒霉的人，但这些也使他成为世界上最坚强的人。

他出生后的第 14 个月，摔伤了后背；之后又从楼梯上掉下来，摔残了一只脚；再后来爬树时又摔伤了四肢；一次骑车时，忽然不知从何处刮来一阵大风，把他吹了个人仰车翻，膝盖又受了重伤；13 岁时掉进了下水道，差点窒息；一辆汽车失控，把他的头撞了一个大洞，血如泉涌；又有一辆垃圾车，倾倒垃圾时将他埋在了下面；还有一次他在理发屋中坐着，突然一辆飞驰的汽车驶了进来……

他一生遭遇无数灾祸，在最为晦气的一年中，竟遇到了 17 次意外。

令人惊奇的是，他至今仍旧健康地活着，心中充满着自信。他历经了 200 多次磨难的洗礼，还怕什么呢？

人生不可能一帆风顺，一旦困境出现，首先被摧毁的就是失去意志力和行动能力的温室花朵。经常接受磨炼的人才能创造出崭新的天地，这就是所谓的"置之死地而后生"。

"自古雄才多磨难，从来纨绔少伟男"，人们最出色的成绩往往是在挫折中做出的。我们要有一个辩证的挫折观，经常保持充足的信心和乐观的态度。挫折和磨难使我们变得聪明和成熟，正是不断从失败中汲取经验，我们才能获得最终的成功。我们要悦纳自己和他人，要能容忍不利的因素，学会自我宽慰，情绪乐观、满怀信心地去争取成功。

如果能在磨难中坚持下去，磨难实在是人生不可多得的一笔财富。有人说，不要做在树林中安睡的鸟儿，要做在雷鸣般的瀑布边也能安睡的鸟儿，就是这个道理。磨难并不可怕，只要我们学会去适应，那么磨难带来的逆境，反而会让我们拥有进取的精神和百折不挠的毅力。

我们在埋怨自己生活多磨难的同时，不妨想想班纳德的人生经历，或许还有更多多灾多难的人们，与他们相比，我们的困难和挫折算得了什么呢？只要我们内心足够自信与强大，生命就能屹立不倒。

习惯抱怨生活太苦、运气太差的人，是不是也能说一句这样的豪言壮语："我已经经历了那么多的磨难，眼下的这一点痛又算得了什么？"

只要相信自己，就没有什么外在因素可以伤害或摧毁你，至于受老板的责骂、受客户的折磨、被别人批评之类的小事，你还会在乎吗？

多给自己积极的心理暗示

1960 年，哈佛大学的罗森塔尔博士曾在加州一所学校做过一个著名的实验。

新学期，校长对两位教师说："根据过去几年来的教学表现，证明你们是本校最好的教师。为了奖励你们，今年学校特地挑选了一些最聪明的学生给你们教。记住，这些学生的智商比同龄的孩子都要高。"校长再三叮咛："要像平常一样教他们，不要让孩子或家长知道他们是被特意挑选出来的。"

这两位教师非常高兴，更加努力教学了。

一年之后，这两个班级的学生成绩是全校中最优秀的。知道结果后，校长如实地告诉两位教师真相：他们所教的这些学生智商并不比别的学生高。这两位教师哪里会料到事情是这样的，只得庆幸是自己教得好了。

随后，校长又告诉他们另一个真相：他们两个也不是本校最好的教师，而是在所有教师中随机抽选出来的。

这两位教师相信自己是全校最好的老师，相信他们的学生是全校最好的学生，正是这种积极的心理暗示，才使教师和学生都产生了一种努力改变自我、完善自我的进步动力。这种企盼将美好的愿望变成现实的心理，这就是心理暗示的作用。

心理暗示是我们日常生活中最常见的心理现象，它是人或环境以非常自然的方式向个体发出信息，个体无意中接受这种信息并做出相应的反应的一种心理现象。暗示有着不可抗拒和不可思议的巨大力量。

成功心理、积极心态的核心就是自信主动意识，或者称作积极的自我意识，而自信意识的来源和成果就是经常在心理上进行积极的自我暗示。反之也一样，消极心态、自卑意识，就是经常在心理上暗示，而不同的心理暗示也是形成不同的意识与心态的根源。所以说心态决定命运，正是以心理暗示决定行为这个事实为依据的。

每个人都应该给自己以积极的心理暗示。任何时候，都别忘记对自己说一声："我天生就是奇迹。"本着上天所赐予我们的最伟大的馈赠，积极暗示自己，你便开始了成功的旅程。拿破仑·希尔给我们提供了一个自我暗示公式，他提醒渴望成功的人们，要不断地对自己说："在每一天，在我的生命里面，我都有进步。"暗示是在无对抗的情况下，通过议论、行动、表情、服饰或环境气氛，对人的心理和行为产生影响，使其接受有暗示作用的观点、意见或按暗示的方向去行动。

积极的自我暗示，能让我们开始用一些更积极的思想和概念来替代我们过去陈旧的、否定性的思维模式，这是一种强有力的技巧，一种能在短时间内改变我们对生活的态度和期望的技巧。

也就是说，我们可以通过有意识的自我暗示，将有益于成功的积极思想和意识，洒到潜意识的土壤里，并在成功过程中减少因考虑不周和疏忽大意等招致的破坏性后果，全力拼搏，不达目的不罢休。所以，你通过想象不断地进行积极的自我暗示，很可能会成为一个杰出者。

幸福就在你心中

幸福就是在遇到事情的时候，选择好的心态，用积极和乐观的态度发现生活中的乐趣，而不是用悲观的眼睛去丈量生活的土地。

一位少妇，回家向母亲倾诉，说婚姻很是糟糕，丈夫既没有很多的钱，也没有好的事业，生活总是周而复始，单调无味。母亲笑着问："你们在一起的时间多吗？"女儿说："太多了。"母亲说："当年，你父亲上战场，我每日期盼的，是他能早日从战场上凯旋，与他整日厮守，可惜——他在一次战斗中牺牲了，再也没有能够回来，我真羡慕你们能够朝夕相处。"母亲沧桑的老泪一滴滴掉下来，渐渐地，女儿仿佛明白了什么。

一群男青年，在餐桌上谈起自己的老婆，说总是被管束得太严，几乎失去了自由，边说边有大丈夫的凛然正气，狂饮如牛，扬言回家要和老婆斗争到底。邻桌的一位老叟默默地听了，起身向他们敬酒，问："你们的夫人都是本分人吗？"男青年们点头。老叟叹了一口气，说："我爱人当年对我也是管得太死，我愤然离婚，后来她抑郁而终，如果有机会，我多希望能当面向她道一次歉，请求她时时刻刻地看管着我，小伙子，好好珍惜缘分呀！"男青年们望着神色黯然的老叟，沉默不语，若有所悟。

一位干部，从领导岗位上退了下来，一时间委靡不振，判若两人。妻子劝慰他："仕途难道是人生的最大追求吗？你至少还有学历还有专业技术呀，你还可以重新开始你的新的事业呀，你一直是个善待生活的人，我们并不会因为你做不做领导而对你另眼相待，在我的眼里，你还是我的丈夫，还是孩子的父亲，我告诉你亲爱的，我现在甚至比以前更加爱你。"丈夫望着妻子，久久不语，眼里闪烁着晶莹的泪光。

一位盲人，在剧院欣赏一场音乐会，交响乐时而凝重低缓，时而明快热烈，时而浓云蔽日，时而云开雾散，盲人惊喜地拉着身边的人说："我看见了！我看见了山川，看见了花草，看见了光明的世界和七彩的人生……"

一位病人，医生郑重地告诉他，手术成功，化验结果出来了，从他腹腔内摘除的肿瘤只是一般的良性肿瘤，经过一段时间的疗养便可康复出院，并不危及生命。他顿时满面春风，双目有神，紧紧地握着医生的手，激动地说："谢谢，谢谢，是你给了我第二次生命……"

幸福在哪里？带着这样的问题，芸芸众生，茫茫人海，我们在努力寻找答案。其实，幸福是一个多元化的命题，我们在追求着幸福，幸福也时刻伴随着我们。只不过，很多时候，我们身处幸福的山中，在远近高低的角度看到的总是别人的幸福风景，却往往没有悉心感受自己所拥有的幸福天地。

别把抱怨当成习惯

从前，有一个国家，连一匹马都没有。这个国家的国王非常忧虑，他下决心不惜重金四处购买骏马。

不久，买来了500匹高大的骏马，国王见后，心中非常欢喜，立即命令加以训练。

当500匹战马被训练得能够冲锋陷阵的时候，邻国和他建立了邦交，互派使节，表现得非常和气。

国王以为可以高枕无忧了。

这样的和平一直持续了好几年。国王看到这500匹马一直养尊处优，而且养马这一笔经费确实为数不少，不禁又烦恼起来。后来，他想出了一个主意："何不把这些马送去从事生产呢？这样不仅减少了开支，而且还能增加国家财政的收入，岂不是两全其美！"于是，他下令将这500匹马牵到磨房去磨米。

这500匹马每天被工人们用布紧紧蒙住眼睛，又用鞭子抽打，逼着它们拉着石磨旋转。起初，马非常不习惯，但后来，500匹战马慢慢地被驯服了，对拉磨也就习以为常了。

国王知道这些情况后，笑道："这些马既能保国，又能生产，我的主意真是一举两得啊！"

不久，邻国突然进兵侵犯他的国境。国王即刻下令召集那500匹马应战。国王亲自领着500骑兵，浩浩荡荡向战场进发。

到了战场，两军交锋，国王的500匹战马虽然壮硕，但平常都习惯了拉磨，此时面对敌军也不断地旋转着。骑兵们着急地提鞭抽打，没想到抽打得越快，马旋转得越快。敌军见状大喜，遂驱军直进，横杀直刺，好不痛快，国王的骑兵被杀得落花流水，逃窜而去。

在生活中，不如意的事情时有发生，你是否经常抱怨不断呢？不要让抱怨成为习惯，否则，就会像那些习惯了拉磨的战马一样，陷入了永无止境的旋转轮回。

有这样一个寓言故事：

有一天，素有森林之王之称的狮子来到了天神面前："我很感谢你赐给我如此雄壮威武的体格、如此强大无比的力气，让我有足够的能力统治这整片森林。"

天神听了，微笑地问："这不是你今天来找我的目的吧？看起来你似乎为了某事而困扰呢！"

狮子轻轻吼了一声，说："天神真是了解我啊！我今天的确是有事相求。因为尽管我的能力再好，但是每天鸡鸣的时候，我总是会被鸡鸣声给吓醒。祈求您，再赐给我力量，让我不再被鸡鸣声吓醒吧！"

天神笑道："你去找大象吧，它会给你一个满意的答复的。"

狮子兴冲冲地跑到湖边找大象，还没见到大象，就听到大象跺脚所发出的"砰砰"响声。

狮子加速地跑向大象，却看到大象正气呼呼地直跺脚。

狮子问大象："你干吗发这么大的脾气？"

大象拼命摇晃着大耳朵，吼着："有只讨厌的小蚊子，总想钻进我的耳朵里，害我都快痒死了。"

狮子离开了大象，心里暗自想着："原来体型这么巨大的大象，还会怕那么瘦小的蚊子，那我还有什么好抱怨的呢？毕竟鸡鸣也不过一天一次，而蚊子却是无时无刻地骚扰着大象。这样想来，我可比它幸运多了。"

狮子一边走，一边回头看着仍在跺脚的大象，心想："天神要我来看看大象的情况，应该就是想告诉我，谁都会遇上麻烦事。既然如此，那我只好靠自己了！反正以后只要鸡鸣时，我就当做鸡是在提醒我该起床了，如此一想，鸡鸣声对我还算是有益处呢！"

不言而喻，稍微遇上一些不顺心的事，就习惯性地抱怨老天亏待我们，那么我们将错失许多美好的机会。有时候自己觉得对生活不满的时候，看看别人，或者给自己换一种心态，你就将看到不一样的人生。

不要抱怨生活的不公平

在现实中，我们难免要遭遇挫折与不公正的待遇，每当这时，有些人往往会产生不满，不满通常会引起牢骚，希望以此引起更多人的同情，吸引别人的注意力。从心理角度上讲，这是一种正常的心理自卫行为。但这种自卫行为同时也是许多人心中的痛，牢骚、抱怨会削弱责任心，降低工作积极性，这几乎是所有人为之担心的问题。

通往成功的征途不可能一帆风顺，遭遇困难是常有的事。事业的低谷、种种的不如意让你仿佛置身于荒无人烟的沙漠，没有食物也没有水。这种漫长的、连绵不断的挫折往往比那些虽巨大但却可以速战速决的困难更难战胜。在面对这些挫折时，许多人不是积极地去找一种方法化险为夷，绝处逢生，而是一味地急躁，抱怨命运的不公平，抱怨生活给予的太少，抱怨时运的不佳。

奎尔是一家汽车修理厂的修理工，从进厂的第一天起，他就开始喋喋不休地抱怨，"修理这活太脏了，瞧瞧我身上弄的"，"真累呀，我简直讨厌死了这份工作"……每天，奎尔都是在抱怨和不满的情绪中度过。他认为自己在受煎熬，在像奴隶一样卖苦力。因此，奎尔每时每刻都窥视着师傅的眼神与行动，稍有空隙，他便偷懒耍滑，应付手中的工作。

转眼几年过去了，当时与奎尔一同进厂的3个工友，各自凭着精湛的手艺，或另谋高就，或被公司送进大学进修，独奎尔，仍旧在抱怨中做他讨厌的修理工。

抱怨的最大受害者是自己。生活中你会遇到许多才华横溢的失业者，当你和这些失业者交流时，你会发现，这些人对原有工作充满了抱怨、不满和谴责。要么就怪环境条件不够好，要么就怪老板有眼无珠，不识才……总之，牢骚一大堆，积怨满天飞。殊不知这就是问题的关键所在——吹毛求疵的恶习使他们丢失了责任感和使命感，只对寻找不利因素兴趣十足，从而使自己发展的道路越走越窄。他们与公司格格不入，变得不再有用，只好被迫离开。如果不相信，你可以立刻去询问你所遇到的任何10个失业者，问他们为什么没能在所从事的行业中继续发展下去，10个人当中至少有9个人会抱怨旧上级或同事的不是，绝少有人能够认识到自己之所以失业的真正原因。

提及抱怨与责任，有位企业领导者一针见血地指出："抱怨是失败的一个借口，是逃避责任的理由。爱抱怨的人没有胸怀，很难担当大任。"仔细观察任何一个管理健全的机构，你会发现，没有人会因为喋喋不休的抱怨而获得奖励和提升。这是再自然不过的事了。想象一下，船上水手如果总不停地抱怨：这艘船怎么这么破，船上的环境太差了，食物简直难以下咽，以及有一个多么愚蠢的船长……这时，你认为，这名水手的责任心会有多大？对工作会尽职尽责吗？假如你是船长，你是否敢让他做重要的工作？

如果你受雇于某个公司，就发誓对工作竭尽全力、主动负责吧！只要你依然还是整体中的一员，就不要谴责它，不要伤害它，否则你只会诋毁你的公司，同时也断送了自己的前程。如果你对公司、对工作有满腹的牢骚无从宣泄时，作个选择吧。一是选择离开，到公司的门外去宣泄；二是选择留下。当你选择留在这里的时候，就应该做到在其位谋其政，全身心地投入到工作上来，为更好地完成工作而努力。记住，这是你的责任。

一个人的发展往往会受到很多因素的影响，这些因素有很多是自己无法把握的，工作不被认同、才能不被发现、职业发展受挫、上司待人不公、别人总用有色眼镜看自己……这时，能够拯救自己走出泥潭的只有忍耐。比尔·盖茨曾告诫初入社会的年轻人："社会是不公平的，这种不公平遍布于个人发展的每一个阶段。"在这一现实面前，任何急躁、抱怨都没有益处，只有坦然地接受现实并战胜眼前的痛苦，才能使自己的事业有进一步发展的可能。

生命本身并没有残缺

每个人的生命都是完整的。你的身体可能有缺陷或者残缺，但你仍然可以拥有一个完整的人生和幸福的生活。这才是对待生命的正确态度。

1967年的夏天，对于美国跳水运动员乔妮来说是一段伤心的日子，她在一次跳水事故中身负重伤，全身瘫痪，只剩下脖子以上可以活动。

乔妮哭了，她躺在病床上彻夜难眠。她怎么也摆脱不了那场噩梦，跳板为什么会滑？为什么她会恰好在那时跳下？不论家人怎样劝慰，她总认为命运对她实在不公。出院后，她叫家人把她推到跳水池旁，注视着那蓝盈盈的水面，仰望那高高的跳台。她再也不能站立在光洁的跳板上了，那温柔的水再也不会溅起朵朵美丽的水花拥抱她了，她又掩面哭了起来。从此她被迫结束了自己的跳水生涯，离开了那条通向跳水冠军领奖台的路。

她曾经绝望过，但现在，她拒绝了死神的召唤，开始冷静思索人生的意义和生命的价值。她借来许多介绍前人如何成才的书籍，一本一本认真地读了起来。她虽然双目健全，但读书也是很艰难的，只能靠嘴衔根小竹片去翻书，劳累、伤痛常常迫使她停下来。休息片刻后，她又坚持读下去。通过大量的阅读，她终于领悟到：我是残疾了，但许多人残疾了之后，却在另外一条道路上获得了成功，他们有的成了作家，有的创造出美妙的音乐，我为什么不能？于是，她想到了自己中学时代喜欢画画。为什么不能在画画上有所成就呢？这位纤弱的姑娘变得坚强、自信起来了。她捡起了中学时代曾经用过的画笔，用嘴衔着，开始了练习。

这是一个常人难以想象的艰辛过程。家人担心她累坏了，于是纷纷劝阻她："乔妮，别那么死心眼了，哪有用嘴画画的，我们会养活你的。"可是，他们的话反而激起了她学画的决心，"我怎么能让家人一辈子养活我呢？"她更加刻苦了，常常累得头晕目眩，甚至有时委屈的泪水把画纸也弄湿了。为了积累素材，她还常常乘车外出，拜访艺术大师。好些年头过去了，她的辛勤劳动没有白费，她的一幅风景油画在一次画展上展出后，得到了美术界的好评。

后来，乔妮决心涉足文学。她的家人及朋友们又劝她了："乔妮，你绘画已经很不错了，还搞什么文学，那会更苦了你自己的。"她没有说话，想起一家刊物曾向她约稿，要谈谈自己学绘画的经过和感受，她用了很大力气，可稿子还是没有完成，这件事对她刺激太大了，她深感自己写作水平差，必须一步一个脚印地去学习。

这是一条通向光荣和梦想的荆棘路，虽然艰辛，但乔妮仿佛看到艺术的桂冠在前面熠熠闪光，等待她去摘取。

是的，这是一个很美的梦，乔妮要圆这个梦。终于，又经过许多艰辛的岁月，这个美丽的梦终于成了现实。1976 年，她的自传《乔妮》出版并轰动了文坛，她收到了数以万计的热情洋溢的信。又两年过去了，她的《再前进一步》一书又问世了，该书以作者的亲身经历，告诉所有的残疾人，应该怎样战胜病痛，立志成才。后来，这本书被搬上了银幕，影片的主角就是由她自己扮演，她成了青年们的偶像，成了千千万万个青年自强不息、奋进不止的榜样。

乔妮是好样的，她用自己的行动向我们说明了这样一个道理：你的生命没有残缺，无论你的命运面临怎样的困厄，它们也丝毫阻止不了你实现自己的人生价值，相反，它们会成为你人生道路中一笔宝贵的精神财富。

耐得住寂寞，才能获得成功

成就大业者在其创业初期，都是能耐得住寂寞的，古今中外，概莫能外。门捷列夫的化学元素周期表的诞生，居里夫人的镭元素的发现，陈景润在哥德巴赫猜想中摘取的桂冠等，都是他们在寂寞、单调中扎扎实实做学问，在反反复复的冷静思索和数次实践中获得的成就。每个人一生中的际遇肯定不会相同，然而只要你耐得住寂寞，不断充实、完善自己，当际遇向你招手时，你就能很好地把握，获得成功。有"马班邮路上的忠诚信使"称号的王顺友就是这样一个甘于寂寞、耐得住寂寞的人。

王顺友，四川省凉山彝族自治州木里藏族自治县邮政局投递员，2005 年"全国劳动模范"、2007 年"全国道德模范"的获得者。他一直从事着一个人、一匹马、一条路的艰苦而平凡的乡邮工作。邮路往返里程 360 公里，月投递两班，一个班期为 14 天，22 年来，他送邮行程达 26 万多公里，相当于走了 21 个二万五千里长征，相当于围绕地球转了 6 圈！

王顺友担负的马班邮路，山高路险，气候恶劣，一天要经过几个气候带。他经常露宿荒山岩洞、乱石丛林，经历了被野兽袭击、意外受伤乃至肠子被骡马踢破等艰难困苦。他常年奔波在漫漫邮路上，一年中有 330 天左右的时间在大山中度过，无法照顾多病的妻子和年幼的儿女，却没有向上级单位提出过任何要求。

为了排遣邮路上的寂寞和孤独，娱乐身心，他自编自唱山歌，其中不乏精品，像《为人民服务不算苦，再苦再累都幸福》，等等。为了能把信件及时送到群众手中，他宁愿在风雨中多走山路，改道绕行以方便沿途群众。他还热心为农民群众传递科技信息、致富信息，购买优良种子。为了给群众捎去生产生活用品，王顺友甘愿绕路、贴钱、吃苦，受到群众的交口称赞。

20 余年来，王顺友没有延误过一个班期，没有丢失过一个邮件，没有丢失过一份报刊，投递准确率达到 100%，为中国邮政的普遍服务作出了最好的诠释。

王顺友是成功的，因为他耐住了寂寞，战胜了自己。耐得住寂寞，是所有成就事业者共同遵循的一个原则。它以踏实、厚重、沉思的姿态作为特征，以严谨、严肃、严峻的面貌，追求着一种人生的目标。当这种目标价值得以实现时，仍不喜形于色，而是以更寂寞的人生态度去探求实现另一个奋斗目标。浮躁的人生是与之相悖的，它以历来不甘寂寞和一味追赶时髦为特征，被一种强烈的功利主义驱使。浮躁的向往，浮躁的追逐，只能产出浮躁的果实。这果实的表面或许是绚丽多彩的，却并不具有实用价值和交换价值。

耐得住寂寞是一种难得的品质，不是与生俱来，也不是一成不变，它需要长期的艰苦磨炼和凝重的自我修养、完善。耐得住寂寞是一种有价值、有意义的积累，而耐不住寂寞是对宝贵人生的挥霍。

生活中总会有这样那样的挫折，会有这样那样的机遇，只要你有一颗耐得住寂寞的心，用心去对待、去守望，成功就一定会属于你。

在贫穷面前抬起头来

有的人，别人看他离幸福很远，他自己却时时与快乐邂逅。我们虽然无法改变自己目前的境况，但我们可以改变自己创造未来的心态。没了工作不要紧，但不能没有快乐，如果连快乐都失去了，那人生将是一片黑暗而没有边际的森林。追求快乐是人的天性，开心是生命中最顽强、最执著的律动。

在贫穷面前，我们不必抬不起头，金钱给予我们的只是我们所需要的一小部分，我们还有很多值得追求的东西，物质上的贫穷并不代表人生的贫乏。而且贫困往往只是眼下的，因为你永远有选择现在就动手改变的机会。贫穷与暂时的负债对懦弱的人会产生一股强大的摧毁力，而意志坚定的人却认为是对自己的磨炼。

拿破仑是科西嘉人，他的父亲虽很高傲，但是手头非常拮据。幼时，他父亲令他进入贝列思贵族学校。校中的同学大都恃富而骄，讥讽家境清寒的同学，所以拿破仑常受同学们的欺侮。他起初逆来顺受，竭力抑制自己的愤怒，但同学们的恶作剧愈演愈甚，他终于忍无可忍，于是函请父亲准他转学，希望脱离这可怕的环境。可是他的父亲来信回复他说："你仍须留在校中读书。"他不得已，只能忍受，饱尝了五年的痛苦。他每次遇到同学们的侮辱性的嘲弄，不但没有意志消沉，反而增强了他的决心，准备将来战胜这些卑鄙的纨绔子弟。

拿破仑16岁任少尉的那年，父亲不幸去世，在他微薄的薪俸中，尚需节省一部分钱来赡养他的母亲。那时，他又接受差遣，须长途跋涉，到凡朗斯的军营服役。到了部队，眼见伙伴们大都把闲余的光阴虚掷在狂嫖滥赌上，拿破仑知道自己绝不能和他们一样。他想要甩掉这顶贫穷的帽子，改变自己的命运。好在他尚不具有翩翩的风度，无从追求女人；囊中羞涩，更不能使他有一掷千金的豪兴。他把他闲余的光阴，全放在读书上。他早有了理想的目标，他在艰苦的环境中埋首研习，数年的工夫，积下来的笔记后来整理出来，竟有四大箱子。

他绘制了科西嘉岛的地图，并将设防计划罗列图上，根据数学的原理，精确计算。于是，他崭露头角，为长官所赏识，派他担任重要的工作，从此青云直上。其他的人对他的态度大大改观，从前嘲笑他的人，反而接受他指挥，奉承唯恐不及；轻视他的人，也以受他稍一顾盼为荣；揶揄他是一个迂儒书呆、毫无出息的人，也对他虔诚崇拜。

拿破仑的成功，固然是因为他的天才和学识修养，但最重要的还是他坚强的意志。他的意志，是在艰苦环境中磨砺出来的，不经历风雨，他也就可能不会成为世界上人人皆知的军事天才拿破仑。

困苦的环境，固然可以磨砺你的志气，但也可能消沉你的志气。你如果不战胜环境，环境便战胜你。你因为受了冷酷无情的打击，便妄自菲薄，以为前途绝无希望，听任命运的摆布，那么你的结局可想而知。而拿破仑绝不是这样，他认为世界上没有不可改造的环境，尽力战胜先天的缺憾，不退却，不放纵。

与其把大好的时间和精力放在为"钱"的忧虑上，还不如打点行装、振作精神去奋斗，用良好的心态开创光明的前程。

吃亏有时是种福

做事有长远计划的人，不会只计较自己的获得，而是懂得在适当的时候舍弃。因为他们知道，有时候"吃亏"并不是一种灾难，只有在经历了一番舍弃以后，我们才能获得更多的意外收获。

英国哈利斯食品加工工业公司总经理亨利，有一次突然从化验室的报告单上发现，他们生产食品的配方中，起保鲜作用的添加剂有毒，虽然毒性不大，但长期服用对身体有害。如果不用添加剂，则又会影响食品的新鲜度。

亨利考虑了一下，他认为应以诚对待顾客，于是他毅然把这一有损销量的事情告诉了每位顾客，随之又向社会宣布，防腐剂有毒，对身体有害。

做出这样的举措之后，他承受了很大的压力。食品销路锐减不说，所有从事食品加工的老板都联合起来，用一切手段向他反扑，指责他别有用心，打击别人，抬高自己，他们一起抵制亨利公司的产品，亨利公司一下子跌到了濒临倒闭的边缘。苦苦挣扎了 4 年之后，亨利的食品加工公司已经无以为继，但他的名声却家喻户晓。

这时候，政府站出来支持亨利了。哈利斯公司的产品又成了人们放心满意的热门货。哈利斯公司在很短时间内便恢复了元气，规模扩大了两倍。哈利斯食品加工公司一举成了英国食品加工业的"龙头公司"。

很多人认为吃亏是一种损失，自己想要的东西没有得到，或者本来应该拥有的没有获得，心里总会有一种失落的感觉。可是，如果你不舍弃自己的利益，成全别人，就不会得到别人的关注和支持。

深圳有一个农村来的妇女，起初给人当保姆，后来在街头摆小摊儿，卖一个胶卷赚一角钱。她认死理，一个胶卷永远只赚一角。现在她开了一家摄影器材店，门面越做越大，还是一个胶卷赚一角；市场上一个柯达胶卷卖 23 元，她卖 16 元 1 角，批发量大得惊人，深圳搞摄影的没有不知道她的。别人的钱包丢在她那儿了，她花了很多长途电话费才找到失主；有时候算错账多收了人家的钱，她心急火燎找到人家还钱。听起来像傻子，可赚的钱很可观。在深圳，再牛气的摄影商，也都去她那儿拿货。

在很多人眼里，这个深圳妇女总是做着吃亏的傻事，可是正是因为她的勇于吃亏，正是她对于别人的利益的成全，她才能吸引更多的顾客，才能让自己的生意做得越来越红火。所以说，吃亏并不如我们想象中那么可怕，有时候吃亏反而是一种福气。

吃亏是福，需要的是一种潇洒的生活态度，也需要一种做事的魄力。虽然有时候我们需要舍弃的东西并不多，可是能够将自己的东西和利益拱手相让的，还是需要一份勇气，一种风度，一种气量。

关键的时候敢于吃亏，这不仅体现我们大度的胸怀，同时也是做大事业的必要素质。赢到最后的人，才是真正的赢家。

失去可能是另一种获得

人生就像一场旅行，在行程中，你会用心去欣赏沿途的风景，同时也会接受各种各样的考验，这个过程中，你会失去许多，但是，你同样也会收获很多，因为，失去是另一种获得。

有一位住在深山里的农民，经常感到环境艰险，难以生活，于是便四处寻找致富的好方法。一天，一位从外地来的商贩给他带来了一样好东西，尽管在阳光下看去那只是一粒粒不起眼的种子。但据商贩讲，这不是一般的种子，而是一种叫作"苹果"的水果的种子，只要将其种在土壤里，几年以后，就能长成一棵棵苹果树，结出数不清的果实，拿到集市上，可以卖好多钱呢！

欣喜之余，农民急忙将苹果种子小心收好，但脑海里随即涌现出一个问题：既然苹果这么值钱、这么好，会不会被别人偷走呢？于是，他特意选择了一块荒僻的山野来种植这种颇为珍贵的果树。

经过几年的辛苦耕作，浇水施肥，小小的种子终于长成了一棵棵苗壮的果树，并且结出了累累硕果。

这位农民看在眼里，喜在心中。因为缺乏种子的缘故，果树的数量还比较少，但结出的果实也肯定可以让自己过上好一点儿的生活。

他特意选了一个吉祥的日子，准备在这一天摘下成熟的苹果，挑到集市上卖个好价钱。当这一天到来时，他非常高兴，一大早便上路了。

当他气喘吁吁爬上山顶时，心里猛然一惊，那一片红灿灿的果实，竟然被外来的飞鸟和野兽们吃了个精光，只剩下满地的果核。

想到这几年的辛苦劳作和热切期望，他不禁伤心欲绝，大哭起来。他的财富梦就这样破灭了。在随后的岁月里，他的生活仍然艰苦，只能苦苦支撑下去，一天一天地熬日子。不知不觉之间，几年的光阴如流水一般逝去。

一天，他偶然来到了这片山野。当他爬上山顶后，突然愣住了，因为在他面前出现了一大片茂盛的苹果林，树上结满了累累硕果。

这会是谁种的呢？他思索了好一会儿才找到了答案：这一大片苹果林都是他自己种的。

几年前，当那些飞鸟和野兽在吃完苹果后，就将果核吐在了旁边，经过几年的时间，果核里的种子慢慢发芽生长，终于长成了一片更加茂盛的苹果林。

现在，这位农民再也不用为生活发愁了，这一大片林子中的苹果足以让他过上幸福的生活。

从这个故事当中我们可以看出，有时候，失去是另一种获得。花草的种子失去了在泥土中的安逸生活，却获得了在阳光下发芽微笑的机会；小鸟失去了几根美丽的羽毛，经过跌打，却获得了在蓝天下凌空展翅的机会。人生总在失去与获得之间徘徊。没有失去，也就无所谓获得。

一扇门如果关上了，必定有另一扇门打开。你失去了一种东西，必然会在其他地方收获另一种东西。关键是，你要有乐观的心态，相信有失必有得，要舍得放弃，正确对待你的失去。

第二章　不断抱怨，你的人生怎么了

世上没有任何事情是值得忧虑的

获得平静的心有一个很重要的方法，那就是将心灵腾空。你可以多尝试几次，但是一定要腾空心中的恐惧、仇恨、不安全感、内疚、悔恨和罪恶感。事实上，只要你腾空自己的心灵，就会缓和你的痛苦和负担。如果你不这样做，一味地忧虑下去，那么你只是在折磨自己，事情不会发生任何改变。

一个商人的妻子不停地劝慰着她那在床上翻来覆去足有几百次的丈夫："睡吧，别再胡思乱想了。"

"嗨，老婆子啊，"丈夫说，"几个月前，我借了一笔钱，明天就到还钱的日子了。可你知道，咱家哪有钱啊！你也知道，借给我钱的那些邻居们也急等用钱，我要是还不上钱，可怎么办呢？为了这个，我能睡得着吗？"

妻子试图劝他，让他宽心："睡吧，等到明天，总会有办法的，我们说不定能弄到钱还债的。"

"不行了，一点儿办法都没有啦！"丈夫喊叫着。

最后，妻子忍耐不住了，她爬上房顶，对着邻居家高声喊道："你们知道，我丈夫欠你们的债明天就要到期了。现在我告诉你们：我丈夫明天没有钱还债！"她跑回卧室，对丈夫说："这回睡不着觉的不是你，而是他们了。"

如果凌晨三四点的时候，你还忧虑在心头，似乎全世界的重担都压在你肩膀上：到哪里去找一间合适的房子？找一份好一点的工作？怎样可以使你的主管对你有好印象？儿子的健康、女儿的行为、明天的伙食、孩子们的学费……可怜！你的脑子里有许多烦恼、问题和亟待要做的事在那里滚转翻腾！女儿的男友配得上她吗？粮食会不会又要涨价了？可怜！你脑子里的思绪东飘西荡，你仿佛永远无法再入睡了！

不，你会睡着的，只要你采取一个简单的步骤，对自己说一句简短的话，说上几遍，每一次要深呼吸，放松！你要对自己说，同时心里也要真的这样想："不要怕。"

深呼吸，一切由它去！睁开眼睛，再轻松地闭起来，告诉自己："不要怕。"要仔细想想这些有魔力的字句，而且要真正相信，不要让你的心仍彷徨在恐惧和烦恼之中。

有一点，我们不能将忧虑与计划安排混为一谈，虽然二者都是对未来的一种考虑。如果你是在制订未来的计划，这将更有助于你现实中的活动，使你对未来有自己的具体想法与行动指南。而忧虑只是因今后可能发生的事情而产生惰性。忧虑是一种流行的社会通病，几乎每个人都要花费大量的时间为未来担忧。忧虑既然如此消极而无益，既然你是在为毫无积极效果的行为浪费自己宝贵的时光，那么你就必须改变这一缺点。

请记住一点，世上没有任何事情是值得忧虑的，绝对没有！你可以让自己的一生在对未来的忧虑中度过，但是你要知道，无论你多么忧虑，甚至抑郁而死，你也无法改变现实。

只要心中有灯，就能驱散黑暗

　　真正的智者，总是站在有光的地方。太阳很亮的时候，生命就在阳光下奔跑。当太阳熄灭，还会有那一轮高挂的明月。当月亮熄灭了，还有满天闪烁的星星，如果星星也熄灭了，那就为自己点一盏心灯吧。无论何时，只要心灯不灭，就有成功的希望。

　　紫霄未满月就被白发苍苍的奶奶抱回家。奶奶含辛茹苦把她养到小学毕业，狠心的父母才从外地返家。父母重男轻女，对女儿非常刻薄。她生病时，父母会变本加厉地虐待她，母亲说："我看你就来气，你给我滚，又有河又有老鼠药又有绳子，有志气你就去死！"还残忍地塞给她一瓶"安定"。13岁的小姑娘没有哭，在她幼小的心灵里，萌生了强烈的愿望——她一定要活下去，并且还要活出一个人样来！

　　被母亲赶出家门，好心的奶奶用两条万字糕和一把眼泪，把她送到一片净土——尼姑庵。紫霄满怀感激地送别奶奶后，心里波翻浪涌，难道我的生命就只能耗在这没有生气的尼姑庵中吗？在尼姑庵，法名静月的紫霄得了胃病，但她从不叫痛，甚至在她不愿去化缘而被老尼姑惩罚时，她也不皱眉不哭，但是叛逆的个性正在潜滋暗长。在一个淅淅沥沥的清晨，她揣上奶奶用鸡蛋换来的干粮和卖棺材得来的路费，踏上了西去的列车。几天后，她到了新疆，见到了久违的表哥和姑妈。在新疆，她重返课堂，度过了幸福的半年时光。在姑妈的建议下，她回安徽老家办户口迁移手续。回到老家，她发现再也回不了新疆了，父母要她顶替父亲去厂里上班。

　　她拿起了电焊枪，那年她才15岁。她没有向命运低头，因为她的心中还有梦。紫霄业余苦读，第二年参加高考，她考取了安徽省中医学院。然而她知道因为家庭的原因自己无法实现自己的梦想，大学经常成为她夜里做梦的主题。

　　1988年底，紫霄的第一篇习作被《巢湖报》采用，她看到了生命的一线曙光，她要用缪斯的笔来拯救自己。多少个不眠之夜，她用稚拙的笔饱蘸浓情，抒写自己的苦难与不幸，倾诉自己的顽强与奋争。多篇作品飞了出去，耕耘换来了收获，那些心血凝聚的稿件多数被采用，还获了各种奖项。1989年，她凭着自己的作品成为安徽省作家协会的一员。

　　文学是神圣的，写作是清贫的。紫霄毅然放弃了从父亲手里接过的"铁饭碗"，开始了艰难的求学生涯。因为她知道，仅凭自己现在的底子，远远不能成大器。她到了北京，在鲁迅文学院进修。为生计所迫，生性腼腆的她卖起了报纸。骄阳似火，地面晒得冒烟，紫霄挥汗如雨，怯生生地叫卖。天有不测风云，在一次过街时，飞驰而过的自行车把她撞倒了。看着肿起的脚踝，紫霄的第一个反应是这报卖不成了。她没有丧失信心，用卖报赚来的钱补足了欠交的学费，只休息了几天，又一次开始了半工半读的生活。命运之神垂怜她，让她结识了莫言等作家，有幸亲聆教诲，她感到莫大的满足。

　　为了节省开支，紫霄住在某空军招待所的一间堆放杂物的仓库里。晚上，这里就成了她的"工作室"，她的灯常常亮到黎明。礼拜天，她包揽了招待所上百床被褥的浆洗活，有一次她累昏在水池旁，幸遇两位女战士把她背回去，灌了两碗姜汤，她苏醒后便接着去洗。她的脸上和手上有了和她年龄不相称的老茧和裂口。

　　紫霄后来的经历就要"顺利"得多了。攻读古文、从军、写作、采访直至成名，这一切似乎顺理成章，然而这一切又不平凡。她是一个坚强的女子，是一个不向困难俯首称臣的不屈的奇女子。她把困难视作生命的必修课，而她得了满分。

　　"一个人最大的危险是迷失自己，特别是在苦难接踵而至的时候……命运的天空被涂上一层阴霾的乌云，她始终高昂那颗不愿低下的头。因为她胸中有灯，它点燃了所有的黑暗。"

一篇采访紫霄的专访在题词中写了这样的话，在主人公心中，那盏灯就是自己永远也未曾放弃过的希望。

悲观是自酿的苦酒

女作家张爱玲的一生完整地诠释了悲观给人带来的负面影响是多么巨大。

张爱玲一生聚集了一大堆矛盾，她是一个善于将艺术生活化、将生活艺术化的享乐主义者，又是一个生活充满悲剧感的人；她是名门之后、贵族小姐，却宣称自己是一个自食其力的小市民；她悲天悯人，时时洞见芸芸众生"可笑"背后的"可怜"，但在实际生活中却显得冷漠寡情；她在40年代的上海大红大紫，几十年后，她在美国又深居简出，过着与世隔绝的生活。所以有人说："只有张爱玲才可以同时承受灿烂夺目的喧闹与极度的孤寂。"

这种生活态度的确不是普通人能够承受和理解的，但用现代心理学的眼光看，其实张爱玲的这种生活态度源于她始终抱着一种悲观的心态活在人间，这种悲观的心态让她无法真正地融入生活，因此她总在两种生活状态里不停地左右徘徊。

张爱玲悲观苍凉的色调，深深地沉积在她的作品中，使其作品产生了巨大而独特的艺术魅力。但无论作家用怎样流利优美的文字，写出怎样可笑或传奇的故事，终不免露出悲音。那种渗透着个人身世之感的悲剧意识，使她能与时代生活中的悲剧氛围相通，从而在更广阔的历史背景上臻于深广。

张爱玲所拥有的深刻的悲剧意识，并没有把她引向西方现代派文学那种对人生彻底绝望的境界。个人气质和文化底蕴最终决定了她只能回到传统文化的意境，且不免自伤自恋，因此在生活中，她时而在世俗的喧嚣中沉浸，时而又陷入极度的寂寞中，最后孤老死去。

张爱玲的悲剧人生让我们看到了悲观对一个人的戕害是多么惨重。现实生活中，不止文豪有这样的悲观情绪，平常的人也会经历这样的心情。

有一位年老的父亲，他有两个儿子，他们都很可爱。在圣诞节来临前，父亲分别送给他们完全不同的礼物，在夜里悄悄把这些礼物挂在圣诞树上。第二天早晨，哥哥和弟弟都早早起来，想看看圣诞老人给自己的是什么礼物。哥哥的礼物很多，有一把气枪，有一辆崭新的自行车，还有一颗足球。哥哥把自己的礼物一件一件地取下来，却并不高兴，反而忧心忡忡。

父亲问他："是礼物不好吗？"哥哥拿起气枪说："看吧，这支气枪我如果拿出去玩，没准会把邻居的窗户打碎，那样一定会招来一顿责骂。还有，这辆自行车，我骑出去倒是高兴，但说不定会撞到树干上，会把自己摔伤。而这颗足球，我终归会把它踢爆的。"父亲听了没有说话。

弟弟除了一个纸包外，什么也没有。他把纸包打开后，不禁哈哈大笑起来，一边笑，一边在屋子里到处找。父亲问他："为什么这样高兴？"他说："我的圣诞礼物是一包马粪，这说明肯定会有一匹小马驹就在我们家里。"最后，他果然在屋后找到了一匹小马驹。父亲也跟着他笑起来："真是一个快乐的圣诞节啊！"

其实，在工作和生活中，很多事情也是这样，乐观情绪总会带来快乐明亮的结果，而悲观的心理则会使一切变得灰暗。受苦的人，没有悲观的权利；失火时，没有怕黑的权利；战场上，只有不怕死的战士才能取得胜利；也只有受苦而不悲观的人，才能克服困难，脱离困境。

我们不仅要在快乐的时候微笑，更要学会在面对困难的时候微笑，因为只有这样，你才能在挫折面前精神不倒；只有这样，你才能告别悲伤的凄凉，迎接生活的春日暖阳。

世界因你的心情而改变

生活对于我们每个人本来都是一样的，但一经各人不同的"心态"诠释后，便代表了不同的意义，因而形成了不同的事实、环境和世界。心态改变，则事实就会改变；心中是什么，则世界就是什么。心里装着哀愁，眼里看到的就全是黑暗，抛弃已经发生的令人不痛快的事情或经历，才会迎来新心情下的新乐趣。

有一天，詹姆斯忘记关上餐厅的后门，结果早上 3 个持枪歹徒闯入抢劫，他们要挟詹姆斯打开保险箱。由于过度紧张，詹姆斯弄错了一个号码，造成抢匪的惊慌，开枪射击詹姆斯。幸运的是，詹姆斯很快被邻居发现了，紧急送到医院抢救，经过 18 小时的外科手术以及长时间的悉心照顾，詹姆斯终于出院了，但还有块子弹留在他身上……

事件发生 6 个月之后我遇到詹姆斯，问起当抢匪闯入时，他的心路历程。詹姆斯答道："当他们击中我之后，我躺在地板上，还记得我有两个选择：我可以选择生，或选择死。我选择活下去。"

"你不害怕吗？"我问他。詹姆斯继续说："医护人员真了不起，他们一直告诉我没事、放心。但是在他们将我推入紧急手术间的路上，我看到医生跟护士脸上忧虑的神情，我真的被吓到了，他们的脸上好像写着——他已经是个死人了！我知道我需要采取行动。"

"当时你做了什么？"我问。

詹姆斯说："当时有个护士用吼叫的音量问我一个问题，她问我是否会对什么东西过敏。我回答'有'。

"这时，医生跟护士都停下来等待我的回答。我深深地吸了一口气喊着：'子弹！'等他们笑完之后，我告诉他们：'我现在选择活下去，请把我作做一个活生生的人来开刀，不是一个死人。'"

詹姆斯能活下来当然要归功于医生的精湛医术，但同时也源于他令人吃惊的求生态度。我们能从他身上学到，每天你都能选择享受你的生命，或是憎恨它。这是唯一一件真正属于你的权利。没有人能够控制或夺去的东西，就是你的态度。如果你能时时注意这件事实，你生命中的其他事情都会变得容易许多。

心情的颜色会影响世界的颜色。如果一个人，对生活抱一种达观的态度，就不会稍有不如意就自怨自艾，只看到生活中不完美的一面。在我们的身边，大部分终日苦恼的人，实际上并不是遭受了多大的不幸，而是自己的内心素质存在着某种缺陷，对生活的认识存在偏差。事实上，生活中有很多坚强的人，即使遭受挫折，承受着来自于生活的各种各样的折磨，他们在精神上也会岿然不动。充满着欢乐与战斗精神的人们，永远不会为困难所打到，在他们的心中始终承载着欢乐，不管是雷霆与阳光，他们会给予同样的欢迎和珍视。

冬天里保持对温暖的想象

在日本有一个学业优秀的青年，去报考一家大公司，结果名落孙山。这位青年得知这一消息后，深感绝望，顿生轻生之念，幸亏抢救及时，自杀未遂。不久传来消息，他的考试成绩名列榜首，是统计考分时，电脑出了差错，他被公司录用了。但很快又传来消息，说他又被公司解聘了，理由是一个人连如此小的打击都承受不起，又怎么能在今后的岗位上建功立业呢？

在我们的周围，有很多人之所以没有成功，并不是因为他们缺少智慧，而是因为他们面对生活的挫折没有坚持下去的勇气，他们自认为已陷入绝境，只知道悲观失望。

其实，在生命的长河中，谁也不会是一帆风顺的，总会遇到寒冷的"冬天"。而只有敢于面对挫折、对生活抱有希望的人，才能走出阴霾，迈向光明的人生。

有一位泰国企业家玩腻了股票，转而炒房地产，他把自己所有的积蓄和从银行贷到的大笔资金投了进去，在曼谷市郊盖了15栋配有高尔夫球场的豪华别墅。但时运不济，他的别墅刚刚盖好，亚洲金融危机爆发了，他的别墅卖不出去，还不起贷款。这位企业家只能眼睁睁地看着别墅被银行没收，连自己住的房子也被拿去抵押，还欠了一笔巨额债务。

这位企业家的情绪一时低落到了极点，他从来没想到对做生意一向轻车熟路的自己会陷入这种困境。

让人敬佩的是，他并没有因此而消极，他决定东山再起。他的太太是做三明治的能手，她建议丈夫去街上叫卖三明治，企业家经过一番思索后答应了。从此曼谷街头就多了一个头戴小白帽、胸前挂着售货箱的小贩。

昔日亿万富翁沿街卖三明治的消息不胫而走，买三明治的人骤然增多，有的顾客出于好奇，有的出于同情。许多人吃了这位企业家的三明治后，为这种三明治的独特口味所吸引。现在这位泰国企业家的三明治生意越做越大，他慢慢地走出了人生的低谷。

他叫施利华，几年来，他以自己不屈的奋斗精神赢得了人们的尊重。在1998年泰国《民族报》评选的"泰国十大杰出企业家"中，他名列榜首。作为一个创造过非凡业绩的企业家，施利华曾经备受人们关注，在他事业的鼎盛期，不要说自己亲自上街叫卖，寻常人想见一见他，恐怕也得反复预约。上街卖三明治不是一件惊天动地的大事，但对于习惯了发号施令的施利华，从最底层做起，无疑需要极大的勇气。

有位哲人说过："什么是路？路就是从没路的地方踩踏出来的，从只有荆棘的地方开辟出来的。"既然人生如此不如意，那就鼓起你的勇气，去开辟一条道路。不要把勇气想得多伟大、多高尚，其实，是否具有勇气有时就在于你是否对未来存有希望。

当我们的企业面临困境，甚至破产的时候，很多人开始痛心、绝望，尤其是那些带领着企业由小变大的老总们，痛心于如同自己亲手养大的孩子就这样毁掉，难道今后真的就没有了希望？其实，只要怀有希望，依然可以东山再起，人常言："留得青山在，不怕没柴烧。"任何时候，只要人在就有希望，遇到任何处境都不至于绝望，流过血，流过泪，付出了汗水，痛哭过后，擦干了眼泪，一切可以重新开始。

其实，陷入绝望的境地往往是对今后的路没有信心，或者是对曾经得到而又失去的东西无法得到的痛心，所以有人会因此而绝望。人常说"绝境逢生"，很多时候，有些事情看起来没有回旋的余地了，但只要不放弃，很可能就会出现转机。

生活中，没有任何困难或逆境可以成为我们畏缩不前的理由，当我们陷入困境、一蹶不振时，一定要拿出勇气走过自己的人生灰色地带，对未来充满希望，让自己勇敢地再来一次。只有这样，你才能大步向前，推开成功的大门。

将眼光停留在生活的美好处

要想赢得人生，就不能总把目光停留在那些消极的东西上，那只会使你沮丧、自卑，徒增烦恼，还会影响你的身心健康。结果，你的人生就可能被失败的阴影遮蔽，失去它本该有的光辉。悲观失望的人在挫折面前，会陷入不能自拔的困境。乐观向上的人即使在绝境之中，也能看到一线生机，并为此释然。

尤利乌斯是一个画家，而且是一个很不错的画家。他画快乐的世界，因为他自己就是一个快乐的人。不过没人买他的画，因此他想起来会有点伤感，但只是一会儿。

他的朋友们劝他："玩玩足球彩票吧！只花两马克便可以赢很多钱！"

于是尤利乌斯花两马克买了一张彩票，并真的中了彩！他赚了50万马克。

他的朋友都对他说："你瞧！你多走运啊！现在你还经常画画吗？"

"我现在就只画支票上的数字！"尤利乌斯笑道。

尤利乌斯买了一幢别墅并对它进行了一番装饰。他很有品位，买了许多好东西：阿富汗地毯、维也纳柜橱、佛罗伦萨小桌、迈森瓷器，还有古老的威尼斯吊灯。

尤利乌斯很满足地坐下来，他点燃一支香烟静静地享受他的幸福。突然他感到好孤单，便想去看看朋友。他把烟往地上一扔，在原来那个石头做的画室里他经常这样做，然后他就出去了。

燃烧着的香烟躺在地上，躺在华丽的阿富汗地毯上……一个小时以后，别墅变成一片火的海洋，它完全烧没了。

朋友们很快就知道了这个消息，他们都来安慰尤利乌斯。

"尤利乌斯，真是不幸呀！"他们说。

"怎么不幸了？"他问。

"损失呀！尤利乌斯，你现在什么都没有了。"

"什么呀？不过是损失了两个马克。"

朋友们为了失去的别墅而惋惜，可是尤利乌斯却不在意，正如他所说的，不过是两个马克，怎么能够影响他正常的生活，让他陷入悲伤之中呢？由此可见，事情本身并不重要，重要的是面对事情的态度。只要有一双能够发现美好事物的眼睛，有一颗保持乐观的心，那么即使是再悲惨的事情，也不会让我们悲伤。

我们都有这样的感受：快乐开心的人在我们的记忆里会留存很长的时间，因为我们更愿意留下快乐的而不是悲伤的记忆。每当我们回想起那些勇敢且愉快的人们时，我们总能感受到一种柔和的亲切感。

19世纪英国较有影响的诗人胡德曾说过："即使到了我生命的最后一天，我也要像太阳一样，总是面对着事物光明的一面。"到处都有明媚宜人的阳光，勇敢的人一路纵情歌唱。即使在乌云的笼罩之下，他也会充满对美好未来的期待，跳动的心灵一刻都不曾沮丧悲观；不管他从事什么行业，他都会觉得工作很重要、很体面；即使他穿的衣服褴褛不堪，也无碍于他的尊严；他不仅自己感到快乐，也给别人带来快乐。

千万不要让自己心情消沉，一旦发现有这种倾向就要马上避免。我们应该养成乐观的个性，面对所有的打击我们都要坚韧地承受，面对生活的阴影我们也要勇敢地克服。要知道，任何事物总有光明的一面，我们应该努力去发现。垂头丧气和心情沮丧是非常危险的，这种情绪会减少我们生活的乐趣，甚至会毁灭我们的生活。

先为自己设想一个好的结果

很多时候，我们做事情的动力来自于心理的暗示。如果心里想着，这是一件好事，一定会有一个好结果，那么我们在做事情的时候就会很开心，也会很有激情。可是如果在开始的时候就告诉自己，这是一件很糟糕的事情，即使是做了，也不会有什么好的结果出现，那么我们的信心将会受到打击，也会因为失望和难过而丧失了做事的动力。所以我们做任何事之前，都要先预想一个好的结果，有了好结果的鼓舞，你就会信心百倍，有这种积极心态的人，成功的可能性也很大。前世界拳击冠军乔·弗列勒每战必胜的秘诀是：参加比赛的前一天，总要在天花板上贴上自己的座右铭——"我能胜！"

然而，生活中有很多人，在还没有做事前，就想到事情会失败，这种心态消极、负面思考的人，结果真的就难以成功。

一个人是否成功，关键是在于他的心态是否积极。成功者在做事前，就相信自己能够取得成功，这是人的意识和潜意识在起作用。

一天晚上，在一条偏僻的公路上，一个年轻人的汽车轮胎爆了。

年轻人翻遍工具箱，也没有找到千斤顶，而没有千斤顶，是换不成轮胎的。怎么办？这条路几个小时都不会有一辆车经过，他远远望见一座亮灯的房子，决定去那个人家借千斤顶。在路上，年轻人不停地想：

要是没有人来开门怎么办？

要是没有千斤顶怎么办？

要是那家伙有千斤顶，却不肯借给我，那该怎么办？

……

顺着这种思路想下去，他越想越生气，当走到那间房子前敲开门，主人刚出来，他冲着人家劈头就是一句："你那千斤顶有什么稀罕的！"

主人丈二和尚摸不着头脑，认为年轻人是一个精神病人，"砰"的一声就把门关上了。

做事前就认为自己会失败，自然难以成功了。

世界著名的走钢索的选手卡尔·华伦达曾说："在钢索上才是我真正的人生，其他都只是等待。"他总是以这种非常有信心的态度来走钢索，每一次都非常成功。

但是1978年，他在波多黎各表演时，从25米高的钢索上掉下来摔死了，令人不可思议。后来他的太太说出了原因。在表演前的3个月，华伦达开始怀疑自己"这次可能掉下来"。他时常问太太："万一掉下去怎么办？"他花了很多精力以避免掉下来，结果真的掉了下来。

做任何事，不要在心里制造失败，我们都要想到成功，要想办法把"一定会失败"的意念排除掉。

一个人期望成功，就可能成功，想的尽是失败，就会失败。成功产生在那些有了成功意识的人身上，失败根源于那些不自觉地让自己走向失败的人身上。

在逆境中抱怨，等于遗弃幸运

人在一生中，随时都会碰到困难和险境，如果我们仅仅盯着这些困难，看到的只会是绝望。在人生路途上，谁都会遭遇逆境，逆境是生活的一部分。逆境充满荆棘，却也蕴藏着成功的机遇。只要勇敢面对，就一定能从布满荆棘的路途中走出一条阳光大道。正如培根所说："奇迹多是在厄运中出现的。"其实，我们不应该在逆境中抱怨，因为抱怨逆境无疑是在遗弃幸运。想成为一名生活中强者，就要勇敢地向逆境宣战，像一名真正的水手那样投入生命的浪潮。

道本连自己的名字都不会写，却在大阪的一所中学当了几十年的校工。尽管工资不多，但他已经很满足命运为他所安排的一切。就在他快要退休时，新上任的校长以他"连字都不认识，却在校园工作，太不可思议了"为由，将他辞退了。

道本恋恋不舍地离开了校园，像往常一样，他去为自己的晚餐买半磅香肠，但快到食品店门前时，他想起食品店已经关门多日了。而不巧的是，附近街区竟然没有第二家卖香肠的。忽然，一个念头在他脑海里闪过——为什么我不开一家专卖香肠的小店呢？他很快拿出自己仅有的一点积蓄开了一家食品店，专门卖起香肠来。

因为道本灵活多变的经营，10年后，他成了一家熟食加工公司的总裁，他的香肠连锁店遍及了大阪的大街小巷，并且是产、供、销"一条龙"服务，颇有名气的道本香肠制作技术学校也应运而生。

当年辞退他的校长早已忘了道本这一位曾经的校工，在得知著名的董事长识字不多时，便十分敬佩地称赞他："道本先生，您没有受过正规的学校教育，却拥有如此成功的事业，实在是太不可思议了。"

道本诚恳地回答："真感谢您当初辞退了我，让我摔了跟头，从那之后我才认识到自己还能干更多的事情。否则，我现在肯定还是一位靠一点退休金过日子的校工。"

正如道本一样，成功者首先是从逆境中崛起的。逆境可以锻炼一个人的品格，也可以激发一个人向上发展的勇气和潜力。在逆境中，当被逼得退无可退、无路可走时，人们往往在最后的时刻想尽办法来自救，无形之中反而促成了人生的辉煌。所以，我们应该感谢逆境和难题，感谢其中所孕育的成功。

任何人都会或多或少遇到或大或小的坎坷颠簸，都有不顺的时候，这是很正常的，无须悲伤，无须抱怨，更不能绝望。世上没有绝望的处境，只有对处境绝望的人。只要勇敢面对，世界上没有过不去的坎。

在我们陷入逆境时，一味地埋怨和诅咒是无济于事的，那只会让我们变得更加沮丧而觉得无望。与其苦苦等待，不如点燃自己手中仅有的"火种"和希望，去战胜黑暗，摆脱困境，为自己创造一个光明的前程。

在灰色的逆境中，不要让冷酷的命运窃喜，命运既然来凌辱我们，就应该用处之泰然的态度予以报复。命运从来不相信抱怨，只相信抗争命运的人。强者的生活就是面对和克服那些像潮流一样涌来的困难，他们不会放过奋力攀登的机会，因为他们经历了太多的逆境。在现实中，我们看到许多成功者都来自于不利的环境，但他们总能够勇敢地走出来。

勇敢地度过生命中的不如意

乔很爱音乐，尤其是喜欢小提琴。在国内学习了一段时间之后，他把视线转到了国外，想出国深造，但是国外没一个认识的人，他到了那里如何生存呢？这些他当然也想过，但是为了自己的音乐之梦，他勇敢地踏出了国门。维也纳是他的目的地，因为那里是音乐的故乡。这次出国的费用家里辛辛苦苦地凑了出来，但是学费与生活费是无论如何也拿不出来了。所以，他虽然来到了音乐之都，却只能站在大学的门外，因为他没有钱。他必须先到街头上拉琴卖艺来赚够自己的学费与生活费。

很幸运的，乔在一家大型商场的附近找到一位为人不错的琴手，他们一起在那里拉琴。这个地理位置比较优越，他们挣到了很多钱。

但是这些钱并没有让乔忘记自己的梦想。过了一段时日，乔赚够了自己必要的生活费与学费，就和那个琴手道别了。他要学习，要进入大学进修，要在音乐的学府里拜师学艺，要和琴技高超的同学们互相切磋。乔将全部的时间和精力都投注在提升音乐素养和琴艺之中。10年后，乔有一次路过那家大型商场，巧得很，他的老朋友——那个当初和他一起拉琴的家伙，仍在那儿拉琴，表情一如往昔，脸上露着得意、满足与陶醉。

那个人也发现了乔，很高兴地停下拉琴的手，热络地说道："兄弟啊！好久没见啦！你现在在哪里拉琴啊？"

乔回答了一个很有名的音乐厅的名字，那个琴手疑惑地问道："那里也让流浪艺人拉琴吗？"乔没有说什么，只淡淡地笑着点了点头。

其实，10年后的乔，早已不是当年那个当街献艺的乔了，他已经成为一位音乐家，经常应邀在著名的音乐厅中登台献艺，早就实现了自己的梦想。

我们的才华、我们的潜力、我们的前程，如果没有胆量的推动，很可能只是一场镜花水月，当梦醒来，一切也就醒了。

生命是储存罐，里边有各种财宝可以挖掘，如果想跟生活打交道，就必须学会使用勇气的开罐器，只有用百倍的勇气来同生活抗争，你才能从生命的储存罐里尝到甜头。

一个永不丧失勇气的人是永远不会被打败的。就像弥尔顿所说的："即使土地丧失了，那有什么关系。即使所有的东西都丧失了，但不可被征服的意志和勇气是永远不会屈服的。"如果你以一种充满希望、充满自信的精神进行工作的话，如果你期待着自己的伟业，并且相信自己能够成就这番伟业的话，如果你能展现出自己的勇气的话——任何事情都不能阻挡你前进，你可能遇到的任何失败都只是暂时性的，你最终必定会取得胜利。

另一方面，如果你觉得自己非常渺小，如果你认为自己是一个效率很低、微不足道的人，并且你不相信自己可以出色地完成任务的话——这就会限制你可能达到的人生高度。你不可能超越你的想象。自我贬低和害羞怯懦不但阻止了你的进步，而且严重损害了你的整个职业生涯，甚至还会损害到你的身体健康。

自信和勇气是积极的品质，而恐惧和焦虑则是消极的品质，二者在人的大脑中水火不容。你要么是强大有力、充满信心的，要么就是虚弱和感伤的，面对一项重大的工作你总是采取回避态度。任何破坏你勇气的东西都会破坏你的力量、你的效率及工作效能。

"勇气是在偶然的机会中激发出来的。"莎士比亚说。除非你让自己时刻保持一种接受勇气的态度，否则，你不要指望自己的身上会时时刻刻体现出巨大的勇气。在就寝前的每个夜晚，在起床时的每个清晨，你都要对自己说"我会做到的，我能行"，并以此作为自己坚定的信条，然后充满自信地勇敢前进。

历练太少，就会被挫折绊倒

学会及时总结得失，我们才会有良好的心态，宠辱不惊，面对生活给予我们的一切。学会及时总结得失，我们自己才会不断完善，一步一步迈向成功。

威廉·赛姆是美国著名投资大师。他的事业如日中天，在全球金融领域里，"威廉·赛姆"这几个字如雷贯耳。但在一次十拿九稳的投资中，他由于分析错误而损失了一大笔资产。

朋友与家人都对他很不满，可威廉·赛姆却异常沉着，将这次投资的整个分析过程一一回想，找到了产生错误的主要原因。紧接着，他又有了一次投资机会，家人与朋友都非常担心，害怕他不能从上一次的失败中解脱出来。但是威廉·赛姆毫不动摇，坚持要投资，并获得了成功。

在人漫长的一生中，谁也不能保证自己永远不犯错，但我们应该从错误中积累经验教训，而并非永远消沉。

有个渔人有着一流的捕鱼技术，被人们尊称为"渔王"。然而"渔王"年老的时候非常苦恼，因为他的三个儿子的渔技都很平庸。

于是他经常向人诉说心中的苦恼："我真不明白，我捕鱼的技术这么好，儿子们的技术为什么这么差？我从他们懂事起就传授捕鱼技术给他们，从最基本的东西教起，告诉他们怎样织网最容易捕到鱼，怎样划船最不会惊动鱼，怎样下网最容易请鱼入瓮。他们长大了，我又教他们怎样识潮汐，辨渔汛……凡是我辛辛苦苦总结出来的经验，我都毫无保留地传授给了他们，可他们的捕鱼技术竟然赶不上技术比我差的渔民的儿子！"

一位路人听了他的诉说后，问："你一直手把手地教他们吗？"

"是的，为了让他们学到一流的捕鱼技术，我教得很仔细很耐心。"

"他们一直跟随着你吗？"

"是的，为了让他们少走弯路，我一直让他们跟着我学。"

路人说："这样说来，你的错误就很明显了。你只传授给了他们技术，却没传授给他们教训，对于才能来说，没有教训与没有经验一样，都不能使人成大器。"

孩子是在摔倒了无数次之后才学会走路的，伟人的发明创造更是经历了无数次失败之后才成功的。可口可乐董事长罗伯特·高兹耶达说："过去是迈向未来的踏脚石，若不知道踏脚石在何处，必然会被绊倒。"教训和失败是人生历练不可缺少的财富。

在学习和工作中，刚开始的时候总是不够顺利，是因为我们还对那些事情很陌生，没有足够的经验。这个时候，我们要珍视每一次错误，珍视每一个操作的环节，要及时总结经验教训，只有吸取了经验教训，才能避免在以后的人生中再犯类似的错误。也只有积累了足够的经验，我们才能熟能生巧，做事情信手拈来。

失败不过是从头再来

如果看看世界上那些成功人士的生平经历，就会发现，那些声震寰宇的伟人，都是在经历过无数的失败后，又重新开始拼搏才获得最后的胜利的。

帕里斯的成功之路是艰辛的。

1510年，帕里斯出生在法国南部，他一直从事玻璃制造业，直到有一天看到一只精美绝伦的意大利彩陶茶杯。这一瞥，改变了他一生的命运。

"我也要造出这样美丽的彩陶。"这是他当时唯一的信念。

他建起煅炉，买来陶罐，打成碎片，开始摸索着进行烧制。

几年下来，碎陶片堆得像小山一样，可他心目中的彩陶却仍不见踪影，他甚至无米下锅了。迫不得已他只得回去重操旧业，挣钱来生活。

他赚了一笔钱后，又烧了3年，碎陶片又在砖炉旁堆成了大山，可仍然没有结果。

长期的失败使人们对他产生了看法。都说他愚蠢，是个大傻瓜，连家里人也开始埋怨他。他也只是默默地承受。

试验又开始了，他十多天都没有脱衣服，日夜守在炉旁。燃料不够了。他拆了院子里的木栅栏，怎么也不能让火停下来呀。又不够了！他搬出了家具，劈开，扔进炉子里。还是不够，他又开始拆屋子里的地板。噼噼啪啪的爆裂声和妻子儿女们的哭声，让人听了鼻子都是酸酸的。马上就可以出炉了，多年的心血就要有回报了，可就在这时，只听炉内"嘭"的一声，不知是什么爆裂了。所有的产品都沾染上了黑点，全成了次品。

眼看到手的成功，又失败了！帕里斯也感受到了巨大的打击，他独自一人到田野里漫无目的地走着。不知走了多长时间，优美的大自然终于使他恢复了心里的平静，他平静地又开始了下一次试验。

经过16年无数次的艰辛实验，他终于成功了，而这一刻，他却一片平静。他的作品成了稀世珍宝，价值连城，艺术家们争相收藏。他烧制的彩陶瓦，至今仍在法国的卢浮宫上闪耀着光芒。

他的成功来得何等不易，在一次又一次的失败中一次又一次的重新站起，这正是帕里斯成功的秘诀。

奋斗者不相信失败。他们将错误当作是学习和发展新技能及策略的机会，而不是失败。有人认为失败一无是处，只会给人生带来阴暗。其实恰恰相反，人们从每次错误中可以学习到很多东西，并调整自己的路线，重新回到正确的道路上来。错误和失败是不可避免的，甚至是必要的；它们是行动的证明——表明你正在努力。你犯的错误越多，你成功的机会就越大，失败表示你愿意尝试和冒险。奋斗者应该明白：每一次的失败都使你在实现自己梦想的道路上前进了一步。

西奥多·罗斯福说："最好的事情是敢于尝试所有可能的事，经历了一次次的失败后赢得荣誉和胜利。这远比与那些可怜的人们为伍好得多，那些人既没有享受过多少成功的喜悦，也没有体验过失败的痛苦，因为他们的生活暗淡无光，不知道什么是胜利，什么是失败。"在这个世界上，有阳光，就必定有乌云；有晴天，就必定有风雨。从乌云中挣脱出来阳光会显得更加灿烂，经历过风雨的洗礼，天空才能更加湛蓝。人们都希望自己的生活平静如水，可是命运却给予人们那么多波折坎坷。此时，我们要知道，困难和坎坷只不过是人生的馈赠，它能使我们的思想更清醒、更深刻、更成熟、更完美。

所以，不要害怕失败，在失败面前，只有永不言弃者才能傲然面对一切，才能最终取得成功，其实，失败真的不过是从头再来！

每一次丢脸都是一种成长

我们曾经听说过很多在"丢脸"当中不断成长并最终取得了巨大成就的人。

公元前206年，项羽占有楚魏东部九郡之地，自封为西楚霸王，又违背先入关中者为关中王的前约，改封先入关中的刘邦为汉王，刘邦心中非常不快。

项羽的谋臣"亚父"范增知道刘邦的不满，也知道他定会东山再起，于是建议项羽找借口杀掉刘邦。

项羽就把刘邦找来，准备封刘邦为汉中王，他若去，定有储备实力、自封为王之心；若不去，正好可以杀死他。

刘邦听说项羽召见，虽然明知此去凶多吉少，又不能公然抗命不去，便在心中盘算着怎样应对这场智斗。刘邦来到殿前，恭恭敬敬地伏在地上，谦恭的样子使项羽心中异常受用，当即放松了警惕，就对刘邦放行了。刘邦谢恩退出大殿，急忙回到自己的营地，稍加打点，便率军急匆匆地向巴蜀进发。他决心以巴蜀偏塞之地为依托，招兵买马，养精蓄锐，待力量充实了，再还三秦，谋取天下。项羽闻知刘邦率军已向巴蜀进发，才感到范增所言极是，立即派季布带三千人马前去追赶，然而为时已晚。

后来刘邦广纳贤才，休兵养士，最终在众贤士的帮助下，使得不可一世的西楚霸王自刎乌江，统一天下。

只因一句"无颜见江东父老"，项羽舍弃了自己的性命，自刎乌江。可见，面子问题一直是一些人的软肋，无数的英雄志士都在为了面子而纠结。

可是，人的一生，谁又能保证不犯错？谁又能一次面子都不丢呢？如果你想逃避丢脸而一辈子不犯错，那么结果只有一个：当你白发苍苍的时候，你仍然什么都不会，因为你什么都不曾尝试去做。

民谚云："要了脸皮，饿了肚皮。"有时害怕丢一次脸，就是白白让出了一条路。所以，不要害怕丢脸，更不应该躲避"丢脸"的历练，而应该拿出自己的勇气，勇敢面对一次又一次的波折，让自己在一次又一次的"丢脸"当中成长起来。

命运的冷遇也是一种幸运

想实现自己的梦想，就要有胆识、有胆量，要勇敢地面对挑战，做一个生活的攀登者，只有这样才能攀上人生的顶峰，欣赏到无限的风景。有时候，白眼、冷遇、嘲讽会让弱者低头走开，但对强者而言，这也是另一种幸运和动力。

她从小就"与众不同"，因为小儿麻痹症，不要说像其他孩子那样欢快地跳跃奔跑，就连正常走路都做不到。寸步难行的她非常悲观和忧郁，当医生教她做一点运动，说这可能对她恢复健康有益时，她就像没有听到一般。随着年龄的增长，她的忧郁和自卑感越来越重，甚至，她拒绝所有人的靠近。但也有个例外，邻居家那个只有一只胳膊的老人却成为她的好伙伴。老人是在一场战争中失去一只胳膊的，老人非常乐观，她非常喜欢听老人讲故事。

这天，她被老人用轮椅推着去附近的一所幼儿园，操场上孩子们动听的歌声吸引了他们。当一首歌唱完，老人说道："我们为他们鼓掌吧！"她吃惊地看着老人，问道："你只有一只胳膊，怎么鼓掌啊？"老人对她笑了笑，解开衬衣扣子，露出胸膛，用手掌拍起了胸膛……

那是一个初春，风中还有几分寒意，但她却突然感觉自己的身体里涌动起一股暖流。老人对她笑了笑，说："只要努力，一个巴掌一样可以拍响。你一样能站起来的！"

那天晚上，她让父亲写了一张字条，贴到了墙上，上面是这样的一行字："一个巴掌也能鼓掌。"从那之后，她开始配合医生做运动。无论多么艰难和痛苦，她都咬牙坚持着。有一点进步了，她又以更大的受苦姿态，来求更大的进步。甚至在父母不在时，她自己扔开支架，试着走路。她坚持着，她相信自己能够像其他孩子一样，她要行走，她要奔跑……

11岁时，她终于扔掉支架，她又向另一个更高的目标努力着，她开始锻炼打篮球和参加田径运动。

1960年罗马奥运会女子100米跑决赛，当她以11秒18第一个撞线后，掌声雷动，人们都站起来为她喝彩，齐声欢呼着她的名字：威尔玛·鲁道夫。

那一届奥运会上，威尔玛·鲁道夫成为当时世界上跑得最快的女性，她共摘取了3枚金牌。

生活中，我们能够听到这样的话："立即干""做得最好""尽你全力""不退缩""我们能产生什么""总有办法""问题不在于假设，而在于它究竟怎样""没做并不意味着不能做""让我们干""现在就行动"。这些都是攀登者热爱的语言。他们是真正的行动者，他们总是要求行动，追求行动的结果，他们的语言恰恰反映了他们追求的方向。

生活中，当我们遭到冷遇时，不必沮丧，不必愤恨，唯有尽全力赢得成功，才是最好的答复与反击。不因幸运而故步自封，不因厄运而一蹶不振。真正的强者，善于从顺境中找到阴影，从逆境中找到光亮，时时校准自己前进的目标，人生的冷遇也可能成为你幸运的起点。

磨砺到了，幸福也就到了

世间很多事情都是难以预料的，亲人的离去、生意的失败、失恋、失业等等打破了我们原本平静的生活，以后的路究竟应该怎么走？我们应当从哪里起步？这些灰暗的影子一直笼罩在我们的头上，让我们裹足不前。

难道生活真的就这么难吗？日子真的就暗无天日吗？其实，并不是这样的。在这个世界上，为何有的人活得轻松，而有的人却活得沉重？因为前者拿得起，放得下，后者是拿得起，却放不下。很多人在受到伤害之后，一蹶不振，在伤痛的海洋里沉沦。只得到不失去的事情是不可能的，而一个人在失去之后，就对未来丧失信心和希望，又怎么在失去之后再得到呢？人生又怎能过得快乐幸福呢？

被誉为"经营之神"的松下幸之助9岁起就去大阪做一个小伙计，父亲的过早去世使得15岁的他不得不担负起生活的重担，寄人篱下的生活使他过早地体验了做人的艰辛。

22岁那年，他晋升为一家电灯公司的检察员。就在这时，松下幸之助发现自己得了家族病，已经有9位家人在30岁前因为家族病离开了人世。他没了退路，反而对可能发生的事情有了充分的精神准备，这也使他形成了一套与疾病作斗争的办法：不断调整自己的心态，以平常之心面对疾病，使自己保持旺盛的精力。这样的过程持续了一年，他的身体变得结实起来，内心也越来越坚强，这种心态也影响了他的一生。

患病一年来的苦苦思索，改良插座的愿望受阻后，他决心辞去公司的工作，开始独立经营插座生意。创业之初，正逢第一次世界大战，物价飞涨，而松下幸之助手里的所有资金少得可怜。公司成立后，最初的产品是插座和灯头，却因销量不佳，使得工厂到了难以维持的地步，员工相继离去，松下幸之助的境况变得很糟糕。

但他把这一切都看成是创业的必然经历，他对自己说："再下点工夫，总会成功的！已有更接近成功的把握了。"他相信：坚持下去取得成功，就是对自己最好的报答。功夫不负有心人，生意逐渐有了转机，直到6年后拿出第一个像样的产品，也就是自行车前灯时，公司才慢慢走出了困境。

一次又一次的打击并没有击垮松下幸之助，如今松下已经成为享誉全世界的知名品牌，这个品牌正是在不断的磨砺之中逐渐成长起来的。

如果当初在得知自己患上家族病的那一刻，松下就将自己埋没在悲观之中，那么，或许我们今天就不会看到松下这个品牌了。

生活中有各种各样我们想不到的事情，其实这些事情本身并不可怕，可怕的是我们无法从这件事情所造成的影响中抽身出来，尽早的以最新、最好的状态去投入下面的事情，哪怕我们现在身无分文，我们可以从身无分文起步，一点一滴地打拼，磨砺到了，幸福也就到了。

人生随时都可以重新开始

这个世界上不会有人一生都毫无转机，很多事情都是发生在一瞬间。富有或贫穷，胜利或失败，光荣与耻辱，所有的改变都会在一瞬间发生。

比如，一个人要戒烟，如果他总认为戒烟是一个渐进的、缓慢的过程，要逐渐地戒，那他永远也戒不了烟；他只有在某天突然醒悟，才会痛下决断，马上坚决采取戒烟措施，才有可能戒掉烟。

CNN（美国有线电视新闻网）的老板特德·特纳，年轻时是一个典型的花花公子，从不安分守己，他的父亲也拿他没办法。他曾两次被布朗大学除名。不久，他的父亲因企业债务问题而自杀，他因此受到了很大的触动。他想到父亲含辛茹苦地为家庭打拼，他却在胡作非为，不仅不能帮助父亲，反而为父亲添了无数麻烦。他决定改变自己的行为，要把父亲留给自己的公司打理好。从此他像变了一个人，成了一个工作狂，而且不断寻找机会，壮大父亲留下的企业，最终将CNN从一个小企业变成了世界级的大公司。

其实，人的改变就在一瞬间，只要我们思想上有了一种强烈的要改变的意识，并下定决心，变化就会出现。一瞬间的改变可以成就一个人的一生，也可以毁灭一个人的一生，所以，我们不能忽视一瞬间的力量。

人思想的改变就在一瞬间，当我们顿悟后，我们就能洞察生命的本性，从被奴役的生活走向自由的道路，将蕴藏在内心的仁慈和潜能都充分发挥出来。

一个人想要达到成功的巅峰，也需要顿悟，从你的内心深处升起的那份卓越的渴望，将会在瞬间改变你的一生。

把心重新放到起点上

归零的心态就是一切从头再来，就像大海一样把自己放在最低点，吸纳百川。归零的心态就是空灵、谦虚的心态，它并不是一味地否定过去，而是要怀着否定或者说放下过去的一种态度，去接纳新事物，追求更多的收获。有句话说：谦虚是人类最大的成就。谦虚让你得到尊重。越饱满的麦穗越弯腰，不要自以为是，虚心使人进步，骄傲使人落后。

有一个故事，讲的是知了学飞。知了看见大雁在空中自由自在地飞翔，十分羡慕，就请大雁教它飞翔，大雁高兴地答应了。

但学习是一件很辛苦的事。大雁给它讲怎样飞，它听了几句，就不耐烦地说："知了！知了！"大雁让它多试着飞一飞，它只飞了几次，就自满地嚷道："知了！知了！"秋天到了，大雁要到南方去了，知了虽然很想和大雁一起远行，可是，它扑腾着翅膀，怎么也飞不高。

望着大雁在云霄之上高飞，知了十分懊悔自己当初太自满，没有努力练习。可为时已晚，它只好叹息道："迟了！迟了！"

在现实生活中，有多少人像知了一样自以为是，结果在最后只有感叹"迟了"。自满者总是认为自己能力很高，不能虚下心弯下腰，这样的故步自封，只会让自己走向退步。

古时候，一个佛学造诣很深的修行者，听说某个寺庙里有位德高望重的老禅师便去拜访。老禅师的徒弟接待他时，他态度傲慢，心想："我是佛学造诣很深的人，你算老几？"后来老禅师十分恭敬地接待了他，并为他沏茶。可在倒水时，明明杯子已经满了，老禅师还不停地倒。他不解地问："大师，为什么杯子已经满了，还要往里倒？"禅师说："是啊，既然已满了，干吗还倒呢？"禅师的意思是，既然你已经很有学问了，为什么还要到我这里求教？

老禅师无疑是个智者，他看出修行者过于自满，未必能从自己这里学到真东西。我们每个人都一样，若太过骄傲，就无法虚心向别人学习。

很多人都这样认为：自己学过的东西是不会消失的，只要保有它们，就不愁吃不到饭。但在进步的社会中，不刷新你的知识，是很容易贬值的，人们常说"谦虚使人进步"，谦就是一种礼貌，一种礼节上的心态，虚就是一种空杯心态，把自己归零去学习。

人的生存环境不同，立场角度各异，同样的事例故事，讲述的角度不同，对他来说可能是有道理的，对你却显得荒谬。如此，在我们没有明晰一种观点所体现的立场、生存环境、角度、寓意，请先行接纳，然后理性反思剔除。自以为是的害处只能导致盲目自大，尔后自欺，然后欺人。

一个已经装满了水的杯子难以再装下别的东西，人心也是如此。

人们生来本站在同一起跑线上，可为什么所达到的高度不同？有的功成名就，有的却一事无成？主要在于，前者总是"留一些空杯子"虚心接纳，而后者却自我满足，自以为是，最终自己淘汰了自己。

人生旅行，就是汲取各种养分、滋养生命的过程。如果我们带着太多的自满上路，就像那个装满水的杯子，再也容不得半点水进入，这将是人生最大的悲哀。在人生的旅途中，每一个即将上路或已在路上的年轻人，一定要牢记，不论什么时候，都要给自己留一些"空杯子"，虚心求教。学无止境，心有空余，才能装物。

昨天的总要在今天归零

年轻的时候，玛丽比较贪心，什么都追求最好的，拼了命想抓住每一个机会。有一段时间，她手上同时拥有十三个广播节目，每天忙得昏天暗地，她形容自己："简直累得跟狗一样！"

事情都是双方面的，所谓有一利必有一弊，事业愈做愈大，压力也愈来愈大。到了后来，玛丽发觉拥有更多、更大不是乐趣，反而是一种沉重的负担。她的内心始终被一种强烈的不安全感笼罩着。

1995 年"灾难"发生了，她独资经营的传播公司被恶性倒账四五千万美元，交往了七年的男友和她分手……一连串的打击直奔她而来，就在极度沮丧的时候，她冒出了结束自己生命的念头。

在面临崩溃之际，她向一位朋友求助："如果我把公司关掉，我不知道我还能做什么？"朋友沉吟片刻后回答："你什么都能做，别忘了，当初我们都是从'零'开始的！"

这句话让她恍然大悟，也让她勇气再生："是啊！我们本来就是一无所有，既然如此，又有什么好怕的呢？"就这样念头一转，没有想到在短短半个月之内，她连续接到两笔很大的业务，濒临倒闭的公司起死回生，又重新正常运转了起来。

历经这些挫折后，让玛丽体悟到人生"无常"的一面，费尽了力气去强求，虽然勉强得到，最后留也留不住；反而是一旦放空了，随之而来的是更大的能量。

她学会了"生活的减法"。为了简化生活，她谢绝应酬，搬离了 150 平方米的房子。索性以公司为家，在一间小小的办公室里，淘汰不必要的家当，只留下一张床，一张小茶几，还有两只做伴的狗儿。

玛丽忽然发现，原来一个人需要的其实那么有限，许多附加的东西只是徒增无谓的负担而已。朋友不解地问她："你为什么都不爱自己了？"她回答："我现在是从内爱自己。"

对于过去发生的事情，我们无能为力。关于未来，它还没有发生，我们对于它的一切不过是想象。只有此刻，才是最真实的，也只有抓住此刻，才是最幸福的，才是最懂得疼爱自己的。

有人喜欢抓住过去不放，总是活在过去里，对往事缅怀。可是过去的事情里，我们大概忘记了兴奋与激情了吧，只有悲伤还残存在记忆中。于是我们每天都在咀嚼自己的痛苦，用过去的事情来折磨自己。

就像玛丽那样，以为没有了自己，什么事情都做不了，这样的想法是不对的；以为没有了一切，自己就活不下去，这也是不对的。宇宙间的事情，不是谁没有了谁就延续不下去的，只要我们愿意，我们随时都可以从零开始。

抛开过去，就在今天全部归零，我们才能整装待发，快乐出行。

不要拿过去犯下的错误抱怨自己

在生活中，有太多的人喜欢抓住自己的错误不放：没能抓住发展的机遇，就一直怨恨自己不具慧眼；因为粗心而算错了数据，就一直抱怨自己没长大脑；做错了事情伤害到了别人，会为没有及时道歉而自责很久……

　　人生一世，花开一季，谁都想让此生了无遗憾，谁都想让自己所做的每一件事都永远正确，从而达到预期的目标。可这只能是一种美好的幻想。人不可能不做错事，不可能不走弯路。做了错事，走了弯路之后，有谴责自己的情绪是很正常的，这是一种自我反省，是自我解剖与改正的前奏曲，正因为有了这种"积极的谴责"，我们才会在以后的人生之路上走得更好、更稳。但是，如果你纠缠住"后悔"不放，或羞愧万分，一蹶不振；或自惭形秽，自暴自弃，那么你的这种做法就是愚人之举了。

　　卓根·朱达是哥本哈根大学的学生。有一年暑假，他去当导游，因为他总是高高兴兴地做了许多额外的服务，因此几个芝加哥来的游客就邀请他去美国观光。旅行路线包括在前往芝加哥的途中，到华盛顿特区作一天的游览。

　　卓根抵达华盛顿以后就住进"威乐饭店"，他在那里的账单已经预付过了。他这时真是乐不可支，外套口袋里放着飞往芝加哥的机票，裤袋里则装着护照和钱。所有的一切都很顺利，然而，这个青年突然遇到晴天霹雳。

　　当他准备就寝时，才发现由于自己的粗心大意，放在口袋里的皮夹不翼而飞，他立刻跑到柜台那里。

　　"我们会尽量想办法。"经理说。

　　第二天早上，仍然找不到，卓根的零用钱连两块钱都不到。因为一时的粗心马虎，让自己孤零零一个人待在异国他乡，应该怎么办呢？他越想越是生气，越想越是懊恼。

　　这样折腾了一夜之后，他突然对自己说："不行，我不能再这样一直沉浸在悔恨当中了，我要好好看看华盛顿，说不定我以后没有机会再来，但是现在仍有宝贵的一天待在这个国家里。好在今天晚上还有机票到芝加哥去，一定有时间解决护照和钱的问题。

　　"我跟以前的我还是同一个人，那时我很快乐，现在也应该快乐呀。我不能因为自己犯了一点错误就在这白白的浪费时间，现在正是享受的好时候。"

　　于是他立刻动身，徒步参观了白宫和国会山，并且参观了几座大博物馆，还爬到华盛顿纪念馆的顶端。他去不成原先想去的阿灵顿和许多别的地方，但他能看到的，他都看得更仔细。

　　等他回到丹麦以后，这趟美国之旅最使他怀念的却是在华盛顿漫步的那一天——因为如果他一直抓住过去的错误不放，那么这宝贵的一天就会白白溜走。

　　放下过去的错误，向前看，才能有更多的收获。我们一生当中会犯很多错误，如果每一次都抓住错误不放，那么我们的人生恐怕只能在懊悔中度过。很多事情，既然已经没有办法挽回，就没有必要再去惋惜悔恨了。与其在痛苦中浪费时间，还不如重新找一个目标，再一次奋发努力。

第三章　停止抱怨，享受幸福的人生

内心期待什么就能做成什么

我们的内心有着很强大的力量，如果我们一直对生活寄托很多美好的期许，那么即使是在厄运当中，我们的命运也会很快得到扭转。

大学期间，戴尔经常听到同学们谈论想买电脑，但由于售价太高，许多人买不起。戴尔心想："经销商的经营成本并不高，为什么要让他们赚那么丰厚的利润？为什么不由制造商直接卖给用户呢？"戴尔知道，万国商用机器公司规定，经销商每月必须提取一定数额的个人电脑，而多数经销商都无法把货全部卖掉。他也知道，如果存货积压太多，经销商会损失很大。于是，他以很低的价格购得经销商的存货，然后在宿舍里加装配件，改进性能。这些经过改良的电脑十分受欢迎。戴尔见到市场的需求巨大，于是在当地刊登广告，以零售价的八五折推出他那些改装过的电脑。不久，许多商业机构、医疗机构和律师事务所都成了他的顾客。由于戴尔一边上学一边创业，父母一直担心他的学习成绩会受到影响，父亲劝他说："如果你想创业，等你获得学位之后再说吧。"

可是戴尔觉得如果听父亲的话，就是在放弃一个一生难遇的机会。于是，便坦白地告诉父母："我决定退学，自己开公司。""你的梦想到底是什么？"父亲问道。"和万国商用机器公司竞争。"戴尔说。"和万国商用机器公司竞争？"他的父母大吃一惊，觉得他太不自量力了。但无论他们怎样劝说，戴尔始终不放弃自己的梦想。最终，他和父母达成了协议：他可以在暑假试办一家电脑公司，如果办得不成功，到9月就要回学校去读书。得到父母的允许后，戴尔拿出全部积蓄创办戴尔电脑公司，当时他19岁。

他以每月续约一次的方式租了一个小小的办事处，雇用了一名28岁的经理，负责处理财务和行政工作。在广告方面，他在一只空盒子底上画了戴尔电脑公司第一张广告的草图。朋友按草图重绘后拿到报社去刊登。戴尔仍然专门直销经他改装的万国商用机器公司的个人电脑。第一个月营业额便达到18万美元，第二个月265万美元，仅仅一年，便每月售出个人电脑1000台。积极推行直销、按客户要求装配电脑、提供退货还钱以及对失灵电脑"保证翌日登门修理"的服务举措，为戴尔公司赢得了广阔的市场。大学毕业的时候，迈克尔·戴尔的公司每年营业额已达7000万美元。后来，戴尔停止出售改装电脑，转为自行设计、生产和销售自己的电脑。如今，戴尔电脑公司在全球16个国家设有分公司，每年收入超过20亿美元，有雇员约5500名。戴尔个人的财产，估计在2.5亿到3亿美元之间。假如戴尔不是忠于梦想，并且基于梦想坚决行动的话，显然他是不可能成为当今世界最年轻的富豪的。

内心期待什么就能做成什么。我们都可以按照自己的渴望设计人生。如果你始终觉得自己的生活过于悲惨，渴望构建一个属于自己的人间天堂，那么你每天都告诉自己："我离天堂很近。"很快你就会觉得自己真的置身于幸福的天堂了。

我们读着弥尔顿的那句话："境由心生。"就会产生很大的感触，原来心中有天堂，我们就生活在天堂里，心中有地狱，我们就会在地狱中挣扎。我们的生活总是跟着内心变化的，内心期许什么，我们就能做成什么。既然是这样，我们为什么不往好的方面想，让那些不快乐的事情远离我们的生活，给予自己一片纯净而又快乐的天空呢？

生命的本质在于追求快乐

亚里士多德说过，生命的本质在于追求快乐，而使得生命快乐的途径有两条：第一，发现使你快乐的时光，增加它；第二，发现使你不快乐的时光，减少它。快乐的人不是没有黑暗和悲伤的时候，只是他们追寻快乐的状态不会被黑暗和悲伤遮盖罢了。

正如德国思想家席勒所说："只有当人是真正意义上的人时，他才游戏。只有当人游戏时，他才完全是人。"

由于人的价值观不同，所以人们对快乐的理解不同。有人以为吃鲍鱼、燕窝、鱼翅是莫大的幸福，有人却为每天吃鲍鱼、燕窝、鱼翅而痛苦；有人以为骑自行车上下班是一种卑微，有人却由于各种压力而不能享受这种轻松自然。

因此，快乐可以分为两类：自然快乐和强迫快乐。如果事情的发展顺遂人意，那么自然要享受快乐，不用刻意寻找快乐。如果事情的发展不尽如人意，而自己又不想承受挫折产生的心灵痛苦，就要想出一些办法，让自己快乐起来。这种快乐就称为强迫性快乐。如果能够在顺心如意的情况下快乐，又能够在背时厄运的情况下保持平和，我们的生活质量就会得到提高。

那么，在竞争激烈的社会中，我们又如何拥有阳光心态，做最快乐的自己呢？

第一，要树立多元化的成功思维模式。

在现代社会中，太多的人不由自主地陷入了一元化成功的陷阱和圈套中。他们在追逐世俗成功标准的过程中，为了达到所谓"成功人士"的要求，过度地追求名利、地位、虚荣和奢华，有时甚至不择手段，结果走进了"成功"的死胡同而不能自拔，越"成功"越烦恼，越"成功"越不快乐。坦途变成了坎坷，天堂变成了地狱。

其实，条条大路通罗马，成功的道路不止一条，成功的标准也不止一个。在竞争中脱颖而出是成功，有勇气不断超越自己、不断超越过去的人，同样是成功者。做最阳光的自己就要求我们抛弃一元化成功思维模式，树立多元化成功思维模式，完整、均衡、全面地理解和阐释成功的定义，在活出真实的自我中享受到阳光般的幸福和快乐。

第二，要能够做到操之在我，褒贬由人。

每个人都希望能够得到别人的认可与肯定，这是人的基本心理需求之一，但是，如果这种需求过分强烈，就会造成沉重的精神负担并最终导致心灵的扭曲。"除非我们能够得到别人的承认，否则我们就是默默无闻的，就是没有价值的。""我们的工作并不重要，得到别人的承认才重要。"这种观念越牢固，精神就越痛苦，越努力就越找不到快乐和幸福。

其实，在很多情况下，我们真的没有自己想象得那么重要。别人邀请你参加晚会或发言，有时只是出于礼貌，甚至希望你最好能知趣地谢绝，或者简单地应付一下即可。西方有句谚语："20岁时，我们在意别人对我们的看法；40岁时，我们不理会别人对我们的看法；60岁时，我们发现别人根本就没有在意我们。"

因此，不必处处要求别人的认可，如果认可降临，你就坦然地接受它；如果它未能如期而至，你也不要过多地去想它。你的满足应该来自于你的工作和生活本身，你的快乐是为你自己，而不是为别人。

第三，时刻审视"职业竞争不相信眼泪"的道理。

在崇尚效率和结果的今天，职业竞争是不相信眼泪的，一个人的成功速度取决于他对不良情绪的调整速度。在日新月异的竞争时代，我们没有时间为刚才发生的事情懊恼不已或追悔莫及，我们能做的就是让那些不愉快的事情如瞬间飘逝的烟云，用阳光迅速驱除消极的阴霾，让自己去享受工作的挑战、生活的美好和生命的过程。

我们随时都有选择快乐的权利

如果你遇到了挫折，遭遇了失败，心情低落到了极点，情绪坏到了不能再坏到地步，那么请先让自己冷静下来。铺开一张纸，就好像铺开自己的心情一样，把自己的不快乐都列在这张清单上。当然，你还要找出一张纸，上面写上可能让你得到幸福的事情，不要放过任何一个快乐的源泉，比如你长得漂亮、你的身体很健康、你的家人对你很好等等。紧接着，你就可以对比了。这个时候，你就会发现，让你快乐的理由远远大于悲伤和难过的，既然如此，你就不该再将自己置于悲伤和痛苦的阴影当中了。

多年以前，有一个女孩因为失手伤了人而坐牢，尽管后来被释放，她仍然很痛苦，就到教堂祷告，希望上帝能够分担她的痛苦。看到女孩一脸悲伤，牧师问她发生了什么事。女孩哭了，她泣不成声地说："我多么的不幸啊，我这一辈子都摆脱不了这件事情给我带来的痛苦了……"

听罢她的叙述，牧师对她说："这位小姐，你是自愿坐牢的。"

女孩被牧师的话吓了一跳，说："你说什么？我怎么可能自愿坐牢？"

牧师对她说："你尽管已经从监狱里出来了，但在你的心里，天天心甘情愿地被关在牢里，那你不是自愿坐在心中的牢狱里吗？"

"这是什么意思呢？"女孩不解地问。

"在你身边发生了一件不好的事情，你就好像看了一场不好的电影一样，天天在回想，这不是很笨吗？你改变不了环境，但你可以改变自己；你改变不了事实，但你可以改变态度；你改变不了过去，但你可以改变现在；你不能控制他人，但你可以掌握自己；你不能预知明天，但你可以把握今天；你不可能样样顺利，但你可以事事尽心；你不能延伸生命的长度，但你可以决定生命的宽度；你不能左右天气，但你可以改变心情……"

生活本身已经制造那么多问题了，如果我们又进一步在脑子里提炼出那么多不快乐，的确是在增加心理的负荷。每天都要面对那么多无法预测的事情，还要承受自己给自己制造的不快乐，这本身难道不是一种愚蠢的行为吗？

我们不要再强调那些不快乐，来看看怎么才能停止制造不幸的过程：我们是因为想不快乐的事情，使用我们惯有的悲观情绪去想问题，所以才变得不快乐的。那么，只要我们停止再想这些问题，停止用悲观的眼睛看待世界，就会开心得多。

其实一个人在任何时候都面临着选择快乐和不快乐两个方面，也许我们不能在任何环境下都选择快乐，但是我们必须知道，我们在任何时候都有选择快乐的权利。

活着，就是一种幸福

有位青年，厌倦了生活，感到一切只是无聊和痛苦。为寻求刺激，青年参加了挑战极限的活动。活动规则是：一个人待在山洞里，无光无火亦无粮，每天只供应 5 千克的水，时间为整整 5 个昼夜。

第一天，青年颇觉刺激。

第二天，饥饿、孤独、恐惧一齐袭来，四周漆黑一片，听不到任何声响。于是他有点向往起平日里的无忧无虑来。

他想起了乡下的老母亲不远千里赶来，只为送一坛韭菜花酱以及一双小孙子的虎头鞋；他想起了终日相伴的妻子在寒夜里为自己掖好被子；他想起了宝贝儿子为自己端的第一杯水；他甚至想起了与他发生争执的同事曾经给自己买过的一份工作餐……渐渐地，他后悔起平日里对生活的态度来：懒懒散散，敷衍了事，冷漠虚伪，无所作为。

到了第三天，他几乎要饿昏过去。可是一想到人世间的种种美好，便坚持了下来。第四天、第五天，他仍然在饥饿、孤独、极大的恐惧中反思过去，向往未来。

他责骂自己竟然忘记了母亲的生日；他遗憾妻子分娩之时未尽照料义务；他后悔听信流言与好友分道扬镳……他这才觉出需要他努力弥补的事情竟是那么多。可是，连他自己也不知道，他能不能挺过最后一关。此时，泪流满面的他发现：洞门开了。阳光照射进来，白云就在眼前，淡淡的花香，悦耳的鸟鸣——他又迎来了一个美好的人间。

青年扶着石壁慢慢走出山洞，脸上浮现出了一丝难得的笑容。5天来，他一直用心在说一句话，那就是：活着，就是幸福。

放下死亡的包袱，敲开自己的心扉，积极地对待生活中的每一天，你才能好好地活着。

一位名人去世了，朋友们都来参加他的追悼会。昔日前呼后拥、香车宝马的名人躺在骨灰盒里，百万家财不再属于他，宽敞的楼房也不再属于他，他所拥有的只有一个骨灰盒大小的空间。

从名人的追悼会上回来，几乎每一个人都对生命有了新的看法。

追悼会是一次洗礼。从死亡的身边经过以后，才知道活着究竟是怎么回事。

一边是死亡的震撼，一边是活着的琐碎，我们很容易被死亡震撼，然而我们更容易被活着的琐碎淹没。不要去在意那些繁杂的纠葛、苦痛、伤害、低迷等，一切的一切仅仅是生活中小小的注脚而已。活着，即意味着追求幸福的资本和契机。活着就是幸福，让我们好好珍惜现在鲜活的生命。

活在当下，不透支生活的烦恼

有个小和尚，每天早上负责清扫寺院里的落叶。

清晨起床扫落叶实在是一件苦差事，尤其在秋冬之际，每一次起风时，树叶总随风飞舞。每天早上都需要花费许多时间才能扫完树叶，这让小和尚头痛不已，他一直想要找个好办法让自己轻松些。

后来有个和尚跟他说："你在明天打扫之前先用力摇树，把落叶统统摇下来，后天就可以不用扫落叶了。"小和尚觉得这是个好办法，于是隔天他起了个大早，使劲猛摇树，这样他就可以把今天跟明天的落叶一次扫干净了。一整天小和尚都非常开心。

第二天，小和尚到院子里一看，不禁傻眼了，院子里如往日一样满地落叶。老和尚走了过来，对小和尚说："傻孩子，无论你今天怎么用力，明天的落叶还是会飘下来。"小和尚终于明白了，世上有很多事是无法提前的，唯有认真地活在当下，才是最正确的人生态度。

库里希坡斯曾说："过去与未来并不是'存在'的东西，而是'存在过'和'可能存在'的东西。唯一'存在'的是现在。"

活在当下是一种全身心地投入人生的生活方式。当你活在当下，而没有过去拖在你后面，也没有未来拉着你往前时，你全部的能量都集中在这一时刻，生命因此具有一种巨大的张力。"当下"给你一个深深地潜入生命水中或是高高地飞进生命天空的机会。当然在两边都有危险——"过去"和"未来"是人类语言里最危险的两个词。生活在过去和未来之间的当下就好像走在一条绳索上，在它的两边都有危险。但是一旦你尝到了"当下"这个片刻的甜蜜，你就不会去顾虑那些危险；一旦你跟生命保持同一步调，其他的就无关紧要了。对你而言，生命就是一切。

当生命走向尽头的时候，你问自己一个问题：你对这一生还存有遗憾吗？你认为想做的事你都做了吗？你有没有好好笑过、真正快乐过？

想想看，你这一生是怎么度过的：年轻的时候，你拼了命想挤进一流的大学；随后，你巴不得赶快毕业找一份好工作；接着，你迫不及待地结婚、生小孩；然后，你又整天盼望小孩快点长大，好减轻你的负担；后来，小孩长大了，你又恨不得赶快退休；最后，你真的退休了，不过，你也老得几乎连路都走不动了……当你正想停下来好好喘口气的时候，生命也快要结束了。

其实，这不就是大多数人的写照吗？他们劳碌了一生，时时刻刻为生命担忧，为未来做准备，一心一意计划着以后发生的事，却忘了把眼光放在"现在"，等到时间一分一秒地溜过，才恍然大悟。

智者常劝世人要"活在当下"，到底什么叫做"当下"？简单地说，"当下"指的就是：你现在正在做的事、待的地方、周围一起工作和生活的人。"活在当下"就是要你把关注的焦点集中在这些人、事、物上面，认真地去接纳、品尝、投入和体验这一切。

而事实上，大多数的人都无法专注于"现在"，他们总是若有所想，心不在焉，想着明天、明年甚至下半辈子的事。假若你时时刻刻都将力气耗费在未知的未来，却对眼前的一切视若无睹，你永远也不会得到快乐。一位作家这样说过："当你存心去找快乐的时候，往往找不到，唯有让自己活在'现在'，全神贯注于周围的事物，快乐才会不请自来。"或许人生的意义，不过是嗅嗅身旁绚丽的花，享受一路走来的点点滴滴而已。毕竟，昨日已成历史，明日尚不可知，只有"现在"才是上天赐予我们最好的礼物。

许多人喜欢预支明天的烦恼，想要早一步将它解决掉。其实，明天如果有烦恼，你今天是无法解决的，每一天都有每一天的人生功课要交，努力做好今天的功课再说吧！用平常心对待每一天，用感恩的心对待当下的生活，我们才能理解生活和快乐的真正含义。

看淡得失，也就减少了痛苦

人生之中，难免会经历这样或那样的波折。面对生活中的痛苦，如果一味沉浸在对命运的抱怨中，那么我们看到的只能是漫无天际的悲观和失望，可是如果保持一颗豁达的心，即使是在人生的风雪里，也只会把它当成是一种风景来观赏。

曼德拉因为领导反对白人种族隔离的政策而入狱，白人统治者把他关在荒凉的大西洋小岛罗本岛上27年。当时曼德拉年事已高，但白人统治者依然像对待年轻犯人一样对他进行残酷的虐待。

罗本岛上布满岩石，到处是海豹、蛇和其他动物。曼德拉被关在总集中营一个"锌皮房"，白天打石头，将采石场的大石块碎成石料。他有时要下到冰冷的海水里捞海带，有时干采石灰的活儿——每天早晨排队到采石场，然后被解开脚镣，在一个很大的石灰石场里，用尖镐和铁锹挖石灰石。因为曼德拉是要犯，看管他的看守就有3人。他们对他并不友好，总是寻找各种理由虐待他。谁也没有想到，1991年曼德拉出狱当选总统以后，他在就职典礼上的一个举动震惊了整个世界。

总统就职仪式开始后，曼德拉起身致辞，欢迎来宾。他依次介绍了来自世界各国的政要，然后他说，能接待这么多尊贵的客人，他深感荣幸，但他最高兴的是，当初在罗本岛监狱看守他的3名狱警也能到场。随即他邀请他们起身，并把他们介绍给大家。

曼德拉的博大胸襟和宽容精神，令那些残酷虐待了他27年的狱警汗颜，也让所有到场的人肃然起敬。看着年迈的曼德拉缓缓站起，恭敬地向3个曾关押他的看守致敬，在场的所有来宾以致整个世界，都静下来了。

后来，曼德拉向朋友们解释说，自己年轻时性子很急，脾气暴躁，正是狱中生活使他学会了控制情绪，因此才活了下来。牢狱岁月给了他时间与激励，也使他学会了如何处理自己遭遇的痛苦。他说，感恩与宽容常常源自痛苦与磨难，必须通过极强的毅力来训练。获释当天，他的心情平静："当我迈过通往自由的监狱大门时，我已经清楚，自己若不能把悲痛与怨恨留在身后，那么我其实仍在狱中。"

没错，面对生活中的磨难，如果不能一颗豁达的心面对，那么我们只能一直生活在痛苦当中。在生活中，很多人都不能放下心中的痛苦，他们觉得是命运的亏待，让他们感受到了别人品尝不到的痛苦。所以，他们愤恨，他们抱怨，甚至于还会想到要报复。

可是，即便是我们把不快都发泄给了另一个人，我们仍然没有办法减轻心中的痛苦，因为我们不曾放下。所以，与其将别人卷入痛苦之中，不如我们自己释怀，看淡得失，也就看淡了人生的风景。

幸福在于失意时的忘却

有人这样问："爱情没有了，回忆起来甜蜜多一点儿还是痛苦多一点儿？"我们常常会遇到这样的问题，很多人觉得失去了当然是痛苦大于幸福，想起分手时刻的那些伤害，想起流泪时的心情都会让人心中痛苦。而有一个人却说："分手了，我记得最多的还是甜蜜，因为我忘记了那些痛苦，留在记忆里最多的还是曾经有一份很美的爱情。"的确，很多时候，我们伤心、痛苦的时候，最多的还是因为我们无法忘记，无法忘记那些伤痛和失意，那些记忆犹如明镜一般被我们悬挂起来，每天都在看，每时都在想，这样的话我们又怎能快乐呢？所以，在失意的时候，应当学会忘记，忘记那些不快，才能够真正的快乐，才能开始新的生活。

生于尘世，每个人都不可避免地要经历苦雨凄风，面对艰难困苦，想开了就是天堂，想不开就是地狱，而忘记就是一剂良药，愈合你的伤口，让你怀着新的希望上路。

人的一生，就像一趟旅行，沿途中有数不尽的坎坷泥泞，但也有看不完的春花秋月。如果我们的一颗心总是被灰暗的风尘所覆盖，干涸了心泉、暗淡了目光、失去了生机、丧失了斗志，我们的人生轨迹岂能美好？而如果我们能保持一种健康向上的心态，即使我们身处逆境、四面楚歌，也一定会有"山重水复疑无路，柳暗花明又一村"的那一天。

悲观失望者一时的呻吟与哀叹虽然能得到短暂的同情与怜悯，但最终的结果必然是别人的鄙夷与厌烦；而乐观上进的人，经过长期的忍耐与奋斗，最终赢得的将不仅仅是鲜花与掌声，还有那饱含敬意的目光。

虽然，每个人的人生际遇不尽相同，但命运对每一个人都是公平的。因为窗外有土也有星，就看你能不能磨砺一颗坚强的心、一双智慧的眼，透过岁月的尘寻觅到辉煌灿烂的星星。只不过你永远忘不掉曾经的荆棘，所以你总畏惧前行。

很多人在失意的时候学会了抱怨，学会了沉沦。忘不掉别人给予的伤痛，莫过于拿别人的错误来惩罚自己。就如失恋，不是因为你自己不够优秀，也不是因为你自己倒霉，而是你在错误的时间遇到了不适合的人。分开很正常，因为你需要腾出时间和位置去给那个适合的人，但是在你沉沦的那一刻起，你的记忆里装满的都是曾经的伤，又怎能给那个真正适合的人空间呢？所以一个塞满了旧的回忆的大脑，永远无法让新鲜的东西进来。

在生活中，有很多的无奈要我们去面对，有很多的道路需要我们去选择。忘记一些原本不应该属于自己的，去追寻前方更加美好的。忘记一些繁琐，为大脑减负，忘记那些怅惘，为了轻快地歌唱；忘记一段凄美，为了轻柔地梦想。忘记，是一种伤感，但更是一种美丽。

人生苦旅，等闲视之

人生难免会有失意的时候，事业上的、情感上的、家庭上的，等等，面对失意，强者以一颗自强不息的心不断进取，弱者就是面对一张薄纸，也不愿伸手戳破，去达到自己的目的。一个人拿到一手坏牌时，一定要保持自立自强的姿态，奋力前行。

有一个农民，只上了几年学，家里就没钱继续供他上学了。他辍学回家，帮父亲耕种二亩薄田。在他18岁时，父亲去世了，家庭的重担全部压在了他的肩上。他要照顾身体不佳的母亲，还有瘫痪在床的祖母。

改革开放后，农田承包到户。他把一块水田挖成池塘，想养鱼。但村里的干部告诉他，水田不能养鱼，只能种庄稼，他只好又把水塘填平。这件事成了一个笑话，在别人看来，他是一个想发财但又非常愚蠢的人。

听说养鸡能赚钱，他向亲戚借了300元钱，养起了鸡。但是一场大雨后，鸡得了鸡瘟，几天内全部死光。300元对别人来说可能不算什么，对一个只靠二亩薄田生活的家庭而言，可谓天文数字。他的母亲受不了这个刺激，忧劳成疾而死。

他后来酿过酒、捕过鱼，甚至还在石矿的悬崖上帮人打过炮眼……可都没有赚到钱。

36岁的时候，他还没有娶到媳妇。即使是离异的有孩子的女人也看不上他，因为他只有一间土屋，随时有可能在一场大雨后倒塌。娶不上老婆的男人，在农村是没有人看得起的。

但他还是没有放弃，不久他就四处借钱买一辆手扶拖拉机。不料，上路不到半个月，这辆拖拉机就载着他冲入一条河里。他断了一条腿，成了瘸子。而那辆拖拉机，被人捞起来时，已经支离破碎，他只能拆开它，当作废铁卖。

几乎所有的人都说他这辈子完了。

但多年后他还是成了一家公司的老总，手中有1亿元的资产。现在，许多人都知道他苦难的过去和富有传奇色彩的创业经历。许多媒体采访过他，许多报告文学描述过他。曾经有记者这样采访他：

记者问："在苦难的日子里，你凭借什么一次又一次毫不退缩？"

他坐在宽大豪华的老板台后面，喝完了手里的一杯水。然后，他把玻璃杯子握在手里，反问记者："如果我松手，这只杯子会怎样？"

记者说："摔在地上，碎了。"

"那我们试试看。"他说。

他手一松，杯子掉到地上发出清脆的声音，但并没有破碎，而是完好无损。他说："即使有10个人在场，他们都会认为这只杯子必碎无疑。但是，这只杯子不是普通的玻璃杯，而是用玻璃钢制作的。"

是啊！这样的人，即使只有一口气，他也会努力去拉住成功的手，除非上苍剥夺了他的生命……

这位成功者开始的境遇不但很坏，甚至可以说糟透了，但他硬是将原本悲惨的命运改变了。他依靠的是什么？就是在失意的时候，他从来没有放弃过，自强、自立使他一路风雨兼程最终走向了成功。

面对挫折，只有自强者才能战胜困难、超越自我。如果一味地想着等待别人来帮忙，只能落得失败的下场。凭着自己的努力可以解决任何问题，永远可以依赖的人只有自己！

有一颗清净的心

1918年8月19日，一度风流倜傥悠游于海上名流之间的才子、名士李叔同离妻别子，悄然遁入空门，法号弘一。今天，读过弘一大师传记的人，大概都不会忘记他是以怎样珍惜和满足的神情面对盘中餐：那不过是最普通的萝卜和白菜，他用筷子小心地夹起放在嘴里，似在享用山珍海味。正像他的好友所说："在他，什么都好，旧毛巾好、草鞋好、萝卜好、白菜好、草席好……"

而令人惊奇的是，这位备受敬仰的人物，原本生长在"黄金白玉非为贵"的富豪之家。

"惜衣惜食，非为惜财缘惜福；爱人爱物，到了方知爱自己。"以惜福的心态度过生命中的每一天，怎能不会产生知足、安详、欢愉、幸福的感觉呢？

有一场举世瞩目的赛事，台球世界冠军已走到卫冕的门口。他只要把最后那个8号黑球打进球门，凯歌就奏响了。就在这时，不知从什么地方飞来一只苍蝇。苍蝇第一次落在他握杆的手臂上。有些痒，冠军停下来。苍蝇飞走了，这回竟落在了冠军锁着的眉头上。冠军只好不情愿地停下来，烦躁地去打那只苍蝇。苍蝇又轻捷地脱逃了。冠军做了一番深呼吸再次准备击球。天啊！他发现那只苍蝇又回来了，像个幽灵似的落在了8号黑球上。冠军怒不可遏，拿起球杆对着苍蝇捅去。苍蝇受到惊吓飞走了，可球杆触动了黑球，黑球当然没有进洞。按照比赛规则，该轮到对手击球了。对手抓住机会死里逃生，一口气把自己该打的球全打进了。

卫冕失败，冠军恨死了那只苍蝇。在众人的喧哗中，冠军不堪重负，不久就自己结束了生命。临终时他对那只苍蝇还耿耿于怀。一只苍蝇和一个冠军的命运交织在一起，也许是偶然的。倘若冠军能制怒并静待那只苍蝇飞走的话，故事的结局也许就会重写了。

一个心智成熟的人，必定能控制住自己所有的情绪与行为，不会像野马那样为一点小事抓狂。当你仔细地审思自己时，你会发现自己既是自己最好的朋友，也是自己最大的敌人。特别是你要控制别人之前，一定要先控制住自己。如果你不能征服自己，你就可能永远错失幸福。

虽然生活中，幸福没有统一的答案，也没有一定的模式。但是它同样需要一种捕获的心境。幸福的内涵无限丰富，只要你善于捕捉，用心灵去发现，哪怕是一条温暖的短信问候，一句关爱的叮咛，一缕初夏的凉风，一幕日常生活琐碎的片段……你都能感受到幸福，因为你拥有一颗懂得享受幸福的心。

声色犬马常使心灵浑浊、辛苦、茫然。古人说，淡泊以明志，宁静而致远。简简单单地生活，简简单单地去发觉点滴间存在的小小幸福。

幸福其实是无遮无拦的，它就像山坡上静静地吐着芬芳的野花，没有围墙，也不需要门票，只要有一颗清净的心和一双未被遮住的眼睛，就能得到。

爱情的折磨会使一个人的灵魂得到升华

爱情是人生中最美丽的事，但人生并不是事事如意，相爱的人并不都会有完满的结局，失恋的故事每天都在这个世界上上演。

也许目前生活中的你正经受着爱人离去后的煎熬，失恋的折磨是残酷的，但同时也充满勃勃的生机。充分把握你自己，不要让这次折磨打垮你，经过这次折磨，你的灵魂会得到一次升华，并由此创造更美好的人生。

当世界进入 20 世纪的钟声敲过，美国作家杰克·伦敦对心爱的情人玛贝尔的最后一次求爱，又因对方父母的反对而失败了。杰克怀着失恋的痛苦回到家里，大声喊着："我要与新世纪一起出发！"连夜埋头读书，用发愤自学迎来 20 世纪第一个黎明。从此，他抓紧学习和写作，1900 年 2 月发表了轰动美国文学界的小说集《狼的儿子》。

大音乐家贝多芬，31 岁时，境况艰难，无法娶心爱的琪丽哀泰。两年后对方嫁给别人了，贝多芬痛苦得写了遗嘱想自杀。但他最终从音乐中寻到了安慰，不久即创作出《第二交响乐》。36 岁之后，他与丹兰士的爱情又被毁了，又是一次无情的打击，但他决心为事业奋斗，接连创作出《第七交响曲》《第八交响曲》《第九交响曲》，成了伟大的"乐圣"。

居里夫人年轻时第一次爱上的是当家庭教师的那家主人的大儿子卡西密尔。由于对方父母反对，漂亮英俊的卡西密尔向她宣布断交。失恋的痛苦像反作用力一样，推着她以发狂般的勇气去奋斗。生活和科学在召唤，她终于跳出了失恋的深渊，踏上了科学大道并寻觅到了知音。

歌德多次失恋过，与夏绿蒂分手是第 5 次失恋，这次最痛苦，他多次想要自尽，但他终于坚强地战胜了怯懦。当夏绿蒂结婚时，他还送了礼物，祝她幸福。后来夏绿蒂就成为小说《少年维特之烦恼》中的主人公之一了。歌德每次失恋，都是凭借文学来摆脱精神痛苦的。

从以上这些名人的故事中我们可以看到失恋对一个人一生的价值所在。失恋者积极的态度会使"自我"得到更新和升华，全身心地投入到工作中去，许多失恋者因此而创造出了辉煌的成就。像歌德、贝多芬、罗曼·罗兰、诺贝尔、居里夫人、牛顿等历史名人，都曾饱受过失恋的痛苦。他们可谓是用奋斗的办法更新"自我"，积极转移失恋痛苦的楷模。

所以失恋并不是一件坏事，失恋的折磨可以激起你的斗志，增添你的力量，推动你不断向前！

家人的折磨对你是一种幸福

折磨虽然痛苦，但这些痛苦只是暂时的，它最终将对你大有裨益，促使你更好地发展，最终走上成功的人生道路。

在赫德 18 岁那年的一个早上，父亲要赫德开车送他到 20 公里之外的一个地方。那时赫德刚学会开车，就非常高兴地答应了。

赫德开车把父亲送到目的地，约定下午 3 点再来接他，然后就去看电影了。等最后一部电影结束的时候，已经是下午 5 点了。赫德迟到了整整两个小时！

当赫德把车开到预先约定的地点时，父亲正坐在一个角落里耐心等待。赫德心里暗想，父亲如果知道自己一直在看电影，一定会非常生气。

赫德先是向父亲道歉，然后撒谎说，他本想早些过来的，但是车子出了一些问题，需要修理，维修站的工人们花了两个小时的时间修车。

父亲听后看了他一眼：那是赫德永远不会忘记的眼神。

"赫德，你认为必须对我撒谎吗？我感到很失望。"父亲说。

"哦，你说什么呀？我说的全是实话。"赫德争辩道。

父亲又一次看了他一眼，"当你没有按预约时间到达时，我就打电话给维修站，问车子是否出了问题，他们告诉我你没有去。所以，我知道车子根本没有问题。"一阵羞愧感顿时袭遍赫德的全身，他无可奈何地承认了看电影的事实。父亲专心地听着，悲伤掠过他的脸庞。"我很生气，不是生你的气，而是生我自己的气。我觉得作为一个父亲我很失败，因为你认为必须对我说谎，我养了一个甚至不能跟父亲说真话的儿子。我现在要步行回家，对我这些年来做错的一些事情好好反省。"

赫德的道歉，以及他后来所有的话都是徒劳的。

父亲开始沿着尘土飞扬的道路行走，赫德迅速地跳到车上紧跟着父亲，希望父亲可以回心转意停下来。赫德一路上都在忏悔，告诉父亲他是多么难过和抱歉，但是父亲根本不予理睬，独自一人默默地走着、沉默着、思索着，脸上写满了痛苦。

整整 20 公里的路程，赫德一直跟着父亲，时速大约为每小时 4 公里。

20 公里的路程里，看着父亲遭受肉体和情感上的双重折磨，这是赫德生命中最难过和痛苦的经历。然而，它同样是生命中最成功的一次教育。自此以后，赫德再也没有对父亲说过谎。

从故事中我们可以看到，父母对我们的教育在我们还未懂事的时候总觉得那是一种折磨，然而这种折磨往往是我们成长道路上的良言，有时候精神上的折磨比肉体上的折磨更能塑造一个人的灵魂。

不要在心中痛恨你的亲人，无论是师长还是父母，他们给你出的各种难题，都会成为你成长的绝好营养品。

折磨伴着你成长

对一个年轻人而言，生活中的难题不是太多，而是越多越好。一个人的成长和这些难题有着莫大的关系，不要排斥这些难题，勇敢地忍受折磨，它将会伴你更好地成长。

张老师对大家要求很严。这让大家觉得他是个很凶的人。他的讲台上常放着一把宽约一寸、长约尺余的教鞭。教鞭的一头由于手的摩擦和汗水的浸泡，已由青泛黄，闪烁着光亮。另一头则被劈开两寸多长。这样打起手板来一夹一夹的，痛着呢！胆大的常偷偷把他的教鞭丢进茅厕和山林中。不想第二天他又找来一根一模一样的教鞭，让你怀疑这教鞭是不是被他发现后从山林里找回来的那一根。

说到教鞭，张刚就有恨。

那次，大队部放电影，张老师却说电影内容不适合同学们看，何况大家期考将至，要他们好好复习功课，不允许看电影，一经发现就打 30 下手板。张刚以为他与爸爸要好，又是自己的本家，自己看电影是不会被打手板的，就偷偷去看了。谁知竟被他发觉了，张刚吓得拔脚便逃。

第二天，张刚极不情愿地举起手板，张老师打手板时，劲用得十分大。他觉得一下一下打的不是手。1、2、3……刚打了 10 来下张刚的手就红彤彤的了。手缩了又缩。张老师却不讲情面地说，不许缩，缩了再加罚，他硬是把当时已泪流满面的张刚打了整整 30 下手板。为此，张刚开始记恨他起来。

后来，只要看到张老师愁眉苦脸的样子，张刚就高兴，他家发生了不愉快的事自己也会在一旁偷着乐。他家开始不是鸡少了一只，就是鸭跛了一只脚，不用说，那都是张刚干的好事。

读初中时，张刚开始了他的学画生涯。老师为了让他考个好学校，让他到市里去参加美术培训。张老师在得知他为学画培训费而苦恼时，将家里养的能卖的鸡鸭都卖了，为他筹了上百元的学费，还请张刚和他父亲到张老师家吃饭。

当看到他宰的是那只被自己打跛了脚的鸭子时，张刚的脸红了。张老师看出来了，说："来，吃吃我弄的鸭子，原本想将它卖了换个油钱的，但婆婆说它会生蛋，一直舍不得卖。

今天是个高兴的日子，说不定将来我们张家会出现一个大画家的。宰了这只鸭子，值得！"
张刚一直将头低得很沉，不知是出于惭愧，还是感激，张刚的泪慢慢流了出来。

现在，张刚没成为画家，倒成了城里人，成了与张老师一样靠笔杆子吃饭的读书人。
想起张老师的沉思状和他的教鞭，张刚就想起那只被打跛了脚的鸭子。

老师在学生的眼里，总是一副很严肃的样子，对学生过于严格，他们是在折磨学生，
更是在用心栽培学生。在一个人的成长道路上，别忘了最应该感谢的人还有你的老师。

从内心选择幸福，人生才会阳光明媚

得到快乐，与你住在多么高级的社区、有多么高薪的工作、多少休闲时间、多么
显赫的头衔、多少名牌衣服、多么豪华的房车、多少银行存款全然没有关系。智者告
诉我们，快乐是一种心境。古罗马哲学家锡尼卡也指出："认为自己命运悲惨，就会过
得凄风苦雨。"

也许有人会问："人非要快乐才能生存吗？"当然不是。英国哲学家米尔说得好："没
有快乐当然可以生存，人类几乎都是这么过的。"虽然人不一定要靠快乐才能活下去，但是
任何东西都无法取代快乐。

何谓快乐？如何寻找快乐？大家的看法见仁见智，所以不要误以为别人心目中的快乐
才叫快乐。不少人都相信，若是换个处境——告别单身，结婚成家；搬出小屋，迁入豪宅；
淘汰老旧的车，换上崭新的名车；不去上班，改去度假——他们会快活得多。可是一旦换
了环境，快乐却有可能不增反减，到头来他们又巴不得再变变花样。

从另一方面来说，满足现状的人遇到不同的境遇，也一样会感到快乐。无论生活处境
如何，他们总会发现值得感谢的事物。富兰克林说："真正快乐的人，即使绕道而行，也懂
得欣赏沿路风光。"这句话的意思就是：快乐的人遇到环境变迁，依然笑口常开。

结婚 25 年来，凯瑞和丈夫一直很恩爱。

"你知道，理查德给利丝买了一枚贵重的钻戒，利丝给他买了一件长毛皮大衣。"凯瑞说。

"住在这么热的地方，毛皮大衣有什么用？"丈夫笑着回答。

他开始收拾东西，凯瑞看着他。他们一起经历了 3 次破产，住过 5 所房子，养育了 3
个孩子，用过 9 辆汽车，有 23 件家具，度过 7 次旅行假期，换过 13 份工作，共有 18 个银
行存折和 3 张信用卡。

凯瑞给他剪头发，掖好过 33488 次右边的衬衣领子；凯瑞每次怀孕时，丈夫都给她洗脚；
有 18675 次在她用完车后，他把车子停到它该停的地方。他们共用牙膏、橱柜，共有账单
和亲戚，同时，他们也相互分享友情和信任……

在结婚 25 周年纪念日，丈夫对凯瑞说："我给你准备了一件礼物。"

"什么？"她惊喜地问。

"闭上你的眼睛。"丈夫说。

当她睁开眼睛时，只见他捧着一棵养在泡菜坛子里的椰菜花。"我一直偷偷地养着它，
叫孩子们看见，就该把它毁了。"他乐滋滋地说，"我知道你喜欢椰菜花。"

这时，一种甜蜜的幸福从凯瑞心中升起。

实际上，快乐和幸福只在你的感觉中。

你是否快乐，决定权在你，而不在老板、配偶、朋友、父母、社会或政府的身上。追
求快乐是你的权利。一位智者说："美国宪法并不保障人民的幸福，只保障人民追求幸福的
权利，而幸福得靠自己去追求。"要不要快乐，有赖你的选择，但请务必把快乐看得比成功

重要，因为成功不一定能带来快乐。

如果你时时刻刻都在寻找快乐，却总是空手而回。那就表示你找错了地方或方法不对，应当再多加留意你找过的场所，或调整方法。再强调一次，追求快乐，完全在自己，快乐可不会在乎你是否拥有它。无论是男是女、是高是矮、是富是贫、是单身还是已婚、是目不识丁还是饱学之士，能不能找到快乐，全靠自己。

心里拥有阳光就会拥有机会

爱默生说：“热情是能量，没有热情，任何伟大的事情都不能完成。”热情其实是一种心态，完全由你自己来调配。冷漠地对待你现在的工作和生活，你得到的只能是别人的否定和更冷漠的目光；热情地对待你的工作和生活，你将会得到别人善意的肯定和赞许的目光。问题的关键还在于你自身，记住，心里拥有阳光的人就会拥有机会。

在进入这个香港人投资的家具厂之前，她先后干过不少工作——承包过农田，搞过运输，倒卖过袜子，还卖过雪糕。但是，都没有挣到钱。对于一个离了婚又带着孩子的女人来说，既没出众的长相，又无骄人的学历，生活的确不易。

她被分在材料车间，都是些杂活，但她还是十分珍惜，也干得格外卖力且出色。有一次，一个本地木材商因质量问题与公司发生激烈冲突，她主动请缨，最后把事情处理得非常妥帖，为公司挽回了大笔损失。她由此得到了老板的赏识，并第一次赢得额外奖金。

她高兴了很久。但是，现实马上将她拉回到愁眉苦脸的状态中——需要补充的是，她来这个公司已经大半年时间了，基本上没有露过笑脸。而且，天天穿着那套老旧的工作服，就更别提化妆打扮了。

后来，车间主任荣升为经理助理。在大家眼中，空缺的位置非她莫属。但是很意外地，老板提拔了另外一个人。老板把她叫去，说：“你怎么每天都没有笑容呢？”她说：“就咱们眼前这些活还需要笑吗？”老板忽然显得严肃起来：“是的，依我看，确实是干什么都需要笑，你要是会微笑，付出同样的努力，就能比别人收获更多。相反，呆板会消损你的努力——我之所以把领班这个位置安排给另外一个人，就是因为她比你乐观。有时候，微笑也是一种力量啊……”

她开始试着用微笑来面对身边的一切，许多熟人见了，都惊叹她的改变，并欣慰于她日渐好转的处境。

充满热情的人喜欢时常露出笑容，故事中的“她”如果能充满热情，时常面带微笑，机会可能早就降临到她头上了。

热情是一笔珍贵的资产，无论知识、钱财或势力都比不上它。有的时候，热情不但有助于一个人在工作上给人留下印象，还能让一个人体验到生活的阳光。热情像一块磁石，能把周围的人吸引到你的身边，还能让周围的人感受到你精神的力量，感觉好像什么奇迹都能创造。充满热情的人都是性格开朗、笑口常开的人，他们喜欢帮助他人，所以无论到哪里都能受到欢迎。

热情的人性格都是阳光灿烂的，即使在遭遇危机或需要帮助的时候，也能转危为安，得到别人的帮助。相对冷漠的人，他们阴暗的态度让周围的人避之不及，他们的冷漠让他们失去了难得的机遇，关闭了属于自己的大门。一个对自己的工作都不够热情的人，是不可能取得好成绩的。

机会就在你的身边，但它需要你去努力争取，充满热情你才能拥有成功的机会。

永远保持一颗年轻的心

在这个世界上，儿童可以说是最懂得享受幸福的专家了，而那些能够保有一颗赤子之心的人，才是最懂得幸福的人。能保持年轻人特有的幸福精神与要旨是相当难得而宝贵的。因此，若要永远保有幸福，我们绝对不可让自己的精神变得衰老、迟钝或疲倦，不可以失去纯真。

有位老师曾问她的学生："你幸福吗？"

"是的，我很幸福。"学生回答。

"经常都是幸福的吗？"老师再问道。

"对，我经常都是幸福的。"

"是什么使你感觉幸福呢？"老师继续问道。

"是什么我并不知道。但是，我真的很幸福。"

"一定是有什么事物才使得你幸福的吧？"老师继续追问着。

"是啊！我告诉你吧！我的伙伴们使我幸福，我喜欢他们。学校使我幸福，我喜欢上学，喜欢我的老师。还有，我喜欢上教堂，也喜欢上主日学校和其中的老师们。我爱姐姐和弟弟。我也爱爸爸和妈妈，因为爸妈在我生病时关心我。爸妈是爱我的，而且对我很好。"

老师认为在她的回答中，一切都已齐备了——和她玩耍的朋友（这是她的伙伴）、学校（这是她读书的地方）、教会和她的主日学校（这是她做礼拜之处）、姐弟和父母（这是她以爱为中心的家庭生活圈）。这是具有极单纯形态的幸福，而人们最高的生活幸福亦莫不与这些因素息息相关。

老师又向一群少男、少女提出过相同的问题，并且请他们把自认为"最幸福的是什么"一一写下来。他们的回答益发令人觉得感动。少男们的回答是这样的：

"有一只雁子在飞，把头探入水中，而水是清澈的；因船身前行，而分拨开来的水流；跑得飞快的列车；吊起重物的工程起重机；小狗的眼睛；好玩的玩具……"

以下则是少女们对于"什么东西使她们幸福"的回答：

"倒映在河上的街灯；从树叶间隙能够看得到红色的屋顶；烟囱中冉冉升起的烟；红色的天鹅绒；从云间透出光亮的月亮……"

虽然这些答案中并没有充分表现出完整性，但无疑却存有某些美的精华。想要成为幸福的人，重要的秘诀便是：拥有清澈的心灵，可以在平凡中窥见浪漫的眼神，以及一颗赤子之心。

在这个世界上，你一定要永远保持一颗赤子之心，这样就会少一些烦躁和浮华，多一分稳重和扎实。成功多半属于后者，只要你能坚守年轻，成功就不会离你太远。

超越人生的痛苦

如果我们能理智地对待很多境界和环境，就都可以找到它们的平衡点。人们经常会有这样的忠告：不要害怕失败和逆境。多年来，人们一直以为，害怕失败和逆境始终是人类最大的弱点之一。

李斯特曾说过："失败曾是我最大的动力来源。就像想到破产一样，我就会心生警惕，告诉自己要尽力让业绩蒸蒸日上。"

他的这番话给我们很大的启示。所以，我们要修正自己的观念。其实，害怕失败和逆境并没有错，但如果是一再地想象失败，就对人生太没益处了。作为一个想要成功的人，必须超越失败，超越人生的痛苦。

一位老人在晚年罹患了关节炎，苦不堪言。后来病情加剧，以至于行走都很困难，从此拐杖和轮椅便和她形影不离。即使如此，她还是用积极的态度和乐观的眼光看待周围所有的事物。

她的房间总是满载着笑声，而访客还是如旧时一般络绎不绝。

有时候，她想在床上多躺一会儿，于是，她的孙子们——4个不到10岁的小男孩就到她房里去围在床边。这时，她会说故事给其中一个听，与另一个玩扑克牌，再和一个玩游戏，同时，哄另一个睡觉。

最令人钦佩的是，她从不将自身的痛苦或烦扰变成家人的负担。到后来，病情变得更加糟糕，但她总是说："这把老骨头今天总算有点起色了。"她积极又乐观的态度，就好像磁铁，吸引了所有的人，让人不由自主地在她身旁流连。这位老人的内心一定承受着巨大的痛苦，但她什么也不说，将痛苦压在身下，以笑脸面对生活，生活也给她以最大的馈赠。

超越人生痛苦是人生的快乐秘籍，在使你的生活充满欢乐的同时，还能帮你造就卓越的成就。所以，若想成功，就得具备这种态度。

失败、挫折，甚至苦难都会不停地侵蚀一个人的心灵，痛苦可想而知，但一个人不能永远只把目光停留在痛苦之上。一个眼中只有痛苦的人，不会有什么出息，一个人若想在有生之年有所作为，必须超越人生的痛苦，站在更高的台阶上俯视一切，这样才能找准方向，一往直前。

剔除生命的碎屑

一块初出深山的顽石，只有经过玉匠仔细的雕琢打磨之后，才能成为无价的美玉。一个人又何尝不是这样呢？若不去除身上那些斑斑点点的碎屑，又怎么能够使自己的生命升华呢？

古书中曾记载过这样一则关于孔子的故事：

孔子年轻的时候，很喜欢到他隔壁的邻居家去。他的邻居是一位技艺精湛的老石匠，一块块岩石经过他的刻凿，便成了千姿百态栩栩如生的花鸟石刻。

一天，孔子又踱至邻家，那个老石匠正叮叮当当地为鲁国一位已故大夫刻石铭碑。孔子叹息道："有人淡如云影来去无痕，有人却把自己活进了碑石，活进了史册里，这样的人真是不虚此生啊！"

老石匠停下锤，问孔子说："你是想一生虚如云影，还是想把自己的名字刻进石碑、流芳千古？"

孔子长叹一声说："一介草木之人，想把自己刻到一代一代人的心里，那不是比登天还难吗？"

老石匠听了，摇摇头说："其实并不难啊。"他指着一块坚硬又平滑的石块说："要把这块石坯刻成碑铭，就要雕琢它。"老石匠说完，就一手握凿一手拿锤叮叮当当地凿起来，一块块石屑很快在锤子清脆的敲击声中飞起来。

不一会儿，岩石上便现出了一朵栩栩如生的莲花图案。老石匠说："如果想使这个图案不容易被风雨抹平，那就要凿得更深些，要剔掉更多的石屑。只有剔凿掉许多不必要的石屑，才能成为碑铭。"

如果我们是一块不甘平庸的石头，那么就必须忍受折磨，去经受挫折、困难和失败等生活磨难的雕琢，去掉生命中那些劣质、腐朽的东西，只留下精华，生命才会更加完美。

如果我们不甘折磨，不剔除那些碎屑，天长日久，那些劣质的东西就会不断侵蚀一个人的美好部分，最终将精华淹没，甚至自己还可能成为害群之马，社会的祸端。

剔除你生命的碎屑，走向完美吧！因为这生命你只有一次。

清扫你心灵的垃圾

《王阳明全书》里记载了这样一个故事：

有一个名叫杨茂的人，是个聋哑人，阳明先生不懂得手语，只好跟他用笔谈。

阳明先生首先问："你的耳朵能听到是非吗？"

答："不能，因为我是个聋子。"

问："你的嘴巴能够讲是非吗？"

答："不能，因为我是个哑巴。"

又问："那你的心知道是非吗？"

但见杨茂高兴得不得了，指天画地地回答："能、能、能。"

于是阳明先生就对他说："你的耳朵不能听是非，省了多少闲是非；口不能说是非，又省了多少闲是非；你的心知道是非就够了。倒有许多人，耳能听是非，口能说是非，眼能见是非，心还未必知道是非呢！"

其实，在生活中，我们有很多的是非都是听来的，人家第一句话，就叫你暴跳如雷，第二句话就叫你泪流成河，那人家岂不成了导演，而我们也就当了演员。还有很多的是非，都是说出来的，所谓"病从口入，祸从口出"。哪怕两片薄薄的嘴唇，都会把人间搞得乌烟瘴气、鸡犬不宁。可见很多的是非都是听来的，都是说出来的。

很多时候，你人生的痛苦就是因为你太执著，看不开、也放不下，自然把自己给困缚住，而不得解脱，若能看开了放下了就不至于如此。

如何创造幸福人生呢？那些生活中的"是非"在心灵中堆积太多，便会形成垃圾，要想创造一个圆满而幸福的人生，必须将这些垃圾清扫出去。

快乐是要自己快乐，让别人来分享你的快乐，每天早上垃圾车来把垃圾全部带走，有形垃圾容易处理，无形的垃圾最难处理；什么是真正的垃圾呢？怨、恨、恼、怒、烦，这才是真正的垃圾，假若今天你把这些垃圾，请垃圾车全部带走，你今天就没有垃圾了。也就是说，只要你每天清扫心灵的垃圾，你就能得到幸福和快乐。

第四章　放下抱怨，淡定的人生从来不抱怨

宽容比怨恨更具威慑力

古今中外，许多大人物身上都有大度、宽容的美德，这也是他们能够被人们尊重的原因之一。

一天，在开往费城的火车上，一个妇人中途上了车，她走进一节车厢，坐在了座位上。对面是一位略显肥胖的男子，正在吸烟。这位妇女禁不住咳了几声，可是，那个男子丝毫没注意到她的暗示。最后，妇人忍不住开口说："你多半是外国人吧！大概不知道这趟车有一节吸烟车厢，这里是不让吸烟的。"那个男子一声不吭，掐灭了香烟，扔出了窗外。

这时，列车员走过来对妇人说，这里是格兰特将军的私人车厢，请她离开。她听了大吃一惊，心里很害怕，站起身往门口走。而格兰特将军仍像刚才一样，没有给她任何难堪，甚至没有取笑、嘲弄她的神情。

宽容也并非大人物的专利，普通人也同样有之。

有这样一个故事：格林夫妇带着两个儿子在意大利旅游，不幸遭劫匪袭击。7岁的长子尼古拉死于劫匪的枪下，在医生证实尼古拉的大脑确实已经死亡的10个小时内，孩子的父亲做出了决定，同意将儿子的器官捐出。4小时后，尼古拉的心脏移植给了一个患先天性心肌畸形的14岁孩子；一对肾分别使两个患先天性肾功能不全的孩子有了活下去的希望；一个19岁的濒危少女，获得了尼古拉的肝；尼古拉的眼角膜使两个意大利人重见光明。就连尼古拉的胰腺，也被提取出来，用于治疗糖尿病……

"我不恨这个国家，不恨意大利人。我只是希望凶手知道他们做了些什么。"格林说，嘴角的一丝微笑掩不住内心的悲痛。而他的妻子玛格丽特的庄重、坚定、安详的面容，和他们4岁幼子脸上小大人般的表情，尤其令意大利人的灵魂震撼！他们失去了自己的亲人，但事件发生后他们所表现出来的宽容与大度，令全体意大利人深感羞愧。

生活中，我们要学会宽容、大度。古人说："大度集群朋。"一个人若能有宽宏的度量，他的身边便会集结起大群的知心朋友。大度，表现为对人、对事能"求同存异"，不以自己的特殊个性或癖好对待他人。大度，也表现为能听得进各种不同的意见，尤其能认真听取相反的意见。

大度，还要能容忍他人的过失，尤其是当他人对自己犯有过失时，能不计前嫌，一如既往。大度，更应表现为能够虚心接受批评，发现自己的过失，便立即改正，和他人发生矛盾时，能够主动检讨自己，而不文过饰非、推诿责任。大度者，能够关心人、帮助人、体贴人，责己严、责人宽。

有首打油诗写道："占便宜处失便宜，吃得亏时天自知。但把此心存正直，不愁一世被人欺。"内心正直、胸怀雅量，才能包容万物，才能以美好、善良之心看待万物。

那么，如何培养度量呢？

凡是小事，不要太过计较，要原谅别人的过失。

不如意的事来临时，泰然处之，不为所累。

受人讥讽，不要睚眦必报。

学会吃亏，把便宜让给别人。

多看别人的优点，少盯着别人的缺点。

俗语说："将军额上能跑马，宰相肚里能撑船。"宽容是一种境界、一种美德，它能使复杂的事情变简单，使人生跃上新的台阶。

与人争辩，你永远不会真赢

与别人看法和意见不一致，就去跟别人争辩。这样的想法是错的。因为在你争辩的过程当中，势必会想办法证明自己是对的，别人是错的。

通常情况下，没有人愿意听到别人对于自己的批评，所以即使我们说的是对的，他也未必能够听进去。再者，争论的过程中，每一方都以对方为"敌"，试图将一己的观念强加给别人，最终一定会伤害彼此之间的情感，引发很多不必要的误解。

美国耶鲁大学的两位教授曾经做过一项实验。他们耗费了 7 年的时间，调查了种种争论的实态。例如，店员之间的争执、夫妇间的吵架、售货员与顾客间的斗嘴等，甚至还调查了联合国的讨论会。结果，他们证明了凡是去攻击对方的人，绝对无法在争论方面获胜。

当别人在和你谈话时，他根本没有准备请你说教，若你自作聪明，拿出更高超的见解，对方绝不会乐意接受。所以，你不可随便摆出要教导别人的姿态。你的同事向你提出一个意见时，你若不能赞同，最低限度也要表示可以考虑，不可马上反驳。要是你的朋友和你谈天，你更要注意，太多的执拗会把一切有趣的生活变得乏味。遇上别人真的错了，又不肯接受批评或劝告时，别急于求成，往后退一步，把时间延长些，隔一天或两个星期再谈吧！否则大家都固执，就不仅没有进展，反而互相伤害感情，造成隔阂了。

许多人因为喜欢表示不同意见，而得罪了同事，所以常常有人认为不要轻易表示出不同意见。这种看法是很片面的。只要你的办法是正确的，向别人表示自己的不同意见，不但不会得罪人，而且有时还会大受欢迎，使人有"听君一席话，胜读十年书"之感。

那么怎样才能有效避免争论呢？大致可以从以下几个方面做起：

1. 欢迎不同的意见

当你与别人的意见始终不能统一的时候，这时就要求舍弃其中之一。人的脑力是有限的，有些方面不可能完全想到，因而别人的意见是从另外一个人的角度提出的，总有些可取之处，或者比自己的更好。这时你就应该冷静地思考，或两者互补，或择其善者。如果采取的是别人的意见，就应该衷心感谢对方，因为有可能此意见可以使你避开了一个重大的错误，甚至奠定了你一生成功的基础。

2. 不要相信直觉

每个人都不愿意听到与自己不同的声音。当别人提出与你不同的意见时，你的第一个反应是要自卫，为自己的意见辩护并竭力去寻找根据，这完全没有必要。这时你要平心静气地、公平、谨慎地对待两种观点（包括你自己的），并时刻提防你的直觉（自卫意识）对你做出正确抉择的影响。值得一提的是，有的人脾气不好，听不得反对意见，一听见就会暴躁起来。这时就应控制自己的脾气，让别人陈述观点，不然，就未免气量太窄了。

3. 耐心把话听完

每次对方提出一个不同的观点，不能只听一点就开始发作了，要让别人有说话的机会。一是尊重对方，二是让自己更多地了解对方的观点，以判断此观点是否可取，努力建立了解的桥梁，使双方都完全知道对方的意思，不要弄巧成拙。否则的话，只会增加彼此沟通的障碍和困难，加深双方的误解。

4. 仔细考虑反对者的意见

在听完对方的话后，首先想的就是去找你同意的意见，看是否有相同之处。如果对方提出的观点是正确的，则应放弃自己的观点，而考虑采取他们的意见。一味地坚持己见，只会使自己处于尴尬境地。

5. 真诚对待他人

如果对方的观点是正确的，就应该积极地采纳，并主动指出自己观点的不足和错误的地方。这样做，有助于解除反对者的武装，减少他们的防卫，同时也缓和了气氛。

及时原谅别人的错误

世界上如果没有宽容和信任，一切亲情、友情、爱情都将失去存在的基础，每个角落都是尔虞我诈的欺骗，社会将毫无温情可言。

只因偶尔的过错完全否定自己的朋友，以至于不再信任他了，这不仅是对朋友的背叛，也是对自己的背叛。

过错与过错是不一样的，有的过错不可原谅，有的过错可以原谅。对朋友偶尔犯下的过错，只要他承担了自己应负的责任，作为朋友理当予以原谅。

在一个小镇上有一个出名的地痞，整日游手好闲，酗酒闹事，人们见到他唯恐避之不及。一天，他醉酒后失手打伤了上门讨债的债主，被判刑入狱。

入狱后的地痞翻然悔悟，对以往的言行深深感到懊悔。

一次，他成功地协助监狱管理人员制止了一次犯人的集体越狱出逃，获得减刑的机会。

地痞（原谅这样继续称呼他）从监狱中出来后，回到小镇上重新做人。他先是想找个地方打工赚钱，结果全被拒绝。食不果腹的地痞又来到亲朋好友家借钱，看到的都是一双双不相信的眼光，他那一点刚充满希望的心，开始滑向失望的边缘。这时，地痞少年时代的朋友听说了，就取出了100美元送给他，地痞接钱时没有显出过分的激动，他平静地看了一眼"昔日的朋友"后，消失在镇口的小路上。

数年后，地痞从外地归来。他靠100美元起家，苦命拼搏，终于成了一个腰缠万贯的富翁，不仅还清了亲朋好友的旧账，还领回来一个漂亮的妻子。他来到了昔日的朋友家，恭恭敬敬地捧上了200美元，然后，流着泪说道："谢谢你！你是我真正的朋友，是你的宽容之心和真诚的信任给了我站起来的勇气。"

可见，宽容他人，信任他人，即是对人性的肯定，也是对人的帮助。

要做到胸襟开阔，一般需要认识到"人无完人"，要做到"得理让人"，宽容别人。

小赵大学毕业初入社会，在一家公司外贸部就职。他的顶头上司每天下班后总是跟着外方科长拼命"加班"，无事瞎忙，把白天理好的文件弄得一团糟，出了错，又把责任推给小赵。小赵的稚嫩决定他不是一个会"争"的人，只好忍气吞声地等外方科长长出"火眼金睛"，看出此中曲直来，结果等了几个月，还是等不来一句公道话。

一气之下，小赵辞职去了另一家公司，在那里，他的出色工作博得了许多同事的称赞，但无论怎样也没法使苛刻、暴躁的经理满意。心灰意冷间，他又萌生了跳槽之念，于是向总经理递交了辞呈。总经理先生没有竭力挽留小赵，只是告诉他自己处世多年得出的一个经验：如果你讨厌一个人，你就要试着去爱他。总经理说，他就像鸡蛋里挑骨头一样在每一位上司身上找优点，结果，他发现了老板的两大优点，而老板也逐渐喜欢上了他。

小赵依旧讨厌他的经理，但已悄悄收回了辞呈。作为一个成熟的人，应该放开心胸去包容一切，爱一切。

就算我们没办法爱对手，起码也应该更多爱惜自己。不要让对手控制我们的心情、左右我们的健康以及外表。

当耶稣说，我们应该原谅我们的仇人"77次"时，他实际上也是在教我们做人的道理。

当然，人非圣贤，要去爱我们的敌人也许真的有点强人所难，但出于自身的健康与幸福，学习宽恕敌人，甚至忘了所有的仇恨，也可以算是一种明智之举。有句名言说："无论被虐待也好，被抢掠也好，只要忘掉就行了。"

让谣言止于平静

生存于一个团体之中，无论你如何做人，也无法让每一个人都满意，更何况当有利益纷争的时候呢？出于种种原因，对我们不利的谣言就来了，有攻击我们能力的，也有诽谤我们的信誉和人格的。

流言很多，常常令我们身陷被动的境地。怎么处理它成为每个人关心的问题，其实对于身陷谣言漩涡中的人来说，最需要的是冷静的头脑，而非沮丧的心情和失望的愤怒。

他人对我们造谣的动机各种各样，但无论是出于嫉妒还是别的阴谋，我们越在不顺心的时候就越要保持冷静，绝不能被谣言的制造者打倒。

1952年，尼克松参加了艾森豪威尔总统的竞选班子。就在这时，有人揭发：加利福尼亚的某些富商以私人捐款的方式暗中资助尼克松，而尼克松将那笔钱据为己有。

尼克松据理反驳，说那笔钱是用来支付政治活动开支的，绝没有据为己有。但是，艾森豪威尔要求他的竞选伙伴必须"像猎狗的牙齿一样清白"，准备把尼克松从候选人的名单中除去。

这样，那一年10月的一天晚上，10点30分，全国所有的电视台、电台将各自的镜头、话筒对准了尼克松——他不得不通过电视讲话解释这些捐款的来龙去脉，为自己的清白而作辩护。

尼克松在讲话中并没有单刀直入地为自己辩解，而是多次提到他的出身如何低微，如何凭借自己的一股勇气、自我克制和勤奋工作才得以逐步上升的，博得了观众和听众的同情。

说着说着，他话题一转，似乎是顺便提起了一件有趣的往事，他说道："在我被提名为候选人后，的确有人给我送来一件礼物。那是在我们一家人动身去参加竞选活动的当天，有人说寄给了我家一个包裹。我前去领取，你们猜会是什么东西？"

尼克松故意打住，以提高听众的兴趣。"打开包裹一看，是一个条箱，里面装着一条西班牙长耳朵小狗儿，全身有黑白相间的斑点，十分可爱。我那6岁的女儿特莉西亚喜欢极了，就给它起了一个名字，叫'棋盘'。大家都知道，小孩子们都是喜欢狗的。所以，不管人家怎么说，我打算把狗留下来……"

这就是历史上有名的尼克松的"棋盘演说"。

事后，美国的一份娱乐杂志马上把这次"棋盘演说"嘲讽为花言巧语的产物。好莱坞制片人达里尔·扎纳克则说："这是我从未见过的最为惊人的表演。"

尼克松当时还以为自己失败了，可最后事态的发展完全出乎大家的意料，成千上万封赞扬他的电报涌进了共和党总部，他因为表现出色而最终被留在了候选人的名单上。

冷静是卓越的基础，只有冷静才能让自己不乱方寸，在谣言的漩涡中立住脚，以便伺机出击、反击对手。

冷静更是保证我们准确判断的重要因素，没有冷静的头脑就不会制定出正确的决策和行之有效的计划。

谣言并不是什么可怕的事，冷静思考是我们对待谣言的最佳处理办法。

冷静是一种出色的自制力，一个遇事总是头脑发热丧失理智的人是非常危险的。当不利于我们的谣言出现时，告诉自己这很正常，要用冷静击破它。

拥有忍耐力可以战胜一切

当"智慧"已经钝化，"天才"无能为力，"机智"与"手腕"已经机关算尽，其他的各种能力都已束手无策、宣告绝望的时候，就只剩下"忍耐"。

在别人都已停止前进时，你仍然坚持；在别人都已失望放弃时，你仍然进行，这是需要相当的勇气的。使你得到比别人更高的位置、更多的薪资，使你超乎寻常的，正是这种坚持、忍耐的能力，不以喜怒好恶改变行动的能力。

忍耐的精神与态度，是许多人能够成功的关键。

推销商品时，不管对方怎样傲慢无礼，总不要怒然而返，这种商人才能得到胜利。一次推销不成，两次、三次、四次，最后使对方不但钦佩你的勇气与决心，并会感受到你的耐力与诚恳的精神而成全了他，照顾你的生意。

在商界中，能做最多的生意、得到最多的主顾的人，都是那些决不在困难时说出"不"字来的人，是那种有忍耐的精神、谦和的礼貌，足以使别人感觉难拂其意、难却其情的人。

一受刺激就不能忍耐的人，不会有大成就。

人们的天性决定了他们对各商家的推销员，总有些不欢迎。但当他们遇到了一个有忍耐精神、谦和态度的推销员，事情就不同了。他们知道，有忍耐精神的推销员是不容易打发的，他们常常由于钦佩某个推销员的忍耐精神而购买他的商品。

有谦和、愉快、礼貌、诚恳的态度，同时又兼具忍耐精神的人，是非常幸运的。

做我们高兴做的事，做我们愿意做的事，这是很容易的，但是要全神贯注地去做那种不快的、讨厌的、为我们的内心所反对的，而同时又因为别人的缘故不得不去做的事，却是需要勇气、耐性的。每天怀着勇气与热诚去从事我们所不适宜、不想做的工作，从事我们内心反抗不得不干的事，年复一年这样下去，真是需要英雄般的勇气与耐力。

认定了一个大目标，不管它可喜或可厌，不管自己高兴或不高兴，总是全力以赴——这样的人，总能得到胜利。

定下了一个固定的目标，然后集中全部精力去实现那个目标。这种能力，最能获得他人的钦佩与尊敬。

没有不顾障碍而坚持奋斗的勇气与百折不回的忍耐精神，不能成就大的事业。懦弱、意志不坚定、不能忍耐的人，不能得到他人的信任与钦佩。只有积极的、意志坚强的人，才能得到大家的信任。如果没有大家的信任，那么事业的成功是没什么希望的。

不管社会发生什么变化，意志坚定的人总能在社会上找到位置。人人都相信百折不回、能坚持、能忍耐的人，意志的坚定能生出信用来。假使你能够不管情形如何，总是坚持，总能忍耐，则你已经具备了"成功"的要素了。

所以，从某个角度来说，忍耐不失为一种技巧和一种策略。

原谅生活，是为了更好地生活

人生在世，我们不必总跟自己过不去，也别跟生活过不去，没理由不滋润、不快活，关键是我们选择什么样的角度看生活与看自己。我们有我们的悲哀，生活有生活的难处，应当学会原谅生活。

宋代大诗人苏轼说："人有悲欢离合，月有阴晴圆缺，此事古难全。"古人有古人的悲哀，可古人很看得开，他把人世间的悲欢离合比作月的阴晴圆缺，一切全出于自然，其中有永恒不变的真理，它像一只无形的手在那里翻云覆雨，演绎着多色多味的世界。今人也有今人的苦恼，因为"此事古难全"。

有一位哲学家，当他是单身汉的时候，和几个朋友一起住在一间小屋里。尽管生活非常不便，但是，他一天到晚总是乐呵呵的。

有人问他："那么多人挤在一起，连转个身都困难，有什么可乐的？"

哲学家说："朋友们在一块儿，随时都可以交换思想、交流感情，这难道不值得高兴吗？"

过了一段时间，朋友们一个个相继成家了，先后搬了出去。屋子里只剩下了哲学家一个人，但是每天他仍然很快活。

那人又问："你一个人孤孤单单的，有什么好高兴的？"

"我有很多书啊！一本书就是一个老师。和这么多老师在一起，时时刻刻都可以向它们请教，这怎能不令人高兴呢？"

几年后，哲学家也成了家，搬进了一座大楼里。这座大楼有七层，他的家在最底层。底层在这座楼里环境是最差的，上面老是往下面泼污水，丢死老鼠、破鞋子、臭袜子和杂七杂八的脏东西。那人见他还是一副自得其乐的样子，好奇地问："你住这样的房间，也感到高兴吗？"

"是呀！你不知道住一楼有多少妙处啊！比如，进门就是家，不用爬很高的楼梯；搬东西方便，不必费很大的劲儿；朋友来访容易，用不着一层楼一层楼地去叩门询问……特别让我满意的是，可以在空地上养些花，种些菜。这些乐趣呀，数之不尽啊！"

后来，那人遇到哲学家的学生，问道："你的老师总是那么快快乐乐，可我却感到，他每次所处的环境并不那么好呀。"

学生笑着说："决定一个人快乐与否，不在于环境，而在于心境。"

苦恼和悲哀常常引起人们对生活的抱怨，哀自己命运，怨生活的不公。其实生活仍然是生活，关键看你从什么角度去看。

人生是什么？从某种意义上说，难道不像一场赌局吗？用你的青春去赌事业，用你的痛苦去赌欢乐，用你的爱去赌别人的爱。要不诗人顾城怎么说："如果你觉得活得没意思了，那就该死了。"

每逢沮丧失落时，我们对一切感到乏味，生活的天空阴云密布，看什么都不顺眼，像T恤衫上印着的：别理我，烦着呢！生活中有很多时候令我们心情不好。面对落榜，面对失恋，面对解释不清的误会，我们的确不易很快超脱。但是人有逆反心理，更多的时候是"多云转晴"，忧郁被生气勃勃的憧憬所取代。烦些什么？你的敌人就是你自己，战胜不了自己，没法不失败；想不开、钻死胡同，全是想不开所致。

原谅生活有那么多阴差阳错，因为它要让你学会坚强、珍惜。生活在这个世界上，我们不得不怀着一颗宽大的心去原谅诸多人和事，原谅上天对人的不公，因为它总要去考验一些人、捉弄一些人……

多点雅量面对嘲笑

面对他们的嘲笑，一定要有胸襟、有雅量，这同时也是一种做人的智慧。

曾任美国总统的福特在大学里是一名橄榄球运动员，体质非常好，所以他在62岁入主白宫时，他的身体仍然非常挺拔结实。当了总统以后，他仍继续滑雪、打高尔夫球和网球，而且非常擅长。

在1975年5月，他到奥地利访问，当飞机抵达萨尔茨堡，他走下舷梯时，他的皮鞋碰到一个隆起的地方，脚一滑就跌倒在跑道上。他跳了起来，没有受伤，但使他惊奇的是，记者们竟把这次跌倒当成一项大新闻，大肆渲染起来。在同一天里，他又在丽希丹宫的被雨淋滑了的长梯上滑倒了两次，险些跌下来。随即一个奇妙的传说散播开了：福特总统笨手笨脚，行动不灵敏。自萨尔茨堡以后，福特每次跌跤或者撞伤，记者们总是添油加醋地把消息向全世界报道。后来，竟然反过来，他不跌跤也变成新闻了。哥伦比亚广播公司曾这样报道说："我一直在等待着总统撞伤头部，或者扭伤胫骨，或者受点轻伤之类的来吸引读者。"记者们如此的渲染似乎想给人形成一种印象：福特总统是个行动笨拙的人。电视节目主持人还在电视中和福特总统开玩笑，喜剧演员切维·蔡斯甚至在节目里模仿总统滑倒和跌跤的动作。

福特的新闻秘书朗·聂森对此提出抗议，他对记者们说："总统是健康而且优雅的，他可以说是我们能记得起的总统中身体最为健壮的一位。"

"我是一个活动家，"福特抗议道，"活动家比任何人都容易跌跤。"

他对别人的玩笑总是一笑了之。1976年3月，他还在华盛顿广播电视记者协会年会上和切维·蔡斯同台表演过。节目开始，蔡斯先出场。当乐队奏起乐曲时，他"绊"了一下，跌倒在歌舞厅的地板上，从一端滑到另一端，头部撞到讲台上。此时，每个到场的人都捧腹大笑，福特也跟着笑了。

当轮到福特出场时，蔡斯站了起来，佯装被餐桌布缠住了，弄得碟子和银餐具纷纷落地。蔡斯装出要把演讲稿放在乐队指挥台上，可一不留心，稿纸掉了，撒得满地都是。众人哄堂大笑，福特却满不在乎地说道："蔡斯先生，你是个非常、非常滑稽的演员。"

生活是需要睿智的。如果你不够睿智，那至少可以豁达。以乐观、豁达、体谅的心态看问题，就会看出事物美好的一面；以悲观、狭隘、苛刻的心态去看问题，你会觉得世界一片灰暗。两个被关在同一间牢房里的人，透过铁窗看外面的世界，一个看到的是美丽神秘的星空，一个看到的是地上的垃圾和烂泥，这就是区别。

面对嘲笑，最忌讳的做法是勃然大怒，大骂一通，其结果只会让嘲笑之声越来越炽。要让嘲笑尽快平息，最好的办法是一笑了之。一个目标明确的人，不会去考虑别人多余的想法，而是有风度、有气概地接受一切非难与嘲笑。伟大的心灵多是海底之下的暗流，唯有小丑式的人物，才会像一只烦人的青蛙一样，整天聒噪不休！

报复是对别人的打击，也是对自己的摧残

大多数人都一直以为，只要我们不原谅对方，就可以让对方得到一些教训，也就是说，只要我不原谅你，你就没有好日子过。而实际上，不原谅别人，表面上是令别人尴尬，其实真正倒霉的人却是我们自己，一肚子窝囊气不说，甚至连觉都睡不好。没多久就积出病来。这样看来，报复不仅让我们对别人的打击不能实现，反倒对自己的内心是一种摧残。

有一位好莱坞的女演员，失恋后，怨恨和报复心使她的面孔变得僵硬而多皱，她去找一位最有名的化妆师为她美容。这位化妆师深知她的心理状态，中肯地告诉她："你如果不消除心中的怨和恨，我敢说全世界任何美容师也无法美化你的容貌。"

当你被痛苦折磨得筋疲力尽时，不妨学着宽恕，忘记怨恨，沉浸在痛苦的回忆中是徒劳的。与其咒骂黑暗，不如在黑暗中燃起一支明烛。忘记怨恨能让你告别过去的灰暗情绪，

重新变得积极乐观起来。

生活中，我们难免与别人产生误会、摩擦。有的伤了自己的面子，有的让自己下不了台，有的当众给了自己难堪，有的对自己有成见，等等。如果不注意，在我们萌生恨意之时，仇恨袋便会悄悄成长，你的心灵就会背负上报复的重负而无法获得自由。

英国作家乔治·赫伯特说："不能宽容的人将会损坏他自己必须去过的桥。"这句话的智慧在于，宽容使给予者和接受者都受益。当真正的宽容产生时，没有疮疤留下，没有伤害，没有复仇的念头，只有愈合。宽容是一种医治的力量，不仅能医治被宽容者的缺陷，还可以挖掘出宽容者身上的伟大之处，正如美国作家哈伯德所说："宽容和受宽容的难以言喻的快乐，是连神明都会为之羡慕的极大乐事。"

有人给宽容作了一个十分美丽的比喻，他说："一只脚踩扁了紫罗兰，它却把香味留在了脚跟上，这就是宽容。"

1944 年冬天，苏军已经把德军赶出了国门，成百万的德国兵被俘虏。一天，一队德国战俘从莫斯科大街上穿过，所有的马路都挤满了人。她们每一个人，都和德国人有着一笔血债。

妇女们怀着满腔仇恨，当俘虏出现时，她们把手攥成了拳头。士兵和警察们竭尽全力阻挡着她们，生怕她们控制不住自己。

这时，最令人意想不到的事情发生了：一位上了年纪的犹太妇女，从怀里掏出一个用印花布方巾包裹的东西。里面是一块黑面包，她把它塞到了一个疲惫不堪的、几乎站不住的俘虏的衣袋里。

她转过身对那些充满仇恨的同胞们说："当这些人手持武器出现在战场上时，他们是敌人。可当他们解除了武装出现在街道上时，他们是跟所有别的人，跟'我们'和'自己'一样的人。"

于是，气氛改变了。妇女们从四面八方一齐拥向俘虏，把面包、香烟等各种东西塞给这些战俘。

仇恨是带有毁灭性的情感，只会激化矛盾，酿成大祸。宽容的心却能轻易将恨意化解，让紧张的气氛化成温情脉脉。能将宽容之心给予敌对方，已经可以称得上圣洁了，即便只是一个贫苦的犹太老妇人，也完全担得起"伟大"两个字。

有智慧的人，不会将"仇人"恨之入骨。每个人站的角度不同，考虑的事情自然有所差异，不管想法和你是否接近，每个角度的"出发点"自有它存在的理由。我们应该学会宽容：把自己当成别人，站在对方的角度去感受对方的情感；把别人当成自己，感同身受用亲身去体验别人的感受；把别人当成别人，我们无法强求别人改变，只能去理解别人；把自己当成自己，我们的一切理解和包容并非为了别人，而是为了自己，设身处地地包容别人，其实也是在包容我们自己。

消灭嫉妒的"毒瘤"

有人的地方，就有比较。所以人与人之间的交往，一直遵循着"攀比定律"，即别人有的东西，我也要有；别人没有的东西，我最好也有。这样就会产生心理上的优越感，否则就只能看着别人的东西生气。嫉妒的痛苦是难以用语言来形容的。

一般来说，心胸狭窄的人都有一颗善于嫉妒别人的心，而一个人的嫉妒心常常会让他采取一些过激行为，这对于个人的成长来说不啻于一颗毒瘤。在某大学曾经发生过一个悲惨的故事：一名生物系即将毕业的女研究生用水果刀将自己的导师刺伤，随即举刀自尽。

　　这个女生自小就性格孤僻，爱嫉妒他人，虽然在升学的道路上她成绩优异，一帆风顺，但她孤僻而爱嫉妒的性格始终没有改变。在就读研究生时，她的刻苦精神深得导师器重，但导师更喜欢另一位男生灵活而幽默的性格。于是女生妒火中烧，数次在导师面前中伤那位男生。导师明察之后，发现多数事情纯属子虚乌有，便委婉地批评了女生。由此，女生怒不可遏，做出了伤师残己的愚蠢行为。

　　类似上面的事情在我们身边不止一次地发生，然而我们却常常只当故事来听、来看。其实，嫉妒的杀伤力远超过我们的想象，每当心中怀着一股嫉妒之火时，受到伤害的就是自己。

　　一只老鹰常常嫉妒别的老鹰飞得比它高。有一天，它看到一个带着弓箭的猎人，便对他说："我希望你帮我把在天空飞的其他老鹰射下来。"

　　猎人说："你若提供一些羽毛，我就把它们射下来。"

　　这只老鹰于是从自己的身上拔了几根羽毛给猎人，但猎人却没有射中其他的老鹰。它一次又一次地提供身上的羽毛给猎人，直到身上大部分的羽毛都拔光了。于是猎人转身过来抓住它，把它杀了。

　　嫉妒对嫉妒者的伤害，正如铁锈对钢铁的伤害一样。心胸狭窄者之所以避免不了失败的结局，就在于他们心存不良。不愿别人超过自己倒还罢了，要命的是，当自己倒霉之时，也要别人没好日子过。要达到这样的目的，除了伤人害己，别无他途了。

　　听一听智者的箴言，让我们再次认识嫉妒之害。英国作家萨克雷说："一个人妒火中烧的时候，事实上就是个疯子，不能把他的一举一动当真。"

　　另一位英国作家亚当契斯说："不要让嫉妒的毒蛇钻进你的心里，这条毒蛇会腐蚀你的头脑，毁坏你的心灵。"

　　英国逻辑学家罗素说："善嫉的人，不但从自己所有的东西中拿掉快乐，还从他人所有的东西中拿走痛苦。"

　　英国诗人雪莱说："妒忌的眼睛易受欺骗。"

　　英国哲学家培根说："妒忌会使人得到短暂的快感，也能使不幸更辛酸。"

　　德国散文家海涅说："失宠和嫉妒曾使天使堕落。"

　　英国戏剧家莎士比亚说："善妒者必惹忧愁。"

　　既然嫉妒如毒素，就要转移它，不让嫉妒之火成为心中的绳索。你要明白，嫉妒实质上是在不知不觉中毁灭了你自己。一滴水成不了海洋，一棵树成不了森林。任何事业的成功都少不了合作，而嫉妒却总是会拆散所有的合作。因而，克服嫉妒，你就要时刻提醒自己：只有你自己将一事无成。

　　著名的华尔街投资大师巴鲁克说："不要妒忌。最好的办法是假定别人能做的事情，自己也能做，甚至能做得更好。"记住，一旦你开始妒忌，也就是承认自己不如别人。你要超越别人，首先你得超越自身。坚信别人的优秀并不妨碍自己的前进，相反，它可能给你前所未有的动力。事实上，每一个真正埋头投入自己事业的人，是没有工夫去嫉妒别人的。

抱怨源自不知足

　　大哲人老子曾说过："祸莫大于不知足，咎莫大于欲得。"这句话对于今天有着尤其特殊的意义。综观今日一些落马之人，探其原由，"祸咎"概莫能出其"不知足"和"欲得"

之外。贪婪的欲望使得一个又一个春风得意的"能人"，从马上倏然坠地，沦为"阶下囚"，甚至走上"断头台"。

自老子以后，很多先哲都提倡"知足知止"的教条，这个教条也确实在紧紧地约束着中国人的行止。比如庄子就是一个清心寡欲的人，他曾告诫人们："知足者，不以利自累也。"王廷相则说："君子不辞乎福，而能知足也；不去乎利，而能知足也。故随遇而安，有天下而不与也，其道至矣乎！"吕坤也有一言曰："万物安于知足，死于无厌。"

从古至今，人类始终难以摆脱欲望。在欲望的支配下，人们会做出许多不可理解的事情。当自己的欲望得到了满足的时候，就万事顺心了。可是，当欲望没有达成的时候，人们的心理就会失衡，就会产生抱怨的情绪。所以，抱怨源自不知足，只有知足的人才能感受到人生的富足。

希腊哲学家克里安德，当年虽已八十高龄，但依然仙风鹤骨，非常健壮，有人问他："谁是世上最富有的人！"

克里安德斩钉截铁地说："知足的人。"

这句话恰和老子的"知足者富"的说法如出一辙。

曾有人问当代美国最富有的石油大王史泰莱："怎样才能致富？"

这位石油大王不假思索地回答："节约。"

"谁比你更富有？"

"知足的人。"

"知足就是最大的财富吗？"

史泰莱引用了罗马哲学家塞涅卡的一句名言来回答说："最大的财富，是在于无欲。"

塞涅卡还有一句智慧的话："如果你不能对现在的一切感到满足，那么纵使让你拥有全世界，你也不会幸福。"

最妙的是，罗马大政治家兼哲学家西塞罗也曾有类似的说法："对于我们现在有的一切感到满足，就是财富上的最大保证。"

知足者常乐，知足便不作非分之想；知足便不好高骛远；知足便安若止水、气静心平；知足便不贪婪、不奢求、不豪夺巧取。知足者温饱不虑便是幸事；知足者无病无灾便是福泽。过分地贪取、无理的要求，只是徒然带给自己烦恼而已，在日日夜夜的焦虑企盼中，还没有尝到快乐之前，已饱受痛苦煎熬了。因此古人说："养心莫善于寡欲。"我们如果能够把握住自己的心，驾驭好自己的欲望，不贪得、不觊觎，做到寡欲无求，役物而不为物役，生活上自然能够知足常乐、随遇而安了。

知足不是自满和自负，不是装饰，不是自谦，而是知荣辱，乐自然。知足的人即满足于自我的人，知足者能认识到无止境的欲望和痛苦，于是就干脆压抑一些无法实现的欲望，这样虽然看起来比较残忍，但它却减少了更多的痛苦。在能实现的欲望之内，他拼命为之奋斗，一旦得到了自己的所求，快乐便油然而生，每上一个台阶，快乐的程度也会增加一分。只有经常知足，在自我能达到的范围之内去要求自己，而不是刻意去勉强、强迫自己，才能心平气和地去享受幸福。

让你痛苦的，就是你的贪欲

欲望与生俱来，人人都有。世人如何不心安，只因存有放纵的欲望。明末清初有一本书叫《解人颐》，对欲望做了入木三分的描述：

终日奔波只为饥，方才一饱又思衣。

衣食两般皆俱足，又想娇容美貌妻。

娶得美妻生下子，恨无田地少根基。

买到田园多广阔，出入无船少马骑。

槽头扣了骡和马，叹无官职被人欺。

当了县令嫌官小，又要朝中挂紫衣。

若要世人心满足，除是南柯一梦西。

可见人心不足蛇吞象，不是一句空言。做人如果不能控制自己的欲望，就会成为欲望的奴隶，最终丧失自我，被欲望所役。

我们应该明白：即使拥有整个世界，我们一天也只能吃三餐，这是人生思悟后的一种清醒，谁真正懂得它的含义，谁就能活得轻松，过得自在，白天知足常乐，夜里睡得安宁，走路感觉踏实，蓦然回首时没有遗憾！

物欲太盛就是永不知足，没有家产想家产，有了家产想当官，当了小官想大官，当了大官想成仙……精神上永无宁静，永无快乐。

物质上永不知足是一种病态，其病因多是权力、地位、金钱之类引发的。这种病态如果发展下去，就是贪得无厌，其结局是自我爆炸、自我毁灭。

托尔斯泰说："欲望越小，人生就越幸福。"这话，蕴涵着深邃的人生哲理。这是针对欲望越大，人越贪婪，人生越易致祸而言的。古往今来，被难填的欲壑所葬送的贪婪者，多得不可计数。

韩国前总统卢泰愚从 1988 ~ 1993 年执政 5 年期间，利用职权贪污政治资金多达 5000 亿韩元（约 800 韩元合 1 美元），下野前夕，将剩余的政治资金用化名分别存入 20 多家银行，据为己有。1995 年 8 月初，韩国前内阁成员总务处长官徐锡宰与一些新闻界的朋友在汉城（今首尔）市一家餐馆饮酒，酒后吐真言，将这秘密泄露。在野的民主党穷追不舍，私下进行调查，掌握了大量证据，卢泰愚被关入监狱，等待法律的最终判决。

在证人、证据面前，卢泰愚不得不承认他的犯罪事实，并在记者招待会上流下了眼泪。接受传讯后回到住宅，他问他的医生："有没有一种药服后可以一睡不醒，我真不想活了！"但是正如韩国报纸所强调的那样："眼泪不会获得国民的同情。"

面对诱惑，需要保持清醒的头脑，勇于放弃。如果抓住不放，贪得无厌，就会带来无尽的压力，令人痛苦不安，甚至自己毁灭。

晋代陆机《猛虎行》有云："渴不饮盗泉水，热不息恶木荫。"讲的就是在诱惑面前的一种放弃、一种清醒。

以虎门销烟闻名中外的林则徐便深谙放弃的道理。他以"无欲则刚"为座右铭，历官40 年，在权力、金钱、美色面前做到了洁身自好。他教育两个儿子"切勿仰仗乃父的势力"，实则也是本人处世的准则。他在《自定分析家产书》中说："田地家产折价三百银有零""况目下均无现银可分"，其廉洁之状可见一斑。终其一生，林则徐没有沾染拥姬纳妾之俗，在高官重臣之中恐怕也是少见的。

在现实生活中，我们需要有一种放弃欲望的清醒。其实，在物欲横流、灯红酒绿的今天，摆在每个人面前的诱惑都有很多。唯有保持一颗清凉心，善待欲望的人，才不会误入歧途。无尽的欲望只会让你成为一口枯井。贪婪耗尽人的能量，是永不让人满足的地狱。所以，我们一定要锁住自己的欲望，不要让它破坏我们的幸福。

学会在远处欣赏人生美景

一天，上帝突发奇想："假如让现在世界上的每一个生命再活一次，他们会怎样选择呢？"于是，上帝给世界众生发放问卷，让大家填写。

问卷收回后，令上帝大吃一惊，请看他们各自的回答——

猫："假如让我再活一次，我要做一只鼠。我偷吃主人一条鱼，会被主人打个半死。而老鼠呢，可以在厨房翻箱倒柜，大吃大喝，人们对它也无可奈何。"

鼠："假如让我再活一次，我要做一只猫。吃皇粮，拿官饷，从生到死由主人供养，时不时还有我们的同类给它打打牙祭，很自在。"

猪："假如让我再活一次，我要当一头牛。生活虽然苦点，但名声好。"

牛："假如让我再活一次，我愿做一头猪。我吃的是草，挤的是奶，干的是力气活，有谁给我评过功，发过奖？做猪多快活，吃罢睡，睡罢吃，肥头大耳，生活赛过神仙。"

鹰："假如让我再活一次，我愿做一只鸡，渴有水，饿有米，住有房，还受主人保护。我们呢，一年四季漂泊在外，风吹雨淋，还要时刻提防冷枪暗箭，活得多累！"

鸡："假如让我再活一次，我愿做一只鹰，可以翱翔天空，任意捕兔捉鸡。而我们除了生蛋、报晓外，每天还胆战心惊，怕被捉被宰，惶惶不可终日。"

最有意思的是人的答卷。

不少男人一律填写为："假如让我再活一次，我要做一个女人，可以撒娇，可以邀宠，可以当妃子，可以当公主，可以当太太，可以当妻妾……最重要的是可以支配男人，让男人拜倒在石榴裙下。"

不少女人的答卷一律填写："假如让我再活一次，一定要做个男人，可以蛮横，可以冒险，可以当皇帝，可以当王子，可以当老爷，可以当父亲……最重要是可以驱使女人。"

上帝看完，气不打一处来："这些家伙只知道盲目攀比，太不知足了。"他把所有答卷全都撕碎，喝道："一切照旧！"

真正的幸福来自于我们眼下所拥有的一切。幸福源自珍惜，生活不是攀比。

中国有句古老的话："人比人，气死人。"同时亦有"知足常乐"的说法。人生的许多悲剧的产生，都是因为许多人不懂得珍惜，盲目将自己之短与他人之长作比较。如果希望获得快乐，就要学会爱自己。

在人生的旅途中，需要我们放弃的东西很多。古人云，鱼和熊掌不可兼得。如果不是我们应该拥有的，我们就要学会放弃。几十年的人生旅途，会有山山水水，风风雨雨，有所得也必然有所失，只有我们学会了放弃，我们才发觉拥有一份成熟，才会活得更加充实、坦然和轻松。

弱水三千，只取一瓢饮。就好像人生，因为不能获得而增进了生活的乐趣，生活也因为得不到而越来越美丽。所以，我们要学会知足，学会在高处欣赏人生的美景。

错过花，我们将收获雨

生活中有一种痛苦叫错过。人生中一些极美、极珍贵的东西，常常与我们失之交臂，这时的我们总会因为错过美好而感到遗憾和痛苦。其实喜欢一样东西不一定非要得到它，俗话说："得不到的东西永远是最好的。"当你为一份美好而心醉时，远远地欣赏它或许是最明智的选择，错过它或许还会给你带来意想不到的收获。

哈佛大学要在中国招一名学生，这名学生的所有费用由美国政府全额提供。初试结束了，有 30 名学生成为候选人。

考试结束后的第 10 天，是面试的日子。30 名学生及其家长云集锦江饭店等待面试。当主考官劳伦斯·金出现在饭店的大厅时，一下子被大家围了起来，他们用流利的英语向他问候，有的甚至还迫不及待地向他作自我介绍。这时，只有一名学生，由于起身晚了一步，没来得及围上去，等他想接近主考官时，主考官的周围已经是水泄不通了，根本没有插空而入的可能。

于是他错过了接近主考官的大好机会，他觉得自己也许已经错过了机会，于是有些懊丧起来。正在这时，他看见一个异国女人有些落寞地站在大厅一角，目光茫然地望着窗外，他想：身在异国的她是不是遇到了什么麻烦，不知自己能不能帮上忙？于是他走过去，彬彬有礼地和她打招呼，然后向她做了自我介绍，最后他问道："夫人，您有什么需要我帮助的吗？"接下来两个人聊得非常投机。

后来这名学生被劳伦斯·金选中了，在 30 名候选人中，他的成绩并不是最好的，而且面试之前他错过了跟主考官套近乎、加深自己在主考官心目中印象的最佳机会，但是他却无心插柳柳成荫。原来，那位异国女子正是劳伦斯·金的夫人。

这件事曾经引起很多人的震动：原来错过了美丽，收获的并不一定是遗憾，有时甚至可能是圆满。

许多的心情，可能只有经历过之后才会懂得，如感情，痛过了之后才会懂得如何保护自己，傻过了之后才会懂得适时的坚持与放弃，在得到与失去的过程中，我们慢慢认识自己，其实生活并不需要那么多无谓的执著，没有什么真的不能割舍的，学会放弃，生活会更容易！

因此，在你感觉到人生处于最困顿的时刻，也不要为错过而惋惜。失去的折磨会带给你意想不到的收获。花朵虽美，但毕竟有凋谢的一天，请不要再对花长叹了。因为可能在接下来的时间里，你将收获雨滴的温馨和细雨的浪漫。

只看我有的，我已经很富有

人生短暂几十年，赤条条来，又赤条条去，何必物欲太强，贪占身外之物？"身外物，不奢恋"是思悟后的清醒，它不但是超越世俗的大智大勇，也是放眼未来的豁达襟怀。谁能做到这一点，谁就会遇事想得开，放得下，活得轻松，过得自在。

《伊索寓言》讲述了这样一则故事：

有一次，孙子和祖父在林子里捕野鸡。祖父教孙子用一种捕猎机，它像一只箱子，用木棍支起，木棍上系着的绳子一直伸到他们隐蔽的灌木丛中。野鸡受撒下的玉米粒的诱惑，一路啄食，就会进入箱子，只要一拉绳子就大功告成了。

支好箱子藏起不久，就有一群野鸡飞来，共有九只。大概是饿久了的缘故，不一会儿就有六只野鸡走进了箱子。孙子正要拉绳子，可转念一想，那三只也会进去的，再等等吧。等了一会儿，那三只非但没进去，反而走出来三只。

孙子后悔了，对自己说，哪怕再有一只走进去就拉绳子。接着，又有两只走了出来。如果这时拉绳，还能套住一只。但孙子对失去的好运不甘心，心想着还会有些野鸡要回去的，所以迟迟没有拉绳。

结果，连最后那一只也走了出来。孙子一只野鸡也没有捕到。

贪婪是欲望无止境的一种表现，它让人永不知足。永不知足是一种病态，其病因多是对权力、地位、金钱之类的贪婪而引发的。捕野鸡的孙子，就是因为贪婪，想得到更多的东西，最后却把现在所拥有的也失掉了。

其实，快乐重要的是对追求过程的一种体验，而不是结果。结果无论成败得失，只要中间过程给你带来了欢乐喜悦，那就行了。有时，得而复失，失而复得，幻想破灭，空欢喜一场，这都是快乐的过渡和转化。

要是我们得不到我们希望的东西，最好不要让忧虑和悔恨来苦恼我们的生活，且让我们原谅自己，学得豁达一点。古希腊哲学家科蒂说："一个人生活上的快乐，应该来自尽可能少的对外来事物的依赖。"罗马政治学家及哲学家塞尼加也说："如果你一直觉得不满，那么即使你拥有了整个世界，也会觉得伤心。"

这个世界物欲无止境，而人生却太有限。一个人要想贪占天下所有的东西，灾难就要来了。做人必须要想透，人生一定要顿悟。古人早已告诫过我们："以德遗后者昌，以财遗后者亡。"

一个人要顺其自然地、平淡地看待物质的享受，得之无喜色，失之无悔色。什么都想得到的人，结果可能什么都得不到，甚至连自己已经拥有的也会失去。一个平淡对待自己生活的人，可能会意外地得到惊喜。

如果为了没有鞋而哭泣，看看那些没有脚的人

有这样一句话："在这个世界上，你是自己最好的朋友，你也可以成为自己最大的敌人。"当你接受自己、爱自己时，你的心里就充满了阳光；而当你排斥自己、讨厌自己时，你的心灵就会覆盖冰雪。要知道，微不足道的一点烦恼也可以毁掉你的整个生活。

有一个富翁，为了教育每天精神不振的孩子知福惜福，便让他到当地最贫穷的村落住了一个月。一个月后，孩子精神饱满地回家了，脸上并没有带着"下放"的不悦，让富爸爸感到不可思议。爸爸想要知道孩子有何领悟，问儿子："怎样？现在你知道，不是每个人都能像我们这样生活吧？"

儿子说："是的，他们过的日子比我们还好。

"我们晚上只有灯，他们却有满天星空。

"我们必须花钱才买得到食物，他们吃的却是自己的土地上栽种的免费粮食。

"我们只有一个小花园，对他们来说到处都是花园。

"我们听到的都是噪声，他们听到的都是自然音乐。

"我们工作时神经紧绷，他们一边工作一边大声唱歌。

"我们要管理佣人、管理员工，他们只要管好自己。

"我们要关在房子里吹冷气，他们在树下乘凉。

"我们担心有人来偷钱，他们没什么好担心的。

"我们老是嫌菜不好，他们有东西吃就很开心。

"我们常常失眠，他们睡得好安稳。

"所以，谢谢你，爸爸。你让我知道，我们可以过得那么好。"

很多刚刚踏入社会的年轻人，无论思想还是为人处世，都有很多不成熟的地方，却又敏感异常。他们希望事事做到完美，人人都能赞许他。但当这种想法不能实现时，他们就很轻易地陷入不如意的境地，觉得自己是全世界最倒霉的人了。

学着豁达一些，在盯着他人财富的同时，也细细清点一下自己的所有，你会发觉，自己的运气其实一点都不差。

远离名利，生命才更逍遥

古今中外，为了生命的自由、潇洒，不少智者都懂得与名利保持距离。

惠子在梁国做了宰相，庄子想去见见这位好友。有人急忙报告惠子："庄子来，是想取代您的相位。"惠子很恐慌，想阻止庄子，派人在国中搜了三日三夜。不料庄子从容而来拜见他道："南方有只鸟，其名为凤凰，您可听说过？这凤凰展翅而起，从南海飞向北海，非梧桐不栖，非练实不食，非醴泉不饮。这时，有只猫头鹰正津津有味地吃着一只腐烂的老鼠，恰好凤凰从头顶飞过。猫头鹰急忙护住腐鼠，仰头视之道：'吓！'现在您也想用您的梁国来吓我吗？"惠子十分羞愧。

一天，庄子正在濮水垂钓。楚王派来二位大夫前来聘请他："吾王久闻先生贤名，欲以国事相累。"庄子持竿不顾，淡然说道："我听说楚国有只神龟，被杀死时已三千岁了。楚王珍藏之以竹箱，覆之以锦缎，供奉在庙堂之上。请问二大夫，此龟是宁愿死后留骨而贵，还是宁愿生时在泥水中潜行曳尾呢？"二大夫道："自然是愿活着在泥水中摇尾而行啦。"庄子说："二位大夫请回去吧！我也愿在泥水中曳尾而行。"

庄子不慕名利，不恋权势，为自由而活，可谓洞悉幸福真谛的聪明人。

人活在世界上，无论贫穷富贵，穷达逆顺，都免不了与名利打交道。《清代皇帝秘史》记述乾隆皇帝下江南时，来到江苏镇江的金山寺，看到山脚下大江东去，百舸争流，不禁兴致大发，随口问一个老和尚："你在这里住了几十年，可知道每天来来往往多少船？"老和尚回答说："我只看到两只船。一只为名，一只为利。"一语道破天机。

淡泊名利是一种境界，追逐名利是一种贪欲。放眼古今中外，真正淡泊名利的很少，追逐名利的很多。今天的社会是五彩斑斓的大千世界，充溢着各种各样炫人耳目的名利诱惑，要做到淡泊名利确实是一件不容易的事情。

作家玛格丽特·米切尔说过："直到你失去了名誉以后，你才会知道这玩意儿有多累赘，才会知道真正的自由是什么。"盛名之下，是一颗活得很累的心，因为它只是在为别人而活着。我们常羡慕那些名人的风光，可我们是否了解他们的苦衷？其实大家都一样，希望能活出自我，能活出自我的人生才更有意义。

世间有许多诱惑：桂冠、金钱，但那都是身外之物，只有生命最美，快乐最贵。我们要想活得潇洒自在，要想过得幸福快乐，就必须做到：学会淡泊，割断权与利的联系；无官不去争，有官不去斗；位高不自傲，位低不自卑，欣然享受清心自在的美好。

这样，就会感受到生活的快乐和惬意。太看重权力地位，让一生的快乐都毁在争权夺利中，那就太不值得，也太愚蠢了。

当然，放弃荣誉并不是寻常人具有的，它是经历磨难、挫折后的一种心灵上的感悟，一种精神上的升华。"宠辱不惊，去留无意"说起来容易，做起来却十分困难。红尘的多姿、世界的多彩令大家怦然心动。只有做到了宠辱不惊，方能心态平和，笑看人生。

第二名同样幸福

赛场上，第一名只有一个，只有他能够享受最高荣耀，享受别人的欢呼，可是生活中，并不是只有第一名才能获得幸福。所以，赚钱没有别人多，业绩没有别人好，都用不着抱怨，只要我们的心是快乐的，谁也阻挡不了我们的幸福。

1968年，第一位踏上月球的航天员阿姆斯特朗，以"这是我个人的一小步，却是全人类的一大步"的一番话而名留青史，成为全世界人民心目中的大英雄。

然而，当时登陆月球的，除了阿姆斯特朗之外，还有他的队友奥德伦。

当时，两人只有一步之差，结果却相差千里之遥。阿姆斯特朗以登月第一人闻名于世，奥德伦却默默无名，知道他的人可说是寥寥无几。

在庆功宴上，当人们为这项前所未有的创举感到骄傲不已时，一名记者却突然问奥德伦："阿姆斯特朗先下了太空舱，成为登陆月球的第一人，你会不会觉得有些遗憾？"

众人纷纷把目光投向奥德伦，看他怎么接下这突如其来的问题。

此时，气氛一下子降到了冰点，连太空英雄阿姆斯特朗都显得有些尴尬，然而奥德伦却神情自若，微微一笑："各位，千万别忘了，回到地面时，我可是最先走出太空舱的，所以，我是从别的星球回到地球的第一人。"

话音刚落，人群中响起了一阵笑声，同时也化解了尴尬的场面，热烈的掌声持续了一分钟之久。

一位思想家曾说："不要为自己所没有的东西感到苦恼，能享受自己现在所拥有的，才是最聪明的人。"

法国哲学家孟德斯鸠也说过："假如一个人只是希望幸福，这很容易达到。然而，我们总是希望比其他人幸福，这就是困难所在，因为人们通常坚信他人比自己更幸福。"

拥有幸福是一件很简单的事，但是懂得珍惜幸福，却一点儿也不简单。

我们都有一个惯性，觉得得不到的就一定是好的。可是，等到尝试过的时候，会知道，很多我们一直向往的东西并不是最适合我们的，所以得不到的并不一定是好的。面对错过的东西，心中多一点儿豁达，多一点儿释然，往往能获得更多的快乐。

已经得不到了，即使浪费了再多抱怨的口水，也无法更改事实。所以，与其在痛苦中抱怨，不如换个心态去对待。对于豁达者而言，第二名、第三名同样幸福。其实，发生在我们身边的事情，并不是一定要分出高下，拼个你死我活。生活，需要的是一种睿智，要拿得起，还要能放得下。

发牌的是上帝，出牌的是自己

人生的轨迹不是别人的标尺可以度量的，自己才是自己的主人，所以不能依仗别人的脚步，要大胆地往前走，开辟属于自己的道路。

有一位长者讲了这样一个故事：

一个农民在山里打柴时，拾到一只样子怪怪的鸟。那只怪鸟和出生刚满月的小鸡一样大小，还不会飞，农民就把这只怪鸟带回家给小女儿玩耍。

调皮的小女儿玩够了，便将怪鸟放在小鸡群里充当小鸡，让母鸡养育。

怪鸟长大后，人们发现它竟是一只鹰，他们担心鹰再长大一些会吃鸡。然而，那只鹰和鸡相处得很和睦，只是当鹰出于本能飞上天空再向地面俯冲时，鸡群会产生恐慌和骚乱。渐渐地，人们越来越不满，如果哪家丢了鸡，便会首先怀疑那只鹰——要知道鹰终归是鹰，生来是要吃鸡的。大家一致强烈要求：要么杀了那只鹰，要么将它放生，让它永远也别回来。因为和鹰有了感情，这一家人决定将鹰放生。

谁知，他们把鹰带到很远的地方放生，过不了几天那只鹰又飞回来了，他们驱赶它不让它进家门，甚至将它打得遍体鳞伤都无法让它离开。

后来村里的一位老人说："把鹰交给我吧，我会让它永远不再回来。"老人将鹰带到附近一个最陡峭的悬崖旁，将鹰狠狠向悬崖下的深涧扔去。那只鹰开始如石头般向下坠去，然而快要到涧底时它终于展开双翅托住了身体，开始缓缓滑翔，最后轻轻拍了拍翅膀，就飞向蔚蓝的天空。它越飞越自由舒展，越飞越高，越飞越远，渐渐变成了一个小黑点，飞出了人们的视野，再也没有回来。

每一个人都有他自己的人生，顾虑太多，反而会失去更多。当你把外部的所有可能影响你的东西切断以后，你就会发现，只有自己才能主宰命运的沉浮。

人生的风风雨雨，只有靠自己去体会、去感受，任何人都不能为你提供永远的庇护。你应该掌握前进的方向，把握目标，让目标似灯塔般在高远处闪光；你应该独立思考，有自己的主见，懂得自己解决问题。是雄鹰，总会有展翅的一天。所以，不要总是把别人看成是救世主，要始终坚信，在人生的牌局上，只有自己才是自己的上帝。

牌不在于好坏，而在于你想不想赢

生活中很多人有成功的愿望，但愿望和信念不一样。愿望只是静态的："我希望成功，希望富有，希望很有成就……"而信念则是动态的："我要获得成功，要创造财富，要获得成就……"一个拥有坚定信念的人，坚信成功会在不久到来，所以一直努力坚持，用自己最大的努力向成功迈进。

原籍中国广东的泰国华侨、亚洲富翁之一、泰国盘谷银行的董事长陈弼臣，其父亲只是泰国曼谷某商业机构的一名普通秘书。陈弼臣儿时被父亲送回中国接受教育。17 岁那一年因家境贫困被迫辍学。返回曼谷后，陈弼臣做过搬运夫、售货小贩以及厨师，同时还为两家木材公司做账目，日子就在他精打细算的盘算中度过。4 年之后，陈弼臣终于从一家建筑公司职位低微的秘书，晋升为部门经理。后来，在几位朋友的赞助下，他集资创办了一家五金木材行，自任经理。经过艰苦的奋斗，攒了一些钱后，陈弼臣又接连开了三家公司，致力于木材、五金、药物、罐头食品以及大米的外销业务。业务在他的打理下渐渐兴隆。

1944 年底，陈弼臣与其他 10 个泰国商人集资 20 万美元创立了盘谷银行，职员仅仅 23 人。银行正式营业后，陈弼臣经常与那些被外国大银行拒之于门外的华裔小商人来往。尽管那些贫穷的小商人时常突如其来地闯进陈弼臣的家中，但仍然受到陈弼臣的礼遇。

关于这一点，陈弼臣后来说："在亚洲开银行是做生意，不是只做金融业务。当我判断一笔生意是否可做时，只观察这个顾客本人，观察他的过去和他的家庭状况。"

陈弼臣最初负责银行的出口贸易，因此与亚洲各地的华人商业团体建立了广泛的联系，并且积累了丰富的业务知识和经验，大大推进了盘谷银行的出口业务。在他出任盘谷银行的总裁后，一直是这家银行的中流砥柱。

经过多年的艰苦奋斗，陈弼臣已跨进亚洲的大富翁之列。

陈弼臣的成功史，其实是一部白手起家的创业史。他没有继承祖业，也没有飞来的横财，他经过苦苦地寻觅，一直不甘落后，渴望成功，终于找到了属于自己的那一片蓝天、自己的那一方土地，找到了发展机遇。这一切都是他不听任命运摆布的结果。

历史上的众多人士就是因为心中怀着成功的信念，才能够留名史册。

司马迁凭着自己坚定的信念，历经各种坎坷，搜集到了大量的历史素材和社会素材，才完成了名垂千古的《史记》。

元朝的时候，一名女子出身贫苦，并且是别人的童养媳，凭借着坚强的意志逃到了海南岛，并在那里与当地的人民一起生活了几十年，而后发明了纺织机，这个人就是黄道婆。生于并处于恶劣的条件下，她就是凭着"誓为祖国报效"的坚定信念取得了成功，假若黄道婆没有坚定信念她就不会逃到海南岛，也不会发明纺织机。

一个看不到屋外的阳光、听不到大自然的声音的女孩却能够赢得世人的尊重，她就是海伦·凯勒。她以自己坚强的意志力，以"热爱生命、刻苦学习"的信念不向命运屈服并最终获得了成功。马克思凭借对人类社会改良的信念，在众多的批判声中依然坚持自己的意见，终于完成了《资本论》。

无论古今中外，成功的人都怀着一个必定成功的信念，也正是这些信念，不断地支持着他们在成功的路上披荆斩棘，一路向前。

一个人能否成功，关键还在于他是否具有坚定不移的信念。踏过人生的重重阻挠，为自己的明天而努力！

晒晒自己的优点，越臭的牌局越需要掌声

很多人对自己的评价往往是这样的：我不行，我没有某某的才干，我没有某某貌美，我没有某某有人缘，我是这几个人中最差的一个，我……总之一堆堆消极的评价，对自己这样的评价看起来没什么，实际上会对一个人的发展产生巨大的影响。人应当适时"晒晒"自己的优点。

一个对自己具有消极评价的人在做事情的时候总会缩头缩尾，放不开手脚，所以自身的能力总得不到最大化的发挥，可想而知，一个不发挥自己能力的人和一个将自己的能力极大地发挥出来的人相比较，孰强孰弱，一目了然。

一个消极的评价也会影响自己的心情，总觉得自己不如别人，所以做事情就会缺乏信心，有时候即使有好的机会来临，对自己评价消极的人也会让机会白白溜走，因为对自己没有信心，所以就不敢去抓机会。人实际上应当多给自己一些积极的评价，这样会更有助于自己的成长。

一个喜欢棒球的小男孩，生日时得到一个新的球棒。他激动万分地冲出屋子，大喊道："我是世界上最好的棒球手！"他把球高高地扔向天空，举棒击球，结果没中。他毫不犹豫地第二次拿起了球，挑战似的喊道："我是世界上最好的棒球手！"这次他打得更带劲，但又没击中，反而跌了一跤，擦破了皮。男孩第三次站了起来，再次击球。这一次准头更差，连球也丢了。他望了望球棒道："嘿，你知道吗，我是世界上最伟大的棒球手！"

每个人都需要给自己一个积极的评价，特别是当你身处逆境的时候，赞美自己可以使你更加自信。尼采说："每个人距自己是最远的。"这句话的意思是说，人类最不了解的是自己，最容易疏忽的也是自己。

有人说，演员必须有人赞美，如果好长时间没人赞美，他就应自己赞美自己，这样才能保持舞台激情，保持自信。员工需要老板的褒奖，学生需要老师的表扬，孩子需要父母的肯定，都是一个道理。人们的心灵是脆弱的，需要经常的激励与抚慰，常常自我激励、自我表扬，会使自己的心灵快乐无比，时常拥有自信。

一个人只有时刻保持自信和快乐的感觉，才会使自己在不顺心的生活中更加热爱生命、热爱生活。只有快乐、愉悦的心情，才能催动人的创造力和人生动力。只有不断给自己创造快乐，才能远离痛苦与烦恼，才能拥有快乐的人生。

这种对自我的赞美，正是一颗深深地植根于自己灵魂中的种子，最后一定会在现实生活中结出无数颗能展示生命之美的果实。

自我赞美，会成为创造奇迹的动力。当年拿破仑在奥辛威茨不得不面临着数倍于自己的强敌时，拿破仑对即将投入战斗的将士们说："……我的兄弟们，请你们记住：我们法兰西的战士，是世界上最优秀的战士，是永远都不可战胜的英雄！当你冲向敌人的时候，我希望你们能高喊着：我是最优秀的战士，我是不可战胜的英雄！"战斗中，法国将士高喊

着"我是最优秀的战士，我是不可战胜的英雄"的口号，他们以一当十，摧枯拉朽地大败奥、俄等国的联军。

　　给自己一个积极的评价，适时赞美自己，你就可以从中获得不可战胜的力量；可以使自信的阳光融化心中的胆怯和懦弱；可以唤醒生命里沉睡的智慧和能力，从而推动事业的蓬勃发展；赞美自己，你的灵魂从此将不再迷失在绝望的黑暗里……

　　人生是场牌局，每个人都有手握烂牌的时候，都遇到过牌局中的逆境，此时，自暴自弃就是赢牌的大敌，只有能够看到自身优势、自已给自己掌声的人才可能创造奇迹。对于我们每个人来说，得到别人的赞美都是不容易的，此时要懂得自己赞美自己，赞美让人自信，催促自己奋进！

第五章　别抱怨，每个人的人生都有坎坷

人生没有过不去的坎

"没有永久的幸福，也没有永久的不幸"，在生活中，尽管我们每个人都会遇到各种各样的挫折和不幸，而且有的人不仅仅要承受一种磨难，甚至受打击的时间可以长达几年、十几年，但是让人极度讨厌的厄运也有它的"致命弱点"，那就是它不会持久存在。

人们在遭受了生活的打击之后，总是习惯抱怨自己的命运不好，身边没有能够帮忙的朋友，家世也不好，没有可依靠的父母，等等。其实抱怨并不能解决问题，当问题发生的时候，我们一定要相信——厄运不久就会远走，好运迟早会到来。

匹兹堡有一个女人，她已经35岁了，过着平静、舒适的中产阶层的家庭生活。但是，她突然连遭四重厄运的打击。丈夫在一次事故中丧生，留下两个小孩。没过多久，一个女儿被烤面包的油脂烫伤了脸，医生告诉她孩子脸上的伤疤终生难消，母亲为此伤透了心。她在一家小商店找了份工作，可没过多久，这家商店就关门倒闭了。丈夫给她留下一份小额保险，但是她耽误了最后一次保费的续交期，因此保险公司拒绝支付保费。

碰到一连串不幸事件后，女人近于绝望。她左思右想，为了自救，她决定再做一次努力，尽力拿到保险补偿。在此之前，她一直与保险公司的普通员工打交道。当她想面见经理时，一位接待员告诉她经理出去了。她站在办公室门口无所适从，就在这时，接待员离开了办公桌。机遇来了。她毫不犹豫地走进了经理的办公室，结果，看见经理独自一人在那里。经理很有礼貌地问候了她。她受到了鼓励，沉着镇静地讲述了索赔时碰到的难题。经理派人取来她的档案，经过再三思索，决定应当以德为先，给予赔偿，虽然从法律上讲公司没有承担赔偿的义务。工作人员按照经理的决定为她办了赔偿手续。

但是，由此引发的好运并没有到此中止。经理尚未结婚，对这位年轻寡妇一见倾心。他给她打了电话，几星期后，他为寡妇推荐了一位医生，医生为她的女儿治好了病，脸上的伤疤被清除干净；经理通过在一家大百货公司工作的朋友给寡妇安排了一份工作，这份工作比以前那份工作好多了。不久，经理向她求婚。几个月后，他们结为夫妻，而且婚姻生活相当美满。

这个故事很好地阐释了厄运与好运的意义，厄运不会一直存在于我们的生活里，即使是现在深陷困境，也会在不久之后就等到了厄运的夭折期。

易卜生说："不因幸运而故步自封，不因厄运而一蹶不振。真正的强者，善于从顺境中找到阴影，从逆境中找到光亮，时时校准自己前进的目标。"

任何时候，都不要因厄运而气馁，厄运不会时时伴随你，阴云之后的阳光很快就会来临。

冬天总会过去，春天迟早会来临

四时有更替，季节有轮回，严冬过后必是暖春，这符合大自然的发展规律。在我们人类眼中，事物的发展似乎也遵循着这一条规律，否极泰来、苦尽甘来、时来运转等成语无

不反映了人们的一种美好愿望：逆境达到极点就会向顺境转化，坏运到了尽头好运就会到来。所以，我们坚信，没有一个冬天不可逾越，没有一个春天不会来临。这是对生活的信心，也是对生活的希望，有了信心与希望，无论事情多糟糕，我们也会有面对现实的勇气和决心。

约翰是一个汽车推销商的儿子，是一个典型的美国孩子。他活泼、健康，热衷于篮球、网球、垒球等运动，是中学里一个众所周知的优秀学生。后来约翰应征入伍，在一次军事行动中，他所在部队被派遣驻守一个山头。激战中，突然一颗炸弹飞入他们的阵地，眼看即将爆炸，他果断地扑向炸弹，试图将它丢开。可是炸弹却爆炸了，他重重地倒在地上，当他向后看时，发现自己的右腿右手全部炸掉，左腿变得血肉模糊，也必须截掉了。一瞬间他想哭，却哭不出来，因为弹片穿过了他的喉咙。人们都以为约翰再也不能生还，但他却奇迹般地活了下来。

是什么力量使他活了下来？是格言的力量。在生命垂危的时候，他反复诵读贤人先哲的这句格言："如果你懂得苦难磨炼出坚韧，坚韧孕育出骨气，骨气萌发出不懈的希望，那么苦难最终会给你带来幸福。"约翰一次又一次默念着这段话，心中始终保持着不灭的希望。然而，对于一个三截肢（双腿、右臂）的年轻人来说，这个打击实在太大了！在深深的绝望中，他又看到了一句先哲格言："当你被命运击倒在最底层之后，再能高高跃起就是成功。"

回国后，他步入了政界。他先在州议会中工作了两届。然后，他竞选副州长失败。这是一次沉重的打击。但他用这样一句格言鼓励自己："经验不等于经历，经验是一个人经过经历所获得的感受。"这指导他更自觉地去尝试。紧接着，他学会驾驶一辆特制的汽车并跑遍全国，发动了一场支持退伍军人的事业。那一年，总统命他担任全国复员军人委员会负责人，那时他34岁，是在这个机构中担任此职务最年轻的一个人。约翰卸任后，回到自己的家乡。1982年，他被选为州议会部长，1986年再次当选。

后来，约翰已成为亚特兰城一个传奇式人物。人们可以经常在篮球场上看到他摇着轮椅打篮球。他经常邀请年轻人与他进行投篮比赛。他曾经用左手一连投进了18个空心篮。一句格言说："你必须知道，人们是以你自己看待自己的方式来看你的。你对自己自怜，人家则会报以怜悯；你充满自信，人们会待以敬畏；你自暴自弃，多数人就会嗤之以鼻。"一个只剩一条手臂的人能成为一名议会部长，能被总统赏识担任一个全国机构的要职，是这些格言给了他力量。同时，他的成功也成了这些格言的有力佐证。

天无绝人之路，生活有难题，同时也会给我们解决问题的能力与方法。约翰之所以能够生存下来并创造事业的辉煌，是因为他坚信人生没有过不去的坎儿，坚信冬天之后春天会来临。他在困难面前没有低头，昂首挺进，直至迎来了生命的春天。

生活并非总是艳阳高照，狂风暴雨随时都有可能来临。但是每一个人都需要将自己重新打理一下，以一种勇敢的人生姿态去迎接命运的挑战。请记住，冬天总会过去，春天总会来到，太阳也总要出来的。度过寒冬，我们一定会生活得更好。

认真地过好每一天

经济不景气，大学生刚毕业就待业，裁员、下岗、减薪……这些词汇每天都充斥在工薪阶层的耳旁，扰得人们寝食难安；消费水平提高、物价上涨、孩子上学问题、户口问题、买不起房子买不起车、租个房子还要整天面对苛刻的房东……面对如此尴尬的处境，人们不禁感叹："这日子真的是没法过了。"

艰难的日子虽然让人焦头烂额，可是我们却没有办法选择别样的生活。既然改变不了，那么不如就冷静地接受，认真地过好每一天，这样也许我们就会有很多意外的收获，生活也不会再让我们觉得痛苦了。

众所周知，王宝强是个在少林寺里拳来脚往生活了6年的孩子，因为克制不住内心梦想之火的燃烧，就决定出少林"闯荡江湖"了。他从少林寺伙房师傅的口中得知很多师兄弟都去了北京做武打替身，可以拍电影，还可以和很多大明星接触……被外面五彩缤纷的生活所吸引，也被心中的梦想所牵引，于是王宝强来到北京，开始了所谓的"北漂生活"。

实际上，我们可以想象得到，像王宝强这样没有什么学历的人，在"北漂"中注定是不能气定神闲的。他曾经自己回忆："那个时候住排房，屋子很小，夏天非常拥挤，五六个师兄弟挤在一起。不过房租很便宜，一个月100块，每个人每月也就20块钱的租金。"可是，就算你空有一身好武功，也要有戏演才能维持生活。而实际上，只凭当替身的那点拳脚费，几乎无法维持生活。于是，那个时候的王宝强，几乎是"替身和民工"并存。

生活的艰难并没有动摇王宝强的信念，不管生活多难，他都咬紧牙关坚持着。在一次访谈中，王宝强的哥哥说："他到了北京忽然和家里失去了联系，信也没有，电话也没有。差不多将近两年的时间。我妈妈想他都快得病了。他忽然有一天打电话回来，说自己得了大奖，开始我们都还不信呢……"

王宝强的确曾经和家里失去联系，他说："那个时候没有钱，就是没钱打电话……而且也不想打，没混出来个人样，觉得没法跟家里交代，没脸和家里人说。"就在那样孤独、艰难的岁月里，王宝强一面做"武替"，一面做民工，才勉强维持了自己的生活。有时候"武替"一天有几十块钱，有时候就只有一顿盒饭，可是即便这样，王宝强也觉得挺好的，来了北京，能吃饱，还能长见识。

很多师兄都劝他："宝强，咱回去吧。你说咱们武功也一般，长得也不好，还没什么文化，哪有导演愿意要咱们这样的呀。不是每个人都有李连杰那样的好运气的。"可是，倔犟的王宝强就是不肯认输，就是抱定了"再难也要坚持下去"的观点，坚决要留在北京打拼。记得蒲松龄曾经写过这样的落第自勉联："有志者，事竟成，破釜沉舟，百二秦关终属楚；苦心人，天不负，卧薪尝胆，三千越甲可吞吴。"不知道是不是因为他"愚公移山"的精神感动了上帝，好运终于飘然降临了。

李扬导演相中了他，电影《盲井》中的优秀表演让他脱颖而出，并荣获了当年金马奖最佳新人奖。随后，冯小刚导演找到了他，他和中国最优秀的几个一线大明星、众多影帝影后加盟《天下无贼》。那个憨厚的"傻根"让人们一下子记住了他的名字。王宝强的星途从此一帆风顺。

很多人认为王宝强之所以能越来越好，是因为他太幸运了。可是王宝强却说："我并不是幸运的一个，能够有今天的成绩，是因为我一直没有放弃，尽管日子很难过，但是我一直在认真过好每一天。"

尽管在生活中，我们每个人都会遇到各种各样的磨难和考验，可是只有能够认真地过日子的人，才能在最后的关头突破自己，创造生活的奇迹。其实，生活给予我们每个人的机会都是相同的，越是艰难的岁月，就越能给我们提供进步的空间。所以，不要总是抱怨日子不好过，只要我们坚持，认真地过好每一天，我们就能抓住希望。

不要把自己禁锢在眼前的苦痛中

世事无常，我们随时都会遇到困厄和挫折。遇见生命中突如其来的困难时，你都是怎么看待的呢？不要把自己禁锢在眼前的困苦中，眼光放远一点，当你看得见成功的未来远景时，便能走出困境，达到你梦想的目标。

当我们处于厄运的时候，当我们面对失败的时候，当我们面对重大灾难的时候，只要我们仍能在自己的生命之杯中盛满希望之水，那么，无论遭遇何种坎坷，我们都能保持快乐的心情，我们的生命才不会枯萎。

在断崖上，不知何时长出了一株小小的百合。它刚发芽的时候，长得和野草一模一样，但是，它心里知道自己并不是一株野草。它的内心深处，有一个纯洁的念头："我是一株百合，不是一株野草。唯一能证明我是百合的方法，就是开出美丽的花朵。"它努力地吸收水分和阳光，深深地扎根，直直地挺着胸膛，对附近的杂草置之不理。

在野草和蜂蝶的鄙夷下，百合努力地释放内心的能量。百合说："我要开花，是因为知道自己有美丽的花；我要开花，是为了完成作为一株花的庄严使命；我要开花，是由于自己喜欢以花来证明自己的存在。不管你们怎样看我，我都要开花！"

终于，它开花了。它那灵性的洁白和秀挺的风姿，成为断崖上最美丽的风景。年年春天，百合努力地开花、结籽，最后，这里被称为"百合谷地"。因为这里到处是洁白的百合。

我们生活在一个竞争十分激烈的社会，有时在某方面一时落后，有时困难重重，有时失败连连，甚至有时被人嘲笑……无论什么时候，我们都不能放弃努力；无论什么时候，我们都应该像那株百合一样，为自己播下希望的种子。

内心充满希望，它可以为你增添一分勇气和力量，它可以支撑起你一身的傲骨。当莱特兄弟研究飞机的时候，许多人都讥笑他们是异想天开，当时甚至有句俗语说："上帝如果有意让人飞，早就使他们长出翅膀。"但是莱特兄弟毫不理会外界的说法，终于发明了飞机。当伽利略以望远镜观察天体，发现地球绕太阳而行的时候，教皇曾将他下狱，命令他改变主张，但是伽利略依然继续研究，并著书阐明自己的学说，他的研究成果后来终于获得了证实。最伟大的成就，常属于那些在大家都认为不可能的情况下却能坚持到底的人。坚持就是胜利，这是成功的一条秘诀。

暂时的落后一点都不可怕，自卑的心理才是可怕的。人生的不如意、挫折、失败对人是一种考验，是一种学习，是一种财富。我们要牢记"勤能补拙"，既能正确认识自己的不足，又能放下包袱，以最大的决心和最顽强的毅力克服这些不足，弥补这些缺陷。人的缺陷不是不能改变，而是看你愿不愿意改变。只要下定决心，讲究方法，就可以弥补自己的不足。

在不断前进的人生中，凡是看得见未来的人，也一定能掌握现在，因为明天的方向他已经规划好了，知道自己的人生将走向何方。留住心中的"希望种子"，相信自己会有一个无可限量的未来，心存希望，任何艰难都不会成为我们的阻碍。只要怀抱希望，生命自然会充满激情与活力。

错误往往是成功的开始

曾经有人做过分析后指出，成功者成功的原因，其中一条很重要就是"随时矫正自己的错误"。一个渴望成功、渴望改变现状的人，绝对不会因一个错误而停止前进的脚步，他必定会找出成功的契机，继续前进。

一位老农场主把他的农场交给一位外号叫错错的雇工管理。农场里有位堆草垛手心里很不服气，因为他从来都没有把错错放在眼里。他想，全农场哪个能够像我那样，一举挑杆子，草垛便像中了魔似的不偏不倚地落到了预想的位置上？回想错错刚进农场那会儿，连杆子都拿不稳，掉得满地都是草，有的甚至还砸在自己的头上，非常可笑。等他学会了堆草垛，又去学割草，留下歪歪斜斜、高高低低一片狼藉；别人睡觉了，他半夜里去了马房，观察一匹病马，说是要学学怎样给马治病。为了这些古怪的念头，错错出尽了洋相，不然怎么叫他"错错"呢？

老农场主知道堆草高手的心思，邀请他到家里喝茶聊天。老农场主问："你可爱的宝宝还好吗？平时都由他们的妈妈照顾吧？"高手点点头，看得出来他很喜欢他的孩子。老人又说："如果孩子的妈妈有事离开，孩子又哭又闹怎么办呢？""当然得由我来管他们啦。孩子刚出生那阵子真是手忙脚乱哩，不过现在好多了。"高手说。

老人叹了一口气，说："当父母可不易哦。随着孩子的渐渐长大，你需要考虑的事情还有很多很多，不管你愿意不愿意，因为你是父亲。对我来说，这个农场也就是我的孩子，早年我也是什么都不懂，但我可以学，也经过了很多次的失败，就像'错错'那样，经常遭到别人的嘲笑。"

话说到这个节骨眼上，堆草高手似乎领会了老人的用意，神情中露出愧色。

"优胜劣汰"成为一种必然。但现在人们开始认同另一种说法：成功，就是无数个"错误"的堆积。

错误是这个世界的一部分，与错误共生是人类不得不接受的命运。

错误并不总是坏事，从错误中汲取经验教训，再一步步走向成功的例子也比比皆是。因此，当出现错误时，我们应该像有创造力的思考者一样了解错误的潜在价值，然后把这个错误当作垫脚石，从而产生新的创意。事实上，人类的发明史、发现史到处充满了错误假设和错误观点。哥伦布以为他发现了一条到印度的捷径；开普勒偶然间得到行星间引力的概念，他这个正确假设正是从错误中得到的；再说爱迪生还知道几千种不能用来制作灯丝的材料呢。

错误还有一个好用途，它能告诉我们什么时候该转变方向。只有适时转变方向，才不会撞上失败这块绊脚石。

笑迎人生风雨

生活中难免有痛苦和失落，但是我们不能总是用悲观的心去对待生活，而应该在艰难中给自己一点希望，让自己坚强起来，再苦也要笑一笑。

钟爱东，百亩鱼塘的主人，被评为"巾帼科技兴农带头人"。

从一名普通的下岗女工到身价千万的养殖大王，不惑之年的钟爱东仍然勤劳淳朴。事业几经起落，她说，横下一条心，没有过不去的坎儿。

1997年1月1日，钟爱东不能忘却的日子。这一天，本以为捧上"铁饭碗"的她下岗了。在这家工厂工作了近20年，还成了厂里的"一把手"。钟爱东说，她把全部的心血、最好的青春年华，都给了工厂，甚至没有时间照顾年幼的孩子。"当时觉得，心里有什么东西被人硬掰了下来。"钟爱东说。那天，她哭了。

下岗后，她接到的第一个电话，是花都区妇联打来的，她说，就是这个电话，在最艰难的时候教会她"用笑容去迎接困难"。钟爱东在当厂长的时候就经常与周围的农民接触，知道养殖水产有赚头，看准这一点，她拿出了仅有的2000元"压箱底钱"，又东奔西走借了些款，一咬牙承包了200亩低洼田，资金不够，就赚一分投入一分，滚动式周转。几年下来，天天"泡"鱼塘、搞技术，200亩低洼田变成了水产养殖地。钟爱东说，那时照看鱼塘就是她全部的生活了。她每天早上都要花一个小时绕池塘走上几圈。

钟爱东没想到，生活中的第二次打击来得这么快。那一天，是钟爱东伤心的日子。一场大洪水湮灭了她刚刚兴旺的鱼塘。站在堤坝上，看着不断上涨的洪水一点点吞没了鱼塘，钟爱东绝望地回了家。"哪里跌倒就从哪里爬起来。"钟爱东说，这是当时丈夫说的唯一的话，倔犟的她这次没有流泪。她开始带着工人挖塘、养苗，引进新技术、新鱼种，被洪水湮灭的鱼塘一点点"回来"了。

钟爱东成了远近闻名的"鱼王"，鱼塘越做越大，还办起了企业。多年的艰难经营，"养鱼为生"的钟爱东对技术情有独钟：一个没有创新、没有新产品的企业，就像脱水的鱼。

钟爱东有个温暖的四口之家，她说，在最困难的时候，家人的支持成了她的精神支柱。"当初好多次想到放弃，是他们帮我挺过了难关。"屡经磨难，钟爱东说最重要的是要学会如何看待失败，"下岗、失败都不用怕，路是自己走出来的，认定目标走下去，一定会成功。"

生命，有起有落，有悲有喜，起伏不定，但是太阳却依然明亮，月亮仍然美丽，星星依旧闪烁……一切的一切仍旧是那么和谐，而生命，依然会有着更美丽的色彩，亟待我们去开发。明天，总是美好的，只要我们有心，只要我们在艰难中咬紧牙关，我们就能够在痛苦中盼来新一轮的朝阳。

别为了关上的门而痛苦，老天还为你留了一扇窗

生活中，我们往往看到的只是事物的一个侧面，这个侧面让人痛苦，但痛苦却可以转化。蚌因身体嵌入砂粒，伤口的刺激使它不断分泌物质来疗伤，如此，就出现一颗晶莹的珍珠。哪颗珍珠不是由痛苦孕育而成？可见，任何不幸、失败与损失，都有可能成为我们有利的因素。

1900年前，在意大利的庞贝古城里，有一个叫莉蒂雅的卖花女孩。她自小双目失明，但并不自怨自艾，也没有垂头丧气把自己关在家里，而是像常人一样靠劳动自食其力。

不久，一场毁灭性的灾难降临到了庞贝城。没有任何预兆的维苏威火山突然爆发，数亿吨的火山灰和灼热的岩浆顷刻间把庞贝城给吞没了。

整座城市被笼罩在浓烟和尘埃中，漆黑如无星的午夜。惊慌失措的居民跌来碰去寻找出路，却无法找到。许多人来不及逃脱，被活活埋葬；有些人设法躲入地窖，但因熔岩和火山灰层的覆盖而窒息，也没有幸免，城中2万多居民大部分逃到了别处，但仍有2000多人遇难。由于盲女莉蒂雅这些年走街串巷地卖花，她的不幸这时反而成了她的大幸。她靠着自己的触觉和听觉找到了生路，而且还救了许多人。残疾，成为她的财富。

生活中谁都难免遭遇挫折，只要你树立信心，继续努力，生活中，肯定会有"柳暗花明又一村"的新景象。

西娅在维伦公司担任高级主管，待遇优厚。很长一段时间，她都为到底去什么地方度假而烦恼。但是情况很快就变得糟糕起来。为了应对激烈的竞争，公司开始裁员，而西娅则是被裁掉的一员。那一年，她43岁。

"我在学校一直表现不错！"她对好友墨菲说，"但没有哪一项特别突出。后来，我开始从事市场销售。在30岁的时候，我加入了那家大公司，担任高级主管。"

"我以为一切都会很好，但在我43岁的时候，我失业了。那感觉就像有人给了我的鼻子一拳。"她接着说，"简直糟糕透了。"

西娅似乎又回到了那段灰暗的日子，语气也沉重了许多。但是，不久她凭借自己的优势找到了工作，两年后，她已经拥有了自己的咨询公司。

"被裁员是一件糟糕的事情，但那绝对不是地狱。也许，对你自己来说，可能还是一个改变命运的机会，比如现在的我。重要的是如何看待，我记得那句名言，世界上没有失败，只有暂时的不成功。"西娅真诚地对墨菲说。

在人的一生中，每个人都不能保证事业上能够一帆风顺。很多人刚刚步入社会，自身

的经验、才能都尚在成长之中，加上社会上竞争激烈，各个用人单位对人才的要求不尽相同，这期间面试遭淘汰，或者工作不适被辞退，这都是很正常的事情。你不必为此感到屈辱，耿耿于怀。

世界充满了就业的机遇，也充满了被淘汰的可能。被淘汰不一定是坏事，也许这正是上帝在以另一种方式告诉你：你未尽其才，你需要寻找更适合你发展的空间。

"蘑菇经历"是一笔宝贵的人生财富

蘑菇长在阴暗的角落，得不到阳光，也没有肥料，自生自灭，只有长到足够高的时候才开始被人关注，可此时它自己已经能够接受阳光了。

"蘑菇定律"就是据此而来，是大多数组织对待初入门者、初学者的一种管理原则。据说，它是20世纪70年代由一批年轻的电脑程序员"编写"的（这些天马行空、独往独来的人早已习惯了人们的误解和漠视，所以在这条"原则"中，自嘲和自豪兼而有之）。该原则的大意是：初学者一般像蘑菇一样被置于阴暗的角落（不受重视的部门，或打杂跑腿的工作），头上浇着大粪（无端的批评、指责、代人受过），只能自生自灭（得不到必要的指导和提携）。

如果你刚进入社会不久，或仍对那个时期记忆犹新，相信这一条"蘑菇管理原则"一定会让你发出会心而苦涩的一笑。的确，绝大多数初出茅庐的年轻人都有过一段"蘑菇"经历，总之，那是一段很不愉快的日子。

"蘑菇经历"是事业上最为漫长的磨炼，也是最痛苦的磨炼之一，它对人生价值的体现起到至关重要的作用。经过这个阶段的磨炼，你就会熟练地掌握当前从事工种的操作技能，提升一些为人处世的能力，以及培养挑战挫折、失败的意志，这也是最重要的。诸多能力的具备，为你将来职业的顺利发展铺平了道路。

从这个意义上来说，"蘑菇经历"是人生的一笔宝贵财富，只有经受这个阶段的磨炼，你才能深刻地领悟这句话的含意。

但是，不愉快的事情并不是生命中的厄运。从某种意义上讲，让自己做上一段时间的"蘑菇"，可以消除自我不切实际的幻想，从而使自己更加接近现实，更实际、更理性地思考问题和处理问题，对人的意志和耐力的培养有促进作用。但用发展的眼光来看，蘑菇管理有着先天的不足：一是太慢，还没等它长高长大，恐怕疯长的野草就已经把它盖住了，使它没有成长的机会；二是缺乏主动，有些本来基因较好的"蘑菇"，一钻出土就碰上了石头，因为得不到帮助，结果胎死腹中。如何让他们成功地走过生命中的这一段，尽快吸取经验、成熟起来，这是我们所应当考虑的问题。

因此，如果你现在感到自己被埋没而没有出人头地，那你一定不要悲哀，把这段"蘑菇经历"当作人生的一笔宝贵财富来珍藏，对你的一生都大有裨益。

人生总是从寂寞开始

曾有人在谈及寂寞降临的体验时说："寂寞来的时候，人就仿佛被抛进一个无底的黑洞，任你怎么挣扎呼号，回答你的，只有狰狞的空间。"的确，在追寻事业成功的路上，寂寞给人的精神煎熬是十分厉害的。想在事业上有所成就，自然不能像看电影、听故事那么轻松，必须得苦修苦练，必须得耐疑难、耐深奥、耐无趣、耐寂寞，而且要抵得住形形色色的诱惑。能耐得住寂寞是基本功，是最起码的心理素质。耐得住寂寞，才能不赶时髦，不受诱惑，才不会浅尝辄止，才能集中精力潜心于所从事的工作。耐得住寂寞的人，等到事业有成时，大家自然会投来钦佩的目光，这时就不寂寞了。而有着远大志向却耐不住寂寞，成天追求热闹，终日浸泡在欢乐场中，一混到老，最后什么成绩也没有的人，那就将真正寂寞了。其实，寂寞不是一片阴霾，寂寞也可以变成一缕阳光。只要你勇敢地接受寂寞，拥抱寂寞，以平和的爱心关爱寂寞，你会发现：寂寞并不可怕，可怕的是你对寂寞的惧怕；寂寞也不烦闷，烦闷的是你自己内心的空虚。

曾获得奥斯卡最佳导演奖的华人导演李安，在去美国念电影学院时已经 26 岁，遭到父亲的强烈反对。父亲告诉他：纽约百老汇每年有几万人去争几个角色，电影这条路走不通的。李安毕业后，7 年，整整 7 年，他都没有工作，在家做饭带小孩。有一段时间，他的岳父岳母看他整天无所事事，就委婉地告诉女儿，也就是李安的妻子，准备资助李安一笔钱，让他开个餐馆。李安自知不能再这样拖下去，但也不愿拿丈母娘家的资助，决定去社区大学上计算机课，从头学起，争取可以找到一份安稳的工作。李安背着老婆硬着头皮去社区大学报名，一天下午，他的太太发现了他的计算机课程表。他的太太顺手就把这个课程表撕掉了，并跟他说："安，你一定要坚持自己的理想。"

因为这一句话，这样一位明理聪慧的老婆，李安最后没有去学计算机，如果当时他去了，多年后就不会有一个华人站在奥斯卡的舞台上领那个很有分量的大奖。

李安的故事告诉我们，人生应该做自己最喜欢最爱的事，而且要坚持到底，把自己喜欢的事发挥得淋漓尽致，必将走向成功。

如果你真正的最爱是文学，那就不要为了父母、朋友的谆谆教诲而去经商，如果你真正的最爱是旅行，那就不要为了稳定选择一个一天到晚坐在电脑前的工作。

你的生命是有限的，但你的人生却是无限精彩的。也许你会成为下一个李安。

但你需要耐得住寂寞，7 年你等得了吗？很有可能会更久，你等得到那天的到来吗？别人都离开了，你还会在原地继续等待吗？

一个人想成功，一定要经过一段艰苦的过程。任何想在春花秋月中轻松获得成功的人距离成功遥不可及。这寂寞的过程正是你积蓄力量，开花前奋力地汲取营养的过程。如果你耐不住寂寞，成功永远不会降临于你。

砸烂差的，才能创造更好的

成功的人往往都是一些不那么"安分守己"的人，他们绝对不会因取得一些小小的成绩而沾沾自喜，眼前那点小成就会阻碍你继续前行的脚步。因此，只有砸烂差的，才能创造更好的。

一位雕塑家有一个 12 岁的儿子。儿子要爸爸给他做几件玩具，雕塑家只是慈祥地笑笑，说："你自己不能动手试试吗？"

为了做好自己的玩具，孩子开始注意父亲的工作，常常站在大台边观看父亲运用各种工具，然后模仿着运用于玩具制作。父亲也从来不向他讲解什么，放任自流。

一年后，孩子好像初步掌握了一些制作方法，玩具做得颇像个样子。这样，父亲偶尔会指点一二。但孩子脾气倔，从来不将父亲的话当回事，我行我素，自得其乐。父亲也不生气。

又一年，孩子的技艺显著提高，可以随心所欲地摆弄出各种人和动物形状。孩子常常将自己的"杰作"展示给别人看，引来诸多夸赞。但雕塑家总是淡淡地笑，并不在乎似的。

忽然有一天，孩子存放在工作室的玩具全部不翼而飞，他十分惊疑！父亲说："昨夜可能有小偷来过。"孩子没办法，只得重新制作。

半年后，工作室再次被盗！又半年，工作室又失窃了。孩子有些怀疑是父亲在捣鬼：

为什么从不见父亲为失窃而吃惊、防范呢？

偶然一天夜晚，儿子夜里没睡着，见工作室灯亮着，便溜到窗边窥视：父亲背着手，在雕塑作品前踱步、观看。好一会儿，父亲仿佛作出某种决定，一转身，拾起斧子，将自己大部分作品打得稀巴烂！接着，将这些碎土块堆到一起，放上水重新和成泥巴。孩子疑惑地站在窗外。这时，他又看见父亲走到他的那批小玩具前，只见父亲拿起每件玩具端详片刻，然后，父亲将儿子所有的自制玩具扔到泥堆里搅和起来！当父亲回头的时候，儿子已站在他身后，瞪着愤怒的眼睛。父亲有些羞愧，温和地抚摸儿子的脸蛋，吞吞吐吐道："我……是……哦，是因为……只有砸烂较差的，我们才能创造更好的。"

10年之后，父亲和儿子的作品多次同获国内外大奖。

父亲不愧是位雕塑家，他不但深谙雕塑艺术品，更懂得雕塑儿子的"灵魂"。

每一个渴望出人头地的人都必须谨记：只有不断砸烂较差的，你才能完全没有包袱，创造出更好的，走上成功的殿堂。

不要让自己成为"破窗"

美国斯坦福大学心理学家詹巴斗曾做过这样一项实验：他找来两辆一模一样的汽车，一辆停在比较杂乱的街区，一辆停在中产阶级社区。他把停在杂乱街区的那辆车的车牌摘掉，顶棚打开，结果一天之内就被人偷走了；而摆在中产阶级社区的那一辆过了一个星期仍安然无恙。后来，詹巴斗用锤子把这辆车的玻璃敲了个大洞，结果，仅仅过了几个小时，它就不见了。

以这项试验为基础，政治学家威尔逊和犯罪学家凯琳瑟提出了破窗理论：如果有人打破了一个建筑物的窗户玻璃，而这扇窗户又得不到及时的维修，别人就可能受到某些暗示性的纵容去打烂更多的窗户玻璃。久而久之，这些破窗户就给人造成一种无序的感觉。结果在这种公众麻木不仁的氛围中，犯罪就会滋生、增长。破窗理论给我们的启示是：必须及时修好"第一扇被打碎的窗户玻璃"。

因此，若你成为那扇破窗，那么最先被淘汰出局的人就是你。

美国有一家以极少辞退员工著称的公司。一天，资深熟练车工杰克为了赶在中午休息之前完成三分之二的零件，在切割台上工作了一会儿之后，他就把切割刀前的防护挡板卸下放在一旁，没有防护挡板安放收取加工零件会更方便更快捷一点。大约过了一个多小时，杰克的举动被无意间走进车间巡视的主管逮了个正着。主管雷霆大怒，除了让杰克立即将防护板装上之外，又站在那里大声训斥了半天，并声称要作废杰克一整天的工作量。

事到此时，杰克以为也就结束了。没想到，第二天一上班，有人通知杰克去见老板。在那间杰克受过好多次鼓励和表彰的总裁室，杰克听到了要将他辞退的处罚通知。总裁说："身为老员工，你应该比任何人都明白安全对公司意味着什么。你今天少完成了零件，少实现了利润，公司可以换个人、换个时间把它们补起来，可你一旦发生事故失去健康乃至生命，那是公司永远都补偿不起的……"

离开公司那天，杰克流泪了，工作的几年时间里，杰克有过风光，也有过不尽如人意的地方，但公司从没有人说他不行。可这一次不同，杰克知道，他这次触及了公司灵魂的东西。

这个小小的故事向我们提出这样一个警告：一些影响深远的"小过错"通常能产生无法估量的危害，没能及时修好自己"打碎的窗户玻璃"也许会毁了自己的职业生涯。所以，任何一个人，一定要避免让自己成为一扇"破窗"。

工作中的折磨使你不断超越自我

一个人不但要接受他所希望发生的事情，而且还要学会接受他所不希望发生的事情。要适应现实，接受任何不可改变的事实，心平气和，以平常心面对周围所发生的一切，而不是唉声叹气，自寻烦恼，更不要企求社会来适应你，奢望世界为你一人而改变，这是不可能实现的空想。在困难面前，如果你能承受折磨，你将会赢得长足发展；如果你不能忍受，那么等待你的也许就是被社会淘汰。

上海某高校计算机系一男生，毕业后如愿进了一个颇有名气的软件开发公司，本以为可以用上往日在学校里学习积累起来的编程技术，在公司一展身手，出人头地。可没想到就在他工作3个月后，上司竟突然让他负责计算机病毒的防治工作，这与他在学校里所关注和学习的内容有很大的差别。开始，他不禁产生了消极情绪，怎么办呢？经过沉思后，他想通了，只有面对现实，于是又拿起了病毒方面的书籍，开始学习新的知识来适应现在的环境。渐渐地，他竟然喜欢上了反病毒这个行业，而且很快就开发了一个全新的反病毒软件，给公司带来了可观的收入。

当我们面对不如意的事情时，当我们面对现实和理想的冲突时，唯有面对现实，适应现实，克服困难，奋发图强，才可做一个勇往直前的成功者。

如果我们没能学会面对、适应现实，而是逃避现实的话，我们将因经不起考验而被现实所淘汰，成功也将与我们擦肩而过。

一位年轻人毕业后被分配到北京某研究所，终日做些整理资料的工作，时间一久，觉得这样的工作索然寡味。恰好机会来了，一个海上油田钻井队来他们研究所要人，到海上工作是他从小就有的梦想。领导也觉得他这样的专业人才待在研究所光整理资料太可惜，所以批准他去海上油田钻井队工作。在海上工作的第一天，领班要求他在限定的时间内登上几十米高的钻井架，把一个包装好的漂亮盒子送到最顶层的主管手里。他拿着盒子快步登上高高的、狭窄的舷梯，气喘吁吁、满头是汗地登上顶层，把盒子交给主管。主管只在上面签下自己的名字，就让他送回去。他又快跑下舷梯，把盒子交给领班，领班也同样在上面签下自己的名字，让他再送给主管。

他看了看领班，犹豫了一下，又转身登上舷梯。当他第二次登上顶层把盒子交给主管时，浑身是汗，两腿发颤，主管却和上次一样，在盒子上签下名字，让他把盒子再送回去。他擦擦脸上的汗水，转身走向舷梯，把盒子送下来，领班签完字，让他再送上去。

这时他有些愤怒了，他看看领班平静的脸，尽力忍着不发作，又拿起盒子艰难地一个台阶一个台阶地往上爬。当他上到最顶层时，浑身上下都湿透了，他第三次把盒子递给主管，主管看着他，傲慢地说："把盒子打开。"他撕开外面的包装纸，打开盒子，里面是两个玻璃罐，一罐咖啡，一罐咖啡伴侣。他愤怒地抬起头，双眼喷着怒火，射向主管。

主管又对他说："把咖啡冲上。"年轻人再也忍不住了，"叭"的一下把盒子扔在地上："我不干了！"说完，他看看倒在地上的盒子，感到心里痛快了许多，刚才的愤怒全释放出来了。

这时，这位傲慢的主管站起身来，直视着他说："刚才让你做的这些，叫做承受极限训练，因为我们在海上作业，随时会遇到危险，要求队员身上一定要有极强的承受力，承受各种危险的考验，才能完成海上作业任务。可惜，前面三次你都通过了，只差最后一点点，你没有喝到自己冲的甜咖啡。现在，你可以走了。"

这位年轻人可能自己也没有想到，领导和主管对自己的折磨是一种考验，更是一种锻炼，经过这些考验之后，你的能力和意志力都会得到极大的提高。经受住各种考验，多用心，多忍耐，你就会获得相应的提高。

学会必要的忍耐

美国第三任总统杰弗逊在给子孙的告诫中有一条是："当你气恼时，先数到10后再说话；假如怒火中烧，那就数到100。"

生活中，在遇到一些不顺心和不如意的事情时，我们的情绪往往会被超常激发起来，陷入激动、委屈、不安等精神状态中。此时最容易被情绪操纵，不顾理智做出鲁莽之事。"忍一时风平浪静，退一步海阔天空"，在这个时候，务必要记住"忍耐"二字。强制自己把心情平静下来，认真选择利最大、弊最小的做法，以求达到在当时可能取得的最好效果。

每个人从出生就面临来自方方面面的竞争和挫折。一个人的成功不仅需要不断提高自己的能力，而且需要经受自己在前进道路上的成功与失败的各种考验，需要具备良好的心理素质。由于我们每个人自身的缺点，由于社会还存在着一些阴暗面，还存在着一些人不那么光明正大，因此失败在所难免，有时甚至还不得不忍受"飞来横祸"。在这种情况下，有时需要进行必要的斗争，但是，更多的时候需要的是忍耐。在自己遭到失败的时候，当然希望周围的人同情自己、帮助自己，但是更为重要的是，忍耐住失败的痛苦，学会自己擦净自己伤口的鲜血，并走出痛苦，走向新的生活。要忍耐，以争取自己超越困难，同时，要灵活一些，争取更好的环境，努力奋斗，走向辉煌。

作为命运的主宰者——人，我们应该学会忍耐，因为它常会让我们有意想不到的收获。人在现实中犹如驾一叶扁舟在大海中航行，巨浪和旋涡就潜伏在你的周围，可能会随时袭击你，因此，你要当个好舵手，同时还得具有克服艰难的毅力和勇气，设法绕过旋涡，乘风破浪前进。换言之，忍耐也是面对磨难的一种手法，以不变应万变；忍耐更是一种力量，它能磨钝利刃的锋芒。但忍耐不是软弱，不是退却，也不是背叛，而是以退为进的策略，是求同存异，是寻找合作。

当你不愿让命运来主宰你的一切，但又没有反击命运的能力时，切记，应学会忍耐！

儒家与道家都强调忍耐的重要，只有忍到最后一刻才会发生意想不到的变化，才有希望看到转机。或许你仍在向往一帆风顺，可是却在面对曲折的人生。其实所谓的一帆风顺只是对自己心灵的一种安慰而已，坚信唯有奋斗不息才能成为命运的主人。而在这一步步的努力中，你必须学会忍耐！

忍耐是沉默，功亏一篑是因为不懂得忍耐的真正含义，而坚忍不拔地追求并排除万难有所超越才是忍耐的外延。

实际上，忍耐是一种酝酿胜利的高超手段。忍耐实际上是一种动态的平衡，是一种形式的转换，不要被利益所陶醉，也不要因没有利益而悲伤。忍耐可以帮助我们摆脱烦恼，获得人生的真谛。

非洲的一位总统问一位友人有什么好经验，这位友人就说了一句话："忍耐。"忍耐不是目的，是策略，是胜敌的关键所在，但一般人做不到。"小不忍则乱大谋"这句话很正确。《三国演义》中诸葛亮三气周瑜，愣是活活把周瑜气死了。如果周瑜学会忍耐，哪会有这样的结果呢！

我们有时候不妨学一学鸵鸟，逆来顺受。但是，这不是叫大家颓废，只是让大家学会忍让，为将来的爆发，也就是成功创造条件，同时它也可以为你提供丰富的经验。日常生活中，每一个人总会遇到他人的一些伤害，无缘由的中伤、诽谤……

平白无故的是非给我们带来身心伤害。类似的事件大家也许经历过，也可能以后的日子会遇到。在这种时候，大家应泰然处之，将忍耐进行到底，终有一天所有的错误都将改正。平和的心态不只是给我们自己带来了宁静，也给予他人更多！

百忍成钢，人生就像一个磨刀的过程，忍耐好比磨刀石。当心性修炼得清澈如镜，达到这种不以物喜，不以己悲的境界时，那就是我们历经千锤百炼的刀已炼成。

顾客把你磨炼成上帝的天使

阿迪·达斯勒被公认为是现代体育工业的开创者，他凭着不断的创新精神和克服困难的勇气，终身致力于为运动员制造最好的产品，最终建立了与体育运动同步发展的庞大的体育用品制造公司。

阿迪·达斯勒的父亲靠祖传的制鞋手艺来养活一家四口人，阿迪·达斯勒兄弟帮助父亲做一些零活。一个偶然的机会，一家店主将店房转让给了阿迪·达斯勒兄弟，并可以分期付款。

兄弟俩高兴之余，资金仍是个大问题，他们从父亲作坊搬来几台旧机器，又买来了一些旧的必要工具。这样，鲁道夫和阿迪正式挂出了"达斯勒制鞋厂"的牌子。

起初，他们以制作一些拖鞋为主，由于设备陈旧、规模太小，再加上兄弟俩刚刚开始从事制鞋行业，经验不足，款式上是模仿别人的老式样，种种原因导致生产出来的鞋销售并不好。

困境没有让两个年轻人却步，他们想方设法找出矛盾的根源所在，努力走出失败的困境。

聪明的阿迪逐渐意识到：那些成功企业家的秘诀在于牢牢抓住市场，而他们生产的款式已远远落后于当时的市场需求。

兄弟俩着手寻找自己的市场定位，经过市场调查，终于有了结果：他们应该立足于普通的消费者。因为普通大众大多数是体力劳动者，他们最需要的是既合脚又耐穿的鞋。再加上阿迪是一个体育运动迷，并且深信随着人们生活的提高，健康将越来越会成为人们的第一需要，而锻炼身体就离不开运动鞋。

定位已经明确，接下来就是设计生产的问题了。他们把自己的家也搬到了厂里，一个多月后，几种式样新颖、颜色独特的跑鞋面世了。

然而，新颖的跑鞋没有像兄弟俩想象的那样畅销。当阿迪兄弟俩带着新鞋上街推销时，人们首先对鞋的构造和样式大感新奇，争相一睹为快。

可看过之后，真正购买的人很少，人们看着两个小伙子年轻、陌生的脸孔，带着满脸的不信任离开了。

兄弟俩四处奔波，向人们推荐自己精心制作的新款鞋，一连许多天，都没有卖出一双鞋。

阿迪兄弟本以为做过大量的市场调查之后生产出的鞋子，一定会畅销，然而无法解决的困难又一次让两个年轻人陷入绝境。

可阿迪·达斯勒的字典里没有"输"这个字，只有勇气陪伴着他们，去闯过一个个难关。

在困难面前，阿迪兄弟没有消沉，没有退缩，而是迎着困难继续努力，在仔细分析当时的市场形式和自己工厂的现状后，终于找到了解决的办法。

兄弟俩商量后决定：把鞋子送往几个居民点，让用户们免费试穿，觉得满意后再向鞋厂付款。

一个星期过去了，用户们毫无音讯，两个星期过去了，还是没有消息。兄弟俩心中都有些焦躁，有些坐不住了。

在耐心地等候中，又一个星期过去，他们现在唯一的办法也只有等待了。一天，第一个试穿的顾客终于上门了。他非常满意地告诉阿迪兄弟俩，鞋子穿起来感觉好极了，价钱也很公道。在交了试穿的鞋钱之后，又定购了好几双同型号的鞋。

随后不久，其余的试穿客户也都陆续上门。一时之间，小小的厂房竟然人来人往，络绎不绝。鞋子的销路就此打开，小厂的影响也渐渐扩大了。

阿迪兄弟俩没有被初次创业所遭受顾客的种种困难所吓倒，面对资金不足、经验不足、信誉缺乏等困难，他们凭着自己的信心和勇气一一攻克，为日后家族现代体育工业帝国的建立，打下了坚实的基础。

现在的你也一样，不要抱怨顾客对你的折磨，因为，唯有这些折磨才能将你磨炼成美丽的"天使"。

善待你的对手

一旦谈到双赢，人们一向以为这种情况只会发生在自己与合作伙伴之间，而与对手，"不是你死，就是我亡"，这才是最终的结局。

真的是这样吗？显然，答案是否定的。其实我们和对手也可以走进双赢的境地。

所以，我们需要合作伙伴，而不要排斥对手。

对手，是失利者的良师。有竞争，就免不了有输赢。其实，高下无定式，输赢有轮回。曾经败在冠军手下的人，最有希望成为下一场赛事的冠军。只因败者有赢者作师，取人之长，补己之短，为日后取胜奠基。更有一些智者，一番相争之后，便能知己知彼，比得赢就比，比不赢就转，你种苹果夺冠，我种地瓜也可以领先。

对手，是同剧组的搭档。人生在世能够互成对手，也是一种缘分，仿佛同一个分数中的分子、分母。如此说，结局往往只有赢多赢少之别，并无绝对胜败之分。角色有主有次，登台有先有后，掌声有多有少，但彼此相依，缺了谁戏也演不成。同在一个领导班子中也如此，携手共进，共创佳绩，方可交相辉映。

孟子说："入则无法家拂士，出则无敌国外患者，国恒亡。"奥地利作家卡夫卡说："真正的对手会灌输给你大量的勇气。"善待你的对手，方尽显品格的力量和生存的智慧。

在秘鲁的国家级森林公园，生活着一只年轻的美洲虎。由于美洲虎是一种濒临灭绝的珍稀动物，全世界现在仅存 17 只，所以为了很好地保护这只珍稀的老虎，秘鲁人在公园中专门辟出了一块近 20 平方公里的森林作为虎园，还精心设计和建盖了豪华的虎房，好让美洲虎自由自在的生活。

虎园里森林藏密，百草芬芬，沟壑纵横，流水潺潺，并有成群人工饲养的牛、羊、鹿、兔供老虎尽情享用。凡是到过虎园参观的游人都说，如此美妙的环境，真是美洲虎生活的天堂。

然而，让人们感到奇怪的是，从没有人看见美洲虎去捕捉那些专门为它预备的"活食"。从没有人见它王者之气十足地纵横于雄山大川，啸傲于莽莽丛林，甚至未见它像模像样地吼上几嗓子。

人们常看到它整天待在装有空调的虎房里，或打盹儿，或耷拉着脑袋，睡了吃吃了睡，无精打采。有人说它大约是太孤独了，若是找个伴儿，或许会好些。

于是政府又通过外交途径，从哥伦比亚租来了一只母虎与它做伴，但结果还是老样子。

一天，一位动物行为学家到森林公园来参观，见到美洲虎那副懒洋洋的样儿，便对管理员说，老虎是森林之王，在它所生活的环境中，不能只放上一群整天只知道吃草，不知道猎杀的动物。

这么大的一片虎园，即使不放进去几只狼，至少也应该放上两只猎狗，否则，美洲虎无论如何也提不起精神。

管理员们听从了动物行为学家的意见，不久便从别的动物园引进了两只美洲狮投进了虎园。这一招果然奏效，自从两只美洲狮进虎园的那天起，这只美洲虎就再也躺不住了。

它每天不是站在高高的山顶愤怒地咆哮，就是有如飓风般冲下山冈，或者在丛林的边缘地带警觉地巡视和游荡。老虎那种刚烈威猛，霸气十足的本性被重新唤醒。它又成了一只真正的老虎，成了这片广阔的虎园里真正意义上的森林之王。

一种动物如果没有对手，就会变得死气沉沉。同样的，一个人如果没有对手，那他就会甘于平庸，养成惰性，最终导致庸碌无为。

一个群体如果没有对手，就会因为相互的依赖和潜移默化而丧失灵活，丧失生机。

一个行业如果没有对手，就会因为丧失进取的意志，就会因为安于现状而逐步走向衰亡。

许多人都把对手视为是心腹大患，是异己，是眼中钉，是肉中刺，恨不得马上除之而后快。其实只要反过来仔细一想，便会发现拥有一个强劲的对手，反而倒是一种福分、一种造化。

因为一个强劲的对手，会让你时刻有种危机四伏感，它会激发起你更加旺盛的精神和斗志。

有时候，表面上看来，我们从对手身上得到的学习机会没有那么直接、明显，然而，仅仅是承受他带给我们的压力，就已是很宝贵的机会，可以对我们的成长起到很大的助益。不要随便把对手视为敌人或仇人，只有这样，我们才可以冷静地观察对方，客观地审视自己；也唯有这样，才能在与对手交手的过程中学到东西。

然而，很多人无法这样看待对手。由于对手和敌人往往只有一线之隔，甚至是一体两面，因而对手也很容易被视为仇人。很多人会带着各种情绪来看待对手，经常会这样想：敌人和仇人当然是不好的，哪有向他们学习的道理？

不少人在碰到对手的时候，首先是不屑一顾（觉得对手的实力不过如此），接下来是愤怒（发现这样的人竟然有很多人喜欢，还威胁甚至超越自己），最后则是不允许别人在面前说对手的只言片语。

其实，越是敌人和仇人，可学的东西才越多。对方要消灭你，一定是倾巢而动、精锐尽出。对方使出浑身解数的时候，也就是传授你最多招数的时候（敌人为了激怒你、伤害你而使出的一些手段，就是任何其他老师所不能教你的）。所以，如果你有个很强的对手，你应该从心底欢喜。就像每天要照照镜子一样，你每天都要仔细盯紧这个对手，好好欣赏他，好好向他学习。而最好的学习，永远来自于你和他交手、被他击中的那一刻。

一个人有了对手，才会有危机感，才会有竞争力。有了对手，你便不得不奋发图强，不得不革故鼎新，不得不锐意进取，否则，就只有等着被吞并、被替代、被淘汰。

善待你的对手吧！有时候，将我们送上领奖台的，不是我们的朋友，而恰恰是我们的对手。

远离虚荣才能接近对手

商场上有句俗话这样说："同行是冤家。"不错，你的同行的确就是你的竞争对手。在抢占市场时，你们的确是冤家。但是，不可否认的是，如果没有竞争对手，只有个人垄断，那将会导致不思发展的后果。有时候，要想使自己变得更强更好，你必须要善待自己的对手。

那你要怎样接近自己的对手呢？这就要求你抛弃虚荣心理，主动和对方接触，你才能接近对手，并了解对手，学习对手，最终达到双赢的效果。

有个名叫西拉斯的人，在一个小镇上开一家杂货铺。这铺子是他爸爸传下来的，他爸爸又是从他爷爷手里接过来的。他爷爷开这铺子的时候南北两边正在打仗。

西拉斯买卖公道，信誉很好。他的铺子对镇上的人来说就像手足，不可缺少。西拉斯的儿子在长大，小铺子就要有新接班人了。

　　可是有一天，一个外乡人笑嘻嘻地来拜访西拉斯，情况便变得严重了！此人说，他想买下这铺子，请西拉斯自己作价。

　　西拉斯怎么舍得？即便出双倍价格他也不能卖！这铺子可不仅仅是铺子，这是事业，是遗产，是信誉！

　　外乡人耸耸肩，笑嘻嘻地说："抱歉，我已选定街对面那幢空房子，粉刷一番，弄得富丽堂皇，再进些上好货品，卖得更便宜，那时你就没生意了！"

　　西拉斯眼见对面空房贴出了翻新布告，一些木匠在里面锯呀刨呀，有一些漆匠爬上爬下，他的心都碎了！他无可奈何却又不无骄傲地在自家店门上贴了张告白："敝号系老店，95年前开张。"

　　对面也换了一张告白："敝号系新店，下礼拜开张。"

　　人们对比着读了，无不心中暗笑。

　　新店开业前一天，西拉斯坐在他那间阴暗的店堂里想心事，他真想把对手臭骂一顿，幸亏西拉斯有个好妻子。

　　"西拉斯，"她用低低的声音缓缓地说，"你巴不得把对面那房子放火烧了，是不是？"

　　"是巴不得！"西拉斯简直在咬牙切齿，"烧了有什么不好？"

　　"烧也没用，人家保险过。再说，这样想也缺德。"

　　"那你说我该怎么想？"西拉斯冒着火。

　　"你该去祝愿。"

　　"祝愿天火来烧？"

　　"你总说自己是个厚道人，西拉斯，你一碰到切身事就糊涂。你该怎么做不是很清楚吗？你应该祝愿新店开业成功。"

　　"你是脑筋出问题了吧，贝蒂。"

　　说是这么说，西拉斯最后决定去一次。

　　第二天早晨新店还没开门，全镇人已等在外边。大家看着正门上方赫然写着"新新百货店"几个金字，都想进去一睹为快。

　　西拉斯也在人群中，他快快活活跨到台阶上大声说："外乡老弟，恭喜开业，谢谢你给全镇人带来方便！"

　　他刚说完便吃了一惊，因为全镇人都围上来朝他欢呼，还把他举起来。大家跟他进店参观。谁都关心标价，谁都觉得很公道。那外乡老板笑嘻嘻地牵着西拉斯的手，两个生意人像老朋友。

　　后来，两家生意都做得兴隆，因为小镇一年年变大了。

　　故事给我们一个很好的启示：

　　一个能容忍对手发展的人，不但是一个胸襟宽广的人，还是一个具有远见的人。让竞争对手时刻在背后激励自己、鞭策自己，使自己不能有片刻懈怠，努力向前发展，实现双赢目的，实在是再好不过。

　　放下自私和虚荣，主动接受对方。"尺有所短，寸有所长"，只要你诚心接交，对方也会坦诚相待，你就会从对手身上学到长处，从而更有利于自己的发展。

化压力为动力

　　常言道："井无压力不出油，人无压力轻飘飘。"生活中，人们经常有这样的感觉，挑着重担的人比空手步行的人要走得快，其中的奥妙，便是压力的作用。人生一世，轻松愉快只是一种可能，而承受不同程度的压力则是一种必然。在工作中、生活中遇到的困难、挫折、不幸，是一种压力；生活节奏加快、竞争日趋激烈、追求的痛苦、爱情的困惑，更是压力……我们无法撇开压力去谈人生。

人生苦短，由此不难让我们联想到云南大理白族的三道茶，就是一苦、二甜、三淡，象征着人生的三重境界。苦尽才能甘来，随之才有潇洒的人生，才会不屈服于压力，将压力转化为前进的动力，开创大业，走向人生的辉煌。天无绝人之路。生活抛给我们一个问题，也给了我们解决问题的能力。

也许你的生存压力不小，烦恼也不少，但切忌陷在自我忧虑中，而要冷静思考，全面评估现状，理清思路，找到策略和行动方案，根据轻重缓急应对。记住你的力量远远要比压力大，我国著名的国际口画艺术家杨杰就是这样一路走来的。农村出身的他6岁玩耍时双手触及高压线而不幸失去双臂，他被送至儿童福利院10年。10年过后归家，周围一切发生了很大变化，他感觉到生疏、艰难，很不适应。

他向人讨来笔墨，每天用牙磨墨、练画，用于练习的报纸摞起来高出他身高的几倍。功夫不负有心人，他在世界多个国家表演口画艺术，他的画在国外展出，并出版了个人画册，获得了多项荣誉称号。自强不息，哪怕有一丝希望也决不放弃，这就是杨杰的人生态度。

善于承受压力和有强大的动力，是一个人成功的基础，只要你能够有效地将压力转化为动力，你离成功就不会遥远了。

在压力中奋起

毕业之后面临着就业压力，就业之后面临工作压力，其他还有诸如生活压力、竞争压力、恋爱压力，等等，如果你没有在压力面前奋起的勇气，那你只能在重重压力中陷入虚无。

众所周知，张学友是香港著名歌星，很多人痴迷他的歌、喜欢他的电影、羡慕他的辉煌，可有几个人知道他艰辛的奋斗历程呢？不要自卑，也不要害怕挫折，这是他的成功秘诀。

他的第一份工作是在政府贸易处当助理文员，工作十分乏味。不肯安于现状的性格使他不久跳槽到了一家航空公司，但工资比第一份还少。当时他也没有想过有一天会成为明星，踏入娱乐圈是偶然的，成功也来得太快，这使得他沉溺在成功带来的满足感和优越感之中，只知道尽情玩乐，逐渐变得放纵、狂傲、骄横，得罪了许多人。结果他的唱片销量直线下降，第一张、第二张唱片都可以卖20万，第三张只卖了10万，接着是8万、2万。他走在街上，原来是"学友""学友"的欢呼，现在成了粗言秽语；站在舞台上，原来是鲜花热吻，现在是阵阵嘘声。起初张学友接受不了这残酷的事实，没有去分析原因，而是去一味逃避：酗酒、骂人、闹事。家人朋友不断地劝慰他，但他一概不听，而且他还想过自杀！

沮丧的日子持续了两三年，后来他开始自省，意欲东山再起，这是他骨子里不肯服输、敢于一拼的性格所决定的。如果天生懦弱，自杀恐怕是他最终的抉择。他很了解娱乐圈"一沉百人踩"的事实，知道要东山再起所面对的艰辛，但他决意一拼！他后来总结经验说："当你决定要面对挫折和困难时，原来并不是没有出路的！"他努力唱出自己的风格，努力拍戏，努力去研究失败的原因，努力学习处世方法，努力应对各种刁难和挫折……全力以赴，付出了不为圈外人所知的艰辛，辉煌逐渐又回到了他的身边。

他说，没有人可以避免压力和挫折，重要的是要有豁达、乐观、坚毅、忍耐的性格，要搞清楚自己的位置和方向，才能走过失败，重新振作。他说自己希望做一只蜗牛，蜗牛永远不会理会别人的催促，无视外来的压力，只是依着自己的步伐和所选择的方向，勇往直前，这必能成功。

压力和挫折时刻都会存在，有人说，人没有了压力生活就会没有了方向，就像没有了风，帆船不会前进一样。但你一定不能在压力中不思进取，否则你将被压力淹没。

在压力中奋起，你才会有成功的可能。

找一个竞争对手"盯"自己

生活并不如意，你也没有什么前进的动力，如果一直这样下去，你的人生就会就此止息，没有什么指望了。

因此，面临这种情况，不妨找一个竞争对手，把他放在背后"盯"紧自己，不断前行。

在北方某大城市里，诸多电器经销商经过明争暗斗的激烈市场较量，在彼此付出了很大的代价后，有张、李两大商家脱颖而出，他们又成为最强硬的竞争对手。

这一年，张为了增强市场竞争力，采取了极度扩张的经营策略，大量地收购、兼并各类小企业，并在各市县发展连锁店，但由于实际操作中有所失误，造成信贷资金比例过大，经营包袱过重，其市场销售业绩反倒直线下降。

这时，许多业内外人士纷纷提醒李——这是主动出击、一举彻底击败对手张，进而独占该市电器市场的最好商机。

李却微微一笑，始终不曾采纳众人提出的建议。

在张最危难的时机，李却出人意料地主动伸出援手，拆借资金帮助赵涉险过关。最终，张的经营状况日趋好转，并一直给李的经营施加着压力，迫使李时刻面对着这一强有力的竞争对手。

有很多人曾嘲笑李的心慈手软，说他是养虎为患。可李却没有丝毫后悔之意，只是殚精竭虑，四处招纳人才，并以多种方式调动手下的人拼搏进取，一刻也不敢懈怠。

就这样，李和张在激烈的市场竞争中，既是朋友又是对手，彼此绞尽脑汁地较量，双方各有损失，但各自的收获却都很大。多年后，李和张都成了当地赫赫有名的商业巨子。

面对事业如日中天的李，当记者提及他当年的"非常之举"时，李一脸的平淡：击倒一个对手有时候很简单，但没有对手的竞争又是乏味的。企业能够发展壮大，应该感谢对手时时施加的压力。正是这些压力，化为想方设法战胜困难的动力，进而在残酷的市场竞争中，始终保持着一种危机感。

其实，商界这一法则，动物界也给我们提供了例证。一位动物学家在考察生活于非洲奥兰治河两岸的动物时，注意到河东岸和河西岸的羚羊大不一样，前者繁殖能力比后者更强，而且奔跑的速度每分钟要快 13 米。

他感到十分奇怪，既然环境和食物都相同，何以差别如此之大？为了能解开其中之谜，动物学家和当地动物保护协会进行了一项实验：在两岸分别捉了 10 只羚羊送到对岸生活。结果送到西岸的羚羊发展到 14 只，而送到东岸的羚羊只剩下了 3 只，另外 7 只被狼吃掉了。

谜底终于被揭开，原来东岸的羚羊之所以身体强健，只因为它们附近居住着一个狼群，这使羚羊天天处在一个"竞争氛围"中。为了生存下去，它们变得越来越有"战斗力"。而西岸的羚羊长得弱不禁风，恰恰就是缺少天敌，没有生存压力的原因。

没有压力，人的潜能就会逐步退却，人的动力慢慢消退，生命的机能不断萎缩。最终，人的事业消沉，生活散漫，人生越来越暗淡。

只有注入强有力的压力，在压力中多多用心、努力将压力转化为动力，才有可能使生命越来越有活力，激发出更多的人生潜能，最终取得事业的成功。

找一个竞争对手"盯"自己，才不至于因生活散漫而消沉，才能在成功的路途上越走越远。

第六章　与其抱怨别人，不如修正自己

抱怨生活之前，先认清你自己

我们会抱怨生活，因为它没有把我们的一切都安排得很好，没能让我们在不经过努力就获得自己想要的东西；我们抱怨工作，因为它总是不能给我们带来财富，尽管我们已经尽力了，可是薪水还是那么一点点；我们抱怨家长，因为他们没能给我们很好的生活环境，没能让我们像富家子弟那样生活；我们抱怨朋友，因为他们总是只想着自己，完全不顾及我们的感受；我们抱怨……这样一直抱怨下去，我们突然发现，身边的一切事情都让我们看不顺眼，一切都不能尽如我们的意愿。可是，怎么办呢？问题到底出在哪里？

一个女孩对父亲抱怨她的生活，抱怨事事都那么艰难，她不知该如何应付生活，想要自暴自弃了。她已厌倦抗争和奋斗，好像一个问题刚解决，新的问题就又出现了。

女孩的父亲是位厨师，他把她带进厨房。他先往三只锅里倒入一些水，然后把它们放在旺火上烧。不久锅里的水烧开了。他往一只锅里放些胡萝卜，第二只锅里放入鸡蛋，最后一只锅里放入磨碎的咖啡豆。他将它们浸入开水中煮，一句话也没说。

女孩呷呷嘴，不耐烦地等待着，纳闷父亲在做什么。大约20分钟后，他把火闭了，把胡萝卜捞出来放入一个碗内，把鸡蛋捞出来放入另一个碗内，然后又把咖啡舀到一个杯子里。做完这些后，他才转过身问女儿："亲爱的，你看见什么了？"

"胡萝卜、鸡蛋、咖啡。"她回答。

他让她靠近些，并让她用手摸摸胡萝卜。她摸了摸，注意到它们变软了。

父亲又让女儿拿一只鸡蛋并打破它。将壳剥掉后，她看到了是只煮熟的鸡蛋。

最后，父亲让她啜饮咖啡。品尝到香浓的咖啡，女儿笑了。她问道："父亲，这意味着什么？"

父亲解释说，这三样东西面临同样的逆境——煮沸的开水，但其反应各不相同。

胡萝卜入锅之前是强壮的、结实的，但进入开水后，它变软了，变弱了。

鸡蛋原来是易碎的。它薄薄的外壳保护着它呈液体的内脏，但是经开水一煮，它的内脏变硬了。而粉状咖啡豆则很独特，进入沸水后，它们改变了水。

父亲的教导方法是高明的。他把生活比作了一杯水，而拿不同的物体比喻成我们。如果我们如胡萝卜一般，只能任由环境的改变，那么我们就是被动的；而当我们是粉状咖啡豆的时候，尽管在杯子里已经找不到了我们的影子，却能因为我们的变化而改变了人生的大环境。

所以说，当你开始抱怨生活的时候，先要认清楚自己，看你是容易被生活改变，还是你可以去改变生活。如果你被生活改变了，那么就不要责怪生活，而要怪你自己的不坚定，容易随波逐流。而当你确定你能够改变生活的时候，就应该放下抱怨，拿出勇气，因为生活的味道完全是你可以设计和改变的。

问题的 98% 是自己造成的

人类有着一个共同的特点，就是总将问题归结到别人的身上，认为别人是问题的制造者，而自己只是一个无辜的受害者。殊不知，问题的 98% 都是自己造成的，如果自己身上没有问题或在自己的环节将问题彻底解决，便不会出现一发不可收拾的局面了。

一本杂志曾刊登过这样一个故事：

当巴西海顺远洋运输公司派出的救援船到达出事地点时，"环大西洋"号海轮已经消失了，21 名船员不见了，海面上只有一个救生电台有节奏地发着求救的信号。救援人员看着平静的大海发呆，谁也想不明白在这个海况极好的地方到底发生了什么，从而导致这条最先进的船沉没。这时有人发现电台下面绑着一个密封的瓶子，打开瓶子，里面有一张字条，21 种笔迹，上面这样写着：

一水汤姆："3 月 21 日，我在奥克兰港私自买了一个台灯，想给妻子写信时照明用。"

二副瑟曼："我看见汤姆拿着台灯回船，说了句'这小台灯底座轻，船晃时别让它倒下来'，但没有干涉。"

三副帕蒂："3 月 21 日下午船离港，我发现救生筏施放器有问题，就将救生筏绑在架子上。"

二水戴维斯："离岗检查时，发现水手区的闭门器损坏，用铁丝将门绑牢。"

二管轮安特尔："我检查消防设施时，发现水手区的消火栓锈蚀，心想还有几天就到码头了，到时候再换。"

船长麦特："起航时，工作繁忙，没有看甲板部和轮机部的安全检查报告。"

机匠丹尼尔："3 月 23 日上午理查德和苏勒的房间消防探头连续报警。我和瓦尔特进去后，未发现火苗，判定探头误报警，拆掉交给惠特曼，要求换新的。"

机匠瓦尔特："我就是瓦尔特。"

大管轮惠特曼："我说正忙着，等一会儿拿给你们。"

服务生斯科尼：3 月 23 日 13 点到理查德房间找他，他不在，坐了一会儿，随手开了他的台灯。

大副克姆普："3 月 23 日 13 点半，带苏勒和罗伯特进行安全巡视，没有进理查德和苏勒的房间，说了句'你们的房间自己进去看看'。"

一水苏勒："我笑了笑，也没有进房间，跟在克姆普后面。"

一水罗伯特："我也没有进房间，跟在苏勒后面。"

机电长科恩："3 月 23 日 14 点，我发现跳闸了，因为这是以前也出现过的现象，没多想，就将闸合上，没有查明原因。"

三管轮马辛："感到空气不好，先打电话到厨房，证明没有问题后，又让机舱打开通风阀。"

大厨史若："我接马辛电话时，开玩笑说，我们在这里有什么问题？你还不来帮我们做饭？然后问乌苏拉：'我们这里都安全吗？'"

二厨乌苏拉："我也感觉空气不好，但觉得我们这里很安全，就继续做饭。"

机匠努波："我接到马辛电话后，打开通风阀。"

管事戴思蒙："14 点半，我召集所有不在岗位的人到厨房帮忙做饭，晚上会餐。"

医生英里斯："我没有巡诊。"

电工荷尔因："晚上我值班时跑进了餐厅。"

最后是船长麦特写的话："19 点半发现火灾时，汤姆和苏勒房间已经烧穿，一切糟糕透了，我们没有办法控制火情，而且火越烧越大，直到整条船上都是火。我们每个人都犯了一点错误，最终酿成了船毁人亡的大错。"

看完这张绝笔字条，救援人员谁也没说话，海面上死一样的寂静，大家仿佛清晰地看到了整个事故的过程。

船长麦特的最后一句话是最值得我们深思的："我们每个人都犯了一点错误，最终酿成了人毁船亡的大错。"问题出现时，不要再找借口了，因为你自己才是问题的真正根源，问题的98%都是自己造成的，"环大西洋"号的覆灭不正说明了这一点吗？

失败者的借口通常是"我没有机会"。他们将失败的理由归结为不被人垂青，好职位总是让他人捷足先登，殊不知，其失败的真正原因恰恰在于自己不够勤奋，没有好好把握得之不易的机会。而那些意志坚强的人则绝不会找这样的借口，他们不等待机会，也不向亲友们哀求，而是靠自己的勤奋努力去创造机会，因为他们深知，很多困境其实是自己造成的，唯有自己才能拯救自己。

问题面前最需要改变的是自己

英国伦敦泰晤士河南岸有座西敏寺，安葬于此的一位英国主教的墓志铭十分特别。墓碑上写着这样一段话："我年少时，意气风发，当时曾梦想要改变世界。但当我年事渐长，发觉自己根本无力改变世界，于是决定改变自己的国家。但这个目标我还是无法实现。步入中年之后，我试着改变自己身边的最亲密的人，但是，他们根本不接受改变！当我垂垂老矣，终于顿悟了一件事，我应该改变自己，以身作则影响家人。若我能为家人做榜样，也许下一步能改善我的国家，再接下来，谁又知道呢，也许我连整个世界都可以改变！"

我们也许都曾有过类似的困惑，费尽一切力气要改变别人，甚至要改变世界，让世界来顺应自己的喜好，然而，这是不现实且是最徒劳的。

我们常常意识不到自身的问题，总想着"换个环境吧，换个环境就会好了"，可是，这并不是问题的关键。

一只乌鸦打算飞往南方，途中遇到一只鸽子，一起停在树上休息。鸽子问乌鸦："你这么辛苦，要飞到哪里去？为什么要离开呢？"乌鸦愤愤不平地说："其实，我也不想离开，可是那里的人都不喜欢我的叫声。所以，我想飞到别的地方去。"鸽子好心地说："别白费力气了。如果你不改变自己的声音，飞到哪儿都不会受欢迎的。"

环境的变化，虽然对一个人的命运有一定的影响，但是，任何一个环境都有可供发展的机遇，紧紧抓住这些机遇，好好利用这些机遇，不断随环境的变化调整自己的观念，就有可能在社会竞争的舞台上开辟出一片新天地，站稳脚跟，这就需要我们自己作出妥协，进行改变。有时，你会发现，你发生了变化，一切都变得美好起来。

推销员戴尔做了一年半的业务，看到许多比他后进公司的人都晋升了职位，而且薪水也比他高许多，他百思不得其解。想想自己来了这么长时间了，客户也没少联系，可就是没有大的订单让他在业务上有所起色。

有一天，戴尔像往常一样下班就打开电视若无其事地看起来，突然有一个名为"如何使生命增值"的专家访谈引起了他的关注。

心理学专家回答记者说："我们无法控制生命的长度，但我们完全可以把握生命的深度！其实每个人都拥有超出自己想象十倍以上的力量。要使生命增值，唯一的方法就是在职业领域中努力地追求卓越！"

戴尔听完这段话后，决定从此刻作出改变。他立即关掉电视，拿出纸和笔，严格地制订了半年内的工作计划，并落实到每一天的工作中……

两个月后，戴尔的业绩明显大增，9个月后，他已为公司赚取了2500万美元的利润，年底他自然当上了公司的销售总监。

如今戴尔已拥有了自己的公司。他每次培训员工时，都不忘说："我相信你们会一天比一天更优秀，只要你决心作出改变！"于是员工信心倍增，公司的利润也飞速增长。

"我们这一代最伟大的发现是，人类可以由改变自己而改变命运。"戴尔用自己的行动印证了这句话，那就是：有些时候，面对一些棘手的问题，应该迫切改变的或许不是环境，而是我们自己。换句话说：有些时候，我们不是找不到方法去解决问题，而是在问题面前，我们没有真正地作出努力。在完善自己的同时，我们也就找到了解决问题的方法。

环境的变化虽然对一个人的命运有直接影响，但是，任何一个环境，都有可供发展的机会，紧紧抓住这些机会，好好利用这些机会，不断随环境的变化调整自己的观念，就有可能在社会竞争的舞台上开辟出一片新天地，站稳脚跟。所以，每个人在经营的过程中，必须有中途应变的准备，这是市场环境下的生存之本，也是强者的生存之本。

问题面前最需要改变的是我们自己，面对环境的发展变化，我们要及时改变自己的观点和思路，及时改变自己的生存方式，只有这样，才有可能最终走向成功。

天堂是由自己搭建的

杰克拥有一座美丽的莲花池。那其实是他在乡下住宅附近的一片天然洼地，他坚称他在乡间的宅邸为他的农场，水从远处山丘上的蓄水池中流入这片洼地，其间还要通过一个可调节水流大小的阀门开关。一切是那么的和谐美满，到了夏天澄澈的水面上就会铺满怒放的莲花，鸟儿们在池中自由嬉戏，从早到晚都能听到它们的奏鸣音。蜜蜂则在花园中的野花上忙碌不辍。极目远眺，池塘的后面是一片更加美丽的丛林，野生的浆果、灌木、蕨类植物争相盛开，热闹极了。

杰克是一个平凡的人，但他拥有着一颗博爱的心。在他的领土上，你看不到"私人所有，不得擅入"或"擅入必究"的字样。取而代之的是原野尽头那让人倍感亲切的标语，"这里的莲花欢迎你"。他得到了所有人的由衷爱戴，原因很简单，他真诚地爱着所有人，并愿意与他们分享他的一切。

在这里人们常能碰到正在玩耍的天真孩子和风尘仆仆、步履蹒跚的游人，不止一次看到他们离去时脸上那与来时全然不同的神情，仿佛卸下了身上的重负，直到现在人们的耳边似乎还能听到他们离去时的低声呢喃和祝福。有些人甚至把这里称为世外桃源。闲暇时作为主人的他也会在此静坐享受夜晚的寂静。当外人离去后，他趁着皎洁的月光在园中往来踱步或坐在老式的木质长椅上伴着芬馥的野花香喝点什么。他是一个具有一切美好品质的人。用他自己的话说，这里是他一生中最伟大最成功之处，经常带给他莫名的感动。

毗邻的一切生物仿佛也能感受到这里散发出的亲善、友好、宁谧、欢欣的气氛。牛羊们会漫步到树林边古老的石栏下，张望着里面美好的景致，我想它们真的是在跟我们一起共享这份温馨。动物们面带微笑昭示着它们的心满意足和欢欣愉悦，或许这就是他的心中所求吧，因为每当此际他也会露出会心的微笑，表示他能理解它们的心满意足和欢欣愉悦。

水源的供给原本丰沛，水池的进水阀又总是开到最大，这让水流婉转而下，不仅在栏边驻足的牛羊能饮到甘甜的山泉，邻家的田园亦可受惠。

不久前杰克因事不得不离开大约一年的光景，这段时间里他把房子租给了另外一个男人，新租客是位非常"实际"的人，他决不做任何无法给他带来直接利益的事。连接莲花池与蓄水池之间的阀门被关闭了，土地再也得不到泉水的滋润和灌溉；朋友立起的"这里的莲花欢迎你"的标语也被移走；池边再也见不到嬉戏的顽童和欣慰的游人。总之，这里发生了天翻地覆的变化，再不复往昔林木欣欣向荣，泉水涓涓的样子。池里的花朵因失去了赖以生存的水源而日渐凋零，只有伏在池底烂泥上枯萎的花茎还在向人们诉说着往日的热闹。原本在清澈的池水中悠然而动的鱼早已化为枯骨，走近池边便能闻到它们发出的腥臭。岸边没有了绽放的鲜花，鸟儿不再停留于此，蜜蜂们已移居它处，园中亦不见蜿蜒的流水，栏外成群的牛羊再也饮不到甘甜的清泉。

如我们所见，今天的莲花池与杰克悉心照料的莲花池有天壤之别。而细究之下，造成这一切差别的原因却十分微不足道，仅仅是因为后者关闭了引水的阀门，阻止了来自山腰的水流。这个貌似简单的举动，掐断了一切生物的生命之源。它不仅毁掉了生机盎然的莲花池，还间接破坏了周遭的环境，剥夺了周遭邻居们与动物们的幸福。

看了上面的故事，你是否对生命的真谛有了新的感悟？在这个莲花池的故事中，杰克那种博爱的胸怀就是宇宙间最真、最美的东西。

其实，故事里的莲花池跟你我的生命是无法相提并论的，因为它的生命完全掌握在他人之手，只有依赖别人替它打开阀门才能生存下去。相对于莲花池的无助，我们的生命则强势许多，至少我们可以自由决定从外界汲取的能量及信息，能够掌握人生的只有我们自己的思想。

心里不是堆"垃圾"的地方

现实生活中，有些人好像从来就没有过顺心的事或顺利的时候，任何时候你与他在一起，都会听到他不停地抱怨。他们把每一件不顺心的小事都堆积在心里、挂在嘴上，搞得自己的心态和情绪都很糟。在这样一种状态下，自己很烦躁，别人也很厌烦。

"万事如意"不过是人们对生活的良好祝愿，真正现实的生活中，人们所面对的总是一些不尽完美的事情。我们虽不可能保证事事顺遂，但应该做到坦然面对，该放则放，不要把一些"垃圾"堆积在心里，把乌云挂在脸上，把牢骚挂在嘴上，否则你就会变成周围的人都不欢迎的人。

英特尔的一个分公司要进行人事调动，主管杰克对年轻的约翰说："你把手头的工作安排一下，到销售部去报到，我觉得那里更适合你，你有什么意见吗？"约翰嘴巴动了动，心想："我有意见有什么用，你是主管，还不是你说了算？"不过他并没有将这样的话说出来，而是默默地离开了。

当时销售部的工作也不太好做，约翰背地里想："这一次把我调到最糟的销售部，一定是杰克在搞鬼，见我这边工作出色嫉妒我，怕我抢他的位置。哼，我们以后走着瞧！"到了销售部后，约翰整天板着脸，对所有新同事都是爱理不理，工作也不热心。慢慢地，同事们逐渐疏远他了。

有一次，一个重要的客户打电话来，让他转告杰克，让杰克第二天到客户那里参加一个洽谈会，因为关系到一大笔业务，所以要求杰克第二天必须按时赶到。约翰听后，认为这是一个绝好的报复机遇，于是装作不知道这件事，也没告诉杰克。

第二天，杰克将约翰叫到自己的办公室，非常严肃地告诉他："约翰，客户那么重要的事情你为什么不告诉我？如果不是客户今天早晨又打电话催我，我们几乎失去了一笔上千万的生意。我本来以为你平时工作表现好，只是为人欠历练，所以把你调到销售部，考察磨炼你一下，看你是否能在以后担当重任。可你却对此心生怨恨，还故意报复，我们整个部门的前途差点儿就毁在你的手上。对于你的这种表现，我非常失望。我不得不告诉你，你被解雇了。"

约翰因为没有和自己的主管及时沟通，将自己对主管的怨恨情绪攒积在心里，终于做出了不理智的举动，结果使自己的前途尽毁。整天抱怨的人总是受累于情绪，似乎烦恼、压抑、失落甚至痛苦总是接二连三地袭来，于是频频抱怨生活对自己不公平，自己因而一直生活在抱怨的世界中。

心里不是堆积"垃圾"的地方，必须及时清空自己的坏情绪。情绪的控制完全在于自己，完全把握自己的情绪，积极主动，使得自己的情绪不会被别人所左右。很多乐观的人都善于控制自己的情绪，让自己活在快乐之中。人生在世，总会遇到很多悲伤与痛苦，如果不能掌控自己的情绪，就会成为情绪的奴隶。斯摩尔曾经说过："做情绪的主人，驾驭和把握自己的方向。"

要学会清扫自己的心灵

印度一位公主的波斯猫走丢了，于是国王下令：谁要是能把猫找到，重重有赏，并叫宫廷画师画了数千幅猫像张贴在全国各地。

送猫者络绎不绝，但都不是公主丢失的。

公主于是就想：可能是捡到猫的人嫌钱少，那可是一只纯正的波斯猫。

公主把这一想法告诉国王，国王马上把奖金提高到 50 块金币。一个流浪儿在宫廷花园外面的墙角捡到了那只猫。

流浪儿看到了告示，第二天早上就抱着猫去领 50 块金币。

当他经过一家货铺时，看到墙上贴的告示已变成 100 块金币。

流浪儿又回到他的破茅屋，把猫重新藏好，他又跑去看告示时，奖金已涨到 150 块金币。接下来的几天里，流浪儿没有离开过贴告示的墙壁。

当奖金涨到使全国人民都感到惊讶时，流浪儿返回他的茅屋，准备带上猫去领奖，可是猫已经死了。

因为这只猫在公主身边吃的都是鲜鱼和鲜肉，对流浪儿从垃圾桶里捡来的东西根本消化不了。

贪心使人永远没有满足之时，因此，不能将贪心作为人生的包袱，压得太重到时候反而是什么也得不到，只有卸掉包袱才能轻装上阵。

古人曾说，二鸟在林不如一鸟在手，我们为什么不好好地珍惜已在手中的那只鸟，偏偏整日去贪图那两只遥不可及的家伙？好高骛远，不满现实，正是现代人想出来的烦恼。自己的汽车还好好的，一见邻居买了一辆新车，就想尽办法也要换辆新的；自家的房子够大也够住，但别人有了新屋，于是一定要与人家比，左思右想要买栋更漂亮的房子！人比人，气死人，这样比来比去，你永远不会满足。问题就出在"过分"二字，过分即不按理性做事，心理失去平衡，因此会增添许多不必要的压力。

人生又何尝不是如此！在人生路上，每个人都是在不断地累积东西，这些东西包括你的名誉、地位、财富、亲情、人际、健康、知识，等等，当然也包括了烦恼、忧闷、挫折、沮丧、压力。这些东西，有的早该丢弃而未丢弃，有的则是早该储存而未储存。因此，对那些会拖累你的东西，必须立刻放弃，卸掉包袱，进行心灵扫除。

心灵扫除的意义，就好像是生意人的"盘点库存"。你总要了解仓库里还有什么，某些货物如果不能限期销售出去，最后很可能会因积压过多拖垮你的生意。

不过，有时候某些因素也阻碍我们放手进行扫除。譬如，太忙、太累，或者担心扫完之后，必须面对一个未知的开始，而你又不确定哪些是你想要的。

的确，心灵清扫原本就是一种挣扎与奋斗的过程。不过，你可以告诉自己：每一次的清扫，并不表示这就是最后一次。而且，没有人规定你必须一次全部扫干净。你可以每次扫一点，但你至少必须立刻丢弃那些会拖累你的东西。

生命的过程就如同参加一次旅行。你可以列出清单，决定背包里该装些什么才能让你到达目的地。但是需要记住一点，在每一次生命停泊时都要学会清理自己的背包：什么该丢，什么该留。只有卸掉一些不必要的东西，才能轻装上阵，活得更轻松、更自在。

你对了，整个世界都对了

对于某一件事情的失败，或者是某一次挫折，绝大部分人都有充分的理由相信，那不是自己的问题。当然，有的人也相信自己确实存在不足，但那是次要的，重要的是，没有人给自己提供足以成功的条件、没有足够好的环境、没有足够多的支持……

一般人在生活不如意时，常常不知追根究底，找出自己真正的问题所在，而是期待环境或者他人能根据自己的意愿而改变——即让外在的因素改变到对自己有利的方面上来。一旦对外界或对别人的期望值落空，失望与无助便涌上心头，自己的情绪就会变得十分低落，进而产生抱怨，而这种抱怨显然是一种无益于生活中的个人宣泄。其实，他们没有认识到问题的本质：他们自己才是问题的根源。

休斯·查姆斯在担任销售经理期间，曾遇到过这样的情况：在外头负责推销的销售人员销售量开始急剧下跌。

首先，他请手下最佳的几位销售员站起来，要他们说明销售量为何会下跌。每个人都开始抱怨商业不景气，资金缺少，人们的购买力下降，等等。听到他们描述的种种困难情况时，查姆斯先生说道："停止，我命令大会暂停10分钟，让我把我的皮鞋擦亮。"

然后，他命令坐在附近的一名小工友把他的擦鞋工具箱拿来，并要求这名工友把他的皮鞋擦亮。在场的销售员都吓呆了。那位小工友先擦亮他的第一只鞋子，然后又擦另一只鞋子，表现出第一流的擦鞋技巧。

皮鞋擦亮之后，查姆斯先生给了小工友一毛钱，然后说道：

"我希望你们每个人好好看看这个小工友。他拥有在我们整个工厂及办公室内擦鞋的特权。他的前任男孩，年纪比他大得多，尽管公司每周补贴他5元的薪水，而且工厂里有数千名员工，但他仍然无法从这个公司赚取足以维持他的生活的费用。

"这位小男孩不仅可以赚到维持生活的费用，每周还可以存下一点儿钱来，而他和他的前任的工作环境完全相同，也在同一家工厂内，工作的对象也完全相同。

"现在我问你们一个问题，那个前任男孩拉不到更多的生意，是谁的错？是他的错还是他顾客的错？"

那些推销员回答说："当然了，是那个男孩的错。"

"正是如此。"查姆斯说，"现在我要告诉你们，你们现在推销收银机和一年前的情况完全相同：同样的地区、同样的对象以及同样的商业条件。但是，你们的销售成绩却比不上一年前。这是谁的错？是你们的错，还是顾客的错？"

推销员们异口同声的回答：

"是我们的错！"

结果，可想而知：他们成功了。

你要明白，所有问题，其根源都在于你自己。想要成功，先评估自己的能力，然后分析一下为什么自己的能力无法施展，是没有恰当的机遇还是环境的限制？

不要抱怨问题，不要回避困难。任何一件事情，无论它有多么的艰难，只要你认真地全力以赴去做，就能化难为易。与其抱怨外界的环境，不如冷静下来看看是否问题出在自己身上。

是改变你的世界，还是世界改变你？年轻人经常谈到这个问题。如果你想改变你的世界，首先就应该改变你自己。

你很重要，所以你没有理由不爱自己

多年以来，在我们的教育中，个人总是被否定的那一个："面对集体，我不重要，为了集体的利益，我应该把自己个人的利益放在一边；面对他人，我不重要，为了他人能开心，只能牺牲我自己的开心；面对我自己，我也不重要，这个世界上，少了我就如同少了一只蚂蚁，没有分量的我，又有什么重要？"但是，作为独一无二的"我"，真的不重要吗？不，绝不是这样，"我"很重要。

当我们对自己说出"我很重要"这句话的时候，"我"的心灵一下子充盈了。是的，"我"很重要。

"我"是由无数星辰日月草木山川的精华汇聚而成的。只要计算一下我们一生吃进去多少谷物，饮下了多少清水，才凝聚成这么一具美轮美奂的躯体，我们一定会为那数字的庞大而惊讶。世界付出了这么多才塑造了这样一个"我"，难道"我"不重要吗？

你所做的事，别人不一定做得来；而且，你之所以为你，必定是有一些特殊的地方——我们姑且称之为特质吧！而这些特质又是别人无法模仿的。

既然别人无法完全模仿你，也不一定做得来你能做得了的事，试想，他们怎么可能给你更好的意见？他们又怎能取代你的位置，来替你做些什么呢？所以，这时你不相信自己，又有谁可以相信？

每个人与众不同的特质，所以每个人都会以独特的方式与他人互动，进而感动别人。要是你不相信的话，不妨想想：有谁的基因会和你完全相同？有谁的个性会和你一毫不差？

由此，我们相信：你有权活在这世上，而你存在于这世上的目的，是别人无法取代的。

不过，有时候别人（或者是整个大环境）会怀疑我们的价值，时间一长，连我们都会对自己的重要性感到怀疑。请你千万千万不要让这类事情发生在你身上，否则你会一辈子都无法抬起头来。

记住！你有权力去相信自己很重要。

"我很重要。没有人能替代我，就像我不能替代别人。"

生活就是这样的，无论是有意还是无意，我们都要发挥出对自己的信心。不要总是拿自己的短处去对比人家的长处，却忽视了自己也有人所不及的地方。自卑是心灵的腐蚀剂，自信却是心灵的发电机。所以我们无论身处何境，都不要让自卑的冰雪侵占心灵，而应燃烧自信的火炬，始终相信自己是最优秀的，这样才能调动生命的潜能，去创造无限美好的生活。

也许我们的地位卑微，也许我们的身份渺小，但这丝毫不意味着我们不重要。重要并不是伟大的同义词，它是心灵对生命的允诺。人们常常从成就事业的角度，断定自己是否重要。但这并不应该成为标准，只要我们在时刻努力着，为光明在奋斗着，我们就是无比重要地存在着，不可替代地存在着。

让我们昂起头，对着我们这颗美丽的星球上无数的生灵，响亮地宣布：我很重要。

面对这么重要的自己，我们有什么理由不去爱自己呢！

全世界都和你一样不完美

有户人家有两个儿子。当两兄弟都成年以后，他们的父亲把他们叫到面前说："在群山深处有绝世美玉，你们都成年了，应该做探险家，去寻求那绝世之宝，找不到就不要回来。"两兄弟次日就离家出发去了山中。

大哥是一个注重实际、不好高骛远的人。有时候，发现的是一块有残缺的玉，或者是一块成色一般的玉甚至是奇异的石头，他都统统装进行囊。过了几年，到了他和弟弟约定的会合回家的时间。此时他的行囊已经满满的了，尽管没有父亲所说的绝世完美之玉，但造型各异、成色不等的众多玉石，在他看来也可以令父亲满意了。

后来弟弟来了，两手空空一无所得。弟弟说："你这些东西都不过是一般的珍宝，不是父亲要我们找的绝世珍品，拿回去父亲也不会满意的。

"我不回去，父亲说过，找不到绝世珍宝就不能回家，我要继续去更远更险的山中探寻，我一定要找到绝世美玉。"

哥哥带着他的那些东西回到了家中。父亲说："你可以开一个玉石馆或一个奇石馆，那些玉石稍一加工，都是稀世之品，那些奇石也是一笔巨大的财富。"

短短几年，哥哥的玉石馆已经享誉八方，他寻找的玉石中，有一块经过加工成为不可多得的美玉，被国王御用作了传国玉玺，哥哥因此也成了倾城之富。

在哥哥回来的时候，父亲听了他介绍弟弟探宝的经历后说："你弟弟不会回来了，他是一个不合格的探险家，他如果幸运，能中途所悟，明白'至美是不存在的'这个道理，是他的福气。如果他不能早悟，便只能以付出一生为代价了。"

很多年以后，父亲已经奄奄一息。哥哥对父亲说要派人去寻找弟弟。

父亲说，不要去找，如果经过了这么长的时间都不能顿悟，这样的人即便回来又能做成什么事情呢？世间没有纯美的玉、没有完美的人、没有绝对的事物，为追求这种东西而耗费生命的人，何其愚蠢啊！

追求完美，是人类自身在渐渐成长过程中的一种心理特点或者说一种天性。应该说，这没有什么不好。人类正是在这种追求中，不断完善着自己，使得自身脱去了以树叶遮羞的衣服，变得越来越漂亮，成为这个世界万物之精灵。如果人只满足于现状，而失去了这种追求，那么人大概现在还只能在森林中爬行。我们对事物总要求尽善尽美，愿意付出很大的精力去把它做到天衣无缝的地步。

但是，世界上根本就不存在任何完美的事物。为了心中的一个梦而偏执地去追求，却全然不顾你的梦是否现实，是否可行，从而浪费掉许许多多的时间和精力，最终只能在光阴蹉跎中悔恨。世界并不完美，人生当有不足。对于每个人来讲，不完美的生活是客观存在的，无需怨天尤人。

不要再继续偏执了，给自己的心留一条退路，不要因为自己的一时之错而埋怨自己，不要因为不完美而恨自己，不要因为不完美而觉得不幸福。看看那些活得幸福快乐的人，他们没有一个是十全十美的。

完美往往只会成为人生的负担，人绷紧了完美的弦，它却可能发不出声来。那些懂得爱自己、宽容别人的人，才是生活的智者，才更容易活得幸福。

你不可能让所有人满意

哲人们常把人生比作路，是路，就注定有崎岖不平。

1929 年，美国芝加哥发生了一件震动全国教育界的大事。

几年前，罗勃·郝金斯，一个年轻人，半工半读地从耶鲁大学毕业，做过作家、伐木工人、家庭教师和卖成衣的售货员。现在，只经过了 8 年，他就被任命为全美国第四大名校之一——芝加哥大学的校长。他只有 30 岁，真叫人难以置信。

人们对他的批评就像山崩落石一样一齐打在这位"神童"的头上，说他太年轻了，经验不够，说他的教育观念很不成熟，甚至各大报纸也参加了攻击。

在罗勃·郝金斯就任的那一天，有一个朋友对他的父亲说："今天早上，我看见报上的社论攻击你的儿子，真把我吓坏了。"

"不错，"郝金斯的父亲回答说，"话说得很凶。可是请记住，从来没有人会踢一只死狗。"

确实如此，越勇猛的狗，人们踢起来就越有成就感。

曾有一个美国人，被人骂作"伪君子""骗子""比谋杀犯好不了多少"……一幅刊在报纸上的漫画把他画成伏在断头台上，一把大刀正要切下他的脑袋，街上的人群都在嘘他。他是谁？他是乔治·华盛顿。

耶鲁大学的前校长德怀特曾说："如果此人当选美国总统，我们的国家将会合法卖淫，行为可鄙，是非不分，不再敬天爱人。"听起来这似乎是在骂希特勒吧？可是他谩骂的对象竟是杰弗逊总统。

可见，没有谁的路永远是一马平川的。为他人所左右而失去自己方向的人，他将无法抵达属于自己的幸福终点。

真正成功的人生，不在于成就的大小，而在于是否努力地去实现自我，喊出属于自己的声音，走出属于自己的道路。

一名中文系的学生苦心撰写了一篇小说，请作家批评。因为作家正患眼疾，学生便将作品读给作家。读到最后一个字，学生停顿下来。作家问道："结束了吗？"听语气似乎意犹未尽，渴望下文。这一追问，煽起学生的激情，立刻灵感喷发，马上接续道："没有啊，下部分更精彩。"他以自己都难以置信的构思叙述下去。

到达一个段落，作家又似乎难以割舍地问："结束了吗？"

小说一定摄魂勾魄，叫人欲罢不能！学生更兴奋，更激昂，更富于创作激情。他不可遏止地一而再再而三地接续、接续……最后，电话铃声骤然响起，打断了学生的思绪。

有急事，作家匆匆准备出门。"那么，没读完的小说呢？""其实你的小说早该收笔，在我第一次询问你是否结束的时候，就应该结束。何必画蛇添足呢？该停则止，看来，你还没把握情节脉络，尤其是缺少决断。决断是当作家的根本，否则绵延逶迤，拖泥带水，如何打动读者？"

学生追悔莫及，自认性格过于受外界左右，作品难以把握，恐不是当作家的料。

很久以后，这名年轻人遇到另一位作家，羞愧地谈及往事，谁知作家惊呼："你的反应如此迅捷、思维如此敏锐、编造故事的能力如此之强，这些正是成为作家的天赋呀！假如正确运用，作品一定脱颖而出。"

"横看成岭侧成峰，远近高低各不同。"凡事绝难有统一定论，我们不可能让所有的人都对我们满意，所以可以拿他们的"意见"做参考，却不可以代替自己的"主见"，不要被他人的论断束缚了自己前进的步伐。追随你的热情、你的心灵，它们将带你实现梦想。

别太在意别人的眼光，那会抹杀你的光彩

在这世上，没有任何一个人可以赢得所有人的满意。跟着他人眼光来去的人，会逐渐暗淡自己的光彩。

西莉亚自幼学习艺术体操，身段匀称灵活。可是很不幸，一次意外事故导致她下肢严重受伤，一条腿留下后遗症——走路有一点儿瘸。为此，她十分懊丧，甚至不敢走上街去，因为害怕看见别人注视残腿的目光。作为一种逃避，西莉亚搬到了约克郡乡下。

一天，小镇上的雷诺兹老师领着一个女孩来向她学跳苏格兰舞。在他们诚恳的请求下，西莉亚勉为其难地答应了他们。为了不让他们察觉自己残疾的腿，西莉亚特意提早坐在一把藤椅上。可那个女孩偏偏天生笨拙，连起码的乐感和节奏感都没有。

当那个女孩再一次跳错时，西莉亚不由自主地站起来给对方示范那个要领——一个带旋转的交叉滑步动作。西莉亚一转身，便敏感地看见那个学生的目光正盯着自己的腿，一副惊讶的神情。她忽然意识到，自己一直刻意掩盖的残疾在刚才的瞬间已暴露无遗。这时，一种自卑让她无端地恼怒起来。西莉亚的行为伤害了女孩的自尊心，她难过地跑开了。

事后，西莉亚满心歉疚。过了两天，西莉亚亲自来到学校，和雷诺兹老师一起等候那个女孩。西莉亚说：“把你训练成一名专业舞者恐怕不容易，但我保证，你一定会成为一个不错的非职业领舞者。”

这一次，他们就在学校操场上跳，有不少学生好奇地围观。那个女孩笨手笨脚的舞姿不时招来同学的嘲笑，她满脸通红，不断犯错，每跳一步，都如芒刺在背。西莉亚看在眼里，深深理解那种无奈的自卑感。她走过去，轻声对那个女孩说：“假如一个舞者只盯着自己的脚，就无法享受跳舞的快乐，而且别人也会跟着注意你的脚，发现你的错误。现在你仰起脸，面带微笑地跳完这支舞曲，别管步伐是不是错的。”

说完，西莉亚和那个女孩面对面站好，朝雷诺兹老师示意了一下。悠扬的手风琴音乐响起，她们踏着拍子，愉快起舞。其实那个女孩的步伐还有些错误，而且动作不是很和谐。但意外的效果出现了——那些旁观的学生被她们脸上的微笑所感染，也不再去关注舞蹈细节上的错误。渐渐地，有越来越多的学生情不自禁地加入到舞蹈中。大家尽情地跳啊跳啊，直到太阳下山。

生活在别人的眼光里，总也找不到自己的路。

其实，同一个事物，每个人的眼光都有不同。面对不同的几何图形，有人看出了圆的光滑无棱，有人看出了三角形的直线组成，有人看出了半圆的方圆兼济，有人看出了不对称图形独到的美……

同是一个甜麦圈，悲观者看见一个空洞，而乐观者却品味到它的香甜味道。

同是交战赤壁，苏轼高歌“雄姿英发，羽扇纶巾，谈笑间樯橹灰飞烟灭”；杜牧却低吟“东风不与周郎便，铜雀春深锁二乔”。

同是“谁解其中味”的《红楼梦》，有人听到了封建制度的丧钟，有人看见了宝黛的深情，有人悟到了曹雪芹的用心良苦，也有人只津津乐道于故事本身……

苏轼曾说：“横看成岭侧成峰，远近高低各不同。”人生是一个多棱镜，总是以它变幻莫测的每一面反照生活中的每一个人。不必介意别人的流言飞语，不必担心自我思维的偏差，坚信自己的眼睛、坚信自己的判断、执著自我的感悟。用敏锐的视线去审视这个世界，用心去聆听、抚摸这个多彩的人生，给自己一个富有个性的回答。

自卑是对自己的抱怨

自卑就是对自己的抱怨，是在心里对自己能力的一种怀疑。自卑是人生最大的跨栏，每个人都必须成功跨越才能到达人生的巅峰。

自卑的人，情绪低沉，郁郁寡欢，常因害怕别人看不起自己而不愿与人来往，只想与人疏远，缺少朋友，顾影自怜，甚至内疚、自责；自卑的人，缺乏自信，优柔寡断，毫无竞争意识，抓不住稍纵即逝的各种机会，享受不到成功的乐趣；自卑的人，常感疲劳，心灰意懒，注意力不集中，工作没有效率，缺少生活情趣。

如果一个人总是沉迷在自卑的阴影中，那无异于给自己套上了无形的枷锁。但是如果能够认清了自己，懂得换个角度看待周围的世界和自己的困境，那么许多问题就会迎刃而解了。

一位父亲带着儿子去参观故居，在看过那张小木床及裂了口的皮鞋之后，儿子问父亲："梵·高不是位百万富翁吗？"父亲答："梵·高是位连妻子都没娶上的穷人。"

第二年，这位父亲带儿子去丹麦，在安徒生的故居前，儿子又困惑地问："爸爸，安徒生不是生活在皇宫里吗？"父亲答："安徒生是位鞋匠的儿子，他就生活在这栋阁楼里。"

这位父亲是一个水手，他每年往来于大西洋各个港口；这位儿子叫伊东布拉格，是美国历史上第一位获普利策奖的黑人记者。20年后，在回忆童年时，他说："那时我们家很穷，父母都靠卖苦力为生。有很长一段时间，我一直认为像我们这样地位卑微的黑人是不可能有什么出息的。好在父亲让我认识了梵·高和安徒生，这两个人告诉我，上帝没有轻看卑微。"

富有者并不一定伟大，贫穷者也并不一定卑微。上帝是公平的，他把机会放到了每个人面前。自卑的人也有相同的机会。

自卑常常在不经意间闯进我们的内心世界，控制着我们的生活，在我们有所决定、有所取舍的时候，向我们勒索着勇气与胆略；当我们碰到困难的时候，自卑会站在我们的背后大声地吓唬我们；当我们要大踏步向前迈进的时候，自卑会拉住我们的衣袖，叫我们小心地雷。一次偶然的挫败就会令你垂头丧气，一蹶不振，将自己的一切否定，你会觉得自己一无是处，窝囊至极，你会掉进自责自罪的旋涡。

自卑就像蛀虫一样啃噬着你的人格，它是你走向成功的绊脚石，它是快乐生活的拦路虎。一个人如果自卑，他不仅不敢有远大的目标，同时也将永远不会出类拔萃；一个民族和国家，如果自卑，只能当别国的殖民地，站不起来，也不敢站起来，只能跟在别国后边当附庸。

自卑是一种压抑，一种自我内心潜能的人为压抑，更是一种恐惧，一种损害自尊和荣誉的恐惧，所以生活中，我们只有比别人更相信并且珍爱自己，我们才能发挥自己最大的潜力，创造出属于自己的天地。当我们遭到冷遇时，当我们受到侮辱时，一定要自尊自爱，把羞辱作为奋发的动力，激励自己去战胜一个个难关。

相信自己才能成功

有一天，著名的成功学专家安东尼·罗宾在自己的办公室里接待了一个走投无路、风尘仆仆的流浪者。

那人进门打招呼说："我来这儿，是想见见这本书的作者。"说着，他从口袋中拿出一本名为《自信心》的书，那是安东尼许多年前写的。

安东尼微笑着示意流浪者坐下。流浪者激动地说："一定是命运之神在昨天下午把这本书放入我口袋中的，因为我当时决定跳到密歇根湖，了此残生。我已经看破一切，认为一切已经绝望，我什么事情都做不成，没有人能够接纳我。但还好，我看到了这本书，使我产生新的看法，为我带来了勇气及希望，并支持我度过昨天晚上。我已下定决心，只要我能见到这本书的作者，他一定能帮助我再度站起来。现在，我来了，我想知道你能替我这样的人做些什么。"

在他说话的时候，安东尼从头到脚打量了流浪者许久，发现他眼神茫然、满脸皱纹、神态紧张，一切都在向安东尼显示，他已经无可救药了。但安东尼不忍心对他这样说。

听完流浪者的话，安东尼想了想，说："虽然我没有办法帮助你，但如果你愿意的话，我可以介绍你去见本大楼的一个人，他可以帮助你东山再起，重新赢回原本属于你的一切。"安东尼刚说完，流浪者立刻跳了起来，抓住他的手，说道："看在上帝的分上，请带我去见这个人！"

他会为了看在"上帝的分上"而做此要求，显示他心中仍然存在着一丝希望。所以，安东尼拉着他的手，引导他来到从事个性分析的心理试验室里，和他一起站在一块布前。安东尼把布拉开，露出一面高大的镜子，流浪者可以从镜子里看到自己的全身。安东尼指着镜子说："就是这个人。在这个世界上，只有一个人能够使你东山再起，除非你学会信任他，并且觉得他能够做成任何事情。否则，你只能跳进密歇根湖里，因为如果连你自己都不能相信自己，那么这个世界上将不会再有人相信你，你也就不能再做成任何事情。这样一来，无论是对于你自己还是这个世界，你都将是一个没有任何价值的废物。"

流浪者朝着镜子走了几步，用手摸摸他长满胡须的脸孔，对着镜子里的人从头到脚打量了几分钟，然后后退几步，低下头，开始哭泣起来。过了一会儿，安东尼领他走出来，送他离去。

几天后，安东尼在街上碰到了这个人，而他已不再是一个流浪汉形象。他西装革履，步伐轻快有力，头抬得高高的，原来那种不安、紧张的神态已经消失不见。他说他非常感谢安东尼先生，是安东尼让他找回了自信，让他有勇气面对生活中的一切，并且很快找到了工作。

后来，他果然东山再起，成为芝加哥的一个大富翁。由此可见，自信对于一个人的成功是起着至关重要的作用的。

自信是成功的第一信念。《成功心理》的作者丹尼斯·华特利在书中写道："成功者都具有实现自我价值的坚定信念。他们的自信表现不会像其他人一样被失败的心理摧垮。"没错的，世界上伟大的创造性天才们都充满了自信。这种自信是一个成功者必须具备的基本条件。因为一个人如果连自己都不相信，就没办法取得别人的信任。

自信的态度，不仅会影响自己的生活，还会对周围的人产生影响。美国形象设计大师鲍尔说："成功男人的风格反映在外表，而优雅来自内在，它是你的自信及对自己的满意，它通过你的外表、举止、微笑展示。"如果在生活中认真观察，你就会发现自信是具有极大的感染力的。因为自信，你的神态、语气、仪态等等，都在无声无息地、由里向外地散发着魅力。而这种魅力的力量，就会让你更具吸引力，结交更多的朋友，获得更多同事的追随，得到上司的青睐，并最终问鼎成功。

修正自己在于管理自己

很早的时候我国古代圣贤就说过"克己"，也就是自制的意思。一些外国人在"自制"方面做得也很有成就。

南京大学有一个美国留学生叫唐·娜。寒假里，唐·娜随她的女同学张菁到张的老家河南农村过年。大年初一，张家准备了一桌丰盛的酒席招待唐·娜。席上，张父特意以当地名酒款待嘉宾。张父给唐·娜斟了满满一杯酒，可是唐·娜只是礼貌地举杯，却滴酒不沾。

张家问其故。唐·娜说，她的家乡在美国西雅图州，当地的法律规定，公民年满21岁才能饮酒，她今年才19岁，还未到饮酒的年龄。虽然自己身在国外，也应该遵守美国法律。名酒的味道很香，但自己会克制自己，不到法定年龄，决不饮酒。

张家人对这个19岁的美国姑娘十分赞赏。

美酒的味道很香，唐·娜却不为之心动。这是在没有任何外界压力下的一种自我限制行为，是在自觉地履行道德上的某种义务。有较强自制能力的人，一定能够战胜自我。如果不幸遇到祸害，他一定能够泰然处之，化祸为福，让自己快乐。可见，自制对快乐的人生是极其重要的。

修正自己才能提高能力

上帝问人，世界上什么事最难。人说挣钱最难，上帝摇头。人说哥德巴赫猜想，上帝又摇头。又说我放弃，你告诉我吧。上帝神秘地说是认识自己并且修正自己的弱点。的确，那些富于思想的哲学家也都这么说。

发现自己的弱点并克服它确实很难。理由繁多，因人而异，但是所有理由都源于两点：害怕发现弱点，害怕修正自己。

就像一个不规则的木桶一样，任何一个区域都有"最短的木板"，它有可能是某个人，或是某个行业，或是某件事情。聪明的人应该把它迅速找出来，并抓紧做长补齐，否则它带给你的损失可能是毁灭性的。很多时候，往往就是因为一个环节出了问题而毁了所有的努力。

对于个人来说，下面的弱点是人们最有可能出现的短板。

1. 恶习

毫无疑问，不良的习惯可以说是每个人最大的缺陷之一，因为习惯会透过一再的重复，由细线变成粗线，再变成绳索，再经过强化重复的动作，绳索又变成链子，最后，定型成了不可迁移的不良个性。

人们在分分秒秒中无意识地培养习惯，这是人的天性。因此，让我们仔细回顾一下，我们平时都培养了什么习惯？因为有可能这些习惯使我们臣服，拖我们的后腿。

诸如懒散、看连续剧、嗜酒如命以及其他各式各样的习惯，有时要浪费我们大量的时间，而这些无聊的习惯占用的时间越多，留给我们自己可利用的时间就越少。这时的不良习惯就像寄生在我们身上的病毒，慢慢地吞噬着我们的精力与生命，这时的习惯就成了一个人最大的缺陷，成了阻碍个人成功的主要因素。

所以，习惯有时是很可怕的，习惯对人类的影响，远远超过大多数人的理解，人类的行为95%是透过习惯作出的。事实上，成功者与失败者之间唯一的差别在于他们拥有不一样的习惯。一个人的坏习惯越多，离成功就越远。

2. 犯错

通常人们都不把犯错误看成是一种缺陷，甚至把"失败是成功之母"当成自己的至理名言。

如果一个人在同一个问题上接连不断地犯错误，比如健忘，这是任何一个成功人士都不能容忍的。一个不会在失败中吸取教训的人是不配把"失败是成功之母"挂在嘴边的。

不管是否具备吸取教训的意识还是能力，它都是一个人获取成功道路上的致命缺陷。

这有一些人不管是在学习还是在工作中，犯错误的频率总是比一般人高。他们做事情总是马虎大意、毛毛糙糙。对他们而言，把一件事做错比把一件事做对容易得多，而且每当出现错误时，他们通常的反应都只是："真是的，又错了，真是倒霉啊！"

把犯错归结为坏运气是他们一向的态度，或许他们没有责任心，做事不够仔细认真，或许他们没有找到做事的正确方式，但无论出于哪一点，如果他们没有改正错误，这都将给他们的成功带来巨大的障碍。

3. 马虎

一位伟人曾经说过："轻率和疏忽所造成的祸患将超乎人们的想象。"许多人之所以失败，往往因为他们马虎大意、鲁莽轻率。

在宾夕法尼亚州的一个小镇上，曾经因为筑堤工程质量要求不严格，石基建设和设计不符，结果导致许多居民死于非命——堤岸溃决，全镇都被淹没。建筑时小小的误差，可以使整幢建筑物倒塌；不经意抛在地上的烟蒂，可以使整幢房屋甚至整个村庄化为灰烬。

鉴于我们这些可知的和未可知的缺点，我们一定要学会修正自己，这本身就是一种能力。

4. 不谨言慎行

自己的言行对做事成功是必要的，虽然人们不用匕首，但人们的语言有时比匕首还厉害。一则法国谚语说，语言的伤害比刺刀的伤害更可怕。那些溜到嘴边的刺人的反驳，如果说出来，可能会使对方伤心痛肺。

孔子认为："君子欲讷于言而敏于行。"即君子做人，总是行动在人之前，语言在人之后。克制自己，懂言会行是做事最基本的功夫。

法国哲学家罗西法古说："如果你要得到仇人，就表现得比你的朋友优越；如果你要得到朋友，就要让你的朋友表现得比你优越。"

而在这个世界上，那些谦虚豁达能够克制自己的人总能赢得更多的知己，那些妄自尊大、小看别人、高看自己的人总是令别人反感，最终在交往中使自己到处碰壁。

所以无论在什么情况下我们都要学会克制自己、修正自己。只有这样，我们才能够提高自己的能力，才能修复我们生活中的一切"短板"，才会受到别人的欢迎，才能做好我们要做的事。

愉悦自己，才是真正地爱自己

在遭遇困苦时，乐观的人总会努力想办法让自己快乐起来，让精神的伤痛远离自己。愉悦自己，才是真正地爱自己。

由于破产和从小落下的残疾，人生对基尔来说已索然无味了。

在一个晴朗的日子，基尔找到了牧师。牧师耐心听完了基尔的倾诉，对基尔说："我给你看样东西。"他向窗外指去。那是一排高大的枫树，在枫树间悬吊着一些陈旧的粗绳索。他说："60年以前，这儿的庄园主种下这些树，他在树间牵拉了许多粗绳索。对于嫩弱的幼树，这太残酷了，因为创伤是终生的。有些树面对残忍现实，能与命运抗争，而另一些树消极地诅咒命运，结果就完全不同了。眼前这棵粗壮的枫树看不出什么疤痕，所看到的是绳索穿过树干——几乎像钻了一个洞似的，真是一个奇迹。"

"关于这些树，我想过许多。"他说，"只有体内强大的生命力才可能战胜像绳索带来的那样终生的创伤，而不是自己毁掉这宝贵的生命。对于人，有很多解忧的方法。在痛苦的时候，找个朋友倾诉，找些活干。对待不幸，要有一个清醒而客观的全面认识，尽量抛掉那些怨恨、妒忌等情感负担。有一点也许是最重要的，也是最困难的：你应尽一切努力愉悦自己，真正地爱自己。"

能否越过障碍、突破挫折困苦，乐观的人总有他自己的方法。

1. 转移不良的情绪

碰到不顺心的事情或在家中与亲属发生争吵，不妨暂时离开一下现场，换个环境，或者同别人去侃大山，或者参加一些文体活动，娱乐娱乐。总之，把注意力转移到别的方面去。只有把原来的不良情绪冲淡以至赶走，而重新恢复心情的平静和稳定。

2. 憧憬美好未来

只有经常憧憬美好的未来，才能始终保持奋发进取的精神状态。不管命运把自己抛向何方，都应该泰然处之。不管现实如何残酷，都应该始终相信困难即将克服，曙光就在前头，相信未来会更加美好。

3. 思苦忆甜

在人生的旅途中，有时荆棘丛生，有时铺满鲜花，有时忧心如焚，有时其乐融融。对此应进行精心的筛选，不能让那些悲哀、凄凉、恐惧、忧虑、彷徨的心境困扰着我们。对那些幸福、美好、快乐的往事要常常回忆，以便在心中泛起层层涟漪，激发人们去开拓未来，而对那些不愉快的事情，诸多的烦恼则尽量要从头脑中抹掉，切不可让阴影笼罩心头，而失去前进的动力。

4. 积极的自我暗示

例如对着镜子对自己说："我是最棒的！""我一定会成功！"看喜剧电影、听欢快的歌，做自己喜欢的事等。

5. 宽待自己

学会宽待自己是一件非常重要的事情。学会宽待自己就要允许自己犯错误，"金无足赤，人无完人"，谁能一辈子不犯错误？在总结教训之余，要安慰自己，即使是由于自身的原因导致的错误不要对自己责备太严，要学会宽待自己，经常对自己说：过去的就让它过去吧，一切从头开始。只有这样才能形成正确的心态，才能够乐观地生活下去。

反击别人不如充实自己

有时候，白眼、冷遇、嘲讽会让弱者低头走开，但对强者而言，这也是另一种幸运和动力。所以美国人常开玩笑说，正是因为刺激，才"造就"出了杜鲁门总统。故事是这样的：

在读高中毕业班时，查理·罗斯是最受老师宠爱的学生。他的英文老师布朗小姐，年轻漂亮，富有吸引力，是校园里最受学生欢迎的老师。同学们都知道查理深得布朗小姐的青睐，他们在背后笑他说，查理将来若不成为一个人物，布朗小姐是不会原谅他的。

在毕业典礼上，当查理走上台去领取毕业证书时，受人爱戴的布朗小姐站起身来，当众吻了一下查理，向他来了个出人意料的祝贺。当时，人们本以为会发生哄笑、骚动，结果却是一片静默和沮丧。

许多毕业生，尤其是男孩子们，对布朗小姐这样不怕难为情地公开表示自己的偏爱感到愤恨。不错，查理作为学生代表在毕业典礼上致告别词，也曾担任过学生年刊的主编，还曾是"老师的宝贝"，但这就足以使他获得如此之高的荣耀吗？典礼过后，有几个男生包围了布朗小姐，为首的一个质问她为什么如此明显地冷落别的学生。

"查理是靠自己的努力赢得了我特别的赏识，如果你们有出色的表现，我也会吻你们的。"布朗小姐微笑着说。男孩们得到了些安慰，查理却感到了更大的压力。他已经引起了别人的嫉妒，并成为少数学生攻击的目标。他决心毕业后一定要用自己的行动证明自己值得布朗小姐报之一吻。毕业之后的几年内，他异常勤奋，先进入了报界，后来终于大有作为，被杜鲁门总统亲自任命为白宫负责出版事务的首席秘书。

当然，查理被挑选担任这一职务也并非偶然。原来，在毕业典礼后带领男生包围布朗小姐，并告诉她自己感到受冷落的那个男孩子正是杜鲁门本人。

查理就职后的第一件事，就是接通布朗小姐的电话，向她转述美国总统的问话："您还记得我未曾获得的那个吻吗？我现在所做的能够得到您的奖赏吗？"

生活中，当我们遭到冷遇时，不必沮丧，不必愤恨，唯有尽全力赢得成功，才是最好的答复与反击。当有人刺激了我们的自尊心，伤害到我们的心灵时，强烈批驳别人不如思考自己什么地方还需要完善。

有个喜欢与人争辩的学者，在研究过辩论术，听过无数次的辩论，并关注它们的影响之后，得出了一个结论：世上只有一个方法能从争辩中得到最大的利益——那就是停止争辩。你最好避免争辩，就像避免战争或毒蛇那样。

这个结论告诉我们：反击别人不如自我休战。争辩中的赢不是真赢，它带来的只是暂时的胜利和口头的快感，它会导致他人的不满，影响你与他人之间的关系，更重要的是，在争辩中失利的人不会发自内心地承认自己的失败，所以你的说服和辩论统统徒劳无功，无助于事情的解决。

有一种人，反应快，口才好，心思灵敏，在生活或工作中和别人有利益或意见的冲突时，往往能充分发挥辩才，把对方辩得哑口无言。可是，我们为什么一定要与对方辩论到底，以证明是他错了？这么做除了能得到一时的快意之外还有什么呢？这样能使他喜欢我们或是能让我们签订合同吗？事实并非如此，要想拥有良好的人际关系，要想使自己在事业上游刃有余，在朋友中广受欢迎，在家庭中和睦相处，我们最好永远不要试图通过争辩去赢得口头上的胜利。

反击别人，除了互相伤害以外，我们都不会得到任何好处。这是因为，就算我们将对方驳得体无完肤、一无是处，那又怎样？我们只是使他觉得自惭形秽、低人一等，我们伤了他的自尊，他不会心悦诚服地承认我们的胜利。即使表面上不得不承认我们胜了，但心里会从此埋下怨恨的种子，所以还不如用那些时间来做有意义的事情。

莫因害怕"出丑"而禁锢生活

很多时候，我们都会用这样一句话来鼓励自己：天才是1%的灵感加上99%的汗水。于是，一些人就开始拼命工作，希望能用100%的汗水换来那1%的天分。其实，如果能用汗水弥补的天分，就不是真正的天分了。这个世界上，毕竟只有少数人才能成为天才。所以，我们的成长总是要伴随着一些无谓的辛苦和无趣的笑话的。

人们都想使自己聪明，都怕在众人面前出丑。这似乎是截然对立的两件事，聪明人绝不会出丑，出丑的人必然是笨蛋。然而，实际生活并非如此。聪明的人有时简直如一个大傻瓜，他们当众出丑，却若无其事，他们被人嗤笑却自得其乐。然而，他们就这样走向了成功。

罗茜读书时网球打得不好，所以老是害怕打输，不敢与人对垒，至今她的网球技术仍然很蹩脚。罗茜有一个同班同学，她的网球比罗茜打得还差，但她不怕被人打下场，越是输越打，后来成了令人羡慕的网球手，成了大学网球代表队队员。

聪明是令人羡慕的，出丑总使人感到难堪。但是，聪明是在无数次出丑中练就的，不敢出丑，就很难聪明起来。

那些勇敢地去干他们想干的事的人是值得赞赏的，即使有时在众人面前出了丑，他们还是洒脱地说："哦，这没什么！"就是这么一类人，他们还没学会反手球和正手球，就勇敢地走上网球场；他们还没学会基本舞步，就走下舞池寻找舞伴；他们甚至没有学会屈膝或控制滑板，就站上了滑道。

艾米只会说几句法语，她却毅然飞往法国去做一次生意旅行。虽然人们曾告诫她：巴黎人是看不起不会讲法语的人，但她坚持在展览馆、在咖啡店、在爱丽舍宫用法语与每个人交谈。难道她不怕结结巴巴，不怕语塞傻笑、出丑吗？一点也不。因为艾米发现，当法国人对她使用的虚拟语气大为震惊之后，许多人都热情地向她伸出手来，为她的"生活之乐"所感染，从她对生活的努力态度中得到极大的乐趣。他们为艾米喝彩，为所有有勇气做一切事情而不怕出丑的人欢呼。

生活中有些人由于不愿成为初学者，就总是拒绝学习新东西。他们因为害怕"出丑"，宁愿闭塞自己的机会，限制自己的乐趣，禁锢自己的生活。

若要改变自己的生活位置，总要冒出丑的风险。除非你决心在一个地方、一个水平上"钉死"了。不要担心出丑，否则你就会无所作为，而且更重要的是你同样不会心绪平静、生活舒畅。你会受到囿于静止的生活而又时时渴望变化的愿望的痛苦煎熬。我们也许应该记住这一点，由于我们害怕出丑也许会失去许多生活机会而感到后悔。我们应该记住一句法国谚语："一个从不出丑的人并不是一个他自己想象的聪明人。"

你比自己认为的更伟大

走近一个不了解的环境之中时，我们会习惯性的怀疑自己的能力，陌生会带给我们恐惧。再加上不了解的人对我们的不客观的评价，常常会让我们感受到很多莫名的压力。所以，我们总是在自我否定里畅游，以为自己很糟糕。但是我们可以看到，以前并不被看好的人最终站在成功的舞台上的时候，我们不得不说，是人们看低了他们，是他们自己低估了自己的实力。

由此可见，有时候我们并不了解自己到底有多大实力，当我们还在为自己的糟糕而难过的时候，说不定你已经开始创造奇迹的旅程了。

在《野草只是没被发现用处的植物》一文中曾经写道：

他生于美国一个靠海的小村庄。5岁那年，他们全家搬迁到纽约布鲁克林区，父亲在那儿做木工，承建房座，他在那儿也开始上小学。由于生活穷困，他只读了5年小学，便辍学在印刷厂做学徒了。工作虽然辛苦，却没有阻止他爱上浪漫的诗歌，他像发疯一样，没日没夜地写。

1855年7月4日，他自费出版了第一本诗集，初版印了1000册。薄薄的小书只有95页，包括12首诗和一篇序。绿色的封面，封底上画了几株嫩草、几朵小花。他兴奋地拿了几本样书回家，弟弟乔治只是翻了一下，认为不值得一读，就弃之一旁。他的母亲也是一样，根本没有读过它。一个星期之后，他的父亲因风瘫病去世，也没有看过儿子的作品。

拿出去卖，很可惜，一本都没卖掉。他只好把这些诗集全都送了人，但也没有得到什么好结果。著名诗人朗费罗、赫姆士、罗成尔等人对此不予理睬，大诗人惠蒂埃把他收到的一本干脆投进火里，林肯看后也险些烧掉。

社会上的批评更是铺天盖地，对他大肆辱骂。伦敦《评论》报认为"作者的诗作违背了传统诗歌的艺术。他不懂艺术，正像动物不懂数学一样"。波士顿《通讯员》则把这本诗集称为"浮夸、自大、庸俗和无种的杂凑"，甚至写他是个"疯子"，"除了给他一顿鞭子，我们想不出更好的办法"。连他的服装、相貌都成为嘲笑的对象，"看他那副模样，就能断定他写不出好诗来"。

铺天盖地的嘲笑和谩骂声像冰冷的河水，浇灭了他所有的激情。他失望了，开始怀疑自己：我是不是根本就不是写诗的料？就在他几近绝望时，远在马萨诸塞州康科德的一位大诗人被他那创新的写法、不押韵的格式、新颖的思想内容打动了。大诗人随即写了一封信，给这些诗以极高的评价：

"亲爱的先生，对于才华横溢的诗集，我认为它是美国至今所能贡献的最了不起的聪明才智的菁华。我在读它的时候，感到十分愉快。它是奇妙的、有着无法形容的魔力、有可怕的眼睛和水牛的精神，我为您的自由和勇敢的思想而高兴……"

这真诚的夸奖和赞誉，一下子点燃了他心中那将要熄灭的火焰。他从此坚定了自己写诗的信念，一发而不可收。

他成为具有世界声誉和世界意义的伟大诗人，他唯一的诗集也成了美国乃至人类诗歌史上的经典。他就是现代美国诗歌之父——瓦尔特·惠特曼，那部诗集的名字叫《草叶集》。而当年那位写信对他予以赞美和鼓励的诗人，叫爱默生。

爱默生说："在我的眼里，没有野草，野草只是还没有被发现用处的植物。"所以，当惠特曼沉浸在对自己的失望的痛苦中时，他根本就没有意识到自己正在创造人类的奇迹，而他自己也已经成为了全世界最伟大的诗人之一。

很多时候，我们并不能完全了解自己。所以，在灾难发生时，我们才会有惊人的爆发力；在处于险境时，我们才能挖掘出以前没有意识到的潜能。

我们总是比自己想象中的更伟大，所以不要低估自己，认为自己很糟糕，而应该多给自己一份信心，多给自己准备一个发展的平台。相信在自信的动力驱使之下，我们一定会有更好的成绩，有更多的机会接近成功。

改变态度，你就可能成为强者

有这样一个故事：

一天，一只老虎躺在树下睡大觉。一只小老鼠从树洞里爬出来时，不小心碰到了老虎的爪子，把它惊醒了。老虎非常生气，张开大嘴就要吃它，小老鼠吓得簌簌发抖，哀求道："求求你，老虎先生，别吃我，请放过我这一次吧！日后我一定会报答你的。"

老虎不屑地说："你一只小小的老鼠怎么可能帮得了我呢？"但它最后还是把老鼠放走了，因为它觉得一只小小的老鼠还不够塞自己的牙缝。

不久，这只老虎出去觅食时被猎人设置的网罩住了。它用力挣扎，使出浑身力气，但网太结实了，越挣扎绑得越紧。于是它大声吼叫，小老鼠听到了它的吼声，就赶紧跑了过去。

"别动，尊敬的老虎，让我来帮你，我会帮你把网咬开的。"

小老鼠用它尖锐的牙齿咬断了网上的绳结，老虎终于从网里逃脱出来。

"上次你还嘲笑我呢，"老鼠说，"你觉得我太弱小了，没法报答你。你看，现在不正是一只弱小的小老鼠救了大老虎的性命吗？"

读完这个故事，我们不难想到，在这个世界上，从来就没有谁注定就是强者，也没有谁注定就是弱者。强大如老虎，在猎人的陷阱里，它就变成了弱者；弱小如老鼠，在结实的网绳前，拥有锋利牙齿的它就变成了强者。

你或许自以为是弱者：貌不惊艳，技不如人，出身贫寒，资质平平，在人才辈出的社会里就像"多一个不多，少一个不少"的那个人。如果你这么想，你就错了，甚至连上文中那个自信满怀的老鼠都不如。

在这个世界上，每个人都是身怀绝技的强者，这种绝技就像金矿一样埋藏在我们看似平淡无奇的生命中。

法国文豪大仲马在成名前，穷困潦倒。有一次，他跑到巴黎去拜访他父亲的一位朋友，请他帮忙找个工作。

他父亲的朋友问他："你能做什么？"

"没有什么了不得的本事。"

"数学精通吗？"

"不行。"

"你懂得物理吗？或者历史？"

"什么都不知道。"

"会计呢？法律如何？"

大仲马满脸通红，第一次知道自己太差劲了，便说："我真惭愧，现在我一定要努力补救我的这些不足。我相信不久之后，我一定会给您一个满意的答复。"

他父亲的朋友对他说："可是，你要生活啊！把你的地址留在这张纸上吧。"大仲马无可奈何地写下了他的住址。

父亲的朋友看后高兴地说："你的字写得很好呀！"

你看，大仲马在成名前，也曾有过自己认为自己一无是处的时候。然而，他父亲的朋友却发现了他的一个优点——字写得很好。

字写得好，也许你对此不屑一顾：这算什么绝技！然而，不管这个绝技有多么的了不起，但它毕竟是你的本事。你就能以此为基地，扩大你的优点范围：字能写好，文章为什么就不能写好？

我们每一个人，特别是妄自菲薄的人，切不可把强者的标准定得太高，而对自身的长处视而不见。你不要死盯着自己学习不好、没钱、不漂亮等不足的一面，你还应看到自己身体健康、会唱歌、文章写得好等不被外人和自己留意或发现的强项。

事实上，你不是个天生的弱者，每个人都有自己的长处和短处，你为什么只看到自己不足，而没有看到自己的闪光之处呢？

纤细屠弱的小草，自然无法与伟岸挺拔的劲松相提并论。然而，春寒料峭中，是小草那片淡淡的嫩绿，让大地展现出勃勃的生机。

潺潺而流的溪水，当然不能与奔腾浩渺的江河同日而语。然而，深山河谷中，是小溪那份执著的奔流，让大地充满了无限的活力。

小草不因其柔弱而萎缩，小草自有一种信念；小溪不因其涓细而却步，小溪自有一种自信……你，同样不是弱者，只要你认识自己的力量，爆发自己的热能，你就是生活的强者。

只要在认识自己中不断创造自己，不断完善自己，又何必要那么多的惆怅、自卑和叹息。仰起你自信的脸庞，即使你现在还是小草、小溪、小鸟、小舟，甚至阴暗角落里那粒不为人所知的尘埃，总有一天，你可以成为万众瞩目的强者。

第七章　积极的人生，行动远胜于抱怨

青春经不起一再蹉跎

时光悠悠，童年的稚气已在花开花落的四季轮回里渐渐褪去，理想的双翅还未来得及完全展开，转眼我们就到了青春的花期。"花无百日红"，随着年龄的增长，记忆力会出现衰退，容颜也渐渐憔悴，青春易逝，所以说，人生拼搏要趁早。

安妮是大学艺术团里的歌剧演员。在一次校际演讲比赛中，她向人们展示了一个最为璀璨的梦想：大学毕业后，先去欧洲旅游一年，然后要在纽约百老汇中成为一名优秀的主角。当天下午，安妮的心理学老师找到她，尖锐地问："你今天去百老汇跟毕业后去有什么差别？"安妮仔细一想："是呀，大学生活并不能帮我争取到去百老汇工作的机会。"于是，安妮决定下学期就去百老汇闯荡。

老师紧追不舍地问："你下学期去跟今天去，有什么不一样？"安妮激动不已，她情不自禁地说："好，给我一个星期的时间准备一下，我很快就出发。"

老师步步紧逼："所有的生活用品在百老汇都能买到，你一个星期以后去和今天去有什么差别？"

安妮终于双眼盈泪地说："好，我明天就去。"老师赞许地点点头。第二天，安妮就飞赴到全世界最巅峰的艺术殿堂——美国百老汇。当时，百老汇的制片人正在酝酿一部经典剧目，几百名各国艺术家前去应征主角。按当时的应聘步骤，是先挑出十个左右的候选人，然后，让他们每人按剧本的要求演绎一段主角的对白。这意味着要经过百里挑一的两轮艰苦角逐才能胜出。安妮到了纽约后，费尽周折从一个化妆师手里要到了将排的剧本。这以后的两天中，安妮闭门苦读，悄悄演练。正式面试那天，安妮是第 48 个出场的，制片人听到传进自己鼓膜里的声音，竟然是将要排演的剧目对白，而且，面前的这个姑娘感情如此真挚，表演如此惟妙惟肖，他惊呆了！他马上通知工作人员结束面试，主角非安妮莫属。就这样，安妮来到纽约的第一天就顺利地进入了百老汇，穿上了她人生中的第一双红舞鞋。

最宝贵的是时间，最被轻视的也是时间。现在的年轻人都崇尚悠闲，安于"散漫"，三三两两聚在一起能聊个天昏地暗，有什么不顺心的事能郁闷好几天，刚准备看看书，一个电话打来，就兴高采烈地随老友逛街了。他们总以为自己有用不完的时间，于是毫不怜惜地蹉跎着时间，挥霍着光阴——这是一件多么可悲、可惜的事啊。

你可能没有傲人的姿色、出色的才能、高贵的出身，但是请你相信，上帝给了你公平的时间。所以，别看比尔·盖茨富可敌国，别看妮可·基德曼艳光四射，任何人都会败给时间。荣华可以无限，时间却是有限。然而生命虽然有限，精彩可以无限。积极地投身生活吧，你没有下一个轮回，你只有现世。别在生命的尽头才遗憾自己的生命并未"燃烧"。"人生能有几回搏"，让我们尽情释放自己，做一朵在风雨中迎风起舞的"铿锵玫瑰"！

等待永远是美好的最大敌人

任何人都是一样，年轻时需要积累，年老时才来享受，年轻时正是积累自身实力的时期，年老力衰的时候才能靠着智慧经验或者年轻时储蓄的财富过日子，否则年纪大了再来吃苦，就是"自造孽"，看看那些下岗女工再就业，看看中老年离婚的妇女，你是否能从中得到一些危机的启示？

1904 年，正当年轻的爱因斯坦潜心于研究的时候，他的儿子出生了。于是，在家里，他常常左手抱儿子，右手做运算。在街上，他也是一边推着婴儿车，一边思考着他的研究课题。妻儿熟睡了，他还到屋外点灯撰写论文。爱因斯坦就是这样抓住每一个"今天"，通过日积月累，一年中完成了四篇重要的论文，引领了物理学领域的一场革命。

"明日复明日，明日何其多。我生待明日，万事成蹉跎。"要想不荒废岁月，干出一番事业，就要克服拖拉，珍视今天。

有个创意家，一直给人悠闲无事的感觉，但收入却不少。记者问他是怎么做到的，他说："做时间的主人，别让时间做你的主人。"

这话听起来有些玄妙，意思是说，你可以决定什么时间做什么事，而不是让时间来决定你应该做什么事。

时间对他而言只是桥梁，通过它，可以找到更合适的生活，而不仅仅是谋取财富。在他看来，时间还有更重要的使命："有时间的人是活人，没有时间的人是死人。"

宋国大夫戴盈之曾对孟子说："现在的税负太重了，很想按照以前的井田制度，只征收十分之一的税，但是目前执行起来有困难，只能暂时减一点，明年再看着办，你以为如何？"孟子不置可否，只举了个例子："有一个小偷，每天都偷邻居的鸡，别人警告他，再偷就将他送官，他哀求说，从今天开始，我每个月少偷一只，明年就洗手不干了，可以吗？"

等待永远是美好的最大敌人，拖拉者的一个悲剧是，一方面梦想仙境中的玫瑰园出现，另一方面又忽略窗外盛开的玫瑰。昨天已成为历史，明天仅是幻想，现实的玫瑰就是"今天"。拖拉所浪费的正是这宝贵的"今天"。

钟表王国瑞士有一座温特图尔钟表博物馆。在博物馆里的一些古钟上，都刻着这样一句话："如果你跟得上时间的步伐，你就不会默默无闻。"这句富有哲理的话，一定早已铭刻在许多成功者的心灵深处了。

所以，成功者从来都不希望坐在那里等待，而是积极地投入行动之中，为了理想而努力，为了事业而拼搏。尽管道路中会经历风雨，可是等到他们品尝到了成功的甘甜的时候，他们就会感谢曾经的行动，因为正是行动成就了他们的明天。

抱怨失败不如用行动接近成功

很多人以为只要拥有一部成功的宝典，就可以一夜之间功成名就，这显然是极其错误的。对此，卡耐基一再告诫我们：

一张地图，不论它多么详细，比例尺多么精密，绝不能够带它的主人在地面上移动一寸。一本羊皮纸的法典，不论它有多么公正，也绝不能够预防罪行。一个卷轴，绝不会赚一分钱或制造一个赚钱的字。只有行动，才是导火线，才能够点燃地图、羊皮纸、卷轴的价值。行动，才是滋润成功的食物和水，因此我们必须铭记"行动"这个成功准则，绝不拖延和犹豫不决。

我们不逃避今天的责任而等到明天去做，因为"明日复明日，明日何其多"。让我们现在就采取行动吧，即使行动不会为我们马上换回财富，但是，动而失败总比坐而待毙好。即使财富可能不是行动所摘下来的那个果子，但是，没有行动，任何果子都会在藤上烂掉。从今以后，我们要一遍又一遍、每一小时、每一天重复这句话，而跟在它后面的行动，要像我们眨眼睛那种本能一样迅速。有了这句话，我们就能够振作我们的精神，实现使我们成功的每一个行动。有了这句话，我们就能够振作我们的精神，迎接失败者躲避的每一次挑战。

我们要一次又一次地重复这句话。

当我们醒来，而失败者还要多睡一个小时的时候，我们要说这句话，接着从床上跳下来。

当我们走进市场，而失败者还在考虑是否会遭到拒绝的时候，我们要说这句话，并立刻面对我们第一个可能的顾客。

当我们遇到人家闭着门，而失败者带着惧怕和惶恐的心情在门外徘徊的时候，我们要说这句话，并随即敲门。

当我们面临诱惑的时候，我们要说这句话，抄大路行动，离开邪恶。

当我们想停下来明天再做的时候，我们要说这句话，并立刻行动。

只有行动才能决定我们在市场上的价值，要想扩大我们的价值，就要加强我们的行动。我们要走到失败者怕走的地方去。

当失败者想休息的时候，我们要工作。

当失败者仍在沉默的时候，我们要说话。

当失败者说太迟的时候，我们要说已经做好了。

我们只想着现在，明日是为懒人保留的工作日，而我们并不懒惰。明日是使邪恶变好的日子，而我们并不邪恶。明日是衰弱变强壮的日子，而我们并不衰弱。明日是失败者要成功的日子，而我们并不是一个失败者。

狮子饥饿的时候会吃，苍鹰口渴的时候会喝，如果它们不采取行动的话，两者都会灭亡。我们要饱食成功与富裕，我们渴望幸福和心灵的宁静。如果我们不采取行动，我们就会在失败、贫困和彻夜失眠的生活中灭亡。

成功不会等待，财富也不会从地下冒出来，如果我们犹豫不决，它就会永远弃我们而去。

清理抱怨，清理行动障碍

如果你有了理想，就一定要行动。尽管在尝试的过程中可能会遇到障碍，但是请不要抱怨不曾得到上苍的偏爱，而是要努力坚持，继续追求梦想，这样，你才有机会获得成功。

史泰龙的父亲是一个赌徒，母亲是一个酒鬼。父亲赌输了，又打老婆又打他；母亲喝醉了也拿他出气发泄。他下定决心，要走一条与父母迥然不同的路，活出个人样来。他想到了当演员——不需要文凭，更不需要本钱，而一旦成功，却可以名利双收。但是他显然不具备演员的条件，长相就很难使人有信心，又没有接受过任何专业训练，没有经验，也无"天赋"的迹象。然而，"一定要成功"的驱动力促使他认为，这是他今生今世唯一出头的机会。在成功之前，决不能放弃！于是，他来到好莱坞，找明星、找导演、找制片……找一切可能使他成为演员的人，四处哀求："给我一次机会吧，我要当演员，我一定能成功！"

他一次又一次被拒绝了，但他并不气馁，他知道，失败定有原因。每次被拒绝之后，他就把它当作是一次学习。一定要成功，痴心不改，又去找人……不幸得很，两年一晃过去了，钱花光了，他便在好莱坞打工，做些粗重的零活。两年来他遭受到1000多次拒绝。

他想出了一个"迂回前进"的思路：先写剧本，待剧本被导演看中后，再要求当演员。一年后，剧本写出来了，他又拿去遍访各位导演："这个剧本怎么样，让我当男主角吧！"人们认为他的剧本挺好，但要让他当男主角是不可能的。他再一次被拒绝了。

"我一定要成功，也许下一次就行，再下一次……"

在他一共遭到1300多次拒绝后的一天，一个曾拒绝过他20多次的导演对他说："我不知道你是否能演好，但至少你的精神令我感动。我可以给你一次机会，但我要把你的剧本改成电视连续剧，同时，先只拍一集，就让你当男主角，看看效果再说。如果效果不好，你便从此断绝这个念头吧！"

第一集电视剧创下了当时全美最高收视纪录。从此，史泰龙也成了国际知名影星。

史泰龙的健身教练哥伦布医生曾这样评价他：

"史泰龙每做一件事都100%投入。他的意志、恒心与持久力都是令人惊叹的。他是一个行动家，他从来不呆坐着让事情发生——他主动地令事情发生。"

富兰克林说："把握今日等于拥有两倍的明日。"将今天该做的事拖延到明天，而即使到了明天也无法做好的人，占了大约一半以上。今日事，今日毕，才能成就大事。

歌德说："把握住现在的瞬间，从现在开始做起。"只要坚持做下去就行，在实干的过程当中，你的心态会越来越成熟。有了开始，不久之后你的工作就可以顺利完成了。"

很多成功者真正的才能在于他们审时度势之后付诸行动的速度，这才是他们出类拔萃、真正成功的秘诀。什么事一旦决定，马上付诸实施是他们共同的本质，"现在就干，马上行动"是他们的口头禅。而如果在行动中，遭遇了一次失败，或者遇到了什么困难，就开始怨天尤人，那么你将没有办法再集中精神对梦想全力以赴了。

抱怨是很消极的东西，一旦你产生了这样的情绪，你就开始失去了积极的动力，也就失去了全力以赴的信念。所以，在实现梦想的道路上，不管遇到什么困难，都不应该抱怨，而是要勇敢地面对，用坚定地行动获得成功。

让问题止于自己的行动

美国总统杜鲁门上任后，在自己的办公桌上摆了个牌子，上面写着一句话，翻译成中文是"问题到此为止"，意思就是说："让自己负起责任来，不要把问题丢给别人。"把这句话引申到生活中，让问题止于自己，而不是把所有的过错都推给别人。大多数情况下，人们会对那些容易解决的事情负责，而把那些有难度的事情推给别人，这种思维常常会导致我们的失败。

美国钢铁大王安德鲁·卡内基年轻的时候，曾经在铁路公司做电报员。有一天正好他值班，突然收到了一封紧急电报，原来在附近的铁路上，有一列装满货物的火车出了轨道，要求上司通知所有要通过这条铁路的火车改变路线或者暂停运行，以免发生撞车事故。

因为是星期天，一连打了好几个电话，卡内基也找不到主管上司，眼看时间一分一秒地过去，而正有一次列车驶向出事地点。此时，卡内基作了一个大胆的决定，他冒充上司给所有要经过这里的列车司机发出命令，让他们立即改变轨道。按照当时铁路公司的规定，电报员擅自冒用上级名义发报，唯一的处分就是立即开除。卡内基十分清楚这项规定，于是在发完命令后，就写了一封辞职信，放到了上司的办公桌上。

第二天，卡内基没有去上班，却接到了上司的电话。来到上司的办公室后，这位向来以严厉著称的上司当着卡内基的面将辞职信撕碎，微笑着对卡内基说："由于我要调到公司的其他部门工作，我们已经决定由你担任这里的负责人。不是因为其他任何原因，只是因为你在正确的时机做了一个正确的选择。"

老板聘用一个人，给他一个职位，给他与这个职位相应的权力，目的是为了让他完成与这个职位相应的工作，妥善及时地解决工作中出现的问题，而不是听他讲关于问题长篇累牍的分析。

1999 年，曾是美国第一大零售商的凯玛特开始显露出走下坡路的迹象，有一个关于凯玛特的故事在广泛流传。

在 1990 年的凯玛特总结会上，一位高级经理认为自己犯了一个"错误"，他向坐在他身边的上司请示如何更正。这位上司不知道如何回答，便向上级请示："我不知道，您看怎么办。"而上司的上司又转过身来，向他的上司请示。这样一个小小的问题，一直推到总经理帕金那里。帕金后来回忆说："真是可笑，没有人积极思考解决问题的办法，而宁愿将问题一直推到最高领导那里。"2002 年 1 月 22 日，凯玛特正式申请破产保护。凯玛特的破产有很多管理和运作上的问题，但是与公司内部流行的"把问题留给老板"的办事作风有着莫大的关系。

美国肯塔基丰田装配厂的管理者迈克·达普里莱把丰田生产方式描述为 3 个层次：技术、制度和哲学。他说："许多工厂装了紧急拉绳，如果出现问题，你可以拉动绳子让装配线停下来。5 岁的孩子都能拉动这根绳，但是在丰田的工厂里，工人被灌输的哲学是，拉动这根绳子是一种耻辱，所以人人都仔细操作，不使生产线出现问题，所以那根绳子潜在的意义远远大于它的实际作用。"

在这里，是否拉动这根绳子，其实体现的是对待问题的态度。一个不把问题留给别人的人是不容许自己去拉动这样的紧急拉绳的，相反，他们会使出自己所有的办法，让问题止于行动。

在生活中，我们随时都可能遇到很多难题，这个时候如果自己不去解决，而是把所有的问题都推给别人，那么我们将一事无成。只有你去积极的解决问题，你才能有机会获得成功。

最佳的任务完成期是昨天

埃克森·美孚石油公司是一家利润最高的公司。2002 年，埃克森·美孚的资本回报率达到 10 年以来的最高值——14.7%。知名投资分析师鲍勃说："这种回报率是其他公司数年来一直可望而不可即的。"

更多的人说，李·雷蒙德是工业史上绝顶聪明的 CEO（首席执行官）之一，是继洛克菲勒之后最成功的石油公司总裁——没有人能够像他一样，令一家保守行业的超级公司股息连续 21 年不断攀升，并且成为世界上一台最赚钱的机器。

埃克森·美孚石油公司跃升为全球利润最高的公司，有着埃克森公司和美孚公司携手的因素，更是因为它拥有一支绝不拖延的员工队伍。这家公司的实践再一次告诉我们，员工克服拖延的毛病，培养一种简捷高效的工作风格，可以使公司的绩效迅速提升，并使每一位员工的工作乃至生命都更有价值。

有一次，李·雷蒙德和他的一位副手到公司各部门巡视工作。到达休斯敦一个区加油站的时候，已经是下午 3 点了，李·雷蒙德却看见油价告示牌上公布的还是昨天的数字，并没有按照总部指令将油价下调 5 美分 / 加仑进行公布，他十分恼火。

李·雷蒙德立即让助理找来了加油站的主管约翰逊。

远远地望见这位主管，他就指着报价牌大声说道："先生，你大概还在昨天的梦里熟睡吧！要知道，你的拖延已经给我们公司的荣誉造成很大损失。因为我们收取的单价比我们公布的单价高出了 5 美分，我们的客户完全可以在休斯敦的很多场合贬损我们的管理水平，并使我们的公司被传为笑柄。"

意识到问题的严重性，约翰逊连忙说道："是的，我立刻去办。"

看见告示牌上的油价得到更正以后，李·雷蒙德面带微笑说："如果我告诉你，你腰间的皮带断了，而你却不立刻去更换它或者修理它，那么，当众出丑的只有你自己。这是与我们竞争财富排行榜第一把交椅的沃尔玛的信条，你应该要记住。"

然后，李·雷蒙德和助手一起离开了加油站。从此之后，那位主管约翰逊做事再也不拖拖拉拉了。

商场就是战场，工作就如同战斗。任何一家公司要想在市场上立于不败之地，就必须拥有一支高效能的战斗团队。任何一位经营者都知道，对那些做事拖延的人，是不可能给予太高期望的。

某公司老板要赴国外公干，且要在一个国际性的商务会议上发表演说。他身边的几名工作人员于是忙得头晕眼花，要把所需的各种材料都准备妥当，包括演讲稿在内。

在该老板出发的那天早晨。各部门主管也来送机。有人问其中一个部门主管："你负责的文件打好了没有？"

对方睁着惺忪睡眼道："昨晚只睡了 4 个小时，我熬不住就睡去了。反正我负责的文件是以英文撰写的，老板看不懂英文，在飞机上不可能复读一遍。待他上飞机后，我回公司去把文件打好，再传去就可以了。"

谁知，老板驾到后，第一件事就问这位主管："你负责预备的那份文件和数据呢？"这位主管按他的想法回答了老板。老板闻言，脸色大变："怎么会这样？我已计划好利用在飞机上的时间与同行的外籍顾问研究一下自己的报告和数据，别白白浪费坐飞机的时间！"闻言，这位主管的脸色一片惨白。

作为一名优秀的员工，任何时候都不要自作聪明地拖延工作，期望工作的完成期限会按照你的计划而后延。优秀的员工都会谨记工作期限，并清楚地明白，在所有老板的心目中，最理想的任务完成日期是：昨天。

这样的道理在生活中同样适用。如果昨天的事情你拖到了今天，那么今天的事情你就没有时间处理，也只能等到了明天。那么，在你的生活里，永远都会比别人少一天，你也会因为这样的拖延而错过了很多重要的机遇。

成功不像你想象的那么难

很多人在没有成功之前认为成功高不可攀，说："那么多的财富，肯定需要一个极富智慧的头脑才能够驾驭"。他们深信社会上的富翁和名流都是些天才，自己永远都达不到那样的高度。

其实，在当今时代，每天都会涌现出数个百万富翁，名人更是层出不穷，只要你坚持不懈地努力，你也可以成为他们中的一员。成功，并不像你想象的那么难。

1965 年，一位韩国留学生到剑桥大学主修心理学，在每天喝下午茶的时候，他常到学校的咖啡厅或茶座听一些成功人士举办的聊天会，这些成功人士包括诺贝尔奖获得者、某一领域的学术权威和一些创造了经济神话的人。这些人幽默风趣，举重若轻，把自己的成功都看得非常自然和顺理成章。时间长了，他发现，在国内时，他被一些成功人士欺骗了。那些人为了让正在创业的人知难而退，普遍把自己的创业艰辛夸大了，也就是说，他们在用自己的成功经历吓唬那些还没有取得成功的人。

作为心理学系的学生，他认为很有必要对韩国成功人士的心态进行深入研究。1970年，他把《成功不像你想象那么难》作为毕业论文，提交给现代经济心理学的创始人威尔·布雷登教授。布雷登教授读后，大为惊喜，他认为这是一个新发现，这种现象虽然在东方甚至在世界各地都普遍存在，但还没有一个人能大胆地提出来进行研究。

惊喜之余，他写信给他的剑桥校友——当时坐在韩国政坛第一把交椅上的朴正熙。他在信中说："我不敢说这部著作对你有多大的帮助，但我敢肯定它比你的任何一个政令都能产生震动。"

后来，这部书果然伴随着韩国的经济一起起飞了。而那位韩国留学生也因此鼓舞了许多人，因为他从一个新的角度告诉人们，成功与"劳其筋骨，饿其体肤"，与"三更灯火，五更鸡鸣"，与"头悬梁，锥刺股"没有必然的联系。只要你对某一事业感兴趣，长久地坚持下去都会成功，因为上帝赋予你的时间和智慧，够你圆满地做完一件事情。后来，这位青年也理所当然地获得了成功，他成了韩国泛亚汽车公司的总裁。

事情就像故事主人公所说的那样，你不要把那些成功人士的自我回忆当作必然的成功蓝本。司马迁并非是因受了汉武帝的宫刑才写出《史记》，如果没有受到刑罚，也许《史记》会写得更好。一些成功人士往往会片面夸大痛苦对自己的影响，其实，痛苦和成功与否没有必然的联系。只要你对某一事业感兴趣，并长久地坚持下去，你一样可以成功。

从今天开始努力吧，如果你还在害怕痛苦，那就是误入歧途。因为，成功并不像你想象的那样难。

成功不会怜悯毫无准备的人

拿破仑·希尔说："一个善于做准备的人，是离成功最近的人。"准备是一个人人生成功的最大保障，如果你不去为你的成功做充分的准备，那你就绝不会取得成功，因为成功绝不会怜悯没有准备的人。

在吸引了几乎全世界人眼球的拳坛世纪之战中，当时正如日中天的泰森根本没有把已年近40岁的霍利菲尔德放在眼里，他自负地认为可以毫不费力地击败对手。同时，几乎所有的媒体也都认为泰森将是最后的胜利者。美国博彩公司开出的是22赔1泰森胜的悬殊赔率，人们也都将大把的赌注压在了泰森身上。

在这种情况下，认为已经稳操胜券的泰森对赛前的准备工作——观看对手的录像，预测可能出现的情况及应对措施，充足的睡眠和科学的饮食都敷衍了事。

但是，比赛开始后，泰森惊讶地发现，自己竟然找不到对手的破绽，而对方的攻击却往往能突破自己的漏洞。于是，气急败坏的泰森做出了一个令全世界都感到震惊的举动：一口咬掉了霍利菲尔德的半只耳朵！

世纪大战的最后结局是：泰森成了一位可耻的输家，还被内华达州体育委员会罚款600万美元。

泰森输在准备不足，当霍利菲尔德认真研究比赛录像，分析他的技术特点和漏洞时，泰森却将教练准备的资料扔在了一边；当对手在比赛前拼命热身，提前进入搏击状态时，他却在和朋友一起狂欢。虽然泰森的实力确实比对手高出一筹，在年龄上也占尽了优势，但他最后却一败涂地。

霍利菲尔德的成功和泰森的失败皆因准备。是的，每一件差错皆因准备不足，每一项成功皆因准备充分。

当然，在这种一战定胜负的比赛中，偶然性确实占了很大的比重。这个时候，比的并不是谁的实力最强，而是谁犯的错误最少。只有真正地重视准备，扎实地把准备工作都做到位，才能从根本上保证你不犯或少犯错误。

足球教练穆里尼奥也清楚地看到了这一点。在他担任葡萄牙波尔图队的主教练，率领球队征战欧洲冠军联赛时，几乎没有人相信他们能杀入决赛，更别提夺取冠军了。但结果却使所有人都大跌眼镜，这个从队员到主教练都藉藉无名的俱乐部，竟然得到了欧洲足球俱乐部的最高荣誉。

确实，波尔图的队员们和皇马、米兰等大牌球队的球星相比，无论从名气上还是实力上都相差悬殊；当时的穆里尼奥和里皮、弗格森相比也不可同日而语。但穆里尼奥却有一个胜利的武器：对准备工作超乎寻常地重视。他几乎观看了所有对手最近的每一场比赛。可以说，所有对手的技术特点、战术风格、最近的状态……他都了如指掌。甚至对比赛当天的天气、场地草皮的状况，他都进行了详细的了解并制定了相应的对策。结果在决赛当天，他使用的队员、阵形、战术打法都直指对方的软肋，就像他夺冠后所说的那样："如果大家知道我们为了取得胜利而研究了多少场比赛，准备了多少资料，筹划了多少方案，你们就会认为这个冠军我们当之无愧。"

当时，有相当多的人认为穆里尼奥的成功只是运气好，再加上那些大牌球队在对无名球队时缺少重视和兴奋感，才让他捡到了一个冠军。其实，穆里尼奥的胜利是必然的，因为他的准备工作比任何人都充分，正是因为对准备超乎寻常地重视，才使他站到了欧洲足球之巅。

功成名就的穆里尼奥在夺冠的第二年来到了英超球队切尔西，这里汇集了很多世界级的大牌球员。当穆里尼奥和这些队员们第一次见面的时候，他所做的第一件事是打开随身携带的笔记本电脑，开始如数家珍地介绍这些球员：从技术风格、进球数、身高体重甚至详细到哪些是左脚打进的，哪些是右脚打进的都了如指掌。穆里尼奥的这一举动一下子就震住了这些球星。不过，这只是开始，他们更没有想到的是，主教练这种近乎完美的准备工作会使他们在后面的比赛中取得一个又一个的胜利。

是的，在穆里尼奥的带领下，切尔西队不管是在国内联赛、杯赛还是在欧洲冠军联赛，都取得了一连串的胜利。穆里尼奥出名了，但他在赢得别人尊重的同时，又被许多对手厌恶。喜欢他的人称他为"上帝第二"，讨厌他的人却称呼他"魔鬼"。

一个又一个让人始料不及的成功，使他成了"现象"。

现在，不管是欣赏他还是厌恶他的人，都开始研究穆里尼奥。他们总结了很多条，比如，善于用人、阵形选择合理、自信等。遗憾的是，却很少有人领会到穆里尼奥成功的真正原因——准备。

泰森的失败和穆里尼奥的成功都与一个共同的关键词有关，那就是准备。泰森不重视准备工作，轻敌大意，最后导致失败；而穆里尼奥却精心地准备各场赛事，所以他获得了巨大成功。

准备工作对每一个人都相当重要，如果你不重视准备工作，你就不会获得成功。事情看起来就是这么简单，只要你肯准备。

有准备才有成功的机会

世界上最可悲的一句话就是："曾经有一个非常好的机会，可惜我没有把握住。"遗憾的是，这种事情在很多人身上都发生过。

不管你现在的状况如何。其实，机会对你来说还是不少的，它会降临在我们每一个人的身上，但前提是：在它到来之前，你一定要做好准备。

一个年轻的猎人带着充足的弹药、擦得锃亮的猎枪去寻找猎物。虽然老猎手们都劝他在出门之前把弹药装在枪筒里，他还是带着空枪走了。

"废话！"他嚷道，"我到达那里需要一个钟头，哪怕我要装100回子弹，也有的是时间。"

仿佛命运女神在嘲笑他的想法似的，他还没有走过开垦地，就发现一大群野鸭密密地浮在水面上。以往在这种情景下，猎人们一枪就能打中六七只，毫无疑问，这够他们吃上一个礼拜的。可如今他匆匆忙忙地装着子弹，此时野鸭发出一声鸣叫，一齐飞了起来，很快就飞得无影无踪了。

他徒然穿过曲折狭窄的小径，在树林里奔跑搜索，树林是个荒凉的地方，他连一只麻雀也没有见到。

真糟糕，一桩不幸连着另一桩不幸：霹雳一声，大雨倾盆。猎人浑身上下都是雨水，袋子里空空如也，猎人拖着疲乏的脚步回家去了。

这位年轻人在看到猎物的时候才去装弹药，连作为一名猎手最起码的准备工作都没有做好，当然不可能有什么收获了。

准备才有成功的机会。这一点在美国出版界明星人物阿尔伯特·哈伯德的身上得到了很好的验证。

阿尔伯特·哈伯德有一个富足的家庭，但他还是想创立自己的事业，因此他很早就开始了有意识的准备。他明白像他这样的年轻人，最缺乏的是知识和必备的经验。因而，他有选择地学习一些相关的专业知识，充分利用时间，甚至在他外出工作时，也总会带上一本书，在等候电车时一边看一边背诵。他一直保持着这个习惯，这使他受益匪浅。后来，他有机会进入哈佛大学，开始了一些系统理论课程的学习。

经过一次欧洲考察之后，他开始积极筹备自己的出版社。他请教了专门的咨询公司，调查了出版市场，尤其是从从事出版行业的威廉·莫瑞斯先生那里得到了许多积极的建议。这样，一家新的出版社——罗依科罗斯特出版社诞生了。由于事先的准备工作做得好，出版社经营得十分出色。他不断将自己的体验和见闻整理成书出版，名誉与金钱相继滚滚而来。

阿尔伯特并没有就此满足，他敏锐地观察到，他所在的纽约州东奥罗拉，当时已经渐渐成为人们度假旅游的最佳选择之一，但这里的旅馆业却非常不发达。这是一个很好的商机，阿尔伯特没有放弃这个机会。他抽出时间亲自在市中心周围做了两个月的调查，了解市场行情，考察周围的环境和交通。他甚至亲自入住一家当地经营得非常出色的旅馆，去研究其经营的独到之处。后来，他成功地从别人手中接了一家旅馆，并对其进行了彻底的改造和装潢。

在旅馆装修时，他根据自己的调查，接触了许多游客。他了解到游客们的喜好、收入水平、消费观念，更注意到这些游客正是对于繁忙工作的厌倦，才在假期来这里放松的，他们需要更简单的生活。因此，他让工人制作了一种简单的直线型家具。这个创意一经推出，很快受到人们的关注，游客们非常喜欢这种家具。他再一次抓住了这个机遇，一个家具制造厂诞生了。家具公司蒸蒸日上，也证明了他准备工作的成效。同时他的出版社还出版了《菲利士人》和《兄弟》两份月刊，其影响力在《致加西亚的信》一书出版后达到顶峰。

很多人都在羡慕那些看上去似乎是一夜暴富的人，总感慨自己没有得到像他那样的机会。殊不知，大家都看到了他们成功的一面，却没有意识到在他们风光的背后，为取得成功所做的准备。

要想改变自己目前面临的不顺现状，就需要生活中的你多做一些准备工作，因为你只有时刻做好准备，你才会有成功的机会。

充分准备，帮助你尽早成功

一个渴望改变现状、摆脱贫困的人，必须在行动之前做好充分的准备工作，准备工作做得越充分的人，成功的可能性就越大，我们常说："养兵千日，用兵一朝。"也是这个道理。

重量级拳王吉尼·吐尼一生获得过无数的荣誉，也面对过无数个强敌。有一回他要和丹塞对决，丹塞是个强劲的对手。他知道如果被丹塞击中，一定会伤得很重，一个受重伤的拳击手短时间内是很难反败为胜的。于是，他开始做准备工作，他要加紧训练，他最重要的训练项目就是后退跑步。

一场著名的拳赛过后，证明吐尼的策略是对的。第一回合吐尼被击倒之后，然后爬起来，尽量后退以避开对手，直拖到一回合终了。等到第二回合，他的神智和体力都充分恢复之后，他奋力把丹塞击倒在地，获得了最后的胜利。

吐尼的胜利归功于他在事前做了最坏的打算。在实际生活中，我们每天都在面对各式各样的困难，既然我们不能预知我们的际遇，我们只好调整自己的心态，随时准备好去应付最坏的状况。

飞人迈克尔·乔丹是美国篮坛有史以来最顶尖的球员之一，被称为"篮球之神"。他具备所有成为篮球之神的特质和条件，他打任何一场篮球比赛，胜算都是很大的。但是，他在参加任何一场重要的赛事之前，都会练习投篮，练习基本动作。他是球队训练最刻苦的人，他是准备工作做得最充分的人。

卡耐基也特别强调做好准备抓住机遇的重要性，他告诉奋斗者们：时刻做好准备并寻找机会；在机会降临时要果断、及时地把握住它；当机会握在手中时，要善于充分利用它并去争取成功——这是成功者必备的三种重要品质，其中，准备好是一切事情的前提。

麦克德·艾尔是艾墨尔肥料工厂的厂长，他之所以由一个速记员而走向自己事业的顶峰，便是因为他能做不是他分内所应做的工作。麦克德·艾尔最初在一个懒惰的经理手下做事，麦克德是一个十分细心的人，他在日常的生活中总是很注意观察厂里的各方面的情况，尤其是老板阿穆尔先生的个人喜好。于是，机会终于来了。有一次，懒惰的经理叫麦克德·艾尔替自己编一本阿穆尔先生前往欧洲时用的密码电报书。这位经理的懒惰，终于使麦克德·艾尔拥有了出头的机会。一般人编电码书都是随便编几张纸就了事，麦克德·艾尔却不一样，他先将这些电码编成了一本小小的书，用打字机很清楚地打出来，然后装订成一本精美的小书。

阿穆尔先生仔细地看了看电报密码本，然后对经理说："这大概不是你做的。"

经理只好战战栗栗地回答："是……麦克德……"

阿穆尔先生立即命令："你叫他到我这里来。"

几天后，麦克德便在厂里独自拥有了一间办公室。

又过了几天，他便代替自己的顶头上司也就是那位经理的职位了。

从麦克德小小的成功中，你不难看出，如果他当初不有所准备，没有他平日里细心的观察，他是不会有这样的成功的。

有许多人终其一生，都在等待一个足以令他成功的机会。而事实上，机会无所不在，重要的在于，当机会出现时，你是否已准备好了？

农夫在地里同时种了两棵一样大小的果树苗。第一棵树拼命地从地下吸收养料，储备起来，滋润每一根枝干，积蓄力量，默默地盘算着怎样完善自身，向上生长。另一棵树也拼命地从地下吸收养料，凝聚起来，开始盘算着开花结果。

第二年春天，第一棵树便吐出了嫩芽，憋着劲向上长。另一棵树刚吐出嫩叶，便迫不及待地挤出花蕾。

第一棵树目标明确，忍耐力强，很快就长得身材苗壮。另一棵树每年都要开花结果。刚开始，着实让农夫吃了一惊，非常欣赏它。但由于这棵树还未成熟，便承担开花结果的责任，累得弯了腰，结的果实也酸涩难吃，还时常招来一群孩子石头的袭击。甚至，孩子会攀上它那疲弱的身体，在掠夺果子的同时，损伤着它的自尊心和肢体。

时光飞转，终于有一天，那棵久不开花的壮树轻松地吐出花蕾，由于养分充足、身材强壮，结出了又大又甜的果实。而此时那棵急于开花结果的树却成了枯木。农夫诧异地叹了口气，将那根瘦小的枯木砍下，烧火用了。

对于机遇，它意味着需要你忍受无法忍受的艰苦和穷困，以及你献身工作的漫漫长夜。

为获得成功，你必须明白只有在你寻找机会时，只有你为所从事的工作做充分的准备时，机会才会来临。

如果你今天还没有成功，一定是你还没有为成功做好准备。上帝永远只会眷顾那些有准备的人。万事俱备，只欠东风。当东风来临时，你万事俱备了吗？

时刻准备着

机遇什么时候来临，谁也不知道。一个渴望成功的人，必须时刻做好准备，这样无论机会何时出现，你都能抓住它，借机而成功。

一位老教授退休后，巡回拜访偏远山区的学校，传授教学经验与当地老师分享。由于老教授的爱心及和蔼可亲，使得他所到之处皆受到老师和学生的欢迎。

有一次，当他结束在山区某学校的拜访行程，而欲赶赴他处时，许多学生依依不舍，老教授也不免为之所动，当下答应学生，下次再来时，只要谁能将自己的课桌椅收拾整洁，老教授将送给该名学生一个神秘礼物。

在老教授离去后，每到星期三早上，所有学生一定将自己的桌面收拾干净，因为星期三是每个月教授前来拜访的日子，只是不确定教授会在哪一个星期三来到。

其中有一个学生的想法和其他同学不一样，他一心想得到教授的礼物留作纪念，生怕教授会临时在星期三以外的日子突然带着神秘礼物来到，于是他每天早上，都将自己的桌椅收拾整齐。

但往往上午收拾妥当的桌面，到了下午又是一片凌乱，这个学生又担心教授会在下午来到，于是在下午又收拾了一次。可他想想又觉得不安，如果教授在一个小时后出现在教室，仍会看到他的桌面凌乱不堪，便决定每个小时收拾一次。

到最后，他想到，若是教授随时会到来，仍有可能看到他的桌面不整洁，终于，这名学生想清楚了，他无时无刻保持自己桌面的整洁，随时欢迎教授的光临。

老教授虽然尚未带着神秘礼物出现，但这个小学生已经得到了另一份奇特的礼物。

有许多人终其一生，都在等待一个足以令他成功的机会。而事实上，机会无所不在，重点在于：当机会出现时，你是否已经准备好了。

机遇是一位神奇的、充满灵性的但性格怪僻的天使。它对每一个人都是公平的，但绝不会无缘无故地降临。只有经过反复尝试，多方出击，才能寻觅到她。

在成功的道路上，有的人不喜尝试，不愿走崎岖的小道，遇到艰辛或绕道而行，或望而却步，他们常与机遇无缘。而另一些人，总是很有耐性，尝试着解决难题，不怕吃千般苦，历万道岭，结果恰恰是他们能抓住"千呼万唤始出来"的机遇。

机遇是一种重要的社会资源。它的到来，条件往往十分苛刻，且相当稀缺难得，它并非轻易能得到。要获得它，需要极大的"投入"，才会有"产出"，需要高昂的代价和成本，这就需要准备相当充足的实力、雄厚的才能功底。机遇相当重情谊，你对它倾心，它也会对你钟情，给你报答。但机遇绝不轻易光顾你的门庭，不愿意花费"投入"的人，也绝然得不到它的偏爱与回报。

机遇绝非上苍的恩赐，它是创造主体主动争来的，主动创造出来的。机遇是珍贵而稀缺的，又是极易消逝的。你对它怠慢、冷落、漫不经心，它也不会向你伸出热情的手臂。主动出击的人，易俘获机遇；守株待兔的人，常与机遇无缘，这是普遍的法则。你若比一般人更显出主动、热情的话，机遇就会向你靠拢。

机遇最喜欢爱拼善攻、有挑战性格的人，它最乐意为这样的人"效劳"。所以，在机遇面前，无疑需要敢于拼搏、锲而不舍的劲头，使自身的能量最大限度地发挥出来。只有勇于战胜那些看似难以克服的困难，才能使机遇发挥出极大的效能。有些人为艰难所折服，就会使已到手的机遇未能得到充分利用，而使自己功亏一篑，也使机遇之水付诸东流。

再等下去，你就变成化石了

人生要想成功，就要一点一滴地奠定基础。先给自己设定一个切实可行的目标，确实达到之后，再迈向更高的目标。

那就别再瞻前顾后地等待了，现在就动手，马上行动吧！

有个农夫新购置了一块农田。可他发现在农田的中央有一块大石头。

"为什么不把它搬走呢？"农夫问卖主。

"哦，它太大了。"卖主为难地回答说。

农夫二话没说，立即找来一根铁棍，撬开石头的一端，意外地发现这块石头的厚度还不及一尺，农夫只花了一点点时间，就将石头搬离了农田。

也许，在一开始的时候，你会觉得坚持"马上行动"这种态度很不容易，但最终你会发现这种态度会成为你个人价值的一部分。而当你体验到他人的肯定给你的工作和生活所带来的帮助时，你就会坚持不懈地运用这种态度。

人都会走入误区，一提到成功就想到开工厂、做生意。这一想法如不突破，就抓不住许多在他看来不可能的新机遇。真正想一想，成功与失败、富有与贫穷只是因为当初的一念之差。很多人当初带几千元杀进股市，几年后便成了百万富翁，当初只花几百元去摆地摊，10年后就变成了大老板。可是有人说，如果我当初做会比他们赚得更多。不错，你的能力比他强，你的资金比他多，你的经验或许比他足。可是这就是当初一念之差，你的观念决定了你当初不去做，不同的观念导致了不同的人生。

有人面对一个来之不易的好机会总是拿不定主意，于是去问其他人，问了10人肯定有9人说不能做，于是放弃了。其实你不知道机遇来源于新生事物，而新生事物之所以新就是因为90%的人还不知道、不了解，等90%的人知道了就不再是新生事物。就拿这个好机会来说，你问10个人，很可能10个人都摇头，但再过一段时间，这10个人点头时，这个市场就已经开始饱和了！多数人不了解时叫"机会"；多数人都认可时叫"行业"；永远不认可的叫"消费者"。

第一批下海经商的人——富了，第一批买原始股的人——富了，第一批买地皮的人——富了。他们富了，因为他们敢于在大多数人还在犹豫不决的时候就做出了实际行动。先行一步，抢得商机，占领了市场。今天，这也是新生事物，在很多人还不了解的时候，你开始行动，便抢得了商机，占领了市场的制高点。不要再等下去了，要想改变现状，就马上行动，你就会获得成功。

把自己放在最低处

很多人的工作糟糕得一塌糊涂，但却想维持一种有格调的小资生活，甚至是贵族生活，这种情形造成的后果是他的经济情况越来越糟糕，最后达到崩盘的地步。

每个人在踏入社会之后，都必须放低身份，看清自己的现状，权衡自己的经济条件，若一味盲目地拔高自己的生活及地位，最终只能导致跌得更惨的后果。聪明人都知道，要把自己放在最低处。

有一家公司，老板是位广东人，对下属非常厉害，从不给一个笑脸，但也是个说一不二的人，该给你多少工资、奖金，不会少你一分，下属都拼命地工作。

公司有个规定，不准相互打听别人得多少奖金，否则"请你走好"。虽然很不习惯，员工还是一直遵守着，努力克制着从小就养成的好奇心。有一个月，大家都发现自己的奖金少了一大截，开始不说，但情绪总会流露出来，渐渐地，大家都心照不宣了。

那天中午，吃工作餐的时候，大家见老板不在公司，就有人摔盆砸碗发脾气，很快得到众人的响应，一时抱怨声盈室。

有一位到公司不久的中年妇女，一直安安静静地吃饭，与热热闹闹的抱怨太不相称了，这引起了大家的注意。

他们问她，难道你没有发现你的奖金被老板无端扣掉一部分吗？她说没有，整个餐厅一下子安静下来，每个人都一脸的疑惑，每个人都在心里揣摩，人人都被扣了，为何她得以逃脱？不久，她被提升了，他们又嫉妒又羡慕，她的工资高出一大截来，还有奖金。

很久以后，大家才知道她是被扣得最多的一个，她描述自己当时的心情，的确没有装蒜，而是这样想的：这个月我一定做得不好，所以才只配拿这份较少的奖金，下个月一定努力。为何别的人没有这样的想法呢？她是这样分析的，那时她工作近20年的工厂亏损得已很厉害，常常发不出工资，她实在没办法，因为家庭负担太重，上有生病的老人，下有读书的孩子，还有因车祸落下残疾的丈夫，于是就出来打工了，收入比起以前的工资来要高出百十元钱，这让她喜出望外，非常珍惜这份工作，甚至有一种感激的心情。

后来，许多人离开了那家公司，跳了几次槽，却都没有得到一份满意的工作。但是，她一直坚守在那儿，已经当上了经理助理，是标准的白领丽人。谁能想到几年前，她不过是人到中年的下岗女工呢？

做人做事都不能太浮躁，这样才能清楚地衡量自己，把握人生的主动。

人生处于低潮，那就让自己从谷底开始吧！脚踏实地地爬坡，这样的人终有一天会登上人生的顶峰。把自己放在最低处，你的人生更容易获得成功。

"敢做"有时比会做更重要

任何时候，都不要失去勇气，即使一件事你没有十足的把握，你也要把勇气放在心头。一个有勇气的人，有时比一个能工巧匠更能获得成功。

1956年，58岁的哈默购买了西方石油公司，开始大做石油生意。石油是最能赚大钱的行业，也正因为最能赚钱，所以竞争尤为激烈。初涉石油领域的哈默要建立起自己的石油王国，无疑面临着极大的竞争风险。

首先碰到的是油源问题。1960 年，石油产量占美国总产量 38％的得克萨斯州已被几家大石油公司垄断，哈默无法插手；沙特阿拉伯是美国埃克森石油公司的天下，哈默难以染指。如何解决油源问题呢？1960 年，当花费了 1000 万美元勘探资金而毫无结果时，哈默再一次冒险地接受了一位青年地质学家的建议：旧金山以东一片被德士古石油公司放弃的地区，可能蕴藏着丰富的天然气，并建议哈默的西方石油公司把它租下来。哈默又千方百计从各方面筹集了一大笔钱，投入了这一冒险的投资。当钻到 860 英尺（约 262 米）深时，终于钻出了加利福尼亚州的第二大天然气田，估计价值在 2 亿美元以上。

哈默成功的事实告诉我们：风险和利润的大小是成正比的，巨大的风险能带来巨大的效益。

与其不尝试而失败，不如尝试了再失败，不战而败如同运动员在竞赛时弃权，是一种极端怯懦的行为。作为一个成功的经营者，就必须具备坚强的毅力，以及"即使失败也要试试看"的勇气和胆略。当然，冒风险也并非铤而走险，敢冒风险的勇气和胆略是建立在对客观现实的科学分析基础之上的。顺应客观规律，加上主观努力，力争从风险中获得效益，是成功者必备的心理素质，这就是人们常说的应当胆识结合。

成功需要充足的勇气，哈默正是依靠勇气而获得成功。

成功者必是勇敢者，而所谓勇敢者也必须是一个既敢想又敢做的人。

勇气有时就是咬咬牙

你觉得人生没有希望了吗？当我们在习惯性地发完牢骚以后，试想一下，我们能从中得到些什么呢？

有位哲人说过："什么是路？就是从没路的地方践踏出来的，从只有荆棘的地方开辟出来的。"既然人生如此不如意，那就鼓起你的勇气，去开辟一条道路。不要把勇气想得多伟大、多高尚，其实，现实生活中的勇气有时就在于你是否能够咬牙坚持下去。

听说英国皇家学院张榜公开为大名鼎鼎的教授甘布士选拔科研助手，这让年轻的装订工人法拉第激动不已，他赶忙到选拔委员会报了名。但在选拔考试的前一天，法拉第被意外通知，取消他的考试资格，因为他只是一个普通工人。

法拉第愣了，他气愤地赶到选拔委员会。但委员们傲慢地嘲笑说："没有办法，一个普通的装订工人想到皇家学院来，除非你能得到甘布士教授的同意！"

法拉第犹豫了。如果不能见到甘布士教授，自己就没有机会参加选拔考试。但一个普通的书籍装订工人要想拜见大名鼎鼎的皇家学院教授，他会理睬吗？

法拉第顾虑重重，但为了自己的人生梦想，他还是鼓足了勇气站到了甘布士教授的大门口。教授家的门紧闭着，法拉第在教授家门前徘徊了很久。终于教授家的大门被一颗胆怯的心叩响了。

屋里没有声响，当法拉第准备再次叩门的时候，门却"吱呀"一声开了。一位面色红润、须发皆白、精神矍铄的老者正注视着法拉第。"门没有闩，请你进来。"老者微笑着对法拉第说。

"教授家的大门整天都不闩吗？"法拉第疑惑地问。

"为什么要闩上呢？"老者笑着说，"当你把别人关在门外的时候，也把自己关在了屋里。我才不当这样的傻瓜呢！"他就是甘布士教授。他将法拉第带到屋里坐下，聆听了这个年轻人的诉说和要求后，写了一张字条递给法拉第："年轻人，你带着这张字条去告诉委员会的那帮人，说甘布士老头同意了。"

经过严格而激烈的选拔考试，书籍装订工法拉第出人意料地成了甘布士教授的科研助手，走进了英国皇家学院那高贵而华美的大门。

　　就像很多成功的人一样，法拉第之所以能够从一位书籍装订工一跃而成为甘布士教授的助手，就在于他在机会的门前鼓起了勇气，敲响了大门，而那勇气，也就是他在想放弃的一瞬间咬了咬牙。

　　我们常常因为自己的出身、境遇而深感自卑，认为机会不可能垂青于我们，始终没有勇气与命运抗争。然而，勇气使人强大，充满勇气的人，敢于坚持自己的人生梦想，自信自强，意志坚定，最终能叩响成功之门。

做自己命运的主宰

　　我们要做命运的主人，而不应由命运来折磨摆布自己。西方哲学家蓝姆·达斯曾讲了一个真实的故事。

　　一个因病而仅剩下数周生命的妇人，一直将所有的精力都用来思考和谈论死亡，这有多恐怖。

　　以安慰垂死之人著称的蓝姆·达斯当时便直截了当地对她说："你是不是可以不要花那么多时间去想死，而把这些时间用来活呢？"

　　他刚对她这么说时，那妇人觉得非常不快。但当她看出蓝姆·达斯眼中的真诚时，便慢慢地领悟到他话中的含义。

　　"说得对！"她说，"我一直忙着想死，完全忘了该怎么活了。"

　　一个星期之后，那妇人还是过世了。她在死前充满感激地对蓝姆·达斯说："过去一个星期，我活得要比前一阵子丰富多了。"

　　你为什么要把命运交给别人掌控呢？自己去掌舵，生命才会更精彩。

　　在某大学入学教育的第一堂课上，年近花甲的老教授向学生们提了这样一个问题："请问在座的各位，你们从千里之外考到这所院校，独自一人到学校报名的同学请举手。"举手者寥寥无几，且大多都是从农村来的。教授接着说："由父母亲自送到学校接待点的请举手。"大教室里近百双手齐刷刷地举了起来。教授摇摇头，笑了笑给学生们讲了这样一个故事。

　　一个中国留学生，以优异的成绩考入了美国的一所著名大学，由于人生地不熟，思乡心切加上饮食生活等诸多的不习惯，入学不久便病倒了，更为严重的是由于生活费用不够，他的生活甚为窘迫，濒临退学。给餐馆打工一小时可以挣几美元，他嫌累不干，几个月下来他所带的费用所剩无几，学校放假时他准备退学回家。回到故乡后在机场迎接他的是他年近花甲的父亲。当他走下飞机扶梯的时候，立刻看到自己久违的父亲，便兴高采烈地向他跑去，父亲脸上堆满了笑容，张开双臂准备拥抱儿子。可就在儿子搂到父亲脖子的那一刹那，这位父亲却突然快速地向后退了一步，孩子扑了个空，一个趔趄摔倒在地。他对父亲的举动深为不解。父亲拉起倒在地上已经开始抽泣的孩子深情地对他说："孩子，这个世界上没有任何人可以做你的靠山，当你的支点。你若想在生活中立于不败之地，任何时候都不能丧失那个叫自立、自信、自强的生命支点，一切全靠你自己！"说完父亲塞给孩子一张返程机票。这位学生没跨进家门直接登上了返校的航班，返校不久他获得了学院里的最高奖学金，且有数篇论文发表在有国际影响的刊物上。

　　教授讲完后学生们急于知道这个父亲是谁时，老教授说："这世界上每一个人出生在什么样的家庭、有多少财产、有什么样的父亲、什么样的地位、怎样的亲朋好友并不重要，重要的是我们不能将希望寄托于他人，必要时要给自己一个趔趄，只要不轻言放弃，自立、自信、自强，就没有什么实现不了的事。"

教授这样说完后，全场鸦雀无声，同学们似乎一下子长大了许多。

亨利曾经说过："我是命运的主人，我主宰我的心灵。"做人应该做自己的主人；应该主宰自己的命运，不能把自己交付给别人。然而，生活中有的人却不能主宰自己。有的人把自己交付给了金钱，成为金钱的奴隶；有的人为了权力，成了权力的俘虏；有的人经不住生活中各种挫折与困难的考验，把自己交给了上帝；有的人经历一次失败后便迷失了自己，向命运低头，从此一蹶不振。

一个不想改变自己命运的人，是可悲的；一个不能靠自己的能力改变命运的人，是不幸的。一个人的成功，要经过无数的考验，而一个经受不住考验的人是绝对不能干出一番大事的。很多人之所以不能成就大事，关键就在于无法激发挑战命运的勇气和决心，不善于在现实中寻找答案。古今中外的成功者，无不凭借自己的努力奋斗，掌控命运之舟，在波峰浪谷中破浪扬帆。

每个人都要努力做命运的主人，不能任由命运摆布自己。像莫扎特、凡·高这些历史上的名人，都是我们的榜样，他们生前都没有受到命运的公平待遇，但他们没有屈服于命运，没有向命运低头，他们向命运发起了挑战，最终战胜了命运，成了自己的主人，成了命运的主宰。

追求卓越才能成为核心人物

比尔·盖茨曾对他的员工说："工作本身就没有贵贱之分，对待工作的态度却有高低之别。"公司所有的员工都是从最基层的工作做起的，只有那些追求卓越，以积极态度对待工作的人，才能步步高升为公司的核心人物。

在人生历程中，每个人都迫切希望自己能成为众人中的焦点，成为聚光灯的中心，事实上，这并不是什么困难的事，只要你拥有一颗追求卓越的心。

追求卓越，取得成功是每个人的愿望。在人类文明的发展过程中，追求卓越始终是人们持久的动力和永恒的目标。

有什么样的目标，就有什么样的人生；有什么样的追求，就能达到什么样的人生高度。勤奋地工作，超越平庸，主动进取，才能取得职场上的成功，才会拥有精彩卓越的人生。

有一个人在19岁那年，独自一人带着6个窝窝头，骑着一辆破自行车，从小山村到离家80公里外的城里去谋生。

他好不容易在建筑工地上找到了一份打杂的活。一天的工钱是17元，这对他而言只够吃饭，但他还是想尽办法每天省下1元钱接济家人。

尽管生活十分艰难，但他还是不断地鼓励自己，为此他付出了比别人更多的努力。两个月后，他被提升为材料员，每天的工资加了1元钱。

靠比别人多付出，他初步站稳了脚跟。之后，他想继续寻求新的发展。他认为：要在新单位站稳脚跟，就得更多地得到大家的认可，甚至成为单位不可缺少的人。那么，怎样才能做到这点呢？

冥思苦想之后，他终于想到了一个小点子：工地的生活十分枯燥，他想，能不能让大家的业余生活过得丰富一点呢？想到这儿，他拿出自己省下来的一点钱，买了《三国演义》《水浒传》等名著，将故事背下来，讲给大家听。这样一来，晚饭后的时间，总是大家最开心的时候，每天，工地上都洋溢着工友们欢快的笑声。

一天，老板来工地检查工作，发现他有非常好的口才，于是决定将他提升为公关业务员。

一个小点子付诸实践后就能有这样的效果，他极受鼓舞。于是，他便将自己的特长运用到工作的各个方面。对工地上的所有问题，他都抱着一种是自己的事的心态去处理。夜班工友有随地小便的习惯，怎么说都没有用，他想尽办法让大家文明如厕；一个工友性格暴躁，喝酒后要与承包方拼命，他想办法平息矛盾，做到使双方都满意……

别看这些都是小事，但领导都看在眼里。慢慢地，他成了领导的左膀右臂。

由于他经常主动思考，终于等来了一个创业的良机。有一天，工地领导告诉他，公司本来承包了一个工程，但由于某些原因，决定放弃。

作为一个凡事都爱想办法的人，他力劝领导别放弃。领导看着他充满热情，突然说了一句话："这个项目我没有把握做好，如果你看得准，可以由你牵头来做，我可以为你提供帮助。"

他几乎不敢相信自己的耳朵：这不是给自己提供了一个可以自行创业的绝好机会吗？他毫不犹豫地接下了这个项目，然后信心百倍地干了起来。

这位年轻人用不懈的进取精神不断地想办法解决难题，终于出色地完成了这个项目。他现在不仅拥有当地最大的建筑队，还是内蒙古最大的草业经营者之一，每年有 1 万多户农民给他的企业提供玉米、草等饲料。拥有了巨额财富的他，在贫困的家乡建起了一个全世界最大的金霉素生产厂，其生产量占全球的 1/4，很多父老乡亲跟着他走上了脱贫致富的道路。

这位创造了奇迹的人叫王东晓，是内蒙古金河集团的董事长。

追求卓越、拒绝平庸是每个人必备的品质之一。不要满足于一般的工作表现，要做就做最好，要成为老板不可缺少的人物。拿破仑曾鼓励士兵："不想当将军的士兵不是好士兵。"

为什么我们可以选择更好生活的时候，却总是选择了平庸呢？为什么我们可在职场中纵横驰骋的时候，却总是原地踏步，徘徊不前呢？

因为追求卓越的理念还没有深入我们的内心，只有将追求的理念时刻放在心头，你才能披荆斩棘，走向成功的殿堂。

定位决定人生

条条大路通罗马，但你只能选择一条。人生亦如此，成功的路有很多条，但你需要做的是选择最适合自己的那一条路，然后坚定不移地走下去。

一个人怎样给自己定位，将决定其一生成就的大小。志在顶峰的人不会落在平地，甘心做奴隶的人永远也不会成为主人。

你可以长时间卖力工作，创意十足、聪明睿智、才华横溢、屡有洞见，甚至好运连连——可是，如果你无法在创造过程中给自己正确定位，不知道自己的方向是什么，一切都会徒劳无功。

所以说，你给自己定位是什么，你就是什么，定位能改变人生。

汽车大王福特从小就在头脑中构想能够在路上行走的机器，用来代替牲口和人力，而全家人都要他在农场做助手，但福特坚信自己可以成为一名机械师。于是他用一年的时间完成了别人要三年才能完成的机械师培训，随后他花了两年多时间研究蒸汽机，试图实现自己的梦想，但没有成功。随后他又投入到汽油机研究上来，每天都梦想制造一部汽车。他的创意被发明家爱迪生所赏识，邀请他到底特律公司担任工程师。经过 10 年努力，他成功地制造了第一部汽车引擎。福特的成功，完全归功于他的正确定位和不懈努力。

迈克尔在从商以前，曾是一家酒店的服务生，替客人搬行李、擦车。有一天，一辆豪华的劳斯莱斯轿车停在酒店门口，车主吩咐道："把车洗洗。"迈克尔那时刚刚中学毕业，从未见过这么漂亮的车子，不免有几分惊喜。他边洗边欣赏这辆车，擦完后，忍不住拉开车门，想上去享受一番。这时，正巧领班走了出来。"你在干什么？"领班训斥道，"你不知道自己的身份和地位吗？你这种人一辈子也不配坐劳斯莱斯！"受辱的迈克尔从此发誓："我不但要坐上劳斯莱斯，还要拥有自己的劳斯莱斯！"这成了他人生的奋斗目标。许多年以后，当他事业有成时，就为自己买了一部劳斯莱斯轿车。如果迈克尔也像领班一样认定自己的命运，那么，也许今天他还在替人擦车、搬行李，最多做一个领班。人生的目标对一个人是何等重要啊！

在现实中，总有这样一些人：他们或因受宿命论的影响，凡事听天由命；或因性格懦弱，习惯依赖他人；或因责任心太差，不敢承担责任；或因惰性太强，好逸恶劳；或因缺乏理想，混日为生……总之，他们做事低调，遇事逃避，不敢为人之先，不敢转变思路，而被一种消极心态所支配，甚至走向极端。

也许，成功的含义对每个人都有所不同，但无论你怎样看待成功，你必须有自己的定位。

把自己的定位再提高一些

生活中的你一定不能因为暂时的困境而萎靡不振，你需要在困顿中明确自己的定位，因为定位不仅能改变你的人生目标，更能改变你对人生的看法和对生活的态度。把你的定位再提高一些，你的人生就会有所不同。

重量级拳王吉姆·柯伯特在跑步时，看见一个人在河边钓鱼，一条接着一条，收获颇丰。奇怪的是，柯伯特注意到那个人钓到大鱼就把它放回河里，小鱼才装进鱼篓里去。柯伯特很好奇，他就走过去问那个钓鱼的人为什么要那么做。钓鱼翁答道："老兄，你以为我喜欢这么做吗？我也是没办法，我只有一个小煎锅，煎不下大鱼啊。"

很多时候，我们有一番雄心壮志时，就习惯性地告诉自己："算了吧。我想的未免也太迂了，我只有一个小锅，煮不了大鱼。"我们甚至会进一步找借口来劝退自己："更何况，如果这真是个好主意，别人一定早就想过了。我的胃口没有那么大，还是挑容易一点的事情做就行了，别累坏了自己。"

戴高乐说："眼睛所到之处，是成功到达的地方，唯有伟大的人才能成就伟大的事，他们之所以伟大，是因为决心要做出伟大的事。"教田径的老师会告诉你："跳远的时候，眼睛要看着远处，你才会跳得更远。"

一个人要想成就一番大的事业，必须树立远大的理想和抱负，有广阔的视野，不追求一朝一夕的成功，耐得住寂寞和清贫，按照既定的目标，始终坚持下去，到最后，他一定会获得成功。

有一次，任国的公子决心要钓一条大鱼，他做了一个特大的钩，用很粗的黑丝绳做钓线，用一头牛做钓饵。一切准备完后，他蹲在会稽山上，开始了等待。整整一年过去了，他却一条鱼也没有钓到。但他并不泄气，每天照旧耐心地等待。

终于有一天，一条大鱼吞了他的鱼饵，大鱼很快牵着鱼线沉入水底。过了不大一会儿，又摆脊蹿出水面。几天几夜后，大鱼停止了挣扎，他把大鱼切成许多块，让南岭以北的许多人都尝到了大鱼的肉。

那些成天在小沟小河旁边，眼睛只看见小鱼小虾的人，怎么也想不通他是如何钓到大鱼的……

有一句话这样说："取乎上，得其中；取乎中，得其下。"就是说，假如目标定得很高，取乎上，往往会得其中；而当你把定位定得很一般，很容易完成，取乎中，就只能得其下了。

由此，我们不妨把自己的定位定得高一些，因为意愿所产生的力量更容易让人在每天清晨醒来时，不再迷恋自己的床榻，而会抱着十足的信心和动力去面对新的挑战。

下定决心去做伟大的事业

当今成功学界流行一个著名观点：成功来源于你是想要，还是一定要。如果仅仅是想要，可能我们什么都得不到；如果是一定要，那就一定有方法可以得到。成功来源于"我要"。我要，我就能；我一定要，我就一定能。

100％的意愿，决定我们一定能找到100％的方法，因为成功一定有方法。

100％的意愿，决定我们一定会采取100％的行动，因为第九十九步放弃，恰恰反证我们仅仅是想要，我们不是一定要，即不是真正的100％的意愿。

100％的意愿，100％的期望强度，强烈的成功欲望，这一切都在向我们证明：是决心，而不是环境在决定我们的命运；只有决心，才最终决定成功。

下定决心去做伟大的事业，你才能成就伟大。

17岁的休斯做推销员时，他所有的亲戚朋友，都非常反对他做推销员，所以，他只好做陌生拜访。可是休斯又不大敢做陌生拜访，因为他害怕敲别人家门或跟陌生人谈论产品的时候被拒绝，因此业绩一直无法突破。

直到有一天，休斯的经理跑来找他，对他说："你今天跟我去拜访。"

那天，他就跟经理一起下楼走到马路上，经理看到对面走来一个小女孩，只看到经理走过马路，开始向这位小女孩推销产品，经过了15分钟之后，他终于把产品卖出去了。

休斯看到之后，大为惊奇。于是，第二天他也想如法炮制，他就走下楼，开始向陌生人推销。可是，当他向陌生人开口的时候，头脑里马上想到万一被拒绝怎么办？于是又打退堂鼓了。

后来休斯回公司里面，找了一位同事并带他下楼，但是他脑海里一片空白，根本不知道自己即将如何推销。他硬着头皮走过去，开始与陌生人交谈，他根本不知道自己要说什么，但是又不能走回头路，于是他使出浑身解数向这位陌生人推销产品，过了30分钟之后，不可思议的事情发生了：那个陌生人终于买了他的产品。

休斯发现，原来决心的力量这么大。

其实，在人生的道路上何尝不是如此。在失意的时候，只要给自己加点劲，加点自信，咬咬牙，也许就能挺过去；也可能在徘徊与犹豫不决中一不小心跌了下去，再无心继续；也有可能在接近成功时，过早惊喜，让唾手可得的成功因一时大意离自己而去。有时候也不是不能成功，只是我们心有杂念，前怕狼，后怕虎，想得太多，分散了精力，让成功与自己擦肩而过。

挫折是锻炼意志的试金石，一生中有许多的坎坷需要走过，许多的挫折失意需要面对。坚定信心，下定决心，就成功了一半，相信自己：我行！我行！我一定能行！什么事都是人做的，别人能做的，我也一定能做，就算不能做得最好，至少我可以做得更好。不在乎别人的眼光，不和别人攀比，自己尽力，自己满意就行。

飞过高山、大海的小鸟，翅膀才会更强硬。只要你能够下定决心，再大的困难也不能阻挡你。在走过风风雨雨后，你会发现，曾经认为天大的难事，现在看来也不过是小菜一碟。

再遇挫折时，就当是又一次考验，再需要下决心时，不要想着下一次，现在就说：我行！我行！我一定能行！而不是也许能行。成功总是垂青有决心的人，勇敢面对，付出努力，才有成功的可能。

不要再迷迷糊糊地过日子

很多人在临终前回顾自己的一生时，多半都会深感遗憾。假设你对现状不满，想必能够体会梦想无法实现的痛苦，那是最难忍受的体验。

有人曾用老鼠做过一个实验：先架一排通道，每次都把一块奶酪放在3号通道，测试老鼠的反应。结果老鼠发现奶酪总是出现在3号通道，因此不必多看其他通道一眼，就知道直接往那儿爬。这时再把奶酪换个位置，摆在6号通道，起先老鼠还是照样朝3号通道走，但经过一段时间后，终于发现那儿没有奶酪了，于是转往其他通道寻找，直到在6号通道瞧见奶酪为止，从此又继续不断地出现在摆着奶酪的通道。

老鼠与人类的区别在于：大多数人依然会待在没有奶酪的通道，落入永远无法逃脱的陷阱。当一个人掉进半块奶酪也不剩的陷阱后（有时根本没人把奶酪放进去过），便再也拿不到奶酪了。这里所说的"奶酪"，象征人类在追求、实现梦想以后所得到的快乐、充实与满足。

不少智商高、学历高、训练精、能力强的人一生从未品尝过成功的滋味，为此他们感到郁郁寡欢，灰心丧气。他们既不追求理想，也不完成计划，而是选择现成的工作，终生窝在自己不喜欢的行业里。问题是，做了四五十年无聊差事的他们依旧待在那个没有奶酪的通道，却还在心里纳闷：自己要到哪年哪月才能享受丰富的人生？

因此，要想有所改变，就不能再像原来那样迷迷糊糊、漫无目的地生活了。

大学毕业后，小海的一位同学分到某县政府机关工作。去年夏天，10多年没音讯的他突然打电话给小海，要小海帮他找个工作，因为他所在的单位突然裁员，他是第一批被裁的人员之一。

给他找工作，总得知道他的情况啊，小海问他："过去10多年里，你取得过什么突出的业绩吗？"

"没有什么业绩，平平淡淡地过来了。"他说。

"那么，你进修过新的知识吗？比如考取过什么资格，拿到过什么新的学位？"

"没有。大学毕业后，我一直没有学习过，现在还是一个会计员，连助理会计师职称都没拿到。"

小海非常失望地说："那么……你参加过什么可以助长你的技能的项目吗？"

"没有。"

小海失望之极："那么，你这10多年都做什么去了呢？"

"开始几年谈恋爱，婚后几年打麻将，近几年在玩网络游戏。安于现状，虚度了光阴，实在惭愧。"他说。

他知道惭愧了，但小海还是明确表示帮不了他。

世上还有许许多多和他一样的人，但上天是公平的，唯有心无旁骛、身体力行者才能过上充实的人生，必须拥有值得追求的理想。巴赫在《幻觉》里写道："少了实现愿望的能力，就不可能许下愿望，但无论如何还是要这么做。"徒有梦想，永远无法获得满足感。无论追求名利、爱情或事业，都要付诸行动。如果你对现状不满，就调整自己的生活，否则就无法摆脱原有的生活状态。

你最想成就什么样的丰功伟业？也许你有若干雄心大志，那就不妨把这些天马行空的美梦当作线索，仔细想想自己应该追求什么样的人生目标。先要认清哪些事情是你认为最有意义的，再把它们变成你的生活重心。如果在现有环境中无法实现梦想，就到别处去完成。

瞻前顾后只能使你停滞不前

人处于困境之中，更应该专注，一心一意地去做改变现状的工作，如果你还是瞻前顾后，左顾右盼，那你永远也不能改变不利的现状。

成就一番事业，实现人生价值，是一切有志者的追求。然而，通向成功的道路往往并不平坦，影响成功的因素复杂多样。现实生活中常常会看到这样的情形：有的人对学业、工作、事业专心致志、不懈努力，不受外界诱惑的干扰，扎扎实实地向着既定目标迈进，最终获得了成功；而有的人却耐不住寂寞，经不起诱惑，好高骛远、见异思迁，对学业、工作、事业缺乏一种执著精神，结果是一事无成。无数事实说明，专注是走向成功的一个重要因素。

有些成功，不需要太强的实力，需要的往往是专注；有些失败，并非缺乏良好的时机，缺乏的往往是坚持。有一则寓言故事，也许更能说明这个道理：

从前，有一对仙人夫妻，喜欢下围棋，他们常常到山上下棋。一只猴子，经年累月地躲在树上，看这对仙人下棋，终于练就了高超的棋艺。

不久，这只猴子下山来，到处找人挑战，结果，没有人是它的对手。最后，只要是下棋的人，一看对手是这只猴子，就甘拜下风，不战而逃。

国王终于看不下去了，全国这么多围棋高手竟然连一只猴子也敌不过，实在是太丢脸了。于是国王下诏：一定要找到人来战胜这只猴子。

然而，猴子的棋艺卓绝，举国上下，根本没有人是它的对手。那该怎么办呢？

这时，有一个大臣自告奋勇地说要与猴子下一盘。国王问："你有把握吗？"他说绝对有把握。但是，在比赛的桌上一定要放一盘水蜜桃。

比赛开始了，猴子与大臣面对面坐着，在比赛的桌子旁边放着一盘鲜嫩的水蜜桃。整盘棋赛中，猴子的眼睛盯着这盘水蜜桃，结果，猴子输了。

所谓"专注"，就是集中精力、全神贯注、专心致志。可以说，人们熟悉这个词就像熟悉自己的名字一样。然而，熟悉并不等于理解。从更深刻的含义上讲，专注乃是一种精神、一种境界。"把每一件事做到最好"，就是这种精神和境界的反映。一个专注的人，往往能够把自己的时间、精力和智慧凝聚到所要干的事情上，从而最大限度地发挥积极性、主动性和创造性，努力实现自己的目标。特别是在遇到诱惑、遭受挫折的时候，他们能够不为所动、勇往直前，直到最后取得成功。与此相反，一个人如果心浮气躁、朝三暮四，就不可能集中自己的时间、精力和智慧，干什么事情都只能是虎头蛇尾、半途而废。缺乏专注的精神，即使立下凌云壮志，也绝不会有所收获，因为"欲多则心散，心散则志衰，志衰则思不达也"。

专注源于强烈的责任感。只有讲责任、负责任，才能凝聚忠诚和热情，激发干劲和斗志。韩愈说："业精于勤而荒于嬉，行成于思而毁于随。"古往今来，那些真正能干大事、能干成大事者，莫不具有敢担大任的胸怀和勇气。强烈的责任感，是专注的原动力。

专注来自淡泊和宁静。一个人在为工作和事业奋斗的过程中，困难和挫折在所难免，孤独和寂寞也在所难免。面对这些情况时，要能做到不受干扰、专注如一，关键是保持淡泊和宁静。经验表明，对一件事情，专注一时者众，而始终专注者寡。这其中的一个重要原因就在于，一般人很难长期耐得住寂寞、经得起考验。任何一个成功者的背后，都有着坚持不懈的执著追求和艰苦劳动。诸葛亮说："淡泊以明志，宁静而致远。"唯有保持淡泊和宁静，才能坚定信念和追求，做到专注和执著。

一个人生活在社会中，面对纷繁复杂的世界，要想成就一番事业，就必须努力克服各种消极因素的影响。一个人如果总是瞻前顾后，左思右想，就永远不可能取得成功。

第八章　不抱怨的身体来自健康的生活理念

健康比金钱更重要

如果问一个人什么最重要，他可能会说财富、名誉、知识、机遇……但是细想来，健康往往比财富和名誉更重要。如果人没有了健康，就失去了享受财富与名誉的资本。

年轻人总是以为自己正是身强体壮的好时候，就不用注意健康了，殊不知很多疾病都是年轻时不注意导致的。所以，我们一定要对自己的健康进行投资。虽然年轻的时候正是为了事业打拼的时候，但是工作之余也一定要注意休息，不然就会事倍功半。

数年前，美国IMG公司聘用了一位精力充沛的女业务员，负责在高尔夫球场及网球场上的新人当中发掘明日之星。美国西岸有位网球选手特别受她赏识，她决定招揽对方加盟IMG公司。从此，纵使每天在纽约的办公室忙上12小时，她依然不忘时时打电话到加州，关心这个选手受训的情形。他到欧洲比赛时，她也会趁着出差之际抽空去探望，为他打理打理。有好几次，她居然连续三天都未合眼，忙着飞来飞去，追踪这个选手的进步状况，虽然手边还有一大堆积压已久的报告。可悲的事终于在法国公开赛上发生了。照原订日程，这位女业务代表不必出席这项比赛，但是她说服主管，为了维持与那位年轻选手的关系，她要求到场。主管勉强应允，但要求她得在出发前把一些紧急公务处理完毕，结果她又几个晚上没合眼。

最后，她终于登上了飞往巴黎的飞机，但时差及重大赛事产生的压力感随之而来，这位非常积极能干的女士到最后已是大脑空空。抵达巴黎当天，在一个为选手、新闻界与特别来宾举行的宴会上，她依旧盯着那位美国选手，并且时时为他引见一些要人。当时是瑞典名将柏格独领风骚的年代，他刚好又是IMG公司的客户，也是那位年轻选手的偶像，自然她就介绍了他俩认识，然而，令人难堪的事却发生了。柏格正在房间与一些欧洲体育记者闲聊，她与年轻选手迎上前去。

对方望向这边时，她说："柏格，容我介绍这位……"天哪！她居然忘了自己最得意的这位球员的姓名！她实在是精疲力竭，过度疲劳使她大脑刹那间一片空白。好在柏格有风度，尽力设法打圆场，解决了尴尬场面，可是这位年轻选手却面红耳赤，张口结舌，心中更是难过得不得了，从此他再也不相信IMG的业务代表是真心对他了。

可悲的是，她一片苦心，却由于疲劳过度这单纯的因素而造成无可挽回的失误。她发掘的这位选手后来果真打入世界排名前十名，却从此再也不是IMG公司的客户了。

休息是工作的一部分，休息就是修补。只有保证了身体的健康，才能保证工作的效率与质量。充沛的体力和精力是成就伟大事业的先决条件，这是一条铁的法则。虚弱、没精打采、无力、犹豫不决、优柔寡断的年轻人，虽有可能过上一种令人尊敬和令人羡慕的高雅生活，但是他很难再往上爬，很难成为一个领导者，也几乎不可能在任何重大事件中走在前列。

身体和精神是息息相关的。一个有八分天才的身强体壮者所取得的成就，可以超过一个有十分天才的体弱者所取得的成就。所以说，生命中最重要的奖赏是健康、坚强和健壮。人并不是必须要有很大的块头和威武的外表，但一定要具有旺盛的生命力和巨大的精神力量。这种力量体现在布瑞汉姆领主连续工作176个小时的狂热中，体现在拿破仑24小时不离马鞍的精神中，体现在富兰克林 70 岁高龄还露营野外的执著中，体现在格莱斯顿以 84 岁的高龄还能紧握船舵，每天行走数公里，到了 85 岁时还能砍倒大树的状态中。

可是现在，由于都市生活的高压与紧张，很多人的身体都处于亚健康状态。这其中的很多人有一种错误的观念，就是认为等有了病再去医院治疗。其实很多的疾病在早期是很难被发现的，有些疾病一旦发病医院也无法治愈。比如，脑血栓、肾脏疾病、肝脏疾病、糖尿病、肿瘤、癌症等。

当人的生命受到威胁时，花钱就不会心痛。因为这时候我们才会发现：我们已经没有资格与自己的健康讨价还价了。很多人终其一生都是在给医院打工，透支自己的健康来换取金钱、权位，前半生拿命换钱，后半生拿钱换命。这样看来，我们莫不如在年轻的时候就注意休息，有一个健康的身体。只有健康的身体，才是我们享受幸福的最基本保障。

失去健康你就失去一切

很少有人能够彻底明白体力与事业的关系是怎样密切。人们的每一种能力、每一种精神机能的充分发挥，与人们的整个生命效率的增加，都有赖于体力的充沛。

体力的充沛与否，可以决定一个人的勇气与自信心的有无；而勇气与自信心，是成就大事业的必需的条件。体力衰弱的人，多是胆小、寡断、无勇气的。

要想在人生的战斗中得到胜利，第一个条件，就是每天都能以一副体强力健的身体、精神饱满的状态去对付一切。

对于整个生命所系的大事业，你必须付出你的全部力量才能成功。只发挥出你的一小部分能力从事工作，工作一定是干不好的。你应该以一个精干、健壮、完全的"人"去从事工作，工作对于你，是乐趣而不是痛苦；你对于工作，是主动而不是被动。假如你因为生活不谨慎而以一个精疲力竭的身体去从事工作，你的工作效率自然要大减。在这种情形之下，你所做的一切，将都带着"弱"的记号，这样，成功是难以得到的。

许多人，就失败在这点上——工作、创业时，不能发挥出其全部的力量——生活力低微、精神衰弱、心理动摇、步骤不定、情绪波动的人，自然永远不能开创出什么了不起的事业来。

聪明的将军，不肯在军士疲乏、士气不振时统率他们去应付大敌，他一定要秣马厉兵，然后才肯去参加大战。在人生的战斗中，能否得到胜利，就在于你能否保重身体，能否保持你的身体处于良好的状态。假如在你的血液中没有火焰的燃烧，在你的身体中没有精神的储存，则你在人生战斗中一经打击，就会失败。

一个人有大志，有绝对的自信，而同时又具有足以应付任何境遇，适应任何事变的旺盛的体力，则他一定能够从那些烦闷、忧虑、疑惧等种种精神束缚中解脱出来。

旺盛的体力可以增强人们各部分机能的力量，而使其效率、成就较之体力衰弱的时候大大增加。强健的体魄，可以使人们在事业上处处得到便利，得到帮助。

凡是有志成功、有志上进的人，都应该爱惜、保护体力，而不能稍许浪费在不必要的地方，因为体力的浪费，都将减少我们成功的可能性。世间有不少有志于成大事的人，因没有充沛的体力为后盾，而致壮志未酬身先死。然而世间又另有大批的人，有着充沛的体力却不知珍重，任意浪费在无意义、无益处的地方，而摧毁了珍贵的身体资本。

美国的罗斯福总统曾说："我是一个软弱多病的孩子。但我后来决意恢复我的健康，我立志要变得强健无病，并竭尽全力以做到这点。"

身心不断地活动，是祛病健身的最好处方。要保持健康，必要的活动是绝对前提。所以，经常活动有助于增进你的健康。

良好的生活习惯带来健康

毋庸置疑，健康和富足可以给我们带来快乐，这种快乐是单纯而美好的。但健康和富足通常来源于你个人的努力和习惯，就如同拿破仑·希尔所说："健康和富足都是习惯的产物。所以我们只有远离不良生活习惯，自己获得身心健康，才会轻轻松松地获得这种再简单不过的快乐。"

有两个人，一个是体弱的富翁，一个是健康的穷汉。两人相互羡慕着对方。富翁为了得到健康，乐意出让他的财富；穷汉为了成为富翁，随时愿意舍弃健康。

一位闻名世界的外科医生发现了人脑的交换方法。富翁赶紧提出要和穷汉交换脑袋。其结果，富翁会变穷，但能得到健康的身体；穷汉会富有，但将病魔缠身。

手术成功了。穷汉成为富翁，富翁变成了穷汉。

但不久，成了穷汉的富翁由于有了强健的体魄，又有着成功的意识，渐渐地又积起了财富。同时，他总是担忧着自己的健康，一感到些微的不舒服便大惊小怪。由于他总是那样担惊受怕，久而久之，他那极好的身体又回到原来那多病的状态里，或者说，他又回到了以前那种富有而体弱的状况中。

那么，另一位新富翁又怎么样呢？

他总算有了钱，但身体孱弱。然而，他不想用换脑得来的钱建立一种新生活，而不断地把钱浪费在无用的投资里，应了"老鼠不留隔夜食"这句老话。

钱不久便挥霍殆尽，他又变成原来的穷汉。然而，由于他无忧无虑，换脑时带来的疾病也不知不觉地消失了。他又像以前那样有了一副健康的身子骨。

最后，两人都回到了原来的模样。

由此，希尔指出："健康和富足都是习惯的产物。"所以，为了有一个健康的身体，我们应该做到：

1. 要戒烟

吸烟者应自觉遵守公共场所"禁止吸烟"的规定，即使是在家里也应坚持不吸烟，这样，不仅有助于增进"烟民"的健康，同时也有助于增进亲人的健康。

2. 注意劳逸结合

缓解工作中的压力，调好工作节奏，做到有张有弛。可以通过自己的业余爱好，如集邮、收藏、钓鱼、跳舞、旅游等方法，缓解紧张情绪。

3. 良好的饮食习惯

食物的功能在于供给我们活动所需要的能源，你的饮食习惯应该以此为唯一目标。如果把消化系统想象成一座工厂，则为了使它能正常运转，必须供给它不同的原料。如果配料不当，则工厂很可能无法完成制造任务，或是制造出一些有瑕疵的产品，甚至有些原料会积存在各个角落，以致工厂中的各种原料开始腐烂，最后墙崩屋垮。

随着科学家对人体愈来愈了解，关于食物营养方面的资讯也愈来愈丰富。你应该随时注意有关饮食的信息。以下是几点可帮助你达到饮食平衡的方法：

（1）新鲜水果和蔬菜应该占所吃食物中的最大比例，它们含有相当丰富的维生素和高效物质，而人体最容易吸收这些物质。

（2）你应多吃的第二种食物就是碳水化合物，诸如面包、谷物和马铃薯等。

（3）蛋白质（诸如瘦肉、鱼和乳酪）是非常重要的食品，但不宜吃得太多，每天食用少量即可。

（4）避免油性食物，限制牛油和食用油的食用量，并且拒绝吃油炸食物，同时也应少吃糖，像糖果和可乐之类。

此外，你还应摄取不同的食物，以满足身体不同的需要，不要偏食，但应该拒绝不当的饮食方法。

切勿在生气、受到惊吓或担心时吃东西，因为当你在备战状态时，你的身体便无法充分吸收所吃食物的营养，尤其不可养成一紧张就想吃东西的习惯，因为这样只会使你变胖。

4. 运动

最理想的情况是把运动当作放松自己和娱乐的一种方式。放松和娱乐对你的思想能力有很大的影响，而运动除了能保持身体健康之外，对思想同样也会有所帮助。

你应每周至少做三次体操，每次 20 分钟。运动是身体和心理最好的刺激物，它对于清除负面影响因素有很大的助益。体育训练已成为了解人类潜力的重要方法，并且可以培养出一些有助于你追求成功的技巧。

不要靠酒精消愁

李长顺 24 岁丧妻，膝下无子，不知什么原因他一直没有再娶。有人曾好奇地问过他，他什么都不说；人们再问他，他扭头就走。人们都说他是个怪人。

李长顺喝酒有个习惯。他自己可以在值班期间狂喝海饮，但他绝不让他手下的 7 个小电工沾一滴酒。只要看到他们谁偷偷喝酒，他不仅严厉呵斥，而且还责令其写检查。手下的人为此深感不解。

一天晚上，正值电工小路值班，当他路过李长顺的办公室的时候，看到喝着酒嘴里还在不停地念叨着什么的班长。好奇心驱使小路走进了他的办公室。

小路真诚地劝说班长不要喝那么多酒，酒多伤身，并且让他多注意身体。听到这里，平时挺严肃的李长顺，突然放下手中的酒杯抱头大哭。一会儿，李长顺抬起头说："你知道我为什么爱喝酒吗？有谁知道我心里的苦啊……"

原来，李长顺的妻子当年很漂亮，追求她的人很多，李长顺是通过朋友介绍认识她的。在那么多的追求者当中，李长顺靠的就是人老实、不喝酒赢得了妻子的欢心。

其实，当时李长顺很爱喝酒，只不过认识妻子的那段时间，母亲有病，李长顺那点微薄的工资全部用在给母亲买药上，没有多余的钱买酒。

结婚后，随着生活的好转，李长顺的酒瘾犯了，为此妻子经常和他吵架。

一次，李长顺因酒后工作出了事故，被调到离县城很远的一个山区乡镇。那段时间，李长顺很消沉。听邻居说丈夫消瘦了很多，平时极力反对丈夫喝酒的妻子特意备了两瓶酒去看望李长顺。从此每个月的第一个星期天，妻子都会带酒去看望李长顺。

又盼到了妻子送酒的星期天，李长顺一直等到下午 4 点多，连妻子人影也没有看到。傍晚听一位同事说，上午县城来的一辆班车出了车祸，车上人全部遇难。李长顺来不及听同事细讲，就朝出事地点奔去。还没找到妻子人影，就闻到一股扑鼻的酒味……

从此，酒成了李长顺生命里的唯一依靠，也只有在喝醉的时候，才能看到妻子微笑着向他走来。

李长顺的遭遇只是酒精给人们带来伤害的九牛之一毛，长期大量饮酒还会导致慢性酒精中毒，对人体造成多方面的损害。比如会引起视力减退。如前所述，酒中甲醇继续分解出来的甲醛对人的视网膜有特殊毒性，长期痛饮，视网膜会持久受到伤害，就会使视力迅速减退，甚至失明，还会引起营养缺乏。酒精过多会抑制食欲，好酒的人常常多饮（酒）

少吃（菜）就是例证。

同时，酒类所含有的热量是没有营养成分的，酒后发热，还会消耗体内原有的大量热能；大多数饮酒成瘾的人还同时会产生一些心理问题。很多人把喝酒作为一种逃避现实的方法，但是这通常是以牺牲了健康为代价的。所以我们必须要解决酒依赖的问题，必须重视心理健康。

李白诗曰："抽刀断水水更流,举杯消愁愁更愁。"古人都知道,酒只起到一时的麻痹作用,为什么还有那么多人依赖酒呢？当断则断，告别酒杯，过一个清醒的人生吧！

酗酒对个体和社会的危害极大，因此对滥喝酒者和依赖酒者必须进行治疗和戒酒指导。常用的方法有：

1. 认知疗法

通过影视、电台、图片、实物、讨论等多种方式，让嗜酒者端正对酒的态度，认识到适量饮酒有益，过量饮酒有害，逐步控制饮酒量。

2. 厌恶疗法

对嗜酒成瘾的患者的饮酒行为附加一个恶性刺激，使之对酒产生厌恶反应，以消除饮酒欲望。

3. 家庭治疗

酗酒往往给家庭带来不幸，但对其进行制约的最好环境也是家庭。因此家庭成员应帮助患者，让其了解酒精中毒的危害，为其树立起戒酒的决心和信心，并与患者签好协约，定时限量给其酒喝，循序渐进地戒除酒瘾。同时创造良好的家庭气氛，用亲情温情去解除患者的心理症结，使之感受到家庭的温暖。

4. 集体疗法

患者可成立各种戒酒者协会，进行自我教育及互相约束与帮助，达到戒酒目的。国外有各种各样的嗜酒者互诚协会，譬如日本有民间的断酒会。这些组织每周聚会1～2次，讨论戒酒方法，介绍戒酒经验，并互相勉励。

休息为你赢得好状态

泰戈尔曾说过："休息与工作的关系，正如眼睑与眼睛的关系。"很多人因为想要获得事业上的成功，总是强迫自己无休止地工作。他们拒绝休假，公文包里塞满了要办的公文。如果要让他们停下来休息片刻，他们也会认为纯粹是浪费时间。这些人都成功了吗？没有，他们中很多人不但没有成功，还使自己身心疲惫，有的甚至疏远了亲人，造成家庭的破裂。休息和运动一样重要。如果缺乏休息，身体会积劳成疾。因此，我们把休息称为是对身体的充电。

每当电池快没电时，我们就要及时充电，如此才能确保它继续正常运作。人也一样，经过一天的持续工作之后，我们需要补充能量，否则很难在第二天保持旺盛的精力。

我们要学会休息，以确保自己能有充足的精力去工作。当有人感到心力交瘁之时，可能会使自己的健康状态和工作能力停滞，做出言行不合时宜的举动来。此时你的身体就像一只耗掉大部分电量的蓄电池，无法再如平时一般正常工作。

什么是正确的休息方法呢？一般人可能会认为，最有效的休息方法就是睡眠。许多人因为工作过度繁忙而长期失眠，因此对于自己的疲倦感到无能为力。但事实证明，睡眠并不是唯一的休息方式。

当一个人工作太久了，疲惫和压力就会产生，这时如果不改变一下工作的步调，很可能会造成情绪不稳定、慢性神经衰弱以及其他的毛病，这时需要调节一下。调节不一定需要休息，从脑力劳动转换去做几分钟体力劳动，从坐姿变为立姿，绕着办公室走一两圈，都可以迅速恢复精力。

另外，人类的心灵需要安静、独处与平和的时间，以利于忘记竞争的压力。因此，不妨在自己繁忙的时间表上，安排几分钟或十几分钟静坐默想的时间，以获得内心的平静，让自己摆脱竞争的忙碌和工作的压力，退一步看看自己究竟在做什么。

当然，小睡也是一种有效的休息和恢复精力的方法。小睡与正常睡眠不矛盾，它因人而异，有时打个盹儿就能起作用。通常正常的睡眠以能恢复体力即可，不可贪睡；而白天的小睡则是一种既不多占时间又能有效地恢复体力的休息方法。

深呼吸是最简单、最方便的休息。它只需持续两分钟，你所要做的就是深吸——把空气直接送入腹部，让自己切实感到胃部随着吸入的空气而膨胀起来，然后再慢慢呼出来。

我们虽然一直在呼吸，但是由于匆忙，由于不断增强的压力，呼吸变得很浅，因此根本无法获得足够的氧气。

要想克服这种缺氧带来的副作用，你只需要如上所说，慢慢地深呼吸两分钟，每天重复 3～5 次。

掌握了有效休息的方法，你的工作效率也将大大提高。聪明的人，会挣钱，爱工作，更要会休息。人就像机器，无休止地运行只会死机。

学会忙里偷闲，张弛有度

这是一个令人难以置信的事实：日常的工作并不会让人感到疲倦。大多数疲劳现象源于精神或情绪的状态。

英国著名的精神病理学家哈德菲尔德在其《权力心理学》一书中写道："大部分疲劳的原因源于精神因素，真正因生理消耗而产生的疲劳是很少的。"

著名精神病理学家布利尔更加肯定地宣称："健康状况良好而常坐着工作的人，他们的疲劳 100% 是由于心理的因素，或是我们所谓的情绪因素。"

那长期工作者存在的情绪因素是什么？喜悦？满足？当然不是！而是厌烦、不满，觉得自己无用、奔波、焦虑、忧烦等。这些情绪因素会消耗掉这些人的精力，使他们容易患感冒、精力衰退，每天带着头痛回家。不错，是我们的情绪在体内制造出紧张而使我们觉得疲倦。

为什么你在工作时会感到疲劳呢？丹尼尔·乔塞林说道："我发现症结在哪里了——几乎全世界的人都相信，工作认不认真，在于你是否有一种努力、辛劳的感觉，否则就不算做得好。"于是，当我们聚精会神的时候，总是皱着眉头，微耸肩膀，我们要肌肉做出紧绷的动作，其实那与大脑的工作一点也没有关系。

大多数人不会随便地浪费自己的金钱，但是他们却在鲁莽地浪费自己的精力，这是一个令人难以置信却必须承认的事实！那么，什么才是解除精神疲劳的方法？放松！放松！再放松！要学会在工作的时候让自己放松！

古人云："一张一弛，乃文武之道。"人生也应该有张有弛，也应该忙里偷闲。人生就像一条弦，太松了，弹不出优美的乐曲，太紧了，容易断，只有松紧合适，才能奏出舒缓优雅的乐章。

悠闲与工作并不矛盾。处理好二者的关系，最重要的是能拿得起放得下。俗话说得好，磨刀不误砍柴工。该工作的时候就好好工作，该休息放松的时候就玩个痛快。这样才能更好地工作，更好地生活。

工作休闲应该搭配得当，不能忙时累个半死，闲时又闲得让人受不了。可以隔三差五地安排一个小节目，比如雨中散步、周末郊游、烛光晚餐等。适时的忙里偷闲，可以让人从烦躁、疲惫中及时摆脱，从而获得内心的平静和安详。

要养成一种松弛有道的习惯，以最佳的精神状态应对工作，当你进行每天的工作时，就会获得一种放松的状态，更加理性而激情。每天都要练习一会儿，并"详细地记得"放松的感觉。回想你的手臂、你的腿、背、颈、脸、各处的感觉。想象自己躺在床上，或坐在摇椅上，这样会帮你仔细回想。默默对自己说几次："我觉得愈来愈放松。"这样也有帮助。每天练习几次，你会很惊奇地发现这样不仅能大大减少你的疲乏，还会增加你的办事能力，更由于经常放松，你就可以清除这些干扰，清除紧张和焦虑了。

要学会放松，你可以试试下面的方法：

（1）随时保持轻松，让身体像只猫一样松弛。它全身软绵绵的，就像泡湿的报纸。懂得一点瑜伽的人都知道，要想精通"松弛术"，就要学学懒猫，以优雅、轻松的心态面对人生。

（2）工作的环境要尽量舒适轻松。记住，身体的紧张会导致肩痛和精神疲劳。

（3）每天对着镜子看自己，并且自问："我做事有没有讲求效率？有没有让肌肉做那不必要的劳作？"这样会使你养成一种自我放松的习惯。

（4）晚上的时候，回想自己的一天是否有意义，想想看："我感觉有多累？如果我觉得累了，那不是因为劳心的缘故，而是我工作的方法不对。"丹尼尔·乔塞林说过："我不以自己疲累的程度去衡量工作效率，而用不累的程度去衡量。"他说，"一到晚上觉得特别累或者容易发脾气，我就知道当天工作的质量不佳。"如果全世界的工作者都懂得这个道理，那么，因过度紧张所引起的高血压死亡率就会在一夜间下降，我们的精神病院和疗养院也不会人满为患了。

其实，不只是工作，做任何事情都一样，学会忙里偷闲，松弛有道。让自己不要劳累，保持一个平和的心态，才能有更好的心情和干劲去做事情。

平衡的生活才是幸福的生活

生活平衡一直是我们社会中的一个大问题。即使现在，当大多数人都更容易想到什么才是生活中最重要的东西的时候，我们所说的最重要的东西，同我们为之实际付出的时间和金钱之间仍然存在着差距，有时这种差距还相当巨大。

认真审视一下你的时间的货币价值，回顾一下你是如何花费时间的，这也许能显示出你的生活是否缺少平衡性。按一个星期计算，你的工作时间是多少？用于陪伴家人和朋友的时间是多少？用于自己的休闲、运动、健身的时间有多少？用于精神层面享受的时间又是多少？你是否忙得不可开交，以至于一旦面临危机时就只能手足无措地仓促祈祷，或失魂落魄地苦思冥想？如果你想知道在你自己的生活中这种差距有多大，可以用一个简单的方法快速计算出来。拿出你的计划或日程表，再拿出你的支票簿或信用卡对账单，看一看过去几周内你的时间和金钱都用在了哪些方面，这些是否真的就是对你最重要的东西。

遗憾的是，许多人对这个问题的回答都是否定的，而且后果也清楚地体现在他们的生活中。大多数人能在人生的几个重要的组成部分获取平衡并受益匪浅，这几个重要的组成部分为：朋友和家人、健康运动、家园、个人自我发展、职业或事业、精神领域的享受。

显而易见，职业或事业在大多数人的生活中占有最大的比重。但是在生活有规律的基础上，留出时间与朋友和家人相聚、参加健身运动、精神领域的享受、安居家园、自我发展也是同样重要的。记录时间日记，能让你看清楚你的时间是如何失衡地分配的，也能让你明白你的生活究竟在哪里失去了平衡。如果你过去对自己的生活状态不清楚，那你永远也无法掌握或调整生活的天平。

不同的人对生活重心的认识不同，总体来说有以下几种观念：

1. 工作重要

工作远不只是从事某项职业。工作是高质量生活的根本要素，关系到我们如何维持自己和家人的生活，如何表达自己的爱，如何发挥自己的作用，以及如何塑造内心崇高而有创造力的自我。

2. 家庭重要

家庭是个人幸福的根本要素，也是社会不断发展的根本要素。最重要的"成功"，是在家庭中取得的成功。一代更比一代强是我们为整个社会作贡献的最佳方式。

3. 时间重要

时间是价值的体现，是生活平衡的反映。我们可以随心所欲地高谈阔论，可以梦想，但最终决定我们是否与众不同的，是我们在每天的生活中做了什么事情以及没有做什么事情。我们使用时间的方式，反映了我们能否持之以恒地关注和实现我们的首要目标，能否将最重要的东西体现在日常生活的决策之中。

4. 金钱重要

金钱也是价值的一种体现，同时几乎还与每一个涉及工作、家庭和时间之间关系的问题存在必然的联系。金钱是别人认为我们的时间和精力所具有的价值的具体体现，也是我们认为可以购买的"东西"所具有的价值的具体体现。花钱就是用过去努力的成果或预支将来的时间作为交换，以改善我们自己和他人现在和将来的生活质量。个人理财可能是我们制定生活纪律、形成生活特质最有用的工具之一。

一些学者在研究这些严峻而深刻的生活平衡问题时发现，有一个特点已经越来越明显：工作、家庭、金钱和时间绝不是相互孤立的领域，人们不能仅凭在其中一个领域不断努力就能获得巨大的成功。这些领域都是一个互相关联、高度复杂的系统的必要组成部分。虽然经济滑坡和战争威胁等事件可能会影响人们关注的重心，使人们的注意力从一个方面转移到另一个方面，但是较长时期内的总体形势和我们自身的经验都证明：工作、家庭、金钱和时间都是非常重要的方面。如果不能在以上每一个重要方面都取得一定的成功，就不可能长期保持较高的生活质量。

所以，一个人要想学会生活，就要学会平衡自己的生活。只有把生活的各个方面都平衡好了，你才会幸福，你才会拥有更多。

你的身体跟思想是统一的

"我每天过得越来越好。"有些人每天在醒来和就寝前都要把这句话默念好几次。对他们来说，这句话并不是华而不实的语言表达，而是说明健康来自积极的心态。对于健康，很多人的体验是，积极的心态会给人体健康带来好处，消极的心态则可能引发疾病。一个人心存消极思想，这是一件危险的事。现实生活中，到处都有人因为他们内心的仇恨、恐惧或罪恶感而给自己的健康造成伤害的例子。因此，要保持身体健康的秘诀是，首先要摆脱所有不健康的思想。我们必须洁净自己的心灵，为了身体的健康，先除去心中的消极念头。愤恨不满的情绪常常会引发疾病，如果一个人在他的工作岗位上屡屡失意，他的心理就会向身体发出"生病"的心理暗示，借此来逃避现实。

记得有人曾说过："有两件事对心脏不好：一是跑步上楼，二是诽谤别人。"这两件事不仅对心脏不好，而且对人的身体也有很大的影响。所以，学会宽容很重要，你会发现，体谅别人会起到奇妙的治疗效果。

许多家报纸曾报道过这样一则新闻：有一名男子在过马路时不幸被车子撞倒而丧命。验尸报告说，这个人有肺病、溃疡、肾病和心脏衰弱。可是，他竟然活到了84岁。给他验尸的医生说："这个人全身是病，一般情况，30年以前早该去世了。"有人问他的遗孀，他怎么能活这么久？她说："我的丈夫一直确信，明天他一定会过得比今天更好。"

还有人认为，在运用积极心态方面，多使用积极的表述，也有利于身体健康。语言文字是有影响力的。如果你经常运用积极的话语来描述你的健康状况，便可能激发对你身体有好处的积极力量。你习惯性使用的一些字眼，能反映出你内在的某些思想。而你的思想是积极还是消极，会影响你内在的各种器官的健康状况。

曾任美国精神治疗协会会长的卡特博士在谈到一个人所持的肯定态度对健康的影响时，甚至反对人们使用像"我今天不会生病"这样的说法。他认为那只是半积极的态度，应该改为"我觉得今天比昨天好"，这才是非常积极的陈述，因而是一种引导健康的想法。卡特博士说："肯定的态度是以科学的事实为基础的，这些事实来自生物学、化学、医学等学科知识。正确地运用肯定态度将有助于改善你的健康，延长你的寿命，使你精力充沛，备感幸福，从而在各方面取得成功，并且还能替你保持一件最主要的东西——那就是心里的平静。"

你的身体和思想是合一的，实际上是一个"身心"，你的"身心"和自然是合一的。你的身体和思想的健康是不可分割的，任何影响你健全思想的因素，同样会影响你的身体；反之亦然。

同时，你的身心健康也会受到自然法则的规范，它对于你身心的规范和对于树木、山脉、鸟和动物的规范并没有什么不同。因此，想要了解保持身心健康的方法必须先了解自然界的法则，你必须和自然力和谐相处而不是要和它对抗。人的心智是伴随着身体才能存在的，由于你的身体受到大脑的控制，所以，想要得到健康的身体就必须具备积极的心态、健全的意识。务必在工作、娱乐、休息、饮食和研究方面，都能培养出良好而平衡的健康习惯。

心理健康，身体才会健康

健康包括身体健康和心理健康两大方面，而这两方面又是相互影响的，身体会影响到心理，心理也会影响到身体。从科学的角度来说，不仅我们的心理上不允许我们流露出脆弱来，我们的身体也不允许。如果你放任自己的不良情绪，身体就会乱套。这是身体因你不够坚强而在"惩罚"你。

其实，早在20世纪就有学者对情绪波动对人体脑运动的影响做过研究。研究显示，当患者情绪忧郁、恐惧或易怒时，可显著影响脑的正常功能，脑活动也明显受到抑制。据统计，功能性的脑功能障碍患者中符合抑郁症诊断标准的占30%以上，脑功能紊乱患者中50%以上伴有抑郁。

由于人们对心理、精神障碍会引起诸多的躯体症状认识不足，所以很难想到这些消化不良、胃痛、腹泻等症状会是由心理、精神障碍引起的，其实如果能及时到医院就诊，经医生鉴别，如果消化道症状是由于抑郁引起的而非躯体器质性疾病所致，这些症状的消除就需要抗抑郁的治疗。抗抑郁治疗一般常用心理治疗与药物治疗相结合的方法。患者可以从医生那里得到劝告、建议和纠正一些不正确的认识。当心理治疗效果不理想时，经医生诊断后可遵医嘱服用抗抑郁药物，一般都会取得较好的疗效。随着情感障碍的纠正，因它引起的身体的各种不适症状也会随之好转。

目前医学上关于人的性格对一些心理疾病有很大的影响是十分肯定的。而且现在公认的有以下4种性格与身体疾病关系密切：

1. 急躁好胜型

这种类型的人通常都在快节奏、竞争性强的环境中生活，易怒，容易对别人产生敌意。这类性格的人容易得冠心病、中风、高血压、甲亢。

2. 知足常乐型

这种人的生活节奏慢、安静、顺从、知足、缺少抱负、不喜竞争、中庸、缺乏主见、多疑。这类性格的人容易得失眠、抑郁、强迫症。

3. 忍气吞声型

过度克制压抑情绪、生闷气、有泪往肚里流。这类性格的人容易得肿瘤，且会加快肿瘤转移，内分泌紊乱。

4. 孤僻型

这种人的性格特征是冷漠、消极、悲观、独处、没有安全感。这类性格的人容易得心脏病、肿瘤、精神疾病。

所以要想有一个好的身体，就一定要保证心理上的健康。只有心理健康了，少了浮躁和阴郁，少了情绪上的大起大落，才能让身体接受到积极的暗示，引导身体向健康的方向发展。所以，要想身体健康，必须首先要做到心理上的健康。

消极的自我暗示为疾病打开了门

有一位朋友，怀疑自己得了癌症，吓得要死，怕得要命，整天愁眉苦脸、焦躁不安，吃不下饭，睡不好觉，一举一动都像个典型的"癌症"患者，不到10天工夫，体重减了10多斤，后来经多家医院检查，完全排除了患癌症的可能，他才慢慢恢复了健康。

相反，有一位老同志被医院确诊为结肠癌。他并没有把这太当回事，觉得人活百岁总有一死，能多活一天就算胜利，他把癌症视为敌人，坚信"两军相遇勇者胜"，于是不断地进行积极的自我暗示："只要自己精神不垮，就能战胜癌症这个敌人，一天天好起来。"吃药时他念叨："这药很好，吃了一定有效果。"走路时想着："生命在于运动。"这样长期坚持自我心理暗示，渐渐地，这种暗示对他身心产生了良好的作用，10多年来不但病情稳定，而且症状消失，自己对身体的康复越来越充满信心。

不同的心理暗示给人以不同的结果。所谓"自我暗示"，从心理学角度讲，就是个人通过语言、形象、想象等方式，对自身施加影响的心理过程。这种自我暗示，常常会在不知不觉之中对自己的意志、生理状态产生影响。特别是对于那些病人来说，积极的自我暗示，会使人有战胜疾病的信心，建立良好的心境，从而有益于病情的稳定和症状的消除。但是，消极的自我暗示，会破坏和干扰人的正常的心理和生理状态，以致体内各种器官功能紊乱，抵抗力降低，为各种疾病大开方便之门。

自我暗示"疗法"是由法国医师库埃于1920年首创的，他有一句名言："我每天在各方面都变得越来越好。"他让病人每天不断重复这句话，许多病人得到康复。其实，暗示疗法实际上就是让病人有一个好的心情，有乐观的情绪，有战胜疾病的信心，这样就能调动人的内在因素，发挥主观能动性。古人常说"情极百病增，情舒百病除"，说的就是这个道理。

美国新奥尔良的奥施德纳诊所做过统计，发现在连续求诊而入院的病人中，因情绪不好而致病者占76%。这就告诉我们：情主健康沉浮，凡事往好的方面想，自然能战胜疾病。

但是，好的心理暗示也来自于健康的心理、合理的膳食以及对自己生理周期的正确认识，经常注意这些方面也能让自己保持良好的自我暗示。

1. 最科学的食谱能保证营养均衡

日常生活中，每天的膳食必须保证糖、蛋白质、脂类、矿物质、维生素等人体所需的营养物质一样也不少。同时，还应当注意克服两种不良的膳食倾向：一是食物营养和热量过剩；二是为了某种目的而节食，以致食物中某些营养素和热量不足。这两种错误都足以导致身体出现"亚健康"状态。具体地说，一个健康的成年人每天需要 1500 卡路里的能量，工作量大者则需要 2000 卡路里的热量。不断补充营养是保持精力充沛的前提。

2. 认识自己的生理周期

除此之外，每个人的心理状态和精力充沛程度在一天中是不断变化的，有高有低。大多数人在午后达到精力的高峰，但也不乏个人差异。每个人应找出自己的精力变化曲线，然后合理安排每日的活动。

3. 注意休息

目前，国外一些公司规定职员必须午睡，以保证工作效率，午睡时间宜在半小时左右，关键是质量。睡时最好能平躺在床上或沙发上，使身体伸展开来。不要趴在桌上睡，这种睡姿容易使空气受限，颈部和腰部的肌肉紧张，醒后很不舒服，易发生慢性颈肩病。

脾气来了，健康就没了

世间万事，危害健康最甚者，莫过于生气。诸如咆哮如雷的"怒气"，暗自忧伤的"闷气"，牢骚满腹的"怨气"，有口难辩的"冤枉气"等。"气"乃一生之主宰，与人体健康关系甚密。若"心不爽，气不顺"，必将破坏机体平衡，导致各部分器官功能紊乱，从而诱发各种疾病和灾难。所以《黄帝内经》就明确指出："百病生于气矣。"

美国生理学家爱尔玛为了研究心理状态对人体健康的影响，设计了一个很简单的实验：把一支玻璃试管插在装有冰水混合物的容器里，然后收集人们在不同情绪状态下的"气水"。研究发现，当一个人心平气和时，他呼吸时水是澄清透明无杂的；悲痛时水中有白色沉淀；悔恨时有蛋白色沉淀；生气时有紫色沉淀。爱尔玛把人在生气时呼出的"生气水"注射到小白鼠身上，12 分钟后，小白鼠竟死了。由此爱尔玛马分析认为："人生气时的生理反应十分强烈，分泌物比任何情绪时都复杂，都更具有毒性。因此动辄生气的人很难健康，更难长寿。"

愤怒是一种情绪，生活中我们常会因为一些事情陷入愤怒之中，我们觉得是对方做得不对不好，自己没有什么错误，所以我们生气。然而转念想想，生气给我们带来什么益处没有？愤怒能杀伤我们的健康，使我们的理解力和判断力都降低，还可能使我们做出无法挽回的事情，这些都是愤怒的恶果，百恶无一用。

既然如此，为什么没做错什么事情的我们要用别人犯的错误惩罚自己？所以要有克制自己的情绪的能力，在愤怒来到的时候试试以下方法：

1. 深呼吸

从生理上看，愤怒需要消耗大量的能量，你的头脑此时处于一种极度兴奋的状态，心跳加快，血液流动加速，这一切都要求有大量的氧气补充。深呼吸后，氧气的补充会使你的躯体处于一种平衡的状态，情绪会得到一定程度的控制。虽然你仍然处于兴奋状态，但你已有了一定的自控能力，数次深呼吸可使你逐渐平静下来。

2. 理智分析

你将要发怒时，心里快速想一下：对方的目的何在？他也许是无意中说错了话，也许是存心想激怒别人。无论哪种情况，你都不能发怒。如果是前者，发怒会使你失去一位好朋友；如果是后者，发怒正是对方所希望的，他就是要故意毁坏你的形象，你偏不能让他得逞！这样稍加分析，你就会很快控制住自己。

3. 寻找共同点

虽然对方在这个问题上与你意见不同，但在别的方面你们是有共同点的。你们可搁置争议，先就共同点进行合作。

4. 回想美好时光

想一想你们过去亲密合作时的愉快时光，也可回忆自己的得意之事，使自己心情放松下来。如果你仅仅是因为一个信仰上的差异而想动怒，你不妨把思绪带到一个令人快意的天地里：美丽的海滩、柔和的阳光、广阔的大海……你会觉得，人生是如此的美好，大自然是如此的包罗万象，人也应该有它那样的博大胸怀，不能执著于蝇头小利……想到这些，你就容易控制自己的怒气了。

怒气控制住了，健康自然不会受到威胁。

疾病从"自我怀疑"开始

很多时候，只是我们心里以为有问题会发生，或者有疾病会发生，如果真的因此而打破正常的生活，那么疾病真的就会找上门来。

哲人说得好，不要完全相信你听到的一切，也不要因他人的议论而鄙视自己，否则就会陷入自卑的"心理牢笼"。我们常常发现有些人身上的自卑，除了喜欢拿别人的优点、长处与自己的缺点和短处比较外，另一个原因就是喜欢听信那些不该听信的话，认不清自己身上蕴藏着无穷无尽的潜力，久而久之，丧失自信，便不知不觉地为自己营造了自卑的"心理牢笼"。

人的"心理牢笼"千奇百怪，五花八门，但有一点是相同的，那就是所有的"心理牢笼"其实都是人自己给自己营造的。就拿自寻烦恼来说吧，有人老是责备自己的过失，有人总是唠叨自己坎坷的往事和不平的待遇，有人念念不忘生活和疾病带来的苦恼……时间一长，就不知不觉地把自己囚禁在"心狱"里。

自寻烦恼有很多种，其中还有一种是喜欢用自己不懂的事情塞满自己的脑袋，使自己陷入紧张、痛苦之中。苏联著名作家别洛夫斯基讲过一个故事：

一位公司职员，一天觉得不舒服，感觉自己好像生病了，就去图书馆借了本医学手册，看该怎样治自己的病。他一口气读完了该读的内容，又继续读下去。当他读完介绍霍乱的内容时，方才感到自己患霍乱已经几个月了。他被吓住了，痴痴呆呆地坐了好几分钟。

后来，他很想知道自己还患有什么病，就依次读完了整本医学手册。这下可明白了，除了膝盖积水症外，自己一身什么病都有！

他非常紧张，在屋子里来回踱步。他认为："医学院的学生们，用不着去医院实习了，我这个人就是一个各种病例都齐备的医院，他们只要对我进行诊断治疗，然后就可以得到毕业证书了。"

他迫不及待地想弄清楚自己到底还能活多久！于是，就搞了一次自我诊断：先动手找脉搏，起先连脉搏也没有了！后来才突然发现，一分钟跳 140 次！接着，又去找自己的心脏，但无论如何也找不到！他感到万分恐惧，最后他认为，心脏总会在它应在的地方，只不过自己没找到罢了……

他往图书馆走时，觉得自己是个幸福的人，而当他走出图书馆时，却被自己营造的"心理牢笼"所囚禁，完全变成了一个全身都有病的老头儿。

他决心去找自己的医生，一见到医生，他就说："亲爱的朋友，我不给你讲我有哪些病，只说一下没有什么病，我的命不会长了！我只是没有害膝盖积水症。"

医生听他说完看书的事，然后给他作了诊断，坐在桌边，在纸上写了些什么就递给了他。他顾不上看处方，就塞进口袋，立刻去取药。赶到药店，他匆匆把处方递给药剂师，药剂师看了一眼，就退给他说：

"这是药店，不是食品店，也不是饭店。"

他很惊奇地望了药剂师一眼，拿回处方一看，原来上面写的是：

"煎牛排一份，啤酒一瓶，6小时一次。10英里路程，每天早上一次。"

他看过之后，哈哈大笑。他照这样做了，一直健康地活到今天。

这位职员幸亏醒悟及时，否则一定会被自己营造的"心理牢笼"所囚禁。

人的一生充满许多坎坷，许多愧疚，许多迷惘，许多无奈，稍不留神，就会被自己营造的"心狱"监禁。营造"心理牢笼"，既不花钱，也不费力，一瞬间就能制造出来，这对人的健康危害极大。人的病患，大多都与"心狱"有关，严重者则会造成精神失常，甚至自杀。

有人说，"心理牢笼"是很难攻破的。这话只说对了一半，我们还应该明白，人的"心理牢笼"既然是自己营造的，人自己就有冲出"心理牢笼"的本能。这种本能就是精神意志的力量，有了这种力量，什么样的"心理牢笼"都可以攻破。

抱怨是种传染病

抱怨就好像是一种可以迅速传开的疾病，能够在最短的时间里在人群中扩散开来。所以向下面这样的事情，你也许也会经常看到：

张敏是某个公司的员工，已经在这个公司干了两年了，但是公司一直没有给她涨工资。老板总是说，公司的发展还没有上轨道，所以一些不必要的开销能省就省，所以很多时候连员工的饭补也省了。公司主管还经常在快要下班的时候开会，一开就是很长时间，占用了员工很多私人时间。

这个月，张敏一直在领导的强制下加班，可是到了月末，公司并没有给加班费，这让张敏越想越气，公司之前的种种不合理的做法，她也都一一回想起来了。

她越想越气，恰好赶上同事李佳走进了办公室，她就把所有的不满和牢骚都根李佳说了。李佳一听，也觉得公司太过分了，明显的克扣工资，还总是占用他们那么多私人时间，实际上就是变相的加班，也觉得很生气，所以越说情绪越激动。

渐渐地，办公室里的人多了起来。大家都加入了张敏和李佳的行列，开始为张敏抱不平，也数落公司的种种不是。你一言我一语的，说个没完。

看到这样的情形，你也许会很奇怪，刚开始的一个人的不满情绪，怎么会那么快就传染给了每一个人？下面我们来分析一下：

我们都知道，人类具有很强的模仿天性，而且具备很强的情绪传染共性。通常情况下，看到身边的人在做什么，很容易就跟着他去做。这样的行为是没有加入任何的思考因素的，而是下意识的模仿。所以看到别人在抱怨，就不自觉的跟着抱怨，是模仿的作用。而另一方面，人跟人之间是很容易彼此感染的，比如你看见一个人哭得很伤心，那么你的心情是很难快乐起来的，有时候甚至会跟着哭；工作中，你的同事觉得有些疲倦，他把这样的信息传达给你的时候，你也会逐渐意识到自己有些累了……这就是相互感染。所以，当那些同事看到张敏和李佳很生气的时候，心里也会跟着产生不满和气愤的共鸣，所以导致大家都在跟着抱怨。

在生活中，我们说抱怨的话，是不可能同与我们无关的人说的。那些倾听我们怨言的人，往往都是跟我们比较亲近的人，或者在某种利益上能够达到共识的人。所以，你的问题很可能也是他的问题，你说出来的话，尽管他当时没想到，可能在你说出来以后，他就会觉得："对，事情就是这个样子的。"一旦这样在精神上达成了共识，那么你就成功地把抱怨的情绪传给他了。

所以说，抱怨就好像是一场传染病，一场瘟疫，能够在最短的时间内在人群中传播。可是，如果我们能够摆正心态，将抱怨从自己的身上剔除，那么我们等于是给抱怨消灭了一个传播源头。如果生活中的每一个人都不再去做这个传染源，那么在我们的身边也就不存在抱怨了。

不要把怨气传染给别人

良好的情绪会让人有一种健康向上的心态，因此也就会形成一种轻松愉悦的气氛，感染身边的每一个人，使之也都有一个愉快的心情。而抱怨的消极情绪则会造就紧张、烦恼甚至是充满敌意的气氛。这样的坏情绪又会直接影响和波及你的家人、朋友和同事，也极有可能造成一系列的连锁反应，就像扔进平静湖面的小石头，涟漪一波一波地扩散，也就将情绪污染传播给了社会。

林肯正在办公室整理文件，陆军部长斯坦顿气呼呼地走了进来，一屁股坐到椅子上，一句话也不说。

"怎么了？发生了什么事？给我说说，说不定我能给你出出主意。"林肯笑着对斯坦顿说。

斯坦顿像是找到了发泄的对象，对林肯一阵咆哮："你知道吗？今天有位少将竟然用非常无礼的口气和我说话，那简直是侮辱。"

满以为林肯会安慰他几句，痛骂那名少将几句，但林肯并没有这样做，而是建议斯坦顿写一封信回敬那位少将的无礼。

"你可以在信中狠狠地骂他一顿，让他也尝尝被指责的滋味。"

"还是你想得周到，我非得大骂他一顿不可，他有什么权利指责我呢？"斯坦顿立刻写了一封措辞激烈的信，然后拿给林肯看。

林肯看完以后，对斯坦顿说："你写得太好了，要的就是这种效果，好好教训他一顿。"林肯把看完的信顺手扔进了炉子里。

斯坦顿看到自己写的信进了炉子，责问林肯道："是你让我写这封信的，那你为什么把它扔进了炉子里呢？"

林肯回答说："难道你不觉得写这封信的时候你已经消了气吗？如果还没有完全消气，就接着写第二封吧。"

带有怒气的抱怨是一种极具毁灭力量的情绪，它不仅能够摧毁你的健康，而且可以扰乱你的思考，给你的工作和事业带来不良的影响，林肯的处事方法又告诉我们，反击回去或发泄给别人也不是什么上策，所以，我们只能自己想办法消除心中的不满，或是把它转化成一种力量。

那么，我们应该怎么来克制自己的愤怒，使自己的抱怨情绪不向身边的人传递呢？我们还是先来看一个故事：

从前，有一个脾气很坏的男孩，他经常和伙伴们吵架。有一天，他的父亲给了他一袋钉子，并且告诉他，每次发脾气或者跟人吵架的时候，就在院子的篱笆上钉一根钉子。一周以后，男孩在篱笆上共钉了 36 根钉子。后面的几天他学会了控制自己的脾气，尽量避免发脾气和别人吵架，每天钉的钉子也逐渐减少了。他发现，控制自己的脾气，实际上比钉钉子容易得多。终于有一天，他一根钉子都没有钉，他高兴地把这件事告诉了父亲。

父亲并没有表扬他，而是说："从今以后，如果你一天都没有发脾气，就可以拔掉一根钉子。"男孩按父亲的话去做了，终于有一天，钉子全部被拔光了，他忙去告诉父亲。

爸爸带他来到篱笆边上，对他说："儿子，干得不错！但是，篱笆上的这些钉子洞，永远也不可能消失的。就像你和一个人吵架，说了些难听的话，就在他心里留下一个伤口，像这个钉子洞一样。"

插一把刀子在一个人的身体里，再拔出来，伤口就难以愈合了。无论你怎么道歉，伤口总是在那儿。

在现代社会竞争日趋激烈的生存与发展环境下，到处是诱惑和压力，如何才能做到：对己，在压力下能保持从容的心态，面对突发事件较好地控制情绪；对人，能做到与人为善——真诚，宽容，大度，不斤斤计较，不迁怒于人。有一位哲人曾经说过："心若改变，你的态度跟着改变；态度改变，你的习惯跟着改变；习惯改变，你的性格跟着改变；性格改变，你的人生跟着改变。"抱怨的情绪于己于人都不是什么好事，所以我们就要想办法控制自己的情绪。

当人遇到不幸时，都会身不由己地向别人抱怨、诉苦，这无疑是一种发泄的手段，但是这种方法实在是不可取的。正确的做法是找到一种不会妨碍别人的发泄途径，排遣掉心中的痛苦，然后再改变观念，积极地去创造自己的生活，唯有这样你才能走出阴影。记住，千万不要把自己的怨气传染给别人。

亚健康最爱欺负抱怨的人

亚健康是当今社会最让人头疼的问题之一，越来越多的人进入了亚健康状态，他们经常感到疲乏、胃口不好、失眠，主观上觉得身体很不舒服，到了医院却查不出什么毛病，找不到原因。

很多人认为亚健康无关紧要，他们认为这种状态尽管有些不好，但还不至于到影响正常生活的地步。这样的想法是错误的。在亚健康状态中，有两种情况特别要引起重视，一种是"潜病态"，另一种是"前病态"。潜病态是指人体内已有潜在的病理信息，但尚未出现临床症状，也查不出器质性病变。长期以来，人们对"潜病态"的病理信息一直不易或未能识别，现在已经可以借助多种手段识别，然后，采取必要措施将疾病消灭在萌芽状态；前病态即存在于人体内的病理信息已有所表露，但临床上尚不能明确诊断，任其发展便成为疾病。

所以说，亚健康是一种动态的，它有可能会引发更重大的身体问题。所以我们必须要给予重视。

既然亚健康的危害这么严重，那么我们应该做出哪些预防呢？什么人最容易进入亚健康的状态呢？答案是爱抱怨的人。

这里所说的抱怨，不是简单的埋怨别人，而是包括了批评和指责等一切让心里觉得不舒服的言辞。爱抱怨的人有一个习惯，那就是总能从生活中找到不如意的事情，然后经过心理的酝酿使自己形成气愤、委屈、不满等情绪，所以他们的心情总是不好，心态总是悲观消极的。他们所看到的人生是苦闷的，不具备任何的快乐和幸福。在这种精神的引导下，他们会觉得生活中没有任何的乐趣，所以在心理上就会出现疲乏、懈怠、无助、失望等状况，这些不良心理反应到了身体上的时候，就形成了主观上的疾病，也就是亚健康的一种。

我们在前面已经提到了，亚健康呈现一种动态，它不会永远停留在原有的状态中，或者向疾病状态转化，这是自发的；或者向健康状态转化，这是需要自觉的，即需要付出代价与努力。如果我们在心里一直抱怨生活的，以悲观、失望的态度来面对人生，那么无疑在心理的导向上，我们已经出现了失误。消极的人生态度，只会将我们推向疾病。

所以，为了防止亚健康继续影响我们的生活，为了将已经存在的亚健康状态引向健康，我们必须放下抱怨的心态，放弃对生活的不满和指责，用乐观的、积极的态度来对待生活。这样，我们就能够从生活中发现很多美好的事物，这些事物激发我们的斗志，让我们产生对生活的激情，这样心理上的问题消失了，主观上的不舒服也就会减少，导致亚健康的主要原因也就不见了。

压力是个隐形杀手

1993 年 3 月 9 日上午，上海大众汽车公司前总经理方宏，一个在外人看来近乎完美的人物，一个事业兴旺的成功人士，从自己 5 楼的办公室凌空一跃，选择了死亡。方宏的死在相当长的时间里使人迷惑不解，有人追踪了解，从其当医生的妻子口中慢慢证实：方宏死于抑郁症。因为一些干扰自己的事情无法向人诉说，渐渐积累，终于到了不能抑制的一天。英国心理学家查理斯顿认为，抑郁症这种病往往袭击那些最有抱负、最有创意、工作最认真的人。

类似的例子有很多。宏基董事长施振荣，经常在打球后感到眩晕，需要平躺休息才能恢复，但在很长的时间里，他竟然从未想到过自己可能得了心脏病，直到被迫去做了身体检查，才恍然大悟。2004 年 7 月，曾被誉为"胆大包天"第一人、集团拥有航空、乳业和置业投资三大板块、总资产 35 亿元的均瑶集团董事长王均瑶，因患肠癌医治无效，在上海逝世，年仅 38 岁。这则消息迅速传遍了全国各地。在自己事业一帆风顺的时候却因过度劳累而失去生命，究其原因，就是没有正确对待压力，而使自己长期处于"亚健康"状态。

现代社会是一个到处充满压力的社会，有求学的压力，有家庭的压力，有工作的压力。美国精神健康研究所菲利浦·戈尔德说，世界上不存在任何没有压力的环境。要求生活中没有压力，就好比幻想在没有摩擦力的地面上行走一样是不可能的，关键在于怎样对待压力。从事压迫感研究 30 多年的塞利说："现代人要么学会控制压迫感，要么走向事业的失败、疾病和死亡。"

其实，人们一直生活在两种压力中，一是作用于身体的物理压力，如大气压、地心吸引力、心脏压力等，这些压力维持生命形式。二是内在的精神压力，如生存竞争的压力、对危险与死亡的恐惧、人际压力、情绪与情感的压力等，这些压力保持人的警觉（清醒状态）和合适的行为模式。

可见，压力并不都是无益的。研究压力对于人类身心影响的加拿大医学教授赛勒博士曾说："压力是人生的香料。"他提醒我们，不要认为压力只有不良影响，而应转换认知和情绪，多去开发压力的有利影响，本来人类在其一生中，就无法摆脱压力。

既然无法逃避压力，就要学会正确对待压力，若无法与压力共存，甚至克服压力来获得回馈，隐藏在男人身上的这一隐形杀手将使你患上各种身体与精神疾病。天天受到压力的折磨，不仅对工作人员及其家庭生活造成伤害，同时也将导致企业生产力和竞争力下降，甚至无法弥补的损失。

抑郁，心灵上的一次"流感"

抑郁是禁锢人心灵的枷锁，困扰着人们，使人不能在现实的世界中调适自我，只能渐渐地退缩到自己的小天地里，以逃避抑郁。

佳佳是家中的独生女，父母都是知识分子，对她抱有极高的期望。因此，佳佳从小受到的教育要比别人多些，智力开发也比别人早些，学习成绩一直很好，每次考试都是优秀。

但是，期中考试时，佳佳患了重感冒。由于身体不适，精神不振，再加上心情紧张，有一科没考好，受此影响，后面的其他科考试成绩也不好。尽管佳佳没有考好，但是爸爸妈妈没有责怪她，反而鼓励她，但佳佳仍然不开心。从那之后，她开始变得沉默寡言、闷闷不乐，有时候明显的精神不振，一副没睡醒的样子，在家学习时也打不起精神。妈妈还发现，自那之后，佳佳的饭量明显地比以前减少了。

这几天，佳佳总说自己不舒服，不想去上学，妈妈要带她去医院，她也显得很不耐烦，不肯去。妈妈没办法，只好帮她跟老师请了假。在家里，佳佳也只是闷在自己的小房间里，只有吃饭的时候才出来。

妈妈看到佳佳这个样子很心疼，于是给班主任老师打了个电话，询问近期佳佳的情况。老师告诉妈妈，自从期中考试之后，佳佳就像是变了个人似的，整天沉默寡言、闷闷不乐的，下课也不和同学们一起玩耍，上课的时候还经常走神，学习成绩也开始下降。

事实上，佳佳是陷入了抑郁情绪。在日常生活中，我们难免有不开心的时候，比如考试没考好、失去了亲人、做错了事情、遭到了老师的批评，甚至是同学之间的小矛盾，这时我们往往会感到失落和无助、自责或内疚，因而情绪低落、沮丧，这就是抑郁。

与一般的悲伤反应不同，抑郁比悲伤，也比痛苦、羞愧、自责等任何一种单一的负面情绪更为强烈和持久，给人带来的影响更深重。

抑郁是一种很普遍的情绪，可以说人的一生总有某段或长或短的时间生活在抑郁之中。处于抑郁状态的人，如果能进行调节，积极面对所遭遇的现实，接受丧失与悲伤的现实，就有可能克服抑郁情绪，重新适应环境，恢复正常的生活。

遗憾的是，许多人并没有意识到抑郁的危害，不能积极调整心态，长期（一般在3个月以上）笼罩在抑郁的阴影下无法自拔，影响到正常生活的能力，这时他们就是患上了抑郁症。因此，哈佛教授常常告诫自己的学生：要及时地调节自己的不良情绪。

近年的医学研究发现，抑郁症是最常见的心理疾病，在全世界的发病率约为11%，所以有人把它称为"心灵的感冒"。从其高发病率和发生的不可预测性来说，这个比喻还算贴切，但是从它的危害来看，它比感冒却要严重得多，需要引起人们更多的重视。研究发现，大约有12%的人在一生中会经历比较严重的抑郁症。不管你是平民百姓，还是成功人士，世界上没有一个人对抑郁症有免疫力。所以，对于抑郁症，我们要打足了十二分的精神对待它。那么怎样才能调节抑郁的心理呢？以下有几种方法：

1. 转移思路

当扫兴、生气、苦闷和悲哀的事情发生时，可暂时回避一下，努力把不快的思路转移到高兴的思路上去。例如，换一个房间、换一个聊天对象、去会一个朋友或有意上街去购物等。

2. 向人倾诉

把心中的苦处能和盘倒给知心人并能得到安慰，心胸自然会像打开了一扇门。即使面对不很知心的人，学会把心中的委屈不多不少地倾诉给他，也常能得到心境立即阴转晴之效。

3. 亲近宠物

遇到不如意的事时，主动与小动物亲近，小动物凭与主人感情的基础，会逗主人欢乐，与小动物交流几句便可使不平静的心很快平静。

4. 多舍少求

俗话说："知足者常乐。"老是抱怨自己吃亏的人，的确很难愉快起来。多奉献少索取的人，总是心胸坦荡，笑口常开。

别让焦虑啃噬你的健康

焦虑已成为现代人的通病。随着社会节奏的加快，人们越来越担心未来的工作、生活，他们整天在焦虑中度过，从而无暇顾及享受眼前的美好生活。

人们为什么会面临如此多的焦虑，从自然界、社会、人的心理和认识活动以及人体的特征来分析，这些因素可以概括为：

1. 在工作、生活等方面追求完美

生活稍不如意，就遗憾万分，心烦意乱，长吁短叹，老担心出问题，惶惶不可终日。须知，世间只有相对完美，绝无绝对完美；世界及个体就是在不断纠正不足、追求真善美的过程中前进的。应该"知足常乐""随遇而安"，绝不做追名逐利的奴隶，为自己设置太多精神枷锁，让自己太累，把生命之弦拉得太紧。

2. 没有迎接人生苦难的思想准备，总希望一帆风顺

人一降临人间，就会面临各种各样的磨难。没有迎接苦难思想准备的人，一遇到困难，就会惊惶失措，怨天尤人，大有活不下去之感。其实，"吃得苦中苦，才能甜上甜"，要学会解决矛盾并善于适应困境。

3. 意外的天灾人祸

破产或死亡等会引起紧张、焦虑、失落感或绝望，假如碰到意外或不幸时，建议你正视现实，不低头，不信邪，昂起头前进，灾难是会有尽头的，忍耐下去，一定会走出困境。

4. 神经质人格

这类人的心理素质差，对任何刺激均敏感，一触即发，会对刺激做出不相应的过强反应。他们承受挫折的能力低，自我防御本能过强，甚至无病呻吟、杞人忧天。他们眼中的世界，无处不是陷阱，无处不充满危险。如此心态，怎能不焦虑呢？

了解了焦虑形成的原因，我们就可以克服焦虑。通常情况下，可以这样排除焦虑：

（1）可以向自己信任的亲朋好友倾诉内心的痛苦，也可以用写日记、写信的方式宣泄，或选择适当的场合痛哭或大声喊出来。

（2）焦虑是人在应激状态下的一种正常反应，要以平常心对待，顺应自然，接纳自己、接纳现实，在烦恼和痛苦中寻求战胜自我的理念。

（3）无论是学习还是工作，没有目标就会茫然不知所措。要根据人生不同发展阶段确立目标，而且要适度。

（4）回忆或讲述自己最成功的事，从而引起愉快情绪，忘掉不愉快的事，消除紧张、压抑的情绪。

（5）积极参加文体活动。研究表明，音乐能影响人的情绪、行为和生理功能；不同节奏的音乐能使人放松，具有镇静、镇痛作用。

（6）多参加集体活动。在集体活动中发挥自己的优势，增强人际交往的能力。和谐的人际关系会使人获得更多的心理支持，从而缓解紧张、焦虑的情绪。

远离忧虑，你必须从心灵上放松自己。只有这样，你才能缓解生活的压力，从内心深处释放自己。

做自己的心理健康导师

有一个心理医疗师曾经说过，现代社会，每个人都会有一点儿心理问题。有的人比较严重，就可能出现心理抑郁、失眠等症状，重者则会出现抑郁症。有的人相对来说比较轻，表现的不是很明显，但是也会出现情绪上的波动，或者喜怒无常等状况。

也许是压力促成了人们的心理疾病，也许是性格的悲观导致了人们的抑郁，但是心理问题的出现总是有一定的原因的，也是可以预防的。所以我们一定要在疾病还没有严重的时候，做好心理的疏导，让自己将健康快乐起来。

众所周知，身体的生长发育需要充足的营养，其实心理的成长也一样，"心理营养"也非常重要。那么，对于人，重要的心理健康"营养素"有哪些呢？

1. 最为重要的精神"营养素"是爱

爱永远伴随在人的生活左右。童年时代主要是父母之爱，童年是培养人心理健康的关键时期，在这个阶段若得不到充足和正确的父母之爱，就将影响其一生的心理健康发育。少年时代增加了伙伴和师长之爱，青年时代情侣和夫妻之爱尤为重要。中年人社会责任重大，同事、亲朋和子女之爱十分重要，它们会使中年人在事业家庭上倍添信心和动力，使你的生活充满欢乐和温暖。至于老年人，晚年子女的爱是幸福的关键。

2. 重要的精神"营养素"是宣泄和疏导

适度的宣泄具有治本的作用，当然这种宣泄应当是良性的，以不损害他人、不危害社会为原则。心理的负担长期得不到宣泄或疏导，会加重心理矛盾，进而成为心理障碍。

3. 善意和讲究策略的批评也是重要的精神"营养素"

一个人如果长期得不到正确的批评，势必会滋长骄傲自满、固执、傲慢等毛病，这些都是心理不健康发展的表现。过于苛刻的批评和伤害自尊的指责则会使人产生逆反心理，遇到这种"心理病毒"时，就应提高警惕，增强心理免疫能力。

4. 坚强的信念与理想也是重要的精神"营养素"

信念与理想对于心理的作用尤为重要。信念和理想犹如心理的平衡器，它能帮助人们保持平稳的心态，度过坎坷与挫折，防止偏离人生轨道，进入心理暗区。

5. 宽容也是心理健康不可缺少的"营养素"

人生百态，万事万物不可能都能够顺心如意，无名火与萎靡颓废常相伴而生，宽容是脱离种种烦扰、减轻心理压力的法宝。

上述的方法，尽管是在针对大众现象做出的一些总结，但是难免有疏漏。在生活中，我们要根据自己的实际情况，适当地做出调整，知道自己需要的是什么，就去做什么。这样我们才能根据自己的实际情况做出最恰当的调节，让自己成为一个心理健康的人。

与病态心理说"再见"

在一所医院的同一间病房中，有两个重病患者。一人靠窗，可以看到窗外的景物，他每天都会讲许多外面的故事给病友听。起初，后者静静地享受着这一切。有一天，远离窗子的人突然想："为什么不是我靠着窗子呢？"

这个念头一直缠绕着他。某天夜里，靠窗子的病人一直大声咳嗽，他无法摸到能叫来医生的求救按钮。而另一个人睁着眼想着怎么能靠着窗子，他一动不动。

第二天，医生与护士抬走了死去的靠窗病人。经过申请，另一个人的病床移到了窗边。

他急忙探头，窗外只有一面秃墙。

死去的人是可敬的，他编造了美丽的故事来鼓舞同伴，而活下来的人极其冷酷、自私，最终也一无所获。

人生中，有各种病态心理阻碍着人与人之间的交流，如自私、猜疑、冷淡、嫉妒、自闭、自卑、胆怯、虚伪，等等。

有一个漂亮的女孩子，在她眼睛里，世界上没有能够让她满足的东西。她希望别人都能服侍她，做她忠实的奴隶；除自己坐享其成、得人宠爱、受人尊敬之外，对别人的艰难和痛苦，她毫不理会，更毫无同情之心。她何以如此呢？因为她的心理没有成熟。她的年龄虽大，然而她实际还是一个幼稚的孩子，因为她认为全世界的人都应当像她父母在她小时候溺爱她一样，宁愿自己受苦，也要满足她的欲望。她以这样的态度做人，哪里还可能得到人生的乐趣呢，她自然会觉得世界上没有一个人、一样东西能够使她满足。

交际中，病态心理常有以下几种：

1. 自私心理

有些人奉行"人不为己，天诛地灭"的原则，一切只考虑自身利益，不为别人着想。

2. 猜疑心理

有些人爱用不信任的眼光审视他人，常无端猜疑，说三道四。

3. 冷漠心理

有些人见事情与己无关，就冷漠看待，不闻不问。或者错误地认为言语尖刻、态度孤傲、高视阔步就是"性格"，致使别人不敢接近自己。

4. 嫉妒心理

有的人一见到别人取得成就、获得荣誉，内心就十分厌憎，不想如何努力，却挖空心思去损害他人。

5. 自卑心理

有些人自己瞧不起自己，缺乏自信，办事无胆量，畏首畏尾，随声附和，没有自己的主见。这种心理如不克服，会损害人的社交能力。

6. 怯懦心理

主要见于涉世不深、阅历较浅、性格内向、不善言词的人。由于怯懦，在社交中即使自己认为正确的事，经过深思熟虑之后，也不敢表达出来。

7. 虚伪心理

有的人把交朋友当做逢场作戏，见异思迁，处处应付，爱说漂亮话虚假话。这种人与人交往只是做表面文章，因而没有感情深厚的朋友。

8. 互惠心理

带有这种心理倾向的人，在人际交往中往往以眼前的名利为目的，以能否从他人那里得到实惠（名利）为选择交际对象的标准，其交际活动带有明显强烈的市侩气息。在实惠与情义面前，他们选择了实惠，在物质与精神面前，他们摒弃了精神。

9. 逆反心理

有些人总爱与别人抬杠，以说明自己标新立异。对任何一件事情，不管是非曲直，你说好，就说为坏；你说对，他就说它错，使别人对其产生反感。

以上这些病态心理会影响一个人的社会交往，如果不注意进行自我调节，那么不但会使自己失去朋友，严重的话，还会导致心理障碍，发展成为心理疾病。

美国前总统罗斯福有一套严格的交际准则，这些准则对克服病态心理发挥了重大作用。

他的 10 项准则是：

（1）记住人的名字。如果你没做到这点，就意味着你对人不友好。

（2）平易近人，让别人跟你在一起觉得很愉快。

（3）要有大将风度，不为小事而烦恼。

（4）不要自高自大，做一个谦虚的人。

（5）培养广泛的兴趣和爱好，充实自己，使别人在与你的交往中得到一些有价值的东西。

（6）检查自己，去除所有不良习惯和令人讨厌的东西。

（7）不结冤仇，消除过去的或现在的与他人的冤情和隔阂。

（8）爱所有的人，真诚地去爱他们。

（9）当别人取得成绩的时候，去赞赏他们；当他人遇到挫折或不幸的时候，去同情他们，安慰他们，给他们以帮助。

（10）精神上给人以鼓励，你也会得到他们的支持。

朋友，当你一步步地告别那些病态心理时，相信你将拥有多彩、快乐的人生。

为自己准备一颗健康的心灵

即使生活再艰难，你也不能使自己的心灵透支，只有心灵处于健康状态，你才有成功的机会。

保持一份良好的心态，培植一种健康的心理，不要去管成败如何。也许结果很糟，但那奋斗的过程绝对是美好的回忆，人生路上的收获和成功很多，这也是其中的一种。有了健康的心理，你会发现其实生活可以更美；有了健康的心理，你会发现成功其实翘首可望。

如果一个人在 46 岁的时候，因意外事故被烧得不成人形，4 年后又在一次坠机事故后腰部以下全部瘫痪，他会怎么办？再后来，你能想象他变成百万富翁、受人爱戴的公共演说家及成功的企业家吗？你能想象他去泛舟、玩跳伞，还在政坛角逐一席之地吗？

米契尔做到了这些，甚至有过之而无不及。在经历了两次可怕的意外事故后，他的脸因植皮而变成一块"彩色板"，手指没有了，双腿那样细小，无法行动，只能瘫坐在轮椅上。意外事故把他身上 65% 以上的皮肤都烧坏了，为此他动了 16 次手术。手术后，他无法拿起叉子，无法拨电话，也无法一个人上厕所。但米契尔从不认为他的人生就此终结了，他说："我完全可以掌握我自己的人生之船，我可以选择把目前的状况看成倒退或是一个新起点。"6 个月之后，他又能开飞机了！

米契尔为自己在科罗拉多州买了一幢维多利亚式的房子，另外也买了一架飞机及一家酒吧。后来他和两个朋友合资开了一家公司，专门生产以木材为燃料的炉子，这家公司后来变成佛蒙特州第二大私人公司。意外发生后 4 年，米契尔所开的飞机在起飞时又摔回跑道，把他的 12 块脊椎骨压得粉碎，腰部以下永久性瘫痪！"我不解的是为何这些事老是发生在我身上，我到底做错了什么，要承受这样的痛苦？"

但米契尔仍不屈不挠，他不让自己的心灵陷入迷茫、空虚和悲观的境地，日夜努力使自己能达到最大限度的独立自主。后来他被选为科罗拉多州孤峰顶镇的镇长，负责保护小镇的环境，使之不因矿产的开采而遭受破坏。米契尔后来也竞选国会议员，他用一句"不只是另一张小白脸"的口号，将自己难看的脸转化成一项有利的优势。

尽管面貌骇人、行动不便，米契尔却坠入爱河，并完成终身大事，同时拿到了公共行政硕士学位，并持续他的飞行活动、环保运动及公共演说。

　　米契尔说："我瘫痪之前可以做 1 万件事，现在我只能做 9000 件，我可以把注意力放在我无法再做好的 1000 件事上，或是把目光放在我还能做的 9000 件事上。告诉大家，我的肉体虽然不再健康，但是我有一颗健康的心灵。只要心灵健康，还有什么事做不了吗？"

　　即使生活再艰难，你也不能使自己的心灵透支，只有心灵处于健康状态，你才有成功的机会。

操纵好情绪的转换器

　　生活在都市快节奏的生活当中，人的情绪难免波动起伏，遇上不顺心的事情难免会发点小脾气，这无可非议，但最重要的是能够适度控制一下，如果一味地放任自己的情绪，则会成为人生成功的一大障碍。

　　生活之中，我们感受周围的事物，形成我们的观念，做出我们的判断，无一不是由我们的心灵来进行的。然而，不好的情绪常常干扰我们的心灵，使我们出现种种偏差。因此，成功的人能成功地驾驭情绪，而失败的人让情绪驾驭，把许多稍纵即逝的机会白白浪费。

　　一名初探歌坛的歌手，他满怀信心地把自制的录音带寄给某位知名制作人。然后，他就日夜守候在电话机旁等候回音。

　　第一天，他因为满怀期望，所以情绪极好，逢人就大谈抱负。第十七天，他因为情况不明，所以情绪起伏，胡乱骂人。第三十七天，他因为前程未卜，所以情绪低落，闷不吭声。第五十七天，他因为期望落空，所以情绪坏透，拿起电话就骂人。没想到电话正是那位知名制作人打来的。他为此而毁了期望，自断了前程。

　　覆水难收，徒悔无益。我们在为这名歌手深深惋惜的同时，也更深刻地明白了不良情绪带给人的危害。

　　据说一位很有名气的心理学教师，一天给学生上课时拿出一只十分精美的咖啡杯，当学生们正在赞美这只杯子的独特造型时，教师故意装出失手的样子，咖啡杯掉在地上摔成了碎片，这时学生中不断发出了惋惜声。教师指着咖啡杯的碎片说："你们一定为这只杯子感到惋惜，可是这种惋惜无法使咖啡杯再恢复原形。如果今后在你们的生活中发生了无可挽回的事时，请记住这只破碎的咖啡杯。"

　　这是一堂很成功的素质教育课，学生们通过摔碎的咖啡杯懂得了，人在无法改变失败和不幸的厄运时，要学会接受它，适应它。

　　被称为世界剧坛女王的拉莎·贝纳尔，就是这位心理学教师的得意学生。一次她在横渡大西洋途中，突遇风暴，不幸在甲板上滚落，足部受了重伤。当她被推进手术室，面临锯腿的厄运时，她突然念起自己所演过的一段台词。记者们以为她是为了缓和一下自己的紧张情绪，可她说："不是的！是为了给医生和护士们打气。你瞧，他们不是太一本正经了吗？"

　　威廉·詹姆斯说："完全接受已经发生的事，这是克服不幸的第一步。"接受无法抗拒的事实，既然是第一步，那么有没有第二步？有。拉莎手术圆满成功后，她虽然不能再演戏了，但她还能演讲。她的演讲，使她的戏迷再次为她而鼓掌。

　　拉莎·贝纳尔在面对无法抗拒的灾难时，能跳出焦虑、悲伤的圈子又跨上一个新的里程，这就是她的情绪"转换器"在起作用。

　　任何人遇上灾难，情绪都会受到影响。面对无力改变的不幸，我们要学会操纵好情绪转换器，学会安慰自我，忘掉它，一切都会过去。

适时发泄，不让怒气折磨自己

你是否动辄勃然大怒？是否让发怒成为你生活中的一部分？也许你会为自己的暴躁脾气大加辩护："人嘛，总有生气发火的时候。""我要不把肚子里的火发出来，非得憋死不可。"在这种借口之下，你不时地生气，也冲着他人生气，你似乎成了一个愤怒之人。

其实，并非人人都会不时地表露出自己的愤怒情绪，愤怒这一习惯行为可能连你自己也不喜欢，更不用问他人感觉如何了。因此，你大可不必对它留恋不舍，它不能帮助你解决任何问题。任何一个阳光、有所作为的人都不会让它跟随自己。

发怒固然有损健康，但怒而不泄同样对健康无益。英国一位权威心理学家认为，积蓄在心中的怒气就像一种势能，若不及时加以释放，就会像定时炸弹一样爆发，可能会酿成大灾难。正确的态度是疏泄怒气，适度释放，学会把怒气转移到小事上，调整好自己的情绪。

毕林斯先生曾任全美煤气公司总经理达 30 年之久。他在总经理任期内，给人最深刻的印象，就是他对于许多小事常常会大发脾气，对于那些重大事情却镇静异常。

有一次，他乘车回家，下车时，把一盒雪茄遗落在车里了，不久他记起来，再返身去找，但早已不见了。

这包雪茄的价值，不过是 5 美分一支，对他而言真可算是微乎其微的损失，但他竟因此而气得面红耳赤、暴跳如雷，以致旁观者都以为他失去的是一件盖世无双的宝物。

后来有一次，他凭空遭遇了数万倍于那次的损失，但他反而镇定异常。

那是全世界闹着经济恐慌的年代，毕林斯先生有好几天因为卧病在床，没有去公司办公。就在这几天里，有一家银行倒闭了，他凑巧在这家银行里有 3 万块钱的存款，结果竟成了"呆账"。等到他病愈后，听到这个消息，却只伸手搔了搔头发，然后沉思了一会儿，便说："算了，算了。"

阳光的人总是善于把怒气转移到他处：遇到一些感觉不快的小事时，尽管发泄自己的怒气，直到自己的心境完全恢复为止。因为这样可以使他们永远保持开朗镇定的情绪，一旦遇到大事发生，他们就可以用全部精神从容地应付。否则，不论事情大小，遇到气便积在心里，等到面临更大的打击时，堆积多时的大小怒气，便都将如爆裂的气球一样，冲破了理智的范围，变得毫无自制的能力了。

更重要的是，怒气发泄后，就必须立即把心情宽松下来，这样你的脾气才算没有白白发作。反之，如果你发作后，仍然把这事牢记在心，不肯忘却，那你所获得的结果，一定将更糟到不堪想象的地步，而且到处都难与人相处。

当你在日常生活中，如果与人接触时发生了一些不快，最好的选择是回到房间里静静地坐一会儿，甚至躺一会儿，到外面去散散步，用一切办法来消除你的烦恼，直到恢复你的好心情为止。

第九章　学会感恩，不抱怨

突破自我，远离人生的荒漠

很多时候，阻挡我们前进的不是别人，而是我们自己。自我可以使你走向成功的坦途，同时，它也可能会让你坠入失败的深渊。

在一棵干枯的桑树上住着一只蜗牛，这只蜗牛自出生以来一直住在这棵树上。

一天，风和日丽，蜗牛小心翼翼地伸出头来看了看，慢吞吞地爬到地面上，把一节身子从硬壳里伸到外面懒洋洋地晒太阳。

这时，蚂蚁正在紧张地劳动，一队接着一队急速地从蜗牛身边走过。看见蚂蚁在阳光下来回走动的样子，蜗牛不觉有些羡慕起来，于是，它放开嗓门对蚂蚁说："喂，蚂蚁老弟，看见你们这样，我真羡慕你们啊！"

一只蚂蚁听到了，就停在蜗牛旁边，仰着头对蜗牛说："来，朋友，咱们一起干活吧！"

蜗牛听了，不由自主地把头往回缩了一下，有点惊慌地说："不，你们要到很远的地方去，我不能跟你们一起去。"

蚂蚁奇怪地问："为什么啊？走不动吗？"

蜗牛犹豫了半天，吞吞吐吐地说："离家远了，要是天热了怎么办呢？要是下雨了怎么办啊？"

蚂蚁听了，没好气地说："要是这样，那你就躲到你的那个硬壳里好好睡觉吧！"说完，匆匆追赶自己的大部队去了。

对蚂蚁的话，蜗牛倒也不怎么在乎。不过，蜗牛实在想到远处看看。经过深思熟虑之后，蜗牛终于大着胆子把自己的另一节身子也从硬壳里伸了出来。正在这时，几片树叶落在地上，发出轻微的响声。蜗牛吓得像遭遇了雷击一样，一下子就把整个身子缩回硬壳里去了。

过了好久，蜗牛才小心翼翼地把头伸到外面，外面仍然像先前一样的晴朗和宁静，并没有发生什么事情。只是蚂蚁已经走得很远了，看不见了。

蜗牛悠悠叹了一口气说："唉！我真羡慕你们啊！可惜我不能和你们一起走。"说完，依旧懒洋洋地晒太阳。

蜗牛的壳是保护自己的最重要的"盾牌"，也是它最恋恋不舍的"家"，然而也正是这个家，绊住了它前进的脚步。

人类的心理有时和蜗牛的心理差不多，总是喜欢安于现状，对于突破自我可能遇到的困难总是下意识地逃避，就好像手碰到火、触到电会缩回去一样。但是人生的挫折并不会因为你的逃避而消失，相反，它还会因为你的逃避而由意识变为潜意识，再不知不觉地由潜意识变成无意识，最终它会一辈子跟随你，使你逐渐的步入人生的荒漠。

每个人都需要一颗渴望成功的心

心界决定一个人的世界。只有渴望成功，你才能有成功的机会。

《庄子》里说，北方有一个大海，海中有一条叫做鲲的大鱼，宽几千里，没有人知道它有多长。它变成鸟，叫做鹏。它的背像泰山，翅膀像天边的云，飞起来，乘风直上九万里的高空，超绝云气，背负青天，飞往南海。

蝉和斑鸠讥笑它说："我们愿意飞的时候就飞，碰到松树、檀树就停在上边；有时力气不够，飞不到树上，就落在地上，何必要高飞九万里，又何必飞到那遥远的南海呢？"

那些心中有着远大理想的人常常是不能为常人所理解的，就像目光短浅的麻雀无法理解大鹏的鸿鹄之志一样，更无法想象大鹏靠什么飞往遥远的南海。因而，像大鹏一样的人必定要比常人忍受更多的艰难曲折，忍受心灵上的寂寞与孤独。因而，他们必须要坚强，把这种坚强潜移到他的远大志向中去，这就铸成了坚强的信念。这些信念熔铸而成的理想将带给大鹏一颗伟大的心灵，而成功者正脱胎于这些伟大的心灵。

本侯根是世界上最伟大的高尔夫选手之一。他并没有其他选手那么好的体能，能力上也有一点缺陷，但他在坚毅、决心，特别是追求成功的强烈愿望方面高人一筹。

本侯根在他的巅峰时期，不幸遭遇了一场车祸。在一个有雾的早晨，他跟太太维拉丽开车行驶在公路上，当他在一个拐弯处掉头时，突然看到一辆巴士迎面驶来。本侯根想这下可惨了，他本能地把身体挡在太太前面来保护她。这个举动反而救了他，因为方向盘深深地嵌入了驾驶座。事后他昏迷不醒，过了好几天才脱离险境。医生们认为他的高尔夫生涯从此结束了，甚至断定他能站起来走路已经很幸运了。

但是他们并未将本侯根的意志与需要考虑进去。他刚能站起来走几步，就萌发了出人头地的梦想。他不停地练习，并增强臂力。无论到哪里工作，他都保留高尔夫俱乐部会员的资格。起初他还站得不稳，再次回到球场时，也只能在高尔夫球场蹒跚而行。后来他稍微能工作、走路，就走到高尔夫球场练习。开始只打几球，但是他每次去都比上一次多打几球。最后，当他重新参加比赛时，名次很快地升上去了。理由很简单，他有必赢的强烈愿望，他知道他又会回到高手之列。是的，成功者跟普通人的差别就是有无这种强烈的成功愿望。

成功学大师卡耐基曾说："欲望是开拓命运的力量，有了强烈的欲望，就容易成功。"成功是努力的结果，而努力又大都产生于强烈的欲望。正因为这样，强烈的创富欲望，便成了成功创富最基本的条件。如果你不想再过贫穷的日子，就要有创富的欲望，并让这种欲望时时刻刻激励你，让你向着这一目标坚持不懈地前进。许多成功者有一个共同的体会，那就是创富的欲望是创造和拥有财富的源泉。

20世纪人类的一项重大发现，就是认识到思想能够控制行动。你怎样思考，你就会怎样去行动。你要是强烈渴望致富，你就会调动自己的一切能量去创富，使自己的一切行动、情感、个性、才能与创富的欲望相吻合。对于一些与创富的欲望相冲突的东西，你会竭尽全力去克服；对于有助于创富的东西，你会竭尽全力地去扶植。这样，经过长期的努力，你便会成为一个创富者，使创富的愿望变成现实。相反，要是你创富的愿望不强烈，一遇到挫折，便会偃旗息鼓，将创富的愿望压抑下去。

保持一颗持久的渴望成功的心，你就能获得成功。

播下希望的种子

世事无常，我们随时都会遇到困厄和挫折。遇见生命中突如其来的困难时，你都是怎么看待的呢？不要把自己禁锢在眼前的困苦中，眼光放长远一点，当你看得见成功的未来远景时，便能走出困境。

我们生活在一个竞争十分激烈的社会，有时在某方面一时落后，有时困难重重，有时连连失败，甚至有时被人嘲笑……无论什么时候，我们都不能放弃努力；无论什么时候，我们都应该为自己播下希望的种子。

内心充满希望，它可以为你增添一分勇气和力量，它可以支撑身体的傲骨。

暂时的落后一点儿都不可怕，自卑的心理才是可怕的。人生的不如意、挫折、失败对人是一种考验、是一种学习、是一种财富。我们要牢记"勤能补拙"，既能正确认识自己的不足，又能放下包袱，以最大的决心和最顽强的毅力克服这些不足，弥补这些缺陷。人的缺陷不是不能改变，而是看你愿不愿意改变。只要下定决心，讲究方法，就可以弥补自己的不足。

在不断前进的人生中，凡是看得见未来的人，也一定能掌握现在，因为明天的方向他已经规划好了，知道自己的人生将走向何方。留住心中"希望的种子"，相信自己会有一个无可限量的未来，心存希望，任何艰难都不会成为我们的阻碍。只要怀抱希望，生命自然会充满激情与活力。

大成功来自高层次的需要

在同样的一个社会，一些人成就大业，一些人取得小成功，一些人一事无成。不少人为了一个远大的目标，能经受长年累月的奋斗考验，作长期的努力，也有不少人虽向往成功，却经受不起几次挫折便向困难投降。

你的需要是什么？产生的内在动力是强还是弱？一匹小马达，也许可以带动一辆小拖车，但绝对带动不了一列火车。

你想成就大业，很好。但你必须了解带动火车飞速前进的动力机车与一般小马达的区别。确切地说，你必须了解你内心世界能推动你前进的动力是什么，有多大。

一般情况下，人们必须先生存后发展，所以人的低层次的生理需要、安全需要比高层次的爱的需要、尊重的需要更加强烈。自我实现的需要，一般要在前面四个层次的需要得到基本满足之后才会产生。

有些人由于长期没有得到低层次需要的满足，可能会永久地失去对高层次需要的追求。

然而，从成功的大小来说，高层次的需要推动大成功，低层次的需要推动小成功。

有一位名叫麦克法兰的世界级运动员，两岁半便双目失明，但他硬是在母亲的鼓励和父亲的帮助下，以自己身体各个部分的"肌肉记忆"感知世界，不仅获得了顽强的生存本领，而且在摔跤、滑水、游泳、掷铁饼、掷标枪等体育项目中获得了国内和国际比赛的103枚金牌，改变了盲人只能靠拐杖或导盲犬生活的命运，创造了许多健全者也难以做到的奇迹……

另一位著名人物的经历也很感人。

1921年8月，一位39岁的美国人突然患了小儿麻痹症，双腿僵直，肌肉萎缩，臀部以下完全麻木了。而这个沉重的打击发生在他作为民主党的副总统候选人参加竞选而败北以后，他的亲属、挚友都陷入极度失望之中，医生也说他能保住性命就已是万幸。但他不屈服于命运的坚强意志使他无论如何也"不相信这种娃娃病能整倒一个堂堂男子汉"。

为了活动四肢，他经常练习爬行；为了锻炼意志，他把家里的人都叫来看他与刚学会走路的儿子进行比赛，一次次都爬得气喘吁吁，汗如雨下……目睹那催人泪下的场面时谁也没想到：10余年以后，他奇迹般当选为美国第32任总统，坐着轮椅进入白宫。他就是美国历史上唯一一位连任四届的总统富兰克林·罗斯福。

欲望的力量是惊人的，只要你用强大的欲望之力去推动你成功的车轮，你就可以平步青云，攀上成功之峰，改变生活的一切。

像罗斯福这样的例子还有很多很多。如果把世界上类似的奇迹都倒推回它们刚刚开始出现的那种状态，我们就会惊奇地发现：一切都是从似乎"不可能"开始的。穿过开始和结局之间那个充满了拼搏奋斗、挫折失败和一个个小成功的漫长过程，我们所发现的这句凡人格言总是会得到证明：欲望可以改变一切。

在你的头脑中也有自我实现的钥匙，在你的身边埋藏着无数愿望。把它们发掘出来加以培养，转化成强烈的欲望，这是打开成功之门的另一把钥匙。

拨正心中的指南针

"没有比漫无目的地徘徊更令人无法忍受的了。"这是荷马史诗《奥德赛》中的一句至理名言。高尔夫球教练也总是说："方向是最重要的。"其实，人生何尝不是如此。然而在现实生活中，有很多的人都做着毫无方向的事情，过着漫无目的的生活。这种没有方向的人生注定是失败的人生。

人生并不是什么时候都需要坚强的毅力，毅力和坚持只在正确的方向下才会有用。在必败的领域，毅力和坚持只会让人南辕北辙，输得更惨。大多数情况下，人更需要的是分辨方向的智慧。很多时候我们已经很努力，可是成绩并不可观，这就是弄错了方向。自己不擅长的事，想做好一定很难，所以做事之前一定要选对方向。

在20世纪40年代，有一个年轻人，先后在慕尼黑和巴黎的美术学校学习画画。二战结束后，他靠卖自己的画为生。

一日，他的一幅未署名的画，被他人误认为是毕加索的画而出高价买走。这件事情给他一个启发。于是他开始大量地模仿毕加索的画，并且一模仿就是20多年。

20多年后，他一个人来到西班牙的一个小岛，他渴望安顿下来，筑一个巢。他又拿起画笔，画了一些风景和肖像画，每幅都签上了自己的真名。但是这些画过于感伤，主题也不明确，没有得到认可。更不幸的是，当局查出他就是那位躲在幕后的假画制造者，考虑到他是一个流亡者，所以没有判他永久的驱逐，而给了他两个月的监禁。

这个人就是埃尔米尔·霍里。毋庸置疑，埃尔米尔有独特的天赋和才华，但是由于没有找准自己努力的方向，终于陷进泥淖，不能自拔，并终究难逃败露的结局。最可惜的是，他在长时间模仿他人的过程中渐渐迷失了自己，再也画不出真正属于自己的作品了。

对人生而言，努力固然重要，但是更重要的则是选择努力的方向。

有一个年轻人痴迷于写作，每天笔耕不辍，用钢笔把稿件誊写得清清楚楚，寄给全国各地的杂志、报刊，然而，投出的稿子不是泥牛入海，就是只收到一纸不予采用的通知。他很苦恼，拿着稿子去专门请教一位名作家。作家看了他的稿子，只说了一句话："你为什么不去练习书法呢？"

5年以后，他凭着自己出众的硬笔书法作品加入了省书法协会。

一粒种子的方向是冲出土壤，寻找阳光。而一条根的方向是伸向土层，汲取更多的水分。人生亦如此，正确的方向让我们事半功倍，错误的方向会让我们误入歧途，甚至误人一生。

对高尔夫球手来讲，方向就是门洞所在的位置，就是要击的下一个球；对于人生而言，方向就是目标，就是在朝着长远目标的方向逐步实现、完成的一个个小目标。

耶鲁大学历时20余年做过这样一项调查：在开始的时候，研究人员向参与调查的学生问了这样一个问题："你们有目标吗？"对于这个问题，只有10%的学生确认他们有目标。然后研究人员又问了学生第二个问题："如果你们有目标，那么，你们是否把自己的目标写下来了呢？"这次总共有4%的学生的回答是肯定的。20年后，当耶鲁大学的研究人员在世界各地追访当年参与调查的学生时，他们发现，当年把自己的人生目标写下来的那些人，无论是从事业发展还是生活水平上说，都远远超过了另外那些没有这样做的同龄人。令人惊讶的是，这 4% 的人所拥有的财富居然超过了余下 96% 的人的总和。

上苍是公平的，它给予了我们每个人一样的天空、一样的阳光、一样的雨露、一样的时间。成功的人之所以能实现生命的梦想，关键是他们在生命起程的那一刻就找准了前行的目标，尽管在前行的道路上会遇到各种各样难以预料的挫折与磨难，但是有了方向的引领，再大的风雨也阻挡不了他们前行的勇气。古今中外，无数名人志士，无一不是在人生方向的指引下，拨开云雾，实现自己的目标。著名的物理学家爱因斯坦在 5 岁时，父亲送给他一个罗盘。当他发现指南针总是指着固定的方向时，感到非常惊奇，觉得一定有什么东西深深地隐藏在这个现象的后面，他顽固地想要知道指南针为什么能指南。从那时起，他就把对电磁学等物理现象研究作为他人生的方向，并一直执著地追求着这个目标，最终成了世界物理科学的旗手。

人生的方向因人而异，各有不同。找准方向，是让我们根据自己的实际情况，确立一个合理的目标，而不是不切实际的空想；找准方向，我们才能在生命的征程中沿着轨迹稳步前行；找准方向，我们才能用一生的力量，实现最大的梦想。

人生的方向，需要用心去找，愿每个人都能找准自己的方向。

金钱并不是人生中最重要的

金钱可以改善生活，让为生活而挣扎得人们富裕起来；金钱可以带来物质的享受和愉悦，甚至金钱会影响人们的价值观。

但金钱真的是最重要的吗？其实未必。人一定不能因为想要迫切改变现状而被金钱冲昏了头脑。对待金钱，人们既要热爱它，但又必须冷静地对待它。就像翁纳西斯说的："人们不应该追着金钱跑，而要迎面向它走去。"

金钱并不是人生中最重要的东西，你要掌握金钱，而不能让金钱掌握你。

一笔有限的收入有两种安排法：一种是精打细算地将衣食住行小心翼翼地考虑进去，虽然事事顾全了，但最终觉得没有收获；另一种是把钱花在自己喜好的事情上，如果难以做到兼顾的话，还不如先满足重要的方面，而在其他方面克制一下。

安妮的父亲失业后，全家靠吃羊市上卖剩的羊杂碎过活。一天，她在一个商场的柜台内看到了一只带红色塑料花的小发卡，顿时她便发疯般地迷上了它。安妮赶紧跑回家去央求妈妈给 1 元钱，母亲叹了口气，说："一元钱能买半斤羊杂碎呢。"但父亲说："给她钱吧，要知道这么便宜的价格就能为孩子买到快乐，今后是不会再碰上的。"那时，安妮才明白，这 1 元钱所能买到的是比金子还贵重的快乐。

钱在生活中并不能决定一切的。只要有眼光，你就会发现，能使你获得幸福的东西不全是金钱可以买到的，这恰恰是我们应该追求的。

"股神"沃伦·巴菲特 2006 年 6 月 26 日在纽约的公共图书馆举行会议，邀请包括比尔·盖茨夫妇在内的各方人士见证他签署捐赠文件，将其大部分财产捐赠给慈善机构。他将从 2006 年 7 月起，逐步将其掌握的伯克希尔·哈撒韦公司的股票的大部分，捐赠给比尔·盖茨基金会，以及另外 4 个由巴菲特的子女及亲属管理的慈善机构。这笔捐赠据估计高达 370 亿美元，占巴菲特全部资产的 85%。

沃伦·巴菲特有一个清醒的头脑，他知道金钱可以用来做什么，也知道金钱在自己生命中的地位，所以他将这些钱捐赠了出来，他的生命价值不但不会在公众的心目中有所下降，反而更加受人尊重了。金钱并非最重要的，你一定要清楚地认识它。

日子难过，更要认真地过

有个学者说过："人生的棋局，只有到了死亡才会结束，只要生命还存在，就有挽回棋局的可能。"

生活拮据，日子难过，大部分人的生活都过得很辛苦。但是，在你埋怨苦日子折磨人的时候，不妨仔细想想，在这些难过的日子当中，你认真生活了几天？

地铁上，两个年纪40岁左右的女人在说话，一个说："这日子真的是没法过下去了，我真是再也受不了了。他居然跟我说要把房子卖了，你想想，把房子卖了我们住到哪里去啊？没想到跟了他这么多年，现在居然落到这样的田地。"

另一个说："那不行啊，就算是把房子卖了，这样下去也是坐吃山空，还是要想办法让他出去工作才行。"

"谁说不是呢？可是他要是肯听我的就好了。现在他什么朋友都没有，什么人也不愿意见，整天待在家里，孩子也怕他，随时都会发火，我都烦死了。这样的日子难过死了，死了倒还痛快了。"

"唉……"

原来这个家里的男主人，下岗了之后也找过几个工作，但做了一段时间都不成功，意志愈加消沉。于是女主人对他越来越不满意，软的硬的都没什么用，于是家里开始硝烟弥漫，大吵小吵没有断过。

眼看着女主人一个人上班以维持家用，她心里也着急，可是又不知道用什么方法来让老公重振旗鼓。男主人于是提出把房子卖了租房子住，于是又展开了新一轮的战争。

女人开始感叹："当初怎么嫁了这样的男人，这日子过不下去了！"

人生就是这样：苦多于乐！

美国教育学家乔治·桑塔亚纳说："人生既不是一幅美景，也不是一席盛宴，而是一场苦难。"不幸的是，当你来到这世界那一天，没有人会送你一本生活指南，教你如何应付命运多舛的人生。也许青春时期的你曾经期待长大成人以后，人生会像一场热闹的派对，但在现实世界经历了几年风雨后，你会翻然醒悟，人生的道路原来布满荆棘。

无论你是老是少，都请不要奢望生活越过越顺遂，因为你会发现大家的日子都很难熬。再怎么才华横溢、家财万贯，照样逃离不了挫折困顿。人人都要经历某种程度的压力和痛苦，而且难保不会遇上疾病、天灾、意外、死亡及其他不幸，谁都无法做到完全免疫。就算成功人士也会承认这是个需要辛苦打拼的世界。精神分析学家荣格主张：人类需要逆境；逆境是迈向身心健康的必要条件。他认为遭遇困境能帮助我们获得完整的人格与健全的心灵。

人的一生总有许多波折，要是你觉得事事如意，大概是误闯了某条单行道。也许你曾拥有一段诸事顺利的日子，于是志得意满的你开始以为你已看穿人生是怎么回事，一切如鱼得水，悠游自在。可惜就在你相信自己蒙天赐之福时，却发生了好运化为乌有的意外。

美国作家诺瑞丝拥有一套轻松面对生活的法则：人生比你想象中好过，只要接受困难、量力而为、咬紧牙关就过去。你跨出的每一步，都能助你完成学习之旅。面临生活考验时，耐力越高，通过的考验也越多。所以要放松心情，靠意志力和自信心冲破难关。

保持积极的人生观，可以帮助你了解逆境其实很少危害生命，只会引起不同程度的愤慨，何况一定的压力也有好处。舒适安逸的生活无法带给人快乐与满足，人生若是少了有待克服的障碍、有待解决的问题、有待追求的目标、有待完成的使命，便毫无成就感可言了。

人生是一场学习的过程，接二连三的打击则是最好的生活导师。享乐与顺境无法锻炼人格，逆境却可以。一旦征服了难关，遇到再糟的情况也不会惊慌。人生有甘也有苦，物质环境的优劣与生活困厄的程度毫无瓜葛，重要的是我们对环境采取何种反应。接受好花不常开的事实，日子会幸福许多。记住这句话：人生苦多于乐，不必太在乎。

把不幸当作机遇

别林斯基说："不幸是一所最好的大学。"自知者明，自强者胜，自强者可以征服山，即使跋山涉水也在所不惜；弱者就是面对一张薄纸，也不愿伸手戳破，去达到自己的目的。每个人的一生都有挫折，自强者自然把挫折当玩具，戏之笑之，淡然视之，强者自强，而弱者把挫折当大山，多是惧之怕之，闭目待之，终是弱者更弱。调整你的心态，把不幸当做机遇，你就能战胜不幸，取得成功。

加拿大第一位连任两届总理的让·克雷蒂安小的时候，说话口吃，曾因疾病导致左脸局部麻痹，嘴角畸形，讲话时嘴巴总是向一边歪，而且还有一只耳朵失聪。

听一位有名的医学专家说，嘴里含着小石子讲话可以矫正口吃，克雷蒂安就整日在嘴里含着一块小石子练习讲话，以致嘴巴和舌头都被石子磨烂了。母亲看后心疼得直流眼泪，她抱着儿子说："克雷蒂安，不要练了，妈妈会一辈子陪着你。"克雷蒂安一边替妈妈擦着眼泪，一边坚强地说："妈妈，听说每一只漂亮的蝴蝶，都是自己冲破束缚它的茧之后才变成的。我一定要讲好话，做一只漂亮的蝴蝶。"

功夫不负有心人，经过长久的磨炼，克雷蒂安终于能够流利地讲话了。他勤奋并善良，中学毕业时他不仅取得了优异的成绩，而且还获得了极好的人缘。

1993年10月，克雷蒂安参加全国总理大选时，他的对手大力攻击、嘲笑他的脸部缺陷，对手曾极不道德、带有人格侮辱地说："你们要这样的人来当你们的总理吗？"然而，对手的这种恶意攻击却招致大部分选民的愤怒和谴责。当人们知道克雷蒂安的成长经历后，都给予他极大的同情和尊敬。在竞争演说中，克雷蒂安诚恳地对选民说："我要带领国家和人民成为一只美丽的蝴蝶。"最后他以极高的票数当选为加拿大总理，并在1997年成功地获得连任，被加拿大人民亲切地称为"蝴蝶总理"。

人不能因为不幸的来临而畏缩不前，轻言放弃。而应该把它当做一次机遇，抓住它，发挥它的积极作用，你就可以获得不幸给予你的馈赠。

开启宝藏之门的钥匙就在自己的手中，轻言放弃，这些宝藏就永无见天之日。也许你现在并不如意，但永远不能放弃的是成功的决心和斗志，更为关键的是你能不能正确地意识到什么是自己最擅长的，尽管因为现实的某些原因处于困境之中，但总要设法找到自己的宝藏，并努力去开采它。

成功人士都是不惧怕困境的，他们总是把一次次不幸当作一次次机遇。面对长期的困境，他们或默默耕耘，或摇旗呐喊。他们凭着一副熬不垮的神经，一腔无所畏惧的勇气，振作精神，发奋苦干，以图早日突破困境的牢笼。目不能二视，耳不能二听，手不能二事。全神贯注于你所期望的目标，你就一定能够如愿以偿。如果你是个缺乏耐性、不能坚持，做什么事都半途而废，要别人替你收拾残局的人，你应当在行动之前细心思索，不可贸然开始工作，免得骑虎难下。"水滴石穿，绳锯木断"，水和石比，绳和木比，硬度显然相差太远，然而只要你不轻言放弃，把不幸当做机遇看待，全力做好一件事，天长日久，石头也会被水滴穿，木头也会被绳锯断。人做事也是这样，只要全神贯注地做一件事，就可以把事情做得比较完美，甚至做到完美无缺。

苦难是把双刃剑

苦难是一柄双刃剑，它能让强者更强，练就出色而几近完美的人格，但是同时它也能够将弱者一剑削平，从此倒下。

曾有这样一个"倒霉蛋"，他是个农民，做过木匠，干过泥瓦工，收过破烂，卖过煤球，在感情上受到过欺骗，还打过一场3年之久的官司。他曾经独自闯荡在一个又一个城市里，做着各种各样的活计，居无定所，四处漂泊，生活上也没有任何保障。看起来仍然像一个农民，但是他与乡里的农民有些不同，他虽然也日出而作，但是不日落而息——他热爱文学，写下了许多清澈纯净的诗歌。每每读到他的诗歌，都让人们为之感动，同时为之惊叹。

"你这么复杂的经历怎么会写出这么纯净的作品呢？"他的一个朋友这么问他，"有时候我读你的作品总有一种感觉，觉得只有初恋的人才能写得出。"

"那你认为我该写出什么样的作品呢？《罪与罚》吗？"他笑道。

"起码应当比这些作品更沉重和黯淡些。"

他笑了，说："我是在农村长大的，农村家家都储粪种庄稼。小时候，每当碰到别人往地里送粪时，我都会掩鼻而过。那时我觉得很奇怪，这么臭、这么脏的东西，怎么就能使庄稼长得更壮实呢？后来，经历了这么多事，我却发现自己并没有学坏，也没有堕落，甚至连麻木也没有，就完全明白了粪便和庄稼的关系。

"粪便是脏臭的，如果你把它一直储在粪池里，它就会一直这么脏臭下去。但是一旦它遇到土地，它就和深厚的土地结合，就成了一种有益的肥料。对于一个人，苦难也是这样。如果把苦难只视为苦难，那它真的就只是苦难。但是如果你让它与你精神世界里最广阔的那片土地去结合，它就会成为一种宝贵的营养，让你在苦难中振翅高飞，体会到特别的甘甜和美好。"

土地转化了粪便的性质，人的心灵则可以转化苦难的性质。在这转化中，每一场沧桑都成了他唇间的美酒，每一道沟坎都成了他诗句的源泉。他文字里那些明亮的妩媚原来是那么深情、隽永，因为其间的一笔一画都是他踏破苦难的履痕。

苦难是把双刃剑，它会割伤你，但也会帮助你。

帕格尼尼，世界超级小提琴家。他是一位在苦难的琴弦下把生命之歌演奏到极致的人。

4岁时一场麻疹和强直性昏厥症让他险些就此躺进棺材。7岁患上严重肺炎，只得大量放血治疗。46岁因牙床长满脓疮，拔掉了大部分牙齿。其后又染上了可怕的眼疾。50岁后，关节炎、喉结核、肠道炎等疾病折磨着他的身体与心灵。后来声带也坏了。他仅活到57岁，就口吐鲜血而亡。

身体的创伤不仅仅是他苦难的全部。他从13岁起，就在世界各地过着流浪的生活。他曾一度将自己禁闭，每天疯狂地练琴，几乎忘记了饥饿和死亡。

像这样的一个人，这样一个悲惨的生命，却在琴弦上奏出了最美妙的音符。3岁学琴，12岁首场个人音乐会。他令无数人陶醉，令无数人疯狂！

乐评家称他是"操琴弓的魔术师"。歌德评价他："在琴弦上展现了火一样的灵魂。"李斯特大喊："天哪，在这四根琴弦中包含着多少苦难、痛苦与受到残害的生灵啊！"苦难净化心灵，悲剧使人崇高。也许上帝成就天才的方式，就是让他在苦难这所大学中进修。

弥尔顿、贝多芬、帕格尼尼，世界文艺史上的三大怪杰，一个失明，一个失聪，一个失语！这就是最好的例证。

苦难，在这些不屈的人面前，会化为一种礼物，一种人格上的成熟与伟岸，一种意志上的顽强和坚韧，一种对人生和生活的深刻认识。然而，对更多人来说，苦难是噩梦，是灾难，甚至是毁灭性的打击。

其实对于每一个人，苦难都可以成为礼物或是灾难。选择权就在你自己手里。一个人的尊严之处，就是不轻易被苦难压倒，不轻易因苦难放弃希望，不轻易让苦难占据自己蓬勃向上的心灵。

用你的坚韧和不屈，你真的可以自由选择经历哪一种苦难。

超越人生的苦难

美国前总统克林顿并不算是天才人物，但他能登上美国总统的宝座，与他个人的勤奋和磨炼不无关系。

克林顿的童年很不幸。他出生前4个月，父亲就死于一次车祸。他母亲因无力养家，只好把出生不久的他托付给自己的父母抚养。童年的克林顿受到外公和舅舅的深刻影响。他自己说，他从外公那里学会了忍耐和平等待人，从舅舅那里学到了说到做到的男子汉气概。他7岁随母亲和继父迁往温泉城，不幸的是，双亲之间常因意见不合而发生激烈冲突，继父嗜酒成性，酒后经常虐待克林顿的母亲，小克林顿也经常遭其斥骂。这给从小就寄养在亲戚家的小克林顿的心灵蒙上了一层阴影。

坎坷的童年生活，使克林顿形成了尽力表现自己、争取别人喜欢的性格。他在中学时代非常活跃，一直积极参与班级和学生会活动，并且有较强的组织和社会活动能力。他是学校合唱队的主要成员，而且被乐队指挥定为首席吹奏手。

1963年夏，他在"中学模拟政府"的竞选中被选为参议员，应邀参观了首都华盛顿，这使他有机会看到了"真正的政治"。参观白宫时，他受到了肯尼迪总统的接见，不但同总统握了手，而且还和总统合影留念。

此次华盛顿之行是克林顿人生的转折点，使他的理想由当牧师、音乐家、记者或教师转向了从政，梦想成为肯尼迪第二。

有了目标和坚强的意志，克林顿此后30年的全部努力，都紧紧围绕这个目标。上大学时，他先读外交，后读法律——这些都是政治家必须具备的知识修养。离开学校后，他一步一个脚印，律师、议员、州长，最后达到了政治家的巅峰——总统。

人生来都希望在一个平和顺利的环境中成长，但上帝并不喜爱安逸的人们，他要挑选出最杰出的人物，于是他让这些人历经磨难，千锤百炼终于成金。

一个人若想有所成就，那么苦难就成为一道你必须超越的关卡。就像神话中所说的那样，那条鲤鱼必须跳过龙门，才能超越自我、化身为龙，人生又何尝不是如此！

打开苦难的另一道门

"自古雄才多磨难，从来纨绔少伟男"，人们最出色的工作往往是在挫折逆境中做出的。我们要有一个辩证的挫折观，经常保持自信和乐观的态度。挫折和教训使我们变得聪明和成熟，正是失败本身才最终造就了成功。我们要悦纳自己和他人他事，要能容忍挫折，学会自我宽慰，心怀坦荡、情绪乐观、满怀信心地去争取成功。

如果能在挫折中坚持下去，挫折实在是人生不可多得的一笔财富。有人说，不要做在树林中安睡的鸟儿，要做在雷鸣般的瀑布边也能安睡的鸟儿，就是这个道理。逆境并不可怕，只要我们学会去适应，那么挫折带来的逆境，反而会给我们以进取的精神和百折不挠的毅力。

挫折让我们更能体会到成功的喜悦，没有挫折我们不懂得珍惜，没有挫折的人生是不完美的。

世事常变化，人生多艰辛。在漫长的人生之旅中，尽管人们期盼能够一帆风顺，但在现实生活中，却往往令人不期然地遭遇逆境。

逆境是理想的幻灭、事业的挫败；是人生的暗夜、征程的低谷。就像寒潮往往伴随着大风一样，逆境往往是通过名誉与地位的下降、金钱与物资的损失、身体与家庭的变故而表现出来的。逆境是人们的理想与现实的严重背离，是人们的过去与现在的巨大反差。

每个人都会遇到逆境，以为逆境是人生不可承受的打击的人，必不能挺过这一关，可能会因此而颓废下去；而以为逆境只不过是人生的一个小坎儿的人，就会想尽一切办法去找到一条可迈过去的路。这种人，多迈过几个小坎儿的，就会不怕大坎儿，就能成大事。

传说上帝造物之初，本打算让猫与老虎两师徒一道做万兽之王。上帝为考察它们的才能，放出了几只老鼠，老虎全力以赴，很干脆地就将老鼠捉住吃掉了。猫却认为这是大材小用，上帝小看了自己，心中不平，于是很不用心，捉住了老鼠再放开，玩弄了半天才把老鼠杀死。

考察的结果是上帝认为猫太无能，不可做兽王，就让它身躯变小，专捉老鼠。而虎能全力以赴，做事认真，因此可以去统治山林，做百兽之王。

这则寓言告诉我们：世事艰辛，不如意者十有八九，不必因不平而泄气，也不必因逆境而烦恼，只要自己努力，机会总会有的。

面对逆境，不同的人有着不同的观点和态度。就悲观者而言，逆境是生存的炼狱，是前途的深渊；就乐观的人而言，逆境是人生的良师，是前进的阶梯。逆境如霜雪，它既可以凋叶摧草，也可使菊香梅艳；逆境似激流，它既可以溺人殒命，也能够济舟远航。逆境具有双重性，就看人怎样正确地去认识和把握。

古往今来，凡立大志、成大功者，往往都饱经磨难，备尝艰辛。逆境成就了"天将降大任者"。如果我们不想在逆境中沉沦，那么我们便应直面逆境，奋起抗争，只要我们能以坚忍不拔的意志奋力拼搏，就一定能冲出逆境。

充实自己，让人生更精彩

曾经有人说，人类出生时之所以哇哇大哭，是因为人类预知到生命必然充满痛苦。

人生是充满了痛苦，那我们应该通过怎样的努力使自己离开这个世界的时候能够不再悲伤呢？方法只有一个，那就是不断充实自己、战胜苦难，使生命取得它应有的辉煌。

一切都要靠自己用心灵去体验，无论痛苦有多么难以忍受，你都不要放弃，正因为这些苦难，我们才更坚强、更勇敢。多充实自己，人生就会多一分精彩。

成功学大师戴尔·卡耐基刚开始拓展事业的时候，经常在全国各地巡回演讲，举办一些成人教育班和座谈会。

某次的活动里，一位纽约《太阳报》的记者在后来报道中毫不留情地攻击卡耐基和他所热爱的工作。

这对年轻气盛的卡耐基来说，不只是一桶泼在头上的冷水，简直是一桶恶臭难当的馊水。

卡耐基看了报纸，越想越恼火。这些文字侮辱了他的人格、他的理想以及他全心全意专注的事业，根本是这个记者在刻意歪曲捏造事实。

气急败坏之下，卡耐基马上打电话给《太阳报》执行委员会的主席，要求刊登一篇声明，以澄清真相。是可忍，孰不可忍？卡耐基当时只有一个念头，就是一定要让犯错的人受到应有的惩罚。

几年之后，卡耐基的事业规模越来越庞大，他不禁为自己当时的幼稚行为感到惭愧。

因为，直到这时他才体会到，当时气冲冲地发表自己的声明，想要借此昭告天下、澄清事实，但是实际上，看那份报纸的人当中也许只有 1/10 会看到那篇文章；看到那篇文章的人里面可能有 1/2 会把它当成一件微不足道的小事；而真正注意到这篇文章的人中，又有 1/2 会在几个礼拜之后，把这件事忘得一干二净，如此一来，刊登这篇文章有什么作用呢？

经过一番思考，卡耐基的处世态度更为成熟，他明白了这样一个道理：在你的能力范围内，尽可能做你应该做的事，然后把你的破伞收起来，免得任意批评你的雨水顺着脖子向后背流下去，当你不停地充实自己，那些攻击你的人就会不攻自破了。

面对别人的批评指教，你可以回敬同样的"礼数"，这也许会使你的怨气得以宣泄，但是却不会让你有更好的名声。因为，当你反击对手、平反自己时，你还是同一个你，根本没有一点进步：喜欢你的人依然喜欢你，不接受你的人还是不接受你。

这就像生气地把一块大石头丢进海水里，只会有一瞬间的水花，转眼却又风平浪静。

多充实自己，你就会像一座山一样，慢慢超过所有的山，甚至高过空中的白云，这时，也许对别人的折磨，你只会有感激的想法了。

积极心态能激发无穷潜能

无数成功人士的奋斗历程已经验证：成功是由那些抱有积极心态的人所取得的，并由那些以积极的心态努力不懈的人所保持。拥有积极的心态，即使遭遇困难，也可以获得帮助，事事顺心。

生命本身是短暂的，但是为什么有的人过得丰富多彩，充满朝气和进取精神，有的人却生活得枯燥无味，没有一点儿风光和活力？生活也许是一支笛、一面锣，吹之有声，敲之有音，全看你是不是积极去吹去敲，去创造自己生活的节奏和旋律。

有人说："我不会吹、不会敲怎么办，积极的人会告诉你，不吹白不吹，不敲白不敲，消极等待只能浪费生命。"是的，活在世上，何必等待，何必懒惰？等待等于自杀，懒汉也并不能延长生命一分一秒。

从前，有一群青蛙组织了一场攀爬比赛，比赛的终点是：一个非常高的铁塔的塔顶。一大群青蛙围着铁塔看比赛，给它们加油。

比赛开始了。

老实说，群蛙中没有谁相信这些小小的青蛙会到达塔顶，他们都在议论：

"这太难了！它们肯定到不了塔顶！"

"他们绝不可能成功的，塔太高了！"

听到这些，一只接一只的青蛙开始泄气了，只有几只情绪高涨的还在往上爬。群蛙继续喊着："这太难了！没有谁能爬上塔顶的！"

越来越多的青蛙累坏了，退出了比赛。但，有一只却越爬越高，一点没有放弃的意思。

最后，其他所有的青蛙都退出了比赛，除了一只，它费了很大的劲，终于成为唯一一只到达塔顶的胜利者。

很自然地，其他所有的青蛙都想知道它是怎么成功的。有一只青蛙跑上前去问那只胜利者它哪来那么大的力气爬完全程？

它发现：这只青蛙是个聋子！

永远不要听信那些习惯消极悲观看问题的人，保持积极乐观的心态。总是记住你听到的充满力量的话语，因为所有你听到的或读到的话语都会影响你的行为。

拥有积极的心态，是一个成功者必备的素质。积极的心态，能够使人上进，能够激发人潜在的力量。

生命的潜能是无穷的

大文豪歌德说过："生活在理想中的世界，就是要把不可能的东西当作可行的东西来对待。"话说得很中肯，人的生命对于茫茫宇宙宛如大海中的一叶孤舟，渺小、脆弱。可是生命的潜能永远没有极限，要想在这个世界上取得成功，就必须开发自己的生命潜能。

腔棘鱼又称"空棘鱼"，由于脊柱中空而得名，是目前世界上十分罕见的鱼类，由于科学家在白垩纪之后的地层中找不到它的踪影，因此认为这个登陆英雄已经告别了世间，全部灭绝了。1938 年在南非，科学家却发现了一条腔棘鱼，这个史前鱼种还活着！在距今 4 亿年前的泥盆纪时代，腔棘鱼的祖先凭借强壮的鳍，爬上了陆地。经过一段时间的挣扎，其中的一支越来越适应陆地生活，成为真正的四足动物；而另一支在陆地上屡受挫折，又重新返回大海，并在海洋中寻找到一个安静的角落，与陆地彻底告别了。

这个安静的角落就是 1 万多米深的海底。众所周知，人类入海比登天还要难。首先是巨大的压力：水深每增加 10 米，压力就要增加 1 个大气压。在 1 万多米深的海底，压力将高达 1000 个大气压，别说人的血肉之躯，就是普通的钢铁构件也会被压得粉碎。还有海底的恶劣环境，黑暗、寒冷！太阳光进入海中很快被吸收，水深 10 米处的光能只及海洋表面的 18%，100 米深处则只有 1% 了。光线稀少，热量自然难留，水下的寒冷、黑暗可想而知。然而，腔棘鱼通常生活在非常深的海底，并把自己隐藏在海底礁石的洞穴里。在恶劣的海底世界里，它们以生存为目标，不断给自己施加压力，学会与压力共处，在自己的历史空间里痛并快乐地生存着，超乎想象地存在了 4 亿年！

科学家研究发现，人类的潜能平均开发程度只有 10% 左右。可见，人类还有绝大部分的潜力没有得到有效的利用，一旦这些潜能得到开发，人类所能爆发的能力一定是惊人的。

生命的潜能是无穷的，承受得了难以想象的困难和压力。只有承受住压力的生命，才能真正开发出自己的潜能，显现出自己的美丽。能负重前行的人，才会拥有多姿多彩的人生。

把别人的折磨当成前进的动力

生活中的折磨无处不在，那你是怨天尤人，忧虑度日，还是面对折磨，更加奋勇前进，这取决于你的选择。记住，你的选择会决定你的命运。

把折磨当成自己前进的动力，使自己经受折磨的雕琢，最终走向成功，才是你最明智的选择。

美国的一所大学进行了一个很有意思的实验。实验人员用很多铁圈将一个小南瓜整个箍住，以观察它逐渐长大时，能抵抗多大由铁圈给予它的压力。起初实验者估计南瓜最多能够承受 400 磅（约 181 千克）的压力。

在实验的第一个月，南瓜就承受了 400 磅的压力，实验到第二个月时，这个南瓜承受了 1000 磅（约 454 千克）的压力。当它承受到 2100 磅（约 1089 千克）的压力时，研究人员开始对铁圈进行加固，以免南瓜将铁圈撑开。

当研究结束时，整个南瓜承受了超过 4000 磅（约 1814 千克）的压力，到这时，瓜皮才因为巨大的反作用力产生破裂。

研究人员取下铁圈，费了很大的力气才打开南瓜。它已经无法食用，因为试图突破重重铁圈的压迫，南瓜中间充满了坚韧牢固的层层纤维。为了吸收充足的养分，以便于提供向外膨胀的力量，南瓜的根系总长甚至超过了 8 万英尺（约 2438 千米），所有的根不断地往各个方向伸展，几乎穿透了整个实验田的每一寸土壤。

南瓜因为外界的压力而变得更加苗壮，人生也是如此。许多时候我们夸大了那些强加在我们身上的折磨的力量，其实生命还可以承受更大的压力，因为只要你想，你就能开发出更加惊人的潜能。

在多难而漫长的人生路上，我们需要一颗健康的心，需要绚烂的笑容。苦难是一所没有人愿意上的大学，但从那里毕业的，都是强者。

做你自己的伯乐

你虽然没有别人英俊潇洒，但你可能身强体壮；你虽然不会琴棋书画，但你可能思维敏捷，逻辑清晰……上苍不会给人全部，但他绝对不会亏待你，所以你一定要做自己的伯乐，发掘自己的潜能。

一个天寒地冻的深夜，W. 翟莫西·盖尔卫，一位年轻的加利福尼亚人，正独自驱车穿过缅因州边远的森林地带。他的车轮突然打滑，车子撞进了路旁的雪堆。20 分钟过去了，盖尔卫没有看到一辆车路经此地。看来待在车里等着是毫无指望了，他认为最好的出路是步行去求援。于是他身穿便服和一件运动衫，开始向来路跑去。稀薄而寒冷的空气，使他几分钟之后便气喘吁吁了，一阵疲乏感袭来，他觉得浑身麻木，接着是令人瘫软的恐惧。"我会死在这冰天雪地之中的！"他意识到。

这个念头如此可怕，盖尔卫的脚步不知不觉地停了下来。过了一会儿，由于他承认了现实，他的恐惧发生了短路。他对自己说："如果我真的要死了，光发愁也无济于事。"这时，他突然觉察到，周围的一切是那样美丽：寂静的夜、闪烁的星星，被雪景衬托得格外分明的树木。盖尔卫没有想到，自己竟然渐渐地恢复了体力，于是他一口气跑了 40 分钟，终于找到了一户友善的人家。

盖尔卫没有想到，他突然之间显示出的奇怪的内部能量，竟会成为他后来所从事的事业的基础，并由此创造了他所谓和失望恐惧赛跑的"内心竞赛"的理论。在他作为一名运动员和一位教师的多年实践之后，盖尔卫认识到，在那个严寒的夜晚使他得救的正是人类所共有的一种巨大的潜能，问题在于人们是否肯使用它。

还有一个故事是这样说的：

有一个探险家，他走进了非洲的荒野中。他随身带了一些不怎么值钱的小装饰品，打算送给当地的土著人。在这些东西当中，有两面真人大小的镜子。他把这两面镜子靠着两棵树放好，然后就坐下来和他的手下人谈论有关探险的情况。这时候探险家注意到有个土著人手里拿着长矛正在向镜子走过来，当他向镜子里望去的时候，他看见了自己的影子，于是开始向镜子里的对手刺去，好像它真的是个土著人一样，仿佛要杀了他。当然，土著人打碎了这面镜子。这时候，探险家向这个土著人走去，问他为什么要打碎镜子。这个土著人回答说："他要杀我，我就先杀了他。"探险家向土著人解释说，镜子不是用来干这个的，并领他走到第二面镜子那边去。他对土著人解释说："看，镜子是这样一个东西——通过它，你可以看到你的头发有没有梳直，你脸上的油彩涂得是否合适，你的胸部多么健壮，你的肌肉多么发达。"土著人回答说："噢，我不知道。"

成千上万的人都这样，他们的情形和这个土著人差不多。他们穷其一生和生活作战。在生命的每个转折点上，他们都以为会有一场战斗，而情况最终也确实是这样。他们预计会有敌人，而他们确实遇到了敌人。他们预计困难会接踵而至，而事情也恰好就是这样。"如果事情不是这样，那么它就是那样……总会发生点什么。"对于成千上万的没有能够认识到这种巨大的力量的人来说，事情过去是这样，将来也还会是这样。成千上万的人继续过着平淡、普通、痛苦的生活，因为这种巨大的力量从他们身边悄悄溜走了，他们就再也抓不住它了。生活中的你绝对不要像土著人那样，穷其一生都不能发现自己的力量。发现你自己、做自己的伯乐，你就能走向成功。

在行动中激发自己的潜能

生活中的你是否还在为命运不济而哀叹呢？如果是，那还是赶紧收起这些怨天尤人的论调吧！行动起来，在行动中激发自己的潜能，说不定你就能创造奇迹。

在美国颇负盛名、人称传奇教练的伍登，在全美12年的篮球年赛当中，帮助加州大学洛杉矶分校赢得10次全美总冠军。如此辉煌的成绩，使伍登成为大家公认的有史以来最成功的篮球教练之一。

曾经有记者问他："伍登教练，请问你如何保持这种积极的心态？"

伍登很愉快地回答："每天我在睡觉以前，都会提起精神告诉自己：我今天的表现非常好，而且明天的表现会更好。"

"就只有这么简短的一句话吗？"记者有些不敢相信。

伍登坚定地回答："简短的一句话？这句话我可是坚持了20年！重点和简短与否没关系，关键是在于你有没有持续去做，如果无法持之以恒，就算是长篇大论也没有帮助。"

伍登的积极心态超乎常人，不单只是对篮球的执著，对于其他的生活细节也是保持这种精神。例如有一次他与朋友开车到市中心，面对拥挤的车流，朋友感到不满，继而频频抱怨，但伍登却欣喜地说："这里真是个热闹的城市。"

朋友好奇地问："为什么你的想法总是异于常人？"

伍登回答说："一点都不奇怪，我是用心里所想的事情来看待，不管是悲是喜，我的生活中永远都充满机会，这些机会的出现不会因为我的悲或喜而改变，只要不断地让自己保持积极的心态，一刻也不停地去行动，我就可以把握机会，激发更多的潜在力量。"

其实每个人都有伍登那样的潜力，但是大部分人都不能像伍登那样，时刻保持积极的心态去努力。如果每个人都能像伍登一样，那他也一定会是一个有才华的人，并且在行动中不断进步，创造奇迹的可能就会时刻存在。

中篇

不生气

——脾气好了，福气来了

第一章　戒贪嗔痴，拔除生气的根

人生有关隘

人生中不同的阶段有不同的关隘，最难通过的是君子三戒：少年戒之在色。男女之间如果有过分的贪欲，很容易毁伤身体；壮年戒之在斗。这个斗不只是指打架，而指一切意气之争，事业上的竞争，处处想打击别人，以求自己成事立业，这种心理是中年人的毛病；老年戒之在得。年龄不到可能无法体会，曾经有许多人，年轻时仗义疏财，到了老年反而斤斤计较，钱放不下，事业更放不下，在对待很多事情时都是如此。

三戒如同人生三个关隘，闯过去，便是踏平坎坷成大道；闯不过去，便是拿到了一张不合格的人生答卷，轻则半生虚度，重则一生荒废，甚至坠入万劫不复的深渊。

有一座泥像立在路边，历经风吹雨打。它多么想找个地方避避风雨，然而它无法动弹，也无法呼喊。它太羡慕人类了，它觉得做一个人，可以无忧无虑、自由自在地到处奔跑。它决定抓住一切机会，向人类呼救。

有一天，智者圣约翰路过此地，泥像用它的神情向圣约翰发出呼救："智者，请让我变成人吧！"圣约翰看了看泥像，微微笑了笑，然后衣袖一挥，泥像立刻变成一个活生生的青年。"你要想变成人可以，但是你必须先跟我试走一下人生之路，假如你受不了人生的痛苦，我马上把你还原。"智者圣约翰说。

于是，青年跟智者圣约翰来到一个悬崖边。"现在，请你从此崖走向彼崖吧！"圣约翰长袖一拂，已经将青年推上了铁索桥。青年战战兢兢，踩着一个个大小不同的链环边缘前行，然而一不小心跌进了一个链环之中，顿时，两腿悬空，胸部被链环卡得紧紧的，几乎透不过气来。

"啊！好痛苦呀！快救命呀！"青年挥动双臂大声呼救。"请君自救吧。在这条路上，能够救你的，只有你自己。"圣约翰在前方微笑着说。青年扭动身躯，奋力挣扎，好不容易才从这痛苦之环中挣扎出来。"你是什么链环，为何卡得我如此痛苦？"青年愤然道。"我是名利之环。"脚下铁链答道。

青年继续朝前走。忽然，隐约间，一个绝色美女朝青年嫣然一笑，然后飘然而去，不见踪影。青年稍一走神，脚下一滑，又跌入一个环中，被链环死死卡住。青年挥动双臂大声呼救，可是四周一片寂静，没有一个人响应，没有一个人来救他。这时，圣约翰再次在前方出现，他微笑着缓缓道："在这条路上，没有人可以救你，你只能自救。"青年拼尽力气，总算从这个环中挣扎了出来，然而他已累得精疲力竭，便坐在两个链环间小憩。"刚才这是个什么痛苦之环呢？"青年想。"我是美色链环。"脚下的链环答道。

经过一阵轻松的休息后，青年顿觉神清气爽，心中充满幸福愉快的感觉，他为自己终于从链环中挣扎出来而庆幸。青年继续向前走，然而他又接连掉进欲望的链环、嫉妒的链环……待他从这一个个痛苦之环中挣扎出来时已经疲惫不堪了。他抬头望望，前面还有漫长的一段路，他再也没有勇气走下去了。

"智者！我不想再走了，你还是带我回原来的地方吧！"青年呼唤着。智者圣约翰出现了，他长袖一挥，青年便回到了路边。"人生虽然有许多痛苦，但也有战胜痛苦后的欢乐和轻松，你真的愿意放弃人生么？""人生之路痛苦太多，欢乐和愉快太短暂、太少了，我决定放弃做人，还原为泥像。"青年毫不犹豫地说。智者圣约翰长袖一挥，青年又还原为一尊泥像。"我从此再也不用受人世的痛苦了。"泥像想。然而不久，泥像被一场大雨冲成了一堆烂泥。

人的一生需要迈过的坎很多，稍不留神，我们就会栽在其中一道坎上。不过，对于绝大多数人，或许最重要的是迈过金钱、权力与美色三道坎，就像孔子所说的"人生三戒"一样。

其实，无论你处于什么阶段，这"三戒"的内容，都应当牢记于心，"时时勤拂拭，莫使惹尘埃"。以"礼"约束，用理性的缰绳约束情感和欲望的野马，达到中和调适，便能顺利走过人生的几个关隘。

心热如火，眼冷似灰

宋代词人辛弃疾有一句名言："物无美恶，过则为灾。"想拥有，是因为占有欲在作怪，如果舍得放弃，就不会如此痛苦了。生活就是如此，有的时候，痛苦和烦恼不是由于得到太少，反而是因为拥有太多。拥有太多，就会感到沉重、拥挤、膨胀、烦恼、害怕失去。

拥有是一种简单原始的快乐，拥有太多，就会失去最初的欢喜，变得越来越不如意。

日本禅师释宗演说："我心热如火，眼冷似灰。"他立下了如下的守则，终身信守不渝：

（1）晨起着衣之前，燃香静坐。

（2）定时休息，定时饮食；饮食适量，决不过饱。

（3）以独处之心待客，以待客之心独处。

（4）谨慎言词，言出必行。

（5）把握机会，不轻易放过，但凡事须三思而行。

（6）已过不悔，展望将来。

（7）要有英雄的无畏，赤子的爱心。

（8）睡时好好去睡，要如长眠不起；醒时立即离床，如弃敝屣。

欲过度则为贪

贪的邪恶力量是无穷的，它会让欲望迷失人的本心，从而在追逐欲望的深渊中不能自拔。

贪婪往往要付出代价。有时候，有些人为了得到他喜欢的东西，殚精竭虑，费尽心机，更甚者可能会不择手段，以致走向极端。他付出的代价是其得到的东西所无法弥补的，也许那代价是沉重的，只是直到最后才会被他发现罢了。

贪婪的人，被欲望牵引，欲望无边，贪婪无边；贪婪的人，是欲望的奴隶，他们在欲望的驱使下忙忙碌碌，但不知所终；贪婪的人，常怀有私心，一心算计，斤斤计较，却最终一无所获。

古时，有一个国王非常富有，但他还是不满足，希望自己更富有。他甚至希望有一天，只要他摸过的东西都能变成金子。

结果，这个愿望实现了，天神给了国王一份厚礼。国王非常高兴，因为只要他伸手摸任何物品，那个物品就会变成黄金。他开心地用手触摸家中的每样家具，顿时每样东西都变成了黄澄澄的金子。

此时，国王心爱的小女儿高兴地跑过来。国王一伸手拥抱她，立刻，活泼可爱的小公主就变成一尊冰冷的金人。他惊呆了。

的确，有很多事情，做到何种程度是由我们自己来控制的。成功的人往往适可而止，而失败的人不是做得太少就是做得太多。但是，多并不一定会带来快乐，太多有时也是一种麻烦。

活着绝不是为了赚钱

清朝时山西太原有一个商人，生意做得很红火，长年财源滚滚。虽然请了好几位账房先生，但总账还是靠他自己算。钱的进项又多又大，他天天从早晨打算盘熬到深更半夜，累得腰酸背痛、头昏眼花。夜晚上床后又想到第二天的生意，一想到成堆白花花的银子就兴奋激动得睡不着。

这样，白天忙得不能睡觉，夜晚又兴奋得睡不着觉，他患上了严重的失眠症。他隔壁靠做豆腐为生的小两口，每天清早起来磨豆浆、做豆腐，说说笑笑，快快活活，甜甜蜜蜜。

墙这边的富商在床上翻来覆去，摇头叹息，对这对穷夫妻又羡慕又嫉妒。他的太太也说："老爷，我们要这么多银子有什么用，整天又累又担心，还不如隔壁那对穷夫妻活得开心。"

金钱并不是唯一能够满足心灵的东西。虽然它能为心灵的满足提供多种手段和工具，但在现实生活中，你却不能只顾享受金钱而不去享受生活。

享受金钱只能让自己早日堕落，而享受生活却能够使自己不断品尝人生的幸福。享受金钱会使自己被金钱的恶魔无情地缠绕，于是自己的生活主题只有"金钱"两字。整天为金钱所困惑，为金钱而难受，为金钱而痛苦，生活便会沦为围绕一张钞票而上演的闹剧。

享受生活的人则不在乎自己有多少金钱，多可以过，少一样可以过，问题是自己处处能够感悟到生活。过度享受金钱的人会为追逐金钱而失去本心。享受生活的人会感到人生是无限美好的，于是越活越开心。

对待金钱必须拿得起放得下，赚钱是为了活着，但活着绝不是为了赚钱。假如人活着只把追逐金钱作为人生唯一的目标和宗旨，那人将是一种可怜的动物，他将会被自己所制造出来的这种工具捆绑起来，并被生活遗弃。

心中不染铜臭

金钱对于我们的生活来说，很重要，但我们必须明白的是金钱并不是万能的。挣钱是为了让自己生活得更好，所以钱不是神，而是仆人。如果一个人成为金钱的奴隶，那么，对他而言，钱多并非是一件好事。

唐代德宗时的王锷是个起起武夫，凭着血气之勇打了几次胜仗，最后一步一步升迁。此公生性吝啬贪鄙，凡是他经手的工程建设，哪怕琐屑小事也要躬亲。不过，这完全不是出于对工作的谨慎负责，而是怕肥水落入外人田。每次公家设宴请客的剩菜剩饭，他要么自己全部带回家，要么全部当下卖掉，反正不会白白便宜了手下人。

他多年的一个旧友，看到他这样富贵了还见钱忘命，便善意又委婉地对他说："相爷要把身外之物看淡一点，对于金钱要有聚有散，好让社会上知道相爷重义不重财。"几天后那位旧友又去见王锷，王锷十分诚恳地对他说："前天你的劝告太及时了，我已按你的意思把钱财散了。我的每个儿子各人分得万贯，每个女婿各人分得千贯。"

听着王锷的话，那位老友两眼睁得又大又圆，心里暗暗地说："原来如此！"王锷这种散财方法的结局会很可悲。因为，留给儿孙的家业太多了，反而养成了他们不想自食其力的懒惰。

的确，如果我们不能很好地去把握和控制金钱，那么，钱越多，对于我们而言则害处越大。

因此，我们必须明白：我们要做金钱的主人，而不是金钱的奴隶。要知道：金钱并不是生活的全部，生活中有比金钱更贵重的东西。

怒气伤人害己

一个人如果能够每时每刻都用一颗宽容、豁达的心去面对世间的人和事，那么这个人的生活中就会除却很多烦恼，就能够时时拥有一颗宁静的心。

怒气的锋刃对我们有什么益处呢？它既伤害别人，同时也伤害自己。嗔，这把双刃剑，剑锋所向，最终归结于我们自身。

释迦牟尼指示弟子们应该说柔软语、真实语、慈悲语、爱语，不可说恶语，因为恶语不仅伤害别人，更伤害自己。

佛陀的教导真是对症下药。俗话说："生气是拿别人的过错来惩罚自己。"对别人宽容，其实就是对自己宽容，一个不懂得宽容别人的人，最终将伤害到自己。

嗔剑就挂在每个人心间，出鞘不出鞘，其运用之妙，存乎一心。人贵在了解，彼此沟通、增进了解，知道人都有弱点和局限，便可化解怒气。

一个懂得欣赏别人优点，能一眼看出别人优点的人，不容易发怒。相反，老是挑剔、强求别人的人，处处看不惯别人，自然容易发怒。

怒气会恶性传染

动辄发怒是放纵和缺乏教养的表现，而且一旦"愤怒"与"愚蠢"携手并进，"后悔"就会接踵而来。所以，血气沸腾之际，大脑不太清醒，言行容易过分，于人于己都不利。

有一位经理，一大早起床，发现上班快要迟到了，便急急忙忙地开着车往公司赶。

一路上，为了赶时间，这位经理连闯了几个红灯，最终在一个路口被警察拦了下来，给他开了罚单。

这样一来，上班迟到已是必然。到了办公室之后，这位经理犹如吃了火药一般，看到桌上放着几封前一天下班前便已交代秘书寄出的信件，更是气不打一处来，把秘书叫了进来，劈头盖脸就是一阵痛骂。

秘书被骂得莫名其妙，拿着未寄出的信件，走到总机小姐的座位，同样是一阵狠批。秘书责怪总机小姐，前一天没有提醒她寄信。

总机小姐被骂得心情恶劣之至，便找来公司内职位最低的清洁工，借题发挥，对清洁工的工作，没头没脑地也是一连串声色俱厉的指责。

清洁工底下，没有人可以再骂下去，她只得憋着一肚子闷气。

下班回到家，清洁工见到读小学的儿子趴在地上看电视，衣服、书包、零食，丢得满地都是，刚好逮住机会，把儿子好好地教训了一顿。

儿子电视也看不成了，愤愤地回到自己的卧房，见到家里那只大懒猫正盘踞在房门口，一时怒由心中起，狠狠地踢了一脚，把猫儿给踢得远远的。

无故遭殃的猫儿，心中百思不解："我这又是招谁惹谁了？"

情绪是可以传染的，尤其是坏情绪。按照上面这则事例中怒气蔓延的逻辑，再传递下去，最终会将全世界闹个鸡犬不宁。此话虽略显夸张，但不无道理。其实，他们中的任何一个人只要心平气和地面对别人的怒气，然后合理地处理好自己的情绪，怒气就不会传播得这么广，就不会有那么多的人受怒气影响而情绪变坏。

莫生气

一位西方学者曾经说过："忍耐和坚持是痛苦的，但它会逐渐给你带来幸福。"人要获得某方面的成就，必须学会忍耐，从某种程度上说，忍耐是成就一项事业的必要条件，忍耐能让你在清净沉寂中体会生命的幸福。

为人要学会忍耐，如果一点小事都不能容忍而发脾气，就只会坏事。只有下定决心耐住性子，才能做成事。只需忍耐，明天就一定会有阳光。一心忍耐，百炼钢也会化为绕指柔。

性格急躁、粗心大意的人，难以办成大事；性情温和、内心安详的人，必然万事顺利。不善于掌握自己情绪的人，必定要被命运所捉弄。

古时，有位妇人经常为一些琐碎的小事生气，她也知道这样不好，便去求一位高僧为自己谈禅说道，开阔心胸。

高僧听了她的讲述，一言不发，把她领到一座禅房中，上锁而去。妇人气得跳脚大骂。骂了许久，高僧也不理会。妇人转而开始哀求，高僧仍不听。妇人终于沉默了。高僧来到门外，问她："你还生气吗？"

妇人说："我只为我自己生气，我怎么会到这个地方来受罪呢？"

"连自己都不能原谅的人，怎么能心如止水？"高僧拂袖而去。

过了一会儿，高僧又问她："还生气吗？"

"不生气了。"妇人说。

"为什么？"

"生气也没有办法呀！"

"你的气并没有消，还压在心里，爆发后，将会更加剧烈。"高僧又离开了。

高僧第三次来到门前，妇人告诉他："我不生气了，因为不值得生气。"

"还知道不值得，可见心里还有衡量的标准，还是有'气根'。"高僧笑道。

当高僧的身影迎着夕阳立在门口时，妇人问他："大师，什么是气？"

高僧将手中的茶水倾洒到地上。

妇人看了一会儿，突然有所感悟，于是，她叩谢而去。

"气"，便是一种需要上的失落。生气就是用别人的过错来惩罚自己的一种蠢行。既然如此，又何必生气呢？

莫生气，因为生气伤身又伤神。每个人都有自己的情绪，要学会控制，否则，有些过分的语言和行为会误事，更会伤人。稳定情绪，解脱自己，乃当务之急！

贝多芬曾说过：几只苍蝇咬几口，绝不能羁留一匹英勇的奔马。每一位优秀人物的身旁总会萦绕着各种纷扰，对它们保持沉默要比寻根究底明智得多。我们应当保持一种温和平静的心态，从容地面对那些纷扰。

不嫉妒，得救赎

自己得不到就放不下心，心里好像有一股酸酸的味道，这便是嫉妒心。嫉妒别人其实是一种委实难受的滋味，虽然明白自己可能永远得不到对方的成果和美誉，但是嘴上不肯承认，还试图从对对方的藐视或者打击中获得平衡，这种酸酸的心理百害而无一利。

嫉妒，是平庸的情调对卓越才能的反感；是一种啃噬人的内心，让人欲罢不能的疾病；是一种与人有害、于己无益的消极情绪。

不论你是高官显贵，还是平头百姓，都有可能被嫉妒这种病菌侵袭，且一旦沾染，就成为损害身体的毒。

在远古时代，摩伽陀国有一位国王饲养了一群象。象群中，有一头象长得很特殊，全身白皙，毛柔细光滑。后来，国王将这头象交给一位驯象师照顾。这位驯象师不仅照顾它的生活起居，还很用心地教它。这头白象十分聪明、善解人意，过了一段时间之后，他们已建立了良好的默契。

有一年，这个国家举行大庆典。国王打算骑白象去观礼，于是驯象师将白象清洗、装扮了一番，在它的背上披上一条白毯子后，交给国王。

国王在一些官员的陪同下，骑着白象进城看庆典。由于这头白象实在太漂亮了，民众都围拢过来，一边赞叹、一边高喊着："象王！象王！"这时，骑在象背上的国王，觉得所有的光彩都被这头白象抢走了，心里十分生气、嫉妒。他很快地绕了一圈，然后就不悦地返回王宫。

一回王宫，他问驯象师："这头白象，有没有什么特殊的技艺？"驯象师问国王："不知道国王您指的是哪方面？"国王说："它能不能在悬崖边展现它的技艺呢？"驯象师说："应该可以。"国王就说："好。那明天就让它在波罗奈国和摩伽陀国相邻的悬崖上表演。"

隔天，驯象师依约把白象带到那处悬崖。国王就说："这头白象能以三只脚站立在悬崖边吗？"驯象师说："这简单。"他骑上象背，对白象说："来，用三只脚站立。"果然，白象立刻就缩起一只脚。国王又说："它能两脚悬空，只用两脚站立吗？""可以。"驯象师就叫它缩起两脚，白象很听话地照做了。国王接着又说："它能不能三脚悬空，只用一脚站立？"

驯象师一听，明白国王存心要置白象于死地，就对白象说："你这次要小心一点，缩起三只脚，用一只脚站立。"白象也很谨慎地照做。围观的民众看了，热烈地为白象鼓掌、喝彩。国王愈想心里愈不平衡，就对驯象师说："它能把后脚也缩起，全身飞过悬崖吗？"

这时，驯象师悄悄地对白象说："国王存心要你的命，我们在这里会很危险。你就腾空飞到对面的悬崖吧。"不可思议的是，这头白象竟然真的把后脚悬空飞起来，载着驯象师飞越悬崖，进入波罗奈国。

波罗奈国的人民看到白象飞来，全城都欢呼起来。国王很高兴地问驯象师："你从哪儿来？为何会骑着白象来到我的国家？"驯象师便将经过一一告诉国王。国王听完之后，叹道："人的心胸为什么连一头象都容纳不下呢？"

真正的王者绝不会容不得他人光芒的存在，就像自己是一颗钻石一样，周围的珍珠只会衬托它的雍容、高度，而不会削减它的魅力。

嫉妒是一种危险的情绪，它源于人对卓越的渴望与心胸的狭窄。嫉妒可以使天才被流言、恶意和唾液编织而成的网绞杀，也可能令智者陷入个人与他人利益的冲撞中而寻不到出路。它不但损害着他人，也毁灭着自己。

产生了嫉妒心理并不可怕，关键要看你能不能正视嫉妒，并将其转化为自己的动力。与其让嫉妒啃噬着自己的内心，不如升华这种嫉妒之情，把嫉妒转化为成功的动力，化消极为积极，做一个"心随朗月高，志与秋霜洁"，虚怀若谷、包容万千的人。

心灵从容方富足

嫉妒心是美好生活中的毒瘤。

一棵树看着一棵树，

恨不得自己变成刀斧。

一根草看着一根草，

甚至盼望着野火延烧。

这是著名诗人邵燕祥的一首短诗《嫉妒》。寥寥四句就把嫉妒之情刻画得入木三分，揭露得淋漓尽致。

在果园的核桃树旁边，长着一棵桃树。桃树的嫉妒心很重，一看到核桃树上挂满的果实，心里就觉得很不是滋味。

"为什么核桃树结的果子要比我多呢？"桃树愤愤不平地抱怨着，"我有哪一点儿不如它呢？老天爷真是太不公平了！不行，明年我一定要和它比个高低，结出比它还要多的桃子！让它看看我的本事！"

"你不要无端嫉妒别人啦，"长在桃树附近的老李子树劝诫道，"难道你没有发现，核桃树有着多么粗壮的树干、多么坚韧的枝条吗？你也不动动脑子想一想，如果你也结出那么多的果实，你那瘦弱的枝干能承受得了吗？我劝你还是安分守己、老老实实地过日子吧！"

自傲的桃树可听不进李子树的忠告，嫉妒心蒙住了它的耳朵和眼睛，不管多么有理的规劝，对它都起不到任何作用了。桃树命令它的树根尽力钻得深些、再深些，要紧紧地咬住大地，把土壤中能够汲取的营养和水分统统都吸收上来。它还命令树枝要使出全部的力气，拼命地开花，开得越多越好，而且要保证让所有的花朵都结出果实。

它的命令生效了，第二年花期一过，这棵桃树浑身上下密密麻麻地挂满了桃子。桃树高兴极了，它认为今年可以和核桃树好好比个高低了。

充盈的果汁使得桃子一天天加重了分量，渐渐地，桃树的树枝、树杈都被压弯了腰，连气都喘不过来了。它们纷纷向桃树发出请求，赶快抖掉一部分桃子，否则就要承受不住了。可是桃树不肯放弃即将到来的荣耀，它下令树枝与树杈要坚持住，不能半途而废。

这一天，不堪重负的桃树发出一阵哀鸣，紧接着就听到"咔嚓"一声，树干齐腰折断了。尚未完全成熟的桃子滚满了一地，在核桃树脚下渐渐地腐烂了。

人生就像一场比赛，不管多么努力，技术运用得多么高超，总会有相对于第一名的落后者。享受欢呼的，仅仅是那成千上万名中第一个冲到终点的幸运儿。生活又何尝不是这样？相对于那些在某一领域中因出类拔萃而获得万众瞩目的人来说，绝大多数的人都是那些在平凡的工作、平凡的家庭中默默尽力的人。况且，人生风云变幻，又有多少人没有品尝过世事沧桑的滋味呢？

从社会的需要说，只要每个人能做好自己的分内工作，维持物质的丰厚，铸造社会的繁荣，他就应该自豪。若从生活的价值来说，能够体味人生的酸甜苦辣，做了自己所喜欢的事，没有虐待这百岁年华的生命，心灵从容富足就算这一生"功德圆满"了。

第二章　勿强求，有舍才能有得

有轻重便有取舍

懂得取舍，是人生的一种境界。

《金刚经》有文："法尚应舍，何况非法。"这种大彻大悟很难有人做到。得也好，舍也罢，最高境界恐怕不是在你权衡了各种利弊得失之后作出的一种判断，而是在你看薄了名利，看薄了自己，看薄了世间一切"法"的基础上，一种随意的"舍"。这种舍，还是舍弃了你视为珍贵的、费尽心力得到的、追求一生的"法"这个层面的东西。的确，"舍"掉"取舍"，比你取舍具体的事物还要难。

这也许便是取舍的最高境界。人生的高度是一份知足的恬然，生命的高度，是能取能舍，当取则取，当舍则舍，善取善舍的那份安然。很多时候，人们向往去取得，并且认为多多益善。然而，"取"的前提必定是先"舍"，只有"舍"，才能"得"。

十字路口选择一方

人生总是有失有得，不做选择，会注定什么都失去，选择了，就不要后悔，大踏步地向前走，人不可能什么都得到，有舍才能有得。一部电视剧或者一部电影之所以感人不在于男女主人公的痛哭流涕，而在于故事里男女主人公的痛苦抉择，在抉择中放弃，在痛苦中永生。

著名的禅师南隐说过，不能学会适当放弃的人，将永远背着沉重的负担。生活中有舍才有得，如果我们只抓住自己的东西不放，什么都不愿放弃，结果就可能什么也得不到。

马涛11岁那年，一有机会便去湖心岛钓鱼。在鲈鱼钓猎开禁前的一天傍晚，他和妈妈又早早来钓鱼。安好诱饵后，他将鱼线一次次甩向湖心，湖面在落日余晖下泛起一圈圈的涟漪。忽然钓竿的另一头沉重起来。他知道一定有大家伙上钩，急忙收起鱼线。终于，孩子小心翼翼地把一条竭力挣扎的鱼拉出水面。好大的鱼啊，它是一条鲈鱼。

月光下，鱼鳃一吐一纳地翕动着。妈妈打亮小电筒看看表，已是晚上10点——但距允许钓猎鲈鱼的时间还差两个小时。

"你得把它放回去，儿子。"母亲说。

"不！妈妈！"孩子哭了。

"还会有别的鱼的。"母亲安慰他。

"再没有这么大的鱼了。"孩子伤感不已。

他环视了四周，已看不到一个鱼艇或钓鱼的人，但他从母亲坚决的脸上知道无可更改。暗夜中，那鲈鱼抖动笨重的身躯慢慢游向湖水深处，渐渐消失了。

这是很多年前的事了，后来马涛成为了有名的建筑师。他确实没再钓到那么大的鱼，但他却为此终生感谢母亲。因为他通过自己的诚实、勤奋、守法，猎取到生活中的大鱼——事业上的成绩斐然。

放弃，意味着重新获得。要想让自己的生活过得简单一些，你就有必要放弃一些功利、应酬，以及工作上的一些成就，只有放弃一些生活中不必要的牵绊，你才能够让生活真正简单起来。

选择总在放弃之后

中国有句老话：有所不为才能有所为。去除那些对你是负担的东西，停止做那些你已觉得无味的事情。只有这样，你才能更好地把握自己的生活。

见到房东正在挖屋前的草地，一个房客有点不相信自己的眼睛："这些草你要挖掉吗？它们是那么漂亮，而你又花了多少心血呀！""是的，问题就在这里。"他说，"每年春天我要为它施肥、透气，夏天又要浇水、剪割，秋天还要再播种。这草地一年要花去我几百个小时，谁会用得着呢？"

现在，房东在原先的草地上种上了一棵棵柿子树，秋天里挂满了一只只红彤彤的小灯笼，可爱极了。这柿子树不需要花什么精力来管理，使他可以空出时间干些他真正乐意干的事情。

选择总在放弃之后。明智之人在作出一项选择之前总会先把自己要放弃的找出来，并果断地将之放弃。例如，当你决定要健康的时候，你就要放弃睡懒觉，放弃巧克力糖，放弃零食……当你要享受更轻松的生活时，你就要放弃一些工作上的琐事和无休止的加班，等等。总之，要选择简单生活，你就要首先决定放弃什么。

很多时候我们希望选择，但是我们却不愿意放弃，例如感情。有些人选择了新的感情，却不愿意放弃旧的感情，因为不甘心，不甘心自己曾经得到而又失去。但假如要放弃新的感情自己又不愿意，于是不仅折磨自己，又折磨别人。人生总是有失有得，所以，要选择新的生活必须懂得放弃，不舍得放弃的人只能生活在旧梦里，而永远不会得到新的幸福。

每个人必须问自己："为了能够更有效、更简单地生活，我必须放弃哪些事情？为了使我的生活更简单，我必须停止哪些事情？"当你能够以这样的思考模式来转换你的思想，来改善你的行动方案时，你就会轻松地放弃很多不必要的事情，让自己过上轻松、简单、健康的生活。

取舍心中自有数

成功的人之所以成功，是因为他们知道该做什么，不该做什么；什么应该去坚持，而什么又该去舍弃。

由美国励志演讲者杰克·坎菲尔和马克·汉森合作推出的《心灵鸡汤》系列读本，这些年来被翻译成数十种语言，感动、激励了无数人。可是谁能想到在开始写作之前，马克·汉森经营的却是建筑公司呢？

原来，马克经营的建筑公司彻底失败、破产之后，果断地选择了放弃，选择了彻底退出建筑业，并忘记有关这一行的一切知识和经历，甚至包括他的老师——著名建筑师布克敏斯特·富勒。他决定去一个截然不同的领域创业。

他很快就发现自己对公众演说有独到的领悟和热情。一段时间后，他成为一个具有感召力的一流演讲师。后来，他的著作《心灵鸡汤》和《心灵鸡汤Ⅱ》双双登上《纽约时报》的畅销书排行榜，并停留数月之久。

马克放弃了在建筑业的打拼，但是你不能简单地说他是个半途而废的人。要知道，懂得急流勇退者，便懂得何时该坚持不懈；懂得减少损失者，便懂得及时改变方向。

相信所有的人对于世间美好的事物都是十分向往的，可是鱼和熊掌不可兼得。如果说你面前有一棵树，远处依然有广阔的森林等着你，而舍弃的含义就是不为了一棵树而放弃整片森林。

取舍，并非一件很容易的事情。应该懂得，得，要先舍；而舍，则终必得。而舍不舍得，以及怎样去"舍"，又怎样去"得"，就全看你自己了。

放弃，为了轻便前行

一位青年在高速行驶的火车上一不小心将刚买的新鞋从窗口弄掉了一只，周围的人倍感惋惜，不料那青年立即把第二只鞋也从窗口扔了下去。这一举动令大家很吃惊，青年解释道："这一只鞋无论多么昂贵，对我而言都没用了，如果谁捡到这一双鞋子，说不定他还能穿呢！"

扔掉第二只鞋的那位青年，他的做法确实值得称道。既然已经不能保全自己的美事，何不成全别人呢？对于别人，也许可以获得整个冬天的温暖。

生活中有时需要我们作出选择，但什么才是最难舍弃的，是一种道义，还是一段感情？为什么不能抛开和牺牲一些东西，而去获得另外一些永恒的东西？

《百喻经》里有一个故事，从前有一只猩猩，手里抓了一把豆子，高高兴兴地在路上一蹦一跳地走着。一不留神，手中的豆子滚落了一颗，为了这颗掉落的豆子，猩猩马上将手中其余的豆子全部放置在路旁，趴在地上，转来转去，东寻西找，却始终不见那一颗豆子的踪影。

最后猩猩只好用手拍拍身上的灰土，回头准备拿取原先放置在一旁的豆子，怎知那颗掉落的豆子没找到，原先的那一把豆子却全都被路旁的鸡鸭吃得一颗也不剩了。

想想我们现在的追求，是否也是放弃了手中的一切，仅仅为了追求掉落的那一颗豆子？的确，失去的已经失去，何必为之大惊小怪或耿耿于怀呢？

失去某种心爱之物大都会在我们的心理上投下阴影，有时我们甚至因此而备受折磨。究其原因，就是我们没有调整好心态去面对失去，没有从心理上承认失去，只沉湎于已不存在的过去，而没有想到去创造新的未来。与其怀恋过去，不如抬起头，去争取未来。

放弃一些繁琐，是为了轻便地前行；放弃一丝怅惘，是为了愉快地歌唱；放弃一段凄美，是为了自由的梦想。放弃，是一种伤感，但更是一种美丽。

舍弃，心不累

现今社会是一个科技发达、物质丰富、充满竞争的社会，我们心中的欲望，常被挑逗得像是看见红色斗篷的公牛。他人暴富的经历，让我们血脉贲张,跃跃欲试;时尚名牌漫天飞，哪能心如止水;美女香车招摇过，你的心早已蠢蠢欲动;更不能忍受的是别墅洋房的诱惑……因此，太多的时候，我们会被世上的名利、金钱、物质所迷惑，心中只想得到，只想将其统统归于己有，而不想舍弃。于是心中就充满了矛盾、忧愁、不安，心灵上就会承受很大的压力，以至于活得很累、很累。

据说上帝在创造蜈蚣时，并没有为它造脚，但是它可以爬得像蛇一样快。有一天，它看到羚羊、梅花鹿和其他有脚的动物都跑得比自己快，心里很不高兴，便嫉妒地说："哼！脚多，当然跑得快。"于是它向上帝祷告说："上帝啊，我希望拥有比其他动物更多的脚。"

上帝答应了蜈蚣的请求，他把好多好多的脚放在蜈蚣面前，任凭它自由取用。蜈蚣迫不及待地拿起这些脚，一只一只地往身体上黏，从头一直黏到尾，直到再也没有地方可黏了，它才依依不舍地停止。

它心满意足地看着满是脚的躯体，心中暗暗窃喜："现在我可以像箭一样地飞出去了！"但是等它开始要跑时，才发觉自己完全无法控制这些脚。这些脚劈里啪啦地各走各的，它非得全神贯注，才能使一大堆脚顺利地往前走。这样一来它反而比以前走得慢了。

人不能没有欲望，没有欲望就没有前进的动力，但如果不舍弃过度的欲望，就会陷入欲望的沟壑，就会给你带来无穷无尽的烦恼和麻烦。

生命属于个人，每个人有权利设计自己的生活和人生道路。所有的心愿，只要符合法律和道德的要求，都应该受到尊重。但是我们必须明白：生命的过程中，一切物质及肉体都是不可靠的奴仆，想让自己的人生得以升华，就必须舍弃这些本性之外的东西，去追求生活本身的淳朴，这样才能活得惬意，活得洒脱。

失去也可以拥有轻松

有个70岁的日本老先生，拿了一幅祖传的珍贵名画来到电视台上节目，要求"开运鉴定团"的专家鉴定。他说，他的父亲说这是价值数百万元的宝物，他总是战战兢兢地保护着，由于自己不懂艺术，因而想请专家鉴定画的价值。

结果揭晓，专家认为它是赝品，连一万日元都不值。主持人问老先生："您一定很难过吧？"来自乡下的老先生脸上的线条却在短短时间内变得无比柔软，他憨厚地微笑道："啊！这样也好。不会有人来偷，我可以安心地把它挂在客厅里了。"

老先生的自我解嘲令人感慨：失去竟然可以拥有轻松。

一个追求简洁而又善于放松自己的懒人常常能拥有充实的人生。一个人如果不舍弃复杂而奢侈的生活，苦难尚且没有尽头，哪有快乐可言？

一个人需要以清醒的心态和从容的步履走过岁月，他的精神中必定不能缺少淡泊。虽然我们渴望成功，渴望生命能在有生之年画出优美的轨迹，但我们真正需要的是一种平平淡淡的快乐生活，一份实实在在的成功。

舍小利，得大利

两个贫苦的樵夫靠着上山捡柴糊口。有一天，他们在山里发现两大包棉花，两人喜出望外。棉花的价格高过柴薪数倍，将这两包棉花卖掉，足可让家人一个月衣食无虑。当下两人各自背了一包棉花，便欲赶路回家。

走着走着，其中一名樵夫眼尖，看到山路上有一大捆布，走近细看，竟是上等的细麻布，足足有十多匹之多。他欣喜之余，和同伴商量，一同放下肩负的棉花，改背麻布回家。

他的同伴却有不同的想法，认为自己背着棉花已走了一大段路，到了这里又丢下棉花，岂不枉费自己先前的辛苦，坚持不愿换麻布。先前发现麻布的樵夫屡劝同伴不听，只得自己竭尽所能地背起麻布，继续前行。

又走了一段路后，背麻布的樵夫望见林中闪闪发光，待近前一看，地上竟然散落着数坛黄金，心想这下真的发财了，赶忙邀同伴放下肩头的麻布及棉花，改用挑柴的扁担来挑黄金。

他的同伴仍是那套不愿丢下棉花以免枉费辛苦的想法，并且怀疑那些黄金不是真的，劝他不要白费力气，免得到头来一场空欢喜。

发现黄金的樵夫只好自己挑了两坛黄金，和背棉花的伙伴赶路回家。走到山下时，无缘无故下了一场大雨，两人在空旷处被淋了个湿透。更不幸的是，背棉花的樵夫肩上的大包棉花，吸饱了雨水，重得完全无法再背动。那樵夫不得已，只能丢下一路辛苦舍不得放弃的棉花，空着手和挑金子的同伴回家去。

只有放弃眼前利益，才能获得长远大利——要想成功，就要学会放弃。

为了更好的明天，放弃眼前的小利，只有勇于舍弃的人才是有智慧的人。成功者永远是高瞻远瞩的人。

失去火把也会有光明

失去了火把并不意味着死亡，往往是失去火把的人最先看到一道光亮。

有个匪徒跟踪一个珠宝商人来到了大山里，一路上他总是没有机会下手。到了大山里，四周没有一个人，匪徒终于找到了下手的好机会，他立刻拦住了珠宝商人的去路。

面对劫匪，商人的第一个反应就是立即逃跑。于是，一个拼命逃亡，另一个穷追不舍。走投无路的商人钻进了一个山洞里，匪徒也跟了进去。在山洞里，匪徒抓住了商人，不但抢了他的珠宝，连商人准备用于夜间照明的火把也抢去了。

之后，两个人各自寻找山洞的出口。山洞里黑极了，没有一丝光亮。匪徒庆幸自己把商人的火把抢来了，要不然到死也走不出这个纵横交错的山洞。他将火把点燃，借着火把的亮光在洞中行走。火把给他的行走带来了方便，他能看清脚下的石块，能看清周围的石壁，因而他不会碰壁，不会被石块绊倒。但是他始终没有走出这个山洞，最后饿死在山洞里面了。

商人失去了火把，心里想着自己将要永远留在这个山洞里了，但是他又不甘心。没有了光亮，他就在黑暗中摸索着前进，头不时碰在坚硬的石壁上，身体不时被石块绊倒，跌得鼻青脸肿。但是，过了一段时间，从远处射过来一丝光亮，那正是山洞的出口。

原来正是因为他置身于一片黑暗之中，所以才能看见这抹细微的光亮。他迎着这缕微光摸索爬行，最终逃离了山洞。

在黑暗中摸索的人最终走出了黑暗，有火把照明的人却永远留在了黑暗的山洞中。这并不奇怪，世间有很多事情都遵循这样的道理。

许多在困难中挣扎的人经过艰苦的拼搏终于取得了成功，而衣食无忧的人却最终一事无成。为了实现自己的梦想，有时需要我们舍弃一些东西，尽管它看起来是我们不可缺少的，可是，也许缺少了它会让你的眼睛更加明亮，更容易看到成功的机会。

舍是一种勇气

有个人在沙漠中穿行，遇到沙尘暴，迷失了方向。

两天后，烈火般的干渴几乎摧毁了他生存的意志。沙漠就像一座极大的火炉要蒸干他的血液。绝望中的他意外地发现了一幢废弃的小屋，他拼足了最后的气力，才拖着疲惫不堪的身子，爬进了堆满枯木的小屋。定睛一看，枯木中隐藏着一架抽水机，他立刻兴奋起来，拨开枯木，上前汲水，但折腾了好大一阵子，也没能抽出半滴水来。

绝望再一次袭上心头，他颓然坐地，却看见抽水机旁有个小瓶子，瓶口用软木塞堵着，瓶上贴了一张泛黄的字条，上边写着：你必须用水灌入抽水机才能引水！不要忘了，在你离开前，请再将瓶子里的水装满！

他拨开瓶塞，望着满瓶救命的水，早已干渴的内心立刻爆发了一场生死决战：我只要将瓶里的水喝掉，虽然能不能活着走出沙漠还很难说，但起码能活着走出这间屋子！倘若把瓶中唯一救命的水倒入抽水机内，万一汲不上水，我恐怕连这间小屋也走不出去了，但是或许我真的能得到更多的水……

最后，他还是把整瓶水全部灌入那架破旧不堪的抽水机，接着用颤抖的双手开始汲水……水真的涌了出来！他痛痛快快地喝了一顿，然后把瓶子装满，用软木塞封好，又在那泛黄的字条后面写上：相信我，真的有用。

几天后，他终于穿过沙漠，来到绿洲。每当回忆起这段生死历程，他总要告诫后人：在取得之前，要先学会付出。

人生中，在通往成功和富足的路上，我们往往并不是缺少获得扶持的机遇，而是无法好好把握。正如上面故事中的那个人，如果喝光了瓶中的水，他永远也看不到抽水机里奔涌出来的水，究竟字条上说的是真还是假，恐怕他到死也无法断定。

放弃是一种智慧

放弃，是一种智慧、是一种豁达，它不盲目、不狭隘。

放弃，对心境是一种宽松，对心灵是一种滋润，它驱散了乌云，清扫了心房。有了它，人生才能有爽朗坦然的心境；有了它，生活才会阳光灿烂。

1998年的诺贝尔奖得主崔琦，在有些人眼里简直是"怪人"：远离政治，从不抛头露面，整日浸泡在书本中和实验室内，甚至在诺贝尔奖桂冠加顶的当天，他还如常地到实验室工作。更令人不敢置信的是，在美国高科技研究的前沿领域，崔琦居然是一个地地道道的"计算机盲"。他研究中的仪器设计、图表制作，全靠他一笔一画完成。而一旦要发电子邮件，也都请秘书代劳。他的理论是：这世界变化太快了，我没有时间去追赶！

崔琦放弃了世人眼里炫目的东西，为自己赢得了大量宝贵的时间，也赢得了至高无上的荣誉。人的一生很短暂，有限的精力不可能方方面面都能顾及，而世界上又有那么多炫目的精彩，这时候，放弃就成了一种大智慧。放弃其实是为了得到，只要能得到你想得到的，放弃一些对你而言并不必需的"精彩"，又有什么不可以呢？放弃是一种睿智。尽管你的精力过人、志向远大，但时间不容许你在一定时间内同时完成许多事情，正所谓："心有余而力不足。"所以，在众多的目标中，我们必须依据现实，有所放弃，有所选择。

如果在放弃之后，烦乱的思绪梳理得更加分明，模糊的目标变得更加清晰，摇摆的心变得更加坚定，那么放弃又有什么不好呢？

生活中，不堪重负就归零。归零就是清除所有的东西，放弃一切，从零开始。有时候归零是那么难，因为每一个要被清除的数字都代表着或物质或精神上的某种意义；有时候归零又是那么容易，只要单击键盘上的删除键就可以了。

人生总要面临许多选择，也要做出许多放弃。要学会选择，首先就要学会放弃。放弃是为了更好地调整自我，准备良好的心态向目标靠近。特别是在现代社会中，竞争日趋激烈，每个人的生存压力也越来越大，于是每个人都身不由己地变得"贪心"。追求愈多，失望也愈大，所以一定要保持一个清醒的头脑，做好人生的取舍。

舍鱼而取熊掌

"鱼，我所欲也；熊掌，亦我所欲也，二者不可得兼，舍鱼而取熊掌者也。"当我们面临选择时，必须学会放弃。放弃，并不意味着失败。就像下围棋一样，虽然放弃了小的利益，但得到的却是更大的利益。但如果想兼得"鱼和熊掌"，恐怕连鱼也得不到了。

在我们的生命中会长出一些杂草，侵蚀我们美丽丰富的人生花园，破坏我们幸福家园的田地。我们要学会将这些杂草铲除，放弃不适合自己的职业，放弃异化扭曲自己的职位，放弃暴露你的弱点、缺陷的环境和工作，放弃实权虚名，放弃人事纷争，放弃变了味的友谊，放弃失败的爱情，放弃破裂的婚姻，放弃没有意义的交际应酬，放弃坏的情绪，放弃偏见、恶习，放弃不必要的忙碌、压力。

除掉我们人生田地和花园里的杂草害虫，我们才有机会同真正有益于自己的人和事亲近，才会获得适合自己的东西。只有这样，我们才能在人生的土地上播下良种，致力于有价值的耕种，最终收获丰硕的果实，采摘到美丽的花朵。

要想采一束清新的山花，就得放弃城市的舒适；要想做一名登山健儿，就得放弃娇嫩白净的肌肤；要想穿越沙漠，就得放弃咖啡和可乐；要想获得掌声，就得放弃眼前的虚荣。梅、菊放弃安逸和舒适，才能得到笑傲霜雪的艳丽；大地放弃绚丽斑斓的黄昏，才会迎来旭日东升的曙光；春天放弃芳香四溢的花朵，才能走进硕果累累的金秋；船舶放弃安全的港湾，才能在深海中收获满船鱼虾。

你之所以举步维艰，是你背负太重，你之所以背负太重，是你还没学会放弃。放弃了烦恼，你便与快乐结缘；放弃了利益，你便步入超然的境地；如果你连放弃都放弃了，那你便更伟大了——你已与圣人无异。

得就是失，失就是得

人生在世，有许多东西是需要不断放弃的。在仕途中，放弃对权力的追逐，随遇而安，得到的是宁静与淡泊；在淘金的过程中，放弃对金钱无止境的掠夺，得到的是安心和快乐；在春风得意、身边美女如云时，放弃对美色的占有，得到的是家庭的温馨和美满。

我们每个人都应谨记，你不可能什么都得到，所以应该学会放弃。生活有时会逼迫你，不得不交出权力，不得不放走机遇，甚至不得不抛弃爱情。

放弃，并不意味着失去，因为只有放弃才会有另一种获得。

第二次世界大战的硝烟刚刚散尽，以美英法为首的战胜国首脑们几经磋商，决定在美国纽约成立一个协调处理世界事务的联合国。一切准备就绪后，大家才发现，这个全球至高无上、最权威的世界性组织，竟没有自己的立足之地。

买一块地皮，可刚刚成立的联合国机构还身无分文。让世界各国筹资，可牌子刚刚挂起来，就要向世界各国搞经济摊牌，负面影响太大。况且刚刚经历了第二次世界大战的浩劫，各国政府都财库空虚，许多国家财政赤字居高不下，在寸土寸金的纽约筹资买下一块地皮，并不是一件容易的事情。联合国对此一筹莫展。

听到这一消息后，美国著名的家族财团洛克菲勒家族经商议，果断出资 870 万美元，在纽约买下一块地皮，将这块地皮无条件地赠给这个刚刚挂牌的国际性组织——联合国。同时，洛克菲勒家族亦将毗连这块地皮的大面积地皮全部买下。

对洛克菲勒家族的这一出人意料之举，当时许多美国大财团都吃惊不已。870 万美元，对于战后经济萎靡的美国和全世界，都是一笔不小的数目，而洛克菲勒家族却将它慷慨赠出，并且什么条件也没有。这个消息传出后，美国许多财团主和地产商都纷纷嘲笑说："这简直是蠢人之举！"并断言："这样经营，不出十年，著名的洛克菲勒家族财团，便会沦落为著名的洛克菲勒家族贫民集团！"

但出人意料的是，联合国大楼刚刚建成完工，毗邻它的地价便立刻飙升起来，相当于捐赠款数十倍、近百倍的巨额财富源源不断地涌进了洛克菲勒家族财团。这种结局，令那些曾经讥讽和嘲笑过洛克菲勒家族捐赠之举的财团主和地产商们目瞪口呆。

如果洛克菲勒家族没有作出"舍"的举动，勇于牺牲和放弃眼前的利益，就不可能有"得"的结果。放弃和得到永远是辩证统一的。然而，现实中许多人却执著于"得"，常常忘记了"舍"才是一种至高的人生境界。要知道，什么都想得到的人，最终可能会为物所累，一无所有。

不舍，留下的是负担

人生是一部选择的历史。

从我们来到这个世界，就在不停地进行着各种各样的选择。在选择中我们作出取舍，在放弃中我们走向成熟。在你呱呱坠地时，你就选择了声音，放弃了沉默。当你第一次背上书包，跨进学校的大门，你就选择了知识，抛弃了愚昧。当你与一见钟情的他相遇后，更是反复经受着选择的折磨。大学毕业后，是继续深造，还是参加工作？你需要选择。是留在父母身边，还是去异地发展？你需要选择。是留在国内深造，还是出国求学？你需要选择。你无时不在选择和取舍中！

生活中，如果你想过得比别人好，你就必须学会选择。具备这样的能力，就需要你明确人生的目标，知道自己需要什么，并且迫切渴望达到这一目的。对目标游移不定，只会让你前功尽弃、一无所获。

正是因为人的欲望永远无法得到满足，所以我们不可能不去放弃。不去放弃，留给自己的只能是心灵的重负和梦幻缥缈的伤痛。放弃，虽然意味着某种失去，意味着难言的割舍，也意味着伤感和愁绪，但是，放弃也正是为了前方路上更美的相遇，为了明天更加宝贵的撷取。

道不欲杂

《庄子·人间世》中说："夫道不欲杂，杂则多，多则扰，扰则忧，忧而不救。"这里提及的"道"不是形而上学的道，而是人生的大原则。生于天地，立于人世，不管做哪一行，无论做任何事，都要精神专一，有始有终。人想得自在，必须一门深入，方法勿杂。方法多了，智慧不及，不能融会贯通，反而一无所成。

昭文、师旷、惠子这三位音乐巨匠，其音乐造诣已达到入道的境界，正所谓"此曲只应天上有，人间哪得几回闻"。他们音乐成就的登峰造极源于其个人所"好"。任何学问，任何东西，"知之者，不如好之者"。专注于心，必有所成。留名万世的学有专长之人，都是由于其对某一领域有所偏好，专注于心，穷根究底，终于"守得云开见月明"。

博而不专，三心二意，是人们的通病。《荀子·劝学》《礼记·劝学》以及东汉蔡邕《劝学篇》中都提到了一种小动物——"多才多艺"而又样样"稀松平常"的鼯鼠。

"鼯鼠五能不能成一技。五技者，能飞不能上屋，能缘不能穷木，能泅不能渡渎，能走不能绝人，能藏不能覆身是也。"能飞却飞不过屋顶，能攀而攀不上树梢，能游而游不过小水沟，能跑而赶不上人走，能藏而不能遮盖住身体。这就是五技而穷的鼯鼠的悲哀。

杂而不精，难有成

世界上有座"人人都是语言学家的城市"，但是，这座每位市民至少都会三种语言的城市，从来没有出现过一个大文豪。

这个以语言见长的国家即卢森堡，它处于欧洲"十字路口"，夹在德、法、比三国当中，人口仅40万，其中外籍人口占26%。其首都卢森堡市，有8万人，是欧洲金融中心和钢铁基地之一，外国人占的比例更高。由于对国外经济的依赖性，在卢森堡，每人精通三种语言是未出娘胎就注定的。

当婴儿牙牙学语时，母亲首先教其说本国的卢森堡方言，这是国人日常交谈的口语；进入幼儿园后开始学德语和法语，因为两者是官方语言，而德语更是教堂宣教的语言，不懂德语就不能跟着神父念圣经、唱圣诗；小学同时用德、法两种语言授课；中学修第三门外语，如英语、拉丁语等，因为国内没有大学，要深造必须出国留学。

在卢森堡，约定俗成的是，报纸用德文出版，杂志用德、法文出版，学术杂志只有法文。广播用德、法语，电视用法语。招牌、菜名、各种票证、车票、单据也是法文。议会辩论语言只许用法、卢两种语言。法庭审讯犯人使用卢语，宣判用法语，判决书用德文打印……走进一户人家，你会看到父亲在读德文报，儿子在念法文书，女儿在唱英文歌，母亲在用卢语唠叨。

对于外国人高度赞美的语言水平，卢森堡人却不以为然，他们埋怨为了谋职和生存，将大半精力都消耗在三四种语言的学习运用上，满脑子的单词、音符。虽然他们懂得的语言多，但能够真正精通的太少。透视卢森堡，该国之所以难以诞生一个文学巨匠，并非是其文化底蕴的匮乏，而是各种泛滥的语言阻碍其走进文学殿堂的纵深处。

希望每个人都能掌控住人生的大原则，专注于心，有始有终，而不要样样通，样样松，在关键时候没有一样能够拿得出手。

一鸟在手，胜过双鸟在林

一个初学打猎的年轻人跟着自己的师父一同到山里去打猎。

没走多远就发现了两只兔子从树林里窜了出来，年轻猎人很快就取出自己的猎枪。两只兔子向不同的方向跑去，年轻猎人于是不知道该向哪只兔子瞄准了。想打这只兔子，又怕那只兔子跑了，猎枪一会儿瞄准这只，一会儿又瞄准那只，就这样瞄来瞄去，结果兔子不见了踪影。年轻猎人感到十分气恼。

他的师父安慰他说："两只兔子向不同的方向跑，你的枪虽然快，但是也不可能同时射中两只呀。关键是你一定要选择好目标，这样你就不会空手而归了。"

人生有许多东西值得我们去奋斗、去追求，但并不是所有的东西我们都可以同时得到。

当鱼和熊掌不可兼得的时候，你必须当机立断，抓住时机，马上出击。常言道："一鸟在手，胜过双鸟在林。"当机遇出现在你面前时，千万不要犹豫，因为机遇稍纵即逝。倘若瞻前顾后、患得患失，只会使你与成功擦肩而过。

第三章 愚蠢的人生气，聪明的人争气

感谢折磨你的人

一个成功的人，一个有眼光和思想的人，都会感谢折磨自己的人和事，唯有以这种态度面对人生，才能走向成功。

人生活在这个世界上，总会经历这样那样的烦心事，这些事总是会折磨人的心，使人不得安稳。尤其对于刚刚大学毕业的年轻人，他们刚在社会中立足，还未完全成长起来，却要承受社会的种种压力，比如待业、失恋、职场压力等。而且还没有摆脱学生气的他们本身就是一个脆弱的群体，往往在这些折磨面前束手无策。

其实，世间的事就是这样，如果你改变不了世界，那就要改变你自己。换一种眼光去看世界，你会发现所有的"折磨"其实都是促进你成长的"清新氧气"。

人们往往把外界的折磨看作人生中消极的、应该完全否定的东西。当然，外界的折磨不同于主动的冒险，冒险可以带来一种挑战的快感，而我们忍受折磨总是迫不得已的。但是，人生中的折磨总是完全消极的吗？清代金兰生在《格言联璧》中写道："经一番挫折，长一番见识；容一番横逆，增一番气度。"由此可见，那些挫折和折磨对人生不但不是消极的，还是一种促进你成长的积极因素。

生命是一次次的蜕变过程。唯有经历各种各样的折磨，才能增加生命的厚度。只有通过一次又一次与各种折磨握手，历经反反复复几个回合的较量之后，人生的阅历就在这个过程中日积月累、不断丰富。

在人生的岔道口，若我们选择了一条平坦的大道，我们可能会有一个舒适而享乐的青春，但我们会失去很好的历练机会；若我们选择了坎坷的小路，我们的青春也许会充满痛苦，但人生的真谛也许因此被我们发现了。

蝴蝶的幼虫是在茧中度过的，当它的生命要发生质的飞跃时，狭小通道对它来讲无疑成了鬼门关，那娇嫩的身躯必须竭尽全力才可以破茧而出，许多幼虫在往外冲的时候力竭身亡。

有人怀了悲悯恻隐之心，企图将那幼虫的生命通道修得宽阔一些，他们用剪刀把茧的洞口剪大。但是，这样一来，所有受到帮助而见到天日的蝴蝶无论如何也飞不起来，只能拖着丧失了飞翔功能的双翅在地上笨拙地爬行！原来，那"鬼门关"般的狭小茧洞恰是帮助蝴蝶幼虫两翼成长的关键所在，穿越的时候，通过用力挤压，血液才能被顺利输送到蝶翼的组织中去；唯有两翼充血，蝴蝶才能振翅飞翔。人为地将茧洞剪大，蝴蝶的翼翅就没有充血的机会，爬出来的蝴蝶便永远与飞翔绝缘。

一个人的成长过程恰似蝴蝶的破茧过程，在痛苦的挣扎中，意志得到磨炼，力量得到加强，心智得到提高，生命在痛苦中得到升华。当你从痛苦中走出来时，就会发现，你已经拥有了飞翔的力量。如果没有挫折，也许就会像那些受到"帮助"的蝴蝶一样，萎缩了双翼，平庸一生。

失败和挫折，其实并不可怕，正是它们才教会我们如何寻找到经验与教训。如果一路

都是坦途，那我们也只能沦为平庸。

没有经历过风霜雨雪的花朵，无论如何也结不出丰硕的果实。或许我们习惯羡慕他人所获得的成功，但是别忘了，温室的花朵注定经不起风霜的考验。正所谓"台上十分钟，台下十年功"，在光荣的背后一定会有汗水与泪水共同浇铸的艰辛。

所以，一个成功的人，一个有眼光和思想的人，都会感谢折磨自己的人和事，唯有以这种态度面对人生，才能走向成功。

给"气球"松松口

纵使人生中有再多的磨难和考验，我们也不能像一个被充满了的气球一样，"嘭"的一声，就剩下"粉身碎骨"。

气球越是鼓足了气，就越容易爆炸，人也是一样，心里存有太多气，不仅伤心也会伤身。莎士比亚说："不要因为您的敌人燃起一把火，您就把自己烧死。"所以，当我们意识到自己的情绪波动的时候，就应该努力用理智去控制，而不要让自己的情绪随意地发泄出来。

但是，现实生活中，能够以自己的理智控制情绪的人并不多。通常情况下，我们都是在情绪的左右下生活。有时候，很多事情堆积在一起，就会让我们很生气，甚至到了理智根本无法控制的局面。这个时候，我们不妨给自己找一个"出气口"，让自己的精神得到缓解，也就不会那么生气了。

何苦要气？何苦要拿别人的错误来惩罚自己？人生短短几十年，幸福和快乐尚且享受不尽，哪里还有时间去气呢？所以，我们应该学会消消气，学会控制自己的情绪。在生活中，遇到烦心事在所难免，此时，内心的郁闷、愤怒总想找个地方发泄一下，不然会感到心里憋得慌。找朋友或同学诉说自然是个好方法，但有时有些话不能对别人说，同时怒气也不能往别人身上撒。那怎么办呢？

网球巨星桑普拉斯一次在争夺大满贯杯冠军比赛时，与对手陷入苦战，不料中场休息时，他却在众目睽睽下，手抱浴巾，失声痛哭，原来当年他的启蒙教练兼好友因病亡故，心情已受影响，现在又在比赛中承受如此巨大的压力，因而百感交集地哭泣。有人可能会觉得怎么一个大男人竟会在这种公共场合落泪，然而桑普拉斯之所以能称霸网坛，除了他的球技外，在情绪及心理的反应上都高人一等，因此他能每每在紧要关头化险为夷，赢得胜利，包括那场比赛。

每个人都有不同的发泄方式，所以选择哭泣也不是什么丢脸的行为。只要我们没有做过伤害别人的事情，没有把别人当成自己的"出气筒"，那么即使满脸泪水又何妨？

报复是在给自己挖坟墓

面对踩了自己生命的脚踝，紫罗兰不会像玫瑰一样选择用坚硬的刺来报复，而是用充满宽容的香气萦绕。

面对别人引起的伤害和痛苦，是选择宽容忍让还是要报仇雪恨？通常情况下，人们都会选择后者，他们觉得，你伤害了我，你就理应付出同样的代价。甚至有些偏执的人还会认为，你伤害了我一次，我就应该伤害你10次，只有加倍的伤痛才会让你吸取教训，才能解我的心头之恨。

人生之中，一直把仇恨放在心里，总想着报复别人，反而会让自己失去很多快乐。

一位青年，风华正茂时被人陷害，在牢里待了6年，后来冤案告破，他终于走出了监狱。他有仇恨，他要报复，可是他却不知道陷害他的人是谁，他不甘心。出狱后，青年开始了几年如一日地反复控诉、咒骂："我真不幸，在最年轻有为的时候竟遭受冤屈，在监狱度过本应最美好的一段时光。那样的监狱简直不是人待的地方，狭窄得连转身都困难。唯一的细小窗口里几乎看不到阳光，冬天寒冷难忍，夏天蚊虫叮咬……真不明白，上帝为什么不惩罚那个陷害我的家伙，即使将他千刀万剐，也难解我心头之恨啊！"

40年匆匆而过，在贫病交加中，他奄奄一息。弥留之际，牧师来到他的床边："可怜的人，去天堂之前，忏悔你在人世间的一切罪恶吧……"

此时，病床上的他声嘶力竭地叫喊起来："我没有什么需要忏悔，我需要的是诅咒，诅咒那些让我有不幸命运的人……"

牧师问："您因受冤屈在监狱待了多少年？离开监狱后又生活了多少年？"他恶狠狠地将情况告诉了牧师。

牧师叹息着说："可怜的人，您真是世上最不幸的人，对您的不幸，我真的感到万分同情和悲痛！他人因禁了你区区6年，而当你走出监牢本应获取永久自由的时候，你却用心底里的仇恨、抱怨、诅咒因禁了自己整整40年！"

总是想着报复别人，却在不知不觉中浪费了自己的青春和岁月，其中的代价可想而知。其实，报复是在给自己挖坟墓。因为在选择报复的时候，我们必定会将所有的精力投放在曾经的伤痛里，而且很多年不得释放。

生活，远没有我们想象的那么艰难，并不是每一种伤痛都没有办法忘却。只要你有一颗宽容的心，你一定能看到更为广阔的天地。

一个匈牙利的骑士，被一个土耳其的高级军官俘获了。这个军官把他和牛套在一起犁田，而且用鞭子赶着他工作。他所受到的侮辱和痛苦是无法用文字形容的。因为那个土耳其军官所要求的赎金是出乎意外的高，这位匈牙利骑士的妻子变卖了她所有的金银首饰，典当了他们所有的堡寨和田产，他们的许多朋友也捐募了大批金钱，终于凑齐了这个数目。匈牙利骑士算是从羞辱和奴役中获得了解放，但他回到家时已经病得支持不住了。

没过多久，国王颁布了一道命令，征集大家去跟敌人作战。这个匈牙利骑士一听到这道命令，再也安静不下来，他无法休息，片刻难安。他叫人把他扶到战马上，气血上涌，顿时就觉得有气力了，而后向战场驰去。他把那位曾羞辱他、使他痛苦万分的将军变成了他的俘虏。

那个土耳其军官，被带到匈牙利骑士的堡寨里，一个钟头后，那位匈牙利骑士就出现了。他问这个俘虏说："你想到过你会得到什么待遇吗？""我知道！"土耳其人说。"报复！但是我怎样做你才能饶恕我呢？""一点也不错，你会得到报复！"骑士说，放心地回到你的家里，回到你的亲爱的人中间去吧。不过请你将来对受难的人温和一些、仁慈一些吧！"这个俘虏忽然大哭起来："我做梦也想不到能够得到这样的待遇！我想我一定会受到酷刑和痛苦的折磨，因此我已经服了毒，过几个钟头毒性就要发作。我必死无疑，一点办法也没有！

当我们宽容别人的时候，我们就不会感到自己和别人站在敌对的位置。我们也不会感觉到，生活中总是存在敌人，而没有朋友了。

如果对于每一件事情都耿耿于怀，那么我们就永远也不会快乐。人生苦短，何必一定要记住别人的过错呢？所以，与其在报复的洞穴里苦苦哀叹，不如用宽容和爱填平我们已经给自己挖好的墓穴，过快乐的生活。

在逆境中不妨微笑

苦难并不可怕，只要我们对着生活笑一笑，那么一切灾难都会烟消云散的。

在我们的生活中，逆境多于顺境，这是一种人生规律。就像航行的帆船，需要接受惊涛骇浪的考验，有波折的生活才富有创造的魅力。心情沮丧的时候，给自己一片阳光，还自己晴朗的天空。

身处逆境是痛苦的，但也是幸运的。因为逆境的口袋里藏有非常丰富的财富，在你熬过最艰难的关口时，你会意外地得到这笔丰厚的财富。

有一个男孩子出生时他的腿是畸形，没有肛门（医生只好给他割了道深口，让他能痛苦地排便），而且他的膀胱和肠也不正常，躺在观察室里奄奄一息。医生断言，孩子几乎不可能活过24小时！然而，他挣扎着，活过了一周，又是一周……他顽强地活了下来。

男孩实在太弱太小了，胆怯的他对任何比他大的东西都充满恐惧，甚至家里的狗也经常欺负他。父亲经常对他说："孩子，你必须自己面对一切恐惧，勇敢起来！"

当他进入学校时，他压根儿没有想到迎接自己的却是噩梦。个头矮小的他成了学校调皮学生的玩偶：他们掀翻他的轮椅，弄坏他轮椅上的刹车，让他从走廊直接"飞"进老师的办公室；最可怕的一次是几个同学用绳子绑住他的手，用胶带封住他的嘴，把他扔进垃圾箱里，接着在垃圾箱外点起了火，滚滚浓烟令他窒息，他万分惊恐，直到一位老师将他解救出来……男孩终于无法忍受了，回到家，想着自己一次次被折磨、被侮辱的遭遇，他放声大哭。他想到了自杀，但他还是舍不得疼爱他的双亲……

高中毕业后，他决定找份工作。每天早上，他趴在滑板上，敲开一家又一家的店门，问店主是否愿意雇用他。可等人家打开门时，根本就没有发现几乎趴在地上的他，就又把门关上了。

在经过无数次应聘失败后，他终于找到自己的第一份工作。他每天凌晨四点半起床，赶火车到镇上，然后爬上他的滑板，从车站赶到几千米外的工厂。尽管生活艰辛，但是能够自食其力，他勇敢而快乐地活着。

从12岁起，他就开始打室内板球，后来还喜欢上了举重与轮椅橄榄球。他对运动的执著热爱，使他取得了一系列好成绩，相继获得了1994年澳大利亚残疾人网球赛的冠军以及2000年全国健康举重比赛第二名。他就是约翰·库缇斯。

逆风飞翔的风筝，才能飞得高。只有经历了逆境的磨难，你才能在人生的旅途中学会勇敢，学会坚强，学会尊重，懂得珍惜，你才能像一棵青松一样，不管以后有多么大的暴风雪，你都能傲然挺立。

从逆境向上是艰难的，但你始终在向高处移动；走在下坡的路上，永远也领略不到高处美妙的风光。所以，在经历困境的时候，不要总是自怨自艾，不要以为自己已经走上了绝路，大胆地往前走，你就能体会到"绝处逢生"的喜悦。

在我们的身边，很多人不堪生活的折磨，高考失利、工作不理想，婚姻生活让人窒息、孩子不可爱、父母不理解……这些事情扰得我们对生活失去了信心，于是很多人选择逃避，要么不顾一切离家出走，要么放弃了人生选择自杀，要么悲观立世从此愤世嫉俗，要么自怨自艾从此一蹶不振……

生活，远没有我们想象中那么可怕。每个人都是这么一步一步走过来的，那些成功的人，甚至于要经受比我们更多的磨难，可是因为他们没有放弃，所以他们走向了成功。相比之下，我们比他们少了一些勇气，少了一些战胜困难的锐气。

面对逆境，我们要相信自己，相信别人能做到的你也一定能够做到。跌倒了，再爬起来。面对人生，我扣们也不要总是一味地悲观，笑一笑，你就会发现，原来不是没有晴天，而是我们的愁容挡住了阳光。

沉下心来，才能除掉心中的杂草

一个人要想成功，就得把志向放在高处，把心放低——踏踏实实、严严谨谨通过具体的行动去实现自己的远大志向，而不是好高骛远、心浮气躁。

在我们浮躁时，仿佛一张紧绷着的弓，随时都有断裂的危险。太多的压力、太多的索取……会蒙蔽我们的双眼，使我们看不到自身的弱点。

心是漂浮着的，意念是完全虚空的，自己也就丢失了方向。如果你一如既往，"失落"很快就会缠上你，让你不得喘息。想一想，你有多久没有安静地观察过你身边的美景？多久没有和自己的朋友聚在一起喝茶谈心？又有多久没停下来回顾你先前走的路是对还是错，有什么经验教训？

人生很忙碌，但是也要学会沉稳。适时地停下你急促的脚步，关掉你的手机，听一曲舒缓的歌，看看窗外的绿草，感受一下清爽的风，生活就会变得更加美好！

能够在喧嚣的尘世中，沉下心来，是一种境界。不是要忘却些什么，而是一种凝练。静静地沉下心来品味生活，你会发现，其实自己真的有太多的迷失与茫然；你会发现，反省自己也是一种美好！这种美好会使你的人生丰富，比如：清晨草丛里的滴滴露珠；朝阳初升时的美丽；夜幕笼罩时的繁星点点……

而在此之前，这些都是你忽略不计的，不是吗？放弃你的紧张，留一点漫不经心给自己。或许在你沉下心的那一刻，已经找到烦闷已久的问题的答案。

刘欣是刚毕业的大学生，开始时也和其他同学一样，每天忙忙碌碌转遍了各个招聘会，看到哪个企业招人就往哪儿投简历，可是投进去都是石沉大海。

终于刘欣觉得这样无目的地瞎忙是不会有结果的，她决定改变战术，主动出击。首先她到网络上下载了许多关于求职的资料，细心解读后，先换了新发型，然后又买了一套职业装，还买回了大包的口香糖；接着，再买信封，也是挑那种印刷精美、质地优良的，开始了新一轮的投送。

刘欣又像赶场似的去面试，然而结局还是跟没理发、没嚼口香糖之前一样。屡战屡败的刘欣，翻着手头所剩无几的面试通知书，心中好不凄凉。其中有一张通知是一家化妆品公司寄来的，无意间提醒了她，家里的洗涤用品该买了。

在商场里，刘欣看到了那家公司的产品，她似乎来了灵感，刘欣似乎突然明白该怎么做了。

她在商场泡了一整天，观察有多少顾客光顾化妆品柜台，有多少人买了这家公司的产品。她向售货员小姐询问有关化妆品的事情，得到了不少"情报"。

两天后的面试，刘欣说出不少对于化妆品市场的分析。

主持面试的那家公司的经理，是特地从香港赶来上海的，听完了刘欣的讲述，率直地说："刘小姐，对不起！您刚才讲的有很多错……"

"哦！请您，请您再给我一次机会。"刘欣带着期望的眼神，看看面前的经理。

"刘小姐，听我把话说完，尽管你讲的很多情况是错的，但是你是所有应聘者中唯一肯花时间到商店去看我们产品的人。我看你是一个有心人，这样吧，你明天来上班吧！"

刘欣是幸运的，一时间的灵感让她沉下心准备了一番，不再盲目，也因此苦尽甘来。

一切都这么艰难，艰难是因为自己以前跟心里长草一样，做什么都毛毛躁躁的；一切又是这么简单，简单是因为自己现在沉静下来，冷静地找到了如何获得成功的方法。一切是这么的偶然，一切又是这么的必然。

沉下心来，领略如诗的境界。沉下心来，任思绪飘飞，飞到天涯海角。而这时，好的灵感也会等着我们，成功的门也为我们敞开了。

让自己成为珍珠

有一个自以为是全才的女郎，毕业以后屡次碰壁，一直找不到理想的工作。她觉得自己怀才不遇，对社会非常失望，认为没有伯乐来赏识她这匹"千里马"。

痛苦绝望之下，她来到大海边，打算就此结束自己的生命。

在她正要自杀的时候，正好有一个老妇人从这里走过。老妇人问她为什么要走绝路，她说自己不能得到别人和社会的承认，得不到欣赏和重用……

老妇人从脚下的沙滩上捡起一粒沙子，让女郎看了看，然后就随便地扔在地上，说："请你把我刚才扔在地上的那粒沙子捡起来。"

"这根本不可能！"女郎说。

老妇人没有说话，接着又从自己口袋里掏出一颗晶莹剔透的珍珠，也是随便扔在了地上，然后对女郎说："你能不能把这个珍珠捡起来呢？"

"这当然可以。"

"那你应该明白是为什么了吧？你应该知道，现在你自己还不是一颗珍珠，所以你还不能苛求别人立即承认你，如果要别人承认，那你就要由沙子变成一颗珍珠才行。"

当我们抱怨现实对我们的不公之时，先问一下自己到底是珍珠还是沙子。

如果暂时还不是珍珠，那就努力让自己成为珍珠，相信沙子再多，也掩盖不住珍珠的光彩。生活中，怀才不遇时，不妨审视一下自身，看看是否还存在某些不足。但不管实际情况是不是如此，人都应该端正心态，能屈能伸，只有这样，你才能脚踏实地地为自己赢来生活的转机。

富贵不在天

"贫富都一样，大难无处藏"，每个人都有善良的一面，以良知唤醒世人心中的真诚与善良，才能从根本上救度世人远离邪恶，脱离苦海。同样的道理，送人一袋金钱，不如启发他的善心，因为诚心善念才是一个生命能够走向未来的最根本的保证。

一天早上，一位只有一只手的乞丐来到一座寺院向彻悟方丈乞讨，方丈毫不客气地指着门前一堆砖对乞丐说："你帮我把这些砖头搬到后院去，我就给你饭吃！"

乞丐很生气地说："我只有一只手，怎么搬砖头呢？不愿给就不给，何必这么捉弄人呢？"说完他怒气冲冲地向寺外走去。

方丈什么话也没有说，用一只手搬起一块砖头，说道："这样的事一只手也能做得到，你为何不愿去做呢？"

乞丐便不再争辩什么，就用他的一只手依方丈的话搬起砖头来。

他整整搬了一个上午，才把砖搬完。

最后，方丈递给乞丐一些银子，乞丐接过钱，很感激地说："谢谢你！"

方丈说："不用谢我，这是你凭自己的劳动赚到的钱。"

乞丐说："我永远不会忘记你的。"说完深深地鞠了一躬，就上路了。

过了不久，这座寺院又来了一位乞丐。方丈把他带到后院，指着那堆砖头对他说："你把这堆砖头搬到屋前，我就给你银子。"但是这位双手健全的乞丐却鄙夷地朝方丈瞪了一眼，头也不回地走开了。

弟子不解地问方丈："上次你叫乞丐把砖头从屋前搬到后院，这次你又叫乞丐把砖头从屋后搬到屋前，你到底想把砖头放到后院，还是屋前？"

方丈微笑着对弟子说："对我们来说，砖头放在屋前和放在屋后都一样，可搬与不搬对乞丐来说就不一样了。"

若干年以后，一位衣着体面的人来到寺院拜望方丈。他气度不凡，但美中不足的是，这个人只有一只左手，原来他就是用一只手搬砖头的那位乞丐。

自从方丈让他搬砖以后，他明白了方丈的用意，找到了自己的价值，然后靠自己的手劳动，靠自己的头脑思考，奋力拼搏，终于有所成就。而那位双手健全的乞丐如今还依然在村落中行乞。

故事很简单，却告诉我们一个深刻的道理：如何依靠自己的力量寻找到自我的价值。也就是靠自己的双手劳动、靠自己的头脑思考，从自身发现自我。可是我们放眼望去，是不是每个人都具备这两种最基本的品格呢？是不是每个人都能无愧地称"流自己的汗，吃自己的饭"呢？

那个一只手的乞丐，在一开始并没有意识到他的价值所在，他认为自己是个残疾人，已经失去了一个正常人的生活能力，从而自暴自弃，放弃了可以依靠自己有尊严地生活的可能。但是方丈的言行触动了他，让他有机会思考，有机会认识到他虽然少了一只手，可并不妨碍他用劳动给自己创造生存下去的机会，而且可贵的是他勇敢地去做了，最后他发现了自己的价值所在。

与之相反的是另一个双手健全的乞丐，他很直接地放弃了给自己一个发现自我价值的机会，丝毫也不理会方丈的一番良苦用心，所以就注定这个人不可能走向成功。

其实生活在现实中的每一个人，都可能会遇到这样或那样的挫折和困难，问题的关键在于我们如何去认知自己，找到自我的价值所在，然后去努力拼搏最终走向成功。

第四章　莫苛求，世上没有绝对完美

世上没有绝对的完美

"断臂维纳斯"一直被认为是迄今发现的希腊女性雕像中最美的一尊。美丽的椭圆形面庞，希腊式挺直的鼻梁，平坦的前额和丰满的下巴，平静的面容，无不带给人美的感受。

她那微微扭转的姿势，和谐而优美的螺旋形上升体态，富有音乐的韵律感，充满了巨大的魅力。

作品中女神的腿被富有表现力的衣褶所覆盖，仅露出脚趾，显得厚重稳定，更衬托出了上身的秀美。她的表情和身姿是那样的庄严崇高而端庄，像一座纪念碑；然而又是那样优美，流露出女性的柔美和妩媚。

令人惋惜的是，这么美丽的雕像居然没有双臂。于是，修复原作的双臂成了艺术家、历史学家最神秘也最感兴趣的课题。当时最典型的几种方案是：左手持苹果、搁在台座上，右手挽住下滑的腰布；双手拿着胜利花圈；右手捧鸽子，左手持苹果，并放在台座上让它啄食；右手抓住将要滑落的腰布，左手握着一束头发，正待入浴；与战神站在一起，右手握着他的右腕，左手搭在他的肩上……但是，只要有一种方案出现，就会有一种反驳的道理。最终得出的结论是，保持断臂反而是最完美的形象！

人生就像维纳斯的雕像一样，因为不圆满而变得富有深意。想要将每一种好处都占尽，到头来只会失去获得的快乐。面对已经有的进步，足以快慰，何必想着要拿个满分，毕竟一蹴而就的事情，是经不起推敲的。

苛求完美是一种心理洁癖，容不得事物有半点瑕疵。实际上，世界上根本没有完美，正是有了缺憾，才使我们整个生命有了追求前进的动力，珍惜缺憾，它就是下一个完美。如果在学习或者专心做事的时候，有人打扰，你会感到格外愤怒；常常没有必要地进行过多的检查，如检查门窗、开关、煤气、钱物、文件、表格、信件等；经常对自己或他人感到不满，因而经常挑剔自己或他人所做的任何事；不停地想，某件事如果换另一种方式，也许更加理想；经常对自己的服装或居室布置感到不满意而时常变动它们。这些表现足以说明你是一个过于追求完美的人。每一个人在内心都有一种追求完美的冲动，当一个人对于现实世界的残缺体会越深时，他对完美的追求就会越强烈。这种强烈的追求会使人充满理想，但这种强烈的追求一旦破灭，也会使人充满绝望。

这个世界上没有任何一件事物是十全十美的，它们或多或少皆有瑕疵，人类亦同。我们只能尽最大的努力去使它更完美一些。智者告诉我们，凡事切勿过于苛求，如果采取一种务实的态度，你会活得更快乐！

生活中，有很多人忙忙碌碌一辈子，可是到最后却一事无成，究其原因就在于他们做事非要等到所有条件都具备时，才肯动手去做，然而所有的事情没有一件是绝对完美的。所以，这些人也只有在等待完美中耗尽他永远无法完美的一生。在这个世界上，完美也是一件可怕的事物，如果你每做一件事都要求务必完美无缺，便会因心理负担的增加而不快乐。当一个人要求别人完美时，自身的缺点便显现无遗。

完美是一座心中的宝塔，你可以在内心中向往它、塑造它、赞美它，但你切不可把它当作一种现实存在，因为这样只会使你陷入无法自拔的矛盾之中。一个人只有经受住失败的悲哀才能到达成功的巅峰，亡羊补牢，犹未为晚。不必为了一件事未做到尽善尽美的程度而自怨自艾。

没有"瑕疵"的事物是不存在的，盲目地追求一个虚幻的境界只能是劳而无功。我们不妨问一问："我们真的能做到尽善尽美吗？"既然不行，我们就应该尽快放弃这种想法。

不必把一个污点放大到全身

莎士比亚说："聪明的人永远不会坐在那里为他们的损失而悲伤，却会很高兴地去找出办法来弥补他们的创伤。"

在这个世界上，谁都难免犯错误，即使是四条腿的大象，也有摔跤的时候。"人要不犯错误，除非他什么事也不做，而这恰好是他最基本的错误。"

反省是一种美德。对自己做错了的事，知道悔悟和责备自己，这是敦品励行的原动力。不反省不会知道自己的缺点和过失，不悔悟就无从改进。

在你已经知错、决定下次不再犯的时候，就是停止后悔的最好的时候，然后，你就应该摆脱这悔恨的纠缠，使自己有心情去做别的事。如果悔恨的心情一直无法摆脱，而你一直苛责自己，懊恼不止，那就是一种病态，或可能形成一种病态了。

你不能让病态的心情持续。你必须了解它是病态，一旦精神遭受太多折磨，有发生异状的可能，那就严重了。

所以，当你知道悔恨与自责过分的时候，要相信自己能够控制自己，告诉自己"赶快停止对自己的苛责，因为这是一种病态"。为避免病态具体化而加深，要尽量使自己摆脱它的困扰。这种自我控制的力量是否能够发挥，决定一个人的精神是否健全。

每个人都有缺点，这是为什么我们要受教育。教育使我们有能力认识自己的缺点并加以改正，这就是进步。但在知道随时发现自己的缺点并随时改正之外，更要注意建立自己的自信，尊重自己的自尊。有人一旦犯了错误，就觉得自己样样不如人，由自责产生自卑，由于自卑而更容易受到打击。经不起小小的过失，受到了外界一点点轻侮或为任何一件小事，都会痛苦不已。

一个人缺少了自信，就容易对环境产生怀疑与戒备，所谓"天下本无事，庸人自扰之"。面对这种"无事自扰"的心境，最好的方法是努力进修，勤于做事，使自己因有进步而增加自信，因工作有成绩而增加对前途的希望，不再向后做无益的回顾。

进德与修业，都能建立一个人的自信心和荣誉感。对自己偶尔的小错误、小疏忽，就不致过分苛责，而应从悔恨中发挥积极的力量。

自尊心人人都有，但没有自信做基础，就会使人变为偏激狂傲或神经过敏，以致对环境产生敌视与不合作的态度。要满足自尊心，只有多充实自己，使自己减少"不如人"的可能性，而增加对自己的信心。

一个健全的好人应该是该做就做，想说就说，一切要求合情合理之外，如果自己偶有过失，也能潇潇洒洒地承认："这次错了，下次改过就是。"不必把一个污点放大为全身的不是。

不要为你的缺点遮羞

很多年轻人都喜欢追求完美，喜欢在一种唯美的思绪里畅想自己的未来。但是，生活中，又有多少事物能像韩剧中那么完美？那么经得住人们想象的寄托？

　　人没有完美的，总会有这样或那样的缺点。缺点是否成为成功路上的障碍，关键是要看成就什么样的事业。想成为万人瞩目的政治领袖吗？就需要具有富兰克林那样的勇气，检视自己的缺点，并与之进行坚持不懈的斗争，直到胜利为止。

　　克劳兹是美国某企业总裁，他奋斗了8年，让企业的资产由200万美元发展到5000万美元。2005年，他去华盛顿领取了本年度国家蓝色企业奖章。这是美国商会为奖励那些战胜逆境的企业而颁发的，那年只颁发了6枚奖章。

　　克劳兹可以算是一个成功的企业家了，可他的心中却有一个难言之隐，他将它深深藏在心里已经很多年了。白天克劳兹应接不暇地处理对外事务，好像是忙得没有时间去阅读邮件和文件。很多文件由公司的管理人员白天就处理好了，白天遗留下来的文件，到了晚上，由他的妻子莱丝帮助他处理，他的下属对他无法阅读这件事一直一无所知。克劳兹的痛苦起源于童年。当时他在内华达的一个小矿区里上小学。"老师叫我笨蛋，因为我阅读困难。"他说。他是整个学校里最安静的小孩，总是默默地坐在教室的最后一排。他天生有阅读障碍，老师又责骂他，他在学校的学习变得更艰难了。1963年，他从高中勉强毕业，当时他的成绩主要是 C、D 和 F（A 是最高等级）。

　　高中毕业后，克劳兹搬到了雷诺市，用200美元的本金开了一家小机械商店。经过不懈的努力，1997年他已经成功开了5个分店，资产远远超过200美元。今天他的企业已经成为所在行业的佼佼者，公司每年至少有1500万美元的利润。

　　克劳兹害怕受到那些大多是大学毕业的首席执行官们的嘲笑和轻视。但是，他没想到他得到的是更多的支持和鼓励。"这使我更加佩服他获得的成功，这加深了我对他的敬意。"他的一个下属说。另外，当克劳兹告诉他的其他雇员他不会阅读的时候，也赢得了雇员们的尊重。克劳兹说："自从我下决心让每个人都知道这件事以来，我心里轻松了许多。"

　　从那以后，克劳兹聘请了一名家庭教师为他做阅读辅导。克劳兹最近正在读一本管理方面的书。他在所有他不认识的单词下面画线，然后去查字典，读得很慢。他希望有一天他能像他妻子那样可以迅速地读完办公桌上所有的文件和信函。更重要的是，他希望他的故事能鼓励其他正在学习阅读的人。

　　有缺点没有什么可羞愧的，然而，如果明知自己有缺点却不做任何改进，那就变成一种耻辱了。自己不去正视缺点，它将永远是缺点。克服它、战胜它的过程也是优点凸显的过程。

接受别人的帮助不必感到羞愧

　　一个人的才能和力量总是有限的，很多时候我们都需要别人的帮助，在必要的时候接受别人的帮助。在战场上，如果你拒绝别人的帮助就会使自己处于孤立无援的位置，有可能失去城池甚至是自己的生命，因此接受别人的帮助没有什么好羞愧的。

　　一个小男孩在沙滩上玩耍。他身边有他的一些玩具——小汽车、货车、塑料水桶和一把亮闪闪的塑料铲子。在松软的沙堆上修筑公路和隧道时，他发现一块很大的岩石挡住了去路。小男孩开始挖掘岩石周围的沙子，企图把它从泥沙中弄出去。他是个很小的孩子，而岩石却相当巨大。手脚并用，他花尽了力气，岩石却纹丝不动。小男孩下定决心，手推、肩挤，左摇右晃，一次又一次地向岩石发起冲击，可是，每当他刚把岩石搬动一点点的时候，岩石便又随着他的稍事休息而重新返回原地。小男孩气得直叫唤，使出吃奶的力气猛推猛挤。但是，他得到的唯一回报便是岩石滚回来时砸伤了他的手指。最后，他筋疲力尽，坐在沙滩上伤心地哭了起来。

这整个过程，他的父亲从不远处看得一清二楚。当泪珠滚过孩子的脸庞时，父亲来到了他的跟前。父亲的话温和而坚定："儿子，你为什么不用上所有的力量呢？"男孩抽泣道："爸爸，我已经用尽全力了，我已经用尽了我所有的力量！""不对，"父亲亲切地纠正道，"儿子，你并没有用尽你所有的力量。你没有请求我的帮助。"说完，父亲弯下腰抱起岩石，将岩石扔到了远处。

这个故事就是要告诉我们，在你尽了自己所有的努力仍然没有完成任务时，接受别人的帮助往往会事半功倍。可是在现实生活里，人们却常常不喜欢主动请求别人的帮助，觉得寻求别人的帮助是一件很不好的事情。

克契到佛光禅师那里学禅也有好一段时间了，由于个性独立，遇事总会想办法自己解决，尽可能不麻烦别人，就连修行也是一个人闷着头默默地进行。一天，佛光禅师问他说："你来我这儿也有12个年头了，有没有什么问题？要不要坐下来聊聊？"

克契连忙回答："禅师您已经很忙了，学僧怎好随便打扰呢？"

时光荏苒，岁月如梭，一晃眼，又是三个秋冬。

这天，佛光禅师在路上碰到克契，又有意点他，主动问道："克契啊！你在参禅修道上可有遇到些什么问题吗？有的话就要开口问。"

克契答道："禅师您那么忙，学僧不好耽误您的时间！"

一年后，克契经过佛光禅师禅房外，禅师再对克契语道："克契你过来，今天我有空，不妨进禅室来谈谈禅道。"

克契禅僧赶忙合掌作礼，不好意思地说："禅师很忙，我怎能随便浪费您的时间？"佛光禅师知道克契过分谦虚，这样的话，再怎样参禅，也是无法开悟的，得采取更直接的态度不可了，所以当佛光禅师再次遇到克契的时候，便明白地对克契说："学道坐禅，要不断参究，你为何老是不来问我呢？"

只见克契仍然应道："老禅师，您忙！学僧实在是不敢打扰！"

这时，佛光禅师大声喝道："忙！忙！我究竟是为谁在忙呢？除了别人，我也可以为你忙呀！"佛光禅师这一句"我也可以为你忙"的话，顿时打入克契的心中。

自己的力量是有限的，只有善假于物，必要的时候接受别人的帮助才能使事情事半功倍。若想在自己困难的时候有人愿意帮助你，你平时就必须要做到：

关心别人，做到心中有他人。给人适当的关心，会让人对你产生信任。当你有困难的时候，别人也会给予及时的帮助。

在接受别人的帮助后，要真诚地感谢，并且不要为有人帮助了你而感到羞愧。

换个角度，从缺陷中发现美

世界上很少有人不抱怨自己的容貌。人是个多面体，我们常说谁长得漂亮、谁长得丑，那只是我们从一个角度去看。我们不妨换个角度审视一下自己，你也许会发现一个与众不同的自我。

有一对母女，母亲长得很漂亮，女儿却很丑。倒不是她的五官有什么问题，而是搭配有点偏离正常比例。为此，女儿十分自卑，常常怨天尤人。母亲当然了解女儿的心事，为了帮助她摆脱心理困境，她把女儿带到照相馆去照相。

母亲对照相师的要求很奇怪，她不让照相师拍她女儿的整张脸，而是逐一对眼睛、鼻子、耳朵、嘴等五官单独拍特写。帮女儿拍完照后，她又拿出美国著名女星玛丽莲·梦露的头像，让照相师翻拍，并把五官一一割开。

照片一冲出来，母亲就把女儿的五官照片和著名女星玛丽莲·梦露的五官照片一一对照贴到女儿卧室的墙上。每当女儿自卑的时候，母亲就让女儿看看那些被分割的照片，说："和世界上最著名的美女比较一下，你哪个地方会比她差？"还未成年的女儿迷惑地看了看母亲，将信将疑。后来，她把自己的这些照片指给那些闺中密友看。密友在不知情的情况下，有的说照片上的眼睛比梦露的眼睛迷人，有的说照片上的嘴巴更性感。渐渐地，她相信了母亲的话，真觉得自己并不比玛丽莲·梦露丑了，自信也随之而来。

长得丑点的确是一种缺陷，但如果只盯着自己的缺陷，它就会告诉你自己是多么丑陋，多么不幸，这时你的眼前就像横着一幅放大镜，小小的缺陷就会被无限放大成悲剧或灾难。可是，当你换个角度来看时，这个缺陷并不致命，甚至完全可以忽略不计。

从生理上来说，世上很难找到完美之人。人有生理缺陷当然遗憾，但它既已存在，我们就该泰然处之。人生的价值在于奉献和创造，在于完美人格的构建、灵魂的塑造和精神的升华。上帝关上一扇窗子的同时，又会为你打开另一扇窗子，问题是你有没有用心地去发现那扇窗子。我们不必为自己的平庸与丑陋感到自卑，只要善于发现，你完全可以从这些自认为丑陋的缺陷中找到有价值的一面。

跨越性格缺陷，完美就在背后

心理学研究结果表明，一个人性格的好与坏在很大程度上对其事业成功与否、家庭生活幸福与否、人际关系良好与否起了决定性的作用。健全的个性是事业成功的基础、家庭幸福的根基、人际关系良好的基石。健全的个性是通向成功的护身符。

改善你的个性，健全你的个性，扼住命运的咽喉，才能做命运的主人。要改善自己的个性、健全自己的个性，前提是要认识自己的个性，找到自己性格中存在的缺陷，对症下药，为明天的成功铺一块基石。

欧玛尔是英国历史上著名的剑术高手，他有一个实力相当的对手，两个人互相挑战了30年，却一直难分胜负。

有一次，两个人正在决斗的时候，欧玛尔的对手不小心从马上摔了下来，欧玛尔看见机会来了，立刻拿着剑从马上跳到对手身边，这时只要一剑刺去，欧玛尔就能赢得这场比赛了。欧玛尔的对手眼看着自己就要输了，因此感到非常愤怒，情急之下便朝欧玛尔的脸上吐了一口口水，这不但是为了表达自己的怒气，也是为了要羞辱欧玛尔。没想到欧玛尔在脸上被吐了口水之后，反而停下来对他的对手说："你起来，我们明天再继续这场决斗。"欧玛尔的对手面对这个突如其来的举动，感到相当诧异，一时间显得有点不知所措。

欧玛尔向这位缠斗了30年的对手说："这30年来，我一直训练自己，让自己不带一丝一毫的怒气作战，因此，我才能在决斗中保持冷静，并且立于不败之地。刚才，在你吐我口水的那一瞬间，我知道自己生气了，要是在这个时候杀死你，我一点都不会有获得胜利的感觉。所以，我们的决斗明天再开始。"

可是，这场决斗却再也没有开始。因为，欧玛尔的对手从此以后变成了他的学生，他想学会如何不带着怒气作战。

试想，如果当初欧玛尔因对手的那口口水而一剑刺向对手，那么，他肯定成不了历史上著名的剑术高手，他的剑术也会因他易怒的性格而大打折扣。所幸的是，他平时在改造自己易怒的性格上的努力最终让他不仅赢得了胜利和荣誉，更赢得了对手的友谊。

改变性格所带来的除了技艺的精湛和人际关系的和谐外，还往往能带来意想不到的商机。

生活的美妙在于一个人不断地从缺陷到完美的历程。谁也不是一生下来就什么都会、什么都知道的，也不是一生下来就有很大勇气的，这些都是在后天培养的，不要因为自己现在没有而失落，要努力去争取，这才是真正的任务。你发现自己缺少了什么，然后给自己补上，这不就不缺少了吗？对于自己也是走向完美的一小步。永远不要让自己的性格局限自己，给自己一个走向完美的期限，迈出走向完美的第一步，很快你就会成功。

自卑和自信往往就在一念之间

很多时候人会这样问自己："假如……我可以吗？"这是一种不自信的表现。其实自卑和自信往往就在一念之间，去除自卑，自信就会从心底应运而生。

世上大部分不能走出生存困境的人都是因为对自己信心不足，他们就像一株脆弱的小草一样，毫无信心去经历风雨，这就是一种可怕的自卑心理。所谓自卑，就是轻视自己，自己看不起自己。自卑心理严重的人，并不一定是其本身具有某些缺陷或短处，而是不能悦纳自己，总是自惭形秽，常把自己放在一个低人一等，不被自我喜欢，进而演绎成别人也看不起自己的位置，并由此陷入不能自拔的痛苦境地，心灵笼罩着永不消散的愁云。

一位父亲和他的儿子出征打仗，父亲已做了将军，儿子还只是马前卒。又一阵号角吹响，战鼓擂响了，父亲庄严地托起一个箭囊，其中插着一支箭。他郑重地对儿子说："这是家传宝箭，带在身边，你将力量无穷，但千万不可将箭抽出来。"

那是一个极其精美的箭囊，用厚牛皮打制，镶着幽幽泛光的铜边儿，再看露出的箭尾，一眼便能认定是用上等的孔雀羽毛制作的。儿子喜上眉梢，贪婪地推想箭杆、箭头的模样，想象着箭嗖嗖地掠过，敌方的主帅应声折马而毙。

果然，佩带宝箭的儿子英勇非凡，所向披靡。当鸣金收兵的号角吹响时，儿子再也禁不住得胜的豪气，完全忘记了父亲的叮嘱，强烈的欲望驱赶着他一气拔出宝箭，试图看个究竟。骤然间他惊呆了——一支断箭，箭囊里装着一支折断的箭。"我一直带着断箭打仗呢！"儿子吓出了一身冷汗，顷刻间失去支柱，轰然坍塌了。

结果不言自明，儿子惨死于乱军之中。

拂开蒙蒙的硝烟，父亲捡起那柄断箭，沉重地啐一口道："不相信自己的人，永远也做不成将军。"假如"儿子"充满自信，那么情况可能就是另一种样子，可是人生没有假如。当大好的人生机遇出现在眼前时，自卑者怀疑自己是否能够做好它，不敢伸手一抓，不敢奋力一搏。未战心先怯，只会白白贻误良机。在面对一件事情的时候，自卑者会让机会从身边悄悄溜走，等到事情过后，又陷入不断的自责之中，于是更加自卑。更重要的是，具有自卑情结会造成人格和心理的卑怯，不敢面对挑战，不敢以火热的激情拥抱生活，而是卑怯地自怨自艾。久而久之，积卑成"病"，就会失去应有的雄心和志气。

所以，我们一定要根据自身的条件，横扫身上的一切自卑情结。当自己怀疑自己能力的时候，不断地暗示自己可以出色地完成任务；当觉得自己不如别人的时候，告诉自己他们只是比自己早成功了一步而已，自己通过奋斗可以比他们更成功。相信自己的力量，自己是最优秀的人，让"假如"变成一定！

每个人都是上帝的宠儿

很多时候，人总觉得自己不重要，少个我和多个我没什么区别，而作为独一无二的我真的不重要吗？对自己的父母来讲，你是他们爱情的结晶和今后的希望，对于你的妻子来讲，不论别人多么优秀你依然是她每天心里挂念的人；对于你的儿女来讲，你就是他们可以仰仗的大树，对于你的好朋友来说，你就是他们一生中不可缺少的知己……难道这样的我不重要吗？当然不是！"我"很重要。

当我们对自己说出"我很重要"这句话的时候，"我"的心灵一下子充盈了。是的，"我"很重要。

"我"是由无数星辰、日月、草木、山川的精华汇聚而成的。只要计算一下我们一生吃进去多少谷物，饮下多少清水，才凝聚成这么一具美轮美奂的躯体，我们一定会为那数字的庞大而惊讶。世界付出了那么多才塑造了这么一个"我"，难道"我"不重要吗？

你所做的事，别人不一定做得来。而且，你之所以为你，必定是有一些相当特殊的地方——我们姑且称之为特质吧！而这些特质是别人无法模仿的。

既然别人无法完全模仿你，就不一定做得了你能做的事。那么，他们怎么可能给你更好的意见呢？他们又怎能取代你的位置，替你做些什么呢？所以，你不相信自己，又能相信谁呢？况且，每个人都是上帝的宠儿，上帝造人时即已赋予每个人与众不同的特质，所以每个人都会以独特的方式与别人互动，进而感动别人。要是你不相信的话，不妨想想：有谁的基因会和你完全相同？有谁的个性会和你丝毫不差？由此，我们相信：你有权活在这世上，你是别人无法取代的。

不过，有时候别人（或者是整个大环境）会怀疑我们的价值，时间一长，连我们自己都会对自己的重要性感到怀疑。请你千万不要让这类事情发生在你身上，否则你一辈子都无法抬起头来。记住！你有权力相信自己很重要。

"我很重要。没有人能替代我，就像我不能替代别人一样。我很重要！"

生活就是这样的，无论是有意还是无意，我们都要对自己有信心。不要总是拿自己的短处去对比人家的长处，却忽视了自己也有别人所不及的地方。自卑是心灵的腐蚀剂，自信是心灵的发电机。所以，无论我们身处何境，都不要让自卑的冰雪侵占心灵，而应燃烧自信的火炬，始终相信自己是最优秀的，这样才能激发生命的潜能，创造无限美好的生活。

也许我们的地位低下，也许我们的身份卑微，但这并不意味着我们不重要。重要并不是伟大的同义词，它是心灵对生命的允诺。人们常常从成就事业的角度，判断自己是否重要。但这并不应该成为标准，只要我们时刻努力，为光明奋斗，我们就是无比重要的不可替代的存在。

让我们昂起头，对着地球上无数的生灵，响亮地宣布：我很重要！

面对这么重要的自己，我们有什么理由不爱自己呢？

包容自己，逃出"心狱"的监禁

现实生活里，有不少人自觉不自觉地把自己讨厌的事塞满自己的脑袋，把一些不相干的事与自己联系在一起，造成了心理压力。殊不知，对于自己讨厌的、想不通的事，我们可以不去想，否则最后你就会变成压力的囚徒。

我们总是执迷不悟，对于压力不肯放手，死死握紧，不肯去寻找新的机会，发现新的思考空间，所以陷入愁云惨雾中。

人的一生充满坎坷，稍不留神，就会被自己营造的"心狱"监禁。在"心狱"里，很多人还在不停地折磨自己，结果造成无法挽回的悲剧。有人认为，"心狱"无法逃离。但事实怎样？人的"心理牢笼"既然是自己营造的，人就有冲出"心理牢笼"的本能。这种本能就是精神上的包容，有了这种包容，什么样的"心理牢笼"都可以攻破。

有这样一句话：除了上帝之外，谁能无过？犯了错只表示我们是人，不代表就该承受如下地狱般的折磨。我们唯一能做的就是正视这种错误的存在，在错误中吸取教训，以确保未来不再发生同样的憾事。接下来就应该获得绝对的宽恕，然后把它忘了，继续向前进。

只要生活在这个世界上，就难免犯错，要是对每一件都深深地自责，一辈子都背着一大袋的罪恶感生活，你还能奢望自己走多远？

人生之帆，不论顺风或逆风都要前进。包容自己，才能把犯错与自责的逆风，化为成功的推力。

学会给自己释放压力，其实就是在包容自己。

每天给自己一小时独处的时间。

每天皆以祈祷、静思、默想作为开始和结束。

简单生活，别让自己活得太累。

行程表别排得太满。

设定合理的工作期限。

别承诺你做不到的事情。

做每一件事都多给自己半小时的时间。

随身携带有趣的读物。

呼吸——经常深呼吸。

活动身体——行走、跳舞、跑步，做你喜欢的运动。

重视存在，别总是一味地做事。

每周腾出休息和恢复的一天。

笑口常开。

沉浸于自己的感觉中。

总是以舒适为优先考虑。

如果你不喜欢它，就把它请出你的生活。

让大自然母亲滋养自己。

别再去讨好每一个人。

开始讨好你自己。

别和老是对你不满的人在一起。

别浪费宝贵的资源：时间、创造能量、感情。

滋养友谊。

别惧怕自己的热望。

放弃期待。

品味美丽的事物。

有"是"就有"不"。

别担忧，包容才能快乐。

只看我所有的便能拥有快乐

金无足赤，人无完人。每一个人都是优点和缺点的集合体，你也许没有过人的口才，但是善于写作；也许没有领导的才能，但是善于配合。我们不要一味盯着自己的缺点，困在自己画的圈子内黯然神伤，应该看到自己的优点，经营自己的长处，积极地生活。

她站在台上，不时不规律地挥舞着她的双手；仰着头，脖子伸得好长好长，与她尖尖的下巴扯成一条直线；她的嘴张着，眼睛眯成一条线，诡谲地看着台下的学生；偶然她口中也会咿咿唔唔的，不知在说些什么。基本上她是一个不会说话的人，但是，她的听力很好，只要对方猜中，或说出她的意见，她就会乐得大叫一声，伸出右手，用两个指头指着你，或者拍着手，歪歪斜斜地向你走来，送给你一张用她的画制作的明信片。

她就是黄美廉，一位自小就患脑性麻痹的病人。脑性麻痹夺去了她肢体的平衡感，也夺走了她发声讲话的能力。从小她就活在诸多肢体不便及众多异样的眼光中，她的成长充满了血泪。然而她没有让这些外在的痛苦击败她内在奋斗的精神，她昂然面对，迎向一切的不可能，终于获得了加州大学艺术博士学位。她把她的手当画笔，以色彩告诉人们"寰宇之力与美"，并且灿烂地"活出生命的色彩"。全场的学生都被她不能控制自如的肢体动作震慑住了，这是一场倾倒生命、与生命相遇的演讲会。

"请问黄博士，"一个学生小声地问，"你从小就长成这个样子，请问你怎么看你自己？你没有怨恨过吗？"大家的心一紧，这孩子真是太不成熟了，怎么可以当面在大庭广众之下问这个问题？太伤人了，大家都很担心黄美廉会受不了。"我怎么看自己？"美廉用粉笔在黑板上重重地写下这几个字。她写字时用力极猛，有力透纸背的气势。写完这个问题，她停下笔来，歪着头，回头看着发问的同学，然后嫣然一笑，回过头来，在黑板上龙飞凤舞地写了起来：

一、我好可爱！

二、我的腿很长很美！

三、爸爸妈妈这么爱我！

四、我会画画！我会写稿！

五、我有只可爱的猫！

六、还有……

忽然，教室内鸦雀无声，没有人敢讲话。她回过头来看着大家，再回过头去，在黑板上写下了她的结论："我只看我所有的，不看我所没有的。"

掌声由学生群中响起，美廉倾斜着身子站在台上，满足的笑容从她的嘴角荡漾开来，她的眼睛眯得更小了，有一种永远也不被击败的傲然写在她脸上。

大家不觉两眼湿润起来，看着美廉写在黑板上的结论："我只看我所有的，不看我所没有的。"每个人都想，这句话将永远鲜活地印在自己的心上。

我们都在追求美，但我们都知道世界上没有十全十美，可我们依然没有停下追求的步伐，完美主义已经深深地渗入了我们的血液。对于自己的缺陷不要耿耿于怀，要敢于直面不完美的自我。

学会容纳自己的不完美，实事求是地看待自己，才能从自身条件的不足和所处的不利环境的局限中解脱出来，去做自己想做的事。

我们这么多年来每天生活在一个美丽的童话王国里，可是我们却看不见生活的美丽，怨天尤人，时常感到失落。要得到快乐，请记住这条规则："只看我所有的，不看我所没有的。"

已经拥有的东西最珍贵

有时候我们心情沮丧，总是觉得自己拥有的太少。

有一个国王，常为过去的错误而悔恨，为将来的前途而担忧，整日郁郁寡欢，于是他派大臣四处寻找快乐的人，并把这个快乐的人带回王宫。

这位大臣四处寻找了好几年，终于有一天，当他走进一个贫穷的村落时，听到一个快乐的人在放声歌唱。寻着歌声，他找到了正在田间犁地的农夫。

大臣问农夫："你快乐吗？"农夫回答："我没有一天不快乐。"

大臣喜出望外地把自己的使命和意图告诉了农夫。农夫不禁大笑起来，他说道："我曾因为没有鞋子而沮丧，直到我有一天在街上遇到了一个没有脚的人。"

有人为低工资而懊恼、忧郁，猛然发现邻居大嫂已经下岗失业，于是又暗暗庆幸自己还有一份工作可以做，虽然工资低一些，但起码没有下岗失业，心情转眼就好了起来。每个人总是看重自己的痛苦，而常常忽略别人的痛苦。当自己痛苦不堪的时候，要是能够换一个角度来思考，痛苦的程度就会大大减弱。当自己兴高采烈的时候，应多向上比，会越比越进步；当自己苦恼郁闷的时候，应多向下比，会越比越开心。

人生最可怜的事，不是生与死的诀别，而是面对自己所拥有的，却不知道它是多么的珍贵。

网上有这么一幅比较流行的漫画：一个漂亮的女孩子，觉得自己过得很不幸，终于有一天她决定跳楼自杀。身体慢慢往下坠，她看到了十楼以恩爱著称的夫妇正在互殴，她看到了九楼平常坚强的皮特正在偷偷哭泣，八楼的阿妹发现未婚夫跟最好的朋友在床上，七楼的丹丹在吃她的抗忧郁症药，六楼失业的阿喜还是每天买7份报纸找工作，五楼受人尊敬的王老师正在偷穿老婆的内衣，四楼的罗丝又要和男友闹分手，三楼的阿伯每天盼望有人拜访他，二楼的莉莉还在看她那结婚半年就失踪的老公照片。在她跳下之前，她以为她是世上最倒霉的人。而此刻她才知道每个人都有不为人知的困境。她看完他们之后深深地觉得其实自己过得还不错……可是已经晚了。当她掉在楼下的地上时，楼上所有不幸的人同时感慨：原来自己的生活还是美好的，还有人比他们更不幸。

这幅漫画很贴切地展现了我们生活中许多人的想法，我们每每羡慕别人的生活是如何的美好，总觉得自己是最不幸的那一个，而实际上并不是这样的，每个人的生活中总会出现别人所没有的各种各样的困难，就像这个美丽的女子在跳楼时所看到的那样，其实谁都一样，谁都不是生活的宠儿，只是每个人对待生活的态度不同。坚强的人最终尝到了生活的美味，意志薄弱的人最终被生活所淘汰。

不要总把眼光局限在自身的坏牌上，实际上，别人手中的牌也并非都是好牌。这样去想，你才不至于太自卑、太绝望，才能保持必胜的决心，坚强地走下去。

懂得欣赏自己的生活

生活中有些人羡慕那些明星、名人，日日淹没在鲜花和掌声中，名利双收，以为世间苦痛都与他们无缘。这是羡慕别人的盲区，也是一些人老是羡慕别人光鲜处的原因。事实上，走进明星名人的生活，他们同样有着不为人知的辛酸。

俗话说，人生失意无南北，宫殿里也会有悲恸，茅屋同样也会有笑声。

只是，平时生活中无论是别人展示的，还是我们关注的，总是风光的一面，得意的一面。于是，站在城里，向往城外，而一旦走出围城，就会发现生活其实都是一样的，有许多我们一直很在意的东西，较之别人，根本就没有什么可比性。

有位哲人说过："与他人比是懦夫的行为，与自己比是英雄。"这句话乍一听不好理解，但细细品味，却也有它的道理。

所以，不要把你的生命浪费在和别人对比上，应该跟自己的心灵去赛跑。

其实我们不必对自己太苛求，我们又怎么知道别人一定比自己好？事实上每个人都有令人羡慕的东西，也有自己缺憾的东西，没有一个人能拥有世界的全部，重要的在于自己的内心感觉。那些心态平和的人只是他能接受自己，觉得自己好而已。

所以，要懂得欣赏自己的生活，让自己活得随心所欲。你能改变什么让自己感到愉快，那就做一些改变；不过，如果改变了以后会让自己不愉快的话，那么不管有多少人说要做，也不应该盲从去做。还有，即使你已经知道改变以后会很好，但自己却无力改变的话，也不应该勉强去做，原谅自己，欣赏自己所拥有的一切，那些让自己觉得不满意的地方，就尽量忽略过去。毕竟，上帝创造我们有不同的肤色、不同的个性，是为了让我们的生活多姿多彩。所以要接受自己所谓不完美的地方，没有必要勉强自己变得完美。

所以，我们要用"和自己赛跑，不要和别人比较"的生活态度来面对生活。如果我们愿意放下身价，观摩别人表现杰出的地方，从对方的表现看出成功的端倪，收获最多的，其实还是自己。

与自己某个阶段所取得的小成功相比，才能更好地看到自己是不是进步了，才能更好地丈量自己的尺寸，所以一定要选好可比的标准，而且让你与可比的对象之间具备一定的联系。

生活中，那些总是抱怨自己不幸的人，不要用沉重的欲望迷惑自己，不要总是看到你还不曾拥有的东西，而要静下心来，放下心灵的负担，仔细品味你已拥有的一切。学会欣赏自己的每一次成功、每一份拥有，你就不难发现，自己竟会有那么多值得别人羡慕的地方，幸福之神已在向你频频招手。

做自己的伯乐

如果没有人来发现你，你就自己发现自己吧！做自己的伯乐，你才能取得成功。

1972年，新加坡旅游局给时任总理李光耀交了一份报告，大意是说："我们新加坡不像埃及有金字塔，不像中国有长城，不像日本有富士山，不像夏威夷有十几米高的海浪。我们除了一年四季直射的阳光，什么名胜古迹也没有。要发展旅游事业，实在是巧妇难为无米之炊。"

李光耀看了报告，非常气愤。他在报告上批了一行字："你想让上帝给我们多少东西？阳光，阳光就够了！"

后来，新加坡利用那一年四季直射的阳光，种花植草，连续多年，旅游收入名列亚洲第三位。

上帝给每个国家、每个地区的东西，都不是太多。就拿我们身边知道的来说，它仅给杭州一个西湖，仅给曲阜一个孔子。就个人而言，它给每个人的东西也少之又少，它只给了牛顿一只苹果，并且还是掷过去的；它只给了迪士尼一只老鼠。上帝的馈赠虽然少得可怜，但它是酵母。

只要你有心，你就会惊喜地发现上帝的馈赠是多么的丰厚。

聪明的江南人把杭州变成了天堂；智慧的北方人把曲阜变成了圣城。

你虽然没有别人英俊潇洒，但你可能身强体壮；你虽然不会琴棋书画，但你可能思维敏捷、逻辑清晰……上帝不会给人全部，但他绝对不会亏待你，所以你一定要做自己的伯乐，发掘自己的潜能。

过度挑剔不如充实自己

在当今社会中，许多人喜欢挑剔，但他们却忽略了，不完美才是真正的生活。正因为这个世界上总是存在着一些不完美的事情，才能让生活拥有数不清的意外和惊喜。

真正的智者、真正的大家，从来不会去贬低什么，他们以一颗平和的心去看待他们周遭的事物，他们赞美和感恩这个不完美的世界，他们不挑剔、不抱怨，他们总能够发现生活中的美好，他们总能将美好和平和融入自己的生活，让自己的人生充满了精彩。

他是一位咖啡爱好者，立志将来要开一家咖啡馆。闲暇时间，他到处喝咖啡。除了品尝不同的咖啡之外，也看看咖啡馆的装潢。

有一次，他约一位朋友喝咖啡。带着学习的心情，朋友跟他去了一家咖啡馆。很不巧，他对那家咖啡馆似乎没有什么好感。朋友问他："怎么样，这家店的咖啡口味还不错吧？"他淡淡地说："没什么！"朋友继续问："店面的装潢呢？"他还是回答："没什么！"对所有去过的咖啡馆，他的评价都是"没什么"，而且带着不屑的口吻。朋友心想："大概是他的品位太高了，这些咖啡馆提供的饮料及气氛都不如他的心意。"

有一位对西点有兴趣的女孩。吃到什么西点，都会给对方"专业级"的评价："没什么！"标准之严苛，让大家觉得她挑剔得过火。后来她利用空闲时间拜师学艺，到专业的老师那儿上课，学做西点。过了半年，当她从"西点初学班"结业之后，态度有了180度的大转变，无论在哪里、品尝过谁做的西点，她都很认真地研究里面的配方，用什么材料、多少比例、烘焙的步骤，讨教、研究成功的关键技巧。

朋友笑着对她说："你变了。从前是说'没什么'，现在是问'有什么'，其实每一件事情一定都'有什么'，差别只在于你有没有观察到它'有什么'而已。"

真的是品位高吗？是真的一点都不能让他满意吗？或是他根本没有用心去品味，或是他根本没有了解到这一行的真谛。虽然喜爱咖啡，想要从事这个行业，但是更多的可能是非常肤浅的喜欢，他没有实践，更没有亲身去做一杯咖啡，只是凭着自己的感觉一相情愿地评价外在的事物，自然太偏颇了些。只有当他亲身去实践的时候，他才会发现这一切是有与众不同的地方，因为肤浅，所以看不到本质，更看不到生活中美的一面。

事实上，很多时候，人们的挑剔只是源于自己的不了解，只是源于自己知识的缺乏，一个知识渊博、修养良好的人是不会过度挑剔他人的。

当你想要去挑剔的时候，不妨静下来，让自己想一想，让自己去看一看，让自己去学一学。总是看到自己的好，总是用自己片面的价值观去评价将永远也无法看到别人的长处，更不会让自己有所进步和成长。

把用在挑剔上的时间放在充实自己的过程中，这时，你会发现生活中其实并没有那么多不可理喻的事，更没有那么多不顺心的事情，你将会逐渐发现，原来生活的每个角落都充满着人类智慧的结晶，那就是人们对于生活的热爱和努力、生命对于美好和真理的坚持。

第五章　不生气，心宽了所有的大事都小了

让他一墙又何妨

当人们纷纷感叹"处世之难，难于上青天"时，星云大师却微笑着将人生比作一场华丽的舞会，聪明人往往选择跳探戈，自始至终保持着优雅奔放、进退自如的姿态。

"探戈是一种讲求韵律节拍，双方脚步必须高度协调的舞蹈。探戈好看，但要跳好探戈绝非一件轻而易举的事，很多高手均需苦练数年才能练就炉火纯青的舞技。跳探戈与处世，有着许多异曲同工之处，亲子、朋友、同事、上下级之间，如果能用跳探戈的方式彼此相处，彼此协调，知进知退，通权达变，不但要小心不踩到对方的脚，而且要留意不让对方踩到自己的脚。这样，人与人之间才能和睦相处，恰到好处。"

桐城县志记载：康熙年间，文华殿大学士、礼部尚书张英在京做官。张英世居桐城，其老家府第与吴宅为邻，中有一属张家隙地，向来作过往通道，后吴氏建房子想越界占用，吴氏想占用两家之间的公共隙地建房，势必影响了张英家人的正常出行，张家不服，双方发生纠纷，告到县衙，因两家都是显贵望族，县官左右为难，迟迟不能判决。张英家人见有理难争，便寄书京城，告诉张英此事。张英阅罢，在家书上批诗四句："一纸书来只为墙，让他三尺又何妨。万里长城今犹在，不见当年秦始皇。"家中得到张英寄回的信，毫不迟疑地让出三尺地基，吴家见状，觉得张家有权有势，却不仗势欺人，深受感动，于是也效仿张家向后退让三尺。便形成了一条六尺宽的巷道，名谓"六尺巷"。两家礼让之亦被传为美谈。

一段佳话，留下了一种为人处世的智慧。让出一堵墙，却换来了两家人融洽的关系，何乐而不为呢？

以恕己之心恕人

心胸豁达开朗的人，凡事站得高、看得远，不被眼前利益所蒙蔽，当然容易有成就；心量狭隘自私的人，处处与人计较，琐碎小事就能扰乱他的心志，成功的可能性也就相对减少了。

做人应该以恕己之心恕人，以责人之心责己，"一个真正的忍者，对待恶骂、打击、毁谤都要有承担、忍耐的力量"。人间最大的力量不是拳头、武力，也不是枪炮、子弹，而是忍，要做到"遭恶骂时默而不报，遇打击时心能平静，受嫉恨时以慈对待，遭毁谤时感念其德"。

宽容，是胸襟博大者为人处世的一种人生态度。总是对别人吹毛求疵的人，一定不是一个受欢迎的人。

能容天下者，方能为天下人所容。据此看来，你若要彩虹，你就得宽容雨点，若是在雨点滴到身上的那一刻便勃然大怒，又怎么能在彩虹出现的刹那拥有一种怡然自得的心情呢？

森林中有一条河流，河水湍急，不停地打着旋涡，奔向远方。河上有一座独木桥，窄得每次只能容一人通过。

某日，东山的羊想到西山上去采草莓，而西山的羊想到东山上去采橡果，结果两只羊

同时上了桥，到了桥中心，彼此碰到了，谁也走不过去。

东山的羊见僵持的时间已很长了，而西山的羊照样没有退让的意思，便冷冷地说道："喂，你长眼了没有，没见我要去西山吗？"

"我看是你自己没长眼吧，要不，怎么会挡我的道？"西山的羊反唇相讥。

于是，两只互不相让的羊开始了一场决斗。

"咔"，这是两只羊的犄角相碰撞的声音。

"扑通"，这是两只羊失足，同时落入河水中的声音。

森林里安静下来，两只羊跌入河心以后淹死了，尸体很快就被河水冲走了。

故事中的悲剧本来是可以避免的，只要有一只羊后退到桥头，等另一只过后再上桥，两只羊便都会平安无事。可悲的是，山羊们都固执地认为狭路相逢勇者胜，不肯宽容和忍让，最终都葬身河底。

"宽以待人"既是一种待人接物的态度，也是一种高尚的道德品质，它能够化解人和人之间的许多矛盾，增强人和人之间的友好情感。同时，一个人如果能够养成宽以待人的优良品德，就一定可以在同他人的相处中，严格要求自己，宽恕地善待他人，不断提高自己的思想境界，使自己成为一个道德高尚的人。

世上只要有人的地方就有纷争，尤其是有"我"有"你"再加个"他"，你、我、他之间的纷争就更多了。所以，若能秉持"你好他好我不好，你大他大我最小，你乐他乐我来苦，你有他有我没有"这四句偈语中所含的精神，人与人必能和谐相处，正如《易经》中所言，"地势坤，君子以厚德载物"。

化怨恨为宁静

法国大文豪雨果17岁那年，与门当户对、年轻貌美的阿黛·富谢订婚，20岁两人结婚。阿黛是个画家，为雨果生了3男2女。这本应是个幸福的家庭，可是婚后的第十年，阿黛突然另结新欢，追随一位作家而去。这使雨果十分痛苦，又备受打击。次年，他结识了女演员朱丽叶·德鲁埃，两人坠入爱河，这才使他那颗伤痛的心得到抚慰。

然而，阿黛离开雨果后，生活并不幸福，经济一度很拮据，几乎到了举步维艰的地步。有一次，无奈之下她精心制作了一只镶有雨果、拉马丁、小仲马和乔治·桑4位作家姓名的木盒，到街头出售，可是因为要价太高，很多天无人问津。一天，雨果从那儿经过看见了，就托人过去悄悄地买下来。今天，这只木盒仍陈列在巴黎雨果故居展览馆里。

爱是无私的，经过了一段忧伤的岁月之后，雨果将怨恨化作了一种内心的安宁，这种安宁也就变成了一种高层次的美。

生活中，一个爱情的悲剧需要我们的原谅和包容。毕竟，诅咒、仇恨只会让人永陷痛苦的深渊中。

多个对手多堵墙

动物王国的某公司里，狮子经理上任的第一天，便把前任经理的秘书斑马小姐叫到办公室，说："你本身就够胖的，还成天穿着花条纹衣服，一点气质都没有，这样下去有损我们公司的形象。如果你还想当办公室秘书，就得换身衣服来上班。"

"可是，我……"斑马小姐刚开口解释，狮子经理便恼怒地一挥手，斑马小姐只好含泪离开了办公室。

狮子又叫来业务员黄鼠狼，并对它说："你是业务骨干，为了体面地面对客户，从今天起，你不准放臭屁。"

"可是，我……"黄鼠狼刚要解释，狮子经理不耐烦地一挥手，黄鼠狼只好委屈地离开了办公室。

第二天，狮子刚走进公司大门，发现公司里冷冷清清，原来公司的员工集体辞职不干了。

狮子经理的无端指责，不但没有获得它所想象的效果，反而因树敌太多，大家都离开了它，使它成了"孤家寡人"。

无论是在生活中还是在工作中，都不要轻易地指责他人。

俗话说："多个朋友多条道，多个对手多堵墙。"你树敌过多，就会寸步难行。即使是正常的工作，也会遇到种种不应有的麻烦。

要避免树敌，首先得养成一个好习惯，那就是绝不要去指责别人。指责是对别人自尊心的一种伤害，它只能促使对方站起来维护他的自尊，为自己辩解。即使当时不能，他也会记下这一箭之仇，日后寻机报复。

人往往有这样一个特点，无论他多么不对，他都宁愿自责而不希望别人去指责他。所以在想要指责别人的时候，首先得记住，指责就像放出的信鸽一样，它总要飞回来的。指责不仅会使你伤害对方，而且对方也必然会在一定的时候指责你。

在生活中，凡是无关紧要的是非之争，要多给对方以取胜的机会，这样不仅可以避免树敌，而且还会使对方的某种"报复"得到满足，可以"以爱消恨"。

以爱回报恨

世间什么力量最大？忍辱的力量最大。拳头刀枪，使人畏惧，但不能服人，唯有忍辱才能感化强者。孟获臣服蜀国，廉颇向蔺相如负荆请罪，此皆忍辱所化也。

人际交往中，竞争不能阻止竞争，仇恨不能平息仇恨，以怨报怨只能使事情进一步激化，导致更大的仇怨。反之，忍之、耐之，以不争息争，以德报怨，使人不能与之争，使人无法与之恨，就能很好地缓解人际关系的紧张和矛盾，进而使问题得以顺利解决。

人生究竟应该以德报怨，以怨报怨，还是以直报怨呢？答案是应该以德报怨。唐代娄师德的涵养就是以德报怨的典型代表。

娄师德的弟弟要出任官员，临行前来向哥哥问询为人处世之道。娄师德问他："如果有人骂你，并且往你的脸上吐口水，你打算怎么对他呢？"

他的弟弟大概以为自己的修为很好，非常自信地说："无论他怎么骂我，我都不还口。他吐口水我也不骂他，我把口水抹掉就是了。"

娄师德一听，觉得弟弟的涵养还没有那么高，于是告诉他："别人往你的脸上吐口水就是对你有怨恨，他是借口水来泄愤。如果你把口水给抹掉了，那么他泄愤的目的就没有达到，你不但不能抹去，还应该把你的另外半边脸伸过去。"

这正是以德报怨：你对我坏，我还是对你好，你打了我的左脸，我就把右脸也凑过去，直到最终感化你。

送一轮明月照心房

有一位修行的禅师住在山中茅屋，散步归来，眼见自己的茅屋遭到小偷光顾，找不到任何财物的小偷要离开时在门口遇见了禅师。原来，禅师怕惊动了小偷，一直站在门口等待，且早把自己的外衣脱掉拿在手中。

小偷遇见禅师，正感到惊愕之时，禅师说："你走老远的山路来探望我，总不能让你空手而归呀！夜深了，带上这件衣服走吧！"

说着，就把衣服披在了小偷身上，小偷不知所措，低着头溜走了。

禅师看着小偷的背影消失在山林之中，不禁感慨地说："可怜的人！但愿我能送一轮明月给他，照亮他下山的路。"

第二天，禅师在温暖阳光的抚摸下睁开眼睛。看到他披在小偷身上的外衣被整齐地叠好，放在门口，禅师高兴地说："我终于送了他一轮明月！"

禅师送了小偷一轮明月，这轮明月照进了小偷黑暗的心房。

有人开玩笑地说："以德报德是正常现象；以怨报怨是平常现象；以怨报德是反常现象；以德报怨是超常现象。"以德报德，虽无所失，但也无所得；以怨报怨，最终得到的是怨气的平方；以怨报德，只能使怨气由无到有，平添仇恨；唯有以德报怨，宽以待人，方能消除怨气，化干戈为玉帛。

佛说："以恨对恨，恨永远存在；以爱对恨，恨自然消失。"

冤冤相报何时了，只有宽容才能化解世间的仇恨，也只有宽容才能成为慰藉心灵的良药。现代的成功学家戴尔·卡耐基也不主张对人以牙还牙，他说："要真正憎恨对方的简单方法只有一个，即发挥对方的长处。"憎恶对方，恨不得剥他的皮，吃他的肉，而其结果则只能是使自己焦头烂额，心力交瘁。

宽容是善意的责任

只有用宽容的心去对待别人的人才有资格得到别人的宽容。

这是一场惨烈的战争，几乎所有的士兵都丧命于敌人的刀剑之下。

命运将两个地位悬殊的人推到一起：一个是年轻的指挥官，一个是年老的炊事员。

他们在奔逃中相遇，两个人不约而同地选择了相同的路径——沙漠。追兵止于沙漠的边缘，因为他们不相信有人会从那里活着出去。

"请带上我吧，丰富的阅历教会了我如何在沙漠中辨认方向，我会对你有用的。"老人哀求道。指挥官麻木地下了马，他认为自己已经没有了求生的资格。他望着老人花白的双鬓，心里不禁一颤：由于我的无能，几万个鲜活的生命从这个世界上消失，我有责任保护这最后一个士兵。他扶老人上了战马。

到处是金色的沙丘，在这茫茫的沙海中，没有一个标志性的东西，使人很难辨认方向。"跟我走吧。"老人果敢地说。指挥官跟在他的后面。灼热的阳光将沙子烤得如炙热的煤炭一样，喉咙干得几乎要冒烟。他们没有水，也没有食物。老人说："把马杀了吧！"年轻人怔了怔，唉，要想活着也只能如此了。他取下腰间的军刀。

"现在，马没了，就请你背我走吧！"年轻人又一怔，心想，你有手有脚，为什么要人背着走？这要求着实有点过分。但长期以来，他都处在深深的自责之中，老人此时要在沙漠中逃生，也完全是因为他的不称职。他此刻唯一的信念就是让老人活下去，以弥补自己的罪过。他们就这样一步一步地前行，在大漠上留下了一串深陷且绵延的脚印。

一天，两天……十天。茫茫的沙漠好像无边无际，到处是灼烧的沙砾，满眼是弯曲的线条。白天，年轻人是一匹任劳任怨的骆驼；晚上，他又成了最体贴周到的仆从。然而，老人的要求却越来越多，越来越过分。他会将两人每天总共的食物吃掉一大半，会将每天定量的马血喝掉好几口。年轻人从没有怨言，他只希望老人能活着走出沙漠。

两人越来越虚弱，直到有一天，老人奄奄一息了。"你走吧，别管我了。"老人愤愤地说，"我不行了，还是你自己去逃生吧。"

"不，我已经没有了生的勇气，即使活着我也不会得到别人的宽恕。"

一丝苦笑浮上了老人的面容。"说实话，这些天来难道你就没有感到我在刁难、拖累你吗？我真没想到，你的心可以包容下这样不平等的待遇。"

"我想让你活着，你让我想起了我的父亲。"年轻人痛苦地说。老人此刻解下了身上的一个布包。"拿去吧，里面有水，也有吃的，还有指南针，你朝东再走一天，就可以走出沙漠了，我们在这里的时间实在太长了……"老人闭上了眼睛。

"你醒醒，我不会丢下你的，我要背你出去。"老人勉强睁开眼睛，"唉，难道你真的认为沙漠这么漫无边际吗？其实，只要走三天，就可以出去，我只是带你走了一个圆圈而已。我亲眼看着我两个儿子死在敌人的刀下，他们的血染红了我眼前的世界，这全是因为你。我曾想与你同归于尽，一起耗死在这无边的沙漠里，然而你却用胸怀融化了我内心的仇恨，我已经被你的宽容大度所征服。只有能宽容别人的人才配受到他人的宽容。"老人永久地闭上了眼睛。

指挥官震惊地矗立在那儿，仿佛又经历了一场战争，一场人生的战争。他得到了一位父亲的宽容。此时他才明白武力征服的只是人的躯体，只有靠爱和宽容大度才能赢得人心。

他放平老人的身体，怀着宽容之心，向希望走去。

宽容对一个人来说，永远是一个善意的责任，从来不是一个人惩罚另一个人的机会。人们的宽容永远是美德的辅佐，不是罪恶的助手。

宽心是财富

人不是做了错事之后得到报应才算公平。我们应该彼此宽容，每个人都有弱点与缺陷，都可能犯下这样那样的错误。我们要竭力避免伤害他人，要以博大的胸怀宽容对方。

从前，有一个富翁，他有三个儿子，在他年事已高的时候，富翁决定把自己的财产全部留给三个儿子中的一个。可是，到底要把财产留给哪一个儿子呢？富翁于是想出了一个办法。

他要三个儿子都花一年时间去游历世界，回来之后看谁做到了最高尚的事情，谁就是财产的继承者。一年时间很快就过去了，三个儿子陆续回到家中，富翁要三个人都讲一讲自己的经历。

大儿子得意地说："我在游历世界的时候，遇到了一个陌生人。他十分信任我，把一袋金币交给我保管，可是那个人却意外去世了，我就把那袋金币原封不动地还给了他的家人。"二儿子自信地说："当我旅行到一个贫穷落后的村落时，看到一个可怜的小乞丐不幸掉到河里了，我立即跳下马，从河里把他救了起来，并留给他一笔钱。"

三儿子犹豫地说："我……我没有遇到两个哥哥碰到的那种事，在我旅行的时候遇到了一个人，他很想得到我的钱袋，一路上千方百计地害我。我差点死在他手上。可是有一天我经过悬崖边，看到那个人正在悬崖边的一棵树下睡觉，当时我只要抬一抬脚就可以轻松地把他踢到悬崖下，我想了想，觉得不能这么做，正打算走，又担心他一翻身掉下悬崖，就叫醒了他，然后继续赶路。这实在算不了什么有意义的经历。"富翁听完三个儿子的话，点了点头说道："诚实、见义勇为都是一个人应有的品质，称不上是高尚。有机会报仇却放弃，反而帮助自己的仇人脱离危险的宽容之心才是最高尚的。我的全部财产都是老三的了。"

富翁把宽容之心列为最高尚的，却也不无道理。

你在憎恨别人时，心里总是愤愤不平，希望别人遭到不幸、惩罚，却又往往不能如愿，一阵失望、烦躁之后，你失去了往日那轻松的心境和欢快的情绪，从而心理失衡；另一方面，在憎恨别人时，由于疏远别人，只看到别人的短处，言语上贬低别人，行动上敌视别人，结果使人际关系越来越僵，以致树敌为仇。你"恨死了"别人，这种嫉恨的心理对你的不良情绪起了不可低估的作用。而且，今天记恨这个，明天记恨那个，结果朋友越来越少，对立面越来越多，会严重影响人际关系和社会交往，使你最终成为"孤家寡人"。

在遭到别人伤害，心里憎恨别人时，不妨做一次换位思考：假如你自己处于这种情况，会如何应付？当你熟悉的人伤害了你时，想想他往日在学习或生活中对你的帮助和关怀，以及他对你的一切好处，这样，心中的火气、怨气就会大减，就能以包容的态度谅解别人的过错或消除相互之间的误会，化解矛盾，和好如初。这样，包容的是别人，受益的却是自己。

能够达到这种境界的人是智慧之人，他将看到广阔多彩的前景，会感觉到世界上所有的人都向他微笑。

点亮一盏心灯

生活中的每一次沧海桑田，每一次悲欢离合，都需要我们慢慢地用心去体会、去感悟。

如果我们的心是暖的，那么在自己眼前出现的一切都会变成灿烂的阳光、晶莹的露珠、五彩缤纷的落英和随风飘散的白云，一切都变得那么惬意和甜美。无论生活有多么的清苦和艰辛，都会感受到天堂般的快乐。心若冷了，再炽热的烈火也无法给这个世界带来一丝的温暖，我们的眼中也将充斥着无边的黑暗，冰封的雪谷，残花败絮的凄凉。

一个人有多大的灵性，就在于他的心灵具有多大的灵性。因此，生活在这个世界上，必须懂得珍视、呵护自己的心灵，才能保持个人的真善。

有一位小尼姑去见师父，悲哀地对师父说："师父，我已经看破红尘，遁入空门多年，每天在这青山白云之间，茹素礼佛，暮鼓晨钟，但经读得愈多，心中的个念不但不减，反而增加，怎么办啊？"

师父对她说："点一盏灯，使它不但能照亮你，而且不会留下你的身影，就可以体悟了！"

几十年之后，有一所尼姑庵远近驰名，大家都称之为万灯庵。因为庵中点满了灯，成千上万的灯，使人走入其间，仿佛步入一片灯海，灿烂辉煌。

这所万灯庵的住持就是当年的那位小尼姑，虽然年事已高，并拥有上百个徒弟，但是她仍然不快乐。因为尽管她每做一桩功德，都点一盏灯，却无论把灯放在脚边，悬在顶上，乃至以一片灯海将自己团团围住，还是会见到自己的影子。灯愈亮，影子愈显；灯愈多，影子也愈多。她困惑了，却已经没有师父可以问，因为师父早已去世，自己也将不久于人世。

后来，她圆寂了。据说就在圆寂前终于体悟到禅理的机要。

她没有在万灯之间找到一生寻求的东西，却在黑暗的禅房里悟道。她发觉身外的成就再高，如同灯再亮，却只能造成身后的影子。唯有一个方法，能使自己皎然澄澈，心无挂碍，那就是，点亮一盏心灵之灯。

《五灯会元》上记载了这样一则故事：

德山禅师在尚未得道之时曾跟着龙潭大师学习，日复一日地诵经苦读让德山有些忍耐不住。一天，他跑来问师父："我就是师父翼下正在孵化的一只小鸡，真希望师父能从外面尽快地啄破蛋壳，让我早日破壳而出啊！"

龙潭笑着说："被别人剥开蛋壳而出的小鸡，没有一个能活下来的。母鸡的羽翼只能提供让小鸡成熟和有破壳之力的环境，你突破不了自我，最后只能胎死腹中。不要指望师父能给你什么帮助。"

德山听后，满脸迷惑，还想开口说些什么，龙潭说："天不早了，你也该回去休息了。"德山撩开门帘走出去时，看到外面非常黑，就说："师父，天太黑了。"龙潭便给了他一支点燃的蜡烛，他刚接过来，龙潭就把蜡烛吹灭，并对德山说："如果你心头一片黑暗，那么，什么样的蜡烛也无法将其照亮啊！即使我不把蜡烛吹灭，说不定哪阵风也要将其吹灭啊！只有点亮心灯一盏，天地自然会一片光明。"

德山听后，如醍醐灌顶，后来果然青出于蓝，成了一代大师。

点亮心灯，人生才能温暖光明，由心灯发出的光，才不会留下自己的影子。不管身外多么黑暗，只要你心是光明的，黑暗就侵蚀不了你的心。

说声"没关系"

在这个世界上，每个人都是以自己这个独立的个体存在。你只能以自己的方式歌唱，以自己的方式绘画。你是由你的经验、你的环境、你的遗传基因，尤其是你对自己的期望所造成的。不论好与坏，你只能耕耘自己的小园地，只能在生命的乐章中奏出自己的音符。

当你了解到自己，知道了自己的长处，你就会扬长避短，而不会用自己的短处去和人家的长处相撞击，也不会为本来就不可能成功的事情发愁和怨恨自己。成功属于你，失败也属于你。而摆脱失败，关键是摆脱失败带来的沮丧、消极的情绪。捶打自己的脑壳，无休止地长吁短叹，于事无补。

生活并不像我们想象的那样美满、如意，生活只是生活本身，而人们总是愿意用希望去看待生活：我希望如何如何。可当你一旦发现，生活并不是按照你所希望的样子出现在你面前的时候，那就请你从烦恼中跳出来，像一位智者一样，说一句"没关系"。

人活在世上，要和各种各样的人打交道，他们和你的性格不同，经历不同，思想不同，看问题的角度也不同，因此与这些人打交道时，我们必须有豁达的心，能够包容他们的刁难，能够原谅他们的冒犯。

在拥挤的公共汽车上，有人踩了你一脚，要想说一句"没关系"实在不容易。车挤，开得慢，对于着急上班的人来说本来就有说不出的窝火，再加上脚上火辣辣的疼，能不火大气粗吗？可是争吵又有什么用？它只能把你不痛快的、烦躁的情绪通过争吵发泄出来，传染给别人，于汽车的行进、拥挤的缓和没有一点帮助。相反地，在这种你无法改变的现状中，你应该把握好自己的情绪，并想到大家彼此的情绪都处在烦躁、不安、易于激动的状况之中。说不定不小心踩你脚的人，也是一肚子的火，满脑门子的气正无处发泄呢！这时候，最好的办法就是平心静气地说一句"没关系"，然后耐心地等待。

当然，在有些场合，说出这三个字并不是一件轻而易举的事情。

当你对心爱的人献出了你全部的爱情之后，他却无情地离开了你，这对你来说，无论如何也不能用"没关系"轻松地愈合你那流泪滴血的心。往日那情意绵绵、两情依依的情景，无法一下子从你的脑际消失，相反，在这种时候，那些平时的芥蒂反而不见了，留下的都是让人无法忘却的情和意。你深深地陷在失却了爱人却无法失却对爱人的爱这份苦恼的深渊里。怀恋的尽头成了怨恨，怨恨又产生了报复，而报复难免两败俱伤。假如你能豁达地对待这些，对自己说一句"没关系"，从苦恼中解脱出来，那么"失之东隅，收之桑榆"也不是不可能的。

对生活中的一些事，我们不能不认真对待，据理力争，如是与非，真理与谬误等。对某一些人，也不能不闻不问，任其肆无忌惮。但是，当他们最终意识到自己的谬误时，我们仍可以大度地说一声"没关系"，因为我们恪守的是对事不对人的原则，其着眼点并不在于人如何，而是事情的结果如何。

在生活中，最能平和不良心态的三个字就是"没关系"。

生活中发生的一切，都是生活的一部分，失去的还会再来，本属于你的东西，绝不会与你交臂而过。学会说"没关系"，你会觉得生活中增加的不是苦恼，而是欢乐。

宰相肚里能撑船

一颗包容之心，既蕴涵着善良的心意，又是一种人生智慧的体现。当包容心渐起的时候，人的自我观念就会减少，就会以一颗菩提心提升自我，关照他人。

唐代狄仁杰非常看不起娄师德，但实际上娄师德并不计较这些，并推荐狄仁杰当宰相。还是武则天捅开了这层窗户纸。

有一次武则天问狄仁杰说："娄师德贤能吗？"

狄仁杰回答说："作为将领只要能够守住边疆就行，贤能不贤能我不知道。"

武则天又说："娄师德能够知人善任吗？"

狄仁杰回答："我曾经与他共事，没有听到他能够了解人。"

武则天说："我任用你就是娄师德推荐的。"

狄仁杰知道后非常惭愧，尽管自己经常对他嗤之以鼻，但是娄师德却仍然能以宽厚、公平的心来对待自己。他深深地感叹道："娄公德行高尚，看来我已经享受他德行的好处很久了。"

娄师德不仅不计前嫌，反而向皇帝推荐狄仁杰，正所谓任人唯贤。包容别人，也会给自己创造更大的心灵空间。

以包容的胸襟处事待人，是我们每个人都应该具有的一种生活态度。包容本身包含着谦逊。人只有具备"海纳百川，有容乃大"的博大气魄，才能够束缚住自己内心不安分的念头，平心静气地学习他人的长处，弥补自己的短处，充实自我，成就自我。俗话说"宰相肚里能撑船"，要想做一个能成大事的人，必须具备一颗包容之心。一个人要想成功，只有处处多为别人着想，包容别人，才会得到更多人的理解和支持，梦想才会更容易实现。

原谅某些冒犯

南怀瑾先生在与彼得·圣吉谈管理的时候，曾经说过："想做个领导者，你必须是个真正的人，你必须先认识生命真正的意义。"领导者要成为一个真正的人，必须要有博大的胸襟。一个胸襟宽广的人，才能不被狭隘偏私所限制，才能认识生命真正的意义，成为识人才的伯乐。领导者如此，其他人也是如此。

世界上最缺的是什么？人才！无论在什么时代，人才永远都是最重要的。就像曹操在诗中所说："青青子衿，悠悠我心。但为君故，沉吟至今。"正因为人才难得，所以很多政治家对冒犯自己的人才往往能既往不咎，收为己用。这也是他们能成就霸业的关键。

齐桓公即位后，即发令要杀公子纠，并把管仲送回齐国治罪。因为管仲做公子纠的师傅时，曾经想用箭射死齐桓公。结果齐桓公假死逃过一劫。管仲被关在囚车里送到齐国。鲍叔牙立即向齐桓公推荐管仲。齐桓公气愤地说："管仲拿箭射我，要我的命，我还能用他吗？我恨不得杀之而后快！"鲍叔牙说："以前他是公子纠的师傅，所以他用箭射您，这不正好体现了他对公子纠的忠心吗？而且要是论起本领来，他比我强多了。主公如果要干一番大事业，我看管仲可是个用得着的人。"

齐桓公也是个豁达大度的人，听了鲍叔牙的话，不但不治管仲的罪，还立刻任命他为相，让他管理国政。管仲帮着齐桓公整顿内政，开发富源，大开铁矿，多制农具，后来齐国越来越富强了。

齐桓公既往不咎，原谅了管仲的冒犯，原因在哪儿呢？一是各为其主；二是管仲确有大才。还有最重要的一点是齐桓公确实是一个有胸襟的人，他能够化敌为友，使其成为自己最得力的干将。

凡人都有小毛病，可能还会犯点小错误，这都是很正常的。因此，宽容地对待他人，这是每一个人应具备的美德。没有一个人愿意与斤斤计较、小肚鸡肠、犯一点小错就抓住不放，甚至打击报复的人在一起。

尽可能原谅他人不经意间的冒犯，这是一种重要的生活智慧。能原谅他人的冒犯，就是对他人人性的把握。那些无关大局之事，没必要锱铢必较，当忍则忍，当让则让。要知道，对他人宽容大度，是制造向心效应的一种手段。

宽容让人心静

一个人若能时刻提醒自己以一颗宽容之心对己对人，以一份豁达的心境面对人与事，那么，这个人就能够除去很多烦恼，保持一颗宁静的心。"壁立千仞，无欲则刚"，施予心让人变得更加坚强；"海纳百川，有容乃大"，宽容心让人更加柔韧。宽容就像水一样，刀剑斩不断，绳索缚不住，牢笼困不得，而水滴却能穿石。

有一天，佛陀在竹林精舍的时候，忽然来了一个人，那人愤怒地冲进精舍来。原来他同族的人都出家到佛陀这里来了，因此他大发怒火。

佛陀默默地听了他的无理辱骂后，等他稍微安静时，对他说："你的家偶尔也有访客吧？"

那人回答："当然有了，你为什么问这些呢？"

佛陀不答，继续问道："那个时候，你偶尔也会款待客人吧？"

那个人说："那是当然了。"

佛陀继续问："假如那个时候，访客不接受你的款待，那么，那些菜肴应该归谁呢？"

那个人回答："要是他不吃的话，那些菜肴只好归我了。"

佛陀以慈祥的目光盯着他看了一会儿，然后说："你今天在我面前说很多坏话，但是我并不接受它，所以你的无理谩骂，那是归于你自己的啊！婆罗门啊，如果我被谩骂，而再以恶语相向时，就有如主客一起用餐一样，因此，我不接受这个菜肴。"

然后，佛陀说："对愤怒的人还以愤怒是一件不应该的事。对愤怒的人，不以愤怒还击，将可得到两个胜利：知道他人的愤怒，而以正念镇静自己，不但胜于自己，而且胜于他人。"

面对他人的无理谩骂，佛陀并未生气，而是以一种平和的心态对待，甚至以一颗宽容之心为他剖析其中缘由。实际上这是佛陀对他的点悟和开示，是否能够参透，则要看他自己的造化了。

生活在凡尘俗世，总会与他人发生摩擦，此时，如果总是以牙还牙地拼个你死我活，很有可能会导致两败俱伤，还不如拔除愤怒的毒根，做一个轻松的人。

不过一念间

"人生的道路，有时候要直行才能到达目标，有时候要转弯才能达到目的。应该直行的时候你不直行，这是错失良机；遇到转弯的时候你不转弯，这是不懂得回头是岸。"人们常常执著于某个念头，不到黄河不死心，却往往忽视了人生的道路上本就有很多的岔路口，适当的转弯也许能够带来更加美丽的风景。

有两个不如意的年轻人，一起去拜望一位禅师。"师父，我们在办公室被欺负，太痛苦了，求您开示，我们是不是该辞掉工作？"两个人一起问道。禅师闭着眼睛，隔半天，吐出五个字："不过一碗饭。"然后挥挥手，示意年轻人退下了。

回到公司，一个人递上辞呈，回家种田，另一个却没动。日子过得真快，转眼十年过去了。回家种田的，以现代方法经营，加上品种改良，居然成了农业专家。另一个留在公司里的也不差，他忍着气、努力学，渐渐受到器重，后来成为了经理。

有一天，两个人相遇了，互相谈论过自己的近况之后，不由得感叹起来。

"奇怪！师父给我们同样'不过一碗饭'这五个字，我一听就懂了，不过一碗饭嘛！日子有什么难过？何必非待在公司？所以就辞职了。"农业专家问另一个人，"你当时为什么没听师父的话呢？"

"我听了啊！"那经理笑道，"师父说'不过一碗饭'，多受气、多受累，我只要想'不过为了混碗饭吃'，老板说什么是什么，少赌气、少计较，就成了！师父不是这个意思吗？"

大惑不解中，两个人又去拜望禅师，禅师已经很老了，仍然闭着眼睛，隔半天，答了五个字："不过一念间。"然后，挥挥手……

在相同的指引下，两个年轻人各自寻找到了不同的生活方式，一个选择继续直行，在原来的公司得到升职，成为经理；而另一个则选择了在原来的道路上转个弯，从别处寻觅自己生命的价值所在。

"不过一念间"，看上去他们都摆脱了原来不如意的状态，获得了快乐，但是细细品味，两人的心境仍旧有着很大的差别：农业专家彻底从原来"难过"的日子中解脱了出来，重新给自己做出了定位；另外一个年轻人看似洒脱，实则仍然处于被动中，只不过他自己也已将那种无奈的心情屏蔽在了个人意识之外。

"在战场上，有时候要勇敢地向前冲锋，有时也要采取迂回战术；开山辟路，想要达到峰顶，必须有九弯十八拐，不经迂回，不能直上。"在人生的直行路上转个弯，纵然道路崎岖，前路难卜，但曲径通幽处，总会别有洞天。

换个视角看人生

记得有位哲人曾说过："我们的痛苦不是问题的本身带来的，而是我们对这些问题的看法而产生的。"这句话很经典，它引导我们学会解脱，而解脱的最好方式是面对不同的情况，用不同的思路去多角度地分析问题。因为事物都是多面性的，视角不同，所得的结果就不同。

相信一句话：要解决一切困难是一个美丽的梦想，但任何一个困难都是可以解决的。一个问题就是一个矛盾的存在，而每一个矛盾只要找到合适的界点，都可以把矛盾的双方统一。这个界点在不停地变换，它总是在与那些处在痛苦中的人玩游戏。转换看问题的视角，就是不能用一种方式去看所有的问题和问题的所有方面。如果那样，你肯定会钻进一个死胡同，离那个界点越来越远，处在混乱的矛盾中而不能自拔。

活着是需要睿智的。如果你不够睿智，那至少可以豁达。以乐观、豁达、体谅的心态看问题，就会看出事物美好的一面；以悲观、狭隘、苛刻的心态去看问题，你就会觉得世界一片灰暗。两个被关在同一间牢房里的人，透过铁栏杆看外面的世界，一个看到的是美丽神秘的星空，一个看到的是地上的垃圾和烂泥，这就是区别。

换个视角看人生，你就会从容坦然地面对生活。当痛苦向你袭来的时候，不要悲观气馁，要寻找痛苦的原因、教训及战胜痛苦的方法，勇敢地面对这多舛的人生。

换个视角看人生，你就不会为战场失败、商场失手、情场失意而颓废，也不会为名利加身、赞誉四起而得意忘形。

换个视角看人生，是一种突破、一种解脱、一种超越、一种高层次的淡泊宁静。换一个视角看待世界，世界无限宽大；换一种立场对待人事，人事无不相安。

换种思维，变负为正

一个举人进京赶考，住在一家店里。考试前两天他做了三个梦，第一个梦是自己在墙上种白菜；第二个梦是下雨天，他戴了斗笠还打伞；第三个梦是跟心仪已久的姑娘躺在一起，但是背靠着背。

这三个梦似乎有些深意，举人第二天就赶紧去找算命的解梦。算命的一听，连拍大腿说："你还是回家吧！你想想，高墙上种菜不是白费劲吗？戴斗笠打雨伞不是多此一举吗？跟姑娘都躺在一张床上了，却背靠背，不是没戏吗？"

举人一听，如同掉进了万丈深渊。他回到店里，心灰意冷地收拾包袱准备回家。店老板非常奇怪，问："不是明天就要考试了吗？你怎么今天就要回乡了？"

举人如此这般说了一番，店老板乐了："哟，我也会解梦的。我倒觉得，你这次一定要留下来。你想想，墙上种菜不是高种（中）吗？戴斗笠打伞不是说明你这次有备无患吗？跟心仪的姑娘背靠背躺在床上，不是说明你翻身的时候就要到了吗？"

举人一听，更有道理，于是振奋精神参加考试，果然考中了。

换一种思维方式，把问题倒过来看，你就能变负为正，在做事情时找到峰回路转的契机，同时赢得一片新的天地。

已故的西尔斯公司总裁朱利斯·罗森沃德说："如果你手中有个柠檬，那就做一杯柠檬汁吧。"威廉·波里索则在他的一本书中说得更详细："生命中最重要的一件事就是不要把你的收入拿来算作资本，任何一个傻子都会这样做，真正重要的事是从你的损失里获利。这就需要有才智才行，而这一点也正是一个聪明人和一个傻子之间的区别。"

英国政治家威伯福斯厌恶自己的矮小，但是，他却为英国废除奴隶制度做出了决定性的贡献。所以，著名作家博斯韦尔在听他演讲后对人说："我看他站在台上真是个小不点儿。但是我听他演说，他越说似乎人越大，到后来竟成了巨人。"挪威著名小提琴家布尔有一次在巴黎举行演奏会，一曲未终，一根弦忽然断掉，他不动声色，继续用三根弦奏完全曲。

变负为正是许多成功人物都具备的一种能力。人生的遭遇绝不会全都一帆风顺，当你遭遇到负面力量时，你必须努力将负的变为正的，这样才能使你更接近成功的彼岸。

第六章　不较真，人活着可别太累

世上本无事，庸人自扰之

一个年轻人四处寻找解脱烦恼的秘诀。他见山脚下绿草丛中一个牧童在那里悠闲地吹着笛子，十分逍遥自在。

年轻人便上前询问："你那么快活，难道没有烦恼吗？"

牧童说："骑在牛背上，笛子一吹，什么烦恼都没有了。"

年轻人试了试，烦恼仍在。

于是他只好继续寻找。

他来到一条小河边，见一老翁正专注地钓鱼，神情怡然，面带喜色，于是便上前问道："你能如此投入地钓鱼，难道心中没有什么烦恼吗？"

老翁笑着说："静下心来钓鱼，什么烦恼都忘记了。"

年轻人试了试，却总是放不下心中的烦恼，静不下心来。

于是他又往前走。他在山洞中遇见一位面带笑容的长者，便又向他讨教解脱烦恼的秘诀。

老年人笑着问道："有谁捆住你没有？"

年轻人答道："没有啊？"

老年人说："既然没人捆住你，又何谈解脱呢？"

年轻人想了想，恍然大悟，原来是被自己设置的心理牢笼束缚住了。

世上本无事，庸人自扰之。其实很多时候，烦恼都是自找的，要想从烦恼的牢笼中解脱，首先要做到"心无一物"，放下心中的一切杂念，不为外物的悲喜所侵扰，才能够抛却一切的烦恼，得到内心的安宁。

萧伯纳曾经说过："痛苦的秘诀在于有闲工夫担心自己是否幸福。"故事中的年轻人，四处寻找解脱烦恼的秘诀，却不知道这其实将带来更多的烦恼。许多烦恼和忧愁源于外物，却是发自内心，如果心灵没有受到束缚，外界再多的侵扰都无法动摇你宁谧的心灵；反之，如果内心波澜起伏，汲汲于功利，汲汲于悲喜，那么即便是再安逸的环境，都无法洗脱你心灵上的尘埃。一切的杂念与烦忧，都源自动摇的心旌所激荡起的涟漪，只要带着牧童牛背吹笛、老翁临渊钓鱼的心绪，而不去自寻烦忧，那么，烦扰自当远离。

把生活当情人，允许她发个小脾气

在生活中，有些人因为阅历不够，常常会碰到一些无法改变的事情。遇到这些事情，不要去硬拼，没必要非弄个鱼死网破，因为鱼死了网也未必会破；也不必弄个玉碎瓦全，因为碎了的玉和瓦没多大区别，不如去顺应、去配合，把自己磨得平和一些。

生活中发生的很多事情也许将我们磨得失去了耐性，可是没有办法改变，又能怎么办呢？最好的办法，就是把生活当成自己的小情人吧，在经受挫折时，就当是他在发脾气，不要与他计较，哄哄他也是一种生活的情调。

小张是一所名牌大学的高才生，他不仅成绩出众，还是校学生会的主席，大学毕业后，他如愿以偿来到一家外资企业工作。可是不久他就发现，自己在公司干的都是些打杂的事情。

从名牌大学的高材生到别人的"助理"，这样的现实让小张很难接受，特别是别人动不动就使唤他，让小张觉得尊严受到了挑战。不知不觉，小张发生着改变。

时间一长，小张的日子就不好过了，同事们几乎没人理他，孤傲的小张更加孤独了。

生活就是这样，当你没办法改变世界时，唯一的方法就是改变自己。还有另一个故事：

许多年前，一个妙龄少女来到东京酒店当服务员。这是她的第一份工作，因此她很激动，暗下决心：一定要好好干！她想不到：上司安排她洗厕所！洗厕所，说实话没人爱干，何况她从未干过粗重的活儿，细皮嫩肉、喜爱洁净的她干得了吗？她陷入了困惑、苦恼之中，也哭过鼻子。

这时，她面临着人生的一大抉择：是继续干下去，还是另谋职业？继续干下去——太难了！另谋职业——知难而退？她不甘心就这样败下阵来，因为她曾下过决心：人生第一步一定要走好，马虎不得！这时，同单位一位前辈及时出现在她面前，帮她摆脱了困惑、苦恼，帮她迈好了人生的第一步，更重要的是帮她认清了人生之路应该如何走。他并没有用空洞的理论去说教，只是亲自做给她看了一遍。

首先，他一遍遍地擦洗着马桶，直到光洁如新；然后，他从马桶里盛了一杯水，一饮而尽，竟然毫不勉强。实际行动胜过万语千言，他不用一言一语就告诉了少女一个极为朴素、极为简单的真理：光洁如新，要点在于"新"，新则不脏，因为不会有人认为新马桶脏，也因为马桶中的水是不脏的，所以是可以喝的；反过来讲，只有马桶中的水达到可以喝的洁净程度，才算是把马桶擦洗得"光洁如新"了，而这一点已被证明可以办得到。

同时，他送给她一个含蓄的、富有深意的微笑，送给她关注的、鼓励的目光。这已经够用了，因为她早已激动得几乎不能自持，从身体到灵魂都在震颤。她目瞪口呆，热泪盈眶，恍然大悟，如梦初醒！她痛下决心："就算一生洗厕所，也要做一名洗厕所洗得最出色的人！"

从此，她成为一个全新的、振奋的人，她的工作质量也达到了那位前辈的高水平。当然，她也多次喝过马桶水，为了检验自己的自信心，为了证实自己的工作质量，也为了强化自己的敬业心。在生活和工作中，我们会遇到许多的不如意。比如，你是一个刚毕业的学生，很喜欢编辑的工作，可是放在你面前的就只有文员的角色；你正处于事业的爬坡期，你以为升职的名单里会有你，可是另一个你认为不如你的人却代替你升了职……既然改变不了事实，那么我们何不顺应环境，理清思绪，让自己重新开始呢？

生命短促，不要过于顾忌小事

事事计较的人，不但容易损害人际关系，从医学的观点看，也对自己的身体极其有害。《红楼梦》里的林黛玉，虽有闭月羞花、沉鱼落雁的美丽容貌，可总是患得患失，别人一句无意的话都会让她辗转反侧，难以入眠，抑郁不已，再加上情感上的打击，终于落得个"红颜薄命"的悲惨结局。

还有这样一个故事：一群好朋友，原本欢欢喜喜地去饮酒，酒下了肚没有多久，大伙你一句、他一句地开玩笑，突然盘飞菜溅，大伙打成了一团。探讨原因，也不过是某甲说了某乙性无能，某乙认为伤了其男性的自尊心，一定要讨回面子而已。小小的一个玩笑演变成你死我伤的局面。

世上有许多类似的情节，皆为一句话、一个小举动弄得反目成仇，到头来失去朋友、断了交情，可谓得不偿失。古语有云"小不忍则乱大谋"，一点不假。

人生之事，只要不是原则性的大事，得过且过又何妨？人活在世上，理应开朗、豁达，活得超脱一些；凡事斤斤计较，只是徒增烦恼罢了。

我们活在这个世上只有短短的几十年，而浪费很多不可能再补回来的时间去忧愁一些很快就会被所有人忘了的小事，值得吗？请把时间只用在值得做的事情上，去经历真正的感情，去做必须做的事情。生命太短促了，不该再顾忌那些小事。

人生的快乐不在于拥有的多，而在于计较的少

为人处世，不免有形形色色的矛盾、烦恼，如果斤斤计较于每一件事，那生命无疑是一桩累赘，且充斥着悲剧色彩。

1945年3月，罗勒·摩尔和其他87位军人在贝雅S·S318号潜艇上。当时雷达发现有一个驱逐舰队正往他们的方向开来，于是他们就向其中的一艘驱逐舰发射了3枚鱼雷，但都没有击中。这艘舰也没有发现。但当他们准备攻击另一艘布雷舰的时候，它突然掉头向潜艇开来，可能是一架日本飞机看见这艘位于60英尺（1英尺＝0.3048米）水深处的潜艇，用无线电告诉这艘布雷舰。

他们立刻潜到150英尺地方，以免被日方探测到，同时也准备应付深水炸弹。他们在所有的船盖上多加了几层栓子。3分钟之后，突然天崩地裂。6枚深水炸弹在他们的四周爆炸，他们直往水底——深达276英尺的地方下沉，他们都吓坏了。

按常识，如果潜水艇在不到500英尺的地方受到攻击，深水炸弹在离它17英尺之内爆炸的话，差不多是在劫难逃。罗勒·摩尔吓得不敢呼吸，他在想："这回完蛋了。"在电扇和空调系统关闭之后，潜艇的温度升到近40度，但摩尔却全身发冷，牙齿打战，身冒冷汗。15小时之后，攻击停止了，显然那艘布雷舰的炸弹用光以后就离开了。

这15小时的攻击，对摩尔来说，就像有1500年。他过去所有的生活一一浮现在眼前，他想到了以前所干的坏事，所有他曾担心过的一些很无聊的小事。他曾经为工作时间长、薪水太少、没有多少机会升迁而发愁；他也曾经为没有办法买自己的房子、没有钱买部新车子、没有钱给妻子买好衣服而忧虑；他非常讨厌自己的老板，因为这位老板常给他制造麻烦；他还记得每晚回家的时候，自己总感到非常疲倦和难过，常常跟自己的妻子为一点小事吵架；他也为自己额头上的一块小疤发愁过。

摩尔说："多年以来，那些令人发愁的事看来都是大事，可是在深水炸弹威胁着要把我送上西天的时候，这些事情又是多么的荒唐、渺小。"就在那时候，他向自己发誓，如果他还有机会见到太阳和星星的话，就永远永远不会再忧虑。在潜艇里那可怕的15小时，对于生活所学到的，比他在大学读了4年书所学到的要多得多。

我们可以相信一句话：人生中总是有很多的琐事纠缠着我们，但是我们不能与它斤斤计较，因为心胸狭窄是幸福的天敌。

生活中，将许多人击垮的有时并不是那些看似灭顶之灾的挑战，而是一些微不足道的、鸡毛蒜皮的小事。人们的大部分时间和精力无休止地消耗在这些鸡毛蒜皮的小事之中，最终让大部分人一生一事无成。

大家都知道在法律上的一条格言："法律不会去管那些小事情。"一个人总不该为一些小事斤斤计较、忧心忡忡，如果他希望求得心理上的平静和快乐的话。

很多时候，要想克服由一些小事情所引起的困扰，只需将你的注意力的重点转移开来，给自己设定一个新的、能使你开心一点的看问题的角度与方法就可以了，这样你会重新收获生活的快乐。

睁一眼闭一眼，对小事不予计较

美国著名的成功学大师戴尔·卡耐基是一位处理人际关系的老手，然而早年时，也曾犯过小错误。

有一天晚上，卡耐基和自己的一个朋友应邀去参加一个宴会。宴席中，坐在他右边的一位先生讲了一段幽默故事，并引用了一句话，意思是"谋事在人，成事在天"。那位健谈的先生提到，他所引用的那句话出自《圣经》。然而，卡耐基发现他说错了，他很肯定地知道出处，一点疑问也没有。

出于一种认真的态度，卡耐基又很小心地纠正了过来。那位先生立刻反唇相讥："什么？出自莎士比亚？不可能！绝对不可能！"那位先生一时下不来台，不禁有些恼怒。当时卡耐基的老朋友弗兰克就坐在他的身边。弗兰克研究莎士比亚的著作已有多年，于是卡耐基就向他求证。弗兰克在桌下踢了卡耐基一脚，然后说："戴尔，你错了，这位先生是对的。这句话出自《圣经》。"

那晚回家的路上，卡耐基对弗兰克说："弗兰克，你明明知道那句话出自莎士比亚。""是的，当然。"弗兰克回答，"在《哈姆雷特》第五幕第二场。可是亲爱的戴尔，我们是宴会上的客人，为什么要证明他错了？那样会使他喜欢你吗？他并没有征求你的意见，为什么不宽容一些，保留他的脸面，非要说出实话而伤害他呢？"

一些无关紧要的小错误，放过去，无伤大局，那就没有必要去纠正它。这不仅是为了自己避免不必要的烦恼和人事纠纷，也顾到了别人的名誉，不致给别人带来无谓的烦恼。这样做，并非只是明哲保身，更体现了你处世的度量。

人们常说："凡事不能不认真，凡事不能太认真。"一件事情是否该认真，这要视场合而定。钻研学问更要讲究认真，面对大是大非的问题要讲究认真。但是，在不忘大原则的同时，我们要做适时的变通，对于一些无关大局的琐事，不必太认真。不看对象，不分地点刻板地认真，往往使自己处于一种尴尬的境地，处处被动受阻。每当在这种时候，如果能理智地后退一步，淡然处之，不失为一种追求至简生活的处世之道。

且咽一口气，内心的格局便开朗了

人生之所以多烦恼，皆因遇事不肯让他人一步，总觉得咽不下这口气。其实，这是很愚蠢的做法。

善于放弃是一种境界，是历尽跌宕起伏之后对世俗的一种轻视，是饱经人间沧桑之后对财富的一种感悟，是运筹帷幄、成竹在胸、充满自信的一种流露。只有在了如指掌之后才会懂得放弃并善于放弃，只有在懂得放弃并善于放弃之后才会获得无尽的财富。

杨玢是宋朝时期的一个尚书，年纪大了便退休在家，安度晚年。他家住宅宽敞、舒适，家族人丁兴旺。有一天，他在书桌旁，正要拿起《庄子》来读，他的几个侄子跑进来，大声说："不好了，我们家的旧宅被邻居侵占了一大半，不能饶他！"

杨玢听后，问："不要急，慢慢说，他们家侵占了我们家的旧宅地？"

"是的。"侄子们回答。

杨玢又问："他们家的宅子大还是我们家的宅子大？"侄子们不知其意，说："当然是我们家宅子大。"

杨玢又问："他们占些我们家的旧宅地，于我们有何影响？"侄子们说："没有什么大影响，虽然如此，但他们不讲理，就不应该放过他们！"杨玢笑了。

过了一会儿，杨玢指着窗外落叶，问他们："树叶长在树上时，那枝条是属于它的，秋天树叶枯黄了落在地上，这时树叶怎么想？"他们不明白含义。杨玢干脆说："我这么大岁数，总有一天要死的，你们也有老的一天，也有要死的一天，争那一点点宅地对你们有什么用？"侄子们明白了杨玢讲的道理，说："我们原本要告他的，状子都写好了。"

侄子呈上状子，他看后，拿起笔在状子上写了四句话："四邻侵我我从伊，毕竟须思未有时。试上含元殿基望，秋风秋草正离离。"

写罢，他再次对侄子们说："我的意思是在私利上要看透一些，遇事都要退一步，不要斤斤计较。"

人的一生，不可能事事如意、样样顺心，生活的路上总有沟沟坎坎。你的奋斗、你的付出，也许没有预期的回报；你的理想、你的目标，也许永远难以实现。如果抱着一份怀才不遇之心而愤愤不平，如果抱着一腔委屈怨天尤人，难免让自己心力交瘁。

生活中，难免与人磕磕碰碰，难免遭别人误会猜疑。你的一念之差、你的一时之言，也许别人会加以放大和责难，你的认真、你的真诚，也许会被别人误解和中伤。如果非得以牙还牙拼个你死我活，如果非得为自己辩驳澄清，可能会导致两败俱伤。

适时地咽下一口气，潇洒地甩甩头发，悠然地轻轻一笑，甩去烦恼，笑去恩怨，你会发现，内心的格局开朗了，天仍然很蓝，生活依然很美好。

不要为了无聊的事小题大做

我们每天都会经历这样或那样的事。每件事的重要性也不尽相同，有的事情至关重要，而有的则无关紧要。重要的事情固然应当认真对待，然而如果小题大做，成天为无聊的小事而发愁的话，是无法成就大事的。当然，一些在无聊的细节之处过于较真的人，在社交中也是令人讨厌的。

布莱恩有一次在一家小旅馆住宿。

午夜时分，忽然听到浴室中有一种奇怪的声音。过了一会儿，布莱恩看见一只老鼠跳上镜台，然后又跳下地，在地板上做了些怪异的老鼠"体操"，后来它又跑回浴室，使布莱恩一夜都没睡好觉。

第二天早晨，他对打扫房间的女侍说："这间房里有老鼠，夜里出来，吵了我一夜。"女侍说："这旅馆里没有老鼠。这是头等旅馆，而且所有的房间都刚刚刷过漆。"

布莱恩下楼时对电梯司机说："你们的女侍倒真忠心。我告诉她说昨天晚上有只老鼠吵了我一夜，她说那是我的幻觉。"

没想到，电梯司机说："她说得对。这里绝对没有老鼠！"

布莱恩的话被他们传开了。柜台服务员和门口看门的在他走过时都用怪异的眼光看他。

第二天早晨，他到店里买了只老鼠笼和一包咸肉。他把这两件东西包好，偷偷带进旅馆，不让当时值班的员工看见。翌日早晨他起床时，看到老鼠在笼里，既是活的，又没有受伤。他心想，我将证据摆在他们面前，他们还怎样说我无中生有！

但在他准备走出房门时，忽然间意识到，如此做法，是否有些小题大做，岂不是显得自己太无聊，而且很讨厌？

于是布莱恩赶快轻轻走回房间，把老鼠放出，让它从窗外宽阔的窗台跑到邻屋的屋顶上去了。

半小时后，布莱恩退掉房间，离开旅馆，出门时把空老鼠笼递给侍者。他发现，厅中的人都向他微笑点头，目送着他推门而去。

如果布莱恩真的将老鼠带给前台，诚然能够证明他并没有说错，但同时他也证明了自己是多么的惹人讨厌。如果他真的这么做，那么他并不是赢家，而只是一个无聊而又可笑的失败者。人生在世，往往会过于较真，为了证明自己是对的，而在一些无伤大雅的细节之处过分纠缠，然而花费了不少气力和心思之后，不仅不能得到他人的认同，还可能惹人生厌。反之，如能像布莱恩一样，明智地选择放下心中的执念，不再执著于使人们信服旅馆中确实有老鼠，那么他失去的，仅仅是证明自己的正确之后所获得的转瞬即逝的满足感，然而却收获了他人的认同以及发自内心的赞许。在这里，布莱恩显示出了自己的智慧，同时也告诉我们，不要为无聊的小事小题大做，这样无知、无谓亦无聊，放下对无谓的细节的纠缠，方能获得内心的畅快与释然。

不要让小事情牵着鼻子走

在非洲草原上，有一种不起眼的动物叫吸血蝙蝠，它的身体极小，却是野马的天敌。这种蝙蝠靠吸动物的血生存。在攻击野马时，它常附在野马腿上，用锋利的牙齿迅速、敏捷地刺入野马腿，然后用尖尖的嘴吸食血液。无论野马怎么狂奔、暴跳，都无法驱逐这种蝙蝠，蝙蝠可以从容地吸附在野马身上，直到吸饱才满意而去。野马往往是在暴怒、狂奔、流血中无奈地死去。

动物学家们百思不得其解，小小的吸血蝙蝠怎么会让庞大的野马毙命呢？于是，他们进行了一次实验，观察野马死亡的整个过程。结果发现，吸血蝙蝠所吸的血量是微不足道的，远远不会使野马毙命。他们一致认为野马的死亡是它暴躁的习性和狂奔所致，而不是因为蝙蝠吸血致死。

一个理智的人，必定能控制住自己所有的情绪与行为，不会像野马那样为一点儿小事抓狂。当你在镜子前仔细地审视自己时，你会发现自己既是你最好的朋友，也是你最大的敌人。

上班时堵车堵得厉害，交通指挥灯仍然亮着红灯，而时间很紧，你烦躁地看着手表的秒针。终于亮起了绿灯，可是你前面的车子迟迟不启动，因为开车的人思想不集中，你愤怒地按响了喇叭，那个似乎在打瞌睡的人终于惊醒了，仓促地挂上了挡，而你却在几秒钟里把自己置于紧张而不愉快的情绪之中。

美国研究应激反应的专家理查德·卡尔森说："我们的恼怒有80%是自己造成的。"这位加利福尼亚人在讨论会上教人们如何不生气。卡尔森把防止激动的方法归结为这样的话："请冷静下来！要承认生活是不公正的。任何人都不是完美的，任何事情都不会按计划进行。""应激反应"这个词从20世纪50年代起才被医务人员用来说明身体和精神对极端刺激（噪音、时间压力和冲突）的防卫反应。

应激反应是在头脑中产生的，在即使是非常轻微的恼怒情绪中，大脑也会命令分泌出更多的应激激素。这时呼吸道扩张，使大脑、心脏和肌肉系统吸入更多的氧气，血管扩大，心脏加快跳动，血糖水平升高。

埃森医学心理学研究所所长曼弗雷德·舍德洛夫斯基说："短时间的应激反应是无害的。"他说，"使人感受到压力的是长时间的应激反应。"他的研究所的调查结果表明：61%的人感到在工作中不能胜任；有30%的人因为觉得不能处理好工作和家庭的关系而有压力；20%的人抱怨同上级关系紧张；16%的人说在路途中精神紧张。

理查德·卡尔森的一条黄金规则是："不要让小事情牵着鼻子走。"他说："要冷静，要理解别人。"他的建议是：表现出感激之情，别人会感觉到高兴，你的自我感觉会更好。

学会倾听别人的意见，这样不仅会使你的生活更加有意思，而且别人也会更喜欢你；每天至少对一个人说，你为什么赏识他，不要试图把一切都弄得滴水不漏。不要顽固地坚持自己的权利，这会花费许多不必要的精力。不要老是纠正别人，常给陌生人一个微笑，不要打断别人的讲话，不要让别人为你的不顺利负责。要接受事情不成功的事实，天不会因此而塌下来；请忘记事事都必须完美的想法，你自己也不是完美的。这样生活会突然变得轻松许多。当你抑制不住自己的情绪时，你要学会问自己：一年前抓狂时的事情到现在来看还是那么重要吗？不为小事抓狂，你就可以对许多事情得出正确的看法。

现在，把你曾经为一些小事抓狂的经历写下来，然后把你现在对这些事的看法也写下来，对比之下，相信你会有更深的认识，这也正是我们所要传递的精神所在。

抛开烦恼，别跟自己较劲

生活中不顺心的事十有八九，要做到事事顺心，就要做到放得下，不愉快的事让它过去，不放在心上。有一句话说的是：生气是拿别人的错误惩罚自己。如果你总是念念不忘别人的坏处，实际上深受其害的是自己的心灵，搞得自己狼狈不堪，不值得。既往不咎的人，才可能甩掉沉重的包袱，大踏步前进。

有一位企业老总，当有人问起他的成功之路时，他讲了自己的一段切身经历：

"这几年来我一直采用忘却来调整自己的心态。我本来是一个情绪化的人，一遇到不开心的事，心情就糟糕不已，不知道该怎么做好。我知道这是自己性格的弱点，可我找不到更好的办法来化解。直到后来，遇到一位老专家。

"大学刚毕业那段时间，是我心情最灰暗的时候。当时我在一家公司做文员，工资低得可怜，而且同事间还充满着排斥和竞争，我有些适应不了那里的工作环境。更令人难过的是，相爱三年的女友也执意要离开我，我没有想到多年的爱情竟然经不起现实的考验，我的心在一点一点地破碎。朋友的劝慰似乎都起不到作用，我一味地让自己沉沦下去。除了伤悲，我又能做些什么呢？到最后，朋友建议我去找一位知名的心理专家咨询一下，以便摆脱自己的困境。"当那位老专家听完我的诉说后，他把我带到一间很小的办公室，室内唯一的桌上放着一杯水。老专家微笑着说：'你看这只杯子，它已经放在这里很久了，几乎每天都有灰尘落入里面，但它依然澄澈透明，你知道是为什么吗？'

"我认真思索，像是要看穿这杯子，是的，这到底是为什么呢？这杯水有这么多杂质，但最终却为什么很清澈呢？对了，我知道了，我跳起来说：'我懂了，所有的灰尘都沉淀到杯子底下了。'老专家赞同地点点头：'年轻人，生活中烦心的事很多，有些是越想忘掉越不易忘掉，那就记住它好了。就像这杯水，如果你厌恶它，使劲摇晃它，就会使整杯水都不得安宁，浑浊一片，这是多么愚蠢的行为。如果你愿意慢慢地、静静地让它们沉淀下来，用宽广的胸怀去容纳它们，这样，心灵并未因此受到感染，反而更加纯净了。'

"我记住了这位老专家睿智的话，以后，当我再遇到不如意的事时，就试着把所有的烦恼都沉入心底，不要与那些不顺的事纠缠。当它们慢慢沉淀下来时，我的生活就马上阴转晴了，变得快乐和明媚起来。"

遗憾的是在生活中，很多人有时候太在意自己的感觉了。比如，你在路上不小心摔了一跤，惹得路人哈哈大笑。你当时一定很尴尬，认为全天下的人都在看着你。但是你如果站在别人的角度考虑一下，就会发现，其实这件事只是他们生活中的一个小插曲，甚至有时连插曲都算不上，他们哈哈一笑，然后就把这件事忘记了。

人生路上，我们只是别人眼中的一道风景，对于一次挫折、一次失败，完全可以一笑了之，不要过多地纠缠于失落的情绪中。你的抱怨只能提醒人们重新注意到你曾经的失败。你笑了，别人也就忘记了。有句话说："20 岁时，我们顾虑别人对我们的想法；40 岁时，我们不理会别人对我们的想法；60 岁时，我们发现别人根本就没有想到我们。"这并非消极，而是一种人生哲学——学会看轻你自己，才能做到轻装上阵。

生活中难免会遇到来自外界的一些伤害，经历多了，自然有了提防。可是，我们却往往没有意识到，有一种伤害并不是来自外部，而是我们自己造成的：为了一个小小的职位、一份微薄的奖金，甚至是为了一些他人的闲言碎语，我们发愁、发怒，认真计较，纠缠其中。一旦久了，我们的心灵就被折磨得千疮百孔，对生活失去热情，对周围的人也冷淡了很多。

假如我们能不被那么一点点的功利所左右，我们就会显得坦然多了，能平静地面对各种荣辱得失和恩恩怨怨，使我们永久地持有对生活的美好认识与执著追求。这是一种修养，是对自己人格与性情的冶炼，从而使自己的心胸趋向博大，视野变得深远。那么，我们在人生旅途上，即使是遇到了凄风苦雨的日子，碰到困苦与挫折，我们也都能坦然地走过。

生活在现在，面向着未来，过去的一切都被时间之水冲得一去不复返。我们没有必要念念不忘那些不愉快，那些人间的仇怨。念念不忘，只能被它腐蚀，而变得憎恨和怨艾，甚至导致精神崩溃，陷自己于疯狂。

学习忘记之道，让许多愤恨的往事烟消云散，日子久了，激动的情绪也就越来越少，心灵和精神的活力就会得以再生，从而恢复了原有的喜悦和自在。

生气不如"消"气，不必在意太多

古时候，有一个叫做爱地巴的人。每次生气或者与人争执的时候，他就以很快的速度跑回家去，绕着自己的房子和土地跑三圈，然后坐在田边喘气。爱地巴工作非常勤奋努力，他的房子越来越大，土地也越来越广，但不管房子有多大，只要与人生气了，他还是会绕着房子和土地跑三圈。爱地巴为何每次生气都这样做呢？

所有认识他的人，心里都疑惑，但是不管怎么问他，爱地巴都不愿意说明。直到有一天，爱地巴很老了，他的房、地也已经很广大，他又挂着拐杖艰难地绕着土地和房子走。等他好不容易走完三圈，太阳都下山了。爱地巴坐在田边喘气，他的孙子在身边恳求他："阿公，您已经年纪大了，这附近也没有人的土地比您的更大，您不能再像从前一样，一生气就绕着土地跑啊！您可不可以告诉我，为什么您一生气就要绕着土地跑上三圈？"

爱地巴禁不起孙子的恳求，终于说出隐藏在心中多年的秘密，他说："年轻时，我一和人吵架、争论、生气，就绕着土地跑三圈，边跑边想，我的房子这么小，土地这么少，我哪有时间和资格去跟人家生气，一想到这里，气就消了，于是就把所有的时间用来努力工作。"

孙子问道："阿公，您年纪大了，又变成了最富有的人，为什么还要绕着土地跑？"

爱地巴笑着说："我现在还是会生气，生气时绕着房地走三圈，边走边想，我的房子这么大，土地这么多，我又何必跟人计较？一想到这儿，气就消了。"

现实生活中，像爱地巴那样的人恐怕没有吧？不生气真的好难啊！难，并不意味着没有解决的办法，那么怎样才能不生气呢？

在不幸面前，应保持冷静的思考和稳定的情绪，遇事冷静，客观地作出分析和判断。

要多方面培养自己的兴趣与爱好，如书法、绘画、集邮、养花、下棋、听音乐、跳舞、打太极拳等，可以修身养性、陶冶情操。

要有自知之明，遇事要尽力而为，适可而止，不要好胜逞能而去做力所不能及的事。

不要过于计较个人的得失，不要常为一些鸡毛蒜皮的事发火，愤怒要克制，怨恨要消除。保持和睦的家庭生活和良好的人际关系、邻里关系，这样在遇到问题时可以得到各方面的支持。

一个拥有平和心态的人，总是尽量做到自然，不必在意太多，并总能找到排解烦恼、忧愁的渠道。

如果没有坏消息，受点欺骗也不算什么

阿根廷著名的高尔夫球手罗伯特·德·温森多有一次赢得一场锦标赛。领到支票后，他微笑着从记者的重围中出来，到停车场准备回俱乐部。这时候一个年轻的女子向他走来。她向温森多表示祝贺后又说她可怜的孩子病得很重——也许会死掉——而她却不知如何才能支付起昂贵的医药费和住院费。

这位年轻的女子泪流满面。她看着温森多，眼里充满了祈求和希望。看起来她很爱自己的孩子，正在为也许会离开人世的孩子而感到绝望。温森多被她深深打动了。他二话没说，掏出笔在刚赢得的支票上飞快地签了名，然后塞给那个女子。

"这是这次比赛的奖金，祝可怜的孩子好运。"他说道。接着他便驾车离去，甚至没有问那位女子的姓名。

一个星期后，温森多正在一家俱乐部进午餐，一位职业高尔夫球联合会的官员走过来，神色颇为凝重。他问温森多一周前在停车场是不是遇到一位自称孩子病得很重的年轻女子。

"是停车场的孩子们告诉我的。"官员说。

温森多点了点头，感觉这其中出了什么事情。

"哦，对你来说这是个坏消息，"官员说道，"那个女人是个骗子，她根本就没有什么病得很重的孩子。她甚至还没有结婚哩！温森多，你让人给骗了！我的朋友。"

"你是说根本就没有一个小孩子病得快死了？"温森多的脸显得异常的明亮。

"是这样的，根本就没有。"官员答道。

温森多长吁了一口气。"这真是我一个星期来听到的最好的消息。"温森多说。

对生活不要计较太多，我们或许该对生活充满感恩，每天在清晨醒来应该庆幸自己还好好地活着，如果有人关爱我们，就要更加懂得珍惜眼前的一切。舍弃一些看起来无关紧要的东西，你的人生会走得更加洒脱，而你也会得到比失去之前更加真实的快乐。对温森多而言，好消息——"根本就没有一个小孩子病得快死了"和一笔可观的财富——锦标赛冠军奖金之间，哪一样是他真正的快乐源泉？显然是前者。他放弃与骗子计较寻回奖金，而在人性的大关爱中得到了快乐，这是以舍为得的境界。如果斤斤计较于小利之"失"，你便有可能错过一场与你的生命而言最大的"得"。

第七章 要宽容，不要拿别人的错误惩罚自己

人的心胸就好比芥子

唐朝有一位江州刺史李渤，问智常禅师道："佛经上所说的'须弥藏芥子，芥子纳须弥'未免失之玄奇了，小小的芥子，怎么可能容纳那么大的一座须弥山呢？过分不懂常识，是在骗人吧？"

智常禅师闻言而笑，问道："人家说你'读书破万卷'，可有这回事？"

"当然！当然！我读的书岂止万卷？"李渤得意扬扬地说。

"那么你读过的万卷书如今何在？"

李渤抬手指着头说："都在这里了！"

智常禅师道："奇怪，我看你的头颅也只有一个椰子那么大，怎么可能装得下万卷书？莫非你也骗人吗？"

李渤顿时目瞪口呆，无话可说。

就像可以装下须弥山的小小芥子一样，人的心灵像一个小小的宇宙，能够装下目力所及的一切，甚至还能装下想象中的无穷空间，心境浩瀚则无边界。

圣严法师把上述公案中的禅理用之于职场，即是告诫职场中人必须拥有开阔的心胸。

何谓"心胸开阔"？法师将这类人分为两种：一种人心胸开阔、知天乐命；另一种就要求创业者拥有超越利害得失、成败是非的心态。

第一种人生性乐观，即使面对职场中的诡谲风云，依然能够自得其乐。但是，这种人的缺点在于可能因过分乐观而变得对什么都不在乎，当事业顺利时，他能在谈笑间运筹帷幄；当无所事事时，他也不以为意。

与第一种人相比，第二种人追求更精彩的人生，同时，他们的人生态度也更加积极：他们渴望一展宏图，面对挫折时不会像第一种人一样毫不在意，但也不会因职场的不顺、事业的失利而自伤自怜，而是能够自我宽慰，重新出发。

举一个简单的例子，圣严法师所在的农禅寺经常遭遇台风的袭击。某一年台风来袭之前，圣严法师让弟子将寺中低洼处的物品都搬到了高台上，但是由于雨水过多，农禅寺还是被淹了，损失很大。但圣严法师却并不因此难过，"面对这无奈的事实，我认为既然已经尽力处理了，无论结果如何、有没有损失，都不必那么在意，只要全心处理善后就好"。

这正是真正开朗的心胸，遇事竭尽全力，即使无法挽回也不抱怨生活。这种态度对所有人来说都有裨益，处于紧张、忙碌、压抑的职场环境中的人更应该好好体会。

一天，一位企业家来向圣严法师求教。原来是因为受到经济危机的影响，他的企业逐渐走着下坡路。想到昔日的辉煌，这位企业家内心非常痛苦。

圣严法师劝慰他说："最初你不是白手起家的吗？那时候你什么都没有，只是后来生意才渐渐做大的。现在不过是回到了原点，或者说是比你的起点更高一层的地方，你只是失去了你曾经就没有的东西，何苦为它烦恼？"

企业家说："如果一开始就没有，那么我也不会这么痛苦。恰恰是因为我有过那么多钱，

但现在全赔进去了，我才会割舍不下，又不知如何是好。"

"生不带来，死不带去，你本也知道钱财是身外物。至于你内心的痛苦，能处理的就处理，不能处理的就放下。一切从头开始，不也很好吗？"

"那也就是说我大概没有东山再起的希望了吧！"企业家失望地说。

圣严法师合掌说道："不要这么想，即使这一生没有希望，来生还有希望，永远都有希望的。更何况在你面前，还有那么多重新开始的机会。"

这位企业家的苦恼就在于他心胸虽然宽广，却都被高远的志向占据，没有给可能出现的挫折留下一点空间，以至于他无法豁达面对暂时的失败。

纵观风起云涌的职场，每个人可能都是一颗微不足道的芥子，但其中那些心胸开朗的芥子，不仅有足够的胸怀容纳须弥山，也有化解一切挫折的涵养。

胸襟的大小可以丈量你的世界

为人处世，首先应当提倡"豁达大度"的胸怀。豁达，即性格开朗；大度，即气量宏大。合起来就是说，我们在处理人际关系时，要气量宽宏，能够容人。

气量和容人，犹如器之容水，器量大则容水多，器量小则容水少，器漏则上注而下逝，无器者则有水而不容。

气量大的人，容人之量、容物之量也大，能和各种不同性格、不同脾气的人们处得来；能兼容并包，听得进批评自己的话；也能忍辱负重，经得起误会和委屈。

古语云："大度集群朋。"一个人若能有宽宏的度量，那么他的身边便会集结起大群的知心朋友。大度，表现为对人、对友能"求同存异"，不以自己的特殊个性或癖好律人，唯以事业上的志同道合为交友基础。大度，也表现为能听得进各种不同意见，尤其能认真听取相反的意见。大度，还要能容忍朋友的过失，尤其是当朋友对自己犯有过失时，能不计前嫌，一如既往。大度，更应表现为能够虚心接受批评，一经发现自己的过失，便立即改正；和朋友发生矛盾时，能够主动检查自己，而不文过饰非，推诿责任。大度者，能够关心人、帮助人、体贴人、责己严、待人宽。

气量大，还表现为在小事上不较真，不为小事斤斤计较、耿耿于怀。人生在世，谁都会碰到这样或那样的使人不快的小摩擦、小冲突。别人触犯了自己，就犯颜动怒，或者记下一笔，"秋后算账"，这样只会把自己孤立起来。"私怨宜解不宜结"，在处理朋友关系当中，尤其应当如此。"大事清楚，小事糊涂"，不计较小事，这是一种美德。如果朋友之间能够心地坦然，互相信赖，互相谅解，有了意见能及时交换，那么彼此之间即使有些成见也是不难消除的。有些人相互之间容易结死疙瘩，就是因为心胸狭窄、气量狭小、爱纠缠小事，时间长了，意见变成见，怨气变成怨恨，感情上就会由格格不入转而成为反目成仇。在小事上宽大为怀，不会使你蒙受损失，只会使你受人敬佩。

西汉时的韩信，在年轻潦倒之时，曾有人逼他从胯下钻过去，实在是够欺人的。后来韩信被刘邦拜为大将，不但没有杀这个人，反而赏之以金，委之以官，使其大受感动，不仅消除了私怨，最后还成了舍命保护韩信的勇士。韩信这种"以德报怨"的方法，比起有些人一感到被欺负就"针锋相对"、"以牙还牙"的做法来，实在要高明得多。

一个人的气量是大是小，在心平气和时较难鉴别，而当与他人发生矛盾和争执时，就容易看清楚了。气量宽宏的人，不把小矛盾放在心上，不计较别人的态度，待人随和。而气量狭小的人，则往往偏要占个上风，讨点便宜。还有的人在和别人的争论中，当自己处于正确的一方，成为胜利者的时候，则心情舒坦，较为愿意谅解对方；但当自己处于错误的一方，成为失败者的时候，则往往容易恼羞成怒，对人家耿耿于怀，这也是气量小的一个表现。朋友之间的争论是常有的，一个真正豁达大度的人，不应该因为别人和自己争论问题而对人家耿耿于怀，更不应该因为别人驳倒了自己的意见而恼羞成怒。

宽宏的度量，往往包含在谅解之中。要想见到不顺心的事而不发脾气，就必须养成能够原谅他人的缺点和过失的习惯。待人接物，不能过于苛求，"水至清则无鱼，人至察则无徒"，对别人过于苛求，往往使自己跟别人合不来。社会是由各式各样的人组成的，有讲道理的，也有不讲道理的；有懂事多的，也有懂事少的；有修养深的，也有修养浅的，我们总不能要求别人讲话办事都符合自己的标准和要求。真正的豁达大度者，当那些不懂事、度量较小、修养较浅的人做了得罪自己的事情时，能够宽容他们，谅解他们，不和他们一般见识。从这个意义上说，那些最豁达、最能宽容人的人，乃是最善于谅解人、最通达世事人情的人。

豁达的度量，从根本上说是来自一个人宽广的胸怀。一个人倘若没有远大的生活理想和目标，其心胸必然狭窄，就像马克思所形容的那样：愚蠢庸俗、斤斤计较、贪图私利的人，总是看到自以为吃亏的事情。比如，一个毫无教养的人常常只是因为一个过路人看了他几眼，就把这个人看做世界上最可恶和最卑鄙的坏蛋。

眼睛只盯着自己的私利，根本不可能有豁达和宽容的胸怀和度量。"心底无私天地宽。"只有从个人私利的小圈子中解放出来，心里经常装着更远、更大目标的人，才能具备宽广的胸怀，领略到海阔天空的精神境界。

放开胸怀得到的是整个世界

我们说心就像一个人的翅膀，心有多大，世界就有多大。但如果不能打碎心中的四壁，你的翅膀就舒展不开，即使给你一片大海，你也找不到自由的感觉。

有一条鱼在很小的时候被捕上了岸，渔人看它太小，而且很美丽，便把它当成礼物送给了女儿。小女孩把它放在一个鱼缸里养了起来，每天这条鱼游来游去总会碰到鱼缸的内壁，心里便有一种不愉快的感觉。

后来鱼越长越大，在鱼缸里转身都困难了，女孩便给它换了更大的鱼缸，它又可以游来游去了。可是每次碰到鱼缸的内壁，它畅快的心情便会黯淡下来，它有些讨厌这种原地转圈的生活了，索性静静地悬浮在水中，不游也不动，甚至连食物也不怎么吃了。女孩看它很可怜，便把它放回了大海。

它在海中不停地游着，心中却一直快乐不起来。一天它遇见了另一条鱼，那条鱼问它："你看起来好像闷闷不乐啊！"它叹了口气说："啊，这个鱼缸太大了，我怎么也游不到它的边！"

我们是不是就像那条鱼呢？在鱼缸中待久了，心也变得像鱼缸一样小了，不敢有所突破。即使有一天，到了一个更为广阔的空间，已变得狭小的心反倒无所适从了。

打开自己，需要开放自己的胸怀。

开放，是一种心态、一种个性、一种气度、一种修养；是能正确地对待自己、他人、社会和周围的一切；是对自己的专业和周围的世界都怀有强烈的兴趣，喜欢钻研和探索；是热爱创新，不墨守成规，不故步自封，不固执僵化；是乐于和别人分享快乐，并能抚慰别人的痛苦与哀伤；是谦虚，承认自己的不足，并能乐观地接受他人的意见，而且非常喜欢和别人交流；是乐于承担责任和接受挑战；是具有极强的适应性，乐意接受新的思想和新的经验，能够迅速适应新的环境；是坚强，敢于面对任何的否定和挫折，不畏惧失败。

不打开自己，一个人就不可能学会新东西，更不可能进步和成长。开放的胸怀，是学习的前提，是沟通的基础，是提升自我的起点。在一个组织里，最成功的人就是拥有开放胸怀的人，他们进步最快，人缘最好，也容易获得成功的机会。

具有开阔胸怀的人，会主动听取别人的意见，改进自己的工作。比尔·盖茨经常对公司的员工说："客户的批评比赚钱更重要。从客户的批评中，我们可以更好地吸取失败的教训，将它转化为成功的动力。"比尔·盖茨本人就是一个心态非常开放的人，他鼓励公司里每个人畅所欲言，当别人和他有不同意见时，他会很虚心地去听。每次公开讲演之后，他都会问同事哪里讲得好，哪里讲得不好，下次应该怎样改进。这就是世界首富的作风，也是他之所以能成为首富的潜质。

开放的心自由自在，可以飞得又高又远；而封闭的心像一池死水，永远没有机会进步。如果你的心过于封闭，不能接纳别人的建议，就等于锁上了一扇门，禁锢了你的心灵。要知道褊狭就像一把利刃，会切断许多机会及沟通的管道。

花草因为有土壤和养分才会茁壮成长、绽放美丽，人的心灵也必须不断接受新思想的洗礼和浇灌，否则智慧就会因为缺乏营养而枯萎死亡。

包容比惩罚更有力量

《菜根谭》中说："遇欺诈的人，以诚心感动之；遇暴戾的人，以和气熏蒸之；遇倾邪私曲的人，以名义气节激励之。"意思是，遇到狡诈不诚实的人，用真诚去感动他；遇到粗暴乖戾的人，用平和去感染他；遇到行为不正、自私自利的人，用正义感去激励他。

惩罚人的过错，不如引人为善。因为没有谁愿意成为众人唾弃的对象，一句劝告的忠言胜过一条惩罚的皮鞭。

一次，楚庄王因为打了大胜仗，十分高兴，便在宫中召开盛大晚宴，招待群臣。宫中一片热火朝天，楚庄王也兴致高昂，让自己最宠爱的妃子许姬替群臣斟酒助兴。

忽然一阵大风吹进宫中，蜡烛被风吹灭，宫中立刻漆黑一片。黑暗中，有人扯住许姬的衣袖想要亲近她。许姬便顺手拔下那人的帽缨挣脱离开，来到楚庄王身边告诉楚庄王："有人想趁黑暗调戏我，我已拔下了他的帽缨，请大王快吩咐点灯，看谁没有帽缨就把他抓起来处置。"

楚庄王说："且慢！今天我请大家来喝酒，酒后失礼是常有的事，不宜怪罪。再说，众位将士为国效力，我怎么能为了显示你的贞洁而辱没我的将士呢？"说完，楚庄王不动声色地对众人喊道："各位，今天寡人请大家喝酒，大家一定要尽兴，请大家都把帽缨拔掉，不拔掉帽缨不足以尽欢！"群臣都拔掉自己的帽缨后，楚庄王再命人重新点亮蜡烛，宫中一片欢笑，众人尽欢而散。

三年后，晋国进攻楚国，楚庄王亲自带兵迎战。交战中，楚庄王发现军中有一员将官总是奋不顾身，冲杀在前，所向无敌。众将士也在他的影响和带动下，奋勇杀敌，斗志高昂。这次交战，晋军大败，楚军大胜回朝。

战后，楚庄王把那位将官找来，问他："寡人见你此次战斗奋勇异常，寡人平日好像并未对你有过什么特殊好处，你为什么如此冒死奋战呢？"那将官跪在庄王阶前，低着头回答说："三年前，臣在大王宫中酒后失礼，本该处死，可是大王不仅没有追究问罪，反而设法保全我的面子，臣深深感动，对大王的恩德牢记在心。从那时起，我就时刻准备用自己的生命来报答大王的恩德。这次上战场，正是我立功报恩的机会，所以我才不惜生命，奋勇杀敌，就是战死疆场也在所不惜。大王，臣就是三年前那个被王妃拔掉帽缨的罪人啊！"

一番话使楚庄王和在场将士大受感动，楚庄王走下台阶将那位将官扶起，将官已是泣不成声。

楚庄王如果有心追究，那个犯了错的将官一定是死路一条，但是，楚庄王的宽容给了他生的机会，也给自己赢得了胜利的机会。人常说"赠人玫瑰，手有余香"，给别人带来好处，自己也能从中收获付出的幸福感。自私自利、心胸狭窄的人，就很难体会到这样的满足感。

孰能无过？人会在一时冲动之后犯下错误，那时他已经感到内疚，最需要的不是增加惩罚，而是得到谅解和宽容。与其痛惩他的过错，不如用宽容的心对待他，引他为善，世上就少了一个恶人，多了一个善士。

包容的实质是包容自己

"当紫罗兰被脚踩扁的时候，却把芳香留给了它。"这是美国作家马克·吐温给宽容作的一个最为形象的注解。其实，宽容别人的同时，也是释放自己的过程。

一位画家在集市上卖画，不远处，前呼后拥地走来一位大臣的孩子，这位大臣在年轻时曾经把画家的父亲欺辱得心碎而死。孩子在画家的作品前流连忘返，并且选中了一幅，画家却匆匆用一块布把它遮盖住，并声称这幅画不卖。

从此以后，孩子因为心病而变得憔悴，最后，他父亲出面了，表示愿意出一笔高价买这幅画。可是，画家宁愿把那幅画挂在自己画室的墙上，也不愿意出售。他阴沉着脸坐在画前，自言自语地说："这就是我的报复。"

每天早晨，画家都要画一幅画。

可是现在，他觉得所画神像与他以前画的神像日渐相异。这使他苦恼不已，他不停地找原因。忽然有一天，他惊恐地丢下手中的画，跳了起来：他刚画好的神像的眼睛，竟然是那位大臣的眼睛，嘴唇也是那么地酷似。

他把画撕碎，并且高喊："我的报复已经回报到我的头上来了！"

报复会把一个好端端的人驱向疯狂的边缘，使其心灵不能得到片刻安静。

宽容的实质不是宽容别人，而是宽恕自己。唯有宽容，才能抚慰你暴躁的心绪，弥补不幸对你的伤害，让你不再纠缠于心灵毒蛇的咬噬中，从而获得自由。

我们常常在自己的脑子里预设了一些规定，以为别人应该有什么样的行为，如果对方违反规定就会引起我们的怨恨。其实，因为别人对我们的"规定"置之不理就感到怨恨，是一件十分可笑的事。大多数人都以为，只要我们不原谅对方，就可以让对方得到一些教训，也就是说：只要我不原谅你，你就没有好日子过。而实际上，不原谅别人，表面上是那人不好，其实真正倒霉的却是我们自己，因为不肯宽容会产生愤恨和沮丧，愤恨首先破坏的是我们自己的健康。

要做到宽容，起码要做到两条：首先，你发现自己原来也有很多的缺点，自己原来也有亏欠人的地方，自己本身并不是一个完人；而发现你原来认为最不好的人，也有一些你没有的优点。所以，要学会看到自己的弱点，看到别人的优点。考虑问题时要试试站在对方的角度出发，求大同，存小异。这样你才能够善待他人，也善待自己。

其次，你得承认，自己也得到过别人的宽容，自己也需要别人的宽容。这样一想，还有什么不能宽容他人的呢？

宽容别人的同时，自己也就把怨恨或嫉恨从心中排掉，才会怀着平和与喜悦的心情看待任何人和任何事，会带着愉快的心情生活。所以，能在生活的磨难中逐步学会宽容，能宽容他人的人，心里的苦和恨比较少，或者说，心胸比较宽阔的人，就容易宽容他人。当你对别人宽容之时，也是对你自己的宽容。明明是对方错怪了你，对方欺骗了你，对方伤害了你，照样没有怨恨在心头。那么，对坏人也要宽容吗？正确的回答是，你不以牙还牙，就是宽容。

所以要让自己快快乐乐地生活在充满爱的世界里，自己首先要做一个宽宏大量的人。要真正做到宽容并不容易，如果你心里有恨和苦，宽容不了他人；或者，如果你认同宽容是很高尚的行为，不过难以时时做到，你应该远离品头论足的人，随着时间的推移，你会发现，你的宽容多了，你心里的平安和喜悦也多了。

逐步做到宽容，是一个人成长和进步的过程。因为宽容，你会始终生活在平静健康之中；因为宽容，你会成为婚姻的赢家；因为宽容，你会成为事业的赢家；因为宽容，你会成为幸福的赢家。宽容可以让生活变得美好许多，会让这个世界充满爱。

博大的心量可以稀释一切痛苦烦恼

从前有座山，山里有座庙，庙里有个年轻的小和尚，他过得很不快乐，整天为了一些鸡毛蒜皮的小事唉声叹气。后来，他对师傅说："师傅啊！我总是烦恼，爱生气，请您开示开示我吧！"

老和尚说："你先去集市买一袋盐。"

小和尚买回来后，老和尚吩咐道："你抓一把盐放入一杯水中，待盐溶化后，喝上一口。"小和尚喝完后，老和尚问："味道如何？"

小和尚皱着眉头答道："又咸又苦。"

然后，老和尚又带着小和尚来到湖边，吩咐道："你把剩下的盐撒进湖里，再尝尝湖水。"弟子撒完盐，弯腰捧起湖水尝了尝，老和尚问道："什么味道？"

"纯净甜美。"小和尚答道。

"尝到咸味了吗？"老和尚又问。

"没有。"小和尚答道。

老和尚点了点头，微笑着对小和尚说道："生命中的痛苦就像盐的咸味，我们所能感受和体验的程度，取决于我们将它放在多大的容器里。"小和尚若有所悟。

老和尚所说的容器，其实就是我们的心量，它的"容量"决定了痛苦的浓淡，心量越大烦恼越轻，心量越小烦恼越重。心量小的人，容不得，忍不得，受不得，装不下大格局。有成就的人，往往也是心量宽广的人，看那些"心包太虚，量周沙界"的古圣大德，都为人类留下了丰富而宝贵的物质财富和精神财富。

其实，我们每个人一生中总会遇到许多盐粒似的痛苦，它们在苍白的心空下泛着清冷的白光，如果你的容器有限，就和不快乐的小和尚一样，只能尝到又咸又苦的盐水。

一个人的心量有多大，他的成就就有多大，不为一己之利去争、去斗、去夺，扫除报复之心和嫉妒之念，则心胸广阔天地宽。当你能把虚空宇宙都包容在心中时，你的心量自然就能如同天空一样博大。无论荣辱悲喜、成败冷暖，只要心量放大，自然能做到风雨不惊。

如果说生命中的痛苦是无法自控的，那么我们唯有拓宽自己的心量，才能获得人生的愉悦。通过内心的调整去适应、去承受必须经历的苦难，从苦涩中体味心量是否足够宽广，从忍耐中感悟暗夜中的成长。

心量是一个可开合的容器，当我们只顾自己的私欲，它就会愈缩愈小；当我们能站在别人的立场上考虑，它又会渐渐舒展开来。若事事斤斤计较，便把自心局限在一个很小的框框里。这种处世心态，既轻薄了自身的能力，又轻薄了自己的品格。

心量是大还是小，在于自己愿不愿意敞开。一念之差，心的格局便不一样，它可以大如宇宙，也可以小如微尘。我们的心，要和海一样，任何大江小溪都要容纳；要和云一样，任何天涯海角都愿遨游；要和山一样，任何飞禽走兽都不排拒；要和路一样，任何脚印车轨都能承担。这样，我们才不会因一些小事而心绪不宁、烦躁苦闷！

遇谤不辩，沉默即宽容

诗曰："不智之智，名曰真智。蠢然其容，灵辉内炽。用察为明，古人所忌。学道之士，晦以混世。不巧之巧，名曰极巧。一事无能，万法俱了。露才扬己，古人所少。学道之士，朴以自保。"在人生的旅途中，我们会有各种各样的遭遇，许多时候，沉默是最好的矛与盾，进可攻，退可守。

有位修行很深的禅师叫白隐，无论别人怎样评价他，他都会淡淡地说一句："就是这样吗？"

在白隐禅师所住的寺庙旁，有一对夫妇开了一家食品店，家里有一个漂亮的女儿。夫妇俩发现尚未出嫁的女儿竟然怀孕了。这种见不得人的事，使得她的父母震怒万分！在父母的一再逼问下，她终于吞吞吐吐地说出"白隐"两字。

她的父母怒不可遏地去找白隐禅师理论，但这位大师不置可否，只若无其事地答道："就是这样吗？"孩子生下来后，就被送给了白隐禅师，此时，他的名誉虽已扫地，但他并不在意，而是非常细心地照顾着孩子——他向邻居乞求婴儿所需的奶水和其他用品，虽不免横遭白眼，或是冷嘲热讽，他总是处之泰然，仿佛他是受托抚养别人的孩子一样。

事隔一年后，这位没有结婚的妈妈，终于不忍心再欺瞒下去了，她老老实实地向父母吐露了真情：孩子的生父是住在附近的一位青年。

她的父母立即将她带到白隐禅师那里，向他道了歉，请求他原谅，并将孩子带了回来。

白隐禅师仍然是淡然如水，他只是在交回孩子的时候，轻声说道："就是这样吗？"仿佛不曾发生过什么事；即使有，也只像微风吹过耳畔，霎时即逝。

白隐禅师为给邻居女儿生存的机会和空间，代人受过，牺牲了为自己洗刷清白的机会。在受到人们的冷嘲热讽时，他始终处之泰然，只有平平淡淡的一句话——"就是这样吗？"雍容大度的白隐禅师令人赞赏景仰。

环视芸芸众生，能做到遭误解、毁谤，不仅不辩解、报复，反而默默承受，甘心为此奉献付出、受苦受难，这样的人有几个呢？

遇谤不辩，是一种多么难得的人生智慧。当诽谤发生后，一味地争辩往往会适得其反，不是越辩越黑便是欲盖弥彰。这时候，往往沉默是金，让清者自清而浊者自浊，这才是明智的选择。诽谤最终会在事实面前不攻自破。在现实生活中，拥有"不辩"的胸襟，就不会与他人针尖对麦芒，睚眦必报；拥有"不辩"的智慧，宽恕永远多于怨恨。

心宽寿自延，量大智自裕

我们不能改变生命的长度，却可以改变生命的宽度。这句话常常被用来激励失意之人。不要慨叹生命的短暂，而是要在有限的生命中注入无限的激情，如此，心情会随之改变，生活会随之改变，命运也会随之改变。

当我们要在一个蓄水池中注满清澈的河水时，蓄水池已经固定，增加输水管道的长度也只是拉长了水流的距离，我们需要去做的是将管道拓宽，这样才能更快地将水池注满。

事实上，当我们真正改变了心灵的宽度时，生命的长度也会悄然增加。"心宽寿自延，量大智自裕。"这真是一种人生的大智慧。心宽，放下一切自我执著而引发的烦恼；量大，用包容的心去容下他人的一切，才能获得真正的洒脱，做到真正的慈悲，获得真正的智慧。

真正的宽容，是包容清净的，也是包容污秽的；包容爱的人，也包容恨的人，包容善良，也包容邪恶。真正的量大，要像广袤的苍穹，容纳群星也容纳尘埃；要像浩瀚的大海，容纳百川也容纳细流；更要像无垠的虚空，无所不含，无所不摄。

苏东坡被贬谪到江北瓜洲时，和金山寺的和尚佛印相交甚多，常常在一起参禅礼佛、谈经论道，成为了非常好的朋友。

一天，苏东坡作了一首五言诗：稽首天中天，毫光照大千；八风吹不动，端坐紫金莲。作完之后，他再三吟诵，觉得其中含义深刻，颇得禅家智慧之大成。苏东坡觉得佛印看到这首诗一定会大为赞赏，于是很想立刻把这首诗交给佛印，但苦于公务缠身，只好派了一个小书童将诗稿送过江去请佛印品鉴。书童说明来意之后将诗稿交给了佛印禅师，佛印看过之后，微微一笑，提笔在原稿的背面写了几个字，然后让书童带回。

苏东坡满心欢喜地打开了信封，却先惊后怒。原来佛印只在宣纸背面写了两个字："狗屁！"苏东坡既生气又不解，坐立不安，索性就搁下手中的事情，吩咐书童备船再次过江。

哪知苏东坡的船刚刚靠岸，却见佛印禅师已经在岸边等候多时。苏东坡怒不可遏地对佛印说："和尚，你我相交甚好，为何要这般侮辱我呢？"

佛印笑吟吟地说："此话怎讲？我怎么会侮辱居士呢？"

苏东坡将诗稿拿出来，指着背面的"狗屁"二字给佛印看，质问原因。

佛印接过来，指着苏东坡的诗问道："居士不是自称'八风吹不动'吗？那怎么一个'屁'就过江来了呢？"

苏东坡顿时明白了佛印的意思，满脸羞愧，不知如何作答。

苏东坡是古代名士，既有很深的文学造诣，同时也兼容了儒、释、道三家关于生命哲理的阐释，而有时候，他也并不能领悟真正的智慧。平时，我们谈生论死，侃侃而谈似乎置生死于度外；平时，我们谈名利如浮尘，恨不得视之为粪土。但是当死亡的恐惧、浮名的诱惑摆在眼前时，我们是否还能够保持一颗平静淡然的心，从容对待呢？

当我们将手中的鲜花送与别人时，自己已经闻到了鲜花的芳香；而当我们要把泥巴甩向其他人的时候，自己的手已经被污泥染脏。不发怒不暴躁，不患得患失，超然洒脱，才能达到高深的修持境界，获得真正的智慧。

多一些磅礴大气，少一些小肚鸡肠

大度，是一种修养，是一个人健全人格和健康心理的体现。大度也是一种气质，是一个人幸福生活的前提。大度来自人的理念、理想追求及道德修养。要做到大度不小气，首先要眼界宽阔，而不能目光短浅。因为眼界宽阔的人在看问题方面会比较大气，而没有什么见识的人只能囿于自己的小圈子里面，为了鸡毛蒜皮的事情跟人吵得面红耳赤。因此，我们要始终怀着一颗美好的心去观察和认识世界，要用长远的眼光去看问题，只有这样，才能具有宏大而深邃的视野，才能有宽阔的胸襟。

从前有两个人，一个叫提耆罗，一个叫那赖。这两个人神通广大，本领高超，无论是婆罗门、佛家弟子，还是仙人、圣人、龙王及一切鬼神，无不钦佩，都来向他们顶礼膜拜。

一天夜里，提耆罗因长时间诵经感到十分疲乏，先睡了。那赖当时还没有睡，一不小心踩了提耆罗的头，使他疼痛难忍。提耆罗一时心中大怒地说："谁踩了我的头？明天清早太阳升起一竿子高的时候，他的头就会破为七块！"那赖一听，也十分恼怒地叫道："是我误踩了你，你干什么发那么重的咒？器物放在一起还有相碰的时候，何况人和人相处，哪能永远没有个闪失呢？你说明天日出时，我的头就要裂成七块，那好，我就偏不让太阳出来，你看着好了！"

由于那赖施了法术，第二天，太阳果然没有升起来。一连几天过去了，太阳仍没有出现。两个人由于心胸狭窄，不能宽宥对方，从而让整个世界都处在了一片漆黑中。

这个小故事告诉了我们一个深刻的道理：做人要大气、大度，不能够小肚鸡肠，否则对自己也不利。

宽以待人，历来被我国历史上的仁人贤士所推崇。"唯宽可以容人，唯厚可以载物。"有些人却是完全"严以待人，宽以律己"。如果别人稍微做错了一点事情，就借题发挥，破口大骂，完全不顾他人感受，似乎别人就会一错再错，要把别人的尊严踩在脚下。如果自己做错了事情，则可以把黑的说成白的，或者干脆推卸责任。这种人恐怕没有几个人敢去沾惹。在人际关系中，这种小鼻小眼的行为正犯了大忌，一次两次的短期接触还好，长此以往则会招人怨。

曾有王姓的两兄弟，合伙在东莞开办制衣厂。兄弟俩苦苦经营了10年，眼看这家厂有了起色，财源滚滚而来，然而，弟媳却开始怀疑大伯多占了便宜，兄嫂也开始怀疑小叔子暗中多吞了钱财，不久，两兄弟便闹起了"家窝子"，又是争权，又是争钱。一个好端端的工厂，因为两兄弟最后都把心思用到了闹分家上，再也没人来管理。而市场经济是无情的，所以没过多久便关门倒闭了。

这个故事应该能够给人以警示，当你斤斤计较时，你会失去更多！

避免小气，就要做到心理平衡。这既是保持身心健康的良方，又是事业成功的重要条件。善于调节心理平衡的人，必然心胸宽广，不会计较于一时得失，什么伤心事、苦恼事统统都可置之度外。这样就能大度待人，公道处事，使生命的质量得到提高。反之，鸡肠小肚、心胸狭窄，动不动就落个心理不平衡，在这样的心态下生活，生活的质量必然会大打折扣。如果我们经常想一想"生命在于平衡"的道理，就有助于我们正确对待工作、生活中的诸多不如意之事。

清代学者张湖曾说："律己宜带秋风，处事宜带春风。"让我们多一些长远的目光，少一些狭隘的思维；多一些磅礴大气，少一些小肚鸡肠；多一些理解，多一些宽容，多一些主见，不轻易受别人的影响。这才是有为之人所必备的气质和胸怀。

克服狭隘，豁达的人生更美好

在生活中，常常会见到这样一类人：他们受到一点委屈便斤斤计较、耿耿于怀；听到别人的批评就接受不了，甚至痛哭流涕；对学习、生活中一点小失误就认为是莫大的失败、挫折，长时间寝食难安；人际交往面窄，只同与自己一致或不超过自己的人交往，容不下那些与自己意见有分歧或比自己强的人……这些人就是典型的狭隘型性格的人。

具有这种性格的人极易受外界暗示，特别是那些与己有关的暗示，极易引起内心冲突。心胸狭隘的人神经敏感、意志薄弱、办事刻板、谨小慎微，甚至发展到自我封闭的程度，他们不愿与人进行物质上的交往。心胸狭隘的人会循环往复地自我折磨，甚至会罹患忧郁症或消化系统疾病。

狭隘的人用一层厚厚的壳把自己严严实实地包裹起来，生活在自己狭小冷漠的世界里。他们处处以自我利益为核心，无朋友之情，无恻隐之心，不懂得宽容、谦让、理解、体贴、关心别人。他们始终生活在愤怒及痛苦的阴影下，阻碍了正常的人际交往，影响了自己的生活、学习和工作。因此，心胸狭隘的人必须学会克服狭隘，以一种豁达、宽容的态度对待生活中的人和事。

牛顿1661年中学毕业后，考入英国剑桥大学三一学院。当时，他还是个年仅18岁的清贫学生，有幸得到导师伊萨克·巴罗博士的悉心教导。巴罗是当时知名的学者，以研究数学、天文学和希腊文闻名于世，还有诗人和旅行家的称号，英王查理二世还称赞他是"欧洲最优秀的学者"，他把毕生所学毫无保留地传授给了牛顿。牛顿大学毕业后，继续留在该校读研究生，不久就获得了硕士学位。又过了一年，牛顿26岁，巴罗以年迈为由，辞去数学教授的职务，积极推荐牛顿接任他的职务。其实巴罗这时还不到花甲，更谈不上年迈，他辞职是为了让贤。从此，牛顿就成了剑桥大学公认的大数学家，还被选为三一学院管理委员会成员之一，在这座高等学府中从事教学和科研工作长达30年之久。他的渊博学识和辉煌的科学成就，都是在这里取得的。而牛顿这些成绩的取得与巴罗博士的教导、让贤密不可分。可以说，牛顿的奖章中，巴罗也有一半。

在这个故事中，巴罗用他的豁达和宽容为我们做了很好的榜样。那么，我们要怎么做才能克服狭隘、豁达处世呢？

1. 待人要宽容

在生活中，人与人之间难免会出现一些磕磕碰碰，如有的人伤了自己的面子，有的人让自己下不了台，有的人当众给自己难堪，有的人对自己抱有成见，等等。遇到这些事情，我们应该宽容大度，以促使他人反躬自省。如果针锋相对，互不相让，就会把事态扩大，甚至激化矛盾，于己于人都没有好处。"退一步海阔天空"，我们应该以这种胸怀，妥善处理日常工作、生活中遇到的问题，这样才能处理好人际关系，更好地享受工作、学习、生活的乐趣。

2. 办事要理智

很多人不够成熟，遇事易受情绪控制，一旦受了委屈，遇到挫折，容易失去理智而做出一些蠢事、傻事来。因此，遇事都要先问问自己："这样做对不对？这样做的后果是什么？"多问几个为什么之后，就可以有效地避免"豁出去"的想法和做法，避免更大冲突的发生。

3. 处世要豁达

凡事要想开一些，不能像《红楼梦》中的林黛玉那样小心眼，连一粒沙子都容不下。要胸怀宽广，能容人，能容事，能容批评，能容误解。遇到矛盾时，只要不是原则性的问题，都可以大而化小、小而化了。即使有人故意"冒犯"自己，也应以团结为重，冷静对待和处理。

每个人都希望自己开开心心、顺顺利利，可是生活中总会有那么一些小波澜、小浪花。在这种情况下，斤斤计较会让自己的生活阴暗乏味，只有宽容豁达些才能让自己每天的生活充满阳光。

豁达一点，我们的生活会更美好！

宽容，让痛苦变为伟大

哲人说，宽容和忍让的痛苦，能换来甜蜜的结果。

这句话说得诚恳而有深度。宽容是痛苦的，它意味着放弃心中的愤懑不平，将往日的种种侮辱和痛苦生生咽进肚里。这位哲人能体会到宽容者内心的矛盾和波动，是从人的内心出发，十分诚恳。同时，他又指出了宽容的必然性，因为宽容最终会换来甜蜜，而不宽容则只能给人带来更多的痛苦。即使是从追逐快乐甜蜜、远离痛苦这一"趋利避害"的简单本性出发，我们也应该在伤害面前选择宽容。确实，宽容是我们面对伤害应有的心态。

在现实生活中，难免会发生这样的事：亲密无间的朋友，无意或有意做了伤害你的事，你是宽容他，还是从此分手，或伺机报复？以牙还牙，分手或报复似乎更符合人的直觉本能。但这样做了，怨会越结越深，仇会越积越多，结果冤冤相报何时了。

芝加哥人蒙泰在林肯竞选总统期间频频发出尖刻批评。林肯当选之后，为芝加哥人蒙泰在大饭店举行了一个欢迎会。林肯看见蒙泰站在角落里，虽然蒙泰曾大声辱骂过林肯，林肯仍然很有风度地说："你不该站在那儿，你应该过来和我站在一块儿。"

参加欢迎会的每个人都亲眼目睹了林肯赋予蒙泰的荣耀，也正因为此，蒙泰成为林肯最忠诚、最热心的支持者。

所以，宽容才是消除矛盾的有效方法，冤冤相报抚平不了心中的伤痕，它只会将伤害者和被伤害者捆绑在无休止的争吵战车上。印度"圣雄"甘地说得好，如果我们对任何事情都采取"以牙还牙"的方式来解决，那么整个世界将会失去色彩。

宽容是一种高贵的品质、崇高的境界，是精神的成熟、心灵的丰盈。有了这种境界和心态，人就会变得豁达，变得成熟。宽容是一种仁爱的光，是对别人的释怀，也是对自己的善待。有了宽容之心，就会远离仇恨，避免灾难。宽容是一种生存的智慧、生活的艺术，是看透了社会人生以后所获得的那份从容、自信和超然。有了这种智慧、这种艺术，我们面对人生，就会从容不迫。宽容是一种力量、一种自信，是一种无形的感召力和凝聚力。有了这种力量和自信，人就会胸有成竹，获得成功。

也许你曾经遭受过别人对你的恶意诽谤或者是深深的伤害，这些伤痛在你的心底一直未曾被抚平，你可能至今还在怨恨他，不能原谅他。其实，怨恨是一种具有侵袭性的东西，它像一个不断长大的肿瘤，使我们失去欢笑，损害我们的健康。

心理学专家研究证实，心存怨恨有害健康，高血压、心脏病、胃溃疡等疾病就是长期积怨和过度紧张造成的。

所以，让我们学会宽容，忘记怨恨，这样才能抚慰你暴躁的心绪，弥补不幸对你的伤害，让你获得心灵的自由。

千金易得，宽厚之心难求

"但求世上人无病，何妨架上药生尘。"在以前的药铺里常常可以看到这样一副对联。它包含的悲天悯人、宽厚无私的情怀是很让人感动的。自己虽然是良医，却祈求别人不生病，其中蕴涵着至高境界的道德品质。

同样的宽厚无私在孔子身上也可以看到，孔子在《论语·颜渊》中也曾说过："听讼，吾犹人也。必也使无讼乎！"意思是说：审理诉讼案件，我同别人一样能做好。但内心总是希望这些事情不再发生啊！孔子希望通过教化来提升人们的修养，减少案件的发生。这是以天下人为念的崇高博大的情怀。

世间天地万物数不胜数，其中最能够打动人的莫过于一颗宽厚无私、善良之心。

山东潍县以前是个多灾多难的地方，经常发生水灾、旱灾。扬州八怪之一的郑燮（即郑板桥）在当地任县令七年期间，就有五年发生灾情。他刚到任那一年，潍县发生水灾，十室九空，饿殍满地，其景象惨不忍睹。郑板桥据实上报，请求朝廷开仓赈灾，可朝廷迟迟不准。在危急时刻，郑板桥毅然开仓放粮，他说："不能等了，救命要紧。朝廷若有怪罪，就惩办我一个人好了。"这样灾民很快得救了。

郑板桥秉承儒家心系天下苍生的精神，心念百姓疾苦。他深知"民为邦本，本固邦宁"的古训，做任何事，他首先想到的是百姓。他招民工修整水淹后的道路城池，采取以工代赈的办法救济灾区壮男；同时责令大户在城乡施粥救济老弱饥民，不准商人囤积居奇；他自己带头捐出官俸，并刻下"恨不得填满了普天饥债"的图章。他开仓借粮时有秋后还粮的借条，到秋粮收获时，灾民歉收，他当众将借条烧掉，劝人们放心，努力生产，来年交足田赋。由于他的这些举措，无数灾民解决了倒悬之危。

为了老百姓，他得罪了一些富户，特别在整顿盐务时，更是触动了富商大贾的私利。潍县濒临莱州湾，盛产海盐，长期以来，官商勾结，欺行霸市，哄抬盐价，贱进贵卖，缺斤少两，以次充好。郑板桥针对这些弊端严令禁止，因此，一些富人对他造谣毁谤，匿名上告。1752年，潍县又受大灾，郑板桥申报朝廷赈灾，上司怒其多次冒犯，又加上听信谗言，不但不准，反给他记大过处分，钦命罢官，削职为民。

离开潍县时，百姓倾城相送。郑板桥为官十余年，并无私藏，只是雇三头毛驴，一头自骑，两头分驮图书行李，由一个差丁引路，凄凉地向老家走去。临别他为当地人民画竹题诗："乌纱掷去不为官，囊囊萧萧两袖寒。写取一枝清瘦枝，秋风江上作鱼竿。"

郑板桥为官，不以自己的才情作为晋升的手段，也不以此卖弄，而是用在为民谋福上，这种宽厚无私的精神才是人格的最高境界。

一灯大师曾说："世人无数，可分三品：时常损人利己者，心灵落满灰尘，眼中多有丑恶，此乃人中下品；偶尔损人利己者，心灵稍有微尘，恰似白璧微瑕，不掩其辉，此乃人中中品；终生不损人利己者，心如明镜，纯净洁白，为世人所敬，此乃人中上品。人心本是水晶之体，容不得半点尘埃。"人世间最宝贵的不是金银财宝，而是一颗宽厚无私、品行高尚的心灵，那是纵有千金也不能买到的稀世珍品。

第八章　不做"气死牛"，人生要适时变通

懂得变通，不通亦通

行走中的人，既要能够看到远处的山水，也要能够近看自己脚下的路。"不计较一时得失，基于全景考虑而决定的变通"，往往是抵达目的地的一条捷径。

生命的长途中既有平坦的大道，也有崎岖的小路，聪明的人既向往大道的四通八达，也憧憬小路上的美丽风景；生命的轮转中四季交替，既有姹紫嫣红、草长莺飞的明媚春光，也有银装素裹、万木凋零的凛凛冬日，万物生灵随着季节的轮转调整着自己的生存方式。

在生命的春天中，我们尽可以充分享受和煦的春风、温暖的阳光，而遭遇寒冬之时，要及时调整步速，不急不躁地把握住生命的脉搏。

人的一生，总要经历风雨，横冲直撞、一味拼杀的是莽士，运筹帷幄、懂得变通的才是智者。

从前，有一个穷人，他有一个非常漂亮的女儿。穷人家境拮据，妻子又体弱多病，不得已向富人借了很多钱。年关将至，穷人实在还不上欠富人的钱，便来到富人家中请求他拖延一段时间。

富人不相信穷人家中困窘到了他所描述的地步，便要求到穷人家中看一看。

来到穷人家后，富人看到了穷人美丽的女儿，坏主意立刻就冒了出来。他对穷人说："我看你家中实在很困难，我也并非有意难为你。这样吧，我把两个石子放进一个黑罐子里，一黑一白，如果你摸到白色的，就不用还钱了，但是如果你摸到黑色的，就把女儿嫁给我抵债！"

穷人迫不得已只能答应。

富人把石子放进罐子里时，穷人的女儿恰好从他身边经过，只见富人把两个黑色石子放进了罐子里。穷人的女儿刹那间便明白了富人的险恶用心，但又苦于不能立刻当面拆穿他的把戏。她灵机一动，想出了一个好办法，悄悄地告诉了自己的父亲。

于是，当穷人摸到石子并从罐子里拿出时，他的手"不小心"抖了一下，富人还没来得及看清颜色，石子便已经掉在了地上，与地上的一堆石子混杂在一起，难以辨认。

富人说："我重新把两颗石子放进去，你再来摸一次吧！"

穷人的女儿在一旁说道："不用再来一次了吧！只要看看罐子里剩下的那颗石子的颜色，不就知道我父亲刚刚摸到的石子是黑色的还是白色的了吗？"说着，她把手伸进罐子里，摸出了剩下的那颗黑色石子，感叹道："看来我父亲刚才摸到的是白色的石子啊！"

富人顿时哑口无言。

穷人的女儿通过思维的转换成功地扭转了双方所处的形势。所以很多时候与其硬来，不如作出变通更有效果。当客观环境无法改变时，改变自己的观念，学会变通，才能在绝境中走出一条通往成功的路。

生活中许多事情往往都要转弯：路要转弯，事要转弯，命运有时也要转弯。转弯是变化与变通，转弯是调整状态，也是一种心灵的感悟。生命就像一条河流，不断回转蜿蜒，

才能克服崇山峻岭，汇集百川，成为巨流。生命的真谛是实现，而不是追求；是面对现实环境，懂得转弯迂回和成长，而不是横冲直撞或逃避。

高山不语，自有巍峨；流水不止，自成灵动。沉稳大气，卓然挺拔，是山的特性；遇石则分，遇瀑则合，是水的个性。水可穿石，山能阻水，山有山的精彩，水有水的美丽，而山环水，水绕山，更是人间曼妙风景。

人生处处有死角，要懂得转弯

任何事物的发展都不是一条直线，聪明人能看到直中之曲和曲中之直，并不失时机地把握事物迂回发展的规律，通过迂回应变，达到既定的目标。

顺治元年（1644 年），清王朝迁都北京以后，摄政王多尔衮便着手进行武力统一全国的战略部署。当时的军事形势是：农民军李自成部和张献忠部共有兵力 40 余万；刚建立起来的南明弘光政权，汇集江淮以南各镇兵力，也不下 50 万人，并雄踞长江天险；而清军不过 20 万人。如果在辽阔的中原腹地同诸多对手作战，清军兵力明显不足。况且迁都之初，人心不稳，弄不好会造成顾此失彼的局面。

多尔衮审时度势，机智灵活地采取了以迂为直的策略，先怀柔南明政权，集中力量打击农民军。南明当局果然放松了警惕，不但不再抵抗清兵，反而派使臣携带大量金银财物，到北京与清廷谈判，向清求和。这样一来，多尔衮在政治上、军事上都取得了主动地位。顺治元年七月，多尔衮对农民军的打击取得了很大进展，后方亦趋稳固。此时，多尔衮认为最后消灭明朝的时机已经到来，于是，发起了对南明的进攻。当清军在南方的高压政策和暴行受阻时，多尔衮又施以迂为直之术，派明朝降将、汉人大学士洪承畴招抚江南。顺治五年（1648 年），多尔衮以他的谋略和气魄，基本上实现了清朝在全国的统治。

绕圈的策略，十分讲究迂回的手段。特别是在与强劲的对手交锋时，迂回的手段高明、精到与否，往往是能否在较短的时间内由被动转为主动的关键。

美国著名企业家李·艾柯卡在担任克莱斯勒汽车公司总裁时，为了争取到 10 亿美元的国家贷款以解公司之困，他在正面进攻的同时，采用了迂回包抄的方法。一方面，他向政府提出了一个现实的问题，即如果克莱斯勒公司破产，将有 60 万左右的人失业，第一年政府就要为这些人支出 27 亿美元的失业保险金和社会福利开销，政府到底是愿意支出这 27 亿呢，还是愿意借出 10 亿极有可能收回的贷款？另一方面，对那些可能投反对票的国会议员们，艾柯卡吩咐手下为每个议员开列一份清单，清单上列出该议员所在选区所有同克莱斯勒有经济往来的代销商、供应商的名字，并附有一份万一克莱斯勒公司倒闭，将在其选区造成的经济后果的分析报告，以此暗示议员们，若他们投反对票，因克莱斯勒公司倒闭而失业的选民将怨恨他们，由此也将危及他们的地位。

这一招果然很灵，一些原先强烈反对给克莱斯勒公司提供贷款的议员闭了嘴。最后，国会通过了由政府支持克莱斯勒公司 15 亿美元的提案，比克莱斯勒公司原来要求的多了 5 亿美元。

俗话说："变则通，通则久。"在一些暂时没有办法解决的事情面前，我们应该学着变通，不能死钻牛角尖，此路不通就换另一条路。有更好的机会就赶快抓住，不能一条道走到黑，生活不是一成不变的，有时候我们转过身，就会发现，原来我们身后也藏着机遇，只是当时我们赶路太急，忽略了那些美好的事物。

变通，走出人生困境的锦囊妙计

变通是一种智慧，在善于变通的世界里，不存在困难这样的字眼。再顽固的荆棘，也会被他们用变通的方法铲除。他们相信，凡事必有方法去解决，而且能够解决得很完善。

一位姓刘的老总深有感触地讲述了自己的故事：

10多年前，他在一家电气公司当业务员。当时公司最大的问题是如何讨账。产品不错，销路也不错，但产品销出去后，总是无法及时收到款。

有一位客户，买了公司20万元产品，但总是以各种理由迟迟不肯付款，公司派了三批人去讨账，都没能拿到货款。当时他刚到公司上班不久，就和另外一位姓张的员工一起，被派去讨账。他们软磨硬泡，想尽了办法。最后，客户终于同意给钱，叫他们过两天来拿。

两天后他们赶去，对方给了一张20万元的现金支票。

他们高高兴兴地拿着支票到银行取钱，结果却被告知，账上只有199900元。很明显，对方又耍了个花招，他们给的是一张无法兑现的支票。第二天就要放春节假了，如果不及时拿到钱，不知又要拖延多久。

遇到这种情况，一般人可能一筹莫展了。但是他突然灵机一动，于是拿出100元钱，让同去的小张存到客户公司的账户里去。这一来，账户里就有了20万元。他立即将支票兑了现。

当他带着这20万元回到公司时，董事长对他大加赞赏。之后，他在公司不断发展，5年之后当上了公司的副总经理，后来又当上了总经理。

显然，刘总为我们讲了一个精彩的故事，因为他的智慧，使一个看似难以解决的问题迎刃而解了，因为他的变通，才使他获得不凡的业绩，并得到公司的重用。可以说，变通就是一种智慧。

学会变通，懂得思考才会有"柳暗花明又一村"的惊喜。事实也一再证明，看似极其困难的事情，只要用心去寻找变通的方法，必定会有所突破。

委内瑞拉人拉菲尔·杜德拉也是凭借这种不断变通而发迹的。在不到20年的时间里，他就建立了投资额达10亿美元的事业。

在20世纪60年代中期，杜德拉在委内瑞拉的首都拥有一家很小的玻璃制造公司。可是，他并不满足于干这个行当，他学过石油工程，他认为石油是个赚大钱和更能施展自己才干的行业，他一心想跻身于石油界。

有一天，他从朋友那里得到一则信息，说是阿根廷打算从国际市场上采购价值2000万美元的丁烷气。得此信息，他充满了希望，认为跻身于石油界的良机已到，于是立即前往阿根廷，想争取到这笔合同。

去后，他才知道早已有英国石油公司和壳牌石油公司两个老牌大企业在频繁活动了。这是两家十分难以对付的竞争对手，更何况自己对经营石油业并不熟悉，资本又并不雄厚，要成交这笔生意难度很大。但他并没有就此罢休，他决定采取变通的迂回战术。

一天，他从一个朋友处了解到阿根廷的牛肉过剩，急于找门路出口外销。他灵机一动，感到幸运之神到来了，这等于给他提供了同英国石油公司及壳牌公司同等竞争的机会，对此他充满了必胜的信心。

他旋即去找阿根廷政府。当时他虽然还没有掌握丁烷气，但他确信自己能够弄到，他对阿根廷政府说："如果你们向我买2000万美元的丁烷气，我便买你2000万美元的牛肉。"当时，阿根廷政府想赶紧把牛肉推销出去，便把购买丁烷气的投标给了杜德拉，他终于战胜了两个强大的竞争对手。

投标争取到后，他立即筹办丁烷气。他立刻飞往西班牙。当时西班牙有一家大船厂，由于缺少订货而濒临倒闭。西班牙政府对这家船厂的命运十分关心，想挽救这家船厂。

这一则消息，对杜德拉来说，又是一个可以把握的好机会。他便去找西班牙政府商谈，杜德拉说："假如你们向我买 2000 万美元的牛肉，我便向你们的船厂订制一艘价值 2000 万美元的超级油轮。"西班牙政府官员对此求之不得，当即拍板成交，马上通过西班牙驻阿根廷使馆，与阿根廷政府联络，请阿根廷政府将杜德拉所订购的 2000 万美元的牛肉，直接运到西班牙来。

杜德拉把 2000 万美元的牛肉转销出去之后，继续寻找丁烷气。他到了美国费城，找到太阳石油公司，他对太阳石油公司说："如果你们能出 2000 万美元租用我这条油轮，我就向你们购买 2000 万美元的丁烷气。"太阳石油公司接受了杜德拉的建议。从此，他便打进了石油业，实现了跻身于石油界的愿望。经过苦心经营，他终于成为委内瑞拉石油界的巨子。

杜德拉是具有大智慧、大胆魄的商业奇才。这样的人能够在困境中变通地寻找方法，创造机会，将难题转化为有利的条件，创造更多可以脱颖而出的资源。美国一位著名的商业人士在总结自己的成功经验时说，他的成功就在于他善于变通，他能根据不同的困难，采取不同的方法，最终克服困难。对于善于变通的人来说，世界上不存在困难，只存在暂时还没想到的方法。

掬一捧清泉，原来只需换个地方打井

生活有时就像打井，如果在一个地方总打不出水来，你是一味地坚持继续打下去，还是考虑可能是打井的位置不对，从而及时调整工作方案去寻找一个更容易出水的地方打井？

人生之中，每个人都具有独特的、与众不同的才能和心智，也总存在着一些更适合于他做的事业。在竭尽全力拼搏之后却仍旧不能如愿以偿时，我们应该这样想："上天告诉我，你转入另外一条发展道路上，一定能取得成功。"因为种种原因而不得不改变自己的发展方向时，也应告诉自己：原来是这样，自己一直认为这是很适合于自己的事，不过，一定还有比这个更适合自己的事。应该看到另外一条新的道路已展现在你的眼前了。

不管从事何种职业的人，都必须充分认识、挖掘自己的潜能，确定最适合自己的发展方向，否则有可能虚度了光阴，埋没了才能。

美国作家马克·吐温曾经经商，第一次他从事打字机的投资，因受人欺骗，赔进去 19 万美元；第二次办出版公司，因为是外行，不懂经营，又赔了 10 万美元。两次共赔将近 30 万美元，不仅把自己多年的积蓄赔个精光，还欠了一屁股债。

马克·吐温的妻子奥莉姬深知丈夫没有经商的才能，却有文学上的天赋，便帮助他鼓起勇气，振作精神，重新走创作之路。终于，马克·吐温很快摆脱了失败的痛苦，在文学创作上取得了辉煌的成就。

及时为人生掉个头，你会欣赏到另一种精彩绮丽的美景。

职场中，有人终日做着自己不大"感冒"的工作，牢骚满腹，却甘于如此，得过且过；有人痛下决心，果断地告别待遇不错的"铁饭碗"，去开创属于自己的天地。

据调查，有 28% 的人正是因为找到了自己最擅长的职业，才彻底地掌握了自己的命运，并把自己的优势发挥到淋漓尽致的程度。这些人自然都跨越了弱者的门槛，而迈进了成大事者之列；相反，有 72% 的人正是因为不知道自己的"对口职业"，而总是别别扭扭地做着不擅长的工作，却又不敢换个地方"打井"。因此，不能脱颖而出，更谈不上成大事了。

如果你用心去观察那些成功者，会发现他们几乎都有一个共同的特征：不论聪明才智高低与否，也不论他们从事哪一种行业，担任何种职务，他们都在做自己最擅长的事。

优秀的人在为自己的价值能够得到发挥而寻找途径的时候，所遵从的第一要务不是要求自己立即学习到新的本领，而是试图将自己身体内的原有的才能发挥到极致。这好比要使咖啡香甜，正确的做法不是一个劲儿地往杯子里面加入砂糖，而是将已经放入的砂糖搅拌均匀，让甜味完全散发出来。

当你执著于在一个地方打井的时候，却不知甘甜清洌的泉水就在你的身后。这时，为探寻真正的人生甘泉，我们需要时刻准备，去勇敢地换个地方"打井"。

从没有一艘船可以永不调整航向

许多人以为，学习只是青少年时代的事情，只有学校才是学习的场所，自己已经是成年人，并且早已走向社会了，因而再没有必要进行学习。剑桥大学的一位专家指出："这种看法乍一看，似乎很有道理，其实是不对的。在学校里自然要学习，难道走出校门就不必再学了吗？学校里学的那些东西，就已经够用了吗？"其实，学校里学的东西是十分有限的。工作中、生活中需要的相当多的知识和技能，课本上都没有，老师也没有教给我们，这些东西完全要靠我们在实践中边摸索边学习。

彼得·唐宁斯曾是美国广播公司（ABC）晚间新闻当红主播，他虽然连大学都没有毕业，但是却把事业作为他的教育课堂。在他当了3年主播后，毅然决定辞去人人艳羡的职位，到新闻第一线去磨炼，干起记者的工作。他在美国国内报道了许多不同路线的新闻，并且成为美国电视网第一个常驻中东的特派员，后来他搬到伦敦，成为欧洲地区的特派员。经过这些历练后，他重又回到ABC主播的位置。此时，他已由一个初出茅庐的年轻小伙子成长为一名成熟稳健而又受欢迎的记者。

近10年来，人类的知识大约是以每3年增加一倍的速度向上提升。知识总量以爆炸式的速度急剧增长，知识就像产品一样频繁更新换代，使企业持续运行的期限和生命周期受到最严峻的挑战。据初步统计，世界上IT企业的平均寿命大约为5年，尤其是那些业务量快速增加而急功近利的企业，如果只顾及眼前的利益，不注重员工的培训、学习和知识更新，就会导致整个企业机制和功能老化，成立两三年就"关门大吉"！联想、TCL等企业成功的经验表明：培训和学习是企业强化"内功"和发展的主要原动力。只有通过有目的、有组织、有计划地培养企业每一位员工，不断调整整个企业人才的知识结构，才能应付这样的挑战。

在知识经济迅猛发展的今天，你有没有想过，你赖以生存的知识、技能时刻都在折旧。在风云变幻的职场中，脚步迟缓的人瞬间就会被甩到后面。根据剑桥大学的一项调查，半数的劳工技能在1~5年内就会变得一无所用，而以前这些技能的淘汰期是7~14年，特别是在工程界，毕业后所学还能派上用场的不足1/4。

这绝非危言耸听，美国职业专家指出，现在的职业半衰期越来越短，高薪者若不学习，无需5年就会变成低薪。就业竞争加剧是知识折旧的重要原因，据统计，25周岁以下的从业人员，职业更新周期是人均1年零4个月。当10个人中只有1个人拥有电脑初级证书时，他的优势是明显的，而当10个人中已有9个人拥有同一种证书时，那么原有的优势便不复存在。未来社会只会有两种人：一种是忙得不可开交的人，另外一种是找不到工作的人。

所以，从没有一艘船可以永不调整航向，活到老，学到老，及时变通才是百战百胜的利器。现在知识、技能的更新越来越快，不通过学习、培训进行更新，适应性将越来越差，而企业又时刻把目光盯向那些掌握新技能、能为企业带来经济效益的人。新世纪的发展已经表明，未来的社会竞争将不再只是知识与专业技能的竞争，而是学习能力的竞争，一个人如果善于学习，他的前途会一片光明，而一个良好的企业团队，要求每一个组织成员都是那种迫切要求进步、努力学习新知识的人。

不根据自己的需要随时调整航向的船，只会被风暴卷入失败的深渊，"活到老，学到老"不是一句空口号，只要我们认真去执行，才能及时调整自己前进的方向，不被社会淘汰。

与时俱进，随时进行自我更新

有时候，我们的想法往往会背叛我们的思维，想法和实际分离。"思维"这个词来自希腊文，最初是一个科学名词，目前多半用来指逻辑思维。不过广义而言，是指我们看待外在世界的观点。我们的所见所闻并非直接来自感官，而是透过主观的认识、感受与诠释。

无论是面对自我，还是面对世界，每个人都有一定的思维方式。例如说，在人类的思想行为中，有"5大基本问题"：

（1）我是谁？

（2）我如何成为今天的我？

（3）为什么我会有这样的思考、感受和行动？

（4）我能改变吗？

（5）最重要的问题是——怎么做？

延续这5大问题，我们的心灵告诉我们该怎么去认识世界、进行自我行动。所以说思维对一个人的发展来说，是至关重要的，它决定了我们对待自我、对待世界的态度。思维可以说是对于我们所能感知的世界的一个认知缩写，无论这个认知正确与否。

我们可以把思维比作地图。地图并不代表一个实际的地点，只是告诉我们有关地点的一些信息。思维也是这样，它不是实际的事物，而是对事物的诠释或理论。

很多人经常会遇到这样一种情况，到了一处陌生的地方，却发现带错了地图，结果寸步难行，感觉非常尴尬无助。同样，若想改掉缺点，但着力点不对，只会白费工夫，与初衷背道而驰。或许你并不在乎，因为你奉行"只问耕耘，不问收获"的人生哲学。但问题在于方向错误，"地图"不对，努力便等于浪费。唯有方向（地图）正确，努力才有意义。在这种情况下，"只问耕耘，不问收获"也才有可取之处。因此，关键仍在于手上的地图是否正确。我们常常嘲笑"南辕北辙"的人，却不知自己也会在错误的"心灵地图"的带领下，犯同样的错误。

在前面我们已经说过，思维不仅面对世界，还面对自我，那么"心灵地图"大致上也可分为两大类：一是关于现实世界的，这就是我们的世界观；一是有关个人价值判断的，这就是我们的价值观。我们以这些"心灵的地图"诠释所有的经验，但从不怀疑"地图"是否正确，甚至于不知道它们的存在。我们理所当然地以为，个人的所见所闻就是感官传来的信息，也就是外界的真实情况。我们的态度与行为又从这些假设中衍生而来，所以说，世界观和价值观决定一个人的思想与行为。

自我是在不断发展的，世界也是在不断进步的，所以我们行动的世界观和价值观也应该不断地完善与进步，要随时随地来完善我们的"心灵地图"。

打个比方，现在无数的城市旧貌换新颜，尤其是近几年来发生了翻天覆地的变化，如果有人使用3年前的地图，恐怕已经找不到原来的道路，不知道如何才能找到目标了。地理如此，时空如此，何况人心呢？许多人，他们之所以感到困惑、挫折，甚至感到迷失了自我，就在于他们仍然使用着过去的"心灵地图"，仍然按照旧有的生活轨道在向前走，他们不知道这幅地图已经需要修改了。

其实，我们的思维从童年就已开始发展，经过长期的艰苦努力形成了一个认识自我和世界的自我思维方式，形成了一幅表面上看来十分有用的"心灵地图"。我们要按这幅"地图"去应对生活中的各种坎坷，寻找自己前进的道路。

但是未必有了"心灵地图"就有了正确的行动。如果这幅地图画得很正确，也很准确，我们就知道自己在哪个位置上；如果我们打算去某个地方，就知道该怎么走。如果这幅地图画得不对、不准确，我们就无法判断怎么做才正确，怎样决定才明智，我们的头脑就会被假象所蒙蔽，因为这幅图是虚假的、错误的，我们将不可避免地迷失方向。

我们不能一辈子就带着这一幅"地图"，我们应该不断地描绘它、修改它，力求准确地反映客观现实，这样我们才不会在人间这个繁华的大都市里迷路。前人诗云："流水淘沙不暂停，前波未灭后波生。"我们必须要下工夫去观察客观现实，这样画出来的"地图"才准确。但是，很多人过早地停止了描绘"地图"的工作，他们不再汲取新的信息，而自以为自己的"心灵地图"完美无缺。这些人是不幸的、可怜的，所以他们多半有心理问题。只有幸运的少数人能自觉地探索现实，永远扩展、冶炼、筛选他们对世界的理解，他们的精神生活也丰富多彩。所以，我们要不断地修改这幅反映现实世界的"心灵地图"，要不断地获取世界的新信息。如果新信息表明，原先的"地图"已经过时，需要重画，就要不畏修改"地图"的艰难，勇敢地进行自我更新。

执著与固执只有一步之遥

中国人常说："人活一张脸，树活一层皮。""面子"的地位之重在我们的传统道德观念中可见一斑。可以说，中国社会对人的约束主要就是廉耻和脸面，然而若因此就固执地以面子为重，养成死要面子的人生态度却不是件好事。

有一个人做生意失败了，但是他仍然极力维持原有的排场，唯恐别人看出他的失意。为了能重新振作起来，他经常请人吃饭。宴会时，他租用私家车去接宾客，并请了两个钟点工扮作女佣，佳肴一道道地端上来，他以严厉的眼光制止自己久已不知肉味的孩子抢菜。

前一瓶酒尚未喝完，他已打开柜中最后一瓶XO。当那些心里有数的客人酒足饭饱告辞离去时，每一个人都热情地致谢，并露出同情的眼光，却没有一个人主动提出帮助。

希望博得他人的认可是一种无可厚非的正常心理，然而，人们总是希望获得更多的认可。所以，人的一生就常常会掉进为寻求他人的认可而活的爱慕虚荣的牢笼里面，面子左右了他们的一切。

70多年前，林语堂先生在《吾国吾民》中认为，统治中国的"三女神"是"面子、命运和恩典"。"讲面子"是中国社会普遍存在的一种民族心理，面子观念的驱动，反映了中国人尊重与自尊的情感和需要，但过分地爱面子却得不偿失。

有一个博士分到一家研究所，成为学历最高的一个人。

有一天，他到单位后面的小池塘去钓鱼，正好正、副所长在他的一左一右，也在钓鱼。他只是微微点了点头：这两个本科生，有啥好聊的呢。

不一会儿，正所长放下钓竿，伸伸懒腰，蹭蹭蹭从水面上箭步如飞地走到对面上厕所。博士眼睛睁得都快掉下来了。水上漂？不会吧！这可是一个池塘啊。正所长上完厕所回来的时候，同样也是蹭蹭蹭地从水上回来了。怎么回事？博士生又不好去问，自己是博士生哪！

过了一阵，副所长也站起来，走几步，蹭蹭蹭地掠过水面上厕所。这下子博士更是差点昏倒：不会吧，到了一个江湖高手云集的地方？博士生也内急了。这个池塘两边有围墙，要到对面厕所非得绕十分钟的路，而回单位上又太远，怎么办？博士生也不愿意问两位所长，憋了半天后，也起身往水里跨：我就不信本科生能过的水面，我博士生不能过。只听"咚"的一声，博士生栽到了水里。

两位所长将他拉了出来，问他为什么要下水，他问："为什么你们可以走过去呢？"两所长相视一笑："这池塘里有两排木桩子，由于这两天下雨涨水正好在水面下。我们都知道这木桩的位置，所以可以踩着桩子过去。你怎么不问一声呢？"

上面的这个例子再经典不过了，一个人过于爱惜面子，难免会流于迂腐。"面子"是"金玉在外，败絮其中"的虚浮表现，刻意地张扬面子，或让面子成为横亘在生活之路上的障碍，终有一天会吃到苦头。因此，无论是人际交往方面还是在事业上，我们都不要因为小小的面子，为自己的生活带来不必要的麻烦和隐患。其实"面子观"是一种死守面子、唯面子为尊的价值观念和行事思想。"面子观"对我们行事做人有很大的束缚。因此，在不利的环境下我们要勇于说"不"，千万别过多地考虑面子，使自己陷入"面子观"的怪圈之中。

事实上，我们没必要为了面子而固执地使自己显得处处比别人强，仿佛自己什么都能做到。每个人都有缺陷，不要试图每一方面都优秀。聪明的人，敢于承认自己不如人，也敢于对自己不会做的事说不，所以他们自然能赢得一份适意的人生。

执著，让我们赢得了通往成功的门票，而固执，让我们在死不认输时，输掉了整个人生。所以，正确剖析自己，敢于承认技不如人，放下不值钱的面子，走出面子围城，这不是软弱，而是人生的智慧。

果敢放弃，不留丝毫犹豫和留恋

鲁迅曾说："其实世上本没有路，走的人多了，也便成了路。"生活中，只会盲从他人，不懂得另辟蹊径者，将很难赢取成功和荣耀。

人生的道路有千万条，条条大路都能通罗马，每条路都是我们的选择之一。所以一旦这条路行不通，不要犹豫，立即换一条路。行行出状元。在无力接受某一条路时，千万不要勉强自己，否则只会越来越糟，耽误时间不说，还误了美好的前程。

一位叫王丽的姑娘，长得端庄、秀丽，她表姐是外企职工，收入颇高，工作环境也很好，她对王丽的影响很大。王丽也想像表姐一样去外企工作，过上优越的生活。无奈她的外语水平太差，单词总是记不住，语法也总是弄不懂。马上就要高考了，她想报考外语专业，可越着急越学不好。她整天想着白领阶层的生活，不知不觉沉浸其中。

她一心学外语，其他科目全部放弃。由于只有一条路，她更担心考不上外语系。整天就想着考上以后的生活，或考不上又怎么办，全无心思学习。

"白日梦"是青春期男女常见的心理现象。整天沉醉于其中的人，都是些对现状不满意又无力改变的人。因为"白日梦"可以使人暂时忘记不如意的现实，摆脱某些烦恼，在幻想中满足自己被人尊敬、被人喜爱的需要，在"梦"中，"丑小鸭"变成了"白天鹅"。

做美好的梦，对智者来说是一生的动力，他们会由梦出发，立即行动，全力以赴朝着美梦发展，一步步使梦想成真。但对于弱者来说，"白日梦"是一个陷阱，他们在此处滑下深渊，无力自救。

如何走出深渊呢？首先，要有勇气正视不如意的现实，并学会管理自己。这里教给你一个简单而有效的方法，就是给自己制定时间表。先画一张周计划表，把一天至少分为上午、下午和晚上三格，然后把你在这一周中需要做的事统统写下来，再按轻重缓急排列一下，把它们填到表格里。每做完一件事情，就把它从表上画掉。到了周末总结一下，看看哪些计划完成了，哪些计划没有完成。这种时间表对整天不知道怎么过的人有独特的作用，因为当你发现有很多事情要做，做完一件事就有一种踏实的感觉时，就比较容易把幻想变为行动了。你用工作挤走了幻想，并在工作中重塑了自己，增强了自信。

其次要有敢于放弃的勇气和决心，梦再美好，也只是梦。与其在美梦中遐想，不如走出一条适合自己的路。因此该放弃的就放弃，千万不要有丝毫的犹豫和留恋，要迅速踏上另一条通向罗马的路。

失败时，我们不妨换个角度思考

人生总免不了要遭遇这样或者那样的失败。确切地说，我们几乎每天都在经受和体验各种失败。有时候，我们甚至会在毫不经意和不知不觉之间与失败不期而遇。面对失败，我们又往往会采取习惯的对待失败的措施和办法——或以紧急救火的方式扑救失败，或以被动补漏的办法延缓失败，或以收拾残局的方法打扫失败，或以引以为戒的思维总结失败……虽然这些都是失败之后十分需要甚至必不可少的，但却是在眼睁睁看着失败发生而又无法抢救的情况下采取的无奈之举。任凭失败一路前行而无力改变，实在是更大的失败和遗憾。

在美国西部的一个农场，有一个伐木工人叫刘易斯。一天，他独自一人开车到很远的地方去伐木。一棵被他用电锯锯断的大树倒下时，被对面的大树弹了回来，他躲闪不及，右腿被沉重的树干死死压住，顿时血流不止，疼痛难忍。面对自己伐木史上从未遇到过的失败和灾难，他的第一个反应就是："我该怎么办？"

他看到了这样一个严酷的现实：周围几十里没有村庄和居民，10小时以内不会有人来救他，他会因为流血过多而死亡。他不能等待，必须自己救自己。他用尽全身力气抽腿，可怎么也抽不出来。他摸到身边的斧子，开始砍树。但因为用力过猛，才砍了三四下，斧柄就断了。他真是觉得没有希望了，不禁叹了一口气，但他克制住了痛苦和失望。他向四周望了望，发现在不远的地方，放着他的电锯。他用断了的斧柄把电锯弄到手，想用电锯将压在腿上的树干锯掉。可是，他很快发现树干是斜着的，如果锯树，树干就会把锯条死死夹住，根本拉动不了。看来，死亡是不可避免了。

然而，正当他几乎绝望的时候，他忽然想到了另一条路，那就是不锯树而把自己被压住的大腿锯掉。这是唯一可以保住性命的办法！他当机立断，毅然决然地拿起电锯锯断了被压着的大腿。他终于用难以想象的决心和勇气，成功地拯救了自己！

失败时，我们不妨换一个角度去思考，也许就会走出所谓的失败，走向成功，所以说问题的关键不是失败，而是我们看待失败的心态。

所以，当我们失败时，如果能够静下心来，坦然面对，那么在我们从另一个出口走出去时，就有可能看到另一番天地。在我们的生活中与工作中，遇到困难或是难以跨越的"坎"时，不妨尝试一下换一种思考的方式，你也许很快就会解决问题。人生的出口其实就是自己的人生蜕变，是自己坦然面对问题的勇气和决心，是洒脱后的平静，而这条路已经离你越来越近了，很快就能看到宽广的大道，从此，心将不在迷路。

跌倒后不急于站起来

一位成功人士曾这么说："人生是一个积累的过程，你总会摔倒，即使跌倒了也要懂得抓一把沙子在手里。"记得一定要抓一把沙子在手里，只有这样才有摔倒的意义。

跌倒并不可怕，关键在于我们将如何面对跌倒。如果我们经受不住跌倒的打击，悲观沉沦，一蹶不振，那么跌倒便成了我们前进的障碍和精神的负荷。

如果我们将跌倒看成是一笔精神财富，把跌倒的痛苦化作前进的动力，那么跌倒便是一种收获。

瑞典电影大师英格玛·伯格曼是最具影响力的电影导演之一，他同样也重重地跌倒过。

1947 年，电影《开往印度的船》杀青后，出道不久的伯格曼自我感觉棒极了，认定这是一部杰作，"不准剪掉其中任何一尺"，甚至连试映都没有就匆忙首映。结果可想而知，糟透了！伯格曼在酒会上将自己灌得不省人事，次日在一幢公寓的台阶上醒来，看着报纸上的影评，惨不堪言。

这时，他的朋友幽默地说了一句话："明天照样会有报纸。"

此话让伯格曼深感安慰。明天照样会有报纸，冷嘲热讽很快都会过去的，你应该争取在明天的报纸上写下最新最美的内容。

伯格曼从失败中吸取了教训，在下一部电影的制作中，只要有空就去录音部门和冲印厂，学会了与录音、冲片、印片有关的一切，还学会了摄影机与镜头的知识。从此再也没有技术人员可以唬住他，他可以随心所欲地达到自己想要的效果。一代电影大师就这样成长起来了。

有时，我们虽然没有收获胜利，但我们收获到了经验和教训。失败让我们真正了解了世界，失败也让我们重新认识了自己。失败虽然给我们带来了痛苦和悲伤，但失败也给我们带来了深刻的反思和启迪。

在日益激烈的竞争压力下，公司每天都在面对着新的变化，每天都可能出现新的危机。如果一个公司不能积极应变，解决危机，将是很难立足于市场的。

危机不仅会突如其来地降临在一家公司的身上，同样地，个人也每时每刻都有潜在的危机可能出现。人生有高潮，也就会有低潮。有时候危机会成为一种打击，将你击倒在地，但是你千万不要就此一蹶不振。

相反，你应该勇敢地站起来，因为当你站起来之后，你会发现：危机已经走远。如果你站不起来的话，危机将永远压在你的身上。

危机就像是闪电，它可以将你一时击晕，使你昏迷在地，但是醒来之后，你依旧可以顶天立地，而这时雷电早已消散无踪。

跌倒了也要抓一把沙子的人，便领会了重新站起走向成功的真谛。

不跟对手硬拼，绕个圈子寻其弱点

在生活中，我们难免会因为一些竞争而与对手针锋相对。矛盾也许不可避免，但是我们没有必要跟对手斗个你死我活。如果真的躲不过去，也不要跟对手硬拼，要懂得利用智慧和技巧，在方法上取胜。

聪明的人懂得在危险中保护自己，而愚蠢的人喜欢依靠蛮力，即便耗掉自己全部的精力也要与对手拼个高下，弄得自己没有回旋的余地。

一位搏击高手参加锦标赛，自以为一定可以夺得冠军。

但是，在最后的决赛中，他遇到一个实力相当的对手，双方竭尽全力出招攻击。中途，搏击高手意识到，自己竟然找不到对方招式中的破绽，对方的攻击却能够突破自己防守，有选择地打中自己。

比赛的结果可想而知，这个搏击高手败在对方手下，没有得到冠军的奖杯。

他愤愤不平地找到自己的师父，将对方和他搏击的过程演练给师父看，并请求师父帮他找出对方招式中的破绽。他决心根据这些破绽，苦练出足以攻克对方的新招，在下次比赛时，打倒对方，夺回冠军的奖杯。

师父笑而不语，在地上画了一条线，要他在不擦掉这道线的情况下，设法让这条线变短。

搏击高手思考不出，只得无可奈何地放弃，转向师父请教。

师父在原先那道线的旁边，又画了一条更长的线。两者相比较，原先的那条线，看来变得短了许多。

师父开口道："夺得冠军的关键，不仅仅在于如何攻击对方的弱点，正如地上的长短线一样，如果你不能在要求的情况下使这条线变短，你就要懂得放弃在这条线上做文章，寻找另一条更长的线。只要你自己变得更强，对方就如原先的那条线一样，在相比之下变得短了。如何使自己更强，才是你需要苦练的根本。"

搏击高手恍然大悟。

师父笑道："搏击要用脑，要学会选择，攻击其弱点。同时要懂得放弃，不跟对方硬拼，以自己之强攻对手之弱，这样你才能夺取冠军。"

在获得成功的道路上，有无数的坎坷与障碍，需要我们去跨越、去征服。

人们通常走的路有两条：一条路是找出对手的弱点，予以打击。正如故事中的那位搏击高手的对手，可找出搏击高手的破绽，并给予致命的一击。用最直接的方法，快速解决问题。另一条路是懂得放弃，不跟对方硬拼，全面增强自身实力，在人格上、知识上、智慧上、实力上使自己成长，变得更加成熟、更加强大，以己之强攻敌之弱，使许多问题迎刃而解。

不跟对手硬拼，是一种包容，也是一种智慧。适当地给对手留有余地，也许可以将对方感化，从而化僵持为友好，将敌人变成朋友。适当地给自己留些余地，你才有机会东山再起，才能把握住更多的机遇。

第九章　不被外物所累，踏过生气，迈向幸福

太忙碌，会错失身边的风景

生活中，无数人的口头禅是"我忙啊"，没时间回家看看，没时间与好友聚会，没时间慢慢恋爱，忙的无心，忙的无情。

朋友啊，要充分享受生活，就一定要学会放慢脚步。当你停止疲于奔命时，你会发现生命中未被发掘出来的美；当生活在欲求永无止境的状态时，你永远都无法体会到生活的真谛。

虽然放慢脚步对一向急躁惯了的现代人来说是件难上加难的事，而且许多人对此根本就无暇考虑。但享受生活的一个重要条件就是，你必须注意自己的所作所为，然后放慢脚步。

因为我们总是在赶时间，所以很少有机会与朋友进行心灵的恳谈，结果我们就变得越来越孤独；因为忙碌，我们只知根据温度来添减衣服，却忽略了四季的更替，就这样不知不觉地过了一年又一年。因为我们忙得没有时间注意所有征兆，甚至连身体有病的早期征兆都觉察不出来……

古人云："此生闲得宜为家，业是吟诗与看花。"这种寄生于绿柳红墙的庄园主情趣，现代人怕是难得再享受了，现代文明早已将此情调连同那个社会一同埋葬了。

英国散文家斯蒂文生在散文《步行》中写道："我们这样匆匆忙忙地做事、写东西、挣财产，想在永恒时间的微笑的静默中有一刹那使我们的声音让人可以听见，我们竟忘掉了一件大事，在这件大事中这些事只是细目，那就是生活。我们钟情、痛饮，在地面来去匆匆，像一群受惊的羊。可是你得问问你自己：在一切完了之后，你原来如果坐在家里炉旁快快活活地想着，是否比较更好些。静坐着默想——记起女子们的面孔而不起欲念，想到人们的丰功伟绩，快意而不羡慕，对一切事物和一切地方有同情的了解，而却安心留在你所在的地方和身份——这不是同时懂得智慧和德行，不是和幸福住在一起吗？

他告诫我们，太忙碌，会忘却生活的本来意义和幸福。

时间飞快地从我们身边滑过，开始我们总认为这样紧张忙碌是有价值的，结果我们最终两手空空地走向了时光的尽头。

所以，放慢一些脚步，尽情地去享受你的人生、你的生活吧！因为享受生活是帮助我们充实人生、帮助人生充满活力的方法。

给幸福的生活脱去复杂的洋装

在一个艳阳高照的午后，一个勤劳的樵夫扛着沉甸甸的斧头上山去打柴，一路上不觉汗如雨下。就在他停下脚步准备稍作休息之时，他看到一个人正跷着二郎腿，悠闲地躺在树底下乘凉，便忍不住上前问道："你为什么躺在这里休息，而不去打柴呢？"

那个人看了樵夫一眼，不解地问道："为什么要去打柴呢？"

樵夫脱口而出："打了柴好卖钱呀。"

"那么卖了钱又为了什么呢？"乘凉的人进一步问道。

"有了钱你就可以享受生活了。"樵夫满怀憧憬地说。

听到这话，乘凉的人禁不住笑了，他意味深长地对樵夫说道："那么你认为，我现在又是在做什么呢？"

听见此话，樵夫顿时无语，那么到底，打柴是为了什么？享受生活，不就这么简单么。

在追求幸福的途中，我们往往会为生活戴上重重枷锁，殊不知退去复杂的洋装，才能展露出幸福生活的本质。故事中的乘凉的人没有把自己盲目地投入到紧张的生活中，而是恬然地享受悠闲自在的日子——躺在树下轻松自由地呼吸，对生命充满着由衷的喜悦与感激。这种简单、干净的生活方式是多么惹人羡慕，多么令人向往啊。这种发自内心的简单与悠闲，正是幸福生活的真谛所在，睿智如他，快乐而洒脱地抓住了快乐的尾巴。

在我们忙忙碌碌，为生活所累的时候，是否应该回头看一看现代人的生活？当我们不断地抱怨，被无穷无尽的牢骚所埋没的时候，是否应当重新考量生活的定位？现如今的我们正被包围在混乱的杂事、杂务、尤其是杂念之中，却不知到底是为谁辛苦为谁忙。一番苦痛和挣扎之后，一颗颗活跃而跳动的心被挤压成了无气无力的皮球，在坚硬的现实中疲软地滚动。也许是因为在竞争的压力下我们逐渐丧失了内心的安全感，于是就产生了担心无事可做的恐惧，也许是内心的不安使我们急欲去寻找可以依靠的港湾，所以才愈发急着找事做来自我安慰。不知不觉中，我们业已陷入了一种恶性循环，逐渐远离真正的快乐、远离真实的生活。

也许我们真的太累了，我们疲惫的内心，需要得到休憩的空间。在不断追逐的过程中，我们是不是可以尝试着放弃一些复杂的东西，让一切都恢复简单的面孔。其实生活本身并不复杂，真正复杂的是我们的内心。因而，要想恢复简单的生活，必须从"心"开始。

对幸福的需求是永无止境的，没完没了地去追求大家普遍认同的所谓幸福——大房子、新汽车、时髦服装、朋友、事业，尽管可以在某些方面得到一时快乐和满足，却无法获得内心的真正满足。这些东西尽管绚烂，尽管浮华，尽管带着美丽的外表，穿着诱人的洋装，最终带给我们的，却只能是患得患失的压力和永无止境的挣扎。想要获得真正的幸福，就必须褪去层层叠叠的枷锁，脱去生活复杂的洋装，就像故事中乘凉的人那样，呼吸清新自由的空气，悠闲，而又自在地，享受简单而又干净的生活。

剔除了杂质，才会留下无瑕之美

心理学家曾指出：人是最会制造垃圾污染自己的动物之一。清洁工每天早上都要清理人们制造的成堆的垃圾，这些有形的垃圾容易清理，而人们内心诸如烦恼、欲望、忧愁、痛苦等无形的垃圾却不那么容易清理了。

我们在装修房子的时候，总是会小心谨慎地制订详细的方案，研究每一个细节，墙壁的颜色，地板的质地，吊灯的造型，都是不可忽视的部分。我们为自己的家园精心选择了最好的建材。但是在建设精神家园的时候，我们却太粗心了。虽然精神家园比物质家园重要得多，但是很多人却出于各种原因不肯多费心思。那些类似恐惧、烦恼、焦虑、不安等消极念头一旦成为精神家园的建材，那么它们便可能发霉、腐烂，我们的心灵世界就岌岌可危了。

所以，为了保持心灵家园的纯洁，我们必须选择勇敢、乐观、积极的思想，并且及时进行"精神扫除"，丢弃或扫掉拖累心灵的东西。除此之外，还可以用美德来充盈我们的心灵空间，让垃圾再无容身之处。

有这样一位哲学家，他带着他的一群学生去漫游世界，十年间，他们游历了所有的国家，拜访了所有有学问的人，现在他们回来了，个个满腹经纶。在进城之前，哲学家在郊外的一片草地上坐下来，对他的学生说："十年游历，你们都已是饱学之士，现在学业就要结束了，我们上最后一课吧！"

学生们围着哲学家坐了下来，哲学家问："现在我们坐在什么地方？"弟子们答："现在我们坐在旷野里。"哲学家又问："旷野里长着什么？"学生们说："旷野里长满杂草。"

哲学家说："对，旷野里长满杂草，现在我想知道的是如何除掉这些杂草。"学生们非常惊愕，他们都没有想到，一直在探讨人生奥妙的哲学家，最后一课问的竟是这么简单的一个问题。

一个学生首先开口说："老师，只要有铲子就够了。"哲学家点点头。

另一个学生接着说："用火烧也是很好的一种办法。"哲学家微笑了一下，示意下一位。

第三个学生说："撒上石灰就会除掉所有的杂草。"

接着第四个学生说："斩草除根，只要把根挖出来就行了。"

等学生们都讲完了，哲学家站了起来，说："课就上到这里了，你们回去后，按照各自的方法除去一片杂草，一年后再来相聚。"

一年后，他们都来了，不过原来相聚的地方已不再是杂草丛生，它变成了一片长满谷子的庄稼地。

所以，如果你想让自己的心灵世界再无纷扰，唯一的方法就是用好的品格占据它。

一个人，在尘世间走得太久了，心灵无可避免地会沾染上尘埃，使原来洁净的心灵受到污染和蒙蔽。的确，对一个未知的开始，而你又不确定哪些是你想要的。所以，不要害怕自己选择了错误的东西，但一旦发现错误，一定要及时修正，清除心中的杂质，让自己纯净的心灵重新显现。

不为物累，简单生活

幸福与快乐源自内心的简约，简单使人宁静，宁静使人快乐。

人心随着年龄、阅历的增长而越来越复杂，但生活其实十分简单。保持自然的生活方式，不因外在的影响而痛苦抉择，便会懂得生命简单的快乐。

头上是万里无云的朗朗晴空，手中是沁人心脾的冰镇啤酒。停在这片光秃秃的灼热沙漠上的东一辆西一辆旅宿汽车和拖车的门吱吱扭扭地推开了，"独身漫游者"俱乐部的一些成员到这漫漫荒原来享受一个下午的快乐时光。

这数十名俱乐部成员全都是头发灰白的老者，而且全都是单身人士。他们聚集在一簇簇风滚草旁开始饮酒、讲故事。这个俱乐部是在西部的高速公路上打发时光的、人数越来越多的退休者大军中的一支队伍，斯拉布城是他们的最新休憩地点。他们在临时搭起的帐篷上空升起美国国旗，国旗在沙漠的疾风中呼啦作响。

埃尔伍德·威尔逊问道："你以为我们会愿意整天闲坐着不动吗？"他喝下一大口米尔沃基啤酒后说："绝非如此。"上年纪了，住进退休者之家，日夜守在电视机旁，周日没完没了地招待儿女和孙辈——谁愿意过这样的日子？他们所向往的是没有尽头的公路，尤其是西部那些一流的高速公路。

由于医学的进步使更多的老年人健康长寿，也由于现在有了像佛罗里达公寓一样舒适的新型车辆，以公路为家变成了一种比较容易适应的生活方式。许多人卖掉房子，把家当存放起来，把终生的储备兑换成金钱，然后告别自己旧有的生活方式，乘坐各式各样的车辆，冬季穿行于西部广袤的沙漠，夏季漫游于太平洋西北沿岸茂密的森林，然后在适当的时候再转动方向盘，开始新的游历。

有些人在公路上生活得太久了，以至于对任何其他生活方式都不能接受。退休护士佩吉·韦布自5年前和她那退役的丈夫卖掉房子起，就一直驾车漫游。一天早上，她一边在画板上练习绘画一边说："我从未想到我会有这样的勇气。但是，我们的孩子都长大成人了。我们住在空空荡荡的房子里，不知该干什么。于是我们便上路了。现在我认为我永远不会再像以前那样生活了。"

也许，这种生活方式该算最彻头彻尾的"简单生活"了。人们几乎都在通过自己独特的途径探索最简单的、最符合心灵需求的新生活方式，以替代目前日渐奢侈、日渐繁冗的生活。

简单的生活，快乐的源头，为我们省去了汲汲于外物的烦恼，又为我们开阔了身心解放的快乐空间。"简单生活"并不是要你放弃追求，放弃劳作，而是要抓住生活、工作中的本质及重心，以四两拨千斤的方式，去掉世俗浮华的琐务。

简单，每每能找到生活的快乐，平凡是人生的主旋律，简单则是生活的真谛。

让都市人的心灵回归简单

人生就好像带着背包去旅行，背的东西越多，自己的脚步就会越沉重。

《简单生活》作者丽莎·茵·普兰特说过，"简单不一定最美，但最美的一定简单"。由此可见，最美的生活也应当是简单的生活。在西方社会，简单主义正在成为一种新兴的生活主张。因为大多数的生活以及许多所谓的舒适生活，不仅不是必不可少的，而且是人类进步的障碍和历史的悲哀。在这种情况下，人们更愿意选择另一种生活方式，过简单而真实的生活。

一天夜里，凯瑞在她的无电小屋中和家人围坐在炉火前望着窗外的星空，静静地聆听，静静地观察。桌上几只蜡烛跳动着火焰，炉中黑色的铁锅在冒着热气。玛丽在她所在的社区的一次停电中，发现了许多事情的真相。在那次意外的停电中，玛丽和她的家人，对黑暗所带来的神秘和欢喜的体验印象深刻。黑暗给人们带来的不仅有神奇的萤火虫，还有城市的静寂、久违的家庭温馨和邻里的关怀。

当你用一种新的视野观察生活、对待生活时，你会发现简单的东西才是最美的，而许多美的东西正是那些最简单的事物。

有这么一位行吟诗人，他一生都住在旅馆里。他不断地从一个地方旅行到另一个地方。他的一生都是在路上、在各种交通工具和旅馆中度过的。当然这并不是因为他没有能力为自己买一座房子，这是他选择的生存方式。后来，鉴于他为文化艺术所作的贡献，也鉴于他已年老体衰，政府决定免费为他提供住宅，但他还是拒绝了，理由是他不愿意为房子之类的麻烦事情耗费精力。就这样，这位特立独行的行吟诗人，在旅馆和路途中度过了自己的一生。他死后，朋友为他整理遗物时发现，他一生的物质财富就是一个简单的行囊，行囊里是供写作用的纸笔和简单的衣物；而在精神财富方面，他给世界留下了10卷优美的诗歌和随笔作品。

这位诗人的生活是简单而富有意义的。他的人生是一种去繁就简的人生，没有太多不必要的干扰，没有太多欲望的压迫，是一种简单而又纯粹的人生。

人的一生难免会有许多欲望和追求，诸如房子、汽车、金钱、爱情，以及对生命的信仰。不知不觉中我们已经拥有了很多，这些东西有些是我们必需的，而有些却是没有一点用处的。

那些没有实际用处的东西，除了满足我们的虚荣心和攀比心以外，只会将我们的心灵弄得烦躁不安。

就好像带着背包去旅行，装的东西越多，自己的脚步就会越沉重。所以，与其让自己在疲惫与痛苦中前行，不如将心里的包袱放下。就做最简单的自己，就做最快乐的自己。

跳出忙碌的生活，丢掉过高的期望

欧仁和他的妻子王佳原来在一家国营单位供职，夫妻双方都有一份稳定的收入。每逢节假日，夫妻俩都会带着5岁的女儿小燕去游乐园打球，或者到博物馆去看展览，一家三口其乐融融。后来，经人介绍，欧仁跳槽去了一家外企公司，不久，在丈夫的动员下，王佳也离职去了一家外资企业。凭着出色的业绩，欧仁和王佳都成了各自公司的骨干力量。夫妻俩白天拼命工作，有时忙不过来还要把工作带回家。5岁的女儿只能被送到寄宿制幼儿园里。王佳觉得自从自己和丈夫跳到体面又风光的外企之后，这个家就有点旅店的味道了。孩子一个星期回来一次，有时她要出差，就很难与孩子相见。不知不觉中，孩子幼儿园毕业了，在毕业典礼上，她看到自己的女儿表演节目，竟然有点不认得这个懂事却可怜的孩子。孩子跟着老师学习了那么多，可是在亲情的花园里，她却像孤独的小花。频繁的加班侵占了周末陪女儿的时间，以至于平时最疼爱的女儿在自己的眼中也显得有点陌生了。这一切都让王佳陷入了一种迷惘和不安当中。

你是否和王佳一样经常发现自己莫名其妙地陷入一种不安之中，而找不出合理的理由。面对生活，我们的内心会发出微弱的呼唤，只有躲开外在的嘈杂喧闹，静静聆听并听从它，你才会作出正确的选择，否则，你将在匆忙喧闹的生活中迷失，找不到真正的自我。

一些过高的期望其实并不能给你带来快乐，但却一直左右着我们的生活：拥有宽敞豪华的寓所；幸福的婚姻；让孩子享受最好的教育，成为最有出息的人；努力工作以争取更高的社会地位；能买高档商品，穿名贵的时装；跟上流行的大潮，永不落伍。要想过一种简单的生活，改变这些过高期望是很重要的。富裕奢华的生活需要付出巨大的代价，而且并不能相应地给人带来幸福。如果我们降低对物质的需求，改变这种奢华的生活时装，我们将节省更多的时间充实自己。清闲的生活将让人更加自信果敢，珍视人与人之间的情感，提高生活质量。幸福、快乐、轻松是简单生活追求的目标。这样的生活更能让人认识到生命的真谛所在。

生活需要简单来沉淀。跳出忙碌的圈子，丢掉过高的期望，走进自己的内心，认真地体验生活、享受生活，你会发现生活原本就是简单而富有乐趣的。简单生活不是忙碌的生活，也不是贫乏的生活，它只是一种不让自己迷失的方法，你可以因此抛弃那些纷繁而无意义的生活，全身心投入你的生活，体验生命的激情和至高境界。

在日历中留一些空白

"9月5号参加一个重要的谈判"、"9月6号参加公司的高层管理会议"、"12月7号去美国检查分公司的工作"……

生活中，很多人的日程都是被提前安排得满满的。的确，他们是真的很忙，总有做不完的工作。但是，无论多么忙，我们总是可以在日历上留一些空白页。当你在繁忙的工作之余，看到日历上没有任何计划的空白页，你的心中会很奇妙地有一种安详宁静的感觉。"留白"是完全属于你的时间，你可以想做什么就做什么，也可以什么事都不做。在你的日历上留白，会给你一种平静的感觉，感觉自己拥有大把珍贵的时间。

在你容许自己的生活中留白之前，你永远找不到时间去做你真正想做的事。但是只要你能为自己留一些空白时间，你就能为自己做一些事，而不只是在应允别人的要求。通常你周围的人会要求你做一些事，或者你的邻居、朋友与家人需要你为他们做些什么。除此之外，你还有些社会责任，有些是你爱做的，有些则是你应尽的义务。

当然，来自工作，甚至陌生人的恳求也是不断的，譬如电话拜访或推销员的打扰，感觉上好像每个人都想侵占一点你的时间，只有你自己一点时间也没有。

唯一的解决之道是与自己定个约会。和自己定约会的方法很简单：在日历上画出几个不让任何人打扰的空白日子即可。

当你在看你的行事日历时，你会发现这个星期六的两点半到四点半之间是属于自己的时间。除非是有特殊的事情发生，任何人都不能从你手中抢走这段时间。也就是说，任何人要求你在这段时间做任何事——同事约你谈一个工作计划、有人要等你的电话，或是客户需要你帮忙等——任何事都不行，因为你已经有计划了，而这个计划是跟你自己在一起。在这个月接近月底的时候，还有另一天是划掉的空白日子，那也是个和自己约会的神圣时光，你必须确定那天绝不会被别的事填满的。

你可以想象得到，和自己约会是需要时间慢慢去适应的。也许刚开始这么做时，你的心中总是满怀恐慌，好像在浪费时间，错失机会，甚至自私自利。尤其是当你的日历上还有空白时，你实在很难向别人说你没有时间！不过，很快你就会知道和自己定约会是让自己精神愉快的最有效的方法。

在日历中留白将成为你的行事日历中最重要的计划，也是你最珍惜最愿意保留的重要时光。但这并不是说你的工作对你而言就不重要，或是你与家人在一起的时光没有价值。而是这段空白的时光对你的心灵有平衡与滋养的作用，缺乏了这样的时间，你很容易变得暴躁易怒、沮丧不安。

为了让自己随时保持精神的愉快，你可以从今天开始与自己定个约会。首先是从行事日历中挑选一段固定的时间，一周一次或一个月一次都可以，而且时间长短不限，就算只是几小时也可以，重点在你为自己留下了一点空白。其次是当别人要跟你约定时间时，绝对不能将这段可贵的留白时光牺牲了。你要特别珍惜这样的时光，甚至比任何时光都重要，别担心，你绝不会因此而变成一个自私的人，相反，当你再度感到生命是属于自己的时候，你会感到无尽的欢乐，也更能感觉到生活的美好。

涤荡唠叨的争吵，弹奏生活的和谐

我们总是觉得生活亏待了自己，所以总是对生活怀有很大的怨气。这些怨气发泄出来的时候，又会牵连到我们身边的人，于是很多无缘无故的争吵，破坏了我们生活的和谐。

有两个有着特殊背景的人都有着亚洲血统，后来都被来自欧洲的外交官家庭所收养。两个人都上过世界各地有名的学校。但他们两个人之间存在着不小的差别：其中一位是40岁出头的成功商人，他实际上已经可以退休享受人生了；而另一个是学校教师，收入低，并且一直觉得自己很失败。

有一天，他们一起去吃晚饭。晚餐在烛光映照中开场了，他们开始谈论在异国他乡的趣闻轶事。随着话题的一步步展开，那位学校教师开始越来越多地讲述自己的不幸：她是一个如何可怜的亚细亚孤儿，又如何被欧洲来的父母领养到遥远的瑞士，她觉得自己是如何的孤独。

开始的时候，大家都表现出同情。随着她的怨气越来越重，那位商人变得越来越不耐烦，终于忍不住制止了她的叙述："够了！你一直在讲自己有多么不幸。你有没有想过如果你的养父母当初在成百上千个孤儿中挑了别人又会怎样？"学校教师直视着商人说："你不知道，我不开心的根源在于……"然后接着描述她所遭遇的不公正待遇。

最终，商人朋友说："我不敢相信你还在这么想！我记得自己25岁的时候无法忍受周围的世界，我恨周围的每一件事，我恨周围的每一个人，好像所有的人都在和我作对似的。我很伤心无奈，也很沮丧。我那时的想法和你现在的想法一样，我们都有足够的理由报怨。"他越说越激动。"我劝你不要再这样对待自己了！想一想你有多幸运，你不必像真正的孤儿那样度过悲惨的一生，实际上你接受了非常好的教育。你负有帮助别人脱离贫困旋涡的责任，而不是找一堆自怨自艾的借口把自己围起来。在我摆脱了顾影自怜，同时意识到自己究竟有多幸运之后，我才获得了现在的成功！"

那位教师深受震动。这是第一次有人否定她的想法，打断了她的凄苦回忆，而这一切回忆曾是多么容易引起他人的同情。

商人朋友很清楚地说明他二人在同样的环境下历经挣扎，而不同的是他通过清醒的自我选择，让自己看到了有利的方面，而不是不利的阴影，"凡墙都是门"，即使你面前的墙将你封堵得密不透风，你也依然可以把它视作你的一种出路。

琐碎的日常生活中，每天都会有很多事情发生，如果你一直沉溺在已经发生的事情中，不停地抱怨，不断地自责，这样下去，你的心境就会越来越沮丧。一直只懂得抱怨的人，注定会活在迷离混沌的状态中，看不见前头亮着一片明朗的人生天空。

有时候，人生就是这样的，你坦然面对，却突然发现原来的事情都不算是事儿了。就像俗语所说的：天没放晴，是因为雨没下透，下透了，自然就晴了。所以要学会控制自己的情绪，跟家人和朋友一起，享受坦然的生活，追逐自然的幸福。

给"活得累"开个新药方

现代社会中，工作和生活的节奏不断加快，竞争也日渐激烈，如果人们不注意调整自己的心态，就很容易感到身心疲劳，即人们常说的"活得累"。

有位医生在给一位企业家进行诊疗时，劝他多多休息。这位企业家愤怒地抗议说："我每天承担巨大的工作量，没有一个人可以分担一丁点的业务。大夫，您知道吗？我每天都得提一个沉重的手提包回家，里面装的是满满的文件呀！"

"为什么晚上还要批那么多文件呢？"医生讶异地问道。

"那些都是必须处理的急件。"企业家不耐烦地回答。

"难道没有人可以帮你忙吗？助手呢？"医生问。

"不行呀！只有我才能正确地批示呀！而且我还必须尽快处理完，要不然公司怎么办呢？"

"这样吧！现在我开一个处方给你，你能否照着做呢？"医生有所决定地说道。

这病人听完医生的话，读着处方的规定：每天散步两小时；每星期空出半天的时间到墓地一次。病人怪异地问道："为什么要我去墓地呢？"

"因为……"医生不慌不忙地问答，"我是希望你四处走一走，瞧一瞧那些与世长辞的人的墓碑。你仔细思考一下，他们生前也与你一样，认为全世界的事都得自己扛在双肩，如今他们全都永眠于黄土之中，将来有一天你也会加入他们的行列，然而整个地球的活动还是永恒不断地进行着。而其他世人们仍是如你一般继续工作。我建议你站在墓碑前好好地想一想这些摆在眼前的事实。"医生这番苦口婆心的劝说终于敲醒了企业家，他依照医生的指示，放慢生活的步调，并且转移一部分职责，他知道生命的真义不在急躁或焦虑，他的心已经得到平和，也可以说他比以前活得更好，当然事业也蒸蒸日上。

"生活太累了！"经常听见有人喊出这样的一句话。其实，生活本身并不累，它只是按照自然规律，按照本身的规律在运转。说生活太累的人是本人活得太累了。心理学家认为：有"活得累"想法的人，大多数得的是"心病"，也就是他们的心理失去平衡或发生障碍。

心累与身累的最大不同是，身累睡眠状况特好，往往一入睡后，被人抬走了都醒不过来，一旦醒来，便觉浑身轻松，精神百倍；而心累虽然十分疲乏，但睡眠相当不好，常常失眠，越命令自己不考虑事儿越是接二连三地考虑，甚至上下五千年纵横八万里的事情全都涌向心头。好不容易入睡了，却不是被一点小声音弄醒，就是被梦魇惊醒，醒来后头晕目眩，跟大病了一场似的，而且很难再次入睡，往往形成恶性循环。

人生苦短，拼搏之余学会放松自己，给自己一点时间去休息，才可谓是享受人生。累了，当然要歇一会儿，但愿所有人都会善待自己，留下每一个歇息的足迹！

内心不依赖外物，即获得自由

何为逍遥？庄子在《逍遥游》中将其解说为："若夫乘天地之正，而御六气之辩，以游无穷者，彼且恶乎待哉！"意思是说，如果人们能做到顺应天地万物的本性，把握六气的变化，而在无边无际的境界中遨游，他们就不必再仰赖什么了。这样的人，因为不依赖外物，自然能逍遥遨游于天地之间。

一个人为什么不能够得到逍遥，他的精神为什么不能获得自由呢？学术大师徐复观先生通过对《庄子》一书分析认为：一个人之所以不能获得自由，就是因为自己不能支配自己，而须受外力的牵连。受外力的牵连，即会受到外力的限制甚至支配。这种牵连，庄子称之为"待"。

现实生活中，我们每天都渴望获得自由，一个人要想获得人生的自由，必须超越"待"字，摆脱外力的牵连，才能真正达到逍遥游的境界。

有一则逸事，即在告诫人们无谓的执著是多么愚蠢的事情。

那是马祖和尚和南岳和尚正在修行时所发生的事情。一天，南岳和尚来拜访马祖和尚说："马祖，你最近在做什么？"

"我每天都在坐禅。"

"哦，原来如此，你坐禅的目的是什么？"

"当然是为了成佛呀！"

坐禅是为了观照真正的自我，而悟道成佛，这是一般人对坐禅的认识，马祖也这么认为。

可是，南岳和尚一听到马祖的话，竟然拿来一枚瓦片，默默地磨了起来，觉得不可思议的马祖便开口问：

"你究竟想干什么啊？"

南岳平静地回答："你没有看到我在磨瓦吗？"

"你磨瓦做什么？"

"做镜子。"

"大师，瓦片是没法磨成镜子的。"

"马祖啊，坐禅也是不能成佛的。"

南岳和尚用瓦片不能磨成镜子的道理来告诉马祖，坐禅也不能成佛，这个对话的内容看似有点滑稽，实际上意义深远。

如前所述，一般人都认为坐禅是悟道成佛的唯一方法，因此在修行时非常重视坐禅，主张彻底地去做；不过，南岳看到马祖天天坐禅的生活，却予以否定的评价。

为什么呢？南岳言外之意是想告诉马祖，他过分执著坐禅的形式和手段。虽然坐禅很有意义，可是如果被坐禅束缚，心的自由就会受到制约、控制，也就无法悟道成佛了。因此，坐禅的方法虽然是禅最重视的，一旦过分执著其中，反而需要予以否定了。如此这般，以禅的立场来看，执著必须全被否定，否则一旦陷入执著，就什么东西也得不到了。

换言之，人们常常执著一些东西来过日子，可是一旦持有执著的心情，就无法真正自由地生活。一个人如果不懂得放下，就会执著于外物，就会在做事的时候有所分心，这样的人无法获得最后的成功，更何谈精神的自由呢？

因此，一个人不但要学会执著，更要学会放，就像庄子所说的，如果能够遵循宇宙万物的规律，把握"六气"的变化，遨游于无穷无尽的境域，他还仰赖什么呢？一个人不再依赖外物的时刻，就是获得自由的时刻！

别让外界干扰心灵的自由

人心总是贪婪的，越是没有能力得到的东西，越是拼命地想得到。可拿得起来却又放不下，徒然增加心灵的负担，于是焦虑也就出现了。

我们应该学习庄子，他面对纷繁复杂的世界总是能够从容淡泊，用一种自由心态来笑对得失。

对绝大多数人来说，死亡是最恐怖的一件事，那些得绝症死去的人有不少纯粹是被死亡吓死的。而庄子面对死亡，居然还会幽默，还能谈笑自如，可见他的心已经与自然融为一体，获得了绝对的自由。

庄子告诉我们，一个人身体的自由算不上自由，只有心灵的自由才是真正的自由。庄子在《齐物论》中写道："今日吾丧我。"这句话里的"吾"和"我"不都是"我"的意思吗？当然不是，"吾"在这里指这个人，而"我"在这里指这个人的内心。一个人如果没有了自己独立的思想意识，便成了"丧我"，便成了一个行为意识受他人支配的人，这样的人，很难找到真正的自由。

让我们一起来看这样一个故事：

有一天，夏王把后羿请去，说："我听说你射箭的本领很高超，现在我想请你表演一下。"说着，就让人竖起一块一尺见方的兽皮和一个直径一寸的靶子。后羿弯弓搭箭刚要射，夏王说："等等，我们来打个赌，你如果射中了，我就赏给你一万两黄金；如果射不中，我就削夺你一百里的封地。"

后羿听了，心里忐忑不安，勉强拿起弓，搭上箭，向兽皮射去，没有射中，又射了一箭，还是射不中。夏王就问其他人："后羿一向是百发百中的，今天却连一下也射不中，这是因为什么呢？"

有一个人回答说："后羿之所以射不中，是因为他心里有了得失之心。他既要为射中得到一万两的黄金而喜，又要为射不中削夺一百里封地而忧。要是能免除这些外在的喜忧的话，那么天底下的人都能成为无愧于后羿的射手了！"

后羿之所以射不中，是因为他把黄金和封地看得太重了，因而无法全力以赴。平常我们不是不能把事情做好，而是在做事的时候，让太多的东西分散了我们的精力，患得患失。例如，考试时，有的人会在做题的时候想："要是这次没有考好，爸爸说给我买的电脑就泡汤了。""要是不及格，妈妈一定会打我的。"就这样，瞻前顾后心绪不宁，等回过神来的时候，考试都快结束了。

庄子曾经用一个非常动感的词来描述心灵的自由——坐驰。怎样才能"坐驰"呢？坐在那里，身子不动，心灵在宇宙之间自由。一个人的肉体是可以被羁绊的，但是一定不要给你的心灵戴上枷锁。当下社会中的人，如果能够保持心灵的自由，那他在人间也就获得了真正的自由，焦虑、恐慌自然是无影无踪。

快节奏是现代人的"焦虑之源"

在现代社会，生活节奏越来越快，各种压力纷至沓来：考试升学的压力，就业的压力，职场中的压力，来自恋人的压力，来自父母的压力，来自子女的压力，来自房子、车子与更高级的证书的压力，来自医院的压力……面对众多的压力，很多人常常控制不住自己的情绪，结果不仅自己失态，还会给周围的人造成很不好的影响。

40岁的阿利是一位 IT 高级主管，他的好脾气在单位是出了名的，但最近部门的销售形势出现了"瓶颈"，尽管大家都很卖力，但业绩榜上还是"吃白板"。

有一天，总经理关起门，"和颜悦色"地给他上起了销售培训课，即便没有一句训斥的话，可他还是觉得脸上挂不住。恰巧，工作一向认真的助理丽丽把一份报告打错了，于是一股无名之火窜了上来，他拍着桌子，把报告扔到了丽丽头上，小姑娘眼泪滴滴答答地往下流，他还仍然扯着嗓子不罢休！后来冷静下来，他自己也觉得有些失态，很是懊悔。

快节奏的生活给现代人的情绪带来了恶劣的影响，你肯定也有过这样的体会：莫名其妙地发脾气、烦躁，看什么都不顺眼；坐公交车、地铁，看旁边两个人有说有笑就来气；别人不小心踩了你的脚，你就像找到发泄的渠道一样，跟人大吵一架……其实，这些坏情绪都是压力带给你的，当压力越来越大，你的情绪就越来越差。然而，这还不是最可怕的，一旦压力超过了你的心理承受极限，大脑神经系统功能就会乱，出现失眠、头痛、焦虑、强迫、心慌、胃部不适等精神症状和躯体症状，进而引发身体疾病。

陈先生是一家企业的营销主管，每年的销售任务都很重，同行业竞争又特别激烈。他说自己都快成了"空中飞人"了，一个城市接一个城市地出差，没有节假日，有时候午饭都没时间坐下来吃，常常是边走边吃边思考。最近他经常感到胸闷不舒服，刚开始没有太在意，后来，情况更加严重，出现气短、心跳加快、出虚汗等现象，到医院检查才知道患了冠心病。

如今社会上像陈先生这样的人还有很多。由于工作节奏的不断加快，人们身不由己地过着超速的日子，许多人在不知不觉中损害了自己的身心健康。人们不得不时时刻刻想着自己的工作，累了、倦了、病了也要坚持，因为他们害怕一旦慢下来、停下来就会被别人超越，那么以前的努力就全白费了。在这种思想的控制下，人的精神处于越来越紧张的状态。

受压抑的感情冲突未能得到宣泄时，就会在肉体上出现疲劳症状，甚至引起心理的扭曲变态，导致心理疲劳。在此种情况下，一旦发生弹性疲乏，势必造成精神上的崩溃。长期从事快节奏工作的人还会出现神经衰弱的各种症状，例如，烦躁不安、精神倦怠、失眠多梦等神经症状，以及心悸、胸闷、筋骨酸痛、四肢乏力、腰酸腿痛和性功能障碍等其他症状，甚至可能引发高血压、冠心病、癌症等疾病。可以说，快节奏工作的人永远在寻找"奶酪"，但永远无法享受"奶酪"。

生活不是一味地快，也不是一味地慢，有些人之所以跟不上生活的快节奏，是因为他们自己的步调乱了，太着急"赶路"而不懂得休息，心里太躁而不知道如何让它平静下来。

虽然快节奏是现代生活的主旋律，但是适当的停歇是必不可少的。快和慢都是生活所必需的，学会快中有慢、忙里偷闲，才会使生活趋于平衡，保持合理的节奏。

放慢身心，享受快乐"慢生活"

一位知名的女作家说过，品味生活，在于抓住生活的空隙。一些不经意间发生的事情，往往会带来许多欢乐。生活的意义，正如一杯清茶，谁都能体会到它的清苦，可只有细细品味，才能体会到其中的香醇。

也许你会问，在竞争如此激烈的年代，哪儿有资本慢下来啊？其实不然，"慢生活"并非让你放弃自我、无所事事，它与物质的富有程度也没有多大关系，"慢生活"中的"慢"更多的是一种健康的心态，一种积极的生活态度。对我们普通人来说，每一天都是当"慢人"的好时候，只要你运用得当，做个有品位、有资本的"慢人"绝不是什么难事，更不是什么坏事。

埃玛·盖茨博士是美国教育家、哲学家、心理学家、科学家和发明家，他一生中在艺术领域和科学领域中做了许多发明，有许多发现。

盖茨博士的个人生活证实，他锻炼脑力和体力的方法可以培养健康的身体并促进心智的灵活。他思考问题非常全面。

拿破仑·希尔曾带着介绍信前往盖茨博士的实验室去见他。当希尔到达时，盖茨博士的秘书告诉他说："很抱歉……这时候我不能打扰盖茨博士。"

"要过多久才能见到他呢？"希尔问。

"我不知道，恐怕要三个小时。"她回答。

"那么你能告诉我原因吗？"

她迟疑了一下然后说："他正在静坐冥想。"

希尔忍不住笑了："那是什么意思啊——静坐冥想？"

她笑了一下说："最好还是请盖茨博士自己来解释。我真的不知道要多久，如果你愿意等，我们很欢迎；如果你想以后再来，我可以留意，看看能不能帮您约一个时间。"

于是希尔决定留下来，而且他也发觉这个等待是多么的有价值。下面是希尔所描述的情形：当盖茨博士终于走进房间里时，他的秘书给我们介绍，我开玩笑地把她所说的话告诉他，在他看过介绍信以后高兴地说："你想不想看看我静坐冥想的地方，并且了解是怎么做的？"

于是他领我到一个隔音的房间去，这个房间里唯一的家具是一张简朴的桌子和一把椅子，桌子上放着几本白纸簿、几支铅笔以及一个可以开关电灯的按钮。

从谈话中我慢慢得知：盖茨博士每次遇到棘手的问题时，就走到这个房间来，关上房门坐下，熄灭灯光，让全部心思进入深沉的集中状态。他就这样运用"集中注意力"的方法，要求自己的潜意识给他一个解答。等整个思路比较清晰明了时，他就会立刻抓紧时间把它记录下来。

埃玛·盖茨博士曾经把别的发明家努力过却没有成功的发明重新研究，使它尽善尽美，因而获得了200多种专利权，他就是能够加上那些欠缺的部分——另外的一点东西。

在忙碌的现代社会，只有放慢脚步才能找到生活的美，才能在自己的生活体验中发现新的深度。漫步在幽深的小路上，呼吸着清新的空气，透过林荫，怀着一种悠闲的心情细数阳光洒在地上碎石般的条纹，或者闭上眼睛，感受扑面而来的淡淡花香。仰天长望，几朵白云在轻轻地飘；哼一首无名的小曲，默念一首小诗。这些都会让你充分地感受到生活之美。

慢，生活和工作之间的一个美丽的平衡点；慢生活，一种有条不紊、有张有弛的生活节奏。在快节奏生活中慢下来，以平和的心态面对生活中的各种压力和诱惑，虽然你会损失金钱，但你却丰富了生命。

在繁忙的生活中，我们忘了停下脚步来考虑这个根本的问题，我们中的很多人都在忙着用生命去赚钱，却很少有人去规划一个值得拥有的生命。如果你也是这样，也许就会像下面这个故事中的狐狸一样——忙来忙去，到头来还是一场空。

有一只狐狸想溜进一个葡萄园里大吃一顿，但是栅栏的空隙太小，它钻不进去。在狠狠地节食了三天后，它总算能钻进去了。但是当它大吃一顿以后，却又出不来了，只好在里面又饿了三天，才出得来。这只狐狸感慨地说："忙来忙去，到头来还是一场空。"

当你一个人静下来的时候，你有没有问过自己："每天忙来忙去，我到底在忙什么？我真正追求的是什么？"研究发现，约有93%的人不清楚自己的价值观是什么，他们不知道自己忙来忙去究竟要到哪里去，如同水面上的浮萍一样，糊里糊涂地过了一生。他们的生活可以用三个字来概括——"忙、盲、茫"。

而那些太过实际的人，永远只会被生活所累，看不到生活中最精彩动人的细节。慢下来，细心欣赏一朵花的盛开，沉醉于一阵微风掠过，细想人生百味，咀嚼生活点滴，是何其简约和透彻的事情。

人忙，心不忙

忙碌是一种生活状态，但不应该成为心灵的常态。若只能从忙碌中体会到烦恼与纷扰，便很难体验到游刃有余、自由洒脱的心境。在忙碌的世俗生活中，保持一种平常心，将忙碌的劳累与不快沉淀到心底，并用岁月将其风干成一种曾经奋斗的记忆，才是在工作中获得快乐的方法。

"人忙心不忙"，这句话简简单单，却又给忙碌的现代人无尽的启示。

如果你单纯用忙碌来填充自己的人生，那你的人生就只剩下了一种颜色——灰色。现代社会中工作带来的压力，在社会生活中的人际关系，会让你倍感焦灼，于是渐渐地，你就会陷入一种亚健康状态。很多现代人都有这种状态，这时，你就要转换对生活的态度，首先要把工作作为一种兴趣，带着激情去工作、去生活。

美国石油大王洛克菲勒也是由衷地热爱自己的事业。

他曾这样说："我永远也忘不了我做的第一份工作——簿记员的经历。那时，我虽然每天天刚蒙蒙亮就得去上班，而办公室里点着的鲸油灯又很昏暗，但那份工作从未让我感到枯燥乏味，反而很令我着迷喜欢，连办公室里的一切繁文缛节都不能让我对它失去热心。而结果是雇主总在不断地为我加薪。"

他还说："我从未尝过失业的滋味，这并非我的运气好，而在于我从不把工作视为毫无乐趣的苦役，我能从工作中找到无限的快乐。"

洛克菲勒在给儿子的信中，也这样说："如果你视工作为一种乐趣，人生就是天堂；如果你视工作为一种义务，人生就是地狱。"

若想人生不变成地狱，就请牢记这句话：视忙碌为一种乐趣。在当下生活中忙碌的同时，你还要学会享受生活，把生活当做一门艺术来看，随时放慢自己前行的脚步，让你的心松口气，你将收获别样的风景。

俗话说："磨刀不误砍柴工。"悠闲与忙碌并不矛盾。处理好二者的关系，最重要的是要能拿得起、放得下。忙碌时要全身心投入；放松时要彻底放松，不要总是对未完成的事情牵肠挂肚。

其次我们应该调配好我们的生活，不能忙时累个半死，闲时又闲得让人受不了。可以隔三差五地安排一个小节目，比如雨中散步、周末郊游等。适时的忙里偷闲，可以让人从烦躁、疲惫中及时摆脱，从而获得内心的平静和安详。

人的心灵就是一个广袤的天空，它包容着世间的一切；心灵是一片宁静的湖水，偶尔也会泛起阵阵涟漪；心灵是一块皑皑的雪原，它辉映出一个缤纷的世界。尘世间，无数人眷恋轰轰烈烈，为了金钱，或者为了名利而没头没脑地聚集在一起互相排挤、相互厮杀。而生活的智者却总能留一江春水细浪淘洗劳碌身躯，存一颗闲静淡泊之心，净化灵魂。行走在职场的你更需要这样一种心境，别忘了：人忙，心不能忙。

若在忙碌中不感觉到辛苦，休息时又能为忙碌攒足充足的活力，就能做到人忙心不忙的安然态度。

诗意的生活，就是领略眼前的风景

如何让生活过得有滋味、有诗意？现代人在忙碌之余，也对个人生活质量提出了更高的要求。拿孔子来说，有人指出"孔子是靠趣味去生活的"。

世人对孔子的定位总是忧国忧民而一脸严肃的神态，仿佛他生来就是为了天下苍生而活，修身的目的也只是为了齐家、治国、平天下，没有自己的生活情趣。对这个问题，梁漱溟先生给了我们对孔子生活的另一种解释。在他看来，孔子是靠趣味去生活的：个性特别的人，他的直觉很强，都是靠趣味生活……

孔子的心里是和乐的，这种和乐就是生趣。从快乐中得到生趣，这就是孔子的原本的生活真相。生活本身就是乐的，而孔子又是一个严肃对待生活的人，这样的人怎会让自己的生活乏味呢？

不管是智者或是仁者，他们都能从山水之中敏锐地捕获和自己最相契合的气质，天地之间，花鸟鱼兽，自来亲人，这种生活不正是极富于诗情画意的吗？

"食不厌精，脍不厌细。食饐而餲，鱼馁而肉败，不食。色恶，不食。臭恶，不食。失饪，不食。不时，不食。割不正，不食。不得其酱，不食。肉虽多，不使胜食气。唯酒无量，不及乱。沽酒市脯不食。不撤姜食，不多食。祭于公，不宿肉。祭肉不出三日。出三日，不食之矣。食不语，寝不言。虽疏食菜羹，瓜祭，必齐如也。"

他的生活何等精致：饭食越精细越好，鱼肉越细美越好。饭食放久了会变味，鱼肉也会腐烂，这就不吃；颜色不好看的不吃，气味臭的不吃；烹饪的火候不对不吃；不到吃饭的时间不吃；切肉的刀工不合度不吃；酱配得不对不吃。肉虽然多，但不能让吃肉的分量超过粮食的分量。只有酒没有规定用量，以不喝醉为限。买来的酒和干肉不吃，不去掉姜的食物少吃。这般琐碎且细致的要求，足以令今日以享受生活标榜自己的人们也望尘莫及，谁能说他不会享受生活呢？

当然除了乐，孔子也承认生活中有"忧""君子忧道不忧贫"说的正是生活中还有那么多不尽如人心的事情会发生。孔子说忧，但是不说苦。苦有一种太强烈、太刺激的味道，可见在他看来生活虽有不顺心，但肯定是美好的，不至于让人痛苦。而且他还为我们排忧找到了一条轻松的出路：乐以忘忧。看似同语反复，不忧即是乐，其实自有道理在其中："如果心里时时充满着柔和乐的感觉，哪里还有空间留给忧呢？"

无论是忧还是乐，都是对生活的态度，是从心里生发出来的，与环境无关。即便是清贫的生活，依然是富有趣味的。刘禹锡在《陋室铭》中写道："斯是陋室，唯吾德馨。"自己的气质能令"苔痕上阶绿"的陋室生香，自己乐在其中，又何陋之有？这种生活的趣味正如陶渊明所言，"此中有真义，欲辨已忘言"。妙不可言，不可言传。

生活的乐趣虽然只能由自己去体会，但无疑人人都心向往之，在人生的长途跋涉中收获当下点滴的快乐，这才是智者。其实生活的每个细节都隐含着不尽的趣味，值得细细咀嚼。

第十章　不生气的幸福活法

感恩生活

从前，有一个人，生前善良且热心助人，所以他死后，到了西方极乐世界，做了佛祖的侍者。善良的他仍时常到凡间帮助人。

一日，他遇见一个农夫，农夫的样子非常苦恼，农夫向他诉说："我家的水牛病死了，没它帮忙犁田，那我怎能下田作业呢？"

于是，侍者赐给农夫一头健壮的水牛。农夫很高兴，侍者在农夫身上感受到幸福的味道。

又一日，他遇见一个男人。男人非常沮丧地诉说道："我的钱被骗光了，没盘缠回乡。"

于是，侍者给男人银两做路费，男人很高兴，侍者在男人身上也感受到了幸福的味道。

后来，他遇见一个诗人，诗人年青、英俊、有才华且富有，妻子貌美而温柔，但诗人过得不快活。

侍者问诗人："你不快乐吗？我能帮你吗？"

诗人对侍者说："我什么都有，只欠一样东西，你能够给我吗？"

侍者回答说："可以。你要什么我都可以给你。"

诗人直直地望着侍者："我要的是幸福。"

这下子可把侍者难倒了，侍者想了想，说："我明白了。"

然后，侍者把诗人所拥有的都拿走了。侍者拿走诗人的才华，毁去诗人的容貌，夺去诗人的财产和诗人妻子的性命。侍者做完这些事后，便离去了。

一个月后，侍者再回到诗人身边。诗人那时饿得半死，衣衫褴褛地躺在地上挣扎。

于是，侍者把诗人的一切还给他。然后，又离去了。

半个月后，侍者再去看诗人。

这次，诗人搂着妻子，不停地向侍者道谢。因为，他得到幸福了。

幸福是什么？一千个人就会有一千种答案。在需要时及时得到是幸福，失而复得也是幸福。珍惜得到的一切，珍惜拥有的一切，感恩生活，感恩造物主，幸福就是此时此刻。对我们能拥有的和已经拥有的一切，应该懂得感恩和知足。

没有阳光，就没有温暖；没有雨露，就没有五谷的丰登；没有水源，就没有生命；没有亲情、爱情和友情，就没有爱的温暖相伴。感恩生活，万事随缘，自然海阔天蓝，风轻云淡。

感恩有好报

在一个小镇上，饥荒让所有贫困的家庭面临着危机，因为对于他们来说，最起码的温饱问题都难以解决。

小镇上最富有的人要数面包师卡尔了，他是个好心人。为了帮助人们度过饥荒，他把小镇上最穷的 20 个孩子叫来，对他们说："你们每一个人都可以从篮子里拿一块面包。以后你们每天都在这个时候来，我会一直为你们提供面包，直到你们平安地度过饥荒。"

那些饥饿的孩子争先恐后地去抢篮子里的面包，有时为了能得到一块大点的面包甚至大打出手。他们心里只想着要得到面包，当他们得到的时候，立刻狼吞虎咽地把面包吃完，甚至都没想到要感谢这个好心的面包师。

面包师注意到一个叫格雷奇的小女孩儿，她穿着破旧不堪的衣服，每次都在别人抢完以后，她才到篮子里去拿最后的一小块面包，她总会记得亲吻面包师的手，感谢他为自己提供食物，然后拿着它回家。

面包师想："她一定是回家和自己的家人一起分享那一小块面包，多么懂事的孩子呀！"

第二天，那些孩子和昨天一样抢夺较大的面包，可怜的格雷奇最后只得到了昨天一半大小的面包，但她仍然很高兴。她亲吻过面包师的手后，拿着面包回家了。到家后，当她妈妈把面包掰开的时候，一个闪耀着光芒的金币从面包里掉了出来。妈妈惊呆了，对格雷奇说："这肯定是面包师不小心掉进去的，赶快把它送回去吧。"

小女孩儿拿着金币来到了面包师家里，对他说："先生，我想您一定是不小心把金币掉进面包里了，幸运的是它并没有丢，而是在我的面包里，现在我把它给您送回来了。"

面包师微笑着说："不，孩子，我是故意把这块金币放进最小的面包里的。我并没有故意想要把它送给你，我希望最文雅的孩子能得到这块金币，是你选择了它，现在这块金币是属于你的了，算是对你的奖赏。希望你永远都能像现在这样知足、文雅地生活，用感恩的心去面对每一件事。回去告诉你的妈妈，这个金币是一个善良文雅的女孩儿应该得到的奖赏。"

有一颗感恩的心，会让我们的社会多一些宽容与理解，少一些指责与推诿；多一些和谐与温暖，少一些争吵与冷漠；多一些真诚与团结，少一些欺瞒与涣散……

感激他人恩惠能力的培养，是个人维护自己内心的安宁感、提高自己幸福的充裕感必不可少的心理能力。"滴水之恩，当以涌泉相报"的原意就是告诉人们要知恩图报。在一个文明的社会里，知道感谢，怀有一颗感恩之心可促进社会成员、群体、阶层、集团之间的关系相处融洽、协调，促进人与人之间互相尊重、信任、帮助。

不做那一汪死海

巴勒斯坦有两个海，一个是淡水海，里面有鱼，名为加利利海。从山脉流下来的约旦河带着飞溅的浪花，成就了这个海。它在阳光下歌唱，人们在周围盖起了房子，鸟类在茂密的枝叶间筑巢，每种生物都因它而幸福。

约旦河向南流入另一个海。这里没有鱼的欢跃，没有树叶的葱茂，没有鸟类的歌唱，也没有儿童的欢笑。除非事情紧急，旅行者总是选择别的路径。这里水面空气凝重，没有哪种动物愿意在此饮水。

这两个海彼此相邻，为何如此不同呢？不是因为约旦河——它将同样的淡水注入，不是因为土壤，也不是因为周边的国家，区别在于：加利利海接受约旦河，但绝不把持不放，每流入一滴水，就有另一滴水流出，接受与给予同在。

另一个海则精明厉害，它吝啬地收藏每一笔收入，绝不向慷慨的冲动让步，每一滴水它都只进不出。

加利利海乐善好施，生气勃勃。另外那个则从不付出，它就是死海。

巴勒斯坦有两个海，同样的，世上有两种人：一种乐于索取，一种乐于付出。吝于付出的人，他的生活也将死气沉沉，被幸福疏远。

人活着应该让别人因为你活着而得到益处。学会分享、给予和付出，你会感受到舍己为人，不求任何回报的快乐和满足。这样的幸福犹如香水，你不可能泼向别人而自己却不沾几滴。的确，在生活中，超越狭隘、帮助他人、撒播美丽、善意地看待这个世界，快乐、幸福和丰收会时时与我们相伴。不吝于付出，既是一种道德与精神力量的感召，同时也是一种处世智慧和快乐之道。

左手付出时，右手有收获

灵魂最美的音乐是善良与付出，爱心也总是能够为生命增添新的色彩。用一颗虔诚而炽热的心去包容世间的一切，并付出自己的一切的时候，心灵也就能得到超脱。

有时候，我们只是给予了别人一颗善心，却能够得到对方感恩的回馈，从而听到两颗心灵跳动的声音。人与人之间彼此包容、彼此谅解、彼此关爱将久久地温暖着每一颗尘封已久的心。当心与心共鸣而发出的旋律奏响时，心灵浸润其中，就会习得一种温情的通透，而原本覆盖着的灰尘也随之被荡涤得没有了影踪。

世事就是这样，当我们左手付出爱时，便能从右手收获爱。就像我们能够在旅途所经之处播撒下各种鲜花的种子，即使我们不会再从同样的路上经过，但是这种美的传播让原野变得美丽，让路旁变得鲜花缤纷、生机盎然，让寂寞的旅人耳目一新。

愉快的心情是一种难得的体验，它使我们生活的环境为此而焕然一新：轻风在驰骋，泉流在激溅，鸟儿在鸣啼；风的微吟、雨的低唱、虫的轻叫、水的轻诉，显得那么抑扬顿挫、错落有致，再加上夕阳的霞光，花儿的芬芳，高山的宏伟，彩虹的艳丽，空气的疏爽，令人陶醉。

真正的财富，在于内心世界的宽广、豁达与包容，更重要的是有一颗慈悲心，以慈悲心对待众生。把心量放大，多接纳人，多包容人，大的要包容小的，小的要谅解大的。从而实现和谐的人际关系，最终实现"人间净土"的理想，让我们感受到这个世界充满温暖的希望。种瓜得瓜，种豆得豆

古人云："祸福无不自己求之者。"一个人能得到很多人的帮助，是因为这个人以前做过很多好事，也帮助过别人。因此，若想得到好的果报，不肯先付出是不可能的。只有善始才能善终，若想事情有好的结果，就应该先付出，这样才会有相应的收获。

商人遇到难处，他的生意越做越小，于是，他去请教智尚禅师。

禅师说："后面禅院有一个压水井，你去给我打一桶水来！"

半晌，商人汗流浃背地跑来，说："压水井是枯井。"

禅师说："那你就到山下给我买一桶水来吧！"

商人去了，回来后仅仅拎了半桶水。禅师说："我不是让你买一桶水吗？怎么才半桶水呢？"商人红了脸，连忙解释："不是我怕花钱，山高路远，实在不容易。"

"可是我需要的是一桶水，你再跑一趟吧！"禅师坚持说。

商人又到山下买了半桶水回来。禅师说："现在我可以告诉你解决的办法了。"他带商人来到压水井旁边，说："你把半桶水统统倒进去。"商人非常疑惑，犹豫着。

"倒进去！"禅师命令。

于是商人将那半桶水倒进压水井里，禅师让他压水看看。商人压水，可是只听到那喷口呼呼作响，但没有一滴水出来，那半桶水全部让压水井吞进去了，商人恍然大悟，他又拎起另外的半桶水全部倒进去，再压，清澈的水果然喷涌而出。

世人没有不想得到的，却很少有愿意付出的。然而，正如种庄稼一样，春种一粒粟，

秋收万颗子。给予是得到的前提。同样，也和种庄稼一样，种瓜得瓜，种豆得豆，给予别人什么，也将得到什么。

孝是回报的爱

"孝"是回报的爱，古人常以乌鸦反哺来教育子女莫忘亲恩。

乌鸦小时候，都是由乌鸦妈妈辛辛苦苦地飞出去找食物，然后回来一口一口地喂给它吃。渐渐地，小乌鸦长大了，乌鸦妈妈也老了，飞不动了，不能再飞出去找食物了。这时，长大的乌鸦没有忘记妈妈的哺育之恩，也学着妈妈的样子，每天飞出去找食物，再回来喂妈妈，并且从不感到厌烦，直至乌鸦妈妈自然死去。

小鸟尚且如此，更何况人呢？南怀瑾先生将父母比作两个照顾了我们二十年的朋友，如今他们老了，动不得了，我们回过来照顾他们，便是孝。

父母在我们成长过程中无怨无悔地付出。当我们还是胚胎、尚未诞生时，就获得了来自父母的深切感情和无尽期望。而我们降临这个世界以后，父母生命的意义几乎大半落在了我们身上。随便问一个有子女的人："你生命中最重要的人是谁？"绝大多数人的答案都是"子女"。

在父母面前，我们永远是需要照顾的孩子。父母对我们总是倾其所有地付出。父母是我们人生中的一棵枝繁叶茂的大树，为我们遮风避雨，抵挡烈日风霜。年少时，我们爬上树干玩耍；疲倦了，靠在树上歇息。长大了，我们不愿与树玩耍了，树甘愿奉上丰硕的果实，为我们的人生和未来尽心尽力。要成家了，树奉献出自己的枝干，为我们建造一个属于自己的家。当我们想出外闯荡时，树会用自己的躯干为我们造艘乘风破浪的船；当我们疲惫不堪、伤痕累累地归来，即便树已只剩一个树桩，也会让我们安心地休息。父母总在无私地奉献着，我们的忧伤便是他们的忧伤，我们的快乐便是他们的快乐。我们在为自己的事业、家庭忙碌时，总是无暇顾及远方或身边的父母；当出现变故、陷入困境时，首先想到的便是年迈的父母。

不要在对父母予取予求之后，将其抛弃，否则，我们的人生将一片荒芜。

卫国的一位名叫开方的贵族，在齐国做官，十年都没有请假回卫国。然而，管仲却把他开除了，理由是开方在齐国做了十年的官，从来没有请假回去看望父母，像这样连自己父母都不爱的人，又怎么会爱自己的君主呢？怎么可以为相呢？

在父母为我们付出那么多之后，如果我们连起码的回报都没有，谁还会相信我们心中有爱呢？一个心中无爱、冷酷无情的人，又有谁敢和他结交、愿和他结交呢？

感谢你的对手

1996 年世界爱鸟日这一天，芬兰维多利亚国家公园应广大市民的要求，放飞了一只在笼子里关了四年的秃鹰。事过三日，当那些爱鸟者还在为自己的善举津津乐道时，一位游客在距公园不远处的一片小树林里发现了这只秃鹰的尸体。解剖发现，秃鹰死于饥饿。

秃鹰本来是一种十分凶悍的鸟，甚至可与美洲豹争食。然而由于它在笼子里关得太久，远离天敌，结果失去了生存能力。

生活中出现一个对手、一些压力或一些磨难，的确并不是坏事。一份研究资料说，一年中不患一次感冒的人，得癌症的概率是经常患感冒者的六倍。至于俗语"蚌病生珠"，则更能说明问题。一粒沙子嵌入蚌的体内后，它将分泌出一种物质来疗伤，时间长了，便会逐渐形成一颗晶莹的珍珠。

生活中有各种各样的笼子，不少人的处境和那只笼子里的秃鹰差不了多少。虽然它能让人暂时地乐而忘忧、流连忘返，但毕竟是笼子。可以设想，最后的结局会和那只秃鹰没有什么两样。

感激伤害你的人，因为他磨炼了你的心智；感激欺骗你的人，因为他增进了你的见识；感激鞭打你的人，因为他消除了你的惰性；感激遗弃你的人，因为他教导你要自立。

给拒绝一份感激

一家外资公司的公关部需要招聘一位职员，前来应聘的人经过甄选，最后只剩下了5个。公司告诉这5个人，聘用谁得由经理层会议讨论才能决定，结果会在3天内发到他们的邮箱里。

3天后，其中一位的电子邮箱里收到一封信，信是公司人事部发来的，内容是："经过公司研究决定，很抱歉，你落聘了。我们虽然很欣赏你的学识、气质，但名额有限，这实在是割爱之举。公司以后若有招聘名额，必会优先通知你。你所提交的材料在被复印后，近日将邮寄返还你。另外，为感谢你对本公司的信任，还随信寄去本公司产品的优惠券一份。祝你好运！"

看完电子邮件，她知道自己落聘了，有点难过，但又为该公司的诚意所感动，便顺手花了一分钟时间回复了一封简短的感谢信。

但在两天后，她却接到了那家外资公司的电话，说经过经理层会议讨论，她已被正式录用为该公司职员。

她很不解，后来才明白邮件其实是公司最后的一道考题。她能胜出，只不过因为她多花了一分钟的时间去感谢。

现实中，或许我们很少遇到这样的考题，但真正的考验往往产生在我们不经意间。感激是幸运女神的贴身助手，在你真心感激之余，也许幸运女神已经将幸运之箭瞄准了你。

感恩之心会给我们带来无尽的快乐。为生活中的每一份拥有而感恩，能让我们知足常乐。感恩之心使人更加热爱生活，创造力更加活跃；感恩之心使人向世界敞开胸怀，投身到仁爱行动之中。没有感恩之心的人，永远不会懂得爱，也永远不会得到别人的爱。

不知感恩，永难幸福

拥有一颗感恩的心，才能更懂得尊重：尊重生命、尊重劳动、尊重创造。

一个婴儿刚出生就夭折了，一个老人寿终正寝了，一个中年人暴亡了。他们的灵魂在去天国的途中相遇，彼此诉说起了自己的不幸。

婴儿对老人说："上帝太不公平，你活了这么久，而我却等于没活过。我失去了整整一辈子。"老人回答："你几乎算不上得到了生命，所以也就谈不上失去。谁受生命的赐予最多，死时失去的也最多。长寿非福也。"

中年人叫了起来："有谁比我惨！你们一个无所谓活不活，一个已经活够数，我却死在正当年，把生命曾经赐予的和将要赐予的都失去了。"

他们谈论着，不知不觉地到了天国门前。一个声音在头顶响起："众生啊，那已经逝去的和未曾到来的都不属于你们，你们有什么可失去的呢？"

三个灵魂齐声喊道："主啊，难道我们中间没有一个最不幸的人吗？"

上帝答道："最不幸的人不止一个，你们全是，因为你们全都自以为失去的最多。谁被这个念头折磨，谁就是最不幸的人。"

生活中，人们往往不停地索取而不知满足。是我们的生活越来越不幸了吗？是我们生存的环境更加艰难了吗？还是世界上不幸的人越来越多了呢？究竟有几个不幸的人，到底谁最不幸，每个人心中都有自己的答案。然而，你的答案正确吗？看看这三个人——不知满足不知感恩的人，永难幸福。

幸福本没有绝对的定义，许多平常的小事往往能震撼你的心灵。能否体会幸福，只在于你的心怎么看待。想要拥有幸福的生活，就要怀有一颗感恩的心。

得到别人的恩惠要想到回报

在第一次世界大战中，有一种德国特种兵的任务是深入敌后去抓俘虏回来审讯。

当时打的是堑壕战，大队人马要想穿过两军对垒前沿的无人区，是十分困难的。但是一个或几个士兵悄悄爬过去，溜进敌人的战壕，相对来说就比较容易了。参战双方都有这方面的特种兵，经常被派去抓回敌军的士兵审讯。

有一个德军特种兵以前曾多次成功地完成这样的任务，这次他又出发了。他很熟练地穿过两军之间的地域，出乎意料地出现在敌军的战壕中。

一个落单的士兵正在吃东西，毫无戒备，一下子就被缴了械。他手中还举着刚才正在吃的面包，这时，他本能地把一些面包递给对面突然出现的敌人。这也许是他一生中做得最正确的一件事了。

面前的德国兵忽然被这个举动打动了，并导致了他奇特的行为——他没有俘虏这个敌军士兵回去，而是自己回去了，虽然他知道回去后上司会大发雷霆。

这个德国兵为什么这么容易就被一块面包打动呢？人的心理其实是很微妙的。人一般有一种心理，就是得到别人的好处或好意后，就想要回报对方。虽然德国兵从对手那里得到的只是一块面包，或者他根本没有要那个面包，但是他感受到了对方对他的一种善意，即使这善意中包含着一种恳求。但这毕竟是一种善意，是很自然地表达出来的，在一瞬间打动了他。他在心里觉得，无论如何不能把一个对自己好的人当俘虏抓回去，甚至要了他的命。

其实这个德国兵不知不觉地受到了心理学上"互惠定律"的左右。这种得到对方的恩惠，就一定要报答的心理，就是"互惠定律"，这是人类社会中根深蒂固的一个行为准则。

一位心理学教授做过一个小小的实验，证明了这个定律。他在一群素不相识的人中随机抽样，给挑选出来的人寄去了圣诞卡片。虽然他也估计会有一些回音，但却没有想到大部分收到卡片的人，都给他回了一张，而其实他们都不认识他啊！

给他回赠卡片的人，根本就没有想到过打听一下这个陌生的教授到底是谁。他们收到卡片，自动就回赠了一张。也许他们想，可能自己忘了这个教授是谁了，或者这个教授有什么原因才给自己寄卡片。不管怎样，自己不能欠人家的情，要给人家回寄一张，总是没有错的。

这个实验虽小，却证明了互惠定律的作用。当从别人那里得到好处，我们总觉得应该回报对方。如果一个人帮了我们一次忙，我们也会帮他一次，或者给他送礼品，或请他吃饭；如果别人记住了我们的生日，并送我们礼品，我们也会如此回馈。

第十一章　心和情长久，家和万事兴

早一点宽恕，会避免悲剧的发生

这是令人羡慕的一对情侣，他们的故事让人深思，让人反省，让人无限感慨。让我们来看看这个故事：

男人和女人相爱在校园，她嫁给他这是让人羡慕的美满姻缘。女人的父亲是那所大学所在地的政府显要，母亲是一家研究所卓有成就的研究员。而男人呢，是一位农民的儿子。但是她却死心塌地地跟了他，放弃亲情和前途跟他回到了他的家乡。两个人在同一个乡村中学里教书。他们很满足，最重要的是她安心现在的生活状况，两相厮守，不慕浮华。

由于他的工作出色，又是名牌大学生，很快便脱颖而出。短短 10 年内，他从教导主任、副校长、教育局副局长、局长直到县长，一帆风顺。当县长那年，他才 39 岁。对于丈夫的升迁，她感到宽慰，觉得自己当年没有看错人；而他也感谢妻子在他最需要爱情的时候给了他最需要的。但身在官场的他却常常身不由己，每天都有对付不完的应酬，好在她对此毫无怨言。

一次酒醉后，一位崇拜他已久的靓丽而年轻的女人主动向他献身。事发后，他诚惶诚恐，觉得对不起自己的妻子。第二次，被他妻子发现了，但是他妻子没有大吵大闹，而是微笑着放那个姑娘走，并且关照她不必太紧张，说着还帮那个吓得脸色铁青的姑娘理好零乱的衣裙。那姑娘走了，她却沉默了，从此不再单独和他说一句话。只有当他的下属来时，或是儿子在家时，她才会和他说话，而且显出十分恩爱的样子。别人一走，她就又变成了"哑巴"。其实他挺后悔的，他知道自己之所以能有今天，妻子的爱是最重要的条件之一。他是爱她的，他为自己的行为感到羞耻，他跪在她的面前，向她忏悔，请求她饶恕。他这样努力地坚持了 12 年。12 年中，他憔悴不堪。但是无论如何，妻子就是不说话。12 年后的一天，妻子第一次主动开口和他说话，她说："我患了乳腺癌，医生说现在部分细胞已经扩散，我时日不长了。"他听完，泪如雨下，他抱住她一遍遍地问："为什么不告诉我，咱们可以找最好的医院去治呀！"他把妻子送到了医院，但一切都已为时太晚。妻子弥留之际，对他说："现在，我承认我错了，这些年，我不应该这样对你。我死以后，你就再找一个合适的女人，一起过吧。"男人号啕大哭。女人死后三个月，男人也去世了。他患的是胃癌，是在一年前的一次体检中发现的，但他也没有告诉她。他临死前对儿子说了一句让儿子莫名其妙的话："你妈妈原谅我了，我死而无憾。"后来，他们的一位医学专家朋友对他们的儿子说："你爸爸和你妈妈的病，都是因心情长期抑郁造成的。假如你妈妈早一点儿表现出她的宽容，事情也许完全是另一种结果……"

故事中的妻子惩罚了丈夫，却以失去自己的幸福和生命为代价。从妻子 12 年的沉默中，我们能感觉到她滴血的心灵，她受的伤害的确是深重的，她要让丈夫也承受同样的伤痛。而当她醒悟时，生命已不再等待。

人非圣贤，孰能无过？惩罚从来就不能解决问题。婚姻是两个人共同经营的事业，如果出现了漏洞应当及时修补。否则，洞就会越来越大，最后让婚姻的大厦轰然倒塌。

有句俗话说："婚姻如饮水，冷暖自知。"当你原谅了对方时，困在你心里的囚犯便获得了自由。

如果你只是不断地怨恨，那么真正受折磨的人其实是你自己。因为怨恨是一种具有侵袭性的东西，使我们失去欢笑，损害我们的健康。怨恨，更多的是伤害怨恨者自己，而不是被仇恨的人。

"幸福的家庭是相似的，不幸的家庭各有各的不幸。"幸福的家庭中不能缺少包容，正因为包容，才让你爱的人感觉到了你的温情；正因为包容，家里充满着温馨的气氛；正因为包容，你们的爱情才会走得更深更远。

换位思考，走入他心灵的栖息之地

每天油盐酱醋茶，天天面对，少了激情、少了浪漫，少了先前相互之间的体贴。这种平淡让你错以为自己不再爱对方，可是到头来才觉醒"蓦然回首，那人却在灯火阑珊处"。

女人有了外遇，要和丈夫离婚。丈夫不同意，女人便整天吵吵闹闹。没有办法，丈夫只好答应妻子的要求。不过，离婚前，他想见见妻子的男朋友。妻子满口答应。第二天一大早，女人便把一个高大英俊的中年男人带回家来。

女人本以为丈夫一见到自己的男朋友必定气势汹汹地讨伐。可丈夫没有，他很有风度地和男人握了握手。然后，他说他很想和她男朋友谈一谈，希望妻子回避一下。女人只得听从丈夫的建议。站在门外，女人心里七上八下，生怕两个男人在屋内打起来。然而结果证明，她的担心完全是多余的。几分钟后，两个男人相安无事地走了出来。

送男友回家的路上，女人忍不住问："我丈夫和你谈了些什么？是不是说我的坏话？"男人一听，停下了脚步，他惋惜地摇摇头说："你太不了解你丈夫了，就像我不了解你一样！"女人听完，连忙申辩道："我怎么不了解他，他木讷，缺少情趣，家庭保姆似的，简直不像个男人。""你既然这么了解他，就应该知道他跟我说了些什么。""说了些什么？"女人非常想知道丈夫说的话。"他说你心脏不好，但易暴易怒，结婚后，叫我凡事顺着你；他说你胃不好，但又喜欢吃辣椒，叮嘱我今后劝你少吃一点辣椒。""就这些？"女人有点吃惊。"就这些，没别的。"听完，女人慢慢低下了头。男人走上前，抚摸着女人的头发，语重心长地说："你丈夫是个好男人，他比我心胸开阔。回去吧，他才是真正值得你依恋的人，他比我和其他男人更懂得怎样爱你。"说完，男人转过身，毅然离去。

自从这次风波过后，女人再也没提过"离婚"二字，因为她已经明白，她拥有的这份爱，就是世界上最好的那份。

每个人都期盼能和生命中的另一半演绎一场轰轰烈烈的爱情，然后在漫长的生活中成为能读懂自己的知己。但是，生活久了，你会发现，在这个世界能找个心心相印的异性非常不容易，找个一辈子相依相守的伴侣更是难上加难。

有时候，我们也不该总是对别人寄托太多的期望，总是要求别人去为你做事，体贴你，照顾你，这样，时间久了，自然会给对方带来很大的心理压力，同时也可能会产生逆反心理。试着从对方的角度想一想，从对方的角度出发，你就会发现，原来很多时候的争吵，都是不值得的。你的心里多了一分理解，你的生活也就多了一分甜蜜。

猜疑、嫉妒是咬噬爱情之树的蛀虫

诗人纪伯伦曾说："恋爱和疑忌是永不交谈的。"

100多年前，拿破仑三世，即巨人拿破仑的侄子，爱上了全世界最美丽的女人——特巴女伯爵玛利亚·尤琴，并且和她结了婚。

他们拥有财富、健康、权力、名声、爱情、尊敬——是一个十全十美的浪漫史。他的爱情从未像这一次燃烧得这么旺盛、狂热。

不过，这样的圣火很快就变得摇曳不定，热度也冷却了——只剩下了余烬。拿破仑三世可以使尤琴成为一位皇后，但不论是他爱的力量也好，帝王的权力也好，都无法阻止这位法兰西女人的猜疑和嫉妒。

由于她具有强烈的嫉妒心理，竟然藐视他的命令，甚至不给他一点私人的时间。当他处理国家大事的时候，她竟然冲入他的办公室里；当他讨论最重要的事务时，她却干扰不休。她不让他单独一个人坐在办公室里，总是担心他会跟其他的女人亲热。

她常常跑到她姐姐那里，数落她丈夫的不好。她会不顾一切地冲进他的书房，不停地大声辱骂他。拿破仑三世虽然身为法国皇帝，拥有十几处华丽的皇宫，却找不到一个安静的地方。

尤琴这么做，能够得到些什么？莱哈特的巨著《拿破仑三世与尤琴：一个帝国的悲喜剧》中这样写道：

于是，拿破仑三世常常在夜间，从一处小侧门溜出去，头上的软帽盖着眼睛，在他的一位亲信的陪同之下，真的去找一位等待着他的美丽女人，再不然就出去看看巴黎这个古城，放松一下自己压抑的心情。

的确，尤琴是坐在法国皇后的宝座上，也是世界上最美丽的女人。但在猜疑和嫉妒的毒害之下，她的尊贵和美丽并不能保持住她那甜蜜的爱情。

人们常说，恋爱中的人们，智商趋近于零，特别是热恋中的人。

恋人中最为常见的两种表现是嫉妒和猜忌过重，这两种心态，不仅影响爱情的顺利发展，同时也关涉到个人形象问题，它直接损害一个人的自我形象，是有损于爱情生活的。因此，每一个恋爱中的人，都要警惕这两只咬噬爱情之树的蛀虫。

重新接纳悔过的爱人

什么是爱？爱就是无限的宽容。如果你还爱着他（她），为什么不能原谅他（她）曾经的过错，接纳悔过的爱人呢？

人们常用"好马不吃回头草"来形容失去爱情后的立场。说这种话的人其实是不懂得爱情真谛的人。他们考虑的可能是面子问题、志气问题，因此对方回心转意了，你虽然也还爱着她，却由于死要面子不肯再接受她，结果落得个两地相思劳燕分飞，这就是死要面子的结果。

枫和丽在大学就是恋人。丽不仅身材苗条，而且风雅别致，富于幻想。枫是班长，文采极佳。他们经过了一段浪漫的交往之后，毕业时双双南下，各自找到了适于自己施展才能的单位。一年后他们通过分期付款的形式买了一套住房。也就是在这时，家庭的小舟不知是哪儿出现了毛病，竟不再向前行驶。他们冷战，然后离婚。当两人打车去办理处的时候，心里都很难受，但事情已经闹到这个地步了，两人还是签了字。

离婚后，枫没结婚，丽也没有找朋友，尽管他们都还很年轻。有一次丽的妈妈发现女儿躲在房间里哭，就叹了一口气："真是冤家呀！你还挂念着他吧！干脆，我牺牲自己的老脸，去帮你说说？"没想到丽却说什么也不肯："哪有女方主动的呀！"枫的日子也不好过，他总会想起丽来，一个人躲在家里喝闷酒。一个朋友打趣说："枫！你不是打算和丽复合吧？好马可是不吃回头草的呀！"被说中了心事的枫微怒起来："谁说我要回头的？下辈子也别想！"这句话不知怎么就传到了丽的耳朵里，半年后，丽结婚了，那一天，枫跑到海边大哭了一场。

"好马不吃回头草！"这句话不知使多少人丧失了找回真爱的机会。太多的人在面临感情的反复时，往往意气用事，明知心中还喜欢对方，却硬要强撑"骨气"，不肯低头，不肯回头。其实，在面临回不回头的关卡时，你要考虑的不是面子问题和志气问题，而是现实问题。如果你还爱她，如果你还留恋那段美好的感情，为什么不回头去试试呢？

如果你还爱着他（她），何苦要为所谓的"面子"所累，理会别人的议论和想法呢？幸福是自己的，只要那"草"的确适合自己，真正的"好马"是不会在意回头与否的，因为不回头才是真正的遗憾！

原谅逝去的爱

歌曲《有一种爱叫放手》中写道：

浪漫如果变成了牵绊

我愿为你选择回到孤单

缠绵如果变成了锁链

抛开诺言

有一种爱叫做放手

为爱放弃天长地久

我们相守若让你付出所有

让真爱带我走

两情相悦的情感才叫爱情，当一方感受到痛苦，我们与其纠缠不放，最后两败俱伤，不如坦然放手，包容这段逝去的爱情，为对方也为自己留有一段美好的回忆。

一个周五的早晨，格兰的礼品店依旧开门很早。格兰静静地坐在柜台后边，欣赏着礼品店里各式各样的礼品和鲜花。

忽然，礼品店的门被推开了，走进来一位年轻人。他的脸色显得很阴沉，眼睛浏览着礼品店里的礼品和鲜花，最终将视线固定在一个精致的水晶乌龟上面。"先生，请问您想买这件礼品吗？"格兰亲切地问。可是，年轻人的眼光依旧很冰冷。"这件礼品多少钱？"年轻人问了一句。"50元。"格兰回答道。年轻人听格兰说完后，伸手掏出50元钱甩在柜台上。格兰很奇怪，自从礼品店开业以来，她还从没遇到过这样豪爽、慷慨的买主呢。"先生，您想将这个礼品送给谁呢？"格兰试探地问了一句。"送给我的新娘，我们明天就要结婚了。"年轻人依旧面色冰冷地回答着。格兰心里咯噔一下：什么，要送一只乌龟给自己的新娘，那岂不是给他们的婚姻安上一颗定时炸弹？格兰沉重地想了一会儿，对年轻人说："先生，这件礼品一定要好好包装一下，才会给你的新娘带来更大的惊喜。可是今天这里没有包装盒了，请你明天早晨再来取好吗？我一定会利用今天晚上为您赶制一个新的、漂亮的礼品盒……""谢谢你！"年轻人说完转身走了。

第二天清晨，年轻人早早地来到了礼品店，取走了格兰为他赶制的精致的礼品盒。年轻人匆匆地来到了结婚礼堂——但新郎不是他而是另外一个年轻人！他快步跑到新娘跟前，双手将精致的礼品盒捧给新娘，而后，转身迅速地跑回了自己的家中，焦急地等待着新娘愤怒与责怪的电话。在等待中，他的泪水扑簌簌地流了下来，有些后悔自己不该这样做。傍晚，婚礼刚刚结束的新娘便给他打来了电话："谢谢你，谢谢你送我这样好的礼物，谢谢你终于能明白一切，能原谅我了……"电话的一边新娘高兴而感激地说着。年轻人万分疑惑，他什么也没说，便挂断了电话。但他似乎又明白了什么，迅速地跑到了格兰的礼品店。推开门，他惊奇地发现，在礼品店的橱窗里依旧静静地躺着那只精致的水晶乌龟！

一切都已经明白了，年轻人静静地望着眼前的格兰。而格兰依然静静地坐在柜台后边，冲着年轻人轻轻地微笑了一下。年轻人冰冷的面孔终于在这瞬间被改变成一种感激与尊敬："谢谢你，谢谢你让我又找回了我自己。"

格兰笑着说："先生，过去的就让它过去吧，你的宽容会为一对新人带来幸福的。"年轻人抬起头问道："我想知道我送给他们的究竟是什么？"

"是两颗连在一起的水晶心。"格兰淡淡地答道。

故事中的年轻人，差点因为怨恨而犯下了错误，他也为自己的冲动而感到万分的后悔，心绪不宁。这一切其实是可以避免的。怨恨和嫉妒往往会让人迷失自己。愤恨就像心中的野兽，会吞噬我们的快乐与良知，而宽恕是人性的美德，宽恕可以使日常生活多些润滑，少些摩擦，它使人去除偏执、愤怒与冷漠。给别人一些宽恕，自己也会获取幸福与快乐。

在爱情中我们应该明白，如果爱走到尽头，没有挽回的余地，那就让它离开，爱过了也是一种人生。人生苦短，何不领略他处风景？如果实在难以割舍，那么告诉自己，放手也是一种解脱。时间会告诉你，生活并不需要无谓的执著，千万不要把自己困在愤懑的牢笼中，而应用一颗宽容的心去成全他人，成全自己人生的美丽风景。

在爱情的天平上，迁就等同于包容

婚姻是人生最重要的结盟。它是心、身与经济的联系，家庭就是最佳的智囊团，当一对夫妇心灵一致、目标一致时，这个无价的结合可以令他们飞向无限的高峰。

每一个成功男人的背后都有一个默默支持他的女人。

香港金王胡汉辉正是这样一位成功而幸运的男人。

胡汉辉与太太杨铭榴在抗日救亡运动中相识后，俩人感情日益深厚。每每讲起自己的太太，胡汉辉就立即变得眉飞色舞。

"我老婆好迁就我。我中意游泳，她不会，就猛学。暑期日日去金银贸易场泳棚苦练。""我家里，除了我再没人吃辣子，但是我就中意川菜，于是她又去学，专煮川菜，同咖喱一起给我吃。她完全适应着我的嗜好。"

那时，胡太太从师范毕业以后，一直在学校教书，后来又做香港的职业学校的女校长，对教育事业很有感情。但胡汉辉的业务日益庞大，便向太太求助，要她先别教书来帮帮忙。"这样她连退休金都不要，辞了职就来帮我。"

除了这些为了丈夫事业的"牺牲"外，她对胡汉辉事业也有过不小帮助。

胡汉辉是在广州读的书，起初英文知识很有限，而杨铭榴是香港的高才生，所以起初胡汉辉与外商谈判时，身边总少不了太太"保驾"，久而久之，她便成了金王得力的"外交大臣"。胡汉辉大发后，她与以前一样，一点没有阔太太的架子，不但持家朴素，上班也依旧坐公交车，也很少披金挂银。

胡汉辉在事业如日中天时因病去世，可以令他含笑九泉的是，他的太太继承了他的事业，并把他的事业推上了一个更高的台阶。

在婚姻中，互相迁就是维系婚姻关系的一项重要原则。对对方的迁就其实也是对对方的一种尊重与欣赏，是相互之间的体谅。这样的婚姻能令双方都有愉悦的心情工作与生活。

中国自古崇尚夫妻间的相敬如宾，举案齐眉，讲的就是夫妻间能够做到相互体谅，互相尊重。在迁就对方的同时，应该保持一定的自我原则，不可事无对错都一味忍让。盲目服从的爱情并不能称其为伟大的爱情，真正的爱情是相爱双方有原则地妥协与体谅，单方面的牺牲，只能造成单方面的爱。

在婚姻里，很多事情分不清对错，但还是要为对方想一想，不要因为自己的任性或是奢华而破坏家庭的幸福。婚姻是爱情的归宿，我们都要学会经营，从心底学会善待对方。

爱情需要善意的谎言

爱人之间理应真诚相待，来不得虚伪和欺骗，但如果每件事都得实言相告，每一句话都不得掺半点假，则不仅不能为爱情增添欢乐，反而还会使原本和睦温馨的关系出现裂痕。

不管对于恋人信任到多么可靠的程度，有好些事情，如果没有说的必要，最好让它永远成为秘密，这当然是为着彼此安静的缘故。

有必要的时候，我们不仅要隐瞒，更要为爱情而编织谎言，这往往能收到很好的效果。恋爱中的男女之间，谎言的作用更是好比润滑剂一般。

"每次和你约会时，总是在衣柜里翻半天，老觉得每件衣服都不好看，真觉得自己有点发神经了……"这种谎言，是一种俏皮、可爱的谎言，更深远的意思，已经在无言中流露出来了，对方必定会为你所动。

有的女性会为自己的男友着想，担心对方的经济能力不够，因此，在约会的时候说："不知道怎么回事，我对出租车有畏惧感。"或"每次坐在高级餐厅或咖啡厅时，我总觉得浑身不自在，似乎那种地方太过于庄严，不适合我这个土包子。说起来，我还是喜欢坐在阳台上欣赏夜色，吃自己煮的面，这样比较没有拘束感。"若对方真的没有充裕的经济能力，听到这些话，一定会为女方的温存体贴而感动。

和恋人在一起谈话时，为了留给对方好印象，应想办法修饰自己。例如，在讨论学术方面，谈到了某先生的书，事实上你只读过他写的两本书，可是知道这位先生出了五本书，这时，你不妨说："我曾看过他写的五本书，每本都写得很精彩。"那你在对方心目中的地位，无形中就提高了。不过，要注意的一点是，在你讲过这句话之后，应尽快利用时间，到书店将其他三本书买回去，仔细阅读。如此，才不会露出马脚，同时也可以增加知识。

因而，在不涉及大局，无关"宏旨"的一些琐事上，有时不妨以"谎言"来营造一种温情脉脉的氛围。

忍耐让爱情之花更艳丽

一对情侣在咖啡馆里发生了口角，互不相让。然后，男孩愤然离去，只留下他的女友独自垂泪。

心烦意乱的女孩搅动着面前的那杯清凉的柠檬茶，泄愤似的用匙子捣着杯中未去皮的新鲜柠檬片，柠檬片已被她捣得不成样子，杯中的茶也泛起了一股柠檬皮的苦味。女孩叫来侍者，要求换一杯剥掉皮的柠檬泡成的茶。

侍者看了一眼女孩，没有说话，拿走那杯已被她搅得很浑浊的茶，又端来一杯冰冻柠檬茶，只是，茶里的柠檬还是带皮的。原本就心情不好的女孩更加恼火了，她又叫来侍者。"我说过，茶里的柠檬要剥皮，你没听清吗？"她斥责着侍者。

侍者看着她，他的眼睛清澈明亮。"小姐，请不要着急，"他说道，"你知道吗，柠檬皮经过充分浸泡之后，它的苦味溶解于茶水之中，将是一种清爽甘冽的味道，正是现在的你所需要的。所以请不要急躁，不要想在3分钟之内把柠檬的香味全部挤压出来，那样只会把茶搅得很浑，把事情弄得一团糟。"

女孩愣了一下，心里有一种被触动的感觉，她望着侍者的眼睛，问道："那么，要多长时间才能把柠檬的香味发挥到极致呢？"

侍者笑了："12个小时。12个小时之后柠檬就会把生命的精华全部释放出来，你就可以得到一杯味美到极致的柠檬茶，但你要付出12个小时的忍耐和等待。"

侍者顿了顿，又说道："其实不只是泡茶，生命中的任何烦恼，只要你肯付出12个小时的忍耐和等待，就会发现，事情并不像你想象的那么糟糕。"女孩看着他，似乎没有琢磨透侍者的话。

侍者又微笑着说："我只是在教你怎样泡制柠檬茶，随便和你讨论一下用泡茶的方法是不是也可以泡制出美味的人生。"说完，侍者鞠躬离去。

女孩面对一杯柠檬茶静静沉思。女孩回到家后自己动手泡制了一杯柠檬茶，她把柠檬切成又圆又薄的小片，放进茶里。

女孩静静地看着杯中的柠檬片，她看到它们慢慢张开来，好像有晶莹细密的水珠凝结着。她被感动了，她感到了柠檬的生命和灵魂慢慢升华，缓缓释放。

12个小时以后，她品尝到了她有生以来从未喝过的最绝妙、最美味的柠檬茶。

女孩明白了，这是因为柠檬的灵魂完全深入其中，才会有如此完美的滋味。

门铃响起，女孩开门，看见男孩站在门外，怀里的一大束玫瑰娇艳欲滴。

"可以原谅我吗？"他讷讷地问。

女孩笑了，她拉他进来，在他面前放了一杯柠檬茶。

"让我们有一个约定，"女孩说道，"以后，不管遇到多少烦恼，我们都不许发脾气，定下心来想想这杯柠檬茶。"

"为什么要想柠檬茶？"男孩困惑不解。

"因为，我们需要耐心等待12个小时。"

中国人做人向来提倡"以忍为上"、"吃亏是福"，这是一种玄妙高深的处世哲学。生活中很多事情都不是一定要探寻出究竟的，事情发生了，可能碰触到了你的利益或者心灵，忍一忍，让一让，也就过去了，没有必要一定揪着对方不放手，何况身处爱情之中的我们本身就是为了享受快乐与幸福，因一时的气愤冲动毁了爱情之花，那便是得不偿失了。

生活中难免有矛盾，关键要看你的态度。如果你选择忍耐，许多时候就能少一份纷争，多一份宁静。忍耐浇灌的玫瑰花会更艳丽。

没有堤坝的河流，迟早会干涸

小丽和丈夫结婚10年了，俗话说，七年之痛，十年之痒，他们的婚姻却依旧平平淡淡的。丈夫是个懒散而不浪漫的人，他不懂得在情人节买玫瑰给小丽，也不懂得在生日时买礼物给她，更不会说甜言蜜语逗她开心，但是他懂得家是什么，懂得婚姻沉甸甸的责任。

一位作家说："如果说婚姻是河流的话，那么责任便是这条河流的堤坝，没有责任的婚姻，必然如没有堤坝的河流一样，迟早会干涸。"

在婚礼上，当新郎给新娘戴上结婚戒指的时候，他们都会被按照惯例问道："无论生病或健康、富有或贫穷，你都愿意爱她、关心她、照顾她，直到离开这个世界为止吗？"这句话告诉人们，责任与爱是婚姻的基础，如果没有责任，爱就会枯萎。

婚姻的责任就是投入到对方的怀抱里，两颗心贴在一起变成一颗心；家庭的责任是要为对方作出奉献，使对方感受到自己的努力使他（她）获得了幸福、健康和安宁。

得失与共，荣辱同当。每当他（她）失意的时候也正是你落魄的时候，每当你露出微笑的时候也正是他（她）开心的时候，这才是真情。

爱情和婚姻不是某个人付出，某个人享受，而是两个人的事情。当遭受不幸时，我们都能够在风雨中继续前行，这是因为有爱，有了爱的滋润我们才能够坚持到最后。不要总是抱怨对方给予自己的太少，因为既然相约一起走，不论是苦是累，还是幸福和甜蜜，我们都要一起承担、一起分享。

爱一个人并不是简单的喜欢，而是有着为他着想的心，既然选择了，就要努力和他（她）一起承担。

爱情与婚姻是家庭的纽带，家庭是爱情与婚姻的摇篮，责任是家庭的支柱，是爱情与婚姻经久不衰、摧打不折的力量与源泉。

长相守才能长相知，长相知才能不相疑。不论何时，夫妻都该如此，共同承担家庭的责任。有人说："情如鱼水是夫妻双方最高的追求，但是我们都容易犯一个错误，即总认为自己是水，而对方是鱼。"自私者是无法获得和谐家庭的。只有共同承担了，才可能在收获硕果的时候，一起欣慰地笑。

爱情需要有温柔的滋润

挖苦和讽刺并没有使婚姻变得幸福，相反，只会使婚姻走向死亡。不过下面的这位夫人，却为我们上了一堂生动的婚姻课。

法国著名微生物学家路·巴斯德，在他 27 岁时，写信给洛郎先生，向他女儿玛丽小姐求婚。他在信里坦率地说：他家境贫寒，没有财富，算是一个穷汉。同时，他还给玛丽小姐写了一封求爱信，也说明自己很穷，并说："小姐，我要请求您，不要判断得太快。判断得太快是会犯错误的……" 3 个月后，巴斯德如愿以偿，和玛丽小姐结婚了。

结婚后，巴斯德夜以继日地工作着，忘却了一个丈夫的责任和应有的殷勤。巴斯德从事许多奇异的、似乎愚蠢的试验。巴斯德夫人，整夜地等候着、惊异着……巴斯德确实很穷，工作条件很差，没有助手，连一个洗瓶子的人都没有。巴斯德夫人总是温柔地坐在他的身旁。每晚，她坐在直背椅上，身靠小桌，为他记录科学论文……

巴斯德夫人所做的一切，使巴斯德深深感动，当他问及夫人，同他结婚是不是苦了她，她是不是后悔时，他夫人回答说："结婚前你已经告诉我这一切，我现在更了解了你的一切。"

了解，使巴斯德夫人理解了她丈夫的一切行动。渐渐地，她学会了摘记巴斯德记事簿里的潦草的速记，并整理成文。很快，她的生命也逐渐融入他的工作里去了。

巴斯德结婚后，没有给妻子带来更多的体贴、恩爱和富足，但是，他的夫人对他却那样忠诚，毫无怨言。这种温柔让巴斯德无比感激，也无比珍爱。他虽然还是很忙，但是在忙中总是偷闲来安慰自己的妻子。

爱情需要温柔而非责难，"柔能克刚"这是亘古不变的道理。可是在现实生活中，很多人都擅长责备，擅长给别人施压，而不乐于去用心理解，用心去温润彼此。

也许我们在对方面前表现得很强势，说的话也句句在理，可是对方在保持沉默的同时，一定会产生逆反的心理，甚至于以后不管发生了什么事情，都会刻意地回避我们，不跟我们说。时间久了，夫妻之间就会产生隔阂，甚至形成裂痕。

婚姻生活里，两个人都是平等的，如果一方总是习惯于指责，那么对方一定会觉得我们贪图的太多，或者对于爱情，我们已经感觉到了厌倦，一旦这样想，他就会对生活感觉到疲倦，从而有可能放弃掉了彼此之间的爱情。

只有温柔才能温润爱情，强硬的攻击只会让相爱的人彼此误会，彼此伤害。所以，要想两个人幸福地走在一起，就应该给对方一些理解和鼓励，而非连珠炮似的责难。

要"示弱"不要"示威"

在婚姻生活中，夫妻双方很容易出现争吵，它将会减少共同解决问题的可能，阻碍亲密关系的恢复和发展。年轻夫妻往往任性、好胜、以自我为中心。小两口闹意见、生闷气、谁也不理谁的情况很普遍。他们当中，又多是性格内向的一方首先进入无言的状态。当夫妻间的争吵转为斗闷气后，情况并不比相互争吵时的情况好。"冷战"时，双方都想向对方示威，你不理我，我就不理你，闹到无止无休。

冷战斗气中的夫妻，如果一个是"室内型"的人，一个是"室外型"的人，那情况还好些，一个在外面游荡，一个在家中干自己的事；如果两人都是"室外型"性格，那这个小家庭就有了危险；如果两人都属"室内型"的那类，那么日子过得无疑是十分别扭。就大多数夫妻而言，双方都不愿在冷战中打持久战，关键的问题是双方谁先示弱打破冷战的僵局。

示弱是一种境界，也是让爱情保鲜的好方法。不论是男人还是女人，在爱情面前都不要过分争强好胜。而应该慢慢修炼自己，让自己达到可以随时"示弱"的最高境界，实现夫妻"邦交"正常化。下面这几招示弱的小技巧对你应该能起到帮助作用。

1. 留有余地

当感情中的"冰点"降临时，被动的一方似可"好话一句待回音"。小两口吵架是常有的事，如果在争执当中，任何一方失去理智，说出"快滚吧，永远不要回来"之类的伤人话，甚至动不动就以离婚为由而损伤夫妻感情。如果当丈夫的觉得妻子要回娘家已成定局时，还可采取补救之计，如追妻至大门外："你走了我怎么活！""等一等。我去给你叫辆出租！""就当今天是星期天吧，明天就回来！"如此，等等，话说到点子上，常能打动对方的心，即使她还是走了，但感觉总是不一样的，为她的回归留下了余地。

2. 电话沟通

夫妻生活在一起，家务事总是有的。上班时，你可打一个电话给对方，以有事相告相商来引发对话，如："下班后我买菜，今天我外出办事，回去得早，怕你买重了东西。""今天下班我回父母家看看，你有什么事吗？""早上忘了说，今天晚上我的老同学要到家串门，晚饭做些什么好啊？"此种方法应考虑对方乐意接受的内容来讲，且又给对方发表意见的机会。电话交际，总比当面更从容些。

3. 来个意外惊喜

每天下班回来夫妻相见时，是个突破的好机会。你可制造一些"新闻"来表现出兴奋或热情，显得你被一些"大事或好事"影响得已经忘了结下的矛盾。如一进门就说："太棒了，今天又发了200元奖金！""老公，我大哥从海外来信了，不久就要回国了！""今天上映的片子是超前独家放映的！"听到以上种种报喜，相信对方总是有所反应的。一次打不动对方，第二天再换个话题，一旦启开了配偶的"尊口"，冷战也就有了重大的转折。

4. 创造一个公众场合

冷战中的夫妻，想改变窘态的一方要创造一个多人在场的社交场合。如请自己或配偶的朋友来家做客，这时碍于脸面，夫妻间的冷战矛盾总要有所掩饰，和好欲较强的一方便可趁机与配偶套上近乎，搭上话，有意无意中引对方走出沉默的误区。再如，买两张电影票什么的，谎称是别人送的，约配偶去看场电影或参加个什么活动，在谈论其他事情中恢复夫妻"邦交"正常化。

5. 示弱求助

早晨起床时，已经几天没与妻子说上一句话的丈夫问妻子："你给我洗好的那件红衬衣放到哪里啦？"早已想和丈夫恢复正常的妻子见有了台阶，忙着应声："你这人呀，总像客人似的，衣服放在哪里都不清楚，我去给你拿来，噢，对了，前天还给你买了件新的，只是忘了告诉你。""是吗，快拿来看，还是老婆心里有我，斗气也没忘了冷暖。"这一去一来话就多了。

在化解沉默中，女方"示弱"也是一小招。如早晨或晚上表现出不舒服、不想动、吃几片小药什么的，都能引出丈夫的话题。因为男人在关心妻子时开口，这绝不是屈从的表现，不会有损于他大丈夫的形象。

聪明的夫妇会去找方法令紧张局面和缓下来，以免火上浇油而失控。诚如一般人所说："退一步海阔天空。"夫妻间的情感差别是很大的，各人的性格爱好千差万别，要学会相处，学会让步，学会宽容，学会正视现实，这样，夫妻就可以共同创造出幸福的婚姻。

家庭是人生的幸福天堂

法国启蒙思想家伏尔泰曾经说过："对于亚当来说，天堂就是他的家；然而对于亚当的后裔来说，家则是他们的天堂。"

聪明的人是懂得如何找到工作和家庭的平衡点的，他们不会为了工作舍弃家庭，而使自己变得疲惫、沮丧。当工作和家庭发生矛盾时，聪明人往往把家庭放在第一位，因为他们明白，家庭只有一个，而工作可以再找。

爱琳·詹姆是一个积极主张简单生活的女作家，她说："最近，我和一群拥有'实权'的专业人士聚会。我们谈论到种种休闲时的目标，以及我们是否很少真正地去享受那种属于自己的宁静时刻。我们每个人都在纸上列出我们真正想做的事，这些纸条上的内容大致是：看夕阳，看日出，在海滩上散步，穿过公园，山上旅行，和家人聊天，和另一半度过宁静时光，和孩子度过快乐时光……"

而另一位作家鲍勃也说，他特别喜欢停电，因为每逢这时，他的全家人就会顺应情势，名正言顺地把手上永远做不完的工作停下来。本来各忙各的，各自在自己的房间里读书、写作或温习功课，现在全家都聚集一堂，庆幸多出了一段宽裕的家庭时间。有时听女儿们弹钢琴或拉小提琴；有时关上门一家人一起去散步……

可见，家庭的温馨和亲情的馥郁，永远都是我们最渴望、最迷恋的生活内容。推开那些不必要的应酬和令人头痛的聚会，把更多的时间花费在与家人共处上，这对任何一个有家的人来说都是非常必要的。聪明的人都懂得这其中的道理。

然而，由于现代社会快节奏生活与工作的逼迫，越来越多的人已经变得不再重视家庭了，他们把全部心思都放在工作或应酬上了。他们的钱包是鼓起来了，可是他们幸福吗？从他们疲倦的面容上我们便可以得出答案。

岚就是陷溺于其中的一族。让我们来看看岚的一天。

早8点：来到公司，打开电脑，浏览新闻，处理邮件；

9点：召开15分钟左右的部门工作会议；

9点20分：与客户谈判；

11点：去总经理室参加部门经理会议，商谈公司产品展示会筹备事项；

12点10分：盒饭午餐外加一杯咖啡，在公司解决；

下午2点：赶到飞机场，出差海口两天。

每天总是这样马不停蹄，一年大概有 1/3 的时间在外奔波。为了这份高薪工作，岚结婚 6 年了一直不要孩子。岚喜欢这样的生活，她说甚至不知道如果有一天忽然闲下来，自己会是怎样地度日如年。虽然有时她也会不由自主地流露出她的愿望：关了手机和老公去度假，摆脱工作养个宝宝……但她实在舍不得今天这来之不易的职位。

岚精致的妆容后面有掩饰不住的疲惫，这使作出另外一种选择的女人们庆幸：她们的薪水不多，但足够维持自己悠闲但不太富足的生活，工作之余有大量的时光属于自己，让自己有时间和家人共享天伦之乐。工作着快乐着，生活着享受着，决不会因为工作耽误建设自己的美好家庭，耽误自己去细细品味生活中的每一个美好瞬间。这样的女人和岚相比，的确可以算是聪明的女人了。

美国著名的作家马克·吐温说："乘在一条陌生的船上，处在一帮陌生人当中，无论你出多大的价钱都买不到重新回到家里的安宁感。"法国启蒙思想家卢梭也说："家庭是世界最美丽的景象。"德国大诗人歌德则告诉我们："能在自己的家庭中寻求到安宁的人是最幸福的人。"由此可见，无论何时何地，我们都应该把家庭放在第一位！

家是人生永远的港湾，无论你遭遇了什么，只要还有家在，你的心便永远不会失去温度。只有拥有家庭，才能让心灵永远不孤独。

我们从出生到老去，谁能离得开家的怀抱？谁能挣得脱家那永远不变的炽热情怀？小时候，家是母亲；长大了，家是父亲。我们就是被父亲从鸟笼中放飞，却又被时时牵挂着的那只雏鹰，脆弱而又坚强，翅膀虽稚嫩但却怀有崇高的理想。结婚后，家是妻子那温情脉脉的眼神，家是孩子那甜甜的醉人之吻。再往后，家是子孙绕膝的天伦之乐，是风雨同舟几十载的老伴的唠叨。

只有家才是我们生命中永恒的歌谣。无论我们是在茫茫黑暗中，还是在冰天雪地里，充满祝福与爱的歌声永远会萦绕在我们的耳畔，给我们带来希望，带来真正的温暖！

家，像车船，它默默无言地载着你和你的家人，纵横于高山平原、江河湖海。

家，更像一座大厦：爱是基石，深深地沉在心灵的深处，毫不动摇地承受着一切；宽容是墙壁，无论是严寒还是酷暑，都把你拢在温暖的怀中；尊重是屋顶，狂风、暴雨、寒霜、暑热统统被挡在外面；责任是房梁，横穿时间的始末，成为整个大厦的脊梁；积极是炉火，它使屋内四季如春，舒适宜人；知足是门窗，可以让你看到外面的风景，可以让你走向莺飞蝶舞的丰腴平原，走向日升月落的巅峰绝顶；赞美是吹进来的暖风，它可以使你如沐春光，可以使你更加自信地走向社会。

完美婚姻需要用心呵护

如果只看到太阳的黑子，那你的生活将缺少温暖；如果你只看到月亮的阴影，那么你的生命历程将难以找到光明；如果你总是发现朋友的缺点，你么你的人生旅程将难以找到知音，只看我所有的，不看我所没有的，就能活在阳光里，找到生命的真谛。

有人曾把婚姻分为四种类型：可恶的婚姻、可忍的婚姻、可过的婚姻和可意的婚姻。第一种因为其质量的低劣让人忍无可忍，肯定是要解散的；而最后一种则是理想的婚姻，我们常用一个词来形容：神仙眷侣。但是这种婚姻就像一见钟情的爱情，可遇而不可求。我们的婚姻，大多是可忍或可过的。它是不完美的，有缺陷的，是让人心酸而无奈的，继续下去不甘心，放弃又有太多的牵绊。它是我们心头的一个刺，隐隐地痛着，又拔不去。

放弃可恶的婚姻能轻易为自己找到足够的理由，并因此获得勇气。但放弃可过、可忍的婚姻，则需要一点破釜沉舟的果断。当然，还要有一些冒险精神——谁知道，这是给自己一个机会，还是把自己逼向更危险的悬崖。许多离了数次婚又结了数次婚的人，还是没有找到他们理想的生活伴侣，这样的局面让他们沮丧，甚至没有再试一次的勇气。

现在离婚者一般不需要什么理由了，如果非得给自己找理由，那就是："我们在一起，没有感觉。"也许，在我们看来，他们的婚姻至少是风平浪静的，是可以心平气和过下去的，但当事人却觉得快窒息了，要逃离出来。他们是一群完美主义者，他们在寻找一种理想的婚姻状态，他们采取的是一种置之死地而后生的做法——先断掉自己所有的退路之后，再去找一条通向幸福的捷径。

选择婚姻就像是射箭，无论你感觉自己瞄得有多准，在箭射出去之后，它能否正中靶心，谁也不敢肯定。如果当时起了一阵微风，或者箭本身有些小故障，总之，发生一些不可预知的小意外，常常令结果扑朔迷离。

其实，婚姻是一种有缺陷的生活，那些所谓的完美无缺的婚姻只存在于恋爱时的遐想里。如果你总希望自己完美无缺，假设你的这一愿望真的能如愿以偿，那么你最大的缺点就是没有缺点。

当然，那些婚姻屡败者也许还固守着这个残破的理想。上帝总有些苛刻，或者说公平，他不会把所有的幸运和幸福降临在一个人身上，有爱情的不一定有金钱，有金钱的不一定有快乐，有快乐的不一定有健康，有健康的不一定有激情。向往和追求美满精致的婚姻，就像希望花园里的玫瑰不会在一个清晨全部怒放。

放弃或破坏婚姻不如建设婚姻。许多被大家看好的婚姻因为当事人的漫不经心、吹毛求疵、急不可耐可能很快就破碎了；而那些在众人眼里并不被看好的婚姻，因为两个人用心、细致、锲而不舍地经营，就如一棵纤弱的树，后来居然能枝繁叶茂、郁郁葱葱。可忍或可过的婚姻大抵也是如此，当事人稍一怠慢，它可能很快就会枯萎、凋零。而双方如果用一种积极的心态去修补、保养、维护，也许奇迹就会发生。

有人说，静物是凝固的美，动景是流动的美；直线是流畅的美，曲线是婉转的美；喧闹的城市是繁华的美，宁静的村庄是淡雅的美。生活中处处都有美，只要你有一双发现美的眼睛，有一颗感悟美的心灵。美满的家庭生活需要悉心经营，我们不仅要爱家人，还要讲究爱的方式和技巧。

婚姻则是一座花园，是需要用心呵护和耕耘的，如果随意对待，花园内就会杂草丛生，一片荒芜。而要想花园内四季风景怡人，花草鲜美，你就要成为一个辛勤的园丁，精心地培育这块芳草地。

下篇

不失控

——情绪好了，人气来了

第一章　情绪不失控，人生才不失控

情绪是一种力量

情绪是十分强大的力量，它能够激励你实现自己的理想、克服最严重的创伤，也会让你因为小挫败而一蹶不振。

生活中，我们常常会发脾气，可回想起来，又有多少真正值得生气的事。也许时间可以让你的怒气平息，但因你的坏情绪而造成的伤害却成为难以愈合的伤口。而因坏情绪而累积的憾事，又有谁能够数得清呢？

人的一生都会有被枷锁困住的时候，而且这些束缚你手脚的枷锁通常又不易被察觉，于是人就深陷其中而难以自拔，言行举止完全被牵绊住了。这一股拉扯的力量，总是让人有心无力，人生的航程也因此而严重受阻。更为可怕的是，这些心灵的桎梏往往隐藏着一种极大的杀伤力，并且会逐渐腐蚀人的心灵，磨损人的志气，直到生活变得一团糟了，我们还找不到原因在哪里。

我们要明白，在生活中，难免会遭遇各种各样的事情，自然我们的情绪就会跟随着起伏。但如果我们任由自己陷在消极的情绪中，那么这些不良的情绪就会变成阻碍我们人生航程的桎梏。

举例来说，如果你身陷在激烈争吵中而不是正在悠闲地品一杯茶，难道你的行为不会有所不同吗？如果你买的彩票中奖了，而且数目不小，你会有怎样的反应呢？假设你遇到一个陌生人，毫无理由地向你大吼，前提是你并没有做出任何不妥的事情，你会作何反应？或者你和你的爱人争吵了一个晚上，第二天去公司上班，你的心情又是如何？答案可以有很多种可能，抱怨或是惬意，惊喜或是愤怒，这都要因人而异，因事而异，因为每个人有每个人独特的行事风格，因为情绪就是我们行动的基础。当强烈的情绪占据你的时候，你是不可能完全控制自己的情绪的，了解这一点很重要。我们都有不顺心的时候，每个人都会经历创伤或者失败，这是人生必须要面对的。人有生离死别，生活有酸甜苦辣，有高兴的事情存在，自然也会有沮丧的事情发生。

通常情况下，我们倾向于将各种层次和不同程度的感受分成两大类别，而这两大类别往往是以对立的形式出现的，如：黑与白、好与坏、善与恶、是与非，否则我们会觉得它们含糊其辞，难以确定。分完类别之后，接下来我们的情绪会依据我们对周遭世界的诠释来指导行为。然而这些情绪的出现并不是有意识的，它们的反应是受过去经验所塑造的模式的影响所给出的一种潜意识行为。

我们经常说人的情绪多变，其实我们往往不是自己情绪的主人。情绪的发展和变化是我们因人因时因地因事而产生的。不同的情绪有不同的作用，它所具有的力量也会有所不同，有的给人带来鼓励，有的给人带来力量，有的给人带来认识，有的给人带来进步；有的助人成才，有的助人成功，有的助人成长，有的助人成熟；有的使人懂得珍惜，有的使人懂得爱护，有的使人懂得勤奋，有的使人懂得拼搏；有的让人勇敢，有的让人激情，有的让人理智。总之，我们的感受和需要是在多方面、多角度、多条件中转换选择的，有很多事是在影响感染中发生的，我们的情绪也随之出现。要知道，什么样的人和事联系起来，就会有什么样的情况和结果。

要知道情绪的力量可以制约人，也可以成就人，更可以损害人，因此，把握情绪有利的一面，获取最大化的情绪力量，对我们尤为重要。

认识情绪的巨大作用

生活中我们要与各种各样的人打交道，也要用不同的情绪来"对付"不同的人。与其说经常和我们打交道的是人，不如说是我们自己的情绪。

现实生活中，总有一些人明明知道自己犯了错误却不愿承认。这时，你如果情绪失控，对对方进行强烈的要求和不留情面的指责，只会令对方的态度更为强硬。相反，如果你能控制好情绪，在时机成熟的条件下，有意为对方找个借口、搭个台阶，使其按要求行事，就不至于太尴尬。

所以，我们有必要对情绪的作用有更进一步的了解，认识情绪的作用，对我们的整个人生都有很大的影响。

很多人都知道情绪，但是对情绪的变化原因却不甚了解。情绪变化指的是辨别自己和他人各种情绪，并有意表达这些情绪的能力。通过表达你所有的情绪变化，你能够获得有关自己和他人有价值的信息。

同情和移情要求你认同他人的情绪。如果你对某些特定的情绪感到不适，就往往会在内心回避或否认它们。如此一来，你就无法获得有关导致这些情绪产生的特定事件、情形或人的重要信息。此外，你就会不认同或刻意回避那些会引起你内心不适的他人的情绪。

如果你无法"看到"某些情绪，你就很难做到富有同情心，或者会缺少移情能力。

情绪也是有强度的。情绪强度指的是"调高"或"调低"某种情绪的能力，以及你在特定场合的情绪匹配程度。想想在播放某首歌曲时调节音量的重要性吧。正如伟大的作曲家使用声音强度来传达不同的音乐意义一样，你的情绪强度有助于他人了解你的内心世界。

也许你曾经与这样的人共过事，就是他突然"打开"或"关闭"情绪，或在没有任何征兆的情况下就从轻度恼怒转变成极度愤怒。如此快速的情绪转变令周围的人感到十分不安。缺乏情绪强度调节能力的领导者可能令人难以预测，因此也难以获得他人的信任。

如果你的声音总是很低，但某个人调节情绪强度的能力很强，你可能会将对方的适度情绪表达误解为极端的表达。这就会造成信息传递失准。你在准确理解他人的情绪表达方面的敏感度，以及你在某种场合的情绪强度匹配度，表明了你的情绪的稳定度，并使你在别人面前获得了自信。

你之所以会受到情绪强度的限制，可能是因为你没有在特定的场合"登记"你的内心情绪状态，或羞于表达自己的情绪。我们有时候恰当地表达了自己的情绪，而在其他场合却不适当地限制或延迟了自己的情绪表达。记录你在特定场合所具有的情绪反应。注意自己何时阻止情绪表达和在没有任何征兆时就爆发出某种情绪。

当你认识到他人或自己的某种情绪状态时，有意识地选择自己的行动反应。通过实践来培养监测自己的情绪状态，并在各种场合表达匹配情绪的能力。从值得信赖的人那里获得他们对你的情绪强度的反馈。

除了了解情绪强度之外，我们还需要认识情绪的流动性。

情绪流动性指的是在特定场合下不受阻碍地、以适当的速度切换情绪状态的能力。以钢琴演奏为例，流畅的演奏者能够自如地根据乐谱，以较快或悠闲的速度演奏，这类演奏者不会受困于特定的音符或段落。

在某种情绪场合，具有情绪流动性的人能够超越特定时刻的情绪。相反，缺乏情绪流动性的人往往会受困于某种情绪，或者无法快速地对特定的场合做出适当的情绪反应。这种情形更容易出现在负面或未确定的情绪状态。特定的情绪状态可能令人亲近，且感到舒心。

培养情绪流动性具有多种含义。如果你拓展了自己的决策空间，就能游刃有余地处理特定的形势，甚至改变形势的发展。缺乏流动性容易削弱体验周围环境中其他事物的能力。例如，如果领导者受到某个失败项目的困扰，就有可能无法产生激励下属寻找新机会所需要的激情。如果领导者受困于某种情绪，即使这种情绪是正面的，比如希望或乐观主义，其他人也有可能感到沮丧。如果某种场合需要领导者做出抑郁的情绪反应，过于正面的情绪反应就会显得极不协调。

情绪融合力指的是理解情绪与思想、身体状态以及创造性表达之间的关系的能力。演奏一段乐曲需要将所涉及的乐器加以结合。如果缺少一段弦乐或铜管乐，听众就无法完全理解该乐曲的艺术价值。同样，领导者如果没有抓住机会看清自己的情绪如何影响到自己的思想、触感和创造力，则无法充分发挥自己的才能。

实际上，当脑外伤伤害到一个人的情绪中心时，他甚至连作出最简单的决策的能力都没有。

同样，你对特定情形的思考会影响到你的情绪状态。你能够根据思想来制造情绪。只要想想你一天中经历的情绪变化，就能够发现你关注的情绪有可能出现。

你的语言也反映了"情绪与身体和身体触觉密切联系"这一观点，如"我内心相当紧张""她让人头疼""我感到压力越来越重""我觉得非常轻松"。这些常见的表达将焦虑、挫折、恐惧、无忧无虑与身体触觉联系起来。许多人在通过身体触觉体验到情绪之后，才能在智力层面意识到这些情绪。同样，你的情绪状态影响到你的身体状态，也影响到你遭遇身体外伤和疾病时的康复能力。

当然，如果我们深入地去观察自己包括他人的情绪时，我们就会发现，情绪的作用远远还不止这些，情绪是很微妙的情感体现，而它所发挥的作用也是可大可小，无法计算的，如何将这些有利作用最大化地为自己所用，也是我们需要学习的人生课题。

你的情绪从哪里来

每个人都知道情绪这个词，但是如果要让他具体解释这个词的意思，不是每个人都能解释清楚的。俗话说："没有无缘无故的爱，也没有无缘无故的恨。"情绪的变化往往是因为受到环境的变化而变化。

简单地说，所谓情绪是指个体受到某种刺激后所产的一种身心激动状态。从心理学上说，情绪是身体对行为成功的可能性乃至必然性，在生理反应上的评价和体验，包括喜、怒、忧、思、悲、恐、惊七种。行为在身体动作上表现得越强，就说明其情绪越强，如喜就会手舞足蹈、怒就会咬牙切齿、忧就会茶饭不思、悲就会痛心疾首等，这些都是情绪在身体动作上的反应。

情绪状态的发生每个人都能够体验到，但是对其所引起的生理变化与行为却较难加以控制。人们处于某种情绪状态时，个人是可以感觉得到的，而且这种情绪状态是主观的。因为喜、怒、哀、乐等不同的情绪体验，只有当事人才能真正地感受到。别人固然可以通过察言观色去揣摩当事人的情绪，但并不能直接地了解和感受。

情绪经验的产生，虽然与个人的认知有关，但是在情绪状态下所伴随的生理变化与行为反应却是当事人无法控制的。情绪每个人都会有，心理学上把情绪分为四大类：喜、怒、哀、惧。再把它们细分还有很多，基本包括我们身上所发生的所有。

普通心理学认为："情绪是指伴随着认知和意识过程产生的对外界事物的态度，是对客观事物和主体需求之间关系的反应，是以个体的愿望和需要为中介的一种心理活动。情绪包含情绪体验、情绪行为、情绪唤醒和对刺激物的认知等复杂成分。"

生理反应是情绪存在的必要条件，为了证明这一点，心理学家给那些不会产生恐惧和回避行为的心理病态者注射了肾上腺素，结果这些心理病态者和正常人一样产生了恐惧，学会了回避任务。

情绪与我们每个人的生活息息相关，情绪可以简单分为好的情绪和坏的情绪。好的情绪会为我们提供一种向上的力量，对我们的人生发挥促进作用，而坏的情绪则相反。当然，我们都想发挥好的情绪的积极作用，避免坏的情绪的负面作用。那么，情绪究竟是从哪里来的呢？关于这个问题的答案，总的来说有以下几种：

1. 生活方面的变动

生活方面的变动是情绪的主要来源之一。比如年底的时候，公司发给你一笔数目可观的奖金，你的第一反应必然是开心，内心充满喜悦；又或者在一次重要的会议上，你的笔记本电脑忽然没电了，你精心准备的PPT（Power Point 的简称，是微软公司出品的 office 软件系列重要组件。俗称"幻灯片"）也无法展示，这时你的情绪一定是懊恼的；再比如期待中的假期即将到来、受伤、失业等，都是可以造成情绪变动的事件，这些事件令我们必须面对新的生活需求以及新的环境要求，从而导致情绪产生波动。

2. 自然事件

虽然作为现代人的我们，不可能像林妹妹那样见落花流泪，但是不可否认的是，自然条件的变化会给我们带来情绪上的改变。比如一连阴沉了几天的天气放晴了，我们的心情必然焕然一新。而自然灾害的发生对于受害者来说，必然是一件重大的情绪事件。而且，对于现场目击者、前往救援的人、救治医院的工作人员、受害者的亲友以及从各种媒体听闻这件事的人来说，其情绪都会或大或小受到影响。

3. 长期的社会性情绪来源

当今社会的确存在比较多的情绪现象，比如生活空间过度拥挤、食品安全受到威胁、经济衰退、环境污染等。这些现象的存在不仅是科学技术上的问题，而且也是心理上的问题。不过，要解决这些社会事件所造成的情绪问题，单个人的微薄之力是不够的，还需要借助整个社会的共同努力。

致力于研究身心成长的作家张德芬说过，天下能引发自己产生情绪的只有三件事：自己的事，别人的事，老天的事。关于这三件事，她有如下解释：

自己的事：诸如上不上班，吃什么东西，开不开心，结不结婚，要不要帮助别人……自己能安排的皆属之。

别人的事：诸如小张好吃懒做，小陈婚姻不幸福，老陈对我不满意，我帮助别人却不被感激……别人在主导的事情皆属之。

老天的事：诸如会不会下雨、地震、战争……人能力范围之外的事情，都属于老天爷的管辖范围。

人的情绪、烦恼就来自于：忘了自己的事，爱管别人的事，担心老天的事……所以要轻松自在很简单：打理好"自己的事"，不去管"别人的事"，不操心"老天的事"，如果真能做到如此，人还会有什么烦恼的情绪吗？

情绪的产生是由于个体受到某种刺激以后产生的身心激动状态。这种刺激可能来自生活中遇到的各种人或事，如故友重逢，仇人相见；嘈杂闹市，鲜花广场；考试试卷，缴费账单等。外界的任何事件都能引发我们喜怒哀乐各种情绪反应。情绪的产生还和我们的某些心理活动，如：回忆、想象、联想，或者一些生理性刺激有关。所以，情绪是个体的深刻体验，我们能感受到它，却常常不能自如地控制它。

刺激是情绪产生的客观原因；需要能否获得满足决定情绪的性质和内容；主观认知是影响情绪的内在原因，了解了自己的情绪如何产生就能帮助我们进一步认识自己的情绪。

当我们完全理解和看透了自己的不良情绪时，如果能够再提出一些问题，不断地进行递进式提问，审视自己的内心，那么许多影响我们情绪的因素便会拨云见日。找到问题的症结之后，下一步的行动就会轻松很多。当然，对提出的问题通常有两项要求：深度和广度。这样，你才会更加真切和有力地看清自己情绪的核心。

人人都有情绪周期

有时候，我们常常对突如其来的情绪感到莫名其妙：不知道自己为什么有时候会毫无来由地心情低落，做任何事情都没有兴致。其实，这都是我们的情绪在作怪，就像一年有春夏秋冬四季的变化一样，我们的情绪也有周期性变化。

情绪周期是指一个人的情绪高潮和低潮的交替过程所经历的时间。它反映出人体内部的周期性张弛规律，也称"情绪生物节律"。一个人如果处于情绪周期的高潮，就表现出强烈的生命活力，对人和蔼可亲，感情丰富，做事认真，容易接受别人的规劝，具有心旷神怡之感；若处于情绪周期的低潮，则容易急躁和发脾气，易产生反抗情绪，喜怒无常，常感到孤独与寂寞。

情绪周期就像是人生情感的天气预报一样，我们可以依据预报的提示安排好自己人生的节律。比如，情绪高涨的时候安排一些难度大、复杂而又棘手的任务，因为人在良好的情绪状态下迎接挑战可以淡化退缩情绪；而在情绪低落时就不要勉强自己，我们可以先做些简单的工作，也可以放下手头上的事，出去走走，多参加一些娱乐活动，让身心得到及时的放松。如果有了烦恼的事情，要学着多向信任的亲人和朋友倾诉，我们要积极化解不良情绪，寻求心理上的支持，安全地度过情绪危险期。如果情绪低迷时还坚持做复杂而艰难的工作，不仅效率不高，还会增加失败意识，并严重打击自信。

了解情绪周期，适时调节自我情绪。

1. 情绪周期的一般规律

人的情绪周期一般为五周，也有的人较短或较长。科学研究表明，人的情绪周期是与生俱来的。从出生的第一天开始，一般28天为一个周期，周而复始。每个周期的前一半时间称为"高潮期"，后一半时间称为"低潮期"。由高潮向低潮或由低潮向高潮过渡的时间，称为"临界期"，一般是2至3天。

人的情绪总是从兴奋到抑制，从抑制再到兴奋，往复循环。一个人的情绪不可能一直处于低潮，也不可能一直高涨。以情绪为例，在高潮期内，人的精力充沛、心情愉快，一切活动都被愉悦的心境所笼罩；在临界日内情绪很不稳定，机体各方面的协调性能较平时差，自我感觉特别不好，健康水平下降，心情烦躁，容易莫名其妙地发火，在活动中容易发生事故；而在低潮期内，情绪低落，反应迟钝，一切活动都被一种抑郁的心境所笼罩。

2. 女人情绪周期的表现

女人行经前的一个星期左右以及行经期间，身体通常会感到不舒适，或出现种种毛病。例如腹胀、便秘、肌肉关节痛、食欲增加、容易疲倦、长粉刺暗疮、胸部胀痛、头痛、体重增加等；有些女性还会显得沮丧、神经质及容易发脾气等。

以上种种与经期有关的症状，医学上称之为"经前症候群"。形成的原因有很多，主要是跟体内的荷尔蒙变化有关。一旦体内的激乳素、雌激素、肾上腺素等荷尔蒙出现了变化，马上会影响到心理情绪及生理上的改变。建议你在日历上记下你的情绪周期，一旦出现忧郁、焦躁不安、想发脾气的时候，立即看看是否情绪周期出现了。

3. 男人情绪周期的表现

说到女人的情绪周期，可能所有人都会很认同，可是男人也有情绪周期吗？答案是肯定的。男人周期性的情绪低潮其实是一种正常的现象，是一种生物节律变化，也是男性机体激素水平变化的结果，是有规律可循的。专家解释说，人的生长、发育、体力、智能、心跳、呼吸、消化、泌尿、睡眠乃至人的情绪无一不受体内生物节律的控制。只不过有的人节律明显，有的人不明显。

据国外一些研究显示，男人的情绪节律周期影响着男人的创造力和对事物的敏感性、理解力以及情感、精神、心理方面的一些机能。在"情绪高潮"期，他往往表现得精神焕发、谈笑风生；在"情绪低潮"期，他又变得情绪低落、心情烦闷、脾气暴躁。有趣的是，目前流传一种说法：男人"例假"也会受自己爱人例假周期的影响。还有一种说法称，男人"例假"还受月亮潮汐现象、天气变化的影响。

另外，工作和生活环境也是影响男人情绪周期的重要因素，长时间的紧张工作和不规律的生活也会带来情绪上的压抑，要是不能及时宣泄出来，到达一定极限时会不自觉地转化为急躁、烦闷。对于感情来说，情绪周期在男人身上的表现可以总结为一个过程：亲密——疏远——亲密。对于理解男人感情的"情绪周期"，有个完美的比喻：男人就像"橡皮筋"。将橡皮筋拉长，只要没超过弹性限度，一松手，立刻就会反弹回来。典型而常见的情形是：起初他对你爱意绵绵，你对他信任有加。忽然间，男人显得烦躁不安，六神无主。他开始疏远你，他不愿与你聊天，甚至不理不睬。一段时间以后，他才恢复常态，再次对你亲热起来。此时，橡皮筋自动反弹回来了。之所以逃避，是男人潜意识里要满足"独处"和"反省"的需要。一段时间的逃避之后，男人就又会强烈地渴望爱，留恋亲密的感觉。

掌握了自己的情绪周期，就应该将其应用于我们的日常生活之中。遇上低潮和临界期，我们要提高警惕，运用意志加强自我控制，也可以把自己的情绪周期告诉自己最亲密的人。让他能提醒我们，帮助我们克服不良情绪。

观察自己的情绪

善于观察自己的情绪，并能对自己的情绪有相当的了解，是我们快乐生活的保证。如果我们对自己的情绪总是感到猝不及防，我们的生活也必会遭到不良情绪的破坏，进而弄得一团糟。芬妮是一个脾气暴躁、情绪容易激动的女孩，经常因为小事和别人吵架，她的人际关系因此愈来愈紧张，最后，男友也难以忍受她的坏脾气，和她分手了。直到有一天，她觉得自己已经处于崩溃的边缘，她打电话向她的一个朋友詹森求救。詹森向她保证："芬妮，我知道现在对你来说是有点糟，可是只要经过适当的指引，一切都会好转。听我说，你现在要做的第一件事就是让自己安静下来，好好地享受一下宁静的生活。"

听了詹森的话，芬妮开始试着放弃先前忙碌的生活，好好地放松自己，给自己放了一个长假。当她的情绪稳定了一段时间之后，詹森又给了她新的建议："在你发脾气之前，先想一想，究竟是哪一点触动了你，让你有那么大的情绪。你可以选择两种方式进行思考，一是让每件事情都在脑海里剧烈地翻搅，另一种则是顺其自然，让思想自己去决定。"

詹森说着，从抽屉里拿出两个透明的刻度瓶，然后分别装了一半刻度的清水，随后又拿出了两个塑料袋。芬妮打开来一看，发现分别是白色和蓝色的玻璃球。詹森说："当你生气的时候，就把一颗蓝色的玻璃球放到左边的刻度瓶里；当你克制住自己的时候，就把一颗白色的玻璃球放到右边的刻度瓶里。你要记住，关键是你要学会控制自己的情绪，如果你不试着控制自己的情绪，你会继续把你的生活搞得一团糟。"

此后的一段时间内，芬妮一直照着詹森的建议去做。后来，在詹森的一次造访中，两个人把两个瓶中的玻璃球都捞了出来。他们同时发现，那个放蓝色玻璃球的水变成了蓝色。

原来，这些蓝色玻璃球是詹森把水性蓝色涂料染到白色玻璃球上做成的，这些玻璃球放到水中后，蓝色染料溶解到水中，水就变成了蓝色。詹森借机对芬妮说："你看，原来的清水投入'坏脾气'后，也被污染了。你的言语举止，是会感染别人的，就像这玻璃球一样。所以，当你心情不好的时候，一定要控制自己。否则，坏脾气一旦投射到别人身上的时候，就会对别人造成伤害，再也不能恢复到以前。"

芬妮后来发现，当她按照詹森的建议去做时，她再也不会有头脑烦乱的时候了，事情也很容易就理出头绪。在此之前，她的心里早已容不下任何新的想法和三思而后行的念头，已经形成了一种忧虑的习性，这些让她恐惧慌乱而情绪化。

当詹森再次造访的时候，两个人又惊喜地发现，那个放白色玻璃球的刻度瓶竟然溢出水来了，看来芬妮对自己的克制成效不小。慢慢地，芬妮已学会把自己当成一个思想的旁观者，来看清自己的意念。一旦有了不好的想法就很快发现，想法失控的时候就及时制止。这样持续了一年，她逐渐能够信任自己并且静观其变，生活也步入正轨，并重新得到了一位优秀男士的爱，美好在她的生活中渐渐展现。其实，芬妮的实验不过是好朋友的一个善意的谎言，但正是这个谎言让芬妮改变了自己，并且能很好地控制自己的坏情绪。在生活中，我们有时也会像芬妮一样，被自己的坏情绪所左右，这是一件很危险的事情。

生活中总会有不如意的事，当你要发脾气的时候，应该做的第一件事就是尽量让自己安静和放松下来，想一想目前出现了什么情况，而不是顺其自然地让脾气发作，被情绪牵着走。

我们常说的"察言观色"中的"色"亦表达相同的含义。主观体验是和相应的表情模式联系在一起的，如愉快的体验必然伴随喜形于色或手舞足蹈。生理唤醒则指情绪产生时的生理反应，它是一种生理的激活水平。不同情绪的生理反应模式是不一样的。比如愉快时心跳节律正常；恐惧时心跳加速、血压升高、呼吸频率增加甚至出现停顿。因此，我们要学会观察自己的情绪，在坏情绪还没有爆发之前，将它化解掉，这对我们的生活会有很大的改善。

对自己的情绪负责

如果有人问你，你能对自己的情绪负责吗？你可能说："情绪怎么能随便控制呢？"有高兴事就乐，有伤心事就悲，这是人之常情。凯斯特是一名普通的汽车修理工，生活虽然勉强过得去，但离自己的理想还差得很远，他希望能够换一份待遇更好的工作。有一次，他听说底特律一家汽车维修公司在招工，便决定去试一试。他星期日下午到达底特律，面试的时间是在星期一。

吃过晚饭，他独自坐在旅馆的房间中，想了很多，把自己经历过的事情都在脑海中回忆了一遍。突然间，他感到一种莫名的烦恼：自己并不是一个智商低下的人，为什么至今依然一无所成，毫无出息呢？

他取出纸和笔，写下了4位自己认识多年、薪水比自己高、工作比自己好的朋友的名字。

其中两位曾是他的邻居，已经搬到高级住宅区去了；另外两位是他以前的老板。他扪心自问：与这4个人相比，除了工作以外，自己还有什么地方不如他们呢？是聪明才智吗？凭良心说，他们实在不比自己高明多少。

经过很长时间的反思，他终于悟出了问题的症结——自己性格情绪的缺陷。在这一方面，他不得不承认自己比他们差了一大截。

虽然已是深夜3点钟了，但他却出奇地清醒。他觉得自己第一次看清了自己，发现了过去很多时候自己都不能控制自己的情绪，例如爱冲动、自卑、不能平等地与人交往，等等。

整个晚上，他都坐在那儿自我检讨。他发现自从懂事以来，自己就是一个极不自信、妄自菲薄、不思进取、得过且过的人，他总是认为自己无法成功，也从不认为能够改变自己的性格缺陷。

于是，他痛下决心：自此而后，决不再有不如别人的想法，决不再自贬身价，一定要完善自己的情绪和性格，弥补自己在这方面的不足。

第二天早晨，他满怀自信地前去面试，顺利地被录用了。在他看来，之所以能得到那份工作，与前一晚的感悟以及重新树立起的这份自信不无关系。

在底特律工作了两年后，凯斯特逐渐建立起了好名声，人人都认为他是一个乐观、机智、主动、热情的人。在后来的经济不景气中，每个人的情绪都受到了考验，很多人都倒在了情绪面前。而此时，凯斯特却成了同行业中少数有生意可做的人之一。公司进行重组时，分给了凯斯特可观的股份，并且给他加了薪水。成功，首先来自于情绪的完善，而非才能。因为，如果没有情绪的完善，才能将难以发挥作用。

这个世界上，成功的"天才"太少，而被宠爱坏了的"天才"却太多。很多有才能的人，往往对自己的才能过于自负，而忽略了对情绪智商的培养。他们不善于与人沟通，在面对困难与打击时，不能有效控制自己的情绪，不时抱怨自己"怀才不遇"，结果落得个一事无成。

美国心理学家南迪·内森指出：一般人的一生平均有十分之三的时间处于情绪不佳的状态，每个人都不可避免地要与消极情绪作持久的斗争。

弱者听任情绪控制行为，强者则控制情绪。关上通往恐惧和担忧之门，你就有机会打开希望和信心之门。不要让心中藏有任何消极的记忆，也不要把时间浪费在无法改变的事情上。

你必须给自己定一个目标："今天，甚或现在，我一定要控制自己的情绪。"你不妨从下面这些做起：

1. 多看美好的一面

调节情绪与控制相机镜头是一样的，假如你把镜头对准垃圾，就会留下垃圾的画面；假如你把镜头对准鲜花，就会留下美丽花朵的画面。情绪也是如此，总是看积极的方面，就会产生乐观的情绪；如果总是看消极的方面，就会产生灰色的情绪。

2. 适当的情绪宣泄

找知心朋友释放一下自己的委屈、忧愁、牢骚和怨恨等不快，有时候，情绪一旦宣泄出来，就烟消云散了，而压抑反而使不良情绪越积越多。

3. 不要苛求

现代人对自己要求越来越高，对环境的要求也越来越高，这就导致对自己不满，对环境也不满。我们要理性地看待自己，适当地原谅自己。

4. 转换思维的角度

所有的绊脚石都是垫脚石，就看你怎么用它。创痛能教导我们某些事情，使我们学到安逸状态下学不到的东西。创痛能帮我们克服困难，发现自身的力量。强者善于运用失败与挫折，使其转化为成功的动力。

人之所以会产生不良情绪，很多时候是因为我们把问题极度扩大化了。其实，这个世界只有两种问题，一种是能解决的问题，另一种就是无法解决的问题。所以，你应该立刻以最实际的办法，着手解决你能解决的问题。至于那些你无法解决的问题，立刻忘掉它吧。

比如，当你听说一次本该抓住的晋升机会错失了，开始，你会暴跳如雷，进而你又悲观失落，甚至觉得自己的一生都没指望了。但实际上，你根本不需要如此。你失去的仅仅是一次小小的晋升机会而已，你要知道，当造物主为你关上一扇门时，又悄悄为你打开了另一扇窗。不要放大消极情绪，不要听任情绪的发展，你应该做的，只是把这次晋升忘掉，开动你的创新思维，去争取更广阔的发展空间。

认识情绪的正负极

马可·奥勒留认为："如果神灵对于我，对于必须发生于我的事情，都已经作出了决定，那么他们的决定便是恰当的。"他劝自己要接受所有对他发生的事情，这在很多人看来可能是顺从命运的消极主义看法。但是，在很多时候，很多东西并不是我们可以预测的，未来也不是凭我们的意志就可以改变的。世界上没有绝对的事情，任何事情都有两面性，塞翁失马，焉知非福？任何事情都是变化无常的，好的事情也会变坏，有的时候坏事情也会出现好的转机。要学会从乐观的角度来看待和接受所发生的事情。从前，有一个国家，它的宰相总是觉得"一切都是最好的安排"，这让国王觉得又可笑又有些讨厌。

有一天，国王准备外出，突然下起了大雨，这让国王非常扫兴。但是宰相说："这是一件好事情，大雨过后的街道一定会被冲刷得很干净，国王您就可以享受清新的空气了。"

国王没说什么。

又一次，国王准备外出巡视时却遇到了酷热的天气，十分郁闷。这时宰相又对国王说："这是一件好事情，在这么炎热的天气下出巡才能了解百姓的疾苦。"

国王忍着一股无名火没有发作。

后来，国王在检查猎具时，不小心被猎具斩断了一截手指。宰相居然也认为这是上天最好的安排，是一件好事情。

国王听后终于忍无可忍，立即把他打入大牢，并以一种幸灾乐祸的嘲讽口吻问宰相："你认为这是一件好事情吗？你认为这也是最好的安排吗？"

没想到宰相居然说是，国王更加生气地告诉他："好，既然你认为好，那你就继续在这里待着吧！"

过了两天，国王去打猎，不小心误入森林深处，被食人族捉住了。当晚，食人族准备了柴火，支起了大锅，准备烹饪国王。但是，当食人族清洗国王身体的时候却发现国王少了一根手指头，这在族内是大忌，因为他们认为不完整的动物是不祥之物。于是他们用特有的仪式把国王送出离他们很远的森林之外。

劫后余生的国王回国后做的第一件事情就是去牢里拜见宰相，他激动地说："断了指头果真是一件好事情。"

过了一会他突然想起了什么，他问宰相："难道我把你关在牢里这么多天也是好事情吗？"

宰相说："当然是好事情了，陛下您想，如果我不在牢里，而是像以往那样陪同您去打猎，我们都会被食人族捉住。您会因为那个断指而保全性命，但我必死无疑，因为我很完整！"

国王终于开悟，任何事情都有两面性，你所接受的都是最好的安排。就像老子所说，祸兮福之所倚，福兮祸之所伏。坏事可以引出好的结果，好事也可以引出坏的结果。当你的事业遇到瓶颈的时候千万不要灰心丧气，要接受现实并想办法进行突破，因为这刚好就是你百尺竿头更进一步的大好机会；当你在工作中遭遇重大失败的时候千万不要情绪低迷，这是一个好事情，因为经验教训是一笔宝贵的财富，你会避免今后再犯此类的错误；当你与同事关系不好的时候，这也不是什么坏事情，因为这说明你该反省自己了，人只有不断反省才能不断成长进步。

总之，接受所有发生的事情吧，多点乐观精神，多把事情往好处想，不要让失意的事情来影响你的情绪，这样你会更加容易快乐，更加容易跨越所有阻碍与困难。

人生不可避免地要经历很多不如意的事情，很多事情也并不是我们自己可以自由选择的。在职场中生存，除了坚强、勇敢，还需要乐观，以使我们在面对任何事情的时候都能够百折不弯。

无论是好是坏，情绪都有传染性

假如有一天，寝室里某一个成员情绪很好，或者情绪很坏，其他成员就会受到感染，产生相应的情绪反应，于是就形成了愉快、轻松或者沉闷、压抑的寝室氛围。

情绪的好与坏对一个人的影响是很大的。因为每一种情绪都犹如强大的病毒一样，很容易影响自己既而传染他人。笑脸对人，回收的是笑脸；恶语对人，回收的是恶语；认真地对待生活，生活也会给你以真诚的回报。有一只流浪狗，无意间闯进一间四壁都镶着玻璃镜的屋子。

突然看到很多的狗同时出现，它大吃一惊，这只狗便龇牙咧嘴，发出阵阵低沉的吼声。

而镜子里所有的狗看起来也十分生气，每只狗的脸上也出现怒吼的面孔。这只狗一看，简直吓坏了，不知所措，开始绕着屋子跑起来，一直跑到体力透支，倒地死亡。其实，真正危害到这只狗的是自己的情绪，要是这只狗肯对镜子摇几下尾巴，情形就会完全改观，镜子里的狗必然会回报它以同样友善的举动。我们对待生活也是一样，镜子就如同他人一样，我们呈现出怎样的情绪，就会被怎样的情绪回馈。如果我们是喜悦的，我们传染他人的也同样是喜悦，大家一起心情舒畅；如果我们是悲伤的，我们传染给他人的也同样是悲伤，当悲伤聚集到一起的时候，我们的内心会因为承受不住巨大的压抑而濒临崩溃的边缘。

试着对你所处的恶劣环境，积极主动地表达心中的善意，情形必然会有所改善。在与陌生人交往中，我们常常会将一些不良情绪带给对方，使对方不是时不时地抱怨就是坐立不安。这时候我们与陌生人的交往就变得十分困难。

许多人都知道一些交际的心理知识和一些交际技巧，每当他们自信地和人打交道时，结果却因为自己不能保持良好的情绪而让人际交往的结果大打折扣。原因很简单，他们注意到了很多技巧性的东西，却忽略了自己的情绪，这些或紧张或烦躁，或失落的情绪直接反映到一些细节上，例如，双眼暗淡无神，不时地看手表，表情僵硬等，这些小细节都会给对方无聊、紧张、冷漠的心理暗示，在这种暗示的影响下，他们原本的情绪就会不自觉地被牵引，变得十分糟糕，进而对交往产生障碍。

当然，事物都有两面性，糟糕的情绪表现会破坏你和陌生人的交往，乐观积极的情绪又会感染对方。正确利用情绪效应，让它为你所用，就能帮你给别人留下很好的印象。

掌握自我情绪，对你的社交会有很大帮助。现代心理学研究发现，人的情绪有两个关键时刻，一是早起时，一是晚上就寝前。如果能把握好这两个情绪的关键时刻，在这两个时刻保持良好的心情，稳定自身情绪，就很容易获得一整天的好心情。

情绪平衡时，你才是充满能量的人

情绪是一种能力。在生活中，我们拥有很多能力，在很多事情上，我们都有自信、勇气、冲动，或者是冷静、轻松、悠闲，或者是坚定、决心，也或者是创造力、幽默感，更或者是敢冒险、灵活、随机应变……所有这些能力，细想一下，我们就会发现这些都来自一份感觉，一份内心里的感觉。而这份感觉就是情绪，情绪可以支配我们的自身资源，发挥这些资源的最大潜能。

我们每时每刻都在感受着情绪带给我们的力量，它存在于我们的无意识中，不易被我们发觉。比如，观看一场扣人心弦的体育比赛会使人产生兴奋和紧张；失去亲人会带来痛苦和悲伤；完成一项任务或工作后会感到喜悦和轻松；受到挫折时会悲观和沮丧；遭遇危险时会出现恐惧感；面对敌人的挑衅时会产生压抑不住的愤怒；在工作不称心时会产生不满；在美好的期望未变成现实时会出现失落感；而在面临紧迫的任务时会感到焦虑。这些感受上的各种变化就是我们通常所说的情绪。

当一个人受到批评时，可能会出现悲伤、沮丧、不满等情绪；当一个人获得成功时，一般会产生兴奋、欢快、喜悦、满足等情绪。我们已经知道了情绪是很复杂的，人类有数百种情绪，其间又有无数的混合变化与细微差别，情绪之复杂远非语言能及。

情绪首先表现为肯定和否定的对立性质，也就是情绪具有两极性。如满意和不满意、愉快和悲伤、爱和憎，等等。而每种相反的情绪中间，存在着许多程度上的差别，表现为情绪的多样化形式。处于两极的对立情绪，可以在同一事件中同时或相继出现。例如，儿子在战争中牺牲了，父母既体验着英雄为国捐躯的荣誉感，又深切感受着失去亲人的悲伤。

情绪的能量也分正负极：一种是积极的，一种是消极的。积极、愉快的情绪使人充满信心，努力工作，消极的情绪则会降低人的行动能力，如悲伤、郁闷等。消极情绪不仅影响自己的表情和理智，也会影响他人对你的看法。

然而，对于不同的人，同一种情绪可能同时具有积极和消极的作用。例如，恐惧会引起紧张，抑制人的行动，减弱人的神志，但也可能调动他的精力，向危险挑战。

每一种情绪都有其对立面。比如：

1. 激动和平静

激动的情绪表现强烈、短暂，然而可能是爆发式的，如激愤、狂喜、绝望。人在多数情景下处在安静的情绪状态，在这种状态下，人能从事持续的智力活动。

2. 紧张和轻松

紧张决定于环境情景的影响，如客观情况赋予人的需要的急迫性、重要性等，也决定于人的心理状态，如活动的准备状态、注意力的集中、脑力活动的紧张性等。一般来说，紧张与活动的积极状态相联系，它引起人的应激活动。但过度的紧张也可能引起抑制，引起行动的瓦解和精神的疲惫。

情绪是很不稳定的，经常呈现出从弱到强，或由强到弱的变化，如从微弱的不安到强烈的激动，从快乐到狂喜，从微愠到暴怒，从担心到恐惧，等等。情绪的强度越大，整个自我被情绪卷入的趋向越大。不同的情绪表现形式，能够成为度量情绪的尺度，如情绪的强度、情绪的紧张度、情绪的激动程度、情绪的快感程度、情绪的复杂程度等。

情绪的稳固程度和变化情况，就是情绪的稳固性。情绪的稳固性与情绪的深度也是密切联系着的。深厚的情绪是稳固持久的。浅薄的情绪即使很强烈，也总是短暂的、变化无常的。

情绪不稳固首先表现在心境的变化无常上。情绪不稳固的人，情绪变化非常快，一种情绪很容易被另一种情绪所取代，人们经常用"喜怒无常""爱闹情绪"等来形容；其次还表现在情绪强度的迅速减弱上。这类人开始时往往情绪高涨，但很快就冷淡下来，人们经常用"转瞬即逝""三分钟热度"来形容他们。

情绪的稳固性是性格成熟的标志之一，稳固的情绪是获取良好人际关系的重要条件，也是取得工作成绩和人生成功的重要条件。

情绪对人的生活能发生作用，这就是情绪的效能。情绪效能高的人，能够把任何情绪都化为动力。愉快、乐观的情绪可以促使人们积极工作，即使悲伤的情绪，也能促使他"化悲痛为力量"。情绪效能低的人，有时虽然也有很强烈的情绪体验，但仅仅停留在体验上，不能付诸行动。

愉快、乐观等积极性情绪使人陶醉于这种氛围中，从而延迟、停止、放弃行动；悲伤、抑郁的情绪则使其不能自拔，也使其延迟、停止、放弃行动。

人的情绪与智力有密切关系，没有智力的人很难说情绪是什么样的，所以，情绪也是智力活动的结果。人们很难找到没有智力的人的情绪。

情绪占据了人类精神世界的核心地位。在任何时候，人们都不会忽视情绪的力量。著名的泰坦尼克号沉没的时候，年老的船长平静地留在轮船上，安心地面对死亡，他的行为感动了许多人，致使这些人在大灾难和即将来临的死亡面前，表现得异常镇静，这充分显示了情绪在人类生活中的重要性。

了解了情绪的正负能量所带来的巨大作用，我们就应该意识到情绪对我们人生的影响。平衡自我情绪，不要被情绪冲昏头脑，才是我们获取情绪能量的法宝。

情绪影响了你的行为

情绪是动机的前提，如果没有情绪就不可能产生动机。试想一下，如果你对某件事情根本没有注意，没有喜欢、讨厌、高兴、失望等情绪的产生，你就不会产生动机，更不会产生带有动机的行为了。有的时候，我很清楚自己所做的事只能让我变得更加痛苦。比如我会被窗外的某些噪音分散心神，但不知为何，那反而给了我更多时间去体会那一刻的恶劣心情，我很惊讶自己居然会变成这样。

"有一天，我躺在床上心情恶劣地翻动身体，晃动的一刹那让我想起了几分钟之前在被窝里的感觉——那种舒适和温暖，可以裹着温馨的被子和枕着柔软的枕头安睡的感觉。我意识到在那一刻，这个世界是美好的，但是这种感觉怎么会消失了呢？于是，我反复地对自己说，想这些事情完全没有用处。但是我立刻又对自己说，那么，为什么我总是想着这些事呢？然后我又开始了新一轮的思考，自己究竟出了什么问题。"这是安琪在描述自己抑郁情绪时说的话。她明白自己对于悲伤事件的反应正是令她更痛苦的原因。她努力地想要改善状况——拼命地思索自己的思想出了什么问题——这样只会加剧她的悲伤情绪。

悲伤是人类自然的心理状态，是人与生俱来的一部分。我们既不回避也没有必要去摆脱它。真正的问题的根源在于悲伤出现之后所发生的事。问题不在于悲伤本身，而在于之后我们对它的反应。

情绪是行动的信号，当情绪对我们说，某件事情不太对劲的时候，我们心里肯定会感到很不舒服。情绪的作用本来就应当如此。它是让我们采取行动的信号，督促我们做些什么来纠正情境的偏差。

如果这种信号没有让你感到不舒服，不能促使你采取行动的话，你还会在一辆快速驶来的卡车前面跳开吗？你还会看到有孩子被欺负时出手相助吗？你还会在看到厌恶的事物时掉头走开吗？只有当大脑的记录表明危机已经解除的时候，这种信号才会消退。

当情绪的信号表明问题就"在那里"——可能是一头怒气冲冲的斗牛或者大举压境的龙卷风云——我们会立刻采取行动避免或者逃离这个场景。

大脑会调动一套自动化反应的程序来帮助我们处理危机，摆脱或者避免危险的侵袭。我们把这种最初的反应模式——也就是内心感到不安，想要逃避或者消除某样事物的反应——叫做厌恶。厌恶会迫使我们采取一些适当的措施来处理危机情境，进而把警报信号关掉。从这个层面上来说，它可以为我们所用，有时甚至可以救我们的性命。

但是，当情绪性反应指向"自我"——包括我们的想法、情绪以及自我意识的层面时，同样的反应就可能会造成完全相反的结果，甚至危及到我们的生命。没有人能够摆脱自身经验的追赶。也没有人能够通过威胁恐吓的方式把那些烦恼、郁闷和威胁性的想法和感受赶跑。

当我们对消极的想法和情绪采取厌恶的反应机制时，负责生理躲避、屈从或者防御性攻击的大脑环路（大脑的"逃避"系统）便被激活了。而这个环路一旦开启，身体就会像准备逃跑或者战斗时那样紧张起来。当我们的全副精力都用于如何摆脱悲伤或者厌恶情绪时，我们的所有反应都是退缩的。头脑被迫关注着这类摆脱情绪的无效工作，将自己彻底封闭了起来。于是，我们的生活经验也变得越来越窄。不知怎么的，就像被挤进了一个小盒子。我们的选择面也会变得越来越窄。你会渐渐感到和外界接触的可能性正在不断地被削减掉。

消极情绪是可怕的，它就像眼罩一样，蒙蔽了我们的双眼，让我们看不到正确的方向，从而走上错误的道路。

情绪可以改变命运

不要忽视自己的情绪，因为每一种情绪背后都蕴藏着一种强大的力量。情绪可以改变命运，这绝不是危言耸听。好情绪可以激发一个人的斗志，坏情绪则会打压一个人的进取心，选择哪种情绪，就预示着我们将成为怎样的人。

真正极富天资、得天独厚的人是极为少见的，许多的成功人士都是很普通的人，他们的成就往往要归功于他们良好的情绪。罗丹出生在一个贫苦的家庭，他酷爱画画，但他目不识丁的父亲却一心想让他成为一个能干活养家的男人，并不指望他成为什么画家。当他得知罗丹背着他偷偷学画后，竟高举着皮鞭逼着罗丹把他画的画和姨妈送的画笔扔进火炉里。

进了校园的罗丹因为把时间都用在了画画上，他的学习成绩很不好，于是，老师只好禁止他画画。一次，罗丹画了一幅罗马帝国的地图，被教师用戒尺狠狠揍了一顿，小手被打得通红，以至于一个星期不能拿笔。

后来，罗丹在大姐的帮助下，他终于进了一所免费美术学校学画。其中的一名教师勒考克是巴黎最杰出的教师，他厌恶美术学院死板僵化的教学方式，但是，他的这种行为却引起很多绘画大家的不满，也让罗丹以后的艺术道路受到了影响。当然，这是后话。

由于没有钱买颜料，罗丹不得不放弃自己钟爱的绘画。勒考克觉得罗丹是一个很有前途的学生，觉得他因为买不起颜料而终止学习非常可惜，于是就动员罗丹到雕塑室进行训练。灰心丧气的罗丹被勒考克严厉地数落一通后，跟随老师进了雕刻室。面对雕刻室满地湿漉漉的黏泥、橡皮的胶泥、赤褐色的陶土和一块块的大理石，以及好些梯子、支架和刀具，罗丹一下子被这个新鲜的世界吸引住了。

有了梦想的罗丹暗自告诫自己：这次不管怎么样，也不能半途而废。他每天从巴黎的这一头赶到另一头，对这座城市的街道、广场、花园、大桥和古代建筑，还有著名的塞纳河两岸的大道，他都满怀深情，了如指掌。他随身携带的小本子上画了成千上万幅写生。他没有休息日，星期六晚上泡在家里根据记忆画想要雕塑的人物草图，星期天则整天待在家里用黏土进行创作。

一晃3年过去了，罗丹请求勒考克推荐他考美术学院。在得到老师的同意并得到另一位雕塑家的推荐后，罗丹信心十足地去参加美术学院的考试。考试要求每天用两个小时总共在6天内完成整个人像，罗丹觉得这是做不到的事情，但还是抓紧时间干了起来。两天过去了，他才在纸上画好了草图，而多数考生已塑完了一半，但他们的作品都显得光滑而没有生气。在最后一天，罗丹的作品虽然没有完全塑成，但他感到已是所有考生中最好的。

但是，罗丹的报考表上写着"落选"。第二年、第三年，罗丹的报考表上依然写着"落选"这两个字。

罗丹泪眼模糊。当他跟跟跄跄地走出考场时，一位学画的朋友告诉他："你是个天才的雕塑家，但因为你是勒考克的得意门生，所以他们永远也不会录取你，否则就等于他们赞成勒考克的艺术主张了。"

尽管罗丹此时几乎痛不欲生，但是他及时调整自己的不良情绪，继续投入到了自己工作中。直到一年后，勒考克把自己视若生命的工作室交给了罗丹。

罗丹终于用他的智慧和刀具，在世界雕塑史上留下光辉一页的同时，也使自己成为一尊不朽的雕像！可以想象，如果面对父亲的责骂、经济的拮据、生活的艰苦以及美术学院的排斥，罗丹退缩了、消沉了，甚至是放弃了，那么世界上会永远失去一位伟大的雕塑家。

歌德曾说过："只有两条路可以通往远大的目标，得以完成伟大的事业：力量与坚忍。"力量只属于少数得天独厚的人，但是苦修的坚忍，却艰涩而持久，能为最微小的我们所用。正因为我们有了良好的情绪控制力才得以坚持自我，永不放弃，才能与糟糕的际遇不懈而顽强地斗争。因为它那沉默的力量，是随时间而日益增长的不可抗拒的强大力量。最终，我们会取得胜利。

重新认识自己的情绪，找到情绪中对我们有利的一面，发掘出它所暗藏的能量，然后运用这份强大的能量来改变我们的命运。

恐惧来自情绪的幻觉

我们恐惧什么？其实，很多时候，我们的恐惧来源于我们自我意象的提示。就像我们做了一个不好的梦，心里就会想一定是有什么不好的事情将要发生，有了这种心理暗示，我们的紧张情绪就会被调动起来，进而让我们产生恐惧心理。

其实，我们最害怕的事物往往并不存在，那只是想象中的影子罢了。卫斯里为了领略山间的野趣，一个人来到一片陌生的山林，左转右转，迷失了方向。正当他一筹莫展的时候，迎面走来了一个挑山货的美丽少女。

少女嫣然一笑，问道："先生是从景点那边迷失的吧？请跟我来吧，我带你抄小路往山下赶，那里有旅游公司的汽车在等着你。"

卫斯里跟着少女穿越丛林，阳光在林间映出千万道漂亮的光柱，晶莹的水汽在光柱里飘飘忽忽。正当他陶醉于这美妙的景致时，少女开口说话了："先生，前面就是我们这儿的鬼谷，是这片山林中最危险的路段，一不小心就会摔进万丈深渊。我们这儿的规矩是路过此地，一定要挑点或者扛点什么东西。"

卫斯里惊问："这么危险的地方，再负重前行，那不是更危险吗？"

少女笑了，解释道："只有你意识到危险了，才会更加集中精力，那样反而会更安全。这儿发生过好几起坠谷事件，都是迷路的游客在毫无压力的情况下一不小心摔下去的。我们每天都挑东西来来去去，却从来没人出事。"

卫斯里冒出一身冷汗，对少女的解释十分怀疑。他让少女先走，自己去寻找别的路，企图绕过鬼谷。

少女无奈，只好一个人走了。卫斯里在山间来回绕了两圈，也没有找到下山的路。眼看天色将晚，卫斯里还在犹豫不决。夜里的山间极不安全，在山里过夜，他恐惧；过鬼谷下山，他也恐惧。况且，此时只有他一个人。

后来，山间又走来一个挑山货的少女。极度恐惧的卫斯里拦住少女，让她帮自己拿主意。少女沉默着将两根沉沉的木条递到卫斯里的手上。卫斯里胆战心惊地跟在少女身后，小心翼翼地走过了这段"鬼谷"。

过了一段时间，卫斯里故意挑着东西又走了一次"鬼谷"。这时，他才发现"鬼谷"没有想象中的那么"深"，最"深"的是自己的恐惧。有些人对一些本来并不可怕的事情却产生了紧张恐惧的情绪。他们自己也能意识到这种恐惧是完全不必要的，甚至能意识到这是不正常的表现，但却不能控制自己，即使尽了很大努力也依然无法摆脱和消除，因而感到极为不安。

许多人简直对一切都怀着恐惧之心：他们怕风，怕受寒；他们吃东西时怕有毒，做生意怕赔钱；他们怕人言，怕舆论；他们怕困苦的时候到来，怕贫穷、怕失败、怕收获不佳、怕雷电、怕暴风……他们的生命充满了林林总总的恐惧。

从前，有一个国王，他提供了非常优厚的一份奖金，希望有人能画出最平静的画，以便自己在心情烦躁时能拿来缓解情绪。许多画家都来尝试，国王看完所有的画，只有两幅他最喜欢。一幅画是一个平静的湖，湖面如镜，倒映出周围的群山，上面点缀着如絮的白云。大凡看到此画的人都同意这是描绘平静的最佳图画。另一幅画也有山，但都是崎岖和光秃的山，上面是愤怒的天空，下着大雨，雷电交加。山边翻腾着一道涌起泡沫的瀑布，看着一点都不平静。但当皇帝靠近一看时，他看见瀑布后面有一个小树丛，其中有一鸟巢。在那里，在奔流的水流中间，母鸟坐在它的巢里——平静安详。

国王选择了后者，奖金给了画这幅画的画家。平静并不等于完全没有困难和辛劳，而是在那一切的纷乱中间，心中仍然宁静。

一幅画就能带给一个人内心的安宁，这说来多多少少都有些不可思议。我们总是把情绪和幻觉重叠，无法辨认哪些是真实存在的，哪些是虚幻的。因为情绪本身就有不确定性，它很容易被外界因素所影响。

对自我进行深刻的剖析，认清自己真实的情绪，才是主宰自我的根本所在。

坏情绪会阻碍你成功

约翰·米尔顿曾经说过这样一句话："一个人如果能够控制自己的激情、欲望和恐惧，那他就胜过国王。"

愤怒、憎恨、恐惧、悲哀是最常见的不良情绪的体现。情绪波动的因素很多，可能因为自己目前的状况，可能因为周围的环境，内心的期望与理想在现实中达不到，心里的要求不能在现实中得到满足，理想和现实的差距是你脾气不好的根源。当面对别人无端指责而自己却无能为力时，当工作、生活、学习压力太大而无法排解时，当事业、恋爱不顺时，当亲人无端受害时，当自己的利益受到严重侵犯时，当受到某种打击和刺激时，当受到伤害无处诉说时，当和人吵架时，当被人冤枉时，有时可能因为别人的一句不顺耳的话或一句无意的玩笑，我们会极端生气、伤心、激动，这些都可能引发我们的坏情绪。

情绪变坏不仅仅会影响我们的生活、工作，严重时可能脾气更坏，每个人的性格和脾气不同，表现的形式不同，性格比较温和的人会选择沉默，脾气比较暴躁的人会发疯更会打人、骂人，有些人甚至会有歇斯底里的疯狂状况，到了丧失理智的程度。一旦情绪失控，就意味着行为失控，一切失控。所以，我们应该尽量避免坏情绪影响我们，生活中有些事情不是我们所能控制的，但我们却可以调节我们的情绪，避免事情向坏的方向发展。

情绪就像人的影子一样每天与我们相随，我们在日常的工作、学习和生活中时时刻刻都体验到它给我们的心理和生理上带来的变化。对于情绪，我们可以有很多具体的词语来描绘，愉快的与不愉快的，高兴的与不高兴的，满意的与不满意的，温和的与强烈的，短暂的与持久的，等等。人的情绪，是一种巨大的、神奇的能量。它既可以是激发人的无穷动力，又可以把人推向万劫不复的深渊。

有人说，生活就是一面镜子，你笑她就笑，你哭她就哭。千万不要让坏情绪影响了你的人生，阻碍了你的成功。

难以抗拒的感染力

情绪的感染力无处不在，有时候你会做一个主动的感染源，有时候你又会在不经意间成了某种情绪的被动感染者。也许在被感染的当时你并未察觉，等到你的情绪已经发生变化时，才觉察到情绪已经在不知不觉间发生了不可思议的转变。

人际关系的一个基本定理就是情绪的相互感染，这是影响力的一个重要体现。人们在交往中，彼此传输和捕捉相互的情绪信息，并汇聚成心灵世界的潜流，通过这股潜流的涌动来感染、影响对方的情绪。对这种情绪控制的能力越高，社交中的影响力就会越大。

人们在交往时，情绪传递的方向总是从表达能力较强的一方指向相对较被动的一方。有些人特别容易受到情绪的感染，也就极易动容。

善于顺应他人情绪或使他人情绪顺应你的步调，必然能够提升你的影响力，并建立良好的人际关系。成功的领导者或者富有感染力的演讲家都具有这一特征，能用这种方式调动千万人的激情和眼泪。

激情如火的演唱会上，活力四射的歌手们把台下观众的情绪调动得同样兴奋，他们的歌声和舞姿扣人心弦，最重要的是他们的情绪让观众们不由自主地随之跃动；而观众在看一些缠绵悱恻、凄惨无比的电视剧时，又会被剧中人物演绎的悲情所打动，随着剧中人喜而喜，剧中人悲而悲，这些都是情绪感染的力量。

在每一次与人交往的过程中，我们都在不断地传递着情感信息，影响着周围的人，同时也在不断接受他人的情感信息。在多数的情况下，这种交流与感染比较间接与隐秘，不为大多数人所察觉，但这种感染作用确实存在。人们都喜欢与热情大方开朗的人接近，从他们身上可以感受到勃勃向上的生命力量，难道他们从不曾忧郁、悲伤与痛苦吗？当然不是，他们所掌握的不过是懂得如何将情绪适时地投射到他人身上。

情绪的交流往往会细微到几乎无法察觉，却又无时不在地左右你的思想和行为。早晨某人的一句话可能使你整个上午都处于一种不安、心神不宁的情绪中，也许你认为早已把那事儿给忘了，但它却影响了你一整天的工作效率。

把热情倾注在你的工作或学习中，会使一切面目一新，许多研究与事实表明热情是影响人生成就的一大原因。同样，热情也是影响人际关系的重要因素。研究表明，热情的人在与人交往中往往更为积极主动，更勇于承担责任，更易于给予他人以关怀和帮助，因而更受人欢迎。

成功地运用鼓励、安慰、赞美的人，必定拥有一份成功的人际关系。除此之外，人的非言语表现也能调节情绪的协调程度，一个面带迷人微笑、充满自信和热情的人，随时随地都受人欢迎。

好情绪造就好人生

牛顿说："愉快的生活是由愉快的思想造成的，愉快的思想又是由乐观的个性产生的。"的确，生活是你自己的，选择快乐还是痛苦都由你决定。要想赢得人生，就不能总把目光停留在那些消极的东西上，那只会使你沮丧、自卑，徒增烦恼。苏珊娜是由心态积极而且又善于解决问题的母亲抚养成人的。母亲给人鼓舞的教育对苏珊娜的成长起了莫大的作用。

苏珊娜刚刚4岁的时候，父亲就因心脏病去世了。当时，她的母亲只有27岁，带着两个孩子，经济拮据。突如其来的厄运给她的打击几乎是致命的，使她一度陷于绝望。但她终于重新振作起来，鼓足勇气活下去。

在苏珊娜的父亲去世后的好几年里，她们家非常困窘，怎样勉强填饱肚子是母亲最担心的事。可是，母亲没有为家境贫穷而烦恼，而是想办法去挣钱，在家里为一个当律师而雇不起全日秘书的邻居做打字工作。苏珊娜也常常想办法做一些事情来贴补家用，她8岁的时候，就教邻居一些还没上学的孩子识字。那些孩子的父母亲很感激，便供给她食宿费用。

苏珊娜最敬佩的，就是母亲那种乐观的态度。

她记得，如果遇到五件难题，母亲就会说："没遇到六件难题，这不是走运吗？"当时买不起汽车，母亲就说："咱们住得离公共汽车站这么近，难道还不满意吗？"过节的时候没钱给她买新衣服，母亲就用家里的旧衣服拼拼凑凑地做一件，然后就表扬自己的手艺好。她高高兴兴地处理这些问题。苏珊娜在学校上学的时候，有一次没被选上班干部。母亲说："好呀，现在有时间来筹划搞一次比较成功的竞选运动了，下次选举你一定能够当选。"

多年耳闻目睹母亲这样乐观积极地处理问题，苏珊娜也具有了积极的生活态度。凡是遇到困难的时候，她就以学来的乐观情绪去对待，战胜困难。母亲微笑的脸和充满鼓励的话，总是给她鼓劲，增加她的勇气。每当她情绪消沉，抱怨不满或者在学校里碰到难办的事情，对母亲的回忆就会帮她坚持下去，然后得到一个很好的结果。不管是对待工作的问题、与他人交往的问题，还是对待她自己的问题，都是这样。研究发现，乐观或是悲观的生活态度关系到一个人的生活质量和身体健康。研究对象先是在20世纪60年代做了性格测试。30年之后，他们又参与了一次后续健康状况评估。研究人员发现，30年后，研究对象中乐观主义者不但身心健康状况要好于悲观主义者，而且乐观主义者的平均寿命要比后者长。

人处在逆境中，要学会保持心理平衡，切记不要被坏情绪控制。要认识到，事情已经发生，任何忧愁哀伤都不能改变事实，没有任何实际意义。我们应该学着从多种角度来看待问题，逆境未必就一定是坏事，重要的是自己仍然有希望。

生活中，有许多人在遇到不愉快的事时，或心情不佳时，常常默不做声，不肯把自己的不快乐告诉别人，即便是最亲近的人。这种方式很不好。情绪就像洪水，只有疏导才能真正解决问题，想要压抑或阻止都是糟糕的做法，其结果往往是于他人无益，于己更有害。主动向亲近的人倾诉自己的心里话，常是宣泄情绪的好办法，情绪好转了，许多事也就解决了。

消极情绪就像是污染源，它会把你的人生弄得乌烟瘴气，既然我们认识到了消极情绪的危害，就应当有意识地避开消极情绪，当它出现时，可以有意多想一些高兴的事，自觉地用乐观情绪来代替悲观情绪。乐观情绪调动起来就会使大脑皮层处于兴奋状态，可以逐渐淡化消极情绪。

乐观是无形的，但它是有力量的，而且乐观的力量又是超乎想象的。乐观的人就是这样变通地看待生活和问题，他们总能在困难和不幸中发现美好的事物。他们相信自己，相信自己能主宰一切，正如哈佛教授亨利·霍夫曼所说："你是否快乐或痛苦，不完全取决于你得到什么，更多地在于你用心去感受到了什么。"第三节病由心生，情绪决定健康心理疾病时代的危机

健康包括身体健康和心理健康，只有身心都健康的人才称得上是真正健康的。在生活中，经常发现有的人只重视身体健康，却忽视心理健康。

俗话说："健身首先要健心。"因此，从某种意义上来说，心理健康比身体健康更重要。也许你会问："心理健康与否和情绪又有什么关系呢？"其实，经心理学家研究表明，导致心理不健康的罪魁祸首就是不良情绪。晋朝有个人叫乐广。有一天，一个好朋友去看望乐广，乐广拿出酒来招待他，两人边喝边谈。可客人好像有什么心事，喝得很少，话也谈得不多，一会儿便起身告辞了。

这个朋友回到家里便生起病来，请医服药也不见效。乐广得知这个消息，立刻去他家探视，询问病因。病人吞吞吐吐地说："那天到你家喝酒的时候，我仿佛看见酒杯里有条小蛇在游动，当时感觉特别紧张，心里也很害怕。喝了那酒，回来就病倒了。"乐广想了想，便热情地邀朋友再去他家饮几杯，并保证能治好朋友的病。

这一次，两人仍坐原位，酒杯也放在原处。乐广给客人斟上酒，笑问道："今天杯里有无小蛇？"客人看着酒杯，紧张情绪不受控制，他立刻跳了起来，大叫道："有！好像还有。"乐广转身取下挂在墙上的一张弓，再问道："现在，蛇影还有吗？"原来酒杯里并没有什么小蛇，而是弓影！病人恍然大悟，疑惧尽消，病也就全好了。乐广的朋友得的就是心理疾病，而这种疾病的根源就是他的不良情绪。想想看，他因为误以为自己的酒杯里有蛇，而让坏情绪钻了空子，他开始紧张、恐惧，而这些情绪得不到化解，心理自然就有了负担，得病也就是自然而然的了。

有人花了38年的时间做了一项调查，结果显示，心情舒畅的人，其死亡率很低，而且极少得慢性病。而精神压力大的人，竟有三分之一因重病而去世。很多疾病，如高血压、心脏病、胃溃疡、肺结核、哮喘等发病的确与情绪有关。由此可见，人的心理健康与身体健康是相互联系、相互制约、相辅相成的。

1. 幻觉

这是一种没有现实刺激物作用于相应的感受器官而出现的一种虚幻的感知和体验，就是外界环境并不存在某种事物，而主体却坚持认为感知该事物的存在，因而是一种无中生有的虚假、空幻的感觉。幻觉有幻听、幻视、幻味、幻嗅、幻触等。有幻觉的人可能完全受幻觉所吸引，被幻觉命令所支配，出现种种反常的行动。

2. 妄想

这是毫无事实根据但是身处其中的人却坚定不移的病态想法，它是一种歪曲的信念，错误的判断和推理。像疑病妄想、关系妄想、钟情妄想、迫害妄想、嫉妒妄想等。病人对周围事物疑心重重，或者夸大自己的能力、地位和财产，尽管这种想法极端荒唐无稽，完全没有事实根据，但是病人却坚定不移。无论旁人怎样解释，甚至把无可辩驳的事实摆在他面前，也丝毫不能动摇或纠正他的错误信念和想法。

3. 兴奋

这是指病人情绪激动，活动增多，烦躁不安，说话时喋喋不休，骚动不安，有时会冲动起来，出现伤人毁物的破坏性行为。

4. 忧郁

这是指病人情绪低沉，精神沮丧，整天愁眉苦脸，唉声叹气，对周围事物漠不关心，丝毫不感兴趣。这样的病人有自责自罪的想法，悲观绝望，甚至会有自杀的念头和行为。

对于已经生病的人来说，心理因素起着十分重要的作用。这就是我们常说"心病还须心药医"的原因。患者自身有良好的心理状态，与医生密切配合，可使重病减轻，使绝症得到缓解。因此，在日常生活中，我们一定要积极主动地调节自身的心理活动，更好地适应不断变化的客观形势，只有长期保持较好的精神状态，才能健康快乐地生活。

第二章　管理好情绪，才能管理好人生

舒解情绪，防止乐极生悲

突然的狂喜，很可能导致"气缓"，即心气涣散，血运无力而淤滞，便出现心悸、心痛、失眠、健忘等一类病症。成语"得意忘形"，即说明由于大喜而神不藏，不能控制形体活动。清代医学家喻昌写的《寓意草》里记载了这样一个案例："昔有新贵人，马上洋洋得意，未及回寓，一笑而逝。"《岳飞传》中牛皋因打败了金兀术，兴奋过度，大笑三声，气不得续，当即倒地身亡。

2006 年中秋佳节，64 岁的梁伯因为几个外出工作的儿女都回家欢庆中秋，喜庆之余几杯酒落肚，到晚上 11 时许，他突然出现心前区痛、大汗淋漓，急送市中医院内科抢救治疗。诊断为急性心肌梗塞并心律失常、心力衰竭。此时，梁伯已四肢冰冷，呼吸困难，全身重度发绀，处于心源性休克。医生及时制定了严密的救治方案，经过一系列积极抢救，梁伯的病情才逐渐稳定下来。

但医生、护士还来不及擦干脸上的汗水，听到有人急呼："医生救命！"随即看见，有一位姓江的病人因急症送进内科来了。原来，江亚婆家也是儿孙欢聚一堂，但素有高血压、心肌病的江亚婆，面对这喜庆情景一时难以自持，以致引发心脏病、心力衰竭。入院时心率仅 30 ~ 40 次 / 分，四肢冰冷，神志不清。内科医生沉着镇定，给予抗心律失常、提高心率、保护心肌和抗心衰的治疗，结合中药振奋心阳益气养阴，病情很快得到控制。

这两个病例提醒人们，大喜、狂喜不利于健康。过度兴奋，也会把人推向绝境。而且，对于时常经受巨大压力的人来说，过度兴奋比过度悲恸离"绝境"更近！这是因为人的心理承受能力，同人的生理免疫能力有相似之处。经常出现的巨大压力，如同经常性的病菌入侵，使心理的抗御力如同人体里的白细胞那样经常处于备战与迎战的活跃状态，故心理虽受压抑但仍能保持正常生存的状态，不至于一下子崩溃。

过度兴奋则不同，对于心理经常承受巨压的人来说，与形成的被压抑的心理反差是那么的巨大，使心理状态犹如从高压舱一下子获得减压，难免引起灾难性后果。那些挣扎太久、立即要达到竞争优势终点的人，经过多年奋争、屡屡遭难而终于昏厥在领奖台上的人，那些企盼达到最终目标而变得疯癫的人，那些负重多年不得解脱而一旦获得解脱竟不能正常生活的人……都是从过度兴奋这一条道路走向绝境的。

为了防范上述悲剧的发生，防止过度兴奋，同防止过分悲恸同等重要。这就要求我们学会释放心理压力。为了释放心中的狂喜，可以借助于山川的明媚、朋友的温情乃至心灵自设的"拳击台"，有些心理承受能力较差而智慧高超的人，或者由于体质虚弱而一时无法调和心理巨变因素的人，常常使用保守的方式来应对突降的幸运所可能引发的过度兴奋，这不失为一种明智之举。

德国作家亨利·曼在他的《亨利四世》一书中写道："没有比兴奋更接近绝望的了……"这是很耐人寻味的。在成败频率出现越来越高的社会中，这样的提示颇具警示意义。

生气等于慢性自杀

现代人都知道气大伤身，而且我们的老祖宗很早就明白生气是最原始的疾病根源之一，不但浪费身体的血气能量，更是人体患各种疾病的原因所在。在《黄帝内经》灵枢篇中，就有相关记载："夫百病之所始生者，必起于燥湿寒暑风雨，阴阳喜怒，饮食起居。"

长期生气会在人的身上留下痕迹，从外表就能看出来，比如一个人长期脾气火暴，经常处于发怒状态，那他多数会秃顶。头顶中线拱起形成尖顶的头形者是生气比较严重的，而额头两侧形成双尖的 M 字形的微秃者，也是脾气急躁的典型。

生气为什么会造成秃顶呢？中医认为，人发脾气时，气会往上冲，直冲头顶，所以会造成头顶发热，久而久之就会形成秃顶。严重的暴怒，有时会造成肝内出血，更严重的还有可能会吐血，吐出来的是肝里的血，程度轻一点的，则出血留在肝内，一段时间就形成血瘤。这些听起来虽然可怕，但千真万确。

有些人经常生闷气，这会使得气在胸腹腔中形成中医所谓"横逆"的气滞。生闷气的妇女会增加患小叶增生和乳癌的几率。

还有一种人经常处于内心憋着一股窝囊气的状态，他们外表修养很好，在别人眼里从来都是好脾气的人，但心里经常处于生气或着急的状态。这容易造成十二指肠溃疡或胃溃疡，严重的会造成胃出血。这样的人，额头特别高，而且额头上方往往呈半圆形的前秃。

有些人经常感觉腹部胀痛，很多情况下以为是肠胃的原因，其实是因为其气血较差，一生气，气就会往下，从而使得腹部胀痛。

中医认为，怒伤肝，肝伤了更容易生气，而生气会造成肝热，肝热又会让人很容易生气。两者会互为因果而形成恶性循环。因此，不要长期透支体力，要注意调养血气，这样才能使人的脾气变得比较平和。

身体虚弱的人，有时候一生气就会有生命危险。例如，痰比较多的病人，一生气就会使痰上涌，造成严重的气喘，很容易窒息死亡。由此可见，生气会使身体出现许多问题，因此，日常生活中一定不要生气。所谓的不生气并不是把气闷住，而是修养身心，开阔心胸，使得面对人生不如意时，能有更宽广的心胸包容他人的过错，根本没有生气的念头。如果生活或工作的环境让人无法不生气，那么可以考虑换个环境。

如果实在无法控制生气，那么如何在生气后将伤害降到最低呢？最简单的方法，就是生了气后，立刻按摩脚背上的太冲穴（在足背第一、二跖趾关节后方凹陷中），可以让上升的肝气往下疏泄，这时这个穴位会很痛，必须反复按摩，直到这个穴位不再疼痛为止。或者吃些可以疏泄肝气的食物，如陈皮、山药等，也很有帮助。最简单的消气办法则是用热水泡脚，水温控制在 40℃ ~ 42℃度左右，泡的时间则因人而异，最好泡到肩背出汗。

把心胸打开，想想有什么事值得你大动肝火地生气呢？生气就是用别人的过错来惩罚自己，这是多么愚蠢的行为啊！有些人因为生气而把命都丢了，比如三国里那个周瑜，与其说他是气死的，还不如说他是"笨"死的。因此，就算有天大的让你恼火的事，为了健康，也要以广阔的心胸去消灭心中的怒火。

坏情绪会危及生命

健康是一位人人喜欢的美丽天使，疾病则是一个人人讨厌的幽灵。要远离疾病，首先要懂得健康之道、养生之道；要获得健康，又必须要全面探讨病因病根，掌握正确的祛病之法。

疾病是人生最主要的烦恼之一，反过来，很多疾病又根源于人们内心的烦恼情绪。因此，消除疾病的根本方法即在于断除人生的烦恼，过一种真正快乐的生活。人是身、心、灵三方面的结合，缺一不可，健康也是如此。

在坏情绪中，恐惧情绪的危害是很大的，恐惧是人们企图摆脱、逃避某种危险情境而又苦于无助的情绪，它往往是缺少处理或摆脱可怕情境的力量和知识造成的。人们在恐惧状态下，精神和身体如同被冻结了一般，不能听任意识的调用。

当一个人处于恐惧的情绪下，往往会出现血管收缩忽急忽缓、战栗、心脏猛跳、脸色变白，心脏以外各处皆呈血亏现象，俗谓"胆战心惊""腿灌了铅"。如果刺激过度，使神经高度紧张，思想完全绝望，好像天要塌下来了，结果必然是精神全面崩溃。

心理的恐惧对老年人的健康损害更大。老年人长时间忧愁、烦闷、不安会加快自身的衰老和死亡速度，从而影响家人的生活。因急性肺炎，65岁的老王住院治疗了一段时间，但出院后总感觉肺部隐痛，于是怀疑自己得了不治之症。尽管家人一再告诉说他得的只是普通肺炎，静养一段时间就可痊愈，但他认为是家人故意隐瞒病情，整日焦虑不安、忧心忡忡，肺部不适症状也因此越来越严重。吴老太68岁，本来生活得好好的，可最近由于哥哥患肝炎去世而惧怕肝炎到了惶惶不可终日的程度。她手不敢碰墙，见到痰盂、桌椅等就绕开走；怕邻居来串门，邻居走后，她都要用消毒液擦洗人家坐过、碰过的地方。专家透露，目前死亡的肿瘤病人有三成是被活活"吓"死的。而70%~80%的肿瘤病人（其中老年人比例最大）有心理障碍，主要表现为抑郁、焦虑、烦躁、恐惧等。老年人要想健康长寿，应顺其自然，正确看待死亡，不可自寻烦恼，胡乱猜疑。

恐惧情绪不仅危害人体健康，还影响我们的办事效率，比如，在运动场上，运动员越是害怕成绩不好，就越可能出现失误；在考场上，考生越是怕考不好被人耻笑或被父母训斥、打骂，便越是思维迟钝、束手无策。

恐惧情绪不利于事业发展和身心健康，一个人究竟需不需要恐惧呢？需要！适度的恐惧是必需的，如果一个人失去了恐惧情绪，那他就可以随心所欲、胆大妄为、无法无天。这种有恃无恐的心理，是一切罪恶的根由。

据心理学家研究，所谓"初生牛犊不怕虎"，婴儿除了失去拥抱和大的响声之外，别无他惧。人们的许多恐惧心理都是后天习得的，所以也是可以克服的。

有恐惧症的人只要下定决心，不断学习科学知识，调整心态，勇于实践，就一定可以消除心中的恐惧感。

思念让生命不堪重负

"红豆生南国，春来发几枝。愿君多采撷，此物最相思。"从古到今，相思困扰过多少人！然而，少有人想过这会不会是一种病。

造物主总喜欢捉弄人，使一相情愿的事经常发生。于是，就有了相思的另一种形式——单相思。哪个少女不怀春，哪个少男不钟情？单相思一般都是正常的，但也有一些"单恋"过了头，结果变成了病态。北宋哲宗绍圣年间，刚正不阿、直言敢谏的苏轼被贬到今惠州市的白鹤峰，他买田地数亩，盖草屋几间。白天，他在草屋旁开荒种田；晚上，就在油灯下读书或吟诗造句。

每当夜幕降临之时，便有一位妙龄女子悄悄来到苏轼窗前，偷听他吟诗作赋，常常站到夜深人静，露水打湿鞋袜。苏轼很快发现了这位不速之客，一天晚上，正当少女偷偷到来之时，苏轼轻轻推开窗户，想和她交谈。谁知，窗子一开，少女像一只受惊的小鸟，撒腿便跑，消失在夜幕之中。

　　白鹤峰一带没有几户人家，没多久苏轼便了解到这位少女是此地温都监的女儿，名叫超超，年方二八，生得清雅俊秀，知书达理，尤爱苏学士的诗歌词赋，常常手不释卷，如醉如痴。她打定主意，非苏学士这样的才子不嫁。自从苏轼被贬至惠州之后，她一直寻找机会与苏学士见面。因此便借着夜幕的掩护，不顾风冷霜凄，站在窗外听苏学士吟诗，在她看来，这是莫大的享受。

　　苏轼十分感动，他暗想："我苏轼何德何能，让才女如此青睐。"他打定主意，要成全这位才貌双全的都监之女。苏轼认识一位王姓读书人，生得风流倜傥，饱读诗书，抱负不凡。苏轼便为两人牵了红线。温都监父女都非常高兴。从此，温超超闭门读书，或者做做女红针线，静候佳音。

　　谁知，祸从天降。正当苏轼一家人在惠州初步安顿下来时，哲宗又下圣旨，再贬苏轼为琼州别驾昌化军安置。琼州远在海南，"冬无炭，夏无寒泉"，是一块荒僻的不毛之地。衙役们催得急，苏轼只得把家属留在惠州，只身带着幼子苏过动身赴琼州。全家人送到江边，洒泪而别。苏轼想到自己这一去生还的机会极小，也不禁悲从中来。

　　苏轼突然被贬海南，对温超超简直是晴天霹雳。她觉得自己不仅错失了一门好姻缘，还永远失去了与苏学士往来的机会。从此她变得痴痴呆呆、郁郁寡欢，常常一个人跑到苏学士在白鹤峰的旧屋前一站就是半天。渐渐地，连寝食都废了，终于一病不起。临终时，她还让家人去白鹤峰看看苏学士回来没有，最终带着无限的遗憾离开了这个世界。家人遵照她的遗嘱，把她安葬在白鹤峰前一个沙丘旁，坟头向着海南，她希望自己死了，灵魂能看到苏学士从海南归来。

　　三年后，徽宗继位，大赦天下，苏轼才得以回到内地。苏轼再回惠州时，温超超的坟墓已长满了野草。站在超超墓前，苏轼百感交集，潸然泪下，他恨自己未能满足超超的心愿。他满怀愧疚，吟出一首词来：

　　缺月挂疏桐，漏断人初静。谁见幽人独往来，缥缈孤鸿影。
　　惊起却回头，有恨无人省。拣尽寒枝不肯栖，寂寞沙洲冷。

　　遇到一个很有魅力、令自己魂牵梦萦的人，是毕生的安慰，然而，得不到他，却是毕生的遗憾。除却巫山不是云，没有人比他更好，可是，他却永远不能属于自己，难道唯有抱着对他的记忆过一生吗？

　　相思实属人之常情。失恋的青年男女因相思而心情不佳、郁郁寡欢，沉默、注意力不集中、失眠、食量减少、消瘦，并不足为奇。这不会影响日常生活和工作，而且持续时间一般较短。随着时间的推移，痛苦会逐渐减少，或者有了新的恋爱对象，注意力发生转移，心理反应也就渐趋消失。但是，也有少数人情况会变得严重而发展成心理障碍，表现为情绪抑郁、言语减少、连续失眠、食欲丧失、消极厌世、兴趣消失，有的则表现为喜怒无常、激动、失去自我控制能力。这种心理障碍被称为反应性抑郁症，影响生活、学习和工作，且持续时间较长，危害性极大。

　　对于过度思虑的人来说，无休止的思考好似积攒在心头的"赘肉"，无法搬运、无处转移。你知道吗？我们的心灵也需要减肥，否则它会不堪重负。心灵减肥的过程其实是一个"放心"的过程，过度思恋，相当于你一不小心误入了思虑的泥沼，这时候，你最好赶快掉头往回跑，做一些轻松愉快的事情来分散自己的注意力，如读小说、听音乐、看电影、吃零食、与朋友聊天等。不要钻牛角尖，切忌陷入思维定式，要学一点"没心没肺"，给点儿阳光就灿烂。

疑心太重是自寻烦恼

现实中，有些人总喜欢没完没了地猜疑他人，这无异于把自己封闭起来，没完没了地自寻烦恼。

俗话说："害人之心不可有，防人之心不可无。"正常的猜疑人皆有之，但多疑是猜疑的极端状态，是心理失衡的表现。

现实中，有些人处处表现出一种"防人之心"，时时表现出一种强烈的"猜疑他人的戒备心理"，他们整天疑心重重，处处神经过敏，很难相信他人，结果使自己的日子很不好过，他们透过"怀疑"的镜片看这个世界的一切，正常的一切在他们的眼中都变了颜色。

这样的人人际关系都很糟糕，没有知心朋友，自身虽十分苦恼却找不出原因。甚至有的人因为猜疑，夫妻离异、朋友反目。仔细想想，也怪不得他人，谁愿意和一个整天猜疑的人生活在一起呢？

他们搞不好人际关系的根本原因就在于他们不信任他人。俗话说："疑人不用，用人不疑。"假如一位领导对自己的下属总是疑这疑那，常常曲解下属善意的、正常的言行，那么哪个下属愿意跟着他做事呢？

有太强戒备心理的人，总不肯对他人说心里话，因此他人就会感到这个人"不实在""不好捉摸"，自然就不太想与他交往。人与人之间的关系因为猜疑而不能开诚布公地相互交流，彼此之间缺乏温暖，变得麻木，变得冷漠凄凉。《红楼梦》中的林黛玉，就是个疑心病很重的人。她是位聪慧的女子，然而却把自己的天资也用于猜忌别人上面，处处猜测怀疑，杯弓蛇影，草木皆兵，既伤了自己的心，更伤了别人的心，最后失去朋友，失去人缘，导致人际关系恶化。

《红楼梦》第七回中写道，周瑞家受薛姨妈之托，将十二枝新鲜样法的宫花送给几位姑娘，她顺路将花先后送给迎春、探春、惜春和凤姐，最后送给黛玉。黛玉却问道："是单送我一个人，还是别的姑娘都有了呢？"周瑞家回答说："各位都有了，这两枝是姑娘的了。"黛玉听后冷笑道："我就知道，别人不挑剩下的也不给我。"周瑞家一下子被噎住，不知如何对答。区区小事，却无端怀疑，斤斤计较，说话尖刻，令人难以接受。不仅得罪了周瑞家的，而且还会引起薛姨妈和众姐妹的不满。平时她对周围的人也是处处猜忌。她的这种性格缺陷严重影响了她的人际交往，使大家对她都有戒心，有事瞒着她，有话也不敢对她说，对她实行孤立态势。所以说，心胸狭窄，猜忌别人，会使人际关系产生种种误解和隔阂，这是人际交往中的大忌，务必汲取教训。

关注自己的身体状况本来是件好事，然而凡事都要谨防"过犹不及"，有些人过分关注自己的身体状况，有点不舒服就怀疑自己是不是得了什么"不治之症"，到医院去检查，各项指标都正常。比如有一个人从一份医学杂志上看到肝炎可以遗传，吓得脸色立刻就变了。原来他父亲患有肝病，他觉得自己也有了这种病，到医院检查，却发现什么病都没有。

凡疑心太重的人，基本上都有敏感、多疑，以及主观、固执的性格特点，加上缺乏医学知识，又总是断章取义地去运用医学知识，在自我暗示的作用下，产生错觉。有的人虽然身体有点小毛病，但看得过于严重，整日忧心忡忡，也可能引发疑病心理。

当一个人产生了疑病心理或患有疑病症的时候，就会陷入无尽的烦恼中，不仅损害身心健康，还会因为无病乱投医而给自己增加经济负担。因此，有疑病心理的人一定要努力使自己相信医生和科学诊断，这样将有助于疑病心理弱化甚至消失。

要消除疑病心理，关键在于保持乐观向上的情绪状态，打消对疾病的恐惧。"心病还须心药治。"如果医生说的和医院检查的结果都不能让你相信，那么就应该去找心理医生聊聊，只有从心理上解决了问题，才能从根本上摆脱身体"疾病"的困扰。

有疑病心理的人，要多与朋友及亲人交流，见多识广才能心胸宽广，最好能学一些医学知识，而不是断章取义地用在自己身上，这才是解决问题的根本之道。

日本的一位学者说过："怀疑是由思想的饱食过多而产生的消化不良症，治愈之方不在提供疑问的解答，而是在使之动手工作。"一个人生活的内容丰富了，就能从内心感觉到生活的无限美好，加上身边有许多朋友，没有空虚和寂寞的感觉，那么，他哪里还有怀疑的情绪呢？

做情绪的调节师

情绪可能会给我们带来伟大的成就，也可能带来惨痛的失败，我们必须了解、控制自己的情绪，千万不要让情绪左右了我们自己。能否很好地控制自己的情绪，取决于一个人的气度、涵养、胸怀、毅力。气度恢弘、心胸博大的人都能做到不以物喜，不以己悲。

激怒时要疏导、平静；过喜时要收敛、抑制；忧愁时宜释放、自解；思虑时应分散、消遣；悲伤时要转移、娱乐；恐惧时寻支持、帮助；惊慌时要镇定、沉着……情绪修炼好，心理才健康，心理健康了，身体自然就健康。被人津津乐道的"空嫂"吴尔愉是个控制情绪的高手。她的优雅美丽来自一份健康的心态。她认为，遇到心里不畅快，一定要与人沟通、释放不快。

如果一个人习惯用自己的优点和别人的缺点比，对什么都不满意，却对谁都不说，日积月累，不但她的心情很糟糕，就是她的皮肤也会粗糙，美貌当然会减半。所以，有不开心、不顺心的时候，一定要找一个倾诉的伙伴。不但自己能一吐为快，朋友也能从旁观者的角度给你建议，让你豁然开朗。

在工作中，吴尔愉更善于控制情绪，让工作成为好心情的一部分。飞机上常常遇见刁钻、挑剔的客人。她总是能够让他们满意而归。她的秘诀就是自己要控制好情绪，不要被急躁、忧愁、紧张等消极情绪所左右，换位思考，乐于沟通。

有一位患上皮肤病的客人在飞机上十分暴躁，其他空姐都被他惹得生起气来。此时吴尔愉却亲切地为他服务，并且让空姐们想想如果自己也得了皮肤病，是否会比他还暴躁。在她的劝导下，大家都细心照顾起这位乘客。做情绪的调节师，人的情绪无非有两种：一是愉快情绪，二是不愉快情绪。无论是愉快情绪还是不愉快情绪，都要把握好它的"度"。否则，"愉快"过度了，即要乐极生悲。人有喜怒哀乐不同的情绪体验，不愉快的情绪必须释放，以求得心理上的平衡。但不能过分，不然既影响自己的生活，又加剧了人际矛盾，于身心健康无益。

当遇到意外的沟通情景时，就要学会运用理智和自制，控制自己的情绪，轻易发怒只会造成负面效果。

面临困境，不要让消极情绪占据你的头脑。保持乐观，将挫折视为鞭策你前进的动力，遇事多往好处想，多聆听自己的心声，给自己留一点时间，平心静气地想一想，努力在消极情绪中加入一些积极的思考。

累了，去散一会儿步。到野外郊游，到深山大川走走，散散心，极目绿野，回归自然，荡涤一下胸中的烦恼，清理一下浑浊的思绪，净化一下心灵尘埃，唤回失去的理智和信心。

唱一首歌。一首优美动听的抒情歌，一曲欢快轻松的舞曲或许会唤起你对美好过去的回忆，引发你对灿烂未来的憧憬。

读一本书。在书的世界遨游，将忧愁悲伤统统抛诸脑后，让你的心胸更开阔，气量更豁达。

看一部精彩的电影，穿一件漂亮的新衣，吃一点自己喜欢的零食……不知不觉间，你的心不再是情绪的垃圾场，你会发现，没有什么比被情绪左右更愚蠢的事了。

生活中许多事情都不能左右，但是我们可以左右我们的心情，不再做悲伤、愤怒、嫉妒、怀恨的奴隶，以一颗积极健康的心去面对生活中的每一天。

走出情绪的死角

正确认识情绪，对情绪反应仔细分析，因为，有时候情绪会把我们带进一个越走越窄的胡同，如果我们不仔细看后面，很可能会误以为已经无路可走。一个人在森林中徒步行走，他眼角的余光突然发现了一条长而弯曲的东西，他脑子里蓦地窜出蛇的样子，下意识地跳到了一块石头上。但他仔细察看这个东西后，紧张的心情释然了，原来那是一根青藤而不是蛇。这个人在刚看到青藤时的反应被称为应激反省，是大脑的情绪反应与智力反应的通路。在应激状态下，出现于大脑中的情绪与智力的通路是正常的、可以理解的。然而，有些人稍遇情绪波动就产生这种通路，产生感情冲动，以感情代替理智、以感情冲击理智。这类人很难调节自己的情绪。苏珊娜最近的精神状态很糟糕，她不得不去咨询心理医生。

她第一次去见她的心理医生时，一开口就说："医生，我想你是帮不了我的，我实在是个很糟糕的人，老是把工作搞得一塌糊涂，肯定会被辞掉。就在昨天，老板跟我说我要调职了，他说是升职。要是我的工作表现真的好，干吗要把我调职呢？"

可是，慢慢地，在那些泄气话背后，苏珊娜说出了她的真实景况。原来她在两年前拿了个 MBA 学位，有一份薪水优厚的工作。这哪能算是一事无成呢？

针对苏珊娜的情况，心理医生要她以后把想到的话记下来，尤其在晚上失眠时想到的话。在他们第二次见面时，苏珊娜列下了这样的话："我其实并不怎么出色，我之所以能够冒出头来全是侥幸。""明天定会大祸临头，我从没主持过会议。""今天早上老板满脸怒容，我做错了什么呢？"

她承认说："就在一天里，我列下了 26 个消极思想，难怪我经常觉得疲倦，意志消沉。"苏珊娜直到自己把忧虑和烦恼的事念出来后，才发觉自己为了一些假想的灾祸浪费了太多的精力。烦恼是一种不良情绪，忘掉自我，专心投入你当前要做的事情上，可以让你克服紧张情绪，保持一种泰然自若的心态。许多事情过后，你会发现那不过是庸人自扰，根来没有你原先想象的那么复杂、困难。何苦非要与自己过不去呢？

世上本无事，庸人自扰之。有些时候，并不是烦恼在追着你跑，而是你追着它不放，就像故事中的苏珊娜一样。大凡终日烦恼的人，实际上并不是遭到了多大的不幸，而是自己的内心对生活的认识存在着片面性。因此，要学会摆脱烦恼。

真正聪明的人即使处在烦恼的环境中，也往往能够自己寻找快乐。谁都会有烦恼的事情，但是，如果总是为不期而至的意外烦恼不已，或悲观失望，结果让自己的生活变得更糟糕，这样做不是很愚蠢吗？我们既然不能改变既成事实，为什么不改变面对事实，尤其是对坏事的态度呢？

"装"出来的好心情

我们都知道"开心是一天，不开心也是一天"的道理，但"天天好心情"还真不是件容易事。喜怒哀乐乃人之常情，任何人都无法避免，但是长时间情绪低落会侵蚀你的身体，甚至影响你的健康；而好的心情则可以大大提高你的生活质量，也有助于你的身心健康。

所以，一个人要想健康长寿，首先要摆脱坏情绪的纠缠，去发现体味生活中的美好，保持自己的好心情。

"心情不好吗？""不好。"

那我们不妨试试"装"出好心情。在我们感到情绪低落时，"装"出好心情是放松身心、从消极转向积极的最有效的方法——我们通过"装"的扮演过程获得真实的好心情。最终，原本只是"装"出来的好心情会变成真实的感受从而让我们在不如意的时候能够快乐；遇到困境时能够有自信和意志力。

有句谚语："一个小丑进城，胜过一打医生。"它的意思是说，小丑带给了大家欢笑。而好心情对身心健康的重要性胜过了医生对你的帮助。比方说，当你感到自己很压抑、没有任何动力和积极性的时候，不妨"装"着笑出来，你可以微微一笑、对着镜子做些鬼脸，还可以开怀大笑、吹吹口哨。无论怎样，你就是要"装"出自己心情很好的样子。这样，你会发现，不久之后心情真的好起来了。而且，这种方法还能帮助你减轻疲劳、舒缓紧张和忧虑。李先生是一个事业有成的企业家。按理说他的人生很成功，应该没有什么让他忧虑的事情。但事实并非如此，他经常觉得心里恐慌，然后会陷入低落的情绪中。

有一天，他又感到意气消沉。之前一旦出现这种情绪低落状况时，他通常采取的办法是避不见人，直到这种心情消散为止。但这天他要和上司举行一个重要会议，躲着不见人肯定行不通的了，那怎么办呢？他决定装出一副快乐的表情，让大家以为他根本就没有焦虑的事情。

于是，他在会议上笑容可掬，谈笑风生，装成心情愉快而又和蔼可亲的样子。令他惊奇的是，不久他发现自己果真不再抑郁不振了。

李先生认为这是一种很奇妙的感觉，在他无意识中，低落的情绪竟然自己就跑了。其实，"装"出好心情的例子有很多。不知你有没有这样的发现，当小孩子哭得眼泪汪汪的时候，大人们通常都会逗小孩子说："噢，不哭，不哭，来，笑一个，乖乖笑一个吧。"结果很多小孩子就真的笑了。当然，刚开始的时候，他们可能很不情愿，只是勉强地笑了笑，但很快他们会随着这个勉强的笑慢慢变得开心起来。这就是"装"出好心情最常见的例子。当然，如果一个人装出很生气的样子，他也会因为这个角色扮演而陷入这种情绪的常见反应，心跳、呼吸变得急促。然后，这个人的情绪也会被"装"的愤怒所影响，容易变得心情不好。所以，当你心情不好、意志消沉的时候，赶快装个好心情吧。你只需用自己的表情和心情这些唾手可得的装扮道具，就能瞬间走出灰暗情绪的笼罩。

人的心情就像是天气，阴晴不定、变幻莫测。天天好心情固然是每个人都渴求的，但是瞬息万变的世界往往让人们不能如愿以偿。因为，人难免会遇到不顺眼的人、不顺心的事，坏心情也就随时会光临。如果你不想做一个受控于情绪的人，那么，从现在起，学着"装"出一份好心情，之后，你会发现，坏情绪就真的不见了。

你为什么常常感到烦恼

人活在世不可能事事尽如人意，遇到烦心的事也很正常。关键是看我们如何化解突如其来的坏情绪。吉姆没有任何睡眠的问题。事实上，他觉得要保持清醒很不容易。今天在公司停车场，他又一次呆坐在车里面，感觉被一整天的压力钉牢在座位上，他浑身感到异常的沉重，唯一有力气做的只是松开自己的安全带。然后他继续坐着，一动不动，没法推开车门出去工作。

如果他想想一天的工作安排也许能够站起来——以前这种想法总是能让他走出去，让生活像球一样滚动起来。但是，今天却不行。每一次谈话，每一个会议，每一通需要回复的电话都让他感觉像在生生地吞咽着一个又一个的铁球，而随着每一次的吞咽，他的思绪便从日程安排转向了那些每天早晨都会反复问的问题：

"为什么我感觉这么糟糕？我已经得到了大多数男人想要的一切——相爱的妻子，健康的孩子们，稳定的工作，漂亮的房子……我到底怎么了？为什么我的思想老是集中不起来？而且，为什么总是这个样子？妻子和孩子们已经被我的自责感折磨得痛苦不堪。他们已经无法再忍受我了。如果我能够弄明白这一切，事情也许会变得不同。如果我能知道为什么自己感觉如此虚弱，也许就能够解决那些问题并且像其他人一样好好地生活。这一切是多么愚蠢啊。"一位心理学家为了研究人的"烦恼"的来源，做了一个有趣的实验：

他让参加实验的志愿者们在周日的晚上把自己对未来一周的忧虑与烦恼写在一张纸上，并署上自己的名字，然后将纸条投入"烦恼箱"。

一周之后，心理学家打开了这个箱子，将所有的"烦恼"还给其所属的主人，并让志愿者们逐一核对自己的烦恼是否真的发生了。结果发现，其中90%的"烦恼"并未真正发生。随后，心理学家让他们把过去一周真正发生过的烦恼记录下来，又投入"烦恼箱"。

三周之后，心理学家再次把箱子打开，让志愿者重新核对自己写下的烦恼，这次，绝大多数人都表示，自己已经不再为三周之前的"烦恼"而烦恼了。

在这个实验中，我们都会发现：烦恼这东西原来是预想的很多，出现的却很少；自认为沉重到无法负担，转瞬也便如骤雨急停。人生的烦恼太多是自己寻来的，而且大多数人习惯把琐碎的小事放大。

"月有阴晴圆缺，人有悲欢离合"，自然的威力，人生的得失，都没有必要太过计较，太较真了就容易受其影响。人到世间上来，不是为苦恼而来的，所以不能天天板着面孔，伤心，烦恼，失意，这样的人生毫无乐趣可言，所以，我们应该为自己的人生创造一个乐观、积极、进取、欢笑、喜悦的个性，快乐地在人间做人，远离忧愁、悲伤、苦恼，如此地活在人间才有禅意，才有价值。茶几上摆放着十几个水杯，这些杯子材质不同、造型各异、品位悬殊。心理学家对实验者说："你们如果口渴的话，就自己拿个杯子倒杯水喝吧！"

正值暑天，大家聊了一会儿就觉得口干舌燥，便纷纷起身去选杯子倒水。等到每个人面前都有了一杯水之后，心理学家突然问："你们有没有发现你们选杯子时有个共同点？"

众人互相对视了几眼，都摇了摇头。

"你们看看茶几上被挑剩下的杯子，大多是劣质的塑料杯或纸杯。在可以选择的情况下，每个人都想拥有更好的东西，你们的心思就这样有意或无意地表露出来了。这样的心思并没有什么对错之分，但是你们当中大多数人在选择杯子去倒水的时候都忘记了，自己需要的是水，而不是水杯。水杯的优劣对水质的好坏影响并不大。"在生活中，类似的例子不在少数。我们往往很容易被一些鸡毛蒜皮的琐事牵绊，反而忘记了自己的初衷，难免自生烦恼。这正是"野花不种年年开，烦恼无根日日生"。作家吴淡如女士曾经在她的文章中提到过这样一组数据：

我们的烦恼中，有40%属于杞人忧天，那些事根本不会发生；30%是无论怎么烦恼也没有用的既定事实；另外12%是事实上并不存在的幻象；还有10%是日常生活中微不足道的小事。也就是说，我们的脑袋有92%的烦恼都是自寻烦恼，活该你烦恼。只有8%的烦恼勉强有些正面意义。

吴淡如问她的读者："看了这些数据，你要不要删除你92%的烦恼？"是啊，看了这些数据，我们是否应该主动删除自己那92%的烦恼呢？

魔鬼不在心外，魔鬼就在自己的心中。古代的思想家王阳明也说："擒山中之贼易，捉心中之贼难。"由此可以看出，自己的敌人就在自己心里，贪嗔痴疑慢、消极懈怠、忧愁烦恼，无一不是阻碍我们精进的心魔，能将其降伏者，也只有我们自己。

紧张情绪，人体的"定时炸弹"

紧张情绪会影响我们正常的思考，会导致我们发挥失常。

紧张的结果是心灵的超负荷运转，最后终将导致不幸的发生。现代人越来越容易感染负面的情绪，有时一个很小的打击也足以使我们绝望，导致一败涂地。何雨是家里的独生子。由于历史的原因，父亲个人的理想成了泡影，便将全部的期望都寄托在何雨的身上。他在父亲的灌输下形成的强烈的"出人头地"意识与其一般的智能和责任心形成了巨大的反差。

高考前，黑板上每天变化的高考日期倒计时和随时变化着的同学们的考试成绩一览表，加上父亲那企盼的目光，给何雨造成了巨大的心理压力。他出现食欲下降、恶心、心慌、心悸，惶惶不可终日的连锁反应。

当高考如约而至的时候，何雨突然心中一阵慌乱，大脑中一片空白。他压抑着紧张情绪，越压抑，心理越紧张，结果，他落榜了。面对这沉重的打击，他长时间不能从失望、痛苦、无助的情绪中解脱出来。

当他第二次面对高考时，他变得更加紧张恐惧。由于紧张感达到了极点，他甚至想放弃第二次高考。在第一门考试时，考场出现了异常，在一时混乱的气氛中，何雨心中那巨大的紧张感突然消失了，第一门考试发挥了较好的水平，但从第二门考试开始，那种紧张的感受又袭上心头，从而影响了以下几门考试的成绩。他勉强考取了一所高等专科学校。

但事情远远没有终结。在他几年的大学学习中和走向社会后，只要面对考试，紧张不安的情绪便会出现。紧张是一种因某种强大压力所引起的，高度调动人体内部潜力以对付压力而出现的一种生理和心理上的应急变化。一般来说，在关键时刻，情绪的适度紧张不但不是坏事，而且还是必需的。

适度的紧张是有益的，但过度的紧张将会对人体产生抑制作用。过度紧张会使人动作失调，会使人行为紊乱，会降低效率。因为人们在过度的紧张情绪下，会使脑神经的兴奋和抑制过程失调，出现暂时性的不平衡。这时，人就会体验到一种难以自制的心慌、不安、激动和烦躁的情绪，从而出现一系列的行为紊乱、动作失调现象。

偶尔出现过度的紧张如能及时调整，不会对人体造成大的危害，但持续的情绪紧张状态对人体特别有害。有人把持续的情绪紧张称之为体内的"定时炸弹"。

我的情绪我做主

你曾经有过这样的经历吗？考试前焦虑不安、坐卧不宁？受到批评后眼前一片空白，不愿上班？和同学朋友争吵后，气得上街乱逛；买一堆不合时宜的东西泄愤？像这类"犯规"的举止，偶尔一次还不要紧，如果经常这样，可就要小心了！因为在不知不觉中，你已经成了"感觉"的奴隶，陷于情绪的泥淖而无法自拔，所以一旦心情不好，就"不得不"坐立不安、"不得不"旷工、"不得不"乱花钱、"不得不"酗酒滋事。这样做不仅扰乱了自己的生活秩序，也干扰了别人的工作、生活，丧失了别人对你的信任。著名专栏作家哈理斯和朋友在报摊上买报纸，朋友礼貌地对报贩说了声"谢谢"，但报贩却冷口冷脸，没发一言。

"这家伙态度很差，是不是？"他们继续前行时，哈理斯问道。他有些替朋友抱不平。

"他每天晚上都是这样的。"朋友笑着说到，没有一点不悦之色。

"那么你为什么还是对他那么客气？"哈理斯有些不解。

朋友笑得更厉害了，他答道："为什么我要让他的情绪决定我的行为？难道我还要浪费掉我的好心情，去和他斗气吗？"不要被他人的不良情绪所影响。但是现实生活中，我们常常会犯这样的错误。一个成熟的人握住自己快乐的钥匙，他不期待别人使他快乐，反而能将快乐与幸福带给别人。每个人心中都有把"快乐的钥匙"，但我们却常在不知不觉中把它交给别人掌管。1939年，德国军队占领了波兰首都华沙，此时，卡亚和他的女友迪娜正在筹办婚礼，在光天化日之下卡亚被纳粹推上卡车运走，关进了集中营。卡亚陷入了极度的恐惧和悲伤之中。

一同被关押的一位犹太老人对他说："孩子，你只有活下去，才能与你的未婚妻团聚。记住，要活下去。"卡亚冷静下来，他下定决心，无论日子多么艰难，一定要保持积极的精神和情绪。所有被关在集中营的犹太人，他们每天的食物只有一块面包和一碗汤。

许多人在饥饿和严酷刑罚的双重折磨下精神失常，有的甚至被折磨致死。卡亚努力控制和调适着自己的情绪，把恐惧、愤怒、悲观、屈辱等抛之脑后。在这人间炼狱中，卡亚奇迹般地活了下来。他不断地鼓舞自己，靠着坚韧的意志力，维持着衰弱的生命。

1945年，盟军攻克了集中营，解救了这些饱经苦难、劫后余生的人。若干年后，卡亚把他在集中营的经历写成一本书。他在前言中写道："如果没有那位老者的忠告，如果放任恐惧、悲伤、绝望的情绪在我的心间弥漫，很难想象，我还能活着出来。"是卡亚自己救了自己，是他用积极乐观的情绪救了自己，他战胜了不良情绪，他主宰了情商，他不是情绪的奴隶。

情绪，如果能妥善运用，是可以使人生变得更好的。只是，要实现"应用"的可能，必须先使他臣服，受你驾驭。情绪是生命的一部分，就像我们的手与脚、过去的经验、积累的知识能力等，是为我们服务，使人生更美满的。可惜的是，今天社会上有很多人都陷入了迷茫苦恼中不能自拔，成为自己情绪的奴隶。而这种情况是可以扭转的，有很多技巧可以帮助每一个人做自己情绪的主人。

你只需要接纳你自己

世界上没有两个完全相同的人，正如世界上没有两片完全相同的树叶。天生我材必有用。每个人都有自己的特点和长处，每个人都有尚未发掘出来的潜力和特质。如果我们能时时刻刻提醒自己，"你是重要的"，我们的好情绪就可以轻松地被调动起来，然后我们就能发现和发挥我们自身的潜能，取得最后的成功。

不要被坏情绪牵着鼻子走，要相信你自己，你所做的事别人不一定做得来。而且，你之所以为你，必定是有一些相当特殊的地方。这些特质是别人无法模仿的。既然别人无法完全模仿你，就不一定做得了你能做的事。那么，他们怎么可能给你更好的意见呢？他们又怎能取代你的位置，替你做些什么呢？

所以，你要相信自己，每个人都是上帝的宠儿，上帝造人时即已赋予每个人与众不同的特质，所以每个人都会以独特的方式与别人互动，进而感动别人。记住！你有权力相信自己很重要。"我很重要。没有人能替代我。"杰拉德斯·图夫特还是一个8岁的小男孩时，老师问他："你长大之后想成为怎样的人？"他回答："我想成为一个无所不知的人，想探索自然界所有的奥秘。"图夫特的父亲是一位工程师，因此也想让他成为一名工程师，但是他没有听从。"因为我的父亲关注的事情是别人已经发现的东西，我很想有自己的发现，做出自己的发明。因为我相信自己是独一无二的，而且我会成功。"正是有着这样的渴求，当其他孩子正在玩耍或者在电视机前荒废时光的时候，小小的图夫特就在灯前彻夜读书了。"我对于一知半解从来不满足，我想知道事物的所有真相。"他很认真地说。图夫特告诫我们要保持自我，做独一无二的自我。正是这样，他才知道要走什么样的道路。在现实生活中，我们可以成为一名科学家，可以去做医生，但是一定要做独一无二的人，模仿他人只会葬送自己。

世界上没有完全相同的两个人，这就是人类能够取得各种各样成就的原因。所以我们没有必要来强迫一个人去做他不感兴趣的工作。如果你对科学感兴趣，你要尽量找一些好的老师，这点非常重要。即使是这样，你也不一定就会获得诺贝尔奖，这些事情是可遇而不可求的，你不能过于注重结果，也不要期望一定能取得什么样的成就，如果你这样做，只会让你的坏情绪轻而易举地击倒你。重要的是，我们要肯定自己。农夫家养了3只小白羊和1只小黑羊。3只小白羊因为有雪白的皮毛而骄傲，而对那只小黑羊不屑一顾。

不但小白羊，连农夫也瞧不起小黑羊，常常给它吃最差的草料，时不时还对它抽上几鞭子。小黑羊过着寄人篱下的日子，也觉得自己比不上那3只小白羊，常常伤心地独自流泪。

初春的一天，小白羊和小黑羊一起外出吃草。不料寒流突然袭来，下起了鹅毛大雪，它们躲在灌木丛中相互依偎着……不一会儿，灌木丛和周围全铺满了雪。它们打算回家，但雪太厚了，无法行走，只好挤成一团，等待农夫来救它们。

农夫发现4只羊羔不在羊圈里，便立刻上山去找，但四处一片雪白，哪里有羊羔的影子啊。正在这时，农夫突然发现远处有一个小黑点，便快步跑过去。到那里一看，果然是自己的4只羊羔。

农夫抱起小黑羊，感慨地说："多亏小黑羊，不然，我的羊就可能要冻死在雪地里了！"这个故事告诉我们，小黑羊是独一无二的，所以农夫发现了它们，它们才不会被冻死在雪地里，其实人也一样，人们的不足与缺陷往往更能彰显出自己的独特。每个人都有自己的优点，不要为一点小小的不足而否定自己，陷入自卑情绪中，自怨自艾。比如有些人，在智商方面可能并没有什么超常的地方，但借助上帝之手，他们总有某个特质是超出常人的。这种时候，只有使这些能让自己成就大事的特质得到充分的发挥，人才有可能成长并且才能走向成功的道路。

从现在开始，喜欢你自己，愉快地接纳你自己。要知道，我们每个人都是一个独特的个体，在这个世界上是独一无二的，每一个人都有属于自己的位置。一个人只有全面地接受自己，才能走出自卑、自责的情绪沼泽，活出精彩的自己。

不要让他人影响你的情绪

秦朝末年，楚汉相争，在垓下，刘邦和项羽展开了决战。

刘邦军队把项羽的军队包围了。为了减弱项羽军队的抵抗力，谋臣张良在彭城山上用箫吹起悲哀的楚国歌曲，并让汉军中的楚国降兵随他一齐唱。

这些歌曲传到楚军营中，使楚军产生了缠绵的思乡之情。思乡之情蔓延开来，大家的斗志大为松懈。

思念家乡，人们就会无心恋战，谁都渴望赶快回到家乡和亲人团聚，从而开始厌倦战争，不愿意在这场几乎败局已定的战争中白白牺牲自己的生命。

谁都知道，战争中，士气是极为重要的。这首歌曲中浓浓的乡情，使楚军的战斗力大减。

结果许多项羽营中的士兵在这首歌曲的感染下，有的逃跑，有的斗志松懈，有的投降。

在这种士气下，楚军在战斗中败给了刘邦的军队，项羽兵败自刎于乌江，而刘邦得了天下。其实，四面楚歌这个成语许多人都知道，是形容四面受敌，绝望无援的景况。这一计谋是张良献给刘邦来对付项羽的，而且很成功。之所以获得成功，是得益于张良对情绪的把握。我们可以想想看，楚军被困重围本身就情绪低落，这也是他们心理防线最薄弱的时刻，在这样的情境下，士兵们听到来自家乡的歌谣，自然而然的会想到自己的亲人，是否安在。当这种强烈的悲痛情绪突破他们的底线时，失败也就在所难免了。实际上，张良是不自觉地利用了人类的"情绪共鸣"这一心理学原理，一举成功。

现代心理学指出，在外界作用的刺激下，一个人的情绪和情感的内部状态和外部表现，能影响和感染别人。白领丽人小璐有一次和一个客户在谈项目时，双方谈得非常投机，于是决定立刻签订合同。可当时再向公司主管申情已经来不及了。

于是，小璐出面与对方签订了合同。其实细算起来，那应该算是一笔大单。但后来公司却以她擅自越权为由，向她提出了解约。当时小璐无法理解为什么自己为公司带来了效益却仍得不到信任。

后来她从侧面了解到由于她的业务能力强，她在公司内部的对手向公司主管打小报告，说她与客户私下有金钱交易。而这次她与客户签订合同，让本来疑心就重的主管下决心"炒"掉她。对于这个决定，小璐非常气愤。但冷静下来后，她认为自己在这样的氛围下工作，对自己未来的发展会非常不利，这次的离职其实也是自己重新发展的一个大好契机。只是以自己被"炒"为结局，实在心里有所不甘。

于是她找到公司，要求由自己提出辞职。在谈自己的经验时，小璐觉得"被炒"未必是件坏事，知名企业有它吸引求职者的巨大魅力，但同时也要看清，作为知名企业，尤其是外企，它们有自己悠久的历史、完整的体系。这些在成为企业优势的同时，也会成为个人发展的绊脚石。小璐能控制自己的情绪，清醒地认识到自己的处境是很明智的。如果因为他人的影响，而使自己做出失控的事情来，那就是自己的损失了。

在生活中，一个人的情绪很容易会受到他人的影响，常常会因为一些对自己不利的事情而使情绪产生波动，比如：为什么老板总不给涨工资，为什么丈夫总是不理解自己，朋友为什么会在关键的时刻明哲保身，等等，这些事情会让我们一下子火药味十足。但这样的生气并不利于解决任何问题，反而会让我们的头脑不清醒，甚至做出一些让自己后悔终生的事情来。

世间任何事情都没有绝对，所以只要你心中看得开就行了，何必在乎别人怎么看、怎么说呢？如果我们以别人的看法为指南，存有这种潜意识，生活就会苦多于乐。毕竟无法尽如人意的事情太多了，如果只是为了别人而活，痛苦难过的就只有自己。既然如此，又为什么让他人来左右我们的情绪呢？

勇敢地为自己选择

选择是艰难的，因为只要有选择就意味着要有取舍，而无论作什么选择，都意味着要放弃其中之一，于是你退缩了。但你也许想不到，你很可能会变成一个懒惰的人，没有主见、没有勇气，在遇到问题时，你一定会恐慌而且不知所措，你的思考和行动能力也会逐渐地削弱。

因此，不管是在学习上还是生活上，你全都变得被动起来。所以，每个人都要牢牢地把握住自己的选择权，这样的人生也才更完整。

选择并不是一件简单的事情，不仅要懂得为自己选择，更要学会如何选择。而诀窍就在于不要因他人的言论和判断束缚了自己前进的步伐，任何时候，让心做行动的向导，它会带你去到那个你想去的地方。伊夫林·格兰妮是世界上一流的打击乐独奏家，她曾说："从一开始我就决定：一定不要让其他人的观点阻挡我成为一名音乐家的热情。"

格兰妮8岁时就开始学习钢琴，日子如流水般滑过，徜徉在音乐世界的她毫无倦息，她的热情与日俱增。

然而，不幸的事情发生了，她的听力渐渐下降，医生断定这是由于神经损伤造成的，而且这种损伤难以康复，并且还断言到12岁时，她将彻底耳聋。虽然听起来让人震惊，甚至会产生巨大的绝望和悲痛，但她仍然执著地爱着音乐。

她的理想是成为打击乐独奏家，而在当时并没有这么一类音乐家。为了演奏，她学会了用不同的方法"聆听"其他人演奏的音乐。她穿着长袜演奏，这样她就能通过她的身体和想象感觉到每个音符的震动，她几乎用自己所有的感官来感受着整个声音世界。

虽然丧失了听觉，她依然决心成为一名音乐家，于是她向伦敦著名的皇家音乐学院提出了申请。

她的演奏征服了所有的老师，最后，她打破了这个学校从来不收失聪学生的传统，顺利地入了学，并在毕业时荣获了学院的最高荣誉奖。

从那以后，她的目标就致力于成为第一位专职的打击乐独奏家，并且为打击乐独奏谱写和改编了很多乐章。格兰妮一直坚持她自己的选择，哪怕医生的诊断也不能影响她高涨的情绪，她要做自己喜欢的，所以，她最终成功了，她成了世界上第一位专职的打击乐独奏家，她为自己的选择感到骄傲。

一种好情绪就是一盏灯，选择以怎样的情绪面对生活，这一切由我们自己来选择。

生活中的你尝试过作选择吗？在学习和游戏之间、在交友和树敌之间、在谦逊和逆反之间，你又是否感受到了选择的巨大力量，感受到了自己的价值？当你轻视自己的选择权，它就真的无足轻重；当你重视自己的选择权利时，它又会变得举足轻重。当然，情绪也需要你的选择，积极的还是消极的，权衡过后，人生也将会不同。

他人也是自己的一面镜子

人与人之间的情绪是可以相互影响的。把一个乐观的人和一个悲观的人分在一间房子里，当他们共同生活一段时间后，会出现两种可能：一种是两个人都是乐观的人，一种是都成了悲观的人。

这就是情绪的力量。它强大到可以完全改变一个人。当然，人的情绪繁多，我们处在这样一个人际关系相对复杂的社会，受多种情绪波及影响也是很正常的，关键是看我们如何选择对我们有益的。

在成年人的世界中，流传着这样一个不成文的定律：你周围6个人的价值的平均水平，就是你的价值。这个规则说明的是，身边的朋友对我们而言，就是衡量自身价值的一个重要指标——你周围的朋友优秀，可想而知你也是不错的，你周围的朋友快乐，你自然也不会太消极，你周围的朋友毫无理想和追求，那你可能也在放纵自己，你周围的人忧愁，你就很难划分到快乐一族。

这个纷繁复杂的社会，因形形色色的人们结成各式各样的关系而精彩不断。社会是由人与人构成的，人的个体禀赋不同，所结成的社会关系不同。自从人类有了阶级，各种社会关系就以集体、群体的形象体现出来。然而这些不同会让人常常对自己没有一个很好的了解，其实利用周围的人来认识自己是再好不过了。

谁都不是单独生活在社会中的个体。在生活中，我们难免会形成这样或者那样的关系，比如师生关系、父子关系、朋友关系、同事关系，这些关系的背后，就是在说明我的人生是和怎样的人度过的。亲人父母不能选择，但我们的朋友却都是我们自己选择的。选择朋友的眼光，就是你自己的人生标准，久而久之，你周围的人就是跟你志同道合的人，那么，想认识自己，就看看你周围的人是什么样子。高情商的人可以利用别人的优点来强化自己。在这个过程中，对自我情绪的调节是很重要的。

每个人都是自己的一面镜子，你选择以怎样的形象示人，别人回馈于你的也不外乎如此。可是，生活中很多人并没有认识到这一点，他们紧紧地锁住自己，为的是能够全神贯注地拼搏。可是，他们不知道，当他们集中了精神只守着自己的那一小块田地的时候，他已经失去了由人脉构建起来的更为广阔的沃土。

俗话说得好：物以类聚，人以群分。同类的物品常归纳在一起，而人按照品行、爱好形成群体。现代社会中，每个人都有自己的生活环境，在这个环境中都是志同道合的好朋友。无论你是哪一类，都验证了人以群分的不变规律。比如你喜欢逛街，那么一定会有几个和你一样的朋友，你喜欢读书，你一定有一些书友。

我们最常见的现象是，有一些本不相识的人会自然地聚拢在一起，但是有些人却始终游离于他们之外，想加入也难以如愿。其实这些都是因为他们不是一类人，没有共同的话题，他们就很难找到相同点，那么在他们身上就很难找到自己的影子，如果交到坏朋友，更有可能使自己迷失。而这些，都是借由情绪的表达所达到的一个情感共通的效果。

从这些我们可以得出初步的结论，从一个人所交的朋友可以了解一个人的个性。从一个人的对手便可以了解一个人的底牌。如果放开延展这个结论，也许我们可以从一个男人或女人的追求者是什么层次的人，便可以在短时间初步判断出一个人的层次。

个人大部分的成就总是拜他人之赐、借他人之力，保持周围人的高水平，就是保持自己的高水平。而朋友，就是我们最需要借鉴和依靠的"他人"。有些人不能正确地认识自己，不是因为自己没有能力，而是他们常常走入一个误区，那就是他们常常给自己消极的暗示，我这样行吗？我能完成这项任务吗？但如果你利用周围的人来认识或提升自己，那么你会从中认识不一样的自己，从而走出那个误区，说不定还有意想不到的收获。

人有时对自己缺乏全面的解析，如果我们想要更好地认识自己，就要借助周围的人。

丢掉坏情绪，做到浑然忘我

紧张是一种不良情绪，它会让我们时时处在不安中，以致无法做好任何事情。学着放松自己的心情，不要让外界因素影响到你，时时保持一种轻松的状态，我们做任何事情都会得心应手。学着让烦恼情绪过期，快乐的情绪自然会回到你的身边。球王贝利刚刚入选巴西最著名的球队——桑托斯足球队时，曾经因为过度紧张而一夜未眠。他翻来覆去地想着："那些球星们会笑话我吗？万一发生那样尴尬的情形，我还有脸回来见家人和朋友吗？"一种前所未有的怀疑和恐惧使贝利寝食不安。虽然自己是同龄人中的佼佼者，但烦恼使他情愿沉浸于希望，也不敢真正迈进渴求已久的现实。

最后，贝利终于身不由己地来到了桑托斯足球队，那种紧张和恐惧的心情，简直没法形容。"正式练球开始了，我已吓得几乎快要瘫痪。"他就是这样走进一支著名球队的。原以为刚进球队只不过练练带球、传球什么的，然后便肯定会当板凳队员。

哪知第一次，教练就让他上场，还让他踢主力中锋。紧张的贝利半天没回过神来，双腿像长在别人身上似的，每次球滚到他身边，他都好像看见别人的拳头向他击来。在这样的情况下，他几乎是被硬逼着上场的。但当他迈开双腿，便不顾一切地在场上奔跑起来时，他渐渐忘了是跟谁在踢球，甚至连自己的存在也忘了，只是习惯性地接球、盘球和传球。在快要结束训练时，他已经忘了桑托斯球队，而以为又是在故乡的球场上练球了。那些使他深感畏惧的足球明星们，其实并没有一个人轻视他，而且对他相当友善。如果贝利一开始就能够相信自己，专心踢球，而不是无端地猜测和担心，就不必承受那么多的精神压力了。但是最后，他还是战胜了紧张，让紧张情绪迅速过期，重新找回了自己。

当紧张产生的时候，具体情况先分析一下，这些问题是不是你生活中非常重要的问题？它们会产生哪些后果令你惊惧？这些思考有助于你将紧张减少到最低程度，使你的情绪能够平和、冷静下来，应付所面对的难题。同时还应该试着把内心忧虑的事用笔全部记录下来，然后逐条检查，把不是很急切的事抽出来，先思考解决比较急迫的事，接着再慢慢想办法解决其他的问题。这样，不仅可以有条不紊地理清积压的难题，还能缓解紧张情绪。

轻轻松松做人，简简单单生活，按照自身的喜悦安排自己的生活，想想也没什么不好。金钱、功名、出人头地、飞黄腾达，这种人生是大多数人梦寐以求的。但是，如果为了获取这些而让自己陷入烦恼之中，这就是我们的失败了。能不依附权势，不贪求金钱，无怨无争的生活，也是一种很惬意的人生。毕竟，我们用不着挖空心思去追逐名利，用不着留意别人看你的眼神，心灵没有锁链，快乐而自由，这样的生活岂不是更美好。

警惕情绪污染

现代社会信息交流快捷，人际交往频繁，环境气氛对人的影响力强，情绪会相互感染，尤其是家庭成员之间情绪很容易互相传播。

当然，情绪有好有坏，感染的效果会有正有负。良好的情绪会构成一种健康、轻松、愉悦的气氛，坏情绪会造成紧张、烦恼甚至敌意的气氛。情绪污染是指在坏的情绪影响下，造成心情不畅的氛围。现代医学告诉我们，大多数人的疾病往往会从不良的情绪、失衡的心理中产生。为此，人们应该像重视环境污染一样，重视情绪污染。

要防止情绪污染，首先每个人要从自我做起，尽量做到不将坏情绪传播给家人、朋友、同事，传播给社会。其次，要提高和学会调整情绪的技巧，遇到烦恼、挫折要善于解脱，增强心理承受力，另外，切忌把不良情绪带回家，一旦家庭成员情绪不佳，要及时做好疏导化解工作，使氛围向正效应转化。

情绪是客观事物作用于人的感官而引起的一种心理体验。无论喜、怒、思、悲、惊，都有其原因和对象。幽静的环境，清新的空气，高尚的品德，物质的丰富，文化的繁荣，都能引起人们愉快、轻松的情绪，而环境脏乱、虚伪庸俗、文化枯萎等，则可能导致人们厌烦、压抑、忧伤、愤怒的消极情绪。

将一个乐观开朗的人和一个整天愁眉苦脸、抑郁难解的人放在一起，不到半个小时，这个乐观的人也会变得郁郁寡欢起来。道理很简单，悲观者将自己的苦闷、抑郁传递给了他，人的情绪就是这么奇怪。情绪具有感染力，那就让我们及时调整好自己的情绪，不要让你的坏情绪到处去"惹祸"了。

其实，我们每个人都是不良情绪的制造者、传播者，每个人也都是不良情绪的受害者。其实，只要中间的某个人可以控制住自己的情绪，这个恶性循环就不会再传递下去。

良好的情绪会带给周围人无尽的欢乐。如果我们仔细回想一下，一定能够想得到许多因良好情绪而感染我们的例子。比如某小区的物业人员总是真诚、友善地和你道一句"你好""再见"之类的话语，你可能本来因忙碌而觉得心烦，但一听到他人的问候、看到他人的笑脸，你的内心也会绽放出一枝花来。许多经常来往的人会互相影响，也是基于这样的道理。但如果是坏情绪的传染，有时会带来毁灭性的灾难。

俄亥俄州大学社会心理生理学家约翰·卡西波指出，人们之间的情绪会互相感染，看到别人表达的情感，会引发自己产生相同的情绪，尽管你并未意识到在模仿对方的表情。这种情绪的鼓动、传递与协调，无时无刻不在进行，人际关系互动的顺利与否，便取决于这种情绪的协调。

情绪的感染通常是很难察觉的，这种交流往往细微到几乎无法察觉。专家做过一个简单的实验，请两个实验者写出当时的心情，然后请他们相对静坐等候研究人员到来。两分钟后，研究人员来了，请他们再写出自己的心情。这两个实验者是经过特别挑选的，一个极善于表达情感，一个则是喜怒不形于色。实验结果，后者的情绪总是会受前者感染，每一次都是如此。这种神奇的传递是如何发生的？

人们会在无意识中模仿他人的情感表现，诸如表情、手势、语调及其他非语言的形式，从而在心中重塑自己的情绪。这有点像导演所倡导的表演逼真法，要演员回忆产生某种强烈情感时的表情动作，以便重新唤起同样的情感。

研究发现，人容易受到坏情绪的传染，带着满肚子闷气，绷着脸回到家，摔摔打打，看什么都不顺眼，立刻便将坏情绪传染给了全家，整个晚上甚至连续几天都不得安宁。同样，在家里怄了气，也会把坏情绪带到外面。这就像一个圆圈，以最先情绪不佳者为中心，向四周荡漾开去，这就是常被人们忽视的"情绪污染"。用心理学家的话说：情绪"病毒"就像瘟疫一样从这个人身上传播到另一个人身上，一传十、十传百，其传播速度有时要比病毒和细菌的传染还要快。被传染者常常一触即发，越来越严重，有时还会在传染者身上潜伏下来，到一定的时期重新爆发。这种坏情绪污染给人造成的身心损害，绝不亚于病毒和细菌引起的疾病危害。

同样，你听《同一首歌》，在家听的感受与到演唱会现场去听，结果肯定是大不一样，因为你在现场情绪受到了感染。认识到情绪这种特殊的"传染病"，我们就要重视它，并积极利用正面情绪，克制、舒缓负面情绪，这样才能拥有赢得成功的品质。

与其一天到晚怨天怨地，说自己多么不幸福，不如借由改变自己的情绪个性来改变命运。没有人是天生注定要不幸福的，除非你自己关起心门，拒绝幸福之神来访。千万不可做喜怒无常的人，让自己的心理状态完全被情绪左右，那样伤害的不只是别人，你自己也会因此失去拥有幸福的机会。任何人都会有情绪低落的时候，每当这时，一是要有点忍耐和克制精神，要学会情绪转移。把不良情绪带回家，将心中的怨气发泄在家人身上，为一些小事耿耿于怀……诸如此类，都会影响他人情绪，造成家庭情绪污染。

用宣泄为自己减压

随着生活节奏越来越紧张，我们所面临的压力也越来越大，内心积压的不良情绪也越来越多，如果不及时为这些情绪找一个发泄渠道，它们将会危害到我们的身心健康。28岁的李小姐在一家大型外资企业工作，虽然刚工作3年，薪资已经到了每月万元以上，这在同龄人中，算是很好的了。可即使这样，她还是时常抱怨压力太大，并通过聚会等各种各样的方式为自己减压。可最近一段时间，李小姐的家人发现她不再像以前那样爱玩了，下班回到家后，她就一直坐在电脑跟前。后来她自己告诉家人，她的同事们都到发布自身隐私，将自己不能跟身边人说的秘密发到上面去，以此来释放自己的压力。她通过浏览上面的内容，发现有的人比自己还要不幸，从而感觉自己的压力没那么大了，并且认为这确实是一个很好的减压方法。

在这些说出秘密的社区里，发布秘密的人以女性居多，发布的内容也大都是一些关于自身一些不堪的回忆，发布者将自身的秘密说出来，引起很多人回应，有的人也说出相同的经历，并把自己的一些经验说出来，与单纯的劝慰比起来，现身说法的方式反而让更多的人获得益处。李小姐觉得一些在现实生活中不能倾诉的情绪，在网上社区很容易就能说出来，李小姐这样的想法很多人也能理解，毕竟在网络中，大家互相都不认识，等于把真实的困扰放在虚拟的空间，说出来的过程就是一种释放和发泄，也正因为如此，有很多年轻人都热衷这样的方式。针对这种情况，心理专家认为：能够将不良情绪释放出来，就是一种解压的方式，无论采用何种方法，对自身的情绪调节都是有好处的。但年轻人只热衷其中那种隐蔽的方式，反映出在交友或是处理同事关系方面，这些年轻人存在很多误区或是不正确的地方，宁愿告诉陌生人也不跟家人或是朋友交流，说明他们相互之间的信任度很低。

宣泄情绪，需要一种积极向上的方式，这种方式应该是阳光的，有透明度的，这样，才会有助于我们建立一种达观的人生态度。下面我们就一起来了解一下几种宣泄情绪的方法：

一个著名的篮球运动员在接受记者采访时说："我每次投球的时候不关心球进不进，而是欣赏球离开手抛向篮板的优美弧线。"正是他的这种积极乐观的心态，时时赋予他愉悦的情绪，让他关注过程而非结果，这也是他百投百中的一大诀窍。心态和情绪是同步的，只要我们能调节好其中一种，我们就会生活得很开心。

1. 利用语言暗示的作用缓解不良情绪

当你被不良情绪所压抑的时候，可以通过语言暗示来调整和放松心理上的紧张，使不良情绪得到缓解。语言是一个人情绪体验强有力的表现工具。通过语言可以引起或抑制情绪反应，即使不出声的内心语言，也能起到调节作用。发怒时，你可以暗示自己"不要发怒""发怒会把事情办坏的"；陷入忧愁时，你可以提醒自己"忧愁没有用，于事无益，还是面对现实，想想办法吧"，等等。在松弛平静、排除杂念、专心致志的情况下，进行这种自我暗示，对情绪的好转大有益处。

2. 了解生物节律，尊重情绪规律

人是有生物钟和生物节律的，比如有的人是早起型，有人是晚睡型，有人早晨效率高，有人下午头脑好，其实情绪也一样有它的节律。所以我们要熟悉自己的生物节律和情绪周期，合理安排时间，这样便能得到更有效率的成果，从而避免消极情绪的不良影响。

3. 保证充足的睡眠，让情绪好好休息

匹兹堡大学医学中心的罗拉德·达尔教授的一项研究发现，睡眠不足对我们的情绪影响极大，他说："对睡眠不足者而言，那些令人烦心的事更能左右他们的情绪。"

当你每天睡眠不足，强打精神把自己控制在办公桌前，烦躁、抑郁、焦虑、担忧等不良情绪也会轻易找上你，不仅使你工作效率全无，而且还影响自信心。当然，多少睡眠量能满足自己的需求因人而异，但最起码要保证充足的高质量的睡眠，这也是保持良好情绪，取得好成绩的重要保证。

第三章 不迷失自我，才能走出情绪的陷阱

情绪对身体的影响

情绪的变化会带来不同的身体感觉。当你对身体有某种知觉时，这必定与你的情绪有关。

在我们受到情绪干扰的时候，我们的身体也会在潜移默化中发生变化。人会感觉到随着情绪而来的身体感觉，但那并不是情绪本身。这在心理学上称为躯体化。

人或许会感觉到心跳加速，却不知道自己在害怕。他可能会感觉到身体发热、发冷、胃绞痛、耳鸣、刺痛感甚至剧痛。他可能会有源自情绪的"知觉"，却对情绪本身一无所知。

如果你询问某人，他知道身体有某种知觉，即使他不明白那和他的情绪有关。例如，在你忍受了太太对你的种种抱怨之后，你的情绪在激动过后已恢复平静，但是你也许仍然会说："我额头上似乎有一条紧箍带。"而且你会说："我有种奇怪的感觉，好像我快要头痛了，我对迈进家门似乎有种恐惧……"

的确，情绪在你没有察觉的时候，已经悄悄袭击了你的身体。

人在缺乏情绪管理能力的状态中，常依靠吃药解决源自情绪的身体感觉。虽然这些药物可能有不良的副作用，但是能帮人暂时解决情绪上的冲突。药物能消除头痛、胃痛以及身体的其他知觉，令他们不会去想有待他们关注的情绪问题。

结果冲突仍在，情绪问题仍未解决。药物或许能暂时消除或改善不愉快的知觉，但却使得身体的化学状态失去平衡，而导致短期或长期性的伤害。

如果你为自己在工作压力下的背痛和头痛去药房买了很多药吃，后来医生警告你说，镇痛药和退热净与酒精一起服用对肝有害，于是你又改吃阿司匹林，那又使你的胃不舒服，所以你又改服了抗胃酸药；早上你要喝两杯浓咖啡醒脑，然后一整天喝无糖可乐以保持清醒；你还抽烟，以减轻紧张和焦虑；晚上你喜欢喝一两杯葡萄酒，以便放松心情上床睡觉。但这些自己开的处方全都无法让你感到舒服，不过至少让你得以应付种种的不快。

在这种缺乏情绪感知的状态下，人们会很容易对他人造成情绪上的伤害。不明所以的强烈情绪很有可能导致不理性的行为，痛苦和麻痹，而无理性的行为又会引起恶性循环。人们会去发泄情绪，却又会担心波及他人，然后又自我关闭，压抑其情绪感知，从而产生人们所熟知的恶性循环：自虐、麻木以及无法解决的不良情绪。

其实，不良情绪积压久了，会对我们的身心造成极大的危害。意识到不良情绪形成时，要及时化解或者发泄出去，不要让它长时间占据我们的思维，不然，它就会像一颗毒瘤一样，时刻威胁着我们。

女性——情绪病的高危人群

情绪病是目前全球最流行的都市病，它是指以情绪困扰为主要特质的疾病，包括抑郁、惊恐、忧虑、烦躁或紧张等情绪病症，甚至出现身体病症，如头痛、失眠、疲倦及原因不明的疼痛。这些病症通常持续 4 个星期或以上，而且会影响患者的日常生活，如工作、学业、

社交或家庭关系等。

据有关调查数据显示，每5个成年人中便有一个于一生中患上不同程度的情绪病。情绪病就像感冒一样非常普遍，可发生在任何人身上，而且杀伤力比身体感冒高得多，香港每天平均有3个人自杀身亡，其中大约八成曾患有抑郁症，而抑郁症本身就是情绪病的一种。

到底是什么促使情绪病如此泛滥的呢？情绪病的成因有内在个人因素及外在环境因素两种：

（1）个人性格引发的情绪病，例如容易紧张、过分执著、完美主义者等都比较容易患上情绪病。医学研究表明，情绪病患者脑部的遗传物质，特别是血清素失去平衡，显示出生理变化也是引起情绪病的原因。

（2）环境因素，如突然面对生离死别、生活压力太大、失业、感情因素等都有机会触发情绪病。

专家提醒：很多情绪病患者未必知道发病原因，如果身边的朋友、家人不谅解、泼冷水，只会令治疗更加困难。所以，如果你身边的朋友、家人、同事患上情绪病时，最好不要跟对方讲否定的话，应该用聆听的方式，鼓励对方寻求专业意见，接受治疗。

许多心理方面的专家称：女性是情绪疾病侵扰的高危人群。由于生理、心理等方面的特点，相对男性而言，女性更容易受到抑郁症、焦虑症等情绪疾病的困扰。有关专家近日指出，女性应多参与社会交流，主动调整心态，保持心情愉快，同时社会和男性也应给其更多的理解和关怀。

复旦大学公共卫生学院流行病学教研室在2004年4月至2005年2月进行了一项名为《中国城市非精神科病人抑郁、焦虑及抑郁合并焦虑症状患病率研究》的调查。调查组在北京、成都、广州和上海四个城市的12家三级医院，选择了神经内科、消化科、心血管科和妇产科的2000余名病人进行了研究。结果表明，综合医院中不但妇产科病人的抑郁、焦虑症患病率高，而且其他科室的女性病人伴发抑郁、焦虑症的比例也普遍高于男性。

中国疾病预防控制中心妇幼保健中心副主任王临虹曾提到："每一个特殊的生理时期，都会对女性心理产生较大的影响。"

研究证明也确实如此，不同生理期的女性，其表现也有所不同。比如，女性怀孕期间，经常会担心孩子的发育是否正常，自己的活动会不会对孩子产生不良影响；分娩后又面临如何抚养；更年期面临着退休，心里感觉失落；再加上意外怀孕、流产、未婚先孕，等等。如果这时女性得不到良好的调节和应有的理解，很容易受到抑郁症、焦虑症等情绪疾病的困扰。

针对女性情绪病趋势频频上升的现象，北京大学精神卫生研究所所长于欣说："在特殊生理期，女性体内激素变化的幅度和水平都比较高，而激素变化剧烈就容易产生情绪波动。"因此他建议，应尽量减少外界刺激的产生，把生活安排得规律一点，心态调整得平和一些，加强自我保健，增加社交性活动，多与身边的亲友、伙伴沟通，多做一些自己感兴趣的、能让自己高兴起来的事情。

走出情绪病的牢笼，千万别让坏情绪影响我们。心理学家做过这样的实验：设法收集人在生气时呼出的气体，然后将这些气体溶于水中，将溶液注射到凶鼠的体内，发现凶鼠在一段时间后死亡。这种和香烟有害的实验相类似的结果告诉我们，人在生气的时候，体内的免疫细胞的活性下降，人体抵御病毒侵害的能力减弱，因此容易受到病毒的侵入，导致疾病；人情绪不好的时候，体内还会分泌出一种毒性的荷尔蒙，这种荷尔蒙聚积起来，会形成和漂白粉一样的分子结构，对人体产生不利的影响。

首先，不良情绪存在的时间一长，人容易患上慢性病甚至癌症。其次，情绪会干扰人的理性判断。人在理性判断的时候，容易受到情绪的干扰。最后，情绪具有感染性。正是因为消极情绪对人的影响极大，所以我们应该学会如何控制消极情绪，并尽可能地将之转化为积极情绪，避免因为情绪的变化而影响你的学习和生活。

情绪不安会导致肌肉紧张

在日常生活中，我们总能或多或少尝到疼痛的滋味，这些疼痛有时强烈、有时微弱，但都会影响到我们的生活，这些疼痛最普遍的来源就是肌肉紧张。如果是小范围的抽筋可以算是轻微的肌肉疼痛，而腹部绞痛之类的疼痛会显示出肌肉疼痛的严重性。举个例子来说，你将手握成一个拳头，不要握得太紧，起初感觉不到任何疼痛；只要你稍微坚持的时间长一点你就会发现，你手部的肌肉会越来越紧张，并且还会感到疼痛。这就说明我们的肌肉已经受到了伤害。

不知道在生活中你有没有这样的亲身体验：当你倍感压力时，不仅情绪紧张不安，肌肉也变得异常紧绷，甚至僵硬。

根据这一现象，科学家经研究发现，如果一个人总是承受重复的压力而睡眠不足，或者经常失眠，那么他体内的皮质醇含量就会大大高于普通人，由此也将产生一系列负面效应，如食欲高涨、血压升高、性欲减退、消化系统紊乱，等等。这些负面效应会使消化不完的热量在体内不断积累，时间一长，情绪压力不但不会得到丝毫缓解，还会让小腹上的脂肪堆积，形成影响健康和自身美观的"大肚腩"。其实，这就是情绪导致的肌肉紧张。

我们最明显、最容易受情绪影响的地方就是颈部肌肉，因为和情绪体现有关的肌肉群往往就是我们使用最频繁的肌肉，因此，脖子上的肌肉首当其冲，它们比任何一处骨骼上的肌肉都更容易被使用，也就是说，在频繁出现的紧张情绪里，颈后肌肉是人类紧张情绪最常见的体现。有关调查显示：在患有肌肉疼痛病人中，有85%的患者是由情绪紧张引起的肌肉紧张或者肌肉疼痛。

单单是谈这些理论上的成因，我们可能还不能够有所体会，为了更具体地让你知道情绪是如何导致颈后肌肉紧张和收缩的，你不妨具体实验一下：你工作了一天，感觉特别疲乏，本想着晚上回去以后早点休息，可是你的大脑中还在思考着困惑你好久的一个难题。你的情绪不免变得低落起来，这个时候，你试着坐在一把舒适的椅子上，想想那个困扰你的问题。你闭上眼睛思索大约一个小时，那么当你站起来的时候，你颈后的肌肉一定不舒服，你也会不自觉地扭动和伸展你的脖子，这就是情绪紧张对肌肉造成的伤害。情绪导致肌肉紧张的现象在生活中时有发生。

比如有人遇见紧张的事情时常常会发出惊叹说："天哪，好紧张！我的心脏都要提到嗓子眼了！"一般来说，我们会把这些话当作夸大事实，事实上，心脏也确实不会提到嗓子眼，我们之所以有这样的感觉，是因为情绪一旦受到恐慌或紧张的刺激，会导致嗓子眼里的肌肉也跟着紧张。在紧张状态下，有很多人会抱怨自己的咽喉肿大了，还有人会感觉咽喉里长了个什么东西，实际上，这只是情绪紧张诱发的肌肉紧张，而造成紧张的那些肌肉恰恰位于食道的上端，肌肉情绪紧张就会不停收缩，让人会觉得有一个东西卡在嗓子眼里，在这种肌肉紧张的状态下，如果你试图去吞咽固体或者液体食物，就会非常困难，甚至出现窒息感，接下来会怀疑是不是嗓子里有了真的肿瘤或者别的可怕的东西，而这个肿块也随着情绪的紧张变得比往常更加令人恐怖，其实这并不是什么肿块，假如你的情绪改变，回到了正常的状态，就会发现那个肿块已经消失了。

现实生活中，一定有不少人有过这样的体验：在一个大会议室里，会议紧锣密鼓地进行着，大家或是讨论得激烈，或是会场气氛沉闷、压抑，这时，我们的心情就会变得糟糕透顶，嗓子里莫名其妙地一阵发紧，呼吸也变得不流畅，也就是情绪紧张造成的肌肉紧张。这个时候，我们可以用深呼吸或者喝水来缓解一下紧张的情绪。多年的研究表明，当人长期处于同一种状态就很容易产生负性情绪，适当地变化一下自己的状态，心情会朝着积极的方向转化。可以这样说，在你紧张的时候，喝一口清凉的水，滋润喉咙的同时也在滋润着心灵。

情绪紧张是个人面对心理上的挫折、困难、压力时所呈现的心理反应，在日常生活中较为常见。情绪紧张的表现包括躯体症状和心理症状两个方面，躯体症状主要是肌肉紧张、容易疲劳、头痛、呼吸急促、心悸、肠胃不适、睡眠品质不佳等现象；心理症状则包括无法控制的担心、注意力不集中、烦躁不安、易发脾气等现象。

心理调适是控制情绪紧张的首要措施。我们所说的心理调适就是让心情放松下来，心情放松了，紧张的情绪自然也就得到了松弛。

如何做到放松呢？首先，清空你的脑袋。把你的脑袋想象成一块黑板，在上边写下你惦记的事情。关键的是找到橡皮擦，擦掉任何东西，把自己放在一个能够完全放松的环境。可以想象一下自己正在聆听一首最喜欢的音乐，阅读一本倾慕已久的书籍，躺在一张最喜欢的沙发上，坐在岸边垂钓，或者漫步在沙滩中。如果还没有放松，那么还可以想象微风轻抚你的脸庞，看着漫山遍野的山花，深深呼吸一次，让你的精神完全放松下来。

情绪不良导致脱发

脱发对我们来讲似乎司空见惯，头发也是有生命的，它有自己的生长和衰老周期，因此，正常人每天都掉头发属于正常的生理现象，大可不必担心。

然而，有些人出现了"鬼剃头"的现象。所谓"鬼剃头"，就是一夜之间出现的局部性脱发，一般呈圆形，这种现象发生在年轻人身上的居多。有一青年因与女友分手，连日闷闷不乐，食少不欢，夜不能眠。一天早晨，他发现自己右脑顶部出现了一块鸡蛋样大小的圆形斑秃，那儿的头发一根也不剩了。有人告诉他："你这是被鬼剃头了。"这件事听起来有点玄，但并不是所谓的"鬼"在作怪，而是一种由神经精神因素导致的皮肤损害。这里的神经精神因素有很大一部来源于不良情绪，因为当一个人受到焦虑、急躁，或者长期的抑郁、沉闷等情绪的骚扰时，均可发病，患者在发病之前往往有严重精神刺激或应激性事件，比如丧偶、失恋、降职、落榜、下岗等因素均可通过显著的情绪波动触发皮肤的病变。一般情况下，经过 3 ～ 5 个月的治疗，头发可恢复生长。

研究发现，用脑过度也会导致头发大量脱落，就是有人说的"聪明绝顶"。用脑过度，或者经常心事重重、烦闷，或者遇到了什么事时，精神就会过于紧张，使大脑受到了很大的刺激，有时候也会影响到头发的营养供应和生长。

我们知道，人体的一切活动都是归大脑管的，如果大脑受了刺激，那么人体活动就会乱了脚步，也就不能正常地发挥作用，从而使身体的营养受到刺激，于是出现了掉头发的情况。有的人遇到过于激动的事，大脑受了强烈的刺激，精神很不正常，有时一夜之间头上的头发就掉了一大片。

对于这种不正常的脱发，其治疗关键在于医治心病，消除不良情绪，培养乐观的情趣。此外，治疗时可以适当补充维生素 B 族。

如果头发发黄、脱落或斑秃，可用柚子核 25 克，用开水浸泡 24 小时后，每天将汁水涂抹头发及头皮 2 ～ 3 次，这可以加快毛发生长；或者将生姜切成片，在发黄、脱落头发的发根处或斑秃处的地方反复擦拭，每天坚持 2 ～ 3 次，这能刺激毛发的生长。但这两种办法只能做辅助治疗，要想让头发"扎根"，乐观的情绪还是最好的良药。

从"魔鬼身材"到"三个游泳圈"

从生理年龄上讲，30岁的女人已经不能算是女孩了，可是，小艾是个例外。炎热的夏天，小艾可以穿着露背装、露脐装、吊带装、超短裙等暴露的衣服招摇过市，和花季少女们大胆PK，并且绝无装嫩之嫌。因为她有足够傲人的身材，从头顶到脚趾，任何一个部位，她都是经得起推敲的。

可是这个夏天，所有的张扬，对于小艾，都已经成为过往，只剩"落花流水春去，天上人间"。缘何？事情起因于2007年的那场失恋。

两年前，28岁的小艾是个"白领秋香"，在一次户外活动中，她不知不觉地爱上一个男人——John。由于客观上各方面的因素，他们是不可能在一起的。

经过一番深思熟虑，小艾终于决定放弃对这个男人的等待。

失恋的痛苦像潮水一样把小艾包围了。该如何走出这生命中的沼泽地呢？小艾思来想去，唯有忘却和麻木！

"越是失恋，越要心疼自己，要每天吃得像皇后一样好！"小艾命令自己。一日三餐，她餐餐不落，而且一顿比一顿丰富。就连匆忙的工作餐，她也会冒着迟到的危险去"江南水乡"大撮一顿，晚餐自是不必说，有时间，有地点，有人陪，从下班后就开始，小艾可以连续"作战"5个小时，和朋友们大快朵颐，回到家里继续对冰箱进行"大屠杀"：朱古力、蛋糕、薯片、瓜子……在情感冲击波的牵制下，美丽的小艾姑娘全然忘记了对高热量、高脂肪的恐惧。

转眼之间炎热的夏天到了，小艾决定穿上那款她最为得意的露背装上街购物，发现今年别人的回头率好像比往年更高。一开始小艾还昂首挺胸陶醉于花魁的自恋中，可是擦肩而过的小姑娘脸上不怀好意的微笑让她心里开始发毛，突然有一种纽扣没扣好的心虚，于是低下头来，遂吓个半死——有相当规模的小肚腩和"游泳圈"让她恨不得找个地缝钻进去。

小艾以最快的速度落荒而逃，回去用尺子从上到下逐个测量，该长的地方一点都没有长，不该长的地方已经不可控制，腰围和臀围把衣服绷得紧紧的，一弯腰，三个"游泳圈"活生生地挂在那里。亏自己还在大街上趾高气扬呢，简直丢死人了。

小艾这才意识到都是前一段时间贪吃惹的祸！对着镜子，小艾庄严地宣布：从明天起，做一个快乐的人，少吃东西多锻炼，以恢复身材……

可是，话一出口，小艾就崩溃了，时至今日，远离美食已经不可能。她已经全然不能自控了。一旦没有食物的陪伴，她就不知道如何打发时间，不知道如何活下去。她时常情绪低落、想哭、嗜睡，尤其是到了下雨天，她甚至有了死的念头。

节食不成，小艾只能由着自己的性子来了，在暴饮暴食的路上越走越远、越陷越深，最后发展成吃完一餐后，隔15分钟还想再吃，跨出一家快餐店，又去隔壁那家蛋糕店小坐，她随身带的包包里也是装满了零食，1升的巧克力奶可以一口气喝掉，常常会半夜醒来找吃的，或者今天就吃完为明天预备的食物。不久，小艾的体重增加了15斤，身材完全变形了。这种疯狂的吃法不仅毁了小艾的美丽，还严重影响了她的生活。她自言不知饱为何物，却会觉得食物常顶上喉咙，会因吃得太多而腹泻，有时候还会呕吐。

小艾明知这种做法是错误的，为何还不停进食呢？原来是情绪的影响。她觉得进食时的快感，是她逃离失恋所带来的低落感的唯一途径。用她自己的话说："有的吃就开心。"虽然进食时的快感让她一时忘记失恋，但伴随着的内疚、负罪感，使她的心情非常复杂，只是，再多的内疚也敌不过进食的欲望。

原本就处在失恋带来的痛苦中，再加上身材走样的苦恼，心情日益郁闷，小艾终于向"情绪健康中心"求助。

心理医生告诉小艾，她患上了暴食症。暴食只是情绪问题的反映，产生的原因是她的抑郁情绪。

食物是我们每天都在接触的东西。它可以是一种享受，也可能成为问题的根源。男人借抽烟、喝酒来缓解压力，女人则喜欢通过食物来缓解压力。两种方式都没有什么错，只是一旦走上了极端，就对身心就有害无益了。

如果你经常失控地大量进食，你可能会患上暴食症，这和情绪有关！

小艾至今仍在与疾病对抗，她愿意向大家说出自己的病情，也是为了帮助他人了解暴食症。知道有这种症状时，应该及时向医生求助，而不可乱服减肥药。暴食自然会发胖，一部分暴食症患者为了保持苗条身材，不假思索地选择减肥药。其实，吃减肥药不仅于事无补，还会让你的情绪雪上加霜。只有调理好自己的心情，积极乐观地生活，才能根除暴食症。

两个特殊的糖尿病患者

糖尿病已经成为世界上继肿瘤、心脑血管病之后的第三大严重危害人类健康的慢性疾病。糖尿病对身体的危害是多方面的，包括危害心、脑、肾、血管、神经、皮肤等。

研究发现，经常情绪紧张或极度的情绪紧张，会使某些激素分泌大量增加，而这些激素不仅会使血糖升高，而且会与胰岛素产生对抗。糖尿病人情绪紧张时要比平静时消耗更多的葡萄糖，有学者通过对抑郁症患者的研究表明：抑郁这种心理状态可以影响糖代谢，抑郁症患者糖代谢调节能力降低，血糖升高。所以很可能糖尿病患者患病之前就比一般人抑郁，抑郁使他们易患糖尿病。患者情绪安定时，糖尿病病情常可缓解；而紧张、焦虑、抑郁、愤怒、忧思、悲愁等不良情绪，能够促使糖尿病发展及恶化。

请看下面两则典型案例：某男，49岁，体形肥胖。某公司副总经理，出身于农民家庭，高中毕业后以优异成绩考入大学，后到一家跨国大公司工作。他性格内向，多愁善感，遇事优柔寡断。工作小心谨慎，但踏实能干。10年前即为副总经理，但以后的几次升职都没有如愿，从而变得更加忧郁。后来终于获得去海外留学充电的机会，本想回来后可以被提拔，但是一年后，他过去的一个部下被提拔为总经理，使他升职的希望又一次落空。

他忧思悲愁，久久不能释怀。一个月后出现烦渴多饮、尿频量多、体重下降等症状，终于因晨起头晕而到医院看病。诊断：糖尿病（2型）

接诊医生详细询问了他的生活、工作情况，在医生的启发下，他终于敞开心扉，倾诉自己的心事。医生告诉他糖尿病的病因复杂多样，性格和情绪也是与糖尿病发病有关的重要因素。医生除了给他相应的药物治疗外，还给予一定的心理疏导，开导其正确对待职位的高低，尽快排遣有害于健康的不良情绪，尽量多和家人及朋友交谈，主动给予和享受关爱。他一方面按时吃药，一方面反思自己过去的价值观，并和妻儿一起到海边游玩，怡情怡性，心情好了许多。3个月后，他除睡眠欠佳外，其他症状全部消失了。某女，60岁，退休工人。多年前丈夫去世，其唯一的儿子患有严重的小儿麻痹后遗症，生活几乎不能自理，老人含辛茹苦将儿子养大，并为儿子娶妻成家。5年前，儿媳不甘心一辈子和一个残疾人生活在一起，抛下两岁的女儿和残疾的丈夫，突然离家出走，这使老人更加悲愤忧愁。半年后她开始出现渴而多饮、形体消瘦、尿频尿多、四肢无力等症状，到医院检查，空腹血糖为15.3摩尔/升，尿糖（+++）。后来病情逐渐加重，于一年前开始注射胰岛素，每天需用80单位。近日自觉视物模糊，到医院看病。查视力，右眼0.5、左眼0.6，眼底检查可见视网膜动脉管径变细，反光增强，静脉迂曲怒张，后极部有多个微血管瘤。诊断：糖尿病（1型），合并视网膜病变医生除了给予西药、中药治疗外，还对老人的经历和家庭的不幸深表同情，在精神上安慰开导她。不久，医学院的大学生志愿者们听说了这家人的情况后，主动来帮助他们，除了做家务和经济上的帮助外，还教老人的孙女唱歌跳舞，并和老人的儿子交朋友，全家人的脸上露出了少见的笑容。更让老人欣慰的是，孙女听话懂事，已经上学，是一个品学兼优的好学生。老人的病情大为好转，到医院复查，空腹血糖 9.0 摩尔 / 升，尿糖（＋），胰岛素注射量也降为每天 20 单位，双眼视力均上升到 0.8。

糖尿病是以多饮、多尿、身体消瘦或伴有糖尿为特征的病症。虽然糖尿病的病因和发病机制尚未明了，但是心理因素在本病的发生、发展过程中，起到了重要的作用。糖尿病被认为是一种典型的内分泌代谢性身心疾病，它的发病和生活变动、情绪因素有着密切的关系。

生活事件与糖尿病起病关系是糖尿病社会心理因素开展的最早的研究，患者在患糖尿病之前，多经历了某种生活事件，比如失恋、夫妻关系不和、离婚、丧偶、家庭成员之间关系紧张等。

临床资料还显示，有些糖尿病患者在治疗药物和饮食不变的情况下，遭遇不幸，病情也会在短期内急剧恶化。可见生活事件与糖尿病的发生、发展及转归有密切的关系。

糖尿病的预防和治疗重在消除高危诱病因素。糖尿病目前尚无病因疗法，强调采取身心相结合的综合防治措施，控制血糖，缓解症状，消除心结，调解情绪，从而防范疾病的发展、复发和并发症。

现代人生活节奏越来越快，竞争越来越激烈，压力越来越大，人们要面对许多对自己产生消极作用的不愉快事件。在这些事件面前，要合理调适自己的情绪，免得像上述两位糖尿病人那样因情绪伤身。

情绪带来的"溃疡症"

不良情绪会导致许多溃疡的发生，研究证明，胃溃疡和十二指肠溃疡与情绪刺激有非常密切的关系。不良的心理压力，会使大脑皮层功能发生紊乱，增加胃酸和胃蛋白酶的分泌，使胃平滑肌痉挛，同时促使交感神经功能亢进，引起胃和十二指肠黏膜下血管痉挛，造成黏膜局部缺血，营养不良，从而容易造成溃疡。溃疡一旦形成，提高胃酸分泌的任何刺激，就会使溃疡恶化，引起疼痛和出血。王先生，男，42 岁，某企业厂长。患十二指肠溃疡多年，每年发作 2 ~ 3 次，主要表现为饭前或空腹时上腹部疼痛。一般情况下，经用药治疗后可以恢复。不发作时，除常有嗳气和反酸症状外并无其他不适。这次溃疡复发，服用先前用的抗迷走神经药、抗酸药等不能完全缓解。在长期不见好转的情况下，他从朋友那里知道或许心理医生可以帮助他，就去心理门诊求助。心理医生先询问了王先生的工作性质，生活习惯，以及自身压力方面的问题，然后得出了这样的诊断：王先生的溃疡病确实与情绪有很大关系。

医生还列举了一些极易患溃疡的不利性格：被动、拘谨、依赖性强、缺乏进取心、交际能力差、缺乏主见、优柔寡断、情绪易波动、受挫后一蹶不振、一有刺激便易焦虑紧张。因此，消化性溃疡可以说是一种情绪疾病。除了消化性溃疡之外，不良情绪还会引起口腔溃疡。工作繁忙使得人们的精神过度紧张、情绪波动、睡眠不足，这种情况下容易造成自主神经功能失调，引起口腔溃疡的可能性比较高。如果一个人身体虚弱或者在应激状况下，比如你在感冒之初或体力、精神上压力过大时，就会不定期地出现口腔溃疡。这可能与人体内分泌障碍、胃肠功能紊乱、变态反应、局部刺激、微量元素、维生素缺乏等有关，不过不用担心，它没有传染性。在复发性口腔溃疡的患者中往往可以见到遗传倾向，如果父母均有复发性口腔溃疡，那么子女的发病率约是 80% ~ 90%。如果双亲之一有复发性口腔溃疡，那子女的发病率约为 50% ~ 60%。由此可见，要想避免溃疡的产生，最重要的就是保持良好的精神状态，这样才能让自己时刻沐浴在健康的阳光中。

过去，人们一直认为溃疡病是一种躯体疾病，与人的心理活动没有关系。近年来，心理因素在病因方面的作用引起了人们的重视。科研人员发现，溃疡病实际上与人们的心理状态有很大关系。

患有消化性溃疡与人的个性有着密切的关系。患溃疡病的人多具内向和不同程度的神经质方面的特征，他们往往表现有孤僻、好静、悲观、遇事过分思虑、情绪易波动、易怒而又压抑。有人通过试验发现，溃疡病患者与正常人相比对于紧张的刺激感受较为悲观。由于受性格因素的影响，溃疡病人的应付能力要比正常人弱些。而且，应付的方式趋于不成熟、易冲动、心理调节能力差，并缺乏信心。

因为消化道是最易受应激影响的系统之一。人是社会的主要成员。大量的刺激因素来源于日常社会生活，有 84% 左右的上消化道溃疡患者和 80% 左右的溃疡病复发患者中，在症状发作的前一周内，有严重或明显的生活刺激。

预防溃疡病的措施应包括：养成定时定量的饮食习惯，不暴饮暴食；避免吃生冷、过于粗糙的食物，劳逸结合，避免过度紧张与劳累；不大量吸烟、喝酒；注意气候变化。另外，还要注意饮食的调节与睡眠的质量，改善精神状态与体力的过度疲劳等。这些对于减少或防止溃疡病的发作，有一定的作用。

我们都有这样的感受；高兴时，粗茶淡饭也香甜；烦躁时，纵有山珍海味摆在面前，还是苦涩难咽。可见，胃肠的功能对情绪非常敏感。专家认为，胃是情绪变化的晴雨表，或者，干脆称之为"情绪胃"。

肠胃疾病除与刺激性食物、遗传有关外，更与焦虑、惊恐等情绪密切相关。一般来说，情绪波动引起消化机能的变化，随着情绪的平息，会恢复正常，不至于引起胃肠疾病。但是，过分强烈或持久的不良情绪，有可能引起胃肠疾病。最常见的是消化不良、腹胀、便秘或腹泻等功能性肠胃病，此外，还会引起溃疡病，甚至是胃肠道肿瘤。

偏头疼的罪魁祸首

偏头疼似乎是当今上班族最常见的一种疾病。生活压力大，工作强度高，是上班族的一大生存特点。

在生活中，我们经常看到有些人特别是年轻女性，在害羞的时候，会面红耳赤，其实这就是血管对情绪刺激做出的最常见的反应。

人在情绪变化时，如害羞、害怕、惭愧、愤怒，或受到表扬或批评，或在温度变化等情况下，出现面红，甚至周身皮肤发红，是由于皮肤暂时性血管扩张，医学上称面红恐惧症，常见于强迫性神经官能症和精神衰弱的患者，女性较为多见。

除了脸红症状以外，头颅内外中等粗细的血管对于情绪的刺激最为敏感。这些血管随着我们的情绪变化，会引起头痛，或者更为严重的偏头痛。对于很多人来说，情绪刺激可能是深层次的问题，他们会试图掩饰某种不愿意表露的情绪，但大多数隐藏在头痛背后的情绪还是很容易被发现的。有一位女士患上一种很严重的偏头痛，每次她上街后都要发作，回来后不得不卧床休息一天。

她是一位特别挑剔的家庭主妇，她的丈夫是位农场主。每次上街之前，她得先将屋子打扫干净，给孩子洗澡穿戴好，还要想着上街要买些什么东西，这些需要的用品在什么地理位置，怎样用最少的时间，见最少的人，就可以把要买的东西买回来。

因为这位女士天生害羞，一想到要遇见很多人，就惴惴不安。所以每次上街前她都要细细规划一番，但尽管如此，她一想到上街还是感到紧张和羞涩，还没等出去就开始头痛，等上街回来之后就得卧床休息。当然，有时她也去看医生，但是每次都头痛而归。负面情绪为什么会造成偏头疼呢？

这是因为血管含有丰富的神经末梢，疼痛反应极为强烈，所以产生头痛。

典型的偏头痛在头痛之前会有先兆症状，比如常有精神不振、视物不清、偏盲或出现幻觉、想睡觉及不舒适感，这些症状数分钟或十多分钟后消失，其后就开始头痛。不典型的偏头痛无先兆症状，一开始就是头痛。先是一侧局部出现胀痛，然后扩展到眼结膜及鼻黏膜充血，还可能出现吃饭不香、恶心、怕光、怕噪声。发作轻者仅几个小时，重者可数日。

偏头痛一般会周期性发作，每次发作的过程相似，疼痛强烈者，个性特征也会发生改变。

最新的研究表明，偏头痛与各种潜在的精神疾病可能有密切联系。大部分的偏头痛都与精神疾病和情绪障碍有关，如抑郁症、恐慌症、社交恐惧症、焦虑狂躁症等。

年龄、学历、居住地等因素和偏头痛的发生没有直接关系，但精神状态与之有密切的联系。而顽固性偏头痛往往与潜在的抑郁和焦虑有关，偏头痛也可能是精神疾病的一种生理症状。

因此，偏头痛的治疗应密切注意患者精神状态的调节和心理疾病的治疗，最好有心理医生的介入，这样才能达到比较理想的效果。

心理治疗对偏头痛效果显著，可以在药物治疗的同时对情绪进行控制，以缓解症状。

偏头痛应首先采用心理治疗，对情绪进行调控，同时配合药物治疗，缓解症状。情绪调控疗法有精神疗法、自我训练及冥想静思疗法等。要尽量清除引起患者不良情绪反应的心理刺激源。此外，合理安排日常生活及工作、缓解家庭矛盾、保持良好情绪对治疗偏头痛也有良好的效果。

不良情绪导致内分泌失衡

生活中，我们要承受来自各个方面的压力，哪一种压力都需要打起十二分的精神来应对，难以彻底放松下来。这种紧张状态和不良情绪会影响神经系统，就会造成激素分泌的紊乱，也就是我们通常所说的内分泌失调。

内分泌是人体生理机能的调控者，它通过分泌激素在人体内发挥作用。比如，细菌进入人体，胸腺素便会自动增加分泌，以抵抗病菌；女性经期，孕激素也会增多，而雌激素则相应减少。但是如果因为某些原因，引起内分泌腺分泌的激素过多或过少，新陈代谢功能紊乱，就会造成内分泌失调，导致内分泌疾病发生。这些疾病不仅有损女性的美丽，更会损害女性的生理和心理健康。女性较敏感，情绪不稳定，又易忧郁、急躁、思虑过度，这些因素都易扰乱气血运行，这或许就是女性易致内分泌失调的原因。31岁的王小姐在一家上市公司任职，最近一段时间老是烦躁焦虑，脾气越来越暴躁，动不动就跟人生气，还一阵阵地发热、出汗。身边的好友都笑她说，"你是不是进入更年期了"。

去医院一检查，医生发现她激素水平已经接近更年期的妇女，卵巢也已经开始萎缩退化，正逐渐失去应有的生理功能。医生诊断她已经得了"卵巢功能早衰"。

这样的诊断结果让王小姐很痛苦，31岁正是事业稳定的好时候，令她想不到的是为了工作，自己的身体却被压垮了。随着女性社会地位的不断提高，女性所承担的社会压力也越来越大，加上环境污染以及诸多的不良生活习惯，卵巢功能早衰正向更多的女性袭来。

学会情绪调节，防止不良情绪干扰女性内分泌功能和免疫系统，降低机体的抗病能力。维持和谐的生活，增强对生活的信心，保持精神愉快，消除孤独感，缓解心理压力，不断提高人体免疫功能。

夏季人体的新陈代谢旺盛，在燥热的天气里，体内的水分和营养更容易流失，加上酷热难眠，更容易造成内分泌失调。再加上现代女性肩负工作、家庭的双重压力，而女性较敏感，情绪不稳定，又易因忧郁、急躁、怒气、思虑过度等内在因素扰乱气血运行，从而导致内分泌失调。

"内分泌失调"代表荷尔蒙的不稳定状态，西医认为，调节内分泌主要从饮食、运动上入手，必要时辅以药物治疗，要养成良好的饮食习惯，多吃新鲜果蔬、高蛋白类的食物，多喝水，补充身体所需的水分，多参加各种运动锻炼，加强体质，不要经常熬夜，以免破坏正常的生理规律，造成荷尔蒙的分泌失衡甚至不足，进而引发其他疾病，还要注意休息、保证充足的睡眠。

另外，女性因为特殊的生理及心理特性，也会出现独特的情绪表现，情绪好坏则直接影响人体激素的分泌。她们因为较易受到外界环境的影响，经常出现焦虑、愤怒、抑郁等不良情绪，所以要主动调节情绪，保持良好的精神状态。尤其是在月经、妊娠期等特殊的日子里，更要注意及时调节自己的不良情绪，以减轻特殊生理周期前后情绪的变化，保持良好的精神状态。这是避免内分泌失调的办法之一。

赶走失眠，还你一个美梦

工作压力过大，生活琐事繁多，人际关系复杂，这些都是造成人体神经紧张，心理压力负重，情绪不安的主要原因。失眠、焦躁，也紧随其后，扰乱着我们的生活。爱丽丝辗转反侧，难以入睡。

现在是凌晨3点，两个小时前她被一阵震动吵醒，脑海中立刻浮现出当天下午和上司谈话的场景。只不过，这一次的画面中还带上了评论。评论者正是她本人，以一种尖厉的声音责问着自己：

"我为什么要那么做呢？听起来简直就像个傻瓜。他所谓的'基本能胜任工作'背后的意思究竟是指什么呢——是说我还不够升职的条件？好吧，难道他要把项目交给克里斯蒂的部门去做吗？可是，那些人能对这个项目做什么呀？那可是我一直负责的项目……至少到目前为止都是。他说要评估项目进展的情况莫非就是这个意思？想要让其他人来负责这个项目，对不对？我知道我干得不够好——不够升职资格，甚至可能都不够资格继续干这份工作。但是，如果能让我看着它完成那该多好！"

如果她辞掉原来的工作寻找新工作，她和孩子将会面临可怕的困境。当她勉强拖着浑身疼痛的身体起床，挣扎着向浴室走去时，她脑海中又开始浮现出自己被一个又一个的雇主拒绝的画面。

"我不应该责备他们。我只是不明白自己为什么那么容易沮丧。为什么我对所有的事情都如此敏感？别的人都过得很不错。而我却没有办法同时照顾到工作和家庭。真无法想象老板是怎样来评价我的。"

她头脑中的磁带又开始周而复始地转动了。就这样，爱丽丝又失眠了。她总在为不存在的事情陷入焦虑情绪之中，导致自己烦躁不安，难以入睡。面对事情，只会用消极的情绪敌对，而不采取有效措施，这是一种很不好的习惯。造成失眠也就成了很正常的事情，因为，如果她自己不尝试去缓解那些不好的情绪，别人无法帮助她。

失眠一般不会致命，但长期失眠会使人脾气暴躁，攻击性强，记忆力减退，注意力不集中，精神疲劳。失眠对人精神上的影响容易导致器质性的疾病，还会使人免疫力下降，使人的身体消耗较大，心理治疗在失眠治疗中起着重要作用。甚至有的睡眠障碍专家认为，对于心因性失眠来说，药物只是一种辅助治疗，只有心理治疗才能解决根本问题。

对失眠的恐惧心理会使失眠的治疗更加困难。保持平和的精神状态很重要，不要把失眠看得太重，试想，世界上那么多人失眠，他们不还是照样正常工作和生活吗？

如果实在睡不着，而且越来越烦躁，应该起来做点什么，等有了睡意再上床。如果强迫自己入睡，往往事与愿违。

不少自称失眠的人，不能正确看待梦，认为梦是睡眠不佳的表现，对人体有害，甚至有人误认为多梦就是失眠。这些错误观念往往使人焦虑，担心入睡后会再做梦，这种"警戒"心理，往往影响睡眠质量。

其实，科学已证明，每个人都会做梦，做梦不仅是一种正常的心理现象，而且是大脑的一种工作方式，在梦中重演白天的经历，有助于记忆，并把无用的信息清理掉。梦本身对人体并无害处，有害的是认为"做梦有害"的心理，使自己产生了心理负担。

有些人因为一次过失后，感到内疚自责，在脑子里重演过失事件，并懊悔自己当初没有妥善处理。白天由于事情多，自责懊悔情绪稍轻，到夜晚则"徘徊"在自责、懊悔的幻想与兴奋中，久久难眠。

工作上的不顺心、学习上的压力、家庭关系的紧张、经济上的重负、爱情受挫、人际矛盾、退休后生活单调、精神空虚等因素是大多数失眠者失眠的原因。因此，药物及其他疗法只是一种症状治疗，一种辅助措施，唯有心理治疗才能更好地解决问题。长期失眠的人，不妨试试以下方法：

（1）保持乐观的愉悦情绪，避免因挫折而导致心理失衡。

（2）有规律地生活，养成按时作息的好习惯。

（3）创造有利于入睡的条件反射机制，如睡前半小时洗热水澡、泡脚、喝杯牛奶等。

（4）白天进行适度的体育锻炼，有助于晚上的入睡。

（5）养成良好的睡眠卫生习惯，如保持卧室清洁、安静、远离噪音、避开光线刺激等，避免睡觉前喝茶、饮酒。

（6）限制白天睡眠时间，白天可适当午睡或打盹，应避免午睡时间过长，否则会减少晚上的睡意及睡眠时间。

此外，喝牛奶也有较好的催眠作用，不妨在睡前喝一杯热牛奶。

情绪有美容的功效

女人天性爱美，美容是女性的必修课。为了美，女人们总是不惜重金，用纤纤玉手涂抹化妆品，走进美容院，为的是找回一份属于自己的自信；为了美，女人们强迫自己远离懒惰，去健身房流汗，为的是保持好的身材；为了美，女人们宁愿每个月抽出薪水的三分之二购买各式各样的保养品，为的是以内养外；为了美，女人们不远万里，跑到异国，为的是整容后能变得青春靓丽。殊不知，真正的美丽源于心情，心情好，人才能年轻、漂亮；心情不好，人就会"枯萎"。周末逛街的时候，李涵见到多年未曾谋面的老同学白兰。心直口快的白兰一见到李涵就大呼道："天哪，李涵，你真是没变样，怎么还那么年轻啊，咱俩是同一年的，看起来我比你大 10 岁呢！"李涵被夸得不好意思了，连忙说："都一把年纪了，还年轻什么呀！"不过李涵还真发现白兰的气色不太好，李涵不禁有些纳闷，这是什么原因呢？在后来的闲聊中，李涵终于知道了原因。

白兰结婚早，爱人是家里的独苗，家庭背景也不错。白兰结婚一年后生了孩子，被婆婆奉为宝贝。除了上班，一切家务都有保姆代劳，白兰的日子很是清闲。现在儿子都上中学了，还是奶奶照顾。

这样体贴的婆婆，要搁一般女人听了都羡慕死了，可白兰身在福中不知福，整天还满腹牢骚，抱怨舅舅不疼、姥姥不爱的，好像受了天大的委屈。几年前，白兰的单位不景气，托人办了病退。没有工作的白兰就更闲了，后来还染上了麻将瘾，每天除了睡觉，大部分时间都在麻将桌上度过，赢了跟牌友吃喝玩乐，输了回家就歇斯底里地跟家里人找事吵架。公婆劝，老公劝，后来娘家人也加入了劝说的队伍，都无济于事。白兰不打麻将就难过，为此老公气得差点提出离婚。

后来李涵问白兰："你觉得这样的生活快乐吗？"白兰说："不快乐，现在想想觉得挺没意思的。"李涵劝慰白兰："找点有意义的事情转移一下自己的注意力，别让自己觉得太空虚，心情就会慢慢好起来的。其实我们都知道，快乐是自己的，还得要靠自己去争取。"

白兰听了，很受启发。快乐的人是认识自己、善于适时调整自己的人。快乐是一种态度，是一种充满幸福的生活方式，它要求一个人主动承担自己的责任。作为一个有家庭的女人，在家就要孝敬父母、疼爱孩子、体贴爱人，关心家庭的其他成员。大道理谁都懂，但是做到很难。当你这样做的时候，你就会问心无愧，感觉踏实，无形中也会给家庭带来无限的温馨，那么你在家庭中的地位自然就会提高，而你的心情也会变得好起来，快乐也会如期而至！像白兰这样处处以自我为中心的女人，哪里会有快乐呢？实际上，在生活中，一个人只有在付出和接受达到相互平衡时，才能从两者中得到乐趣。

可是上天似乎在故意刁难爱美的女人，赐她们以玲珑的躯体，又伴之敏感的内心。文人墨客曾用"女人是水做的"来形容女性脆弱、容易伤感，而用"男儿有泪不轻弹"来表达男性的铮铮铁骨。男女之间真的存在这么大的心理差别吗？的确，就连科学家也承认，女性在生理等方面的特点，决定了女性更容易发生情绪波动，出现情绪障碍，如抑郁症、焦虑症等，也容易因为精神和心理因素诱发躯体疾病或患上功能失调性疾病。

现代医学研究证明：人的情绪与精神状态的好坏直接影响皮肤的健康。当心情愉悦时，人体大脑内的乙酰胆碱分泌增多，有利于血液通畅，皮下血管扩张，血液涌向皮肤，使人面色红润、容光焕发，自信与美丽展露无遗；当一个人情绪低落时，体内肾上腺素分泌增加，使动脉血管收缩，供应皮肤的血液减少，面色就会变得苍白或蜡黄。这时候，走进美容院，即使是最好的美容师恐怕也难以妙手回春。关注自我、放松心情、学会享受、懂得表达是一种"情绪美容"疗法，能使人心情愉快，精神饱满，气血运行顺畅，促进血液循环，以达到激活面部和全身肌肤细胞的代谢，使面容富有光泽和弹性。

因此，女人在用现代高科技手段生产出的化妆品进行美容时，千万不要忘了情绪美容。

选择性遗忘和记忆，是情绪的反映

遗忘是一种选择性行为。这种选择涉及我们头脑中的印象，以及每个经验印象的细节，当生活中遇到一些不愉快的事情时，每个人都有将之遗忘的冲动。其实在我们的潜意识里，对于不好的事情，我们都希望把它封存起来，这就是选择性遗忘的表现，这其实是人本身的一种防卫机制。

当然，这种遗忘不见得就不好，在面对一些令人不愉快的事情时，选择遗忘，就是选择快乐。从很大程度上讲，选择性遗忘，是情绪的反映。因为，当不快乐的事情影响到我们的情绪时，我们就会启动大脑发出屏蔽指令，将那些不开心的回忆抹掉。山姆是一个沉默寡言的人，他除了工作之外，每天都待在家里看报或者看球赛。有一个周末，他和太太接受一个朋友的邀请，去参加宴会。山姆非常不情愿，但在太太的强迫下，他只好勉强从命。于是他开始做准备。当他打开衣箱要拿外套的时候，忽然想起还没刮脸，于是他随手关上衣箱，开始刮脸。可是他刮完脸回来拿衣服时，发现衣箱已经锁上了，他找了许久，始终找不到钥匙。当时正值周末，也请不到锁匠，"万般无奈"，夫妇只好退回了请柬。第二天，山姆请来的锁匠打开衣箱时，发现钥匙就在里面。原来山姆在去刮脸前把钥匙放进了衣箱里，又粗心大意地锁上了。山姆一直向妻子保证这样做是不自觉的，可他的妻子还是对他有所怀疑。记忆被唤起的现象在我们的现实生活中也会发生，比如，你怎么也想不起一件事情，于是你暂时把它搁在一边不去费那个劲了。如果有一次你到某个地方，参加了什么活动，碰见了某人，只要这些场合中有某些东西与先前"忘记了"的事件有一定联系，你可能就会想起来。这些有联系的东西相当于记忆的线索，忘了的事件就是隐蔽的秘密，你就像是侦探一样，抓住这些线索，顺藤摸瓜，揭开秘密。其实，能够回忆出来就表明我们还没有彻底忘记。

弗洛伊德认为，此类患者在遇到外在的恼人事件或内在的心理冲突时，他们会无法接受，便借助一种特殊的精神力量，将它们驱赶到潜意识的领域，而无法为意识心灵所唤起。这种症状发生后，就对患者形成一种保护作用，使他们免于因回忆起那些无法接受的精神内涵而产生悲痛。根据测试，跳蚤跳的高度一般可达它身长的 400 倍以上。因此，有一位心理学家曾经用跳蚤做过这样一个实验：他把一只跳蚤放进玻璃杯里，发现跳蚤立即轻易地跳了出来。又重复了几遍，结果还是一样。

接下来，实验者再次把这只跳蚤放进杯子里，不过这次放进后立即在杯子上加了一个玻璃盖。

"砰"的一声，跳蚤跳起来后重重地撞在玻璃盖上。跳蚤十分困惑，但它并没有停下来，因为跳蚤的生活方式就是"跳"。一次次跳起，一次次被撞，跳蚤开始变得聪明起来了，它开始根据盖子的高度来调整自己所跳的高度。后来，这只跳蚤再也没有撞到这个盖子，而是在盖子下面自由地跳动。

一天后，实验者把盖子轻轻拿掉，跳蚤不知道盖子已经被拿掉了，它还在原来的那个高度继续跳。

三天以后，这只跳蚤还继续保持玻璃盖的高度，不停地跳着。

一周以后，这只可怜的跳蚤仍旧在玻璃杯里跳着——其实它已经无法跳出这个玻璃杯了。心理学家的这个实验是在对跳蚤的跳跃高度进行限制的过程中，将跳蚤对自己所跳高度的短时记忆逐渐变成长时记忆，从而使得跳蚤被自己的创伤性记忆所束缚，丧失了跳出玻璃杯的能力。

其实，跳蚤如此，人又何尝不是呢？俗话说：一朝被蛇咬，十年怕井绳。情绪的记忆真是个有趣的东西，它可以成就天才，同样可以创造懦夫。选择做怎样的人，就看你是否敢于挣脱创伤性的记忆情绪，勇敢跳出你心中的高度，为自己的人生勇敢一搏。

别让坏情绪影响你的判断

当情绪到来时，我们没有察觉，并任由它渐渐地进入我们的思维而不自知，这就给我们造成了潜在的危险。

在我们受到情绪干扰的时候，我们的身体也会随之发生变化。情绪是条件反射的结果。当你被某件东西或声音吸引的时候，你的情绪就会跟着作出相应的反应。比如，你听到了惊呼，你的情绪也会跟着紧张起来，进而产生恐惧或者好奇；你看到可怕的东西，你的情绪会在第一时间通知你危险，让你有了警惕情绪，进而选择逃避或者挑战。每一种情绪都会带动一种行为，每一种行为都可能产生天上地下的差距。这种差距主导因素就是情绪。

情绪是可选择的，选择积极的还是消极的，在于我们自身。如果是消极的，那么，情绪负债就已经牢牢地跟在我们后面了。一个周日，芭比和几个朋友去郊外爬山。那天他们玩得很尽兴。不知不觉太阳都快落山了，他们还在山顶。如果原路返回，还需要两三个小时的时间。这时候，有人说他知道另外一条捷径，不到一个小时就可以下山，但是要跨过一条水沟。

望着越来越低的太阳，他们只好选择走那条捷径。

那水沟大概有几米深，沟里是潺潺的溪水，在4月的黄昏里发出响亮而空洞的声音，那种声音让人想到不慎失足掉下去的情景……前进还是后退？他们在沟前犹豫了很久。天色一点一点暗了下来。

这时候，一个年轻女孩站了出来。她拿了一根树枝在沟之间比画了一下，然后放在地上，说："沟就是那么宽的距离，大家跳跳试试看。"多数人很轻易就在平地上跳过了那个和水沟差不多宽的距离。但是面对溪水急流的小沟，大家的情绪依旧很紧张，你推我我推你的，谁也不敢往前站。这时，女孩说话了："伙伴们，放松一些，我们刚才不是都试过了吗，很容易就可以跳过去的。"

女孩的鼓励并没有起到作用，大家还是原地不动，一脸的恐惧。女孩笑着看了看伙伴们，然后很轻松地跳过了水沟。大家见女孩跳了过去，这才意识到原来真的很容易，于是他们相互鼓励着，一个个也都跳过去了，包括胆小的芭比。

那个傍晚，他们很快就下了山。而且，在这条小路上，他们还发现了一大片粉红嫩白的桃花。在这样一个落英时节，那绚烂的色彩真是一道令人惊喜的风景。

下山没多久，雨就下起来了，又大又急。大家都笑着说："那水沟并没有我们想象中的可怕吧？！可怕的只是我们心中的恐惧。是恐惧情绪作怪影响了我们的判断，等我们放松下来，一抬腿，不就过来了吗？如果我们当时选择熟悉的那条路回来，说不定都成了落汤鸡了。"不要放大你的恐惧情绪，那样，只会让你止步不前。生活中难免会遇到各种艰难险阻，但有些困难只是表面的，你无法跨越是因为被表面的难度所迷惑，因而把一些困难在想象中夸大了。也许一切正如这深不可测的小水沟一样，轻易跨过之后，你会发现一切都很简单。

生活中，类似这样的事情有很多，因为害怕而止步不前，因为苦恼而唉声叹气，却很少有人去想害怕和烦恼的背后是什么。其实，这都是我们的情绪在作祟，它错误地引导了我们，却又让我们无法承受最后的结果，这就是情绪负债的一种常见体现，如果我们尊重了真实的情绪，而不是被我们潜意识所扭曲的情绪，那么我们就不会陷入负债的情绪中，持续被其伤害。

不要为让他人满意而压制情绪

世界上，人的眼光各有不同，做人不必花大量的心思让每个人都满意，因为这个要求基本上是不可能达到的。如果一味地追求别人的满意，不仅自己累心，还会在生活和工作失去了自己！

生活中我们常常因为别人的不满意而烦恼不已，我们费尽了心思去让更多的人对自己满意，我们小心翼翼地生活，唯恐别人不满意，但即便是这样还会有人不满意，所以我们为此又开始伤神，很多时候，我们忙活工作或者生活其实花不了太多的时间，而只是我们将大量的时间都花在了处理如何达到别人满意的这些事情上，所以身体累，心也累。一个农夫和他的儿子，赶着一头驴到邻村的市场去卖。没走多远就看见一群姑娘在路边谈笑。一个姑娘大声说："嘿，快瞧，你们见过这种傻瓜吗？有驴子不骑，宁愿自己走路。"农夫听到这话，立刻让儿子骑上驴，自己高兴地在后面跟着走。

不久，他们遇见一群老人正在激烈地争执："喏，你们看见了吗，如今的老人真是可怜。看那个懒惰的孩子自己骑着驴，却让年老的父亲在地上走。"农夫听见这话，连忙叫儿子下来，自己骑上去。

没过多久又遇上一群妇女和孩子，几个妇女七嘴八舌地喊着："嘿，你这个狠心的老家伙！怎么能自己骑着驴，让可怜的孩子跟着走呢？"农夫立刻叫儿子上来，和他一同骑在驴的背上。

快到市场时，一个城里人大叫道："哟，瞧这驴多惨啊，竟然驮着两个人，它是你们自己的驴吗？"另一个人插嘴说："哦，谁能想到你们这么骑驴，依我看，不如你们两个驮着它走吧。"农夫和儿子急忙跳下来，他们用绳子捆上驴的腿，找了一根棍子把驴抬了起来。

他们卖力地想把驴抬过闹市入口的小桥时，又引起了桥头上一群人的哄笑。驴子受了惊吓，挣脱了捆绑撒腿就跑，不想却失足落入河中。农夫只好既恼怒又羞愧地空手而归了。笑话中农夫的行为十分可笑，不过，这种任由别人支配自己情绪的事并非只在笑话里出现。现实生活中，很多人在处理类似事情时就像笑话里的农夫，人家叫他怎么做，他就怎么做，谁抗议，就听谁的。结果只会让大家都有意见，且都有不满情绪。

谁都希望自己在这个社会上如鱼得水，但我们不可能让每一个人满意，不可能让每一个人都对我们展露笑容。通常的情况是，你以为自己照顾到了每一个人的情绪，可还是有人对你不满，甚至根本不领情。每个人的利益是不一致的，每个人的立场、主观感受是不同的，所以我们想面面俱到，不得罪任何人，又想讨好每一个人，那是绝对不可能的！

我们做人做事都是如此，不能压制自己的天性，强行控制自己的情绪，去让每个人满意，凡事只要尽心，按照事情本来的面目去做就好，简简单单地过好自己的生活就行，否则就会像故事中的农夫一样，费尽周折，结果还搞得谁都不满意。

情绪是自己的，好与坏只有自己来评断，情绪不好要想办法化解，情绪好的话就完好保留。

依赖性格让情绪他人化

在生活中，我们一定有这样的体会：当我们还是小孩子的时候，通常会耍点小脾气，闹点小情绪。这个时候，家长就会严厉喝斥，我们就很会自然地认为，这种情绪是不被允许的，然后我们就会委屈地把自己的情绪压制住，因为，我们都想做一个好孩子。殊不知，小孩子的情绪是很敏感的，如果不及时发泄出来，很容易造成性格上的缺陷，他们会把情绪建立在讨好大人的基础上，久而久之，就会形成情绪他人化的习惯，渐渐迷失了自己。"你乖乖听话才是好孩子，知道吗？"

"宝宝，听话，不听话爸爸妈妈就不喜欢你了。"

"今天妈妈给你报了个辅导班，以后要好好听讲。"

"隔壁阿姨给他儿子买了架钢琴，妈妈也给你买了把小提琴，好好学，超过他。"

"听说画画很能培养人的艺术修养，明天给你请个美术老师。"在长期的家庭教育中，没有哪位父母不"望子成龙、盼女成凤"，也没有哪位父母不想给孩子创造最好的条件。父母对孩子百般的爱我们不可否认，但是当父母一心想把孩子培育成大树的时候，却忘记了孩子是一棵什么样的树，他需要什么样的土壤。很多父母不注意了解孩子的个性，根据他的个性进行培养，而是常常将自己的"既定方针"强加于孩子，强迫他完成自己的"施政纲领"。

似乎只有"乖"，才是父母评判好孩子的唯一标准，总是教育小孩从小要听话，不要淘气，但忽略了一点，那就是听话的孩子不一定就是好孩子，淘气的孩子也不等于是坏孩子。这些听话的儿童，常见的特点是有问题提不出来，不敢与长辈辩论；这些听话的孩子，逐渐变得毫无个性和独立性，遇事没有自己的主见，不敢反抗邪恶势力。

有识之士针对这一问题，已经提出"淘气的男孩是好的，淘气的女孩是巧的，听话的孩子有问题"的观点，主张让孩子自由发展，一定程度上释放孩子的天性。

在这样的成长环境中，很多孩子会形成依赖的性格，他们把自己的愿望放弃，附和自己的父母，这样他们很听话，父母也会觉得他们很乖，但是这样的培养方式常常埋下一个种子，就是让自己的孩子最终失去个性，也失去追求自我愿望的能力。

换一种方式给孩子讲道理，顺着他的情绪往好的一面引导，继而影响他自己的思维，而不是一味地压制孩子的天性，让他成为一个完全听你话的孩子，这样的孩子往往不确定自己真实的情绪，很容易被他人的情绪所影响，造成情绪他人化。一旦他们长大脱离父母的保护圈，他就很难有自己独立生活的能力，因为过分依赖，已经让他们失去了对自我的支配。

多给孩子一些释放情绪的机会，积极的情绪，家长要多给予鼓励，消极的情绪，就要好好引导，让孩子从小就学着做自己情绪的主人，这才是家长给孩子的最大财富。

勉强自己，易让情绪负重

时常有人说："讨厌死自己的性格了！""自己怎么这么笨！""我长得太矮了！"类似的声音不绝于耳。一个人追求完美没有错，可怕的是追而不得后的自卑与堕落。

完美主义的人往往不愿意接受自己或他人的缺点和不足，非常挑剔。有的人没有什么好朋友，和谁也和不来，为什么？那是因为他谁也看不上，甚至会因为别人的一些小毛病而忽略了别人的优点；有的人不允许自己在公共场合讲话时紧张，更不能容忍自己紧张时不自然的表情，一到发言时就拼命克制自己的紧张，结果越发紧张，形成恶性循环。

世界上根本就不存在任何一个完美的事物。追求事物的完美是每一个人的特性。然而，完美的事物是不存在的。一味地追求完美只能让你错过更多精彩的画面，还会在追寻完美的过程中迷失自己的路。其实真正的完美就是一种进步，一种反省、认知错误的进步。

要知道这世界上没有什么会达到完美的境地，所以，你也不必设定荒谬的完美标准来为难自己。你只要尽最大努力挖掘自己的潜力，打造自己的魅力，就已经是很大的成功了。

奥利弗·万德尔·劳尔姆斯认为罗斯福"智力一般，但极具人格魅力"。罗斯福之所以能当上美国总统，带领美国挺过经济萧条时期，在第二次世界大战中成为真正的赢家，与他积极乐观的性格有着极大的关系。罗斯福小时候是个怯懦的孩子。当他在课堂上被叫起来背诵时，总是一副大难临头的样子，呼吸急促，嘴唇颤抖，声音含糊不清，听到老师让他坐下，简直如获大赦。通常，像他这种先天禀赋较差的孩子大多是敏感多疑、落落寡合的，但罗斯福不甘做一个生活的失败者，他没有因为同学的嘲笑而失去勇气，当他在公众面前双唇发抖时，他总是暗中激励自己，咬紧牙关，尽力克服这一毛病。罗斯福无疑是一个了解自己、敢于面对现实的人，他坦然承认自己的种种缺陷，承认自己不勇敢、不好看，也不比别人聪明，但他并不因此而消沉、自卑，凡是他意识到的缺点他都尽力克服，用行动证明先天的缺陷并不能阻碍他走向成功。他深知作为一个总统，在公众心目中的形象有多么重要，他学会了在说话时改变口形来修饰自己的龅牙。

可以主宰情绪的人，不但能坦然面对自己的缺陷，而且还将自己有限的天赋发挥到极致，这就是罗斯福给我们的启示。人生确实有许多的不完美，但我们可以选择走出不完美的心境，而不是在"不完美"里哀叹，也不是一味地追求所谓的完美。

"最完美的商品只存在于广告中，最完美的人只存在于悼词中。"完美永远是可望而不可及的。当我们不再注意自己是否完美时，或许有一天我们会惊喜地发现往日渴求的完美，今天已经具备。

人生是没有完美可言的，完美只是在理想中存在。生活中处处都有遗憾，这才是真实的人生。因为追求不到那所谓的完美而苦恼，可能会留给我们更多的遗憾。有一位种苹果的果农，他的高原苹果色泽红润，味美可口，远近驰名，因此供不应求。有一年，一场突如其来的冰雹把即将采摘的苹果砸开了许多伤口，这无疑是一场毁灭性的灾难。眼看着苹果无法销出，不仅如此，如不按期交货还要按合同一一赔款。然而，乐观的果农却打出了这样的一则广告："亲爱的顾客，你们注意到了吗？在我们的脸上有一道道的伤疤，这是上帝馈赠给我们高原苹果的吻痕——高原常有冰雹，高原苹果才有美丽的吻痕。味美香甜是我们独特的风味，那么请记住我们的正宗商标——伤疤！"让苹果说话，这则妙不可言的广告再一次使果农的苹果供不应求，赢得了另一种成功。世间的万事万物都存在一些瑕疵，不可能绝对地完美。做人也一样，每个人都不可能完美，那么如果你想成为一个高情商的人，那么就要学会怎样去反省，怎么让自身的缺点少之又少。就像故事中的农民一样，他知道缺点并不可怕，可怕的是面对缺点放弃了。

有些人以为自己追求完美的心理是积极向上的表现，其实他们是在追求不完美中的完美，而这种完美，根本不存在。也就是说他们的这种追求如海市蜃楼，只是一个幻影而已"金无足赤，人无完人"。人生确实有许多不完美之处，每个人都会有这样那样的缺憾，真正完美的人是不存在的。

追求完美本身就不是一件完美的事情。事事追求完美是一件痛苦的事。因为，这个世界本来就不是完美的，过去不是，现在不是，未来也不会是，世界本来就是以"缺陷"的样式呈现给我们的。如果一味地追求完美而不如愿，我们的情绪就很可能因为挫败感而低落，情绪一旦负重，我们的生活也将会被打乱，这一连串的反应，会让我们疲于应对，最终陷入一片混乱之中。

过度赞美的不利影响

赞美孩子是激励孩子上进的一种方式，但如果使用不得当，就会给孩子带来不利影响。如下：

（1）如果孩子得到了父母太多的表扬，就会形成不愿意努力而就想得到夸奖的心理。因此，遇到困难容易退却，缺乏信心，可能就很容易选择放弃。大量的溢美之词并不能帮助孩子树立长期的自信心，反而会让孩子在父母的表扬声中自我陶醉。

（2）过多过分的夸奖，会带给孩子不必要的困扰。夸奖具有启发性和鼓励作用，但夸奖过多，会带给孩子压力，形成焦虑。所以夸奖要适可而止，应多用欣赏、交谈、聆听等方式代替过多的表扬。

（3）过分的表扬会使孩子成为爱虚荣、骄傲自满、自以为是的人。孩子一旦自满起来，以后就很难纠正了。一些潜质很好的孩子长大以后之所以没能有所成就，正是源于孩子的骄傲自满、狂妄自大。所以，父母在表扬孩子时一定要实事求是，不要夸大其词，要在表扬孩子的同时给孩子指出不足之处。因此，父母对孩子最好是"严在面上，爱在心里"。

（4）过多的表扬还会让孩子错误地认为自己的言行能够讨父母的欢心。久而久之，孩子不管做什么事情，都不是因为自己想做或喜欢做，而是因为这样做能够得到爸爸妈妈的表扬。这样一来，孩子就特别在意别人对自己的看法，时间长了，就失去了基本的辨别是非的能力和自我意识。

不少父母认为，表扬可以增强孩子的自信心，激励他们取得成就。但是，父母如果因为孩子完成一些力所能及的事情或取得一点成绩就大加赞赏，会令孩子产生消极情绪，从而不思进取。一天，作为舅舅的小赵去姐姐家看外甥女思研。看到舅舅来了，思研兴高采烈地凑到舅舅面前给他讲自己在幼儿园帮助小朋友摆椅子得到老师表扬的事。

小赵饶有兴趣地听着她眉飞色舞地描述当时的情景。当外甥女结束了她的描述后，小赵高兴地给了思研大大的赞赏："我们的思研真不错，都知道帮助同学了。嗯，好样的。"

没想到吃饭的时候，思研又凑到了舅舅的身边说："小舅，我再给你讲一遍老师表扬我的事情吧。"为了不打击到外甥女的积极性，小赵耐着性子听完了思研又一遍的描述，并在她期待的目光中给予了再次的赞赏："嗯，不错不错，思研是个好孩子。"

事情到这里还没完，这时姐姐的同事来家里串门，思研又窜了过去说："阿姨阿姨，我给你讲讲今天老师表扬我的事情吧……"小赵百思不得其解，外甥女为什么会这样呢？究其原因，思研的成长伴随着父母无限的期待。爸爸妈妈希望自己的女儿能够出类拔萃、能够超越同龄人，于是对思研进行这样的灌输："女儿，在学校里一定要好好表现。""思研，一定要做到最好，不能辜负爸爸妈妈的期望哦。"久而久之，孩子就形成了对结果的执著："只要得到赞赏就可以了。"

对孩子进行赞美好吗？当然好，但是，过分地夸奖或炫耀孩子的长处，时间久了，易使孩子产生比谁都强的心理，不允许或不能接受别人超过自己的事实。

德国著名学者卡尔·威特认为，在教育孩子时，表扬不可过多过高，不能让孩子情绪过热，过多的赞美会让孩子产生错觉，要么认为自己比任何人都要出色，要么就逐渐形成压力，为了夸奖而去做。卡尔·威特给父母们的忠告是：我们不能让孩子在受责备的环境中成长，但是也不能让他们整天泡在赞美里。

所以，对孩子的赞美要适可而止，大人在夸奖孩子时一定要实事求是，不要夸大其词，并在表扬孩子时应给他指出不足之处，或者应用欣赏、交谈、聆听等方式代替过多的夸奖。

安慰也讲究方式方法

每个家长都希望孩子能拥有更多的成功，从中体验竞争和胜利带来的快乐。但是，任何成功都来之不易，需要不断进取和努力，更需要面对挫折和困难。

孩子在学习过程中遭遇失败是难免的，而面对孩子的失败，往往最难受的就是父母，他们对孩子的失败比自己的失败更加痛苦，有些家长往往采取掩盖和安慰的方法让孩子逃避失败。但是，有很多家长在安慰孩子的时候，通常会忽略掉孩子即时的情绪，造成孩子的情绪受到压制，得不到及时化解和疏导。

还有些家长喜欢对孩子使用空洞的说教。比如"失败是成功之母""不吃苦中苦，怎做人上人"等。然而，这些精神层面的指导对于不注重情感剖析的孩子来说，往往难以理解，也就难以给予孩子真实的体验和帮助。正确的做法是和孩子一起分析失败的原因，帮助孩子认识到哪些导致失败的原因是自己可以改变的，哪些是改变不了的。很多时候，给孩子带来最大打击的往往不是失败本身，而是他对失败的理解。作为家长，帮助孩子正确面对失败很重要。明明刚上小学，上学期刚开学时，他们班开展了"一帮一"活动，明明的任务是帮助一位考分总在 60 分上下的男生。班里只有 10 个人被分配了任务，刚接到这个任务的时候，明明又得意又紧张。他对这个任务很上心，每天一放学，他就留在班里帮那个同学解答难题，回家后还不忘打电话提醒那个同学复习。

可是这个学期快结束了，那个同学的各科成绩还是在 60 分左右。因为这个，老师在班会上当着全班同学的面批评了明明，说他没能帮助同学共同进步。在随后改选班干部时，当了一年多小队长的明明落选了。

这件事对明明的打击很大，他哭着对妈妈说不想在这个学校读书了，想转到别的学校去。妈妈对他说："妈妈知道这件事情你受了委屈。"听了这话，刚刚忍住不哭的他眼泪又流了出来。妈妈接着问："告诉妈妈，你尽最大努力了吗？"明明使劲点了点头。"这就可以了，你要知道，世界上很多事并不是你尽力了就一定能成功的，但只要你尽最大努力就可以了。"

这以后，明明深深记住了"凡事尽最大努力就好"这句话。孩子希望事事成功的愿望是好的，但是现实生活中没有常胜将军，在人生的道路上失败是在所难免的。这是因为客观事物是纷繁复杂而又不断发展变化的，其关键问题就是尽量少些失败，多些成功，以及如何勇敢地面对失败。若孩子没有经受过失败的痛苦，就往往不能以正确的态度对待失败。因此，父母应尽早训练孩子正确对待失败。

说不出心里话，情绪受挤压

现实中，有很多孩子喜欢把想法憋在心里，他们不愿意表达出来，他们害怕说出自己的看法后父母会不喜欢自己，或者不爱自己。这种情绪引申到与他人的交往中也是这样，他们总是沉默，只是为了害怕和逃避可能的冲突。小胜今年上小学三年级。一天吃早饭的时候，他兴奋地对母亲说："妈妈，我昨晚做了一个非常奇怪的梦，梦见……"母亲摆摆手说："别说啦，赶紧吃饭！一会儿上学就迟到了！"小胜埋头吃完饭，背起书包就上学去了。晚饭时，小胜又想起昨晚的梦，对母亲说："我昨晚做了一个梦，可有趣了！"

可还没有说完，母亲就又打断他说："先吃饭，吃完赶快写作业！"吃完饭，小胜说："我今天作业不多，一会儿再去做。先给你讲讲我的梦吧！"母亲不耐烦地说："一个梦有什么好讲的。赶紧写作业，写完作业以后还得预习课文呢。"说完就走了，留下小胜一个人失落地站着。

渐渐地，母亲发现儿子变了。以前，每次放学回来，他总是跟自己说个没完，现在却什么都不说。许多事情，都是班主任给她打来电话，自己才会知道。而自己的话，孩子也是一个耳朵进，一个耳朵出。

儿子这是怎么啦？她很迷惑，也很伤心。孩子在父母面前，常常会忽略自己的意见，他们认为自己的意见不算什么，因为自己的父母总有看法，自己的想法从来不能实现，他们在父母面前很自卑。

父母如果想了解自己的孩子，一定要学会主动询问孩子的想法，让他们感觉到你的诚恳，你真的在乎他们的意见，他们才肯透露自己的心声。

平时烧菜，可以问孩子喜欢什么菜，而不让他总是说随便；去超市买东西的时候，可以征求孩子的意见，甚至允许孩子挑几件自己需要的东西；外婆过生日送什么礼物，只要合理，就可以给孩子的意见给予支持；要不要上辅导课程，上什么辅导课程，要上哪个学校，要学什么专业，是考研还是工作，选择什么样的职业，父母都应该给孩子足够的表达机会，这样他们才能真正发展自己的自我，成为一个健全的人。

孩子童年时期保留下来的记忆似乎都是一些无足轻重的和不重要的东西，但是，这些琐碎的记忆似乎存在一个移置过程。这些记忆印象可以通过精神分析的方式来发现，但是有一种抵抗的存在促使他们不能直接地表现出来，这就是自我情绪压制的表现，当这种压制情绪的意识一旦形成，情绪负债也就跟着产生了。

主动询问你的孩子吧，不要压制孩子的情绪，让孩子从小就背上情绪负债。给孩子足够的机会，让你的孩子学会表达自己的情绪，能够实现自己的想法，如果他可以轻松做到这些，那么他以后一定会越来越出色。

第四章 不做情绪的顺风草，收获心灵的安适

好情绪让你更健康

情绪乐观的人会看到希望，希望是相信自己具有达到目标的意志力与方法。乐观者则能激活希望，有了希望，就有人生。要始终保持自己的稳定情绪，乐观是健康的需要，也是你生活乃至生命的需要。

"笑一笑，十年少"。许多研究证实：长寿老人的最大特点之一是具有乐观情绪。美国一份长期对 300 名受试者所做的研究显示：笑会改善生理健康，笑和具有良好幽默感者，活得健康。调查表明，战争结束后，胜利者的伤口愈合比失败者要快。因为快乐、笑不仅是容易克服压力，更能促进呼吸和血液循环，分泌有益于身体的激素，并会抑制压力产生的有害激素。

心情愉快、心态平和更能促进人作弹性与复杂思考，有助开拓思路与自由联想，有助于提高智能。所以人们把乐观情绪称之为心理健康的灵丹妙药。正如马克思所说："一种美好的心情比十服良药更能解除生理的疲惫和痛楚。"

你是否有过这样的经历：当情绪高涨，处于兴奋、愉悦状态的时候，就会感觉自己所向无敌，做起事情来也得心应手，特别顺畅。而当你感觉沮丧、灰心失望的时候，即便很简单的事情，也会变成挡住去路的高墙，让你感到无能为力。

乐观与悲观可以说是人们给自己解释成功与失败的两种不同方法。乐观者把失败看作是可以改变的事情，这样，他们就能转败为胜，获得成功；悲观者则认为失败是由其内部永恒的特性所决定的，他们对此无能为力。这两种迥然不同的看法对人们的生活质量有着直接的、深刻的影响。

法国作家雨果曾说过："思想可以使天堂变成地狱，也可以使地狱变成天堂。"

我们要认识到危机即是转机，遇到困难，产生压力，一方面可能是自己的能力不足，因此整个问题的处理过程，就成为增强自己能力、发展成长重要的机会；另外也可能是环境或他人的因素，则可以理性沟通解决，如果无法解决，也可宽恕一切，尽量以正向乐观的态度去面对每一件事。如同有人研究所谓乐观系数，也就是说一个人常保持正向乐观的态度，处理问题时，他就会比一般人多出 20% 的机会得到满意的结果。因此，正向乐观的态度不仅会平息由压力而带来的紊乱情绪，也较能使问题导向正面的结果。

大家都知道，人的健康与心理健康有密切关系。我们的心中如果常带有负面消极的心理，是会影响身体的健康。因此，为了健康我们要努力把内心的阴暗面排除，用积极乐观的情绪面对生活，这对我们的健康更有好处。

任何时候都要看到希望

人最宝贵的东西是生命，生命对于每个人只有一次，而且，每个人的生命都是父母生命的延续，因此，任何人都没有任何理由来轻视自己的生命。

在生活中，很多人常常会一时冲动，冲动是在理性不完整的状况下的心理状态和随之而来的一系列行为，也属于意志脆弱的一种表现。

有好多年轻人因为父母或者他人的一句话或一些不如意的事情就产生了自杀的念头。有的是在工作与事业上受到挫折而心灰意冷，便没有勇气活下去。但也有一些人往往自杀未遂，而在身心上留下了终生的遗憾。

李大钊说："求乐的人生观，才是自然的人生观、真实的人生观。"

人生在世，我们根本就无法做到事事顺心，总会碰到这样或那样的困难。只有那些在逆境中不心灰意冷，积极乐观的人，才能战胜困难，享受胜利的喜悦，否则，便会被困难压倒。因此，当我们遇到事情后，一定要运用选择的权力。摒弃消极悲观的想法，选择积极乐观的想法，学会快乐。这样，你的生活才会充满阳光，你才会活得轻松、惬意。杂志撰稿人鲁斯最初知道自己身患重病是在 5 年前，当时，他去买人寿保险，做心电图发现冠状动脉有阻塞症状之后遭到保险公司的拒绝。保险公司的医生说，他只能再活一年半，而且必须辞掉杂志社的工作，也不能参加任何体育活动。那时，他才 37 岁。

鲁斯不愿放弃自己那种生龙活虎的生活方式，下决心找出另外的办法活下去，他想通过锻炼保持心脏的健康。同时，他又为自己定了一个大胆的治疗方案。他服用大量的维生素 C，再对自己实行一种"幽默疗法"——连着看大量的喜剧片，读著名作家写的滑稽作品。他后来说："我很高兴地发现，捧腹大笑 10 分钟就能起到麻醉作用，使我至少能够不觉得疼痛地睡上两个小时。"

5 年过去了，他还活着。

鲁斯现在认为，紧张和压力之类的消极力量会使身体虚弱，而快乐、信心、欢笑、希望等积极乐观的力量会使身体强壮。"倘若我们战胜沮丧的乐观情绪的力量不能在身体里引起生物化学上的积极变化，我是绝不相信的。"鲁斯说，"我们能够想办法让自己活下去。每当犯病去医院的时候，院长和治心脏病的专家都在等着我。我说：'没事，各位别紧张。我希望你们了解，我是到你们医院来过的最顽强的病人。'"

鲁斯从经验当中得出一个信念：乐观的心情比药物还有用。他说，这一点应当引起医疗专家的重视。"如果乐观情绪本身能够起到医疗作用的话，就不应该忽略，而要当成所有疗法的一个组成部分。"情绪也是一种力量，它是一种源于人的内心的力量，我们绝不能忽视乐观情绪的力量，它不仅仅是帮助你建立一个好的心态，在坚强的意志的帮助下，它甚至可以挽救一个人的生命。

变被动为主动

学会主动，你就等于抓住了先机。在波涛汹涌的大海中，有一艘船在波峰浪谷中颠簸。一位年轻的水手爬向高处去调整风帆的方向，他向上爬时犯了一个错误——低头向下看了一眼。

浪高风急顿时使他恐惧，腿开始发抖，身体失去了平衡。这时，一位老水手在下面喊："向上看，孩子，向上看！"这个年轻的水手按他说的去做，重新获得了平衡，终于将风帆调好。船驶向了预定的航线，躲过了一场灭顶之灾难。不要被动地接受外界给你造成的压力，要学会主动反击，这样，你就会发现很多事情都是有转机的。换一下位置，寻找对自己最有利的一面，从多个角度去分析事物、看待事物。换个角度，其实，很多时候，是在多给自己一分信心，多为自己创造一些机会。在任小萍的职业生涯中，每一步都是组织上安排的，自己并没有什么自主权。但在每一个岗位上，她都有自己的选择，那就是要比别人做得更好。

大学毕业那年，任小萍被分到英国大使馆做接线员。在很多人眼里，接线员是一个很没出息的工作，然而任小萍在这个普通的工作岗位上做出了不平凡的业绩。她把使馆所有人的名字、电话、工作范围甚至连他们家属的名字都背得滚瓜烂熟。当有些打电话的人不知道该找谁时，她就会多问几句，尽量帮他（她）准确地找到要找的人。慢慢地，使馆人员有事外出时并不告诉他们的翻译，只是给她打电话，告诉她谁会来电话，请转告什么，等等。不久，有很多公事、私事也开始委托她通知，她成了全面负责的留言点、大秘书。我们无法选择最开始的路，但我们可以选择轻松行走的方式。

主动是一种很重要的姿态，表明我们积极对待问题的态度；主动也是一种高度合作的模式，往往是别人喜欢的合作伙伴；主动是很好的学习模式，往往可以在不断的进取中塑造新能力；主动也是对自己的一种挑战，因为主动承揽而使得自己有更明确的责任去整合资源、实现承诺。因此，主动者往往是领导者或者魅力者的基本条件之一。

但是主动也不是完全没有问题，主动者有时候可能侵犯到别人看做是自己地盘的事情，主动者可能被一些人看做好事者，主动者也有可能给自己揽下不全是搞得定的事情。但是，主动是一种技能，它需要在操练中才知道把握好的火候与分寸，只有我们在经常的主动中反思、总结与调整，最终我们就能变得更加优秀。

幽默，情绪中的"开心果"

生活中需要幽默，幽默是高情商的表现，它更是管理自我情绪所具备的心态。发现幽默，它是情绪的开心果；应用幽默，它可缓解矛盾，调节心情，促使心理处于相对平衡的状态。著名的喜剧大师卓别林曾说："通过幽默，我们在貌似正常的现象中看不出不正常的现象，在貌似重要的事物中看不出不重要的事物。"

生活中的你，是整天一副严肃的表情，还是常能于妙趣横生中化干戈为玉帛呢？幽默并不仅仅是一种单纯说笑，它还是一种智慧的迸发、善良的表达，是交往的润滑剂，更是一种胸怀和境界。幽默不仅能增加你和别人之间的友谊，更能使一些误解得到消除。幽默就像阳光一样，可以使这个世界变得温暖明媚。

幽默的人生是乐趣无穷的人生。学会和善于运用幽默，会令我们的工作、生活更为丰富和快乐。幽默的方式方法有多种，从其性质来看，有滑稽的、荒谬的，有协调的，有出人意料的，有戏谑、诙谐、反讽、挖苦等。需要强调的是，运用幽默谈吐时，要考虑场合和对象。一般情况下，在日常社交场合中，可多用幽默；在学术性或政治性交往活动中则要慎用幽默，应注意不适当的幽默会削弱听众对主题的注意；一位年轻的画家拜访德国著名的画家阿道夫·门采尔，向他诉苦说："我真不明白，为什么我画一幅画只用一会儿工夫，可卖出去却要整整一年。""请倒过来试试吧，亲爱的。"门采尔认真地说，"要是你花一年的工夫去画它，那么只用一天，准能卖掉它。"那个画家笑了。门采尔对画家所说的话不仅让那个画家不那么郁闷，而且幽默中蕴涵深刻哲理，让人们在笑声中增长智慧。

幽默在日常生活中是很重要的，它充当着调味剂，让我们的生活更加有滋有味。它能使那种严肃、紧张的气氛顿时变得轻松、活泼，它能让人感受到说话人的温厚和善意，使其观点变得很容易让人接受。

然而，真正的幽默是充满智慧的。在日常生活中，常有人由于不慎而使我们身处窘境，或是向我们提一些非分的请求，或是问一些我们不好回答或暂时不知道答案的问题。此时，我们如果直接表明"不满意""不可能""无可奉告""不知道"，往往会给彼此带来不快。如果我们想从窘境中脱身而出，不妨借用幽默的力量。有一次，萧伯纳为庆贺自己的新剧本演出，特发电报邀请丘吉尔看戏："今特为阁下预留戏票数张，敬请光临指教。并欢迎你带友人来——如果你还有朋友。"丘吉尔看到后立即复电："本人因故不能参加首场公演，拟参加第二场公演——如果你的剧本能公演两场。"丘吉尔善用幽默的特点由此可见一斑。

不仅在生活中如此，即便是在政治上，丘吉尔也能够将这种智慧应用自如。丘吉尔有一个习惯，洗澡后喜欢裸着身体在浴室里来回踱步，以事休息。

二战期间，一次，丘吉尔来到白宫，要求美国给予军事援助。当他正在白宫的浴室里光着身子踱步时，有人敲浴室的门。"进来吧，进来吧。"他大声喊道。

门一打开，出现在门口的是罗斯福。他看到丘吉尔一丝不挂，便转身想退出去。"进来吧，总统先生。"丘吉尔伸出双臂，大声呼喊，"大不列颠的首相是没有什么东西需要对美国总统隐瞒的。"看到此景的罗斯福会心一笑，也被丘吉尔的机智幽默所折服。就是通过这样直白坦率而又幽默的方式，丘吉尔最终赢得了美国总统的信任，让美国和英国结成了同盟，从而帮助自己的国家走出了困境。丘吉尔的幽默是一种智慧的力量。

然而，幽默并非每个人天生就有，而是需要自己用心培养。幽默不是油腔滑调，也非嘲笑或讽刺。正如有位名人所言：浮躁难以幽默，装腔作势难以幽默，钻牛角尖难以幽默，捉襟见肘难以幽默，迟钝笨拙难以幽默，只有从容、平等待人、超脱、游刃有余、聪明透彻才能幽默。

热情帮你战胜一切

美国哲学家、散文家及诗人拉尔夫·沃尔德·爱默生说过："没有热情，任何伟大的业绩都不可能成功。"对成功不利的所有因素，如迷惑、失望、恐惧、消极、颓废、猜忌、犹豫等都是由缺少激情而引起的，这些因素的存在使我们未老先衰、止步不前；而由热情带来的希望、果断、积极、主动、兴奋等，则可以使我们获得与困难搏斗的勇气和向目标迈进的力量。

斯通把以下问题列入人生失败的主要原因之中：

习惯处于消极的精神状态；

缺乏控制激情的能力；

不能坚定地达到目的并保护它；

没有超凡脱俗的"野心"；

缺乏善始善终的决心。

热情是我们事业成功和生活幸福的源泉。

热情给我们以智慧，比尔·盖茨说："每天早晨醒来，一想到所从事的工作和所开发的技术将会给人类生活带来巨大的影响和变化，我就会无比兴奋和激动。"

热情给我们以灵感，牛顿从司空见惯的苹果落地现象发现了万有引力定律。

热情给我们以力量，贝多芬在耳朵失聪的情况下奏响美妙的乐章。

热情能使我们更加努力，更加快乐地去工作，享受工作的乐趣！

每个人内心深处都有像火一样的热情，却很少有人能将自己的热情释放出来，大部分人都习惯于将自己的热情埋藏在内心深处。

如果不能使自己的全部身心都投入工作中去，那么你无论做什么工作，都只能沦为平庸之辈，做事马马虎虎，只有在平平淡淡中了却此生。如果是这样，你的人生结局将和千百万的平庸之辈一样。第二次世界大战期间，与法西斯主义势不两立的美国女记者多萝西·汤普森将她的报纸专栏作为打击希特勒政权的武器。她的专栏文章由报业辛迪加向150

家报纸发稿，那些富有洞察力又注入了丰富感情的政治评论，使得同行们充满理性的专栏文章黯然失色。1940 年，她的读者高达 700 万人。满怀激情的工作成就了汤普森。在职场上，这种激情创造成功的范例还有许多许多。我们的生命，一半是给工作的，如果我们缺乏对工作的激情，工作就会变成无休无止的苦役，这是一件非常可怕的事情。正如加缪描写的古希腊神话中的西西弗斯的境遇："他不停地把一块巨石推上山顶，而石头由于自身的重量又滚下山去，再也没有比进行这种无效无望的劳动更严厉的惩罚了。"然而，倘若我们真的处在这样的命运之中，尽管可以找到怨天尤人的理由，但是，有一点必须明白的是，我们自己应对困境负主要的责任。我们往往把工作当成赚钱的手段，很少把它与实现快乐的途径联系在一起，因而对待工作的态度也常常以金钱的多少为衡量标准。露西大学毕业后到一家创办不久的文化公司从事展销业务，本来展览经济是一个新的增长点，在这一行里有许多美好前景可以开拓，但初创阶段的公司业务并不是很好，露西的工资要比一同毕业的同学少一半。收入上的差距使她心里不平衡了，她开始私下寻找跳槽的机会。结果，不仅跳槽不成，她在公司第二年的竞聘上岗中也落聘了。这山望着那山高，露西的致命伤在于她丧失了上进的动力和兴趣，从而阻碍了自己的发展。其实工作的成就感绝不只是靠金钱得到的，把收入看淡一点，从工作中发现兴趣，远比盲目地另找一份工作要实际。

对自己的工作充满热情的人，无论工作有多少困难，或需要多少的努力，始终会用不急不躁的态度去进行，而且一定能够出色地完成任务。爱默生说过："有史以来，没有任何一件伟大的事业不是因为热情而成功的。"

同样一份工作，同样由你来干，有热情和没有热情，结果是截然不同的。前者使你变得有活力，把工作干得有声有色，创造出许多不凡的业绩，使老板对你刮目相看；而后者使你变得懒散，对工作冷漠处之，当然就不会有什么成绩，你的潜在能力也自然得不到施展。

你不关心工作，老板也不会关心你；你自己垂头丧气，老板自然对你丧失信心。一旦成为企业里可有可无的人，也就等于取消了自己继续从事这份工作的资格。

而那些对工作充满热情的人，不但可以提升自己的工作业绩，而且还可以为自己带来许多意想不到的成果。李师傅过去是一名出租车司机，现在他却在为一家银行的行长做司机，无论是从待遇还是发展机会都发生了巨大的飞跃，而这一切都源于他的热情。

有一天，李师傅在陆家嘴的浦东大道上接到一位年过半百的男子，要去浦西的一个饭店赴宴。车子刚进隧道，客人突然要求掉头。李师傅说："隧道里不能掉头，只有到浦西再说了。"客人说："我出门时换了条裤子，没带钱。如果到浦西再掉头，赴宴就来不及了。"李师傅笑了："没关系，我可以免费送你去。"

车子经过外滩时，客人问李师傅："这是什么地方，这么漂亮？""外滩呀。"交谈中，李师傅明白了：客人是刚刚来上海不到一个星期的美籍华人。

车到饭店，客人刚要下车，李师傅拦住他，递过 3 张大众乘车证，说："你身边没钱，等会儿回去的时候可以打上面的电话，让大众出租车来接你。这 3 张乘车证可以付 30 元车费，即使不够用，大众司机也会送你回去的。"

客人收下 3 张乘车证，道过谢之后就走了。

两天后的下午，李师傅的手机响了。一位自称行长秘书的人打电话给他："老板通过出租车的发票找到你的手机，他问你是否愿意来银行做他的司机？"

这天晚上，李师傅一家人开了"全体会议"：与单位签订了 4 年的合同，才干了一年多，单位会同意吗？违约金付得起吗？

第二天，李师傅找到经理。经理二话没说："董事长说过，只要是好职工，去好的地方，我们就欢送，不算违约。"成功是热情投入的产物，有些人热爱工作几乎达到了废寝忘食的地步，因为工作给其以成就感，工作令其兴奋、令其感到生命的充实。也正是因为这样，他们才能在工作中不断扩展自我、获取新知，达到成功的新境界。

向责难你的人说"谢谢"

受到别人的责难，心里难免不舒服，也很容易产生不好的情绪，但是，在这之前，给自己30秒钟的时间来回顾一下，看看他人的责难是不是真的那么可气，如果不是，那就请你安静下来，好好平复一下自己的心情。

人不能总停留在原地，而是要努力向前。感谢折磨你的人，你将得到更迅捷的发展速度。

对于生活中的各种折磨，我们应时时心存感激。只有这样，我们才会有一种幸福的感觉，纷繁芜杂的世界才会变得鲜活、温馨和动人。一朵美丽的花，如果你不能以一种美好的心情去欣赏它，它在你的心中和眼里也永远娇艳妩媚不起来，有如你的心情一般灰暗和没有生机。"二战"期间，丹尼尔先生为了躲避战争逃到了瑞典，身无分文的他很需要找份工作。由于他能说并能写好几国的语言文字，所以他希望在一家进出口公司里找一份秘书工作。可是，绝大多数的公司都回信拒绝了他，甚至一家公司在写给丹尼尔的信上说："你对我公司的了解完全错误。你既错又笨，我根本不需要任何替我写信的秘书。即使我需要，也不会请你，因为你连瑞典文也写不好，信里全是错字。"

当丹尼尔看到这封信的时候，气得要发疯了，于是，他也写了一封措辞激烈的信回敬该公司。但是在把那封信寄出去之前他又仔细考虑了一番，心想："瑞典文并不是我家乡的语言，也许我确实犯了很多我并不知道的错误。如果是那样的话，我想要得到一份工作，就必须再努力地学习。此人可能帮了我一个大忙，虽然他本意并非如此。他用这种难听的话来表达他的意见，并不表示我就不亏欠他，我应该写信感谢他一番。"

于是，丹尼尔另外写了一封信说："你这样不嫌麻烦地写信给我实在是太好了，尤其是你并不需要一个替你写信的秘书。对于我把贵公司的业务弄错的事我觉得非常抱歉，我之所以写信给你，是因为我向别人打听，而别人把你介绍给我，说你是这一行的领导人物。我并不知道我的信上有很多语法上的错误，我觉得很惭愧，也很难过。我现在打算更努力地去学习瑞典文，以改正我的错误，谢谢你帮助我走上改进之路。"几天后，丹尼尔就收到了那个人的信，请丹尼尔去看他，丹尼尔因此得到了一份工作，丹尼尔由此发现"温和的回答能带来好运"。故事中的丹尼尔正是因为控制住了自己不好的情绪，对事情做了一下分析，在明白原委之后，他为自己找到了正确的解决方式，不但化解了自己的不良情绪，也为自己争取到了一个难能可贵的机会。

真诚地向责难你的人说"谢谢"，不但是一个人宽大胸怀的表现，也是一个人成熟理智的体现。温和的回答能够给一个人带来好运，当我们面对一件令人生气的事情时，愤怒应对只会让事情变得更糟，如果采用温和的态度来对待，说不定坏事也可以变成好事。

用乐观情绪肯定自己

相信自己是最棒的，不要对自己太苛求。"人无完人"是我们都明白的道理，然而总有很多人习惯把过多的注意力放在自己不好的一面，而忽略自己积极的一面。勇敢地面对自己，接受自己是一个普通人的事实，懂得不完美是人性的一部分。用愉悦的心情来接纳自己，并肯定自己。每个人的优点都是不同的，我们都有骄傲的理由，在生活中适当地自我嘉奖，多看看自己的优点，让乐观情绪陪伴着我们一路向前。

想要跳出悲观的圈子，就要学会肯定自己。只有肯定了自己的价值，你才会培养自己积极的情绪，努力寻找生命中美好的一面。《我希望能看见》一书的作者彼纪儿·戴尔是一个几乎失明了50年之久的女人，她写道："我只有一只眼睛，而眼睛上还满是疤痕，只能透过眼睛左边的一个小洞去看。看书的时候必须把书本拿得很贴近脸，而且不得不把我那一只眼睛尽量往左边斜过去。"

可是她拒绝接受别人的怜悯，不愿意别人认为她"异于常人"。小时候，她想和其他的小孩子一起玩跳房子，可是她看不见地上所画的线，所以在其他的孩子都回家以后，她就趴在地上，把眼睛贴在线上瞄过去瞄过来。她把她的朋友所玩的那块地方的每一点都牢记在心，不久就成为玩游戏的好手了。她在家里看书，把印着大字的书靠近她的脸，近到眼睫毛都碰到书本上。她得到两个学位：先在明尼苏达州立大学得到学士学位，又在哥伦比亚大学得到硕士学位。

她开始教书的时候，是在明尼苏达州双谷的一个小村子里，然后渐渐升到南德可塔州奥格塔那学院的新闻学和文学教授。她在那里教了13年，也在很多妇女俱乐部发表演说，还在电台主持谈书和作者的节目。她写道："在我的脑海深处，常常怀着一种害怕完全失明的恐惧，为了克服这种恐惧，我对生活采取了一种很快活而近乎戏谑的态度。"

然而在她52岁的时候，一个奇迹发生了。她在著名的梅育诊所施行了一次手术，使她的视力提高了40倍。一个全新的令人兴奋的可爱的世界展现在她的眼前。

她发现，即使是在厨房水槽前洗碟子，也让她觉得非常开心。她写道："我开始玩着洗碗盆里的肥皂沫，我把手伸进去，抓起一大把肥皂泡沫，我把它们迎着光举起来。在每一个肥皂泡沫里，我都能看到一道小小彩虹闪出来的明亮色彩。"当我们去审视和询问自己的心灵，能否会像彼纪儿·戴尔那样在肥皂泡沫中看到彩虹？生活中的阴云和不测不知会使多少人活在自怨自艾的边缘，许多人早已习惯了用抱怨和悲伤去迎接生命的各种遭遇，由于自身内心世界的阴晦，使得原本明朗的生活变得泥泞而毫无希望。想想那些像彼纪儿·戴尔这样的人吧！也许我们可以在她们身上学到点什么。用心去感受你眼中的可爱世界吧，阳光下洗碗盆的肥皂沫都是五彩缤纷的。

积极乐观的情绪是迈向成功不可或缺的要素，也是最重要的前提条件。人一旦将积极的情绪运用到人生中的任何事情上，就会有意想不到的改变。培养乐观情绪坦然地面对一切，生活才会更轻松。

好情绪，给你打开希望之门

你一定听过这样一句话："上帝给你关上了一扇门，会给你打开另一扇窗。"这个世界的事情总是充满了奇妙，你不知道自己的将来会遭遇什么，我们能做的就是，不管遇到什么，都要保持好情绪，好情绪可以让你发现生命中的另一份美好。或许，你向厄运露出一个微笑，它就会友好地让路，这也说不定。海伦·凯勒刚出生时，是个正常的婴孩，能看、能听，也会牙牙学语。可是，一场疾病使她变成又瞎又聋的哑巴——那时她才19个月大。生理的剧变，令小海伦性情大变。稍不顺心，她便会乱敲乱打，野蛮地用双手抓食物塞入口里；若有人试图去纠正她，她就会在地上打滚乱嚷乱叫，简直是个十恶不赦的"小暴君"。父母在绝望之余，只好将她送至波士顿的一所盲人学校，特别聘请一位老师——安妮·沙莉文女士照顾她。

她在沙莉文女士的帮助下初次领悟到语言的喜悦时，那种令人感动的情景，实在难以用文字描述。海伦曾写道："在我初次领悟到语言存在的那天晚上。我躺在床上，兴奋不已，那是我第一次希望天亮——我想再没其他人，可以感觉到我当时的喜悦吧。"仍然是失明的海伦，凭着触觉——指尖去代替眼和耳——学会了与外界沟通。她 10 岁多一点时，名字便已传遍全美，成为残疾人士的模范。1893 年 5 月 8 日，是海伦最开心的一天，这也是电话发明者贝尔博士值得纪念的一天。贝尔博士这位成功人士在这一天成立了他那著名的国际聋人教育基金会，而为会址奠基的正是 13 岁的小海伦。

若说小海伦没有自卑感，那是不可能的。幸运的是她自小就在心底里树起了颠扑不灭的信心，完成了对自卑的超越。小海伦成名后，并未因此而自满，她继续孜孜不倦地接受教育。1900 年，20 岁的她学习了指语法、凸字及发声，通过这些手段获得超过常人的知识，进入了哈佛大学拉德克利夫学院学习。她说出的第一句话是："我已经不是哑巴了！"她发觉自己的努力没有白费，兴奋异常，不断地重复说："我已经不是哑巴了！"4 年后，她作为世界上第一个受到大学教育的盲聋哑人以优异的成绩毕业。

海伦不仅学会了说话，还学会了用打字机著书和写稿。她虽然是位盲人，但读过的书却比视力正常的人还多。而且，她著了七本书，比"正常人"更会鉴赏音乐。海伦的触觉极为敏锐，只需用手指头轻轻地放在对方的唇上，就能知道对方在说什么；把手放在钢琴、小提琴的木质部分，就能"鉴赏"音乐。她能以收音机和音箱的振动来辨明声音，又能够利用手指轻轻地碰触对方的喉咙来"听歌"。如果你和海伦·凯勒握过手，5 年后你们再见面握手时，她也能凭着握手来认出你，知道你是美丽的、强壮的、体弱的、滑稽的、爽朗的，或者是满腹牢骚的人。可以想象，如果海伦·凯勒不能在安妮·沙莉文女士的帮助下，从童年的绝望情绪中走出来，建立起自信的情绪，就绝对不可能有后来的成就，只能成为一个普通的，甚至是终日怨天尤人的残疾人。

面对人生的不如意时，不要一味地抱怨命运的不公平，因为抱怨不能解决任何问题，还只会白白地浪费你的精力，与其这样，我们为什么不用积极的情绪点燃我们心中的勇气，向困难宣战呢，只要我们有这份勇气，我们就一定可以成为生活的强者。

微笑，是一件无价之宝

许多人的成功很大程度上是因为它的个性、魅力和亲和力，而个性中，最吸引人的就是那亲和的笑容。在适当的时候、恰当的场合，他们的一个简单的微笑就可以创造无穷的价值。

俗话说得好："一笑解千愁。"有一副对联也说，"眼前一笑皆知己，举座全无碍目人"。的确，没有人能轻易拒绝一个笑脸。笑是人类的本能，要人类将笑容从脸上抹去是件很困难的事情。由于人类具有这样的本能，因此微笑就成了两个人之间最短的距离，具有神奇的魔力。真诚的微笑是交友的无价之宝，是社交的最高艺术，是人们交际的一盏永不熄灭的绿灯。1930 年是美国经济萧条最厉害的一年，全美国的饭店倒闭了 80%。希尔顿饭店也一家接着一家地亏损不堪，一度欠债达 50 万美元。希尔顿并不灰心，他召集每一家饭店的员工特别交代和呼吁："目前正值饭店亏空靠借债度日时期，我决定强渡难关，一旦美国经济恐慌时期过去，我们希尔顿饭店很快就能出现云开日出的局面。因此，我请各位注意，万万不可把心里的愁云摆在脸上。无论饭店本身遭遇的困难如何，希尔顿饭店服务员脸上的微笑永远是属于饭店的。"事实上，在那纷纷倒闭后只剩下 20% 的饭店中，只有希尔顿饭店服务员的微笑是美好的。经济萧条刚过，希尔顿饭店系统果然领先进入了新的繁荣期。

希尔顿紧接着充实了一批现代化设备。此时，他又走到每一家饭店召集全体员工开会："现在我们饭店已新添了第一流设备，你们觉得还必须配备一些什么第一流的东西使客人更喜欢它呢？"员工们回答以后，希尔顿笑着摇头说："请你们想一想，如果饭店只有第一流的服务设备而没有第一流服务人员的微笑，那些客人会认为我们供应了他们全部最喜欢的东西吗？如果缺少服务员美好的微笑，就好比花园里失去了春天的太阳与春风。假若我是顾客，我宁愿住进虽然只有残旧地毯，却处处见得到微笑的饭店。我不愿去只有一流设备而见不到微笑的地方……"

如今，希尔顿的资产已从5100万美元发展到数10亿美元。希尔顿饭店已经吞并了号称"饭店之王"的纽约华尔道夫的乌斯托利亚饭店，买下了号称为"饭店皇后"的纽约普拉萨饭店，名声显赫于全球饭店业。当希尔顿坐专机来到某一国境内的希尔顿饭店视察时，服务人员会立即想到一件事，那就是他们的这位老板随时可能来到自己面前，再问那句名言："你今天对客人微笑了没有？"的确，微笑就是有这么大的魅力，它会使你的事业飞黄腾达。如果你能时刻保持微笑，说不定，它就会给你带来极大的财富和成功，就像希尔顿一样。保持积极的情绪，让微笑时时挂在你的脸上。因为，微笑，它不需要花费什么，却能给你创造许多奇迹。它丰富了那些接受它的人，而又不使给予的人变得贫瘠。它产生于一刹那间，却给人留下永久的记忆。当我们面带微笑去做事，回头看看效果，你自己都会大吃一惊。微笑永远不会使人失望，它只会使你更受欢迎。微笑能建立人与人之间的好感，它是疲倦者的休息室，沮丧者的兴奋剂，悲哀者的阳光。所以，假如你要获得别人的欢迎，请给人以真心的微笑。

微笑，可以缓和紧张的气氛，调节庄严的氛围。在严肃的报告会上，在长时间的比较枯燥的课堂上，主讲人适当地开个小玩笑可以打破紧张沉闷的气氛，重新调动听者的注意力。

微笑，可以融化客人的拘谨。当客人来访，主人以笑脸相迎，会使客人感到自由、轻松、愉快。

有句谚语说得好："微笑是两个人之间最短的距离。"人际交往中离不开微笑，一个没有微笑的世界简直就是人间地狱。

有一句很实在、很通俗的话："人人都是平等的，没有人愿意看一副苦瓜脸，反而，谁都愿意看到笑脸。"当然并不是说要把微笑当成手段，但是，有谁会讨厌或拒绝一个真心对你微笑的人呢？

请不要忽略微笑的价值，它不但可以为你创造出巨大的财富，还可以把你的人生装点得更加美丽。微笑，是我们最美的情绪。

积极情绪帮你走出困境

有人说，从绝望中寻找希望，人生终将辉煌。要想冲破困境，首先要点燃你的积极情绪。积极情绪是对有机体起振奋作用，对人体的生命活动起极好作用的一种情绪。它能为人们的神经系统增添新的力量，能充分发挥有机体的潜能，提高脑力和体力劳动的效率和耐久力。积极情绪往往由责任感、事业心、期望、奋斗目标、荣誉感等刺激而产生。因此，保持积极情绪的方法，就是应尽快使自己具有责任感、荣誉感、事业心，有近期和长远的奋斗目标，并坚持不懈地为实现既定目标去拼搏和奋斗。研究表明，积极情绪可使血液中肾上腺素增加，而这种激素是动员有机体力量的原动机，从而使奋斗者更有力量去达到自己的目的，所以说积极情绪是保持心理健康的重要条件与标志。

人的一生中，难免会遇到各种各样的问题，总会遇到一些不称心的人，不如意的事，此时，你会怎么办呢？此时，如果选择消极对待，那么，生活给予你的也只有绝望和不幸，如果你能向不如意的生活报以积极乐观的情绪，那么效果往往是出人意料的。有一位姓王的女性病人，26 岁，一直以来病情控制得很理想，各项检查指标都接近正常，她心情也很好，不仅积极配合治疗，而且还现身说法帮我们做其他病人的工作，使整个病房都充满了欢乐的气氛。有一天不知什么缘故，她突然拒绝治疗，连饭都不吃，情绪也一落千丈，还暗暗哭泣，把病房的医护人员和其他病人都搞糊涂了。她的病情随机出现了反复，透析效果不仅差，而且又发了腹膜炎。经了解得知她的小女儿患了急性扁桃体炎，在市儿童医院住院治疗。扁桃体炎和肾炎之间看似"必然"的联系，使她认为孩子又要像她一样患上肾病了，所以出现了上述状况。后来经过医护人员反复讲解扁桃体炎只要治疗及时，平时注意预防感冒、咽炎，就不会出现"小病不治，大病迁延"的情况，她才抛弃了思想包袱，恢复了以往的乐观，透析中的腹膜炎并发症也很快治好了。积极情绪是身心活动和谐的象征，是心理健康的重要标志。而不良的情绪，有害的心理因素，是引起身心疾病的重要原因。

现代科学也进一步证明，情绪可以通过大脑影响心理活动和全身的生理活动。积极情绪可以使人体内的神经系统、内分泌系统的自动调节机能处于最佳状态，有利于促进身体健康。

春风得意，大概就是说，那些情绪很好的人表情也是美丽的。由于情绪对表情的影响很突出，所以那些长期拥有某种情绪的人，他们的面部表情往往深深地刻上了情绪的标记，我们想到祥林嫂，她的面貌必然是悲苦的。

情绪变化反映个人积极性程度的变化有时候像体温变化反映个人健康情况那样灵敏。一个人积极性高涨的时候，情绪状态必然好，而当他的积极性受到挫伤时，就常常会"闹情绪"，或闷闷不乐，工作懒散；或愤愤不平，牢骚怪话一大堆。一个积极性不高的人，看什么都是懒懒的，什么都不想做；而一个积极性高涨的人会觉得劲头十足，周围的事物充满了新鲜感。例如在情绪障碍中，抑郁是一种对人们造成很大伤害的消极情绪，而患有抑郁症的人的最大特征是缺乏积极性，对任何事物都没有兴趣，心境低落。当人们谈到一个积极性低落的人时，往往说："某人最近有些闹情绪。"可见，人们常常是从一个人的情绪状态来观察其积极性的。

当世界变得一片灰色的时候，人们对于爱情本能的渴求，永不停止，正是这种追随，让我们感觉到了生命中异样的绚烂。这种积极的情绪，是任何外界的力量所无法阻挡的。因为这种追寻，才使生命本身有了有了延续的希望。因此，不要忽视积极情绪的作用。就像在寒冷的冬天，看到了太阳，心也会跟着温暖起来。

第五章　不失控的世界，好情绪帮你打开另一扇窗

情绪爆发是怎么回事

我们常常会有情绪不受控的时候，一旦这样的情绪爆发开来，我们会失去理智，而变得歇斯底里。这种不受控的情绪很容易搅乱我们原本平静的生活，让我们被其所累，烦恼不断。是什么原因导致我们出现这种状况的呢？是我们不了解情绪的真实面目所造成的。

一个能够克制自己性情、统治自己心灵的人是真正伟大的人，如同化学家以碱性来中和酸性一样，一个善于管理自己情绪的人能够消除忧虑，解除烦闷，我们说这样的人具有化学性心灵。

一个具有化学性心灵的人，是一个懂得克制的人。因为他知道怎样用欢乐的解毒药来消除沮丧的神志、忧郁的思想，用乐观的思想消除悲观的思想，用和谐的思想解决偏激的思想，用友爱的思想淘汰仇恨的思想。由于他懂得种种管理自己情绪的方法，他的心灵便不会受种种痛苦。

很多人对于自己思想上的种种苦闷和烦恼，没有办法来消除，因为他不知道心灵上的化学原理。任何人都会面临心灵上的苦闷，不过到了一定时期，人应该以理性的力量来引导自己，用适当的方式来解除心灵上的各种苦闷。

心中充满了悲观、偏激、仇恨的思想时，就要立刻克制自己的情绪并且转到相反的思想上，也就是乐观、和谐、友爱的思想，这就好比把冷水管的龙头一拧开，沸水便会立刻降低温度。人应该能像调节水温一样调整自己的情绪，在水太热的时候就要把冷水管的龙头拧开。许多人以为思想只是影响着脑神经，其实不全都是这样。生理学家发现在盲人的手指头上，有着熟练敏感的神经。不少盲人有一种惊人的技艺，如能辨识织品精粗，甚至颜色的浓淡深浅，这可证明思想并不全限于脑神经。

生理心理学家的实验表明，一切邪恶的思想皆有损于人身的细胞。由于激怒而使神经系统受到损伤，有时要费上数星期才能恢复原状。无数的实验证明，一切健全、愉悦、和谐、友爱的思想，都有益于全身的细胞，有益于增进细胞的活力。至于相反的思想，如偏激、绝望、悲伤等，都有损于细胞的活力。

著名的生理心理学教授科斯说："不良的情感，对于人体的肌肉，有着相应的化学作用。良好的情感对人生有着全面的有益的影响。脑神经中的每一个思想，都因细胞的组织而更改，而这种更改是属于永久的。"

对于水来说，没有一种污染是不能经由化学的方法来提纯的。同样地，没有一种污浊、鄙陋的思想不能由健康的思想、正确的思想来肃清。偏激、悲观、不和谐都是思想的病症，而只有真实、美满、乐观的思想，才会提高人生的价值。一旦一个人有了健康的思想，那不健康的思想就无立足之地，因为健康的思想和不健康的思想是势不两立、水火不相容的。

人有些时候无力改变外界固有的事物，但是当你和外界发生不和谐的时候，你可以通过自制来让自己融入周围的不和谐中，人只有改变自己，克制自己的不良习惯和消极的心态，才能发现世界的美丽。

这些人为什么会失控

生活中有很多人都无法做到很好地控制自己的情绪，我们如果无法做自己情绪的主人，最后就会沦为情绪的奴隶，这是一件相当可怕的事情。

是什么原因导致了这些人情绪失控呢？原因有很多种：

有一些人在遇到重大挫折时往往会一蹶不振，严重的甚至不能正常工作、学习，给自己、家人和朋友带来很多麻烦。

有些人总是从自己的意愿出发，认为事情应该这样、必须这样。比如"我必须获得成功""别人必须很好地对我"等，一旦失败，便会陷入情绪的深渊，无法自拔。

有些人认为一件事情的发生会非常可怕、非常糟糕，是一场灾难。于是，整日愁眉苦脸、自责自罪而难以自拔。这种消极思想常常是与人们对自己、对他人及对周围环境的绝对化要求相联系而出现的。当他认为"必须""应该"的事情没有发生时，就无法接受这种现实，以致认为糟糕到了极点。

还有一些人时常被情绪所困扰，似乎烦恼、压抑、失落甚至痛苦总是接二连三地袭来，他们无法控制自己的情绪波动，于是频频抱怨生活对自己不公平，企盼某一天欢乐突然降临。有一个人在海边看见一个老人在钓鱼，奇怪的是他把钓到的鱼又放回到海里面。

这个人很不理解老人这样做的目的，于是问老人："你为什么不把钓到的鱼拿去卖呢？"老人反问："我为什么要去卖呢？"那个人回答："这样你就能赚到钱了。"老人问道："有钱又能怎样呢？"那个人说："有钱好啊，有了钱你就可以赚更多的钱，然后到海边买个房子，天天可以吹海风钓鱼休闲，那样的生活多好啊……"老人笑了笑，说道："那你说，我现在在干什么呢？"这个故事寓意很深，原来我们一直在追求的东西，其实我们早已经拥有。当我们不再抱怨这个世界的时候，我们会用感激的眼光看待问题，就可以很好地控制我们的情绪。

许多人都懂得要做情绪的主人这个道理，但遇到具体问题就总是退缩不前："控制情绪实在是太难了。"言下之意就是："我无法控制自己的情绪。"这些否定自我的语言长期存在于头脑中，就会形成一种严重的不良暗示，可以毁灭你的意志，使你丧失战胜自我的信心。

还有的人习惯于抱怨生活："没有人比我更倒霉了，生活对我太不公平。"抱怨声中他得到了片刻的安慰和解脱："这个问题怪生活而不怪我。"结果却因小失大，让自己无形中忽略了主宰生活的职责。所以要改变一下对身处逆境的态度，积极坚定地对自己说："我一定能走出情绪的低谷，现在就让我来试一试！"这样你的自主性就会被启动，沿着它走下去就是一番崭新的天地，你会成为自己情绪的主人。

缺乏情绪自我控制能力的人必须明白，你为了更好地适应社会、取得成功，你就要学会控制自己的情绪情感，做情绪的主人。其实喜怒哀乐是人之常情，想让自己生活中不出现一点烦心之事几乎是不可能的，关键是如何有效地调整、控制自己的情绪，做情绪的主人，主宰自己的生活。但是，控制并不等于压抑，只要有积极向上的心态，不断完善自我，自然就可以控制自己的情绪。

任情绪失控、受坏情绪摆布的人往往是生活的弱者。学会控制情绪，做情绪的主人，以积极的心态去建立正面、正确的思想与行为，而不是让脾气发作，被情绪牵着走。冷静下来才能解决问题。因而我们要做一个能成熟地调控自己情绪情感的人。

保持内心的平静，首先不要去抱怨，而是锻炼自己怀着感激的心态看待问题。利用自己与生俱来的敏锐洞察力和判断能力去解决问题，不受控的情绪自然就会得到化解。

驯服不受控的情绪

不受控的情绪危害这样大，是否有解决的办法？要想得到答案，我们首先就要知道情绪的定义到底是什么。

也许"情绪"这个词经常出现在你的日常口语中，"情绪不好""情绪低落""没情绪"。那么，到底什么是情绪呢？

从心理学上解释，情绪是对生理性的需要是否得到满足而产生的态度体验。情绪就是情感，是与身体各部位变化有关的身体状态，是明显而细微的行为。情绪的种类很多，一般分为6类：

（1）原始的基本的情绪。具有高度的紧张性，它们是快乐、愤怒、恐惧和悲哀。

（2）感觉情绪。它们是疼痛、厌恶、轻快。

（3）自我评价情绪。主要取决于一个人对自己的行为与各种行为标准的关系的知觉，它们是成功感与失败感、骄傲与羞耻、内疚与悔恨。

（4）恋他情绪。这类情绪常常凝聚成为持久的情绪倾向或态度，它们主要是爱与恨。

（5）欣赏情绪。它们是惊奇、敬畏、美感和幽默。

（6）心境情绪。这是比较持久的状态。

其中，消极的情绪主要有：

（1）愤世嫉俗：认为人性丑恶，时常与人为敌。

（2）没有目标：缺乏动力，生活浑浑噩噩，犹如大海浮舟。

（3）缺乏恒心：不懂自律，懒散，时时替自己制造借口来逃避责任。

（4）心存侥幸：幻想发财，不愿付出，只求不劳而获。

（5）固执己见：不能容人，没有信誉，社会关系不佳。

（6）自卑懦弱：自我退缩，不敢相信自己的潜能，不肯相信自己的智慧。

（7）或挥霍无度，或吝啬贪婪：对金钱没有正确的看法。

（8）自大虚荣：清高傲慢，喜欢操纵别人，嗜好权利游戏，不能与人分享。

（9）虚伪奸诈：不守信用，以欺骗他人为能事，以蒙蔽别人为嗜好。

这些消极情绪会给人带来很大的危害，如果不能克服，便会成为人们头顶上的乌云，挡住生命的阳光。

人们应该经常反省自己，特别是受到挫折时，有没有上述各种不合理信念的存在，如果有，那么就用合理信念代替它们，这样一来，情绪自然会由消极变为积极了。其实客观事物的发生、发展都是有一定规律的，不可能按某一个人的意志运转。对于某个具体的人来说，他不可能在每一件事情上都获得成功，所以我们最好少用"绝对""必须"这类字眼。同样，用一件事或几件事来评价整个人的做法也是非常武断的，是一种"理智上的法西斯主义"。不管是对自己还是对别人，最好是评价行为和表现，而那种认为某事的发生会糟糕至极的心理更是杞人忧天，因为毕竟"金无足赤，人无完人"。我们常常是在事情没发生时焦虑万分，而真正发生了就发现没有什么大不了的，虚惊一场。其实早点告诉自己"天无绝人之路"，把忧虑的工夫用来做充分的准备岂不更好？

真正要做情绪的主人并不是一件容易的事，它需要我们反复与消极的自我作斗争，最终让"理性的我"战胜"非理性的我"，一旦战胜消极，成为积极的人，自然就能够调节自我情绪。

对于积极者来说，消极情绪是可以自动转化的。在一个春光明媚的日子，在鲜花灿烂的幼儿园里，许多小孩正在快乐地游戏，其中一个小女孩不知被什么东西绊了一下，突然摔倒了，并开始哭泣。这时，旁边有一位小男孩立即跑过来，别人都以为这个小男孩会伸手把摔倒的小女孩拉起来或安慰鼓励她站起来。但出乎意料的是，这个小男孩竟在哭泣着的小女孩身边故意也摔了一跤，同时一边看着小女孩一边笑个不停。泪流满面的小女孩看到这情景，也觉得十分可笑，于是破涕为笑，两人滚在一起乐不可支。虽然这个男孩还小，可他却可以巧妙地让小女孩破涕为笑，摔跤本来是很痛苦的一件事，却被他当成一种乐趣。这幅画面，让很多人看了都深有感触。

在积极者眼里，或许挫折、失败、逆境等只是他们战胜自己的障碍，他们会把这些当成人生的一种历练，甚至一种快乐，消极情绪自然不翼而飞。

悲观情绪让你的世界一片灰色

有些人遇到不如意、失败的情况时便垂头丧气、怨天尤人，面临挑战时又无能为力，对前途失去信心、心灰意冷，这些都是悲观情绪的体现。悲观是一种严重的不健康心理，对人身心危害极大。

英国作家萨克雷说："生活是一面镜子，你对它笑，它就对你笑，你对它哭，它也对你哭。"社会上有许多人，对未来和生活，往往持一种悲观的迷茫心理。他们对自己感到不满意，他们还对未来缺乏信心，觉得自己是一个一事无成的人，这实际上只是他们以自己悲观消极的想法看待客观世界，其结果都是被自己丑化了。妻子说，丈夫原先的脾气虽然急躁，却不轻易发火。一年前，因为单位破产，安排他到其他单位打杂，他的心情就很不舒畅。开始几个月，下班回到家不是唉声叹气，就是闷闷不乐地抽闷烟、喝闷酒。妻子总是劝他，开始还能听几句，后来就听不进去了，还说妻子唠叨，翻来覆去就这几句、没完没了。再后来他脾气越来越坏，动不动就发火，甚至还拿妻子和女儿当"出气筒"，非打即骂。妻子终于忍受不了丈夫的坏脾气了，坚决要离婚。这下，丈夫有些慌了。

其实，丈夫也不知道自己是怎么了，就是很难控制住自己的坏情绪。丈夫说，他在原单位时，自己是个小组长，说话也算有人听。可是到了新单位，人人都可以指挥他。丈夫觉得自己心里委屈，在单位受了气，回到家里还不能说，不气病才怪。当然，丈夫也知道妻子是为他好，可讲来讲去很容易让他感到心烦。丈夫认为妻子不仅解决不了自己的问题，也不理解他的处境和苦衷。妻子越说，他就觉得越气，最后情绪就失控了。

丈夫说，他觉得自己越来越没用了，什么都做不好，现在，连妻子也要离开自己了，他觉得生活一点意义都没有。最后，他说他也不想这样的。故事中的丈夫因为无法适应新环境而引发了坏情绪，进而跌进坏情绪的黑洞中，越陷越深，最后，给自己的生活蒙上了阴影。

其实，很多事情都是这样，世界不会因为任何一个人而改变，环境也是如此。如果我们对环境无能为力的话，那为什么不尝试着改变自己呢？丢掉那些不良情绪，让自己用乐观的心态去面对生活，你的心情自然会好，情绪也会变得放松，因为乐观的情绪总会带来快乐明亮的结果，而悲观的心理则会使一切变得灰暗。换一个角度，换一种心态，你眼前的天空就会晴朗无比。

人生中，只有做到不以物喜、不以己悲，才能洒脱过活。处于困厄时，只要为自己寻找一种方式，走出悲观的禁锢，快乐地漫步在林荫大道，你就会发现心情突然变了，怒气和沮丧也消失了，心中充满了宁静，自然的色彩给人带来阵阵快意。所以，为自己的情绪和心境安个转换器吧，在起伏的浪潮中保持安稳平和。

生活中，我们每个人都要充分利用积极的情绪，要做自己情绪的主人，让自己的心理世界更多地呈现出一片晴空。

别让未发生的事情影响你的情绪

生活里，在实际事物上所利用的时间，我们称之为钟表时间。但是在实际事物被解决或者尚未解决的时候，我们容易产生一种心理时间，即对过去的深切怀念和对未来过度的憧憬。然而不管心理时间定格在过去还是未来，都不利于我们对现在的把握和眼前的发展。因为昨天只是一种记忆，随着时间的推移，这种记忆会逐渐被淡忘。明天只是一种虚幻，只会增加莫名的痛苦。

人的一生最有害的两种情绪莫过于为往事而悔恨、为未来的事情而担忧。如果你真的被这两种情绪所用，那你就是生活在乌托邦之中。它不会帮你改变过去与未来，却会使你陷入惰性与悲观的泥潭，失去现在。

我们的身体和心灵都生活在现在也只能为现在而存在，为什么要去一遍又一遍地回顾往事、忧虑未来呢？实际上，过去的事情无论多么值得流连或是多么需要悔恨，那只是毫无意义的心理反应，"过去"已经过去了，已经不存在了，而未来尚未到来，也是不存在的。人生就像爬山登高，在中途的时候，不必往下看，也不要过多地往上看。因为你不大可能看到顶峰，不大可能看得很远、很清楚，何必要为看不清楚的未来费神费力，分散注意力呢？

人生最可悲的事情不是不知该怎样抉择，而是当你手中牢牢抓住许多东西时，你却不懂得去珍惜。从前有一个流浪汉，他不知进取，每天只知道向人乞讨度日，最后终于有一天，人们发现他潦倒而死。他死后，只剩下了他天天向人要饭的碗，有人看到了这个碗，觉得有些特别，带回家里仔细研究才发现，原来流浪汉用来向人乞讨的碗，竟是价值连城的古董。人往往只为了寻求自己手中没有的东西，却忽略了已经属于自己的财富。我们应该多注意自己手中所捧的那只碗，不要总是眼高手低，一味地羡慕别人，而忘了自己本身原有的价值。

当然，也有将心理时间定格在未来的人，他们主张为将来牺牲现在。按照这种逻辑，采取这种态度生活，那就意味着没有现在，只有未来，不仅要避免目前的享受，而且要永远回避幸福。因为我们所指望的将来的那一天一旦到来，也就成为那时的现在；而在那时的现在又要为那时的将来做准备。如此明日复明日，今天为将来，幸福岂不是永远也可望而不可即吗？

我们常听人说：寄希望于未来。如果作为学习和工作上的奋斗目标，期望生活改善，事业有成，这句话对我们是很好的鼓励。人应该生活在希望中，以此来促使自己从消沉的情绪中解脱出来，但其实质仍是为了抓住现在的时光去做脚踏实地的努力，而不是回避现实去空想未来多么美好。当那一天真的到来时，却往往是平淡无奇的，不如想象的那么美好。激动一时之后，又会面临新的矛盾和难题。这种把未来理想化的想法是脱离实际的幻想。

由此可见，无论是过去还是未来，都不是我们人生的主旋律。我们只有摆脱心理时间，生活在现时和希望中，才能更好地把握人生。

嫉妒情绪，让你陷入职场危机

在所有的情绪中，嫉妒是最普遍和最令人不安的一种。纵观古今，横看中外，无论是现实生活中，还是文学艺术作品的描绘，由于嫉妒而造成惨重恶果的比比皆是，不能不令人触目惊心。

　　由于强烈的嫉妒为占有欲和支配欲所驱使，从某种意义上说，嫉妒是万恶之源。嫉妒给人的负担太沉重了，并可使人产生一种祸害他人的罪恶心理。

　　嫉妒心理是在自己不如别人优越，感到失落时产生的一种消极的情感。产生嫉妒心理的原因至少有两个方面：一是不能接受别人比自己强的现实；二是权力欲、支配欲、占有欲强。

　　嫉妒还是一种突出自我的表现。无论什么事，首先考虑到的是自身的得失，因而引起一系列的不良后果。所以当嫉妒心理萌发时，或是有一定表现时，要能够积极主动地调整自己的意识和行动，从而控制自己的动机和感情。这就需要冷静地分析自己的想法和行为，同时客观地评价一下自己，找出差距和问题。当认清自己后，再重新认识别人，自然也就能够有所觉悟了。

　　在社会这个大家庭里，没有太多上天的恩赐，每一分收获的果实都要凭自己的智慧和汗水去换取，所以，当我们得不到时，也千万不要怀有嫉妒情绪。李建是家里的独生子，毕业后与林枫进入同一家公司工作。因为林枫已经毕业两年多了，在工作经验和工资待遇上都高于李建，再加上工作能力比较出色，每个月的业务提成也都不错。林枫出生于偏远的农村家庭，李建出生在城市的独生子女家庭，所以李建原先有些瞧不起林枫，现在看人家的待遇比自己好了许多，就产生了一种嫉妒情绪，渐渐地，这种嫉妒情绪也加深了他的多疑倾向。

　　有一天，李建声称丢了钱，怀疑是同办公室的林枫所为，于是正式报了案。公安机关为了查清事实，对同一办公室的所有人都进行了调查，结果发现李建所指的时间内同办公室的人不具备作案可能，于是问李建有无其他可能。

　　不久，李建发现原来钱夹在自己的一个本子里，这才忆起是自己忘记了把钱放在本子里。钱找到了，但却给林枫和其他同事的心灵上造成了伤害。这一点李建也很清楚，因此，找到钱之后，李建的精神压力更严重了，多疑和嫉妒心理也变得越来越严重。后来，导致他无法与任何同事和睦相处而离开了这家公司。古希腊斯葛多派的哲学家认为："嫉妒是对别人幸运的一种烦恼。"

　　从这句话中，我们就能看出来，嫉妒是有明显的对抗性的，这种对抗表现为攻击性，攻击的目的就是要颠覆被攻击的那个人的形象或者是幸运。由于嫉妒让自己心理道德的天平失衡了，嫉妒者便看不到别人的优点和长处，眼里处处都是别人的毛病，甚至会颠倒黑白，弄虚作假。

　　我们不管是在学校，还是在工作单位，都要在充满竞争的环境中客观地对待自己，不要把比自己优秀的同学或同事当成与自己有竞争关系的对手，而要当成自己前进的动力。记住，你一旦有了嫉妒，也就承认自己不如别人。你要超越别人，首先你得超越自身。坚信别人的优秀并不妨碍自己的前进，相反，它可能给你前所未有的动力。事实上，每一个真正埋头沉入自己事业的人都是没有工夫去嫉妒别人的。巴鲁克说："不要妒忌，最好的办法是假定别人能做的事情，自己也能做，甚至做得更好。"

　　可见，嫉妒是一种不健康的情绪状态，在嫉妒心理的影响下，人的身心健康会受到损害。特别是那些心理素质较差的人，一旦受到嫉妒心理的冲击，内心便充满了失望、懊恼、悲愤、痛苦和抑郁，有的甚至陷入绝望之中，难以自拔。

　　现代医学研究证明，有嫉妒心理的人，往往处于焦虑不安、怨恨烦恼之中。这种消极不愉快的情绪，会使人的神经机能严重失调，从而影响到心血管的机能，进而导致心律不齐、高血压、冠心病、胃病及十二指肠溃疡、神经官能症等身心疾病的发生。

　　工作和社交中的嫉妒情绪往往发生在双方及多方，因此要注意自己的性格修养，尊重与乐于帮助他人，尤其是自己的对手。这样不但可以克服自己的嫉妒心理，而且可使自己免受或少受嫉妒的伤害，同时还可以取得事业上的成功，又可感受到生活的愉悦。

恐惧的消极影响

恐惧是一种对人影响最大的情绪，几乎渗透到人们生活的每个角落，每个人都有惧怕的事情或者情景，而且不少事物或情景是人们普遍惧怕的，如雷电、火灾、地震、生病、高考、失恋等。现实生活中，我们可以看到有的人的恐惧心理异于正常人。这种无缘无故的与事物或情景极不相称、极不合理的异常心理状态，就是恐惧心理。它是一种不健康的心理，严重的即是恐惧症。

因为恐惧是一种企图摆脱困难而苦于无力的情绪，所以一旦寻得摆脱的途径，就会迸发出巨大的力量。

恐惧是大脑的一种非正常状态，它是由于人本身经历的扭曲或伤害引起的。它产生的原因已经为大部分人所遗忘。我们不希望承认自己恐惧，这种恐惧感被我们深埋在心底，犹如一个毒瘤。一个美国电气工人，在一个周围布满高压电器设备的工作台上工作。他虽然采取了各种必要的安全措施来预防触电，但心里始终有一种恐惧，害怕遭到高压电击而送命。有一天，他在工作台上碰到了一根电线，立即倒地而死，身上表现出触电致死者的所有症状：身体皱缩起来，皮肤变成了紫红色与紫蓝色。但是，验尸的时候却发现了一个惊人的事实：当那个不幸的工人触及电线的时候，电线中并没有电流通过，电闸也没有合上——他是被自己害怕触电的自我暗示吓死的。很多时候，恐惧其实并不能伤害我们。在忐忑不安的心绪的支配下，一种自然而然的焦虑就会在我们的心中积聚起来，转化为恐惧和惊慌失措。在这种情况下，我们就不能充分地享受生活了。因为恐惧，我们不敢去努力争取我们真心想得到的东西。由于害怕失败，我们会拒绝承担责任。由于害怕与他人不一致，我们就可能放弃自身的个性。

另一方面，恐惧会让我们的情绪紧张，这种紧张情绪会让我们排斥现实生活中的困难，然后完全沉浸在我们自己的想象的世界里，在这个想象的世界里，他是掌控一切的王者。然而，一旦我们回归到现实生活中，我们就会发现自己可掌控的太少。这种巨大的落差感使得我们痛苦万分。为了逃避这种痛苦，我们只好继续沉溺在想象的世界里，完成自己在现实生活中未完成的梦想。因此，我们尽量减少了各种活动，生活条件也削减到无处可退的地步。我们可能独处一室，几乎不出房门一步，或干脆藏身到朋友或亲戚家的地窖里，剩下的唯一可去的地方就是我们内心最深处，但由于我们的内心是恐惧的真正源头，所以一味地逃避最后也成了我们的祸根。

我们恐惧现实，在我们看来，现实中的一切都是汹涌的、吞噬性的力量，整个世界好像就是一个荒诞的噩梦，一种发了疯的景致。在这个荒诞的世界里，我们找不到任何可以给予我们安慰和信心的东西。而且，我们越是透过自己扭曲的感知力看世界，就越是感到恐怖和绝望。

随着其恐惧范围的扩散和恐惧强度的增加，越来越多的现实遭到日益严重的扭曲，以致我们最后什么事都做不了，因为一切都染上了恐怖的味道：天花板随时都会坍塌砸到自己，桌子上的水果刀随时都可能飞过来刺伤自己……总之，我们开始频繁地出现幻听、幻觉，开始觉得自己的身体就像外星人一样异样，这让我们感到恐惧，并时刻提高警惕，一刻也安静不下来。结果，我们的身体被弄得疲惫不堪，各种问题堆积在了一起。

随着内心恐惧感的加深，我们越发不相信自己应对世界的能力，越发逃避与外界的接触，逐渐退回到与世隔绝的状态。这个时候，我们已然沦为了恐惧的奴隶，逐渐丧失了对抗的能力。

不要怀疑自己的能力

悲观和失望等消极的情绪常常会让人们失去正常的判断力。所以，一个人在沮丧难过的时候，一定不要马上着手做重要事情，特别是可能会对我们的生活产生深远影响的人生大事，因为沮丧会使你的决策陷入歧路。一个人在看不到希望时，仍能够保持乐观，仍能善用自己的理智，这是十分不容易的。

当一个人在事业上经历挫折的时候，身边的人会劝你放弃，此时，如果听从了他们的话，那么我们注定会失败，如果能够再坚持一下，摆脱悲观的情绪，也许我们就能成功。

许多年轻人，他们在工作遭遇困难的时候选择了放弃，换成了自己完全不熟悉的领域，可是这样面对的困难更大，如果还是没有信心，任由悲观失望的情绪控制，那么就注定了一事无成。

悲观的时候，智慧才是最有用的，它能够帮助你作出正确的抉择：当有人引诱你放弃自己的道路时，你能坚定自己的目标而不受外界的影响；当自己的心开始动摇的时候，能够宽慰自己，让自己冷静下来。一直以来，当医生是杰克最大的梦想，为此他考上了医学院。刚开始学习的时候，他满心欢喜，完全沉浸在了幸福的氛围里。可是，好景不长，基础知识学完了，他们进入了解剖学和化学的课程。每天都要面对着不同的尸体，杰克感觉到恶心。在以后的日子里，他每天走进实验室都心惊胆战，唯恐见到什么让人呕吐的东西。

恐惧的心情一直折磨着杰克。他开始怀疑自己的选择是错误的，自己并不适合医生这个行业。思考了之后，他决定退学，选择一个更适合自己的职业。他把自己的决定告诉教授，教授说："再等等吧，你现在的决定并不能代表你的心声。等到你的决定忠于了你的心的时候，你再来找我。"

日子一天一天过去，开始的时候，杰克每天都在煎熬，时间长了，他习惯了实验室里消毒水的气味，熟悉了各种尸体的结构，也就不再对实验室感觉到畏惧了。4年后，杰克以优异的成绩毕业，他接受了一家大医院的聘请，成了那里最年轻的医生。

有一次，杰克回去看教授，他笑着对杰克说："还记得吗？你当年想放弃。""是的，教授，您阻止了我。"教授说："那时候你太悲观，还不能了解自己的心，所以我让你冷静下来。杰克，你记着，人在悲观失望的时候，千万别马上作决定，要给自己一点时间想一想，之后得到的答案也许就跟原来不同了。"一个人在失意时，头脑一片混乱，甚至会因此产生绝望的情绪，这是一个人最危险的时候，最容易作出糊涂的判断、糟糕的计划。一个人悲观失望时，就没有了精辟的见解，也无法对事物认识全面，也就失去了准确的判断力。所以忧郁悲观的时候，一定不能作出重要决断，等到头脑清醒、心情平复的时候，我们才可以设计更好的计划。

艾琳诺·罗斯福有句名言："恐惧是世界上最摧折人心的一种情绪。"高达百丈的两道悬崖夹着一条峡谷。悬崖十分陡峭，由几道光秃秃的铁索连接，充当过河的桥。

有4个人一起来到桥头，一个是瞎子，一个是聋子，另外两个是不瞎不聋的健全人，他们都要过河。他们一个一个地抓住铁索，凌空行进。结果，盲人、聋子过了桥，一个耳聪目明的人也过了桥，另一个则跌到了湍急的水流中，丢了性命。

瞎子说："我眼睛看不见，不知山高桥险，自然可以心平气和地攀索过桥。"

聋子说："我的耳朵听不见，不管水流如何咆哮怒吼，在我这里都是一片寂静，自然也可以坦然无惧地攀索过桥。"

安全过桥的健全人说："我过我的桥，险峰与我何干？急流与我何干？只管一步步落稳脚跟，不断向前就是了。"很多时候，实现理想，追求成功的过程，就像是在水流湍急、山高峰险的悬崖峭壁间过铁索桥。失败的原因和智商、力量等因素并不相关，而往往是被周围的环境所震慑，不敢放胆一搏。

我们应该向那些已经顺利过桥的人学习。一个人只要不自我设限，记住"险峰与我何干"，不畏惧眼前或周围的困难、险境，就能为自己开创一片无限广阔的天地。

害怕失败的后果

生活中，很多人常常会感到恐惧、不安，虽然有时候连他们都说不清楚他们在恐惧什么。其实，每个人的内心都潜藏着恐惧，可能恐惧的来源不一样，但是恐惧的情绪确实大同小异的。一个小朋友说："在学校里，如果老师交代的任务有明确的标准指示，我就很喜欢去做，并且可以做得很好；而一旦老师没有把要做的事交代清楚，那么我就会觉得无所适从。我很怕做错事令别人不认可我的能力而抛弃我，所以我认为当没有明确对错的标准时，不做就不会错，这是最好的办法。"在这个小朋友看来，生命充满了不可知的变量，但只要能够有足够的准备和负责任的态度，就可以安全度过所有的危难。因此，像这样的人似乎永远在预测着将来的危难，凡事都能让他们联想到各种负面的可能性。他们总是在头脑中想象出各种各样糟糕的状况，并为此感到深深的担忧和恐惧，这种担忧和恐惧又会转换成焦虑不安的情绪。一位空军飞行员说："第二次大战期间，我担任 F6 战斗机的驾驶。头一次任务是轰炸、扫射东京湾。从航空母舰起飞后，一直保持高空飞行，然后再以俯冲的姿态滑落至目的地 300 英尺上空执行任务。然而，正当我以雷霆万钧的姿态俯冲时，飞机左翼被敌军击中，顿时翻转过来，并急速下坠。我发现海洋竟然在我的头顶。你知道是什么东西救我一命的吗？"

飞行员说到这里停顿了一下，继续说道："我接受训练的期间，教官一再叮咛说：'在紧急状况中要沉着应付，切勿轻举妄动。'飞机下坠时，我只记得这么一句话，因此，我什么机器都没有乱动，只是静静地想，静静地等候把飞机拉起来的最佳时机和位置。最后，我果然幸运地脱险了。假如我当时顺着本能的求生反应，未待最佳时机就胡乱操作了，必定会使飞机更快下坠而葬身大海。"

他一再强调："一直到现在，我还记得教官那句话：'不要轻举妄动而自乱脚步；要冷静地判断，抓住最佳的反应时机。'"成功人士总是在明了情况后，才付诸行动。可以想象，如果方向错了，行动越快，显然会陷得越深。只有遇事沉着冷静，才能有效地处理问题。

沉不住气的人遇到紧急情况时最容易失败，因为急躁的情绪已经占据了他们的心灵，他们没有时间考虑自己的处境和地位，更不会坐下来认真思索有效的对策。在发展进步的过程中，面对强大的震惊，不要惊慌失措，要镇定自若，冷静地去面对，这是一个人的气度和能耐。这种气度和能耐来自于理智的头脑,这种气度和能耐使人在大的变动中沉着应对，处变不惊。

但生活中通常有很多人在做每件事前都显得犹豫不决，这其实就是一种恐惧情绪。

之所以有这种恐惧情绪，是因为他们想得太多、做得太少，并因此退避三舍，不愿面对。他们充满矛盾的原因是，一方面他们对自己所期待的东西充满了向往，而另一方面他们又给自己设下种种心理障碍，让自己不敢行动。当看到其他人发出行动获得成功时，他们会感到深深的失落和焦躁，甚至会产生自我怨恨的情绪。对这种情绪我们应该冷静面对，理智地去处理。如果我们在面对恐惧时能够沉着冷静，我们就能得到更接近客观的评价，就能迅速找到有效解决问题的方法。

不要被恐惧束缚手脚

我们的恐惧情绪，有一部分是来自于怕犯错误。我们总是小心翼翼地往前迈进，生怕迈错一步，给自己带来悔恨和失败。其实，错误是这个世界的一部分，与错误共生是人类不得不接受的命运。

错误并不是坏事，从错误中汲取经验教训，再一步步走向成功的例子也比比皆是。因此，当出现错误时，我们应该像有创造力的思考者一样了解错误的潜在价值，然后把这个错误当作垫脚石，从而产生新的创意。

事实上，人类的发明史、发现史到处充满了错误假设和失败观念。哥伦布以为他发现了一条到印度的捷径；开普勒偶然间得到行星间引力的概念，他这个正确假设正是从错误中得到的；爱迪生还知道上万种不能制造电灯泡的方法呢。

错误还有一个好用途，它能告诉我们什么时候该转变方向。比如你现在可能不会想到你的膝盖，因为你的膝盖是好的；假如你折断一条腿，你就会立刻注意到你以前能做且认为理所当然的事，现在都没法做了。假如我们每次都对，那么我们就不需要改变方向，只要继续进行目前的方向，直到结束。

不要用别人走过的路来作为自己的依据，要知道，自己若不去验证，你永远都不知道那是不是一个错误的依据。

其实，你也可以用反躬自问的方式来驱赶错误带给你的恐惧。例如，我从错误中可以学到什么？你可以审视你认为犯下的错误然后把从中得到的教训详列出来。千万别放弃犯错的权力，否则你便会失去学习新事物的机会以及在人生道路上前进的能力。你要牢记，追求完美心理的背后隐藏着恐惧。当然，追求完美有利于无须冒着失败和受人批评的危险。不过，你同时会失去进步、冒险和充分享受人生的机会。说来奇怪，敢于面对恐惧和保留犯错误权利的人，往往生活得更快乐、更有成就。

马尔登曾经说过："人们不安和多变的心理，是现代生活常见的现象。"他认为，恐惧是一个人生命情感中难解的症结之一。面对自然界和人类社会，生命的进程从来都不是一帆风顺、平安无事的，总会遭到各种各样、意想不到的挫折、失败和痛苦。当一个人预料将会有某种不良后果产生或受到威胁时，就会产生这种不愉快的情绪，并为此紧张不安、忧虑、烦恼、担心、恐惧，程度从轻微的忧虑一直到惊慌失措。

最坏的一种恐惧，就是常常预感着某种不祥之事的来临。这种不祥的预感，会笼罩着一个人的生命，像云雾笼罩着爆发之前的火山一样，束缚住我们的手脚，让我们失去挣扎的力量，而被死死地困在里面。

恐惧是成功的敌人

恐惧是一种带有强迫性质的不以人自身的意志和愿望为转移的情绪。

恐惧能摧残一个人的意志和生命。它能影响人的胃、伤害人的修养、减少人的生理与精神的活力，进而破坏人的身体健康；它能打破人的希望、消退人的志气，而使人的心力"衰弱"至不能创造或从事任何事业。

许多人简直对一切都怀着恐惧之心：他们怕风，怕受寒；经营商业时怕赔钱；他们怕别人的评论，怕失败；他们怕贫穷，怕雷电，怕暴风……他们的生命，充满了怕，怕，怕！

恐惧能摧残人的创造精神，足以杀灭个性而使人的精神机能趋于衰弱。大事业不是在恐惧的心情下可以做成的。一旦心怀恐惧、不祥的预感，则做什么事都不可能有效率。恐惧代表着、指示着人的无能与胆怯。这个恶魔，从古到今，都是人类最可怕的敌人，是人类文明事业的破坏者。

有一些人对一些本来并不感到可怕的事情却产生一种紧张恐惧的情绪体验。例如，有的人因偶然一次在化学实验中试管发生爆炸，就再也不敢进实验室；有的学生因某次上体育课摔伤过，以后只要上体育课就恐惧；也有的人对人际交往恐惧。李乐的母亲带他去看心理医生。看病的原因是，李乐总是听到某些突然的声响，就会有心颤、摇头的反应，而且听到有人讲一些恐怖的事情时还会发抖，以致晚上睡觉老是做噩梦，然后就惊醒。

母亲向心理医生反应，他从15岁开始有突然摇头的症状，只是偶尔那样，17岁加重，开始害怕。之前母亲带他看过一些医生，有些医生说他得了抽动症，有些医生说他是心理疾病。到了后来，他自己也认为自己是得了抽动症，恐惧更加严重了。

心理医生听了病人的症状，说："他得的并不是抽动症，之所以有这种反应，是因为他的恐惧心理在作祟，当他一遇到或者听到令他恐惧的事情时，他的情绪就会很紧张，情绪紧张的同时，会让他的神经绷紧，一些条件反射性的动作也就跟着出来了。"恐惧是人生命情感中难解的症结之一。

当一个人预料将会有某种不良后果产生或受到威胁时，就会产生这种不愉快的情绪，并为此紧张不安、忧虑、烦恼、担心，甚至会陷入极度恐惧。现实生活中，每个人都可能经历某种困难或危险的处境，从而体验不同程度的焦虑。

恐惧作为一种生命情感的痛苦体验，是一种心理折磨。人们往往并不为已经到来的或正在经历的事感到惧怕，而是对结果的预感产生恐慌，人们生怕无助、排斥、孤独、伤害、死亡的突然降临；同时，人们也生怕丢官、失职、失恋、失亲、声誉的瞬息失落。

勇敢的思想和坚定的信心是治疗恐惧的良药，它能够中和恐惧思想，如同化学家通过在酸溶液里加一点碱，就可以破坏酸的腐蚀性一样。当人们心神不安时，当忧虑正消耗着他们的活力和精力时，他们是不可能获得最佳效率的，是不可能事半功倍地将事情办好的。

所有的恐惧在某种程度上都与自己的软弱感和力不从心有关，因为此时他的思想意识和他体内的巨大力量是分离的。他开始变得心力交融，一旦他重新找到了让自己感到满意和大彻大悟的那种平和感，那么，他将体味到生活的美好。感受到这种力量和享受到这种无穷力量的福祉之后，他绝对不会满足于心灵的不安和四处游荡，绝对不会满足于萎靡不振的模样。

美国著名作家、诺贝尔文学奖获得者福克纳说："世界上最懦弱的事情就是害怕，应该忘了恐惧感，而把全部身心放在属于人类情感的真理上。"爱因斯坦说："人只有献身社会，才能找出那实际上是短暂而有风险的生命的意义。"

不要恐惧生活的种种，每一种历练中都有相应的机遇，勇敢地面对，积极地争取，我们的成功之路就会越走越平坦。

认识婚前恐惧情绪

有很多即将步入婚姻殿堂的人，很容易患上婚前恐惧情绪病。在婚前，他们总是坐立不安、情绪低落、焦躁，常常会莫名地发脾气。更甚者，还会怀疑自己的爱情，害怕面对婚后的生活。姜小姐已经三十好几，两年前，她遇到了一个很爱她的男人，对方条件不错，对她也真心实意，这让姜小姐的内心多年来头一次有了真正的感动。但她一直认为对方不是自己喜欢的类型，所以很犹豫要不要接受他的爱意。

后来，知道的人越来越多，几乎所有的闺中密友一直在吹耳边风：这个男人一定会是一个好丈夫，你如果不选他，这辈子就再也找不到像他这样爱你的男人了。

双重攻势下，姜小姐终于答应了对方的求婚。但感情看上去终于有了归宿的她之后却变得郁郁寡欢，不爱说话，还经常一个人跑去外地旅游。最近，姜小姐提出分手，因为她觉得"这样的感情只是感动，而不是爱，而自己再也不能这样过了"。婚前恐惧情绪在现代社会是一种常见的情绪病。现在的年轻人多是独生子女，一直以来都是习惯接受别人的关怀，自己并不擅长照顾别人和承担一些责任。当他们想到建立一个家庭需要夫妻共同承担责任和义务，还要处理好与另一方家人的关系，面临新环境和新关系，听到周围的人讲一些婚姻生活负面的东西时，就会产生一种焦虑和紧张的情绪。

这种社会氛围使尚未走入婚姻殿堂的人们感到一种无形的压力。对婚后生活的过多考虑在面临婚姻时的表现形式就是对结婚的恐惧和逃避，很多人因此推迟结婚，甚至宁愿独身，也不愿意"受罪"。

其实，有了这种情绪的人千万不要紧张。谨慎对待婚姻的想法是对的，但因为谨慎而放弃婚姻是不可取的。结婚并且能幸福生活一生的人有很多，如果你不去尝试，怎么能体会到婚姻带来的快乐呢？婚姻是一双鞋，合不合适只有自己知道。如果你拒绝穿鞋，也许避免了因为鞋子不合脚而磨出血泡，但也可能因赤足行走而踩到钉子上，到那个时候，你或许会意识到，婚姻其实也是对爱情的一种保护。

恋爱是件浪漫的事情，到谈婚论嫁时，好像连空气中都可闻到大红的喜气。可是当万事俱备，只差婚礼这临门一脚时，有些人却迟疑了。就像在电影《逃跑新娘》中，朱丽亚走上红地毯时都骑着马，好像随时都有可能临阵脱逃。其实出逃不是她的本意，不要怀疑你们的爱情出了问题，也许她已经感染了结婚恐惧症。曾有恐婚症患者自己说，她现在真的很担忧，将来要变成一家人，男方的家庭能不能接受自己？两个人都有自己的个性与事业，生活在一起不会冲突吗？她说："我们相识在别人的生日舞会上，几乎就是一见钟情。我们年龄都不小了，相处了一年后觉得彼此非常合适，分开的每一分钟都很想念对方。前几天他笑嘻嘻地抱来一束玫瑰花向我求婚，我特别激动，发展到结婚似乎是唯一的出路。所以他求婚是意料之中的，我答应也很痛快。可在领结婚证的时候我犹豫了，结婚也被迫暂时搁浅。除了彼此的爱，其他方面我们彼此并不熟悉，我只见过他的家人两次面，而且从来没有好好聊过，我不知道我能不能走入他的家庭，想到这儿我就很害怕……"有婚前恐惧情绪病的女人普遍是理想主义者，她们所期待的是一种完美的生活。对于婚姻她们大多根本没有想过是怎么回事，对"嫁"这种仪式的向往远远超过对嫁的结果——婚姻的向往。也就是说她们所谓的想结婚，只是想得到"嫁"这样一种仪式，而不是嫁过之后的婚姻生活。一旦提到婚姻生活，她们往往会呈现出恐慌的情绪。一般情况下女性担心的是婚后最初的家庭生活，其中包括和公公、婆婆、小姑及其他家庭成员关系的处理和协调；因为不会做家务，而担心别人挑剔自己。

染上婚前恐惧情绪病的人，会对未来的婚姻生活有一种恐惧感，通常"症状"是烦躁、脾气比较急、爱发火，有的人会沉默寡言，不愿多说话，进而影响到工作和生活。

悲伤情绪是心灵的牢房

如果你遇到了挫折、失败，心情低落到了极点，情绪坏到了不能再坏的地步，那么请先让自己冷静下来，铺开一张纸，把自己的不快乐都列在这张清单上。当然，你还要找出一张纸，上面写上你可能得到幸福的事情，不要放过任何一个快乐的源泉，比如你长得漂亮，你的身体很健康，你的家人对你很好，等等。紧接着，你就可以对比了。这时候你会突然发现，让你快乐的理由远远大于悲伤和难过，既然如此，你就不该再将自己放置在悲伤、痛苦的阴影当中了。赵女士的老伴半年前因病去世，她一直无法从悲伤中摆脱出来，心里非常难受，常想起这么多年来，夫妻互相陪伴，恩恩爱爱，如今只留下自己一个人形影孤单。她整日以泪洗面，半年多时间心情一直好不起来，看见什么都觉得没意思，子女们专门来陪她，她也觉得心烦，不愿出门，整日唉声叹气，有时甚至想死。亲人去世后，亲属一定非常痛苦，情绪行为也一定与平常不同，常常会陷入沉重的悲伤中，感觉整个世界都暗淡了。这种悲伤情绪是可以理解的，但是一味地沉溺在悲伤之中，却是很不理智的行为。而且，悲伤很容易引发心衰。其实，对心脏危害最大的莫过于悲伤。悲痛的表现方式多种多样：既有高度紧张，又有无法释怀的抑郁和忧伤，甚至还包括愤怒与敌意。那些沉溺于悲痛的人常常不按时吃药、懒得运动，更有甚者用烟草、酒精甚至毒品来麻痹自己。在悲伤的气氛中，人体的交感神经系统分泌出大量的压力激素，使心跳加速、动脉收缩，进而导致出现心痛、气短和休克等症状。医学研究人员已明确地将悲伤列为心脏病发作的诱因之一。

为了自己的健康和家人的幸福，我们千万不能被悲伤情绪囚禁，成为它的囚徒。有人说："没有永久的幸福，也没有永久的不幸。"尽管在生活中，我们每个人都会遇到各种各样的挫折和不幸，而且有的人不仅仅要承受一种磨难，有的人受打击的时间可以长达几年、十几年，但是让人极度讨厌的厄运也有它的"致命弱点"，那就是它不会持久存在。

人们在遭受了生活的打击之后，总是习惯抱怨自己的命运不好，身边没有能够帮忙的朋友，家世也不好，没有可依靠的父母等。其实抱怨并不能解决问题，当问题发生的时候，我们一定要相信——厄运不久就会远走，幸福的一天迟早会到来。

生活本身已经制造那么多问题了，如果我们又进一步在脑子里提炼出那么多不快乐，这的确是在增加心理的负荷。每天都要面对那么多无法预测的事情，还要承受自己制造的不快乐，这难道不是一种愚蠢的行为吗？

我们不要再强调那些制造自己不快乐的人的态度，我们来看看怎么才能停止制造不幸的过程：我们因为思考不快乐的事情，所以才变得不快乐的。那么，只要我们停止思考这些问题，停止用悲观的眼睛看待世界，就会开心得多。

其实一个人在任何时候都面临着选择快乐和不快乐两个方面，也许我们不能在任何环境下都选择快乐，但是我们必须要知道，我们在任何时候都可以快乐。

不要让"情绪记忆"困扰你

情绪是有记忆的，而且情绪的记忆十分顽固。从我们很小的时候起情绪就开始不知不觉地植根在我们心里，尤其是那些让我们痛苦的情绪，很难抹去。

无论我们孩童时代的经验如何，当我们长大后意识到当时的行为是一种不好的行为时，我们仍旧会感到羞愧和痛苦。每当你因表达真正的情感而觉得伤心或罪恶时，你已学会的对感觉感到悲伤的机制就会启动。

想想这一点：无论你表达的是哪一种情绪，有什么理由该对这种从心底深处浮现的东西觉得羞耻？为什么要担心别人看到你这么私密的一面时会作何感想？他们会因为你有这种感觉而轻视你吗？他们会让你难堪或羞辱你吗？还是他们会利用这件事来伤害你？

对男性而言，羞耻或者伤心的感觉常常源于在他人面前哭泣，或表现出脆弱的一面；对女性而言，常出现在愤怒或单恋时。无论哪种情况，这种羞愧的感觉回想起来一定印象鲜明。

魏先生在讲到自己以前的经历时，依旧还心怀愧疚：我十几岁时，闲暇时间都待在童子军的小屋里。那间小屋离我家不远，骑脚踏车几分钟就到了。童子军总是做些有趣的事，我们每周二晚上都开会，计划下次露营、钓鱼或远足。所有人就像兄弟一样，我们在一起长达4年，虽然我们不会时时腻在一起，但关系非常密切。

我和同为副小队长的约翰特别要好，我们在初中那几年成为至交，无论上课或放学后，大部分时间都在一起。约翰是我第一个真正的密友，由于我没有兄弟，对我而言，他就像我的手足一样。

有一天放学后，我们在河边骑脚踏车，我还记得非常清楚，约翰告诉我，他父亲被调职到距我们所住的地方约一小时车程的另一个城镇，搬家的时间就在几个星期之后。

约翰搬家那天，我去了他家。车子开走时，我难过不已，边哭边骑着脚踏车回家。我回到家时，父亲正好在家。由于父亲是军人出身，他最不能容忍的就是我的软弱。他看到我流泪的样子不禁大发雷霆，还告诉我，男子汉大丈夫不应该在别人面前流泪，他说我不配做他的儿子。而当时我最想变成像他那样的男子汉。

由于一直想成为像父亲那样的人，所以，一切他不喜欢的东西，我都在努力克服着。从那之后，我一直提醒自己，眼泪是懦弱的，是不被允许的，所以，一直到今天，就算遇到再大的苦难，我都没有再流过眼泪。情绪就是这么顽固，我们企图忘记却总是不能如愿。这里有个重要的观点：感觉永远是对的。我们也知道：感觉是正当而有价值的。但是，并不是所有的感觉都来自于你体验到它的当下，有些事虽发生在很久以前，而我们却记忆犹新。比如上面的例子，童年时代因哭泣而感到羞愧的记忆，在魏先生的成年生活中依旧非常清晰。每当他感到难过，特别是在他人面前感到难过时，他就会觉得自己没有骨气，简直丢脸死了。为什么？这是难忘的感觉遗留下来的作用。

让我们仔细地看看，感觉是如何快速转变为羞耻的。所有强烈的感觉都有可能诱发羞愧的想法，无论何种感觉，喜或悲，你都可能因为自己有这种感觉而自我惩罚。

想要让这种情绪消失，不再持续地影响到你，唯一的方法就是面对它，感知它，而不是极力排斥，试图逃避它。魏先生之所以这么痛苦，是因为他无法原谅自己，这种情绪一旦进入思维，我们就会不停地想，不断地被记忆提起。

别让你的世界黯淡下来

情绪有明媚的一面，也会有阴暗的一面，面向明媚，我们可以体会生活的灿烂，面向阴暗，我们看到的只是无尽的黑暗，在每个人的一生中，难免会发生各种各样的事情，或大喜或大悲，无论如何，这些事情就像我们生命中的坐标一样，它们或深或浅或明媚或黯淡的色调，构成了我们的人生画卷。

在人生的漫漫岁月里，人生常常存在着起伏不定。所以，人们常常抱怨磨难，抱怨那些让我们的生活变得艰苦的事情，抱怨那些让我们的内心承受煎熬的经历。可是，人们在抱怨的时候并没有想到，这些磨难就像烈火，我们只有在经过锤炼之后，才会变得更加坚韧、更加刚强。

人生不可能一帆风顺，一旦困境出现，首先被摧毁的就是失去意志力和行动能力的温室花朵。经常接受磨炼的人才能创造出崭新的天地，这就是所谓的"置之死地而后生"。

人们最出色的成绩往往是在挫折中做出的。我们要有一个辩证的人生观，经常保持充足的信心和乐观的态度。挫折和磨难使我们变得聪明和成熟，正是不断从失败中汲取经验，我们才能获得最终的成功。我们要悦纳自己和他人，要能容忍不利的因素，学会自我宽慰，情绪乐观、满怀信心地去争取成功。

如果能在磨难中坚持下去，磨难实在是人生不可多得的一笔财富。有人说，不要做在树林中安睡的鸟儿，要做在雷鸣般的瀑布边也能安睡的鸟儿，就是这个道理。磨难并不可怕，只要我们学会去适应，那么磨难带来的逆境，反而会让我们拥有进取的精神和百折不挠的毅力。

我们在埋怨自己生活多磨难的同时，不妨想想这位老人的人生经历，或许还有更多多灾多难的人们，与他们相比，我们的困难和挫折算什么呢？只要我们内心足够自信与强大，生命就能屹立不倒。

习惯抱怨生活太苦、运气太差的人，是不是也能说一句这样的豪言壮语："我已经经历了那么多的磨难，眼下的这一点痛又算得了什么？！"

只要相信自己，就没有什么外在因素可以伤害或摧毁你，给自己多一些阳光情绪，别被挫折和痛苦击败，你的世界就一定是缤纷多彩的。

第六章　掌控好情绪，做情绪真正的主人

为小事抱怨，你将一事无成

人常常被困在有名和无名的忧烦之中，为此而抱怨。它一旦出现，人生的欢乐便不翼而飞，生活中仿佛再没有了晴朗的天，真是吃饭不香，喝酒没味，工作没劲，事业无心，连游戏也失去了意思。这一切，只因为我们陷入了细小的忧烦之中。吉布林娶了一个维尔蒙地方的女子凯洛琳·巴里斯特，在维尔蒙的布拉陀布罗造了一间很漂亮的房子，并在那里定居下来，准备度过他的余生。他的舅爷比提·巴里斯特成了吉布林最好的朋友，他们两个在一起工作，在一起游戏。

然后，吉布林从巴里斯特手里买了一点地，事先协议好巴里斯特可以每一季在那块地上割草。有一天，巴里斯特发现吉布林在那片草地上开了一个花园，他很生气，暴跳如雷，吉布林也反唇相讥，弄得维尔蒙绿山上乌烟瘴气。

几天之后，吉布林骑着他的脚踏车出去玩的时候，他的舅爷突然驾着一部马车从路的那边转了过来，逼得吉布林跌下了车子。而吉布林——这个曾经写过"众人皆醉，你应独醒"的人——却也昏了头，告到法院里去，把巴里斯特抓了起来。接下去是一场很热闹的官司，大城市里的记者都挤到这个小镇上来，新闻传遍了全世界。事情没办法解决，这次争吵使得吉布林和他的妻子永远离开了他们在美国的家，这一切的忧虑和争吵，只不过为了一件很小的小事：一车干草。平锐克里斯在 2400 年前说过："来吧，各位！我们在小事情上耽搁得太久了。"一点儿没错，我们的确是这样的。哈瑞·爱默生·傅斯狄克博士曾说过这样一个故事：森林里的一个"巨人"在战争中怎么样得胜、怎么样失败的过程。在科罗拉多州长山的山坡上，躺着一棵大树的残躯。自然学家告诉我们，它已经有 400 多年的历史。初发芽的时候，哥伦布刚在美洲登陆；第一批移民到美国来的时候，它才长了一半大。在它漫长的生命里，曾经被闪电击过 14 次；400 年来，无数的狂风暴雨侵袭过它，它都能战胜它们。但是在最后，一小队甲虫攻击这棵树，使它倒在地上。那些甲虫从根部往里面咬，渐渐伤了树的元气。虽然它们很小、但持续不断地攻击。这样一个森林里的巨人，岁月不曾使它枯萎，闪电不曾将它击倒，狂风暴雨没有伤着它，却因一小队可以用大拇指跟食指就捏死的小甲虫而终于倒了下来。我们岂不都像森林中的那棵身经百战的大树吗？我们也经历过生命中无数狂风暴雨和闪电的打击，但都撑过来了。可是却会让我们的心被微小的小甲虫咬噬——那些用大拇指跟食指就可以捏死的小甲虫。几年以前，有人有机会去怀俄明州的提顿国家公园游玩。和他一起去的，是怀俄明州公路局局长查尔斯·西费德，还有其他的朋友。他们本来要一起参观洛克菲勒坐落于公园的一栋房子的，可是他坐的那部车子转错了一个弯，迷了路。等到达那座房子的时候，已经比其他车子晚了一个小时。西费德先生没有开那座大门的钥匙，所以他们又在那个又热又有好多蚊子的森林里等了一个小时，等这位迷了路的朋友到达。那里的蚊子多得可以让人发疯。可是它们没有办法赢过查尔斯·西费德。在等待迷了路的朋友的时候，他拆下一段白杨树枝，做成一根小笛子，当迷路者到达的时候，他不是在忙着赶蚊子，而正在吹笛，当作一个纪念品，纪念一个知道

如何不理会那些小事的人。解除忧虑与烦恼，记住规则："不要让自己因为一些应该丢开和忘记的小事烦心。"

没错的，生活中小事不断，如果事事烦心，那么我们将没有快乐可言，更不会有时间和精力去做其他的事情，那么到最后，我们可能就因为那些小事而一事无成。

别为失败找借口

生活、工作和学习中，你是否常常看到这样一些借口？

如果上班迟到了，会有"路上堵车""手表慢了"的借口；考试不及格，又会有"出题太偏""复习不到位""题量太大"的借口；工作完不成，则有"工作太繁重"的借口；只要细心去找，借口总是有的，而且以各种各样的形式存在着。

许多人的失败，也是因为这些借口。当我们碰到困难和问题时，只要去找，也总是能找到的。不可否认，许多借口也是很有道理的，但是恰恰就是因为这些合理的借口，人们心理上的内疚感才会减轻，汲取的教训也就不会那么深刻，争取成功的愿望就变得不那么强烈，人也就会疏于努力，成功当然与我们擦肩而过了。

仔细想想，很多时候我们的失败不就是与找借口有关吗？不愿意承担责任，处处为自己开脱，或是大肆抱怨、责怪，认为一切都是别人的问题，自己才是受害者……有一名年轻女子，她常常抱怨自己的母亲如何影响她的一生。原来在这个女孩还很小的时候，父亲因病去世，守寡的母亲只得外出工作，以维持生活并教育年幼的女儿。由于这位母亲能干又肯努力，因此，后来成为极有成就的实业家。她细心照护女儿，让女儿受最好的教育，但结果却并不尽如人意。她的女儿把母亲的成功视为自己最大的障碍！

这名可怜的女孩子宣称：自己的童年完全被毁坏了，因为她随时处在一种"与母亲竞争"的生活状况里。她的母亲迷惑不解地说道："我实在不了解这孩子。这么多年来，我一直努力工作，为的就是想给她一个比我更好的环境，创造更好的条件。但实际上，我只是给她增添了一种压力。"由"不足感"而造成的心理不平衡所引致的抱怨，多数是一个人对所面临的问题欠缺积极应对的心理状态，或愤怒被压抑后的失衡心理状态引发的情绪行为。没有安全感、质疑自己的重要性、不确定自我价值的人，产生抱怨情绪的可能性会相对高一些。他们可能会昭告自己的成就，希望看到听者眼中投射出赞赏的目光；他们也会抱怨自己遭逢的困难，以博取同情或是把它当作借口，以逃避自己向往却没有完成的目标。

这样找借口的人往往把所有问题都归结在别人身上："为什么我没有成功？那是因为工作不好，环境不好，体制不好。""为什么我生活得不好？那是因为家庭不好，朋友不好，同事不好。""为什么我会迟到？那是因为交通拥挤，睡眠不好，闹钟出了问题。"……可以想到，一旦有了"借口"，似乎就可以掩饰所有的过失和错误，就可以逃避一切惩罚。但是，这样不断地找无谓的借口，你永远也不可能改进自己。相反，你不断地找借口，糟糕的结果也就不断地发生，你的生命也就会不断地出现恶性循环。

要知道常常找借口的人是很难获得成功的。你尽可以悲伤、沮丧、失望、满腹牢骚，尽可以每天为自己的失意找到一千一万个借口，但结果是你自己毫无幸福的感受可言。你需要找到方法走向成功，而不要总把失败归于别人或外在的条件。因为成功的人永远在寻找方法，失败的人永远在寻找借口。"

"没有任何借口"，让你没有退路，没有选择，让你的心灵时刻承载着巨大的压力去拼搏、去奋斗，置之死地而后生；只有这时，你内在的潜能才会最大限度地发挥出来，成功也会在不远的地方向你招手！

成功的人是不会随便寻找任何借口的，他们会坚毅地完成每一项简单或复杂的任务。一个成功的人就是要确立目标，然后不顾一切地去追求目标，并且充分发挥集体的智慧力量，最终达到目标，取得成功。

别让抱怨成为习惯

琐碎的日常生活中，每天都会有很多事情发生，如果你一直沉溺在已经发生的事情中，不停地抱怨，不断地自责下去，你的心境就会越来越沮丧。只懂得抱怨的人，注定会活在迷离混沌的状态中，看不见前面亮着一片明朗的人生天空。

有时候，人生就是这样的，你坦然面对，却突然发现原来的事情都不那么重要了。所以要学会控制自己的情绪，跟家人和朋友一起，享受坦然的生活，追逐自然的幸福。美国小说家邓肯有这样一位朋友：家庭条件很好，但是就有一个不好的习惯——爱抱怨。

在邓肯的印象里，他这位朋友好像从来就没有顺心的事，什么时候与他在一起，只会听到他在不停地抱怨。高兴的事他抛在了脑后，不顺心的事他总挂在嘴上。每次见到邓肯就抱怨自己的不如意，结果他把自己搞得很烦躁，同时也把邓肯搞得很不安，邓肯甚至不愿再见到他。你周围有没有这样的朋友？他每天都会有许多不开心的事，他总在不停地抱怨。其实，他所抱怨的事也并不是什么大不了的事，而是一些日常生活中的小事情。

我们经常会碰到一些人，罗列一堆困难、一堆问题，列完之后把自己给吓住了，然后再往下，做不成了，开始替自己辩解，结果是开始抱怨，抱怨制度、抱怨资源……任何事都是别人的错，任何不利于自己的东西都是他抱怨的对象。

抱怨在什么时候都是不太好的习惯，任何人也都不愿意成为一个喜欢抱怨的人，这是在他们按常态去应对某些问题多次并且无效后，对解决问题的对象失去信心但又不甘心的状态下所表达出来的情绪行为。

而当这种情绪、抱怨的行为日复一日地被重复，就会形成惯性。一旦惯性形成，他们对问题的看法就会向消极方向想，解决问题的动力就会变成阻力。

抱怨的人最初的动机是希望事情被改变，并不是想推卸自己的责任。但当事情被忽略、被冷冻、被打压之后，就会异变成抱怨。从心理学上讲，说"抱怨的人不希望事情完全改变，他们只是为了卸掉自己的责任罢了"，这样的讲法并不客观，他们只是没能抓住解决问题的关键点以使现状能够得到改善。

抱怨是一种习惯性的情绪行为，不要说抱怨是个性。因为一旦被认同是"个性"就是"我"与生而来的东西，所以"我"不会去改变的。这也是抱怨会这么容易像"病毒"一样流行的原因。

我们与其抱怨生活的不如意，倒不如切切实实地为自己多寻找一些快乐。其实，快乐是心病的一剂良药，离苦得乐，是人生最本质的需要。快乐很简单，它与一个人的财富、地位、名气无关，它不需要大量的金钱去支撑，也不需要以名气为后盾，更不需要乌纱帽来提携。相反，快乐只与一个人的内在有关，物质财富的获得可能让人获得快乐，可是处理不当则会成为人生的负累，生活从此远离快乐，永无宁日。别让生活的不如意吞噬掉原本的快乐，坦然一些，才是好的。

删除抱怨，拥抱快乐

生活中有很多人喜欢抱怨，他们抱怨家人、朋友、上司、同事，仿佛只要与他有接触的事或人他都无一例外地抱怨，他们因为这些抱怨每天都在灰暗的心情下度过。其实这些抱怨不仅带给他们自身伤害，还会伤害他人。在抱怨中，每个人都不再轻松，所以，我们要把不满的情绪、抱怨的语言在心中化解，我们要明白生活不仅有苦难和残缺，还有幸福和美好。

抱怨似乎是一种很普遍的情况，它也很容易传染，而且别人感染上此病后他自己却浑然不知。人似乎天生就有一种抑强扶弱、劫富济贫的心态，对那些超越我们、管理我们的人天生有一种抵触情绪。很多人会不自觉地认为，富人之所以富有，是源于对穷人的剥削。直到今天，这种财富的原罪始终没有从人们的头脑中消除。

如果你还有时间进行抱怨，那么你就有时间把工作做得更好；如果你已觉得抱怨无济于事，你就应该去寻找克服困难、改变环境的办法；如果你认为抱怨是一种坏习惯，你就应该化抱怨为抱负，变怨气为志气。

世界是美丽的，世界也是有缺陷的；人生是美丽的，人生也是有缺陷的；工作是美丽的，工作也是有缺陷的。因为美丽，才值得我们活一回；因为有缺陷，才需要我们弥补，需要我们有所作为。

保持一颗平常心，不被生活中的琐事侵扰。有些朋友的抱怨常常来自生活中的琐碎之事，凡事过于较真儿，斤斤计较，常常搞得自己疲惫不堪。对于这些琐碎之事，我们还是置之不理为佳。一位哲人说得好：如果你被疯狗咬了，难道非要把侵犯你的疯狗也反咬一口吗？所以，遇事要有一种平和的心态，这样才能生活得更加理智，从而减少不必要的抱怨和牢骚。

远离抱怨，路会越走越宽

亨利·福特说，别光会挑毛病，要能寻找改进之道。抱怨只能使自己悲观失望，丝毫无助于问题的解决。人悲伤时想哭，而哭会使你更加悲伤。要想走出这个怪圈，你必须首先止怒，放弃抱怨，用解决问题的态度思考问题。14世纪，蒙古皇帝莫卧儿在一次战败后，自己蜷缩在一个废弃的马房的食槽里，垂头丧气。这时，他看到一只蚂蚁扛着一个玉米粒，在一堵垂直的墙上艰难地爬行。玉米粒比蚂蚁的身体大许多，蚂蚁爬了69次，每次都掉下来。当尝试第七十次时，蚂蚁终于扛着玉米粒爬上墙头。莫卧儿大叫一声跳起来！蚂蚁失败了这么多次，都没有抱怨，反而还一次又一次地挑战。那我还有什么理由抱怨上帝不公呢？莫卧儿终于重整旗鼓，打败了敌人。有位哲人曾经忠告世人："生命中最重要的一件事情，就是不要拿你的收入来当资本。任何傻子都会这样做。真正重要的是要从你的损失中获利。这就必须有才智才行，也正是这一点决定了傻子和聪明人之间的区别。"

所以，不要抱怨，用实干来证明自己是一个聪明人吧。100多年前，美国费城的6个高中生向他们仰慕已久的一位博学多才的牧师请求："先生，您肯教我们读书吗？我们想上大学，可是我们没钱。我们中学快毕业了，有一定的学识，您肯教教我们吗？"

这位牧师答应教这6个贫家子弟，同时他又暗自思忖："一定还会有许多年轻人没钱上大学，他们想学习但付不起学费。我应该为这样的年轻人办一所大学。"

于是，他开始为筹建大学募捐。当时建一所大学大概要花150万美元。

牧师四处奔走，在各地演讲了5年，恳求大家为出身贫穷但有志于学习的年轻人捐钱。出乎他意料的是，5年的辛苦筹募到的钱还不足1000美元。

牧师深感悲伤，情绪低落。当他走向教堂准备下礼拜的演说词时，低头沉思的他发现教室周围的草枯黄得东倒西歪。他便问园丁："为什么这里的草长得不如别的地方的草呢？"

园丁抬起头来望着牧师回答说："噢，我猜想你眼中觉得这地方的草长得不好，主要是因为你把这些草和别的草相比较的缘故。看来，我们常常是看到别人美丽的草地，希望别人的草地就是我们自己的，却很少去整治自家的草地。"

园丁的一席话使牧师恍然大悟。他跑进教堂开始撰写演讲稿，他在演讲稿中指出：我们大家往往是让时间在等待观望中白白流逝，却没有努力工作使事情朝着我们希望的方向发展。抱怨只会让机会白白流失，实干才能成功。下面的故事能够让我们更清楚地了解到，机会来自于实干而不是抱怨。1832 年，有一个年轻人失业了。他却下决心要当政治家、州议员，糟糕的是，他竞选失败了。在一年里遭受两次打击，这对他来说无疑是痛苦的。他又着手办自己的企业，可一年不到，这家企业就倒闭了。在以后的 17 年里，他不得不为偿还债务而到处奔波、历尽磨难。

此间，他再一次决定竞选州议员，这次他终于成功了。他认为自己的生活可能有了转机，可就在离结婚还差几个月的时候，他的未婚妻不幸去世。他心力交瘁，卧床不起，患上了严重的神经衰弱症。

1838 年，他觉得身体稍稍好转时，又决定竞选州议会长，可他失败了；1843 年，他又参加竞选美国国会议员，但这次仍然没有成功……

试想一下，如果是你处在这种情况下会不会放弃努力呢？他一次次地尝试，一次次地失败。企业倒闭，未婚妻去世，竞选败北，要是你碰到这一切，你会不会放弃你的梦想？他没有放弃，也始终没有说过：要是失败会怎样？ 1846 年，他又一次参加竞选国会议员，终于当选了。

在以后的日子里，他仍在失败中奋起，一次又一次地努力。最后，1860 年，他当选为美国总统，他就是亚伯拉罕·林肯。林肯一直没有放弃自己的追求，一直在做自己生活的主宰，他用实干的精神迎来了成功。他以自己的经历告诉我们：成功不是运气和才能的问题，关键在于适当的准备和不屈不挠的决心。面对困难，不要抱怨、不要逃避，而应该勇敢地去面对，更多的努力和汗水来换取甘甜的美酒。

命运厚爱那些不抱怨的人

日常生活中，经常见到一些人对自己身边的任何事情都不满——工作不如意、钱赚得没有别人多、别人比自己幸运等，仿佛抱怨已经成了生活中必不可少的一种行为。但事实上，一旦形成了这种抱怨的思维定势，喜欢抱怨的人对问题的看法就会偏向消极方向，解决问题的动力就会变异成实施解决方法的阻力。露西小姐是一家报社的记者，十多年过去了，也一直没有发展的机会，职位和薪水也不是很理想。有一段时间，她甚至想辞职。但是，又害怕辞职后找不到合适的工作，就得面临失业的问题，犹豫一番后，最终还是安慰自己：算了吧！就这样混下去吧，到了别的公司也一样。

有一天，她和一个朋友一起吃饭，她又在餐桌上抱怨自己的工作环境。这位朋友一脸严肃地说："造成现在这种情况，你思考过原因吗？你尝试过了解你的工作，让自己从内心深处对这份工作真正感兴趣，并喜爱它吗？你是否真正在工作中，把它当成一项伟大的事业而努力过呢？你如果仅仅是因为对现在的工作职位、薪水感到不满而辞去工作，就不会有更好的选择，稍微忍耐一下，转变你的态度，试着从现在的工作中找到价值和乐趣，你会有意外的发现和收获。假如你这样努力尝试过之后，依然没有变化，再辞职也不迟。"

这位朋友的话让露西深有感触，她试着让自己重新开始，以积极的态度处理自己的工作。结果，感觉和效果完全不同，不满的情绪也渐渐消失了，在工作中有了一种留恋的感觉。因此，她的才华得到了极大的展示，她也很快受到上司的提拔和重用。其实，无休止地埋怨对自身是一种伤害。露西小姐因为抱怨而无法把全部精力投入到工作中，10 多年过去了，仍然没有什么发展机会。致使她发生这种情况的不是外部环境，而是她没有把自己的心放到一个端正的位置上，当她听取朋友意见，改变态度，积极应对工作后，很快就受到了上司的重用。这说明，职位和薪水的高低不是影响一个人发展的必然因素，而好的工作态度才是关键。

毫无怨言地工作，使人能够激发出内心的力量，这样便会在工作中拥有双倍，甚至更多的智慧和激情，让人积极主动且卓有成效地完成工作。反之，当抱怨成为一种习惯，人会很容易发现生活中负面的东西，加以放大，甚至身边人一个眼神、一句话都可以让他浮想联翩，进而感慨自己生存的艰难，倾诉得越发声情并茂，也就越发使情绪"黑云压城城欲摧"，越来越焦虑。

毫无怨言的人能够全心全意地工作，别人抱怨困难多的时候，他们在解决问题；别人抱怨工作环境差的时候，他们在研究如何提高工作效率；别人抱怨薪水低的时候，他们在加班加点地解决问题。老王的工作很重要，他工作速度的快慢直接影响工作进程，如果处理不好，就会影响包装质量。老王工作兢兢业业，虽然厂里对挑料工并没有技术要求，但是他总是严格要求自己，他的工作速度不仅快而且干净利落，任何问题都逃不过他的眼睛。有时，机器发生故障，剪出的料切头多又不齐，他总是一边沉着冷静地指挥操作台，一边又眼疾手快地挑料，既不影响上道工序的进行，又为下道工序打好了基础。老王对待工作始终是任劳任怨，一个班 8 小时，他从来不肯休息，组长替他时，他总是三个字："我不累。"

一次，机器检修两小时，班长召集大家临时开会，这时却不见了老王的身影。厂房里空无一人，只听见静静的厂房里冷床处传来"咚、咚"扔东西的声音，大家走近一看，只见老王穿着雨鞋正钻在又热又脏的机床下面收拾切头和废钢，汗水和油污挂满了他的脸，他却根本没有察觉。老王默默无闻、任劳任怨，在平凡的岗位上奉献着。对于一个优秀的人来说，工作从来是哪里需要到哪里，对又脏又差的环境也毫无怨言，工作需要永远是他们出发的号角。他们的工作也往往会受到大家的尊重。

如果你想在工作中做出成绩，如果你想受到上司的提拔重用，如果你想得到大家的尊重，那么，停止抱怨，立即工作，哪里需要哪里去。潜心工作一段时间后，你就会感觉，原来工作是一件如此有意义的事。

人与人之间的差别，在任何地方、任何时间、任何国家、任何社会、任何时代都存在。造成这种差别的原因，并非外在条件的不同，而是自我经营的不同。我们对于生活情形、工作状况，都必须坦然接受，严格要求自己，少埋怨环境，最终自己对成功的愿望才能得以实现。

产生焦虑情绪的原因

如一个人乘坐的汽车突然发生车祸，虽然自己没有受伤，感到侥幸、宽慰，但事后一想到这件事，心里就发抖，这就是人们常说的"后怕"，也就是焦虑。一个人面临会见重要人物、登台表演、等待可能来的空袭警报时都可能产生焦虑。

在这个时候，他们常常有一种说不出的紧张与恐惧，或难以忍受的不适感，主观感觉多为：心悸、心慌、忧虑、担心、愣神、沮丧、灰心、自卑。但自己又无法加以克服，整日忧心忡忡，似乎感到灾难临头，甚至还会担心自己可能会因失去控制而精神错乱。患者在情绪上整天愁眉不展、神色抑郁、面孔紧绷，似乎有无限的忧伤与哀愁。记忆力衰退，兴趣索然，注意力涣散。在行为方面，常常坐立不安，走来走去，抓耳挠腮，不能安静下来。

心理学研究表明，导致焦虑的原因既有心理的因素，又有生理因素的参与，同时，人的认知功能和社会环境也起着重要作用。

研究发现，焦虑者及其亲属一般多具有焦虑性格，即易焦虑、激怒，胆小怕事，谨小慎微，情绪不稳，不安全感强，自信心不足等。由于这种性格的原因，这种人即使遇到细小的事件也往往不能适应，面对轻微的挫折或身体不适就出现过度的紧张，以致逐渐产生焦虑。

人们为什么面临如此众多的焦虑，从自然界、社会、人的心理、认识活动以及人体特征来分析，这些因素可以概括为：

1. 在工作、生活健康方面均追求完美化

生活稍不如意就十分遗憾，心烦意乱，长吁短叹，老担心出问题，惶惶不可终日。须知，世间只有相对完美，绝无绝对完美；世界及个体就是在不断纠正不足，追求真善美中前进。应该"知足常乐""随遇而安"，绝不做追名逐利的奴隶，为自己设置太多精神枷锁，让自己太累，把生命之弦拉得太紧。

2. 没有迎接人生苦难的思想准备，总希望一帆风顺

正如宇宙的自然规律一样，人生自始至终，都充满了矛盾，绝无世外桃源。人降临到人间，就会面临各种各样的磨难。没有迎接苦难思想准备的人，一遇到困难就会惊慌失措、怨天尤人，大有活不下去之感。其实，"吃得苦中苦，方为人上人"，要学会解决矛盾并善于适应困境。

3. 意外的天灾人祸

破产、毁灭或死亡会引起紧张、焦虑、失落感或绝望，甚至认为一切都完了，等等。假如碰到意外不幸，建议你正视现实，不低头、不屈服，昂起头，挣扎着前进，灾难是会有尽头的，忍耐下去，一定会走出暂时的困境。有时会"山重水复疑无路，柳暗花明又一村"，出现"绝处逢生"的局面。有时乍看起来是件祸事，过后说不定又是一件好事。人生就是这样包含着"祸兮福所倚，福兮祸所伏"，好与坏，幸福与不幸的辩证关系。

4. 神经质人格

这类人的心理素质差，对任何刺激均敏感，一触即发，对刺激做出不相应的过强反应。承受挫折的能力低，自我防御本能过强，甚至无病呻吟，杞人忧天。他们眼中的世界，无处不是陷阱，无处不充满危险。他们整日提心吊胆，脸红筋胀，疑神疑鬼，如此心态，怎能不焦虑。

焦虑紧张时，不要迁怒他人。没有什么事可以比迁怒他人更损害自己的。因为，这只会导致更严重的情绪紧张。紧张时更应该注意多休息。不管白天的精神压力如何，夜晚的时候，无论如何也要让自己保持心境平和，因为紧张会导致失眠，精神会因此而更加紧张。

消除迷惘，让情绪放松

如同惧怕失态一样，人们惧怕着迷惘。因此人们需要一个黑白分明的世界，为了解除迷惘所带来的焦虑。

这种对迷惘、对矛盾的惧怕是与他早期的生活环境分不开的，环境迫使一个人有决断能力，有主动精神，思维严谨，头脑清晰。这样的头脑很难同时接受那些模棱两可的，矛盾中的事物。它需要鲜明的界线：好或是坏、对或是错、道德或是非道德、疯狂或是理智、友人或是敌人。这使他难以在生活中采取一种变通坦诚的态度。对他来说，不存在什么过渡区。例如，根据他对正义的传统观念，一个人不是清白无辜，便是罪责难逃，不可能会有什么情况夹在这二者之间。任何行为都应该是泾渭分明。

无法忍受迷惘与矛盾，人的情绪会受到直接影响。逐渐地，人变得刻板、僵硬，这形成一种世风，要么统治别人，要么被人统治；要么强大欺人，要么软弱可欺。这使他无法愉快、

充分地表现自己，——时而以一种方式，时而以另一种方式。因为一旦闯入"禁区"，比如说，表现了依赖性，他马上会感到不适和焦虑。有一个人的眼睛受伤了，然后他就产生了种种对未来可怕后果的想象，为此他遭受了两天两夜的折磨。他几乎彻夜难眠，想象着自己正躺在医院里，医生们开始做手术，而他的眼球可能要被摘除；他还想象着，自己的另一只眼睛也慢慢地受到了感染，自己成了一个盲人；成了盲人的自己，整天生活在黑暗中，进出需要别人的搀扶，成了一个活着的废物……他的整个思想完全陷入对可怕未来的臆想之中，他几乎要发疯了！在事故发生的几天后，朋友在街上看到他，他神采奕奕。朋友询问了他眼睛的情况，他说："哦，现在已经好了。只是一小粒煤渣掉了进去，引起了感染。"学会去承受发生在你生活中的每一件事，这是达到心境平和的唯一方法。你真的没有必要去焦虑，因为你有能力做好任何事。

从清晨到晚上，当人们试着作如何度过这一天的决定时，接连输进的资料会在我们脑海里引发起一场思想上的纷争。从我们睁开眼睛的那一刻开始，到疲倦地回到被窝里为止，有各种不同的事情需要我们作决定。

除掉外界因素，在我们内心深处，还和一些更令他们不安的不确定感在挣扎着，这些不确定感包括他们的健康、年龄、生活的保障及我们存在的意义。通常，我们不会把这种感受向别人倾吐。这只是一种日复一日向我们身体里每一个细胞侵袭的程序，使我们宝贵的精力被浪费在不能促进人类福祉或维护人们生命的思维里。

无论有多困难，大多数的人仍试图替自己内心的混乱找出解决之道来，原因是人的心灵无法永远忍受抵触。迷惘之所以令人困惑，是因为人不能一眼就看清构成它的各个不协调的部分。"我并不感到迷惘，"一个学生说，"这就是我！"从表面上看来，这句话并没说错，就像一桶牛奶一般。牛奶就是牛奶，难道不是吗？

人可能在未来的人生中都处在迷惘中，不管人们对掌握自己的人生感觉有无把握，人们的命运有一部分并不由自己控制。

心理上的焦虑并不能帮助我们解决什么问题，相反，它会使问题变得更困难。在焦虑的时候，我们的思考能力也降低了，一个个几乎都成了瞎子、聋子，使我们看不清事情的真相，而失去很多机会。这种焦虑，使得我们在考虑问题的时候，往往向坏的方向想，而不向着或很少向着好的方向考虑。有这种焦虑心态的人，不可能做成任何有价值的事情。由于无名焦虑的烦恼，由于对未来莫名的恐惧，由于对事态发展不能有一个正确的把握，他们做任何事情都不会有一个正确的方向。方向都错了，还会有正确的结果吗？

学会给自己减压

一位大企业的销售部经理，能力极强，也能适应高强度的工作。他老担心自己的行业会出现泡沫经济，一旦崩溃，优越的地位、收入将化为乌有；又担心自己已步入中年，那么多后生、小辈、新秀都生机勃勃，怎么保住个人的宝座啊？他整天忧心忡忡，似乎世界末日即将来临。

一名成绩平平的中学生，由于高考压力、早恋，觉得自己快要垮了。他在日记中写道："人为什么要活着，活着能不能为自己……活着是为了别人……"这些例子里的主人公都是低情商者，他们给自己压力使自己痛苦。其实压力和坏情绪都是自己给的。要随时给自己减压，人生才能真正轻松。一个小女孩趴在窗台上，看窗外的人正埋葬她心爱的小狗，不禁泪流满面，悲痛不已。她的外祖父见状，连忙引她到另一个窗口，让她欣赏他的玫瑰花园。果然小女孩的心情顿时明朗。老人托起外孙女的下巴说："孩子，你开错了窗户。"女孩情绪低落是因为她开错了窗户。压力大，情绪低落，是因为你看到的都是压力和负面的东西，换一种思路，变一种视角，你就会发现，原来压力都是自己营造的。

压力其实是一个过度使用的字眼。我们通常为必须承受最大压力的角色而竞争，并且因人们知道我们正处在压力之下而高兴。事实上，我们倾向于夸大我们所承受的压力又或者在无形中给自己增加压力。

一位学者说："当压力来临时，懂得减压的人才是高情商的人。"正确地看待压力，管理好自己的情绪。有很多人面对压力不是迎难而上，而是闹起了情绪，向别人抱怨、整天闷闷不乐。其实没有必要，你完全可以控制自己的情绪，把这些不必要的想法放在一边，集中精力做重要的事情，这样问题就会淡化在生活中，几乎所有的困难、挫折和不幸都会给人带来心理上的压力和情绪上的痛苦，都会使人面临前进与后退、奋起与消沉的困惑，而关键则在于你是否能控制这种情绪，驾驭你心理上的压力。其实，只要做好自我调节，适当减压，摆正自己的位置，不过高要求自己，也不低估自己的能力，放宽心，多运动，就可以轻松生活。以下介绍几种减压的方法：

1. 音乐治疗

音乐具有安定情绪和抚慰的功效。想尽情地发泄一番，那就听一听摇滚乐；想理清一下情绪，那就听听古典音乐。买上一两张新碟，把自己关在房间里戴上耳机，你就可以尽情地沉浸在音乐的王国里了。

2. 影视治疗

看电影也是一个很不错的减压方法。有空去电影院看电影是很好的选择。如果觉得自己一肚子的委屈没有地方可以发泄，选一部悲剧片来看看吧，或者在心情烦躁时去看一些喜剧片，"笑一笑，十年少"，压力在笑声中会消失不见！

3. 户外活动

如果你实在感到压力无处不在，令你喘不过气来，那么选择周末去郊外活动活动吧，一方面可以约上三两知己一起行动，一边互谈人生，大吐工作中的苦水，另一方面尽情地享受户外清新的空气和美丽的田园景色。让压力在动动中消散吧。

4. 养宠物

回家后，让一只可爱的宠物帮助你忘却压力，再没有比这更好的方法了。科学家认为，养一只狗或是猫确实有好处。抚摸宠物会帮助你降低血压和减缓压力——对于人和动物都一样。当然，对某些人来说，养小猫、小狗本身就是一种压力。如果你不喜欢宠物，也可以试着养一对金鱼。研究表明，仅仅是看着鱼在水草中游动，也能使人放松和减轻压力。

5. 开怀大笑

大笑会让人的心脏、血压和肌肉的紧张感得到舒缓，从而分散压力。科学家已经发现，大笑具有与有氧健身法相同的功效。当人们笑的时候，其心跳、血压和肌肉的紧张度都会明显上升，接着会降至原先的水平之下。不要犹豫，笑会使人更加放松。

压力其实不是一种客观事实，而是一个主观感受。相同的事在不同的人眼中，会产生完全不同的感受。同样的事在同一个人身上，也可以随着环境、时间转变，而产生不同程度的压力。例如你第一次参加面试时，你会紧张得气也喘不过来，但当你第十次、第二十次时，你就仿佛如履平地，不费吹灰之力就可以安然度过了。

我们必须接受压力，但是这并不是它原有的特质。如果我们学着了解自己的需要和能力，找到一些控制压力的方法。没有任何事可以让压力上身：我们可以让这种现代恶魔滚一边去。

富兰克林·费尔德说过："成功与失败的分水岭可以用五个字来表达——我没有时间。"当你面对繁重的工作任务感到精神与心情特别紧张和压抑的时候，不妨抽一点时间出去散散心、休息休息，直至感到心情比较轻松后，再回到工作中来，这时你会发现自己的工作效率特别高。紧张过度，不仅会导致严重的精神疾病，还会使美好的人生走向阴暗。只有舒缓紧张情绪，放松自己的心灵之弦，才能在人生的道路上踏歌前进。

警惕社交焦虑症

在如今快节奏的现代生活中，社会交往日益增多，社会交往的成败往往直接影响着人们的升学就业、职位升降、事业发展、恋爱婚姻、名誉地位，因而使人承受着巨大的心理压力。由此产生焦虑情绪，造成心神不安、焦躁不安、严重影响其工作和生活。

患有社交焦虑症的人，对任何社交或公开场合都会感到恐惧或忧虑。患者对于在陌生人面前或可能被别人仔细观察的社交或表演场合，有一种显著且持久的恐惧，害怕自己的行为或紧张的表现会引起羞辱或难堪。有些患者对参加聚会、打电话、购物或询问权威人士都感到困难。

对于一般人来讲，参加聚会或活动等都会有轻微的紧张感，但这种紧张并不会影响实际交际。真正的社交焦虑症会导致无法承受的恐惧，严重的病例里，病患甚至会长时间把自己关在家里，孤立自己。这种病的患者害怕被人观察，害怕与人交往，更害怕在别人面前出洋相，因此总是处于焦虑状态。

我们大多数人在见到陌生人的时候多少会觉得紧张，这本是正常的反应，它可以提高我们的警惕性，有助于更快更好地了解对方。这种正常的紧张往往是短暂的，随着交往的加深，大多数人会逐渐放松，继而享受交往带来的乐趣。

然而，对于社交焦虑症患者来说，这种紧张不安和恐惧是一直存在的，而且不能通过任何方式得到缓解。每次与人交往时，这种紧张状态都会出现。紧张、恐惧远远超过了正常的程度，并表现为生理上的不适：干呕甚至呕吐。

一个不容忽视的方面是社交焦虑症的恶性循环。你和自己的知情人可能会说："既然知道患有社交焦虑症，避免参加社交活动不就行了？"

其实，你心里清楚没那么简单。我们可以给你解析一下你的恶性循环：害怕被人评价——缺乏社交技能——缺少社交强化——缺少社交经历——回避特定的场合——害怕被人评价。

由此可见，单纯回避可导致一系列的问题，如害怕被人评价，社交技能缺乏，而这种缺乏会导致回避行为的增加，进一步加重了社交焦虑症的症状。所以，单纯通过回避减轻病情只会导致病情越来越恶化。

对于社交焦虑症患者来说，只有积极地治疗才是对付社交焦虑症的最佳办法。一方面加强社交技能的学习和强化，另一方面可通过适当的药物治疗来帮助克服社交时由紧张、恐惧引起的身体不适，逐渐形成一个良性循环。对治疗，既不要急于求成，也不能自暴自弃。

形形色色的焦虑情绪不胜枚举，它们像病菌一样侵蚀着人们的精神和机体，不仅妨碍一个人畅通无阻地进入人际交往，还会直接影响人们的身心健康。其实，分析一下产生焦虑情绪的原因，无非是来自自卑心理；自我评价过低忽视了自己的优势和独特性。

让我们对焦虑情绪进行进一步剖析就会发现如下的特点。例如，有人做事急于求成，一旦不能立竿见影地取得成功，就气急败坏地从精神上"打败"了自己，这是焦虑陷阱之一。认为自己的表现不够出色，被别人"比了下去"丢了面子，于是就自责，自惭形秽，产生羞耻感，这是焦虑陷阱之二。缺乏多元化的观念，以为做不好的事情都是自己的责任，自己太笨。却不知一个问题的解决，其实需要多方面的条件，有时是"有心栽花花不发"，反而"无心插柳柳成荫"，但人们却常不能接受这样的现实，认为努力与回报不平衡，便埋怨社会不公平，这是焦虑陷阱之三。实际上绝大多数人和事物都是不好不坏、有好有坏、时好时坏，多侧面的特征各有其特色，我们不能用同一标准去衡量。绝对化的评价方式，常常会导致自己总是否定自己，这是焦虑陷阱之四。

安抚焦虑情绪，首先，对于引起焦虑的原因要有一定的认识，事实上是毫无缘由地焦虑。有一句话非常有意义："愿上天给我一颗平静的心，让我平静地接受不可改变的事情；给我一颗勇敢的心，让我有勇气改变可以改变的事情；给我一颗智慧的心，让我分辨两者！"能认清我们能改变和要接受的东西，就可以减少焦虑情绪。

另外，出现焦虑情绪的时候，可以适当地做一些放松训练，如深呼吸，逐步肌肉放松法等。正确的深呼吸方式要点是：保持一种缓慢均匀的呼吸频率，如缓慢吸气，稍稍屏气，将空气深吸入肺部，然后缓缓地把气呼出来。在深呼吸时应该可以感受到自己胸腔和腹部的均匀起伏。逐步肌肉放松法主要采用渐进性肌肉放松，通过全身主要肌肉收缩——放松地反复交替训练，通常由面部开始，逐步放松，直至全身肌肉放松，最后达到心身放松的目的，并能够对身体各个器官的功能起到调整作用。

其实，人类是地球上最高级的社会性动物，人群本身就是极其多样性和多元化的，每个人有自己的"自我意象"，每个人的个性、能力、社会作用等，都是他人不可替代的。所以要排除来自社会的心理压力所造成的焦虑，就必须改变自己的想法、观念和生活。

面对困境，先安抚情绪

大多数人都有过这样的经历，在学校的时候总是担心自己毕业后找不到工作，整天忧心忡忡；找到工作后又害怕自己在激烈的竞争中被淘汰，天天提心吊胆；有的人还害怕自己没有能力迎接突如其来的困难……

适当的忧虑可以促使人奋发向上，激发向上的原动力。但是，过度忧虑并不可取，它只会让人成天忧心忡忡，久而久之成为习惯，会影响你的心情，改变你的人生轨迹。凡事能够退一步想，不要那么耿耿于怀，忧虑就会减轻不少。只有删除了多余的忧虑，我们的生活才能更加舒畅。比方说今天上班迟到了，也可以安慰自己：说不定上班的人今天都起早了，一路过去都畅通无阻。万一塞车了，老板可能也还没到。

学着安抚自己的不良情绪，你不妨学着给自己写封信，自我对话，让自己更清楚自己。洛就是一个情绪疏导的能手，在她的生活中，任何不好的情绪都可以轻而易举地化解掉。下面就是洛写给自己的一封信，我们可以学习一下。

亲爱的洛：

知悉你最近常常觉得自己是世上最不幸的人：勤勤恳恳加班加点地工作，薪酬却是止步不前；尽心尽力持家，可家庭矛盾时有发生；真心真意付出感情，真正交心的朋友却没有一个。这些难道就是你哀叹自己命运无常的理由吗？

洛，你一定还记得诗人朗费罗说过的一句话吧，他说："你的命运一如他人，每个生命都会下雨。"洛，也许你现在正遭遇"下雨"天，所以你觉得悲伤，难过。但是令人有点忧郁的"雨"有时候却是激发诗人灵感的精灵：雨既有"行宫见月伤心色，夜雨闻铃肠断声"的忧愁美，也有"斜风细雨不须归"的洒脱美；既有"好雨知时节"的好雨，也有"潇潇冷雨敲庭窗"的冷雨。正处于人生的风雨期的你，为何不想想风雨过后也许能现彩虹呢？

人生的每一种境遇都有它到来的理由，不如意也是如此。学着正视不如意，即使前方雨雾迷蒙，也要久久地看，一次又一次地看，用一生的经历来看，看出前方的希望，看看是不是"所有的雨都会停的"，看看雨后的天空是不是更洁净、更美丽。

所以，请不要埋怨命运，请不要让坏情绪左右你，工作虽辛苦，你毕竟还有工作，比起那些失业的人，不是很幸福吗？劳心劳力地拼命工作，说明你还爱着你的工作，比起那些对工作毫无兴趣的人，不是很幸福吗？

看着前方，坚定地走，即使现在风雨满楼又有何妨！坚定地行走出属于自己的希望。

与你共勉！

洛，每个人都有一条引导情绪的线路，指引你离开忧虑和沮丧的风雨天。因此，生活中情绪性的忧虑是多余的。生活中不如意之事很多，只要你善于把握自我，控制好自己的情绪，远离忧虑，迎接阳光灿烂的每一天。

无论是逃避问题还是对问题过分执著，实际上只可能有两种情况。一种是问题并不像我们所想的那么糟，至少没有达到无可挽回的地步。只要采取积极正确的态度，问题就会得到解决。这样，我们也就没有什么可忧虑的了。另一种情况是问题的确是超出了我们的能力所能解决的范围。对这种情况，我们就需要乐观一些，就像杨柳承受风雨一样，我们也要承受无可避免的事实。

哲学家威廉·詹姆士说："要乐于承认事情就是这样的情况。能够接受发生的事实，就是能克服随之而来的任何不幸的第一步。"所以，面对困境时，我们首先要做的就是安抚躁动的情绪，让大脑冷静下来，以便找到突破困境的出口。记住，不要做情绪的俘虏，要面对它，打败它。

把焦虑情绪打包寄出去

焦虑是人生的毒药，是滋生无数罪孽和不幸的温床。在这个不确定的社会里，我们可能已经极度失望，挣扎在痛苦中寻求一些幸福的希望，那么为何还要纵容焦虑来扰乱我们的心灵？告别焦虑，你才能开创新生活。

形形色色的焦虑充斥人们的生活，它们像细菌一样侵蚀人们的灵魂和肌体，妨碍人们的正常生活，影响人们的身心健康。所以，走向生活，应该从拒绝焦虑开始。

有一位老人刘宋玲得了一种怪病——她一听到"饿"字，马上就"饿得前胸贴后背"，即使两小时前她刚吃过饭。她一天吃十多顿饭，但依然感觉饥肠辘辘。

刘宋玲退休后不久，就陷入饥饿感中。"感到饿就吃，才吃一点马上就不饿了，过一会儿，又感到饿。"

刘宋玲说，随着时间的推移，饥饿感的频率和强度不断加强。"吃完饭不到两个小时，又饿得心慌，一听到别人说饿，马上就觉得自己腹中空空，即使在晚上，也要爬起来吃上三四顿饭。"刘宋玲痛苦极了。

刘宋玲四处求医，有医生认为她患了胃溃疡，但检查结果是一切正常。日子一天天过去，刘宋玲的饥饿感越来越强烈，已经达到了只要别人一说"饿"字，她就会焦虑得"头发都竖立起来"的状态。她去心理医生那里看病时，还随身携带了大量的食品，只要一饿，马上就吃，这一天她吃了13顿饭。

经过心理专家诊断，刘宋玲患的是非常严重的焦虑障碍，主要是对"饿"很敏感，产生了焦虑心理，这也与她一饿就吃，一吃就饱，每次食量只有一点点有关。

确诊后，心理卫生中心的专家用特殊治疗方案对她进行治疗。一周后，刘宋玲的饥饿感不再那么强烈；两周后，饥饿感得到初步缓解；到了第三周，刘宋玲和"饥寒交迫"的日子彻底拜拜了。专家指出，这种病是心理原因所致，因此，保持一个良好的心态非常重要。

其实，你没有理由焦虑，因为痛苦和沮丧对你而言并不是一种甜蜜的享受。所以今天就下决心与焦虑决裂吧。彻底消除生活中的焦虑，会使你获得一种全新的自由感受。

战胜焦虑的方法之一是客观冷静地分析评估你所处的境遇，确定和估计一下可能发生的最糟糕的结果是什么。通过分析，会发现最坏的结果并没有糟糕到山崩地裂、地球爆炸的程度，而如果坏事一旦真的发生，你也可以承受它。有意思的是，我们预先担忧的事通常不会发生。就算不幸真的发生了，也往往没有预计中的可怕，损失也并不那么惨重。

其实，大灾大祸在你身上发生的几率微乎其微，人们总是习惯花很多时间和精力去担忧也许永远也不会发生的事，其实这真是杞人忧天，完全没有必要的。如果你能冷静接受你所遭遇的每一件事，你就没有必要去焦虑。

焦虑是摧毁一切的恶魔，走出焦虑，势在必行。学会去承受发生在你生活中的每一件事，是克服焦虑的最佳方法，要相信自己能够做到，因为你完全能够应付任何事情。

多愁善感是抑郁症的诱因

"多愁善感"是我们常常听到的一个词，通常情况下，我们对这个词是喜爱的，因为它有浅浅的美的意境。

但是，我们却很少把这个词和抑郁情绪联系到一起。其实，从某种程度上讲，多愁善感是抑郁的前期表现。

为什么呢？因为每个人在生活的道路上，都不是一帆风顺的。举个最简单的例子，我们去看一个很悲伤的电影，你流下了眼泪，这时你悲伤、同情的情绪就是忧郁。但是这是暂时的。我们说的忧郁，大概有一半的不是疾病，可以经过自我调控来解决问题。

现在我们要谈的是忧郁症，这是一个疾病，忧郁症有几个概念。第一，心情很苦闷、很低沉，伴随着很多症状，都是跟着忧郁的苦闷来的，自己觉得前途渺茫，脑子非常迟钝，行动不便，觉得很疲乏，原本高兴的事情现在怎么也高兴不起来了，还有睡眠常常出现问题，特别容易早醒。大家知道睡眠对于一个正常的人来说，经过一夜良好的睡眠，第二天心情愉快。而他早晨起来想到的可能是我今天一天会多么难过，我怎么才能熬过去，种种问题都会出现。

多愁善感作为一种心理疾病，已经日益影响着人们的感情生活和职业生涯。甚至可以说，多愁善感已经成为很多人在生存竞争中失败的主要原因。

多愁善感最早作为疾病被发现，是在公元 2 世纪的时候，希腊医生、解剖学家加连发现一些病人常常会陷入一种极端消沉的状态，他们感叹生命短暂、人世无常、人生孤独，就连窗前飘落的树叶也会让他们泪水涟涟。这类病人往往先于其他病人死去。于是加连医生把这种现象写进他的著作中，并把它归类于精神疾病。

曾经一度，多愁善感作为敏感、脆弱、富于幻想的人群的重要特质，成为艺术气质的代名词。在欧洲文艺复兴时代，几乎所有的文学家和艺术家都以多愁善感的敏感神经为荣，自嘲为"忧郁的疯子"。他们是值得同情的一群人，因为即便他们创造了无数的文明遗产，自己却始终处在痛苦的精神折磨中。

生活在当今社会，因为受到一些外界因素的影响，多愁善感是很正常的，随着时间的推移和自我调适，这种情绪很快就能消失。但如果这种情绪长时间挥之不去，并已出现认知偏差，对外界的一切体验就会是悲伤的，消极的，这就应当引起足够重视，因为在抑郁状态严重时容易酿成自杀、自伤等悲剧。调查显示，抑郁症患者 50% 以上有自杀想法，其中有 20% 最终以自杀结束生命。

当今社会逐步进入了物质时代，多愁善感的性格愈加与社会的发展格格不入。作为从事一般职业的人，多愁善感的人很难晋升到金字塔的顶部；即使作为艺术家，在日趋工业化的市场运作中，阴晴不定的情绪也会成为他们为世人接纳的绊脚石。所以，我们要学着让自己开朗一些，多看看美好的事物，多欣赏明朗的色彩，会有助于我们改善多愁善感的性格。

更年期女性的情绪危害

更年期的情绪是最难以控制的，它不仅强烈，而且变化也快。

不少女性一到四十就开始变得烦躁、焦虑、不安、情绪不稳、易怒、不自信，认为人生已过大半，已经没多大意义了，找不到生活的方向。女性在月经期断绝前后一段时间内由于卵巢功能衰退，雌激素分泌减少而引起一系列生理和心理的改变，产生以自主神经功能紊乱为主的临床表现。其常见症状为阵发性烦热、出汗、胸闷、易激动、情绪不稳等生理上的一些变化，雌性激素分泌开始减少，人会自然出现衰老。

首先应正确认知这是一种生物进化的自然规律，从出生到成长再到衰老，任何人都不可违背这种规律。刚出生的婴儿好比初升的太阳，人到四十正接近夕阳，其实夕阳也是无限好的。要知道人生该做的都已做了，人生已经有收获了，更多的应该去享受这种硕果。此时可以培养新的兴趣，比如书法、音乐、舞蹈等，重新找到生活的支撑点，做你想做而没做的事，当你寻找到生活的又一个目标时，你的生活会变得更有意义。当你重新找回自信时，你会发现你依然那么美丽。

更年期抑郁症主要是指发生在女性更年期的一种抑郁状态。它的特点是患者出现烦躁、情绪低落、容易激动、怀疑自己会得大病，从而忧心忡忡；此外，许多患者可伴随如心慌、憋气、胃肠功能紊乱、阵发性潮热等躯体不适的症状。

此病的起因可能与性激素变化有关，也与中年时期社会压力增大、需要操心的事情增多有关，与家庭环境也有一定的关系。有学者研究发现，此时患者的子女已长大，开始离家独立，几十年来形成的模式被改变；同时，丈夫对其照顾明显减少等，均可引起情绪的变化。

更年期抑郁症是一种发生在更年期的常见精神障碍。更年期抑郁症患者常常发生生理和心理方面的改变。生理功能方面的变化多以消化系统、心血管系统和自主神经系统的临床症状为主要表现：食欲减退、上腹部不适、口干、便秘、腹泻、心悸、血压改变、脉搏增快或减慢、胸闷、四肢麻木、发冷、发热、性欲减退、月经变化以及睡眠障碍、眩晕、乏力等。生理方面变化常在精神症状之前出现，往往随着病情发展而加重，经过治疗后躯体症状消失得也比精神症状早。

更年期抑郁症一般起病缓慢，逐渐发展，病程较长，开始多表现为神经衰弱症状，如失眠、乏力、头昏、头疼、烦躁不安等各种躯体不适感。病人常是情绪低落、郁郁寡欢、焦虑不安、过分担心发生意外，以悲观消极的心情回忆往事，对比现在，忧虑将来。认为自己过去年轻有为，工作很有成就，而现在年过半百，好似"日落西山，已近黄昏"，情绪沮丧、反应迟钝，自感精力不足、做事力不从心、对平常喜欢的事提不起兴趣，特别是易疲劳，休息后也不能缓解，是一个"只会吃饭，不会干事的废人"。

他们还常感觉大祸临头，并有捶胸顿足、纠缠他人的现象。反复回忆既往不愉快的经历，当回忆过去在某些方面曾有过一些微不足道的缺点时，常追悔莫及，认为自己给国家、家庭带来了无可挽回的损失，现在应受到惩罚，死有余辜。更有甚者，回忆以往的一些生活琐事，如与某人发生过口角未曾道歉，这些都已"铸成大错"，无法弥补，在此基础上，患者认为自己不仅无用，而且有罪，周围的人也都在议论他，甚至有人要谋害他，即精神病性症状的关系妄想、被害妄想、自罪妄想。

很多病人还具有疑病妄想和虚无妄想，即对自己躯体方面过分关心，对一些细微的不适感觉都很敏感，认为自己的内脏已经腐烂，骨骼断裂，血液枯竭，罹患绝症，无药可治，为此恐惧焦虑。还有患者认为自己只剩下有形无实的躯壳，觉得周围的一切事物都变得不真实，虚无缥缈，无法捉摸。

总之，处于更年期的年龄阶段，对什么都不感兴趣，情绪低落、沮丧，整日紧张焦虑或怀疑自己患了不治之症，有时候常有这样那样的痛苦，可是又查不出具体疾病，提示可能患了更年期抑郁症。在这种情况下应到专科医院就诊，及早进行有效治疗。

抑郁是心灵的枷锁

对于大多数人来说，抑郁是生活中的灾难或者对逆境的一种反应。当我们感到被周围所抛弃，当我们丧失了重要的东西，被羞辱、被打击的时候，抑郁便悄然而至。珍妮记得在上中学时，有一次学校组织冬令营活动，那个寒冷的冬夜，她和杰瑞进行了彻夜长谈。珍妮是个内向的女孩，她真正意义上的朋友只有杰瑞一个，所以，她们的关系非常好。那一晚，她们聊了很多，谈亲情、谈爱情，谈学校的琐碎生活。

一周后，珍妮举家搬迁，远离了故乡。她总是忘不了临别前杰瑞和她相拥痛哭的情景。她觉得自己这辈子再也找不到这样的朋友了。到了新环境的珍妮生活的并不快乐，她无法融入新的学校生活，陌生的环境，陌生的学校，让原本就内向的她更加忧郁沉默。

这样低落的情绪时常出来烦扰她，让她根本无法正常的和人交朋友，她常常会陷入回忆中，企图从往事中找出一点快乐，然而，她越是这样，内心的郁结就越深，以致她常常悲伤落泪。其实，像珍妮这样的例子有很多，我们总是留恋美好的事物、温馨的回忆，因为从这些情景当中，我们很容易就能够给自己找到安慰，但是我们通常会忽略一点，在我们寻找安慰的时候，我们悲观的情绪也在跟着衍生，进而困扰着我们的生活。

想要打破这种阴郁的生活，我们要做的就是打开心灵的锁，不要把自己的情感封存在里面，时间久了，它就会发霉，长出苦涩的果子。

我们可以尝试着采取"交心"的措施，通过结交新朋友来缓解抑郁情绪。交心是指两个已有联系的人通过真诚的交往，逐步进展到交换情绪的过程。这意味着，两个人可以分享私密的梦境、恐惧、思想及历史；可以不必隐藏或修饰，将自己最真的一面、最真实的感觉自由表现出来，不管它是正面或是负面。

长期抑郁的患者所欠缺的，恰恰就是"交心"。

我们也会与他人联系，有时这个联系还非常稳固，但总达不到交心的境界。我们总是保留、修饰或试图掩藏真正的感情，因为觉得交心很危险。每次快到交心的境界时，就会急匆匆地踩下刹车。

与人交心的经验可以带来强烈的满足感，你在生活中一定体会过这种美妙。当回想起偶尔和他人自由自在、无拘无束地分享彼此真实感觉的经验时，都会觉得那次邂逅非常宝贵且意义别具。

交心能满足人内心的深层渴望。"联系"与"交心"，对能否真诚表达情感至关重要。只要打开心扉使两个条件同时发生，那一直纠缠你的不满与挫折感将顿时烟消云散，你会觉得生气勃勃、精力十足。想获得内心的满足感，并使其长久且有意义，那么，交心就是这种美好感觉的来源和舞台。

抑郁不单纯是孤独感，它还是一种隔离，这种隔离改变了你对周围环境的正常感觉。

对于抑郁的人，所有这些怜悯都不能穿透那堵把自己和世人隔开的墙壁。在这封闭的墙内，不仅拒绝别人哪怕是极微小的帮助，而且还用各种方式来惩罚自己。在抑郁这座牢狱里，拥有抑郁的人同时充当了双重角色：受难的囚犯和残酷的罪人。

正是由于抑郁使人丧失了自尊与自信，他们总是自我责备、自我贬低。无论对环境还是对自我，都不能积极地对待。对环境压力总是被动地接受而不能积极地控制，更谈不上改造；对自我也总感到难以主宰而随波逐流，于是在人生征程上没有理想与期待，只有失望与沮丧。总感到茫然无助，陷入深重的失落感而难以自拔，对一切都难以适应，只能退缩回避。

勇于走出自己，生活中多结交一些朋友，我们空虚的心灵就会变得活跃起来。只有敞开自己的心灵，用心去接纳别人，与别人分享自己的快乐与忧伤，才能彻底摆脱抑郁的阴影。

忧郁情绪会给你制造假象

忧郁就好像透过一层黑色玻璃看一切事物。无论是考虑你自己，还是考虑世界或未来，任何事物看来都处于同样的阴郁而黯淡的光线之下。一旦戴上这副黑色的滤光镜，你就再也不能在其他的光线下观察任何事物。消极的思想与忧郁相伴，情绪低落导致消极的思想和回忆，反之，消极的思想和回忆又导致情绪低落，如此反复下去，形成一个持久而日益严重的忧郁恶性循环。吉姆从未被诊断为抑郁症，他甚至没有和医生谈起过自己那些消极的想法或者是经常感到低落的心情。他是成功人士，生活中的一切都很如意；他有什么资格对别人抱怨呢？他只是一味地坐在车里，直到有什么事情令他打开车门走出去。他试图去想想自己的花园以及那些含苞待放的美丽郁金香，但是这些念头只会令他想起自己已经很久没有做清理工作，光是要把院子弄整洁一点儿的活就让他头痛不已。

他想起孩子和妻子，想到晚餐时可以和他们聊聊天，但不知道为什么这个念头只会让他更想早点上床睡觉。

昨晚睡觉前，他本来计划今天早点起床来完成昨天剩下的工作，可是他又起晚了。也许今晚他应该待在办公室，哪怕熬夜也要把所有的事情一次做完。这样不安的情绪总会围绕着吉姆，吉姆不知道自己的这些不良情绪是从哪里冒出来的，明明他觉得自己是幸福的、成功的，可是，他不快乐。

吉姆的这种症状就是典型的抑郁症，无缘无故的情绪低落，时常感到生命的空虚，体验不到幸福感。这种特殊的心理屏障会改变我们对周围环境的正常感觉。关琳是机关的女职员。今年 27 岁的她长相甜美，工资待遇也很优厚，父母疼爱她，她在家里就像一位小公主，这么大了，还时常在父母面前撒娇。

但是关琳的性格很偏执，每隔一段时间，就会莫名其妙地发脾气，情绪也很低落，有时在单位一个星期都不和同事说一句话。父母了解，自然也不会怪她，可是外面的人不了解，他们以为关琳有些神经质，常常是避而远之。

关琳很苦恼，她不知道自己为什么会这样，她没有什么可以倾诉的朋友，郁闷的时候想找个人聊天都很难。她又不想跟父母说，她觉得自己长这么大了，不应该再为父母添麻烦了。一年前经人介绍和同事结婚了，但两人感情基础不好，常为一些小事吵架。

因此，两年来她有一种难以言状的苦闷与忧郁感，但又说不出什么原因，总是感到前途渺茫，一切都不顺心，老是想哭，但又哭不出来，即使是遇有喜事，关琳也毫无喜悦的心情。过去很喜欢去看电影、听音乐，但后来就感到索然无味，工作上亦无法振作起来。

她深知自己如此长期忧郁愁苦会伤害身体，但又苦于无法解脱，并逐渐导致睡眠不好、多噩梦及胃口不好。有时她感到很悲观，甚至想一死了之，但对人生又有留恋，觉得死了不值得，因而下不了决心。忧郁的人往往选择逃避问题或对问题过分执著，将其看得过于严重，这实际上是给自己增加不必要的精神压力。由于问题难以解决而干脆采取回避的态度，但事实上问题依然存在，自己只是在表面上逃避，内心深处还是放不下，难题成为心头的沉重包袱。

美国克莱斯勒公司的总经理凯勒说："要是我碰到很棘手的情况，只要想得出办法能解决的，我就去做。要是干不成的，我就干脆把它忘了。我从来不为未来担心，因为，没有人能够知道未来会发生什么事情。影响未来的因素太多了，也没有人能说清这些影响都从何而来，所以，何必为它们担心呢？"

不要偷走自己的快乐

你为什么不快乐？你问过自己不快乐的原因吗？还是你一直就没有想过要挣脱消极情绪的锁链，为自己寻找快乐的天空。

一位哲人曾说："如果我们感到可怜，很可能会一直感到可怜。"对于日常生活中使我们不快乐的那些众多琐事与环境，我们可以由思考使我们感到快乐，这就是大部分时间想着光明的目标与未来。而对小烦恼、小挫折，我们也很可能习惯性地反映出暴躁、不满、懊悔与不安，这样的反应我们已经"练习"了很久，所以成了一种习惯。

这种不快乐反应的产生，大部分是由于我们把它解释为"对自尊的打击"等这类原因。司机没有必要冲着我们按喇叭，我们讲话时某位人士没注意听甚至插嘴打断我们，认为某人愿意帮助我们而事实却不然，甚至个人对于事情的解释，结果也会伤了我们的自尊；我们要搭的公共汽车竟然迟开；我们计划要郊游，结果下起雨来；我们急着赶飞机，结果交通阻塞……这样我们的反应是生气、懊悔、自怜。有一位心理医生，他每天要看许多病人，并且要很有耐心地倾听病人述说心中的忧郁和焦虑。他每天所接触的人都显得愁眉苦脸，所以，他被那些不快乐的情绪感染得也很不快乐，日子一久，他觉得心中的压力非常大。为了平衡自己的情绪、缓解压力，他时常去看喜剧，目的就是为了让自己开怀大笑一番。

有一天，他正低头在一位病人的病历卡上记录诊断结果，却听到一个很熟悉的声音说："医生，我很不快乐，生活中没有让我开心的事情，活着实在是没有什么意义，我真想死。"

心理医生抬头一看，却看到一张熟悉的面孔，他居然是让自己捧腹大笑的喜剧演员。这样的巧遇，让他不禁哑然失笑。他低头想了一下说："这样吧！你我交换一下，我当一天喜剧演员，你当一天心理医生，怎么样？"喜剧演员原本以为这位心理医生在开玩笑，但是看他一脸认真的表情，又不像是开玩笑，于是思考片刻，接受了这个建议。

喜剧演员扮演了一天"代理医师"，除了药方由在幕后的心理医生开列之外，他有模有样地询问病人的病情，并且努力开导病人要寻找一个正确的人生方向。心理医生在喜剧演员的教导之下，也在剧院表演了一幕喜剧。他忘却了自己的医师身份，在舞台上装疯卖傻，惹得观众捧腹大笑。他站在舞台之上，看到台下有这么多的笑脸，他的心情也好极了。之后，两人又恢复各自的身份。

有一天，喜剧演员又挂号来看心理医师。"医师，我找到了平衡点，现在我知道了，其实我的工作非常有意义，我的每一个喜剧动作所引起的每一个笑容都是我的成就。我不想死了，因为我的存在可以帮助那么多不快乐的人，让他们获得心理上的平衡。"喜剧演员容光焕发地说。心理医生微笑着点了点头说："是啊！我也要谢谢你让我有机会知道，我也有能力制造许多的笑脸。"从此以后，当病人坐在候诊室等候看病时，都能听到由诊疗室中传出来的幽默话语和病人的大笑声。抑郁不单纯是孤独感，它还是一种自我隔离。我们周围常常有这类人，当生活环境发生重大变化而呈现出巨大反差时，当人生之旅中出现一些变故、遇到一些挫折时，或者仅仅是环境不如意时，便精神不振、心神不定，百无聊赖而焦躁不安，不思茶饭，更无心工作，甚至不想生活，整个人跌入消极颓丧中。

生活中，抑郁的人不在少数，他们为了生活烦忧，为了工作发愁，为了一切不如意的事情伤身，他们明明知道这样做对自己没有任何帮助，却依旧在坏情绪中深陷。

难道是别人偷走了你的快乐？难道所有不快乐的情绪都是他人造成的？不是，是我们自己，是我们自己固执地把自己关在抑郁的牢笼里，不想出来。所以，我们的世界变小了，快乐变少了，人变得更加消沉，情绪变得更加低落。既然我们明白，为什么不指正自己呢？我就是偷走自己快乐的小偷，如果我们肯改变自己，修正不良情绪，快乐就会重新回到我们身边。

控制思维，调动你的快乐情绪

哈佛大学教授威廉斯说："情感似乎指引着行动，但事实上，行动与情感是可以互相指引、互相合作的。快乐并非来自外力，而是来自于内心，因此，当你不快乐的时候，你可以挺起胸膛，强迫自己快乐起来。"一位著名的电视节目主持人，邀请了一位老人做他的节目特邀嘉宾。这位老人的确不同凡响。他讲话的内容完全是毫无准备的，当然绝对没有预演过。

他的话把他映衬得魅力四射，不管他什么时候说什么话，听起来总是特别贴切，毫不造作，观众听着他幽默而略带诙谐的话语都笑弯了腰。主持人也显然对这位幸福快乐的老人印象极佳，像观众一样享受着老人带来的快乐。

最后，主持人禁不住问这位老人："您这么快乐，一定有什么特别的秘诀吧！"

"没有，"老人回答道，"我没有什么了不起的秘诀。我快乐的原因非常简单，每天当我起床的时候我有两个选择——快乐和不快乐，不管快乐与否，时间仍然会不停地流逝，我当然会选择快乐。如果要秘诀的话，这就是我快乐的秘诀。"老人的解释听起来似乎过于简单，但是他的话却包含着深刻的道理。记得林肯曾经说过："人们的快乐不过就和他们的决定一样罢了。"你可以不快乐，如果你想要不快乐。你可以告诉自己所有的都不顺心，没有什么是令人满意的，这样，你肯定不快乐。但是，如果你要快乐，尽管告诉自己："一切都进展顺利，生活过得很好，我选择快乐。"那么可以确定的是你的选择会变成现实。

"即使到了我生命的最后一天，我也要像太阳一样，总是面对着事物光明的一面。"诗人胡德说。

快乐是对自己的一种热爱，快乐是幸福的必需品，快乐是一种积极的心态，快乐是一种心灵的满足。你选择快乐，快乐就会选择你。

快乐可使人健康长寿，"笑一笑，十年少"，良好的情绪则是心理健康的保证。情绪即情感，指人的喜、怒、哀、乐等，常伴随个人的立场、观点及生活经历而转移。愉快的情绪会带来欢乐、高兴、喜悦，能使人心情舒畅、驱散疲劳，使人对未来充满信心，能承受生活中的种种压力。

其实，快乐原本就是很简单的事情，就像小孩子一样，小孩子为什么很容易就能获取快乐，这是因为他简单。简单的哭，简单的笑，简单的释放自我。而我们承认欠缺的就是这种简单，我们总会问："我要怎样才能得到快乐？""我要怎样才能获得幸福？"快乐和幸福本就在你的手上，没有人可以拿得走，只不过，我们对自己缺乏一份信任，认为快乐和幸福不是那么简单就可以握在手中的。

抑郁是可以化解的

有抑郁情绪的人说，她是在毫无知觉的情况下，中了抑郁情绪的毒。这并不奇怪，因为很多时候，我们都不知道自己什么时候不知不觉变得抑郁起来。我们所能察觉的是，心情不太好，还有点提不起劲儿……问题或许从这个时候起就已经显山露水了，然后我们才会恍然：原来抑郁是从情绪低落开始的。一位年轻人总觉得自己不够快乐，心情总是莫名的低落，做什么都没有兴致。他决定去拜访一位智者，请他指点迷津。

见到智者之后，年轻人问："为什么我总是觉得自己不幸福呢？生活中，没有任何事情能让我打起精神来。我如何才能变成一个让自己愉快幸福，也能够给别人带来幸福愉快的人呢？"

智者笑着望着他说："孩子，你有这样的愿望，已经很难得了。很多比你年长的人，从他们问的问题本身就可以看出，不管给他们多少解释，都不可能让他们明白真正的道理，就只好让他们依然那样。"

少年满怀虔诚地听着，却并不了解智者的意思，于是问道："可是，我并不幸福啊！我每天看到太阳升起来，就会觉得生命又短了；看到夕阳，又觉得一天又没了。看到花开，担心花谢，看到新生的婴儿，会想到逝去的老人。"

智者听了，拍了拍年轻人的肩，说："我送给你三句话。第一句话是，把自己当成别人。你能说说这句话的含义吗？"

年轻人回答说："是不是说，在我感到忧伤的时候，就把自己当成是别人，这样痛苦就会自然减轻；当我欣喜若狂之时，把自己当成别人，那些狂喜也会变得平淡中和一些？"

智者微微点头，接着说："第二句话，把别人当成自己。"

年轻人沉思一会儿，说："这样就可以真正同情别人的不幸，理解别人的需求，而且在别人需要的时候给以恰当的帮助？"

智者继续说道："第三句话，把别人当成别人。"

年轻人说："这句话的意思是不是说，要充分地尊重每个人的独立性，任何情形下都不可侵犯他人的核心领地？"

智者哈哈大笑："很好，很好，孺子可教也。"

年轻人这时豁然开朗起来，原来，自己的不幸福完全是自己的低落情绪造成的啊！情绪是可以转化和化解的。当不好的情绪袭击到我们时，我要做的是将它移出去。就像那位年轻人领悟到的那样。后来年轻人变成了中年人，又变成了老人。再后来在他离开这个世界很久以后，人们都还时时提到他的名字。人们都说他也是一位智者，因为他是一个愉快的人，而且也给每一个见到过他的人带来了愉快。

抑郁不是天生的，它也不是人类的弱点，也不是意志品格或运气的标尺，但是这个像流感一样不时发作的疾病，为什么如此频繁地光顾这个时代？

我们之所以抑郁，是因为我们缺乏寻找快乐的能力。社会转型期人们对精神和物质追求的严重失衡，是导致诸多精神问题的根源。人是精神实体的人，如果长期忽视自己的真实感受，问题就会出来。抑郁症其实不可怕，"抑郁"是人类正常情绪的一种，如果有强大的爱的力量支撑，完全可以走出来。这个爱包含着对自己的尊重和对外在世界的关爱。

社会上普遍存在一种观念误区：认为不遗余力地拼命工作才是值得尊敬和有价值的，但很多人成功了，也感到自己枯竭了。为什么？中国传统道家很有道理，张而不弛，某方面的资源就会被耗尽。真正成熟的人懂得调适自己，劳逸结合适度，会宣泄、会娱乐，不迫使自己追求超乎能力的目标。

其实，快乐和幸福有时候十分简单，比如常常笑。这样简单的表情不容易让人忘记。并且它常常能让人保持一种愉快的心情。当愉快的心情敲击你的心门时，如果不能打开这扇紧闭的心门，你便不能与快乐同在。

人类所有的内在品格，都不能带来幸福，除了令人快乐的精神。愉快、喜悦和幸福并无先后关系，只要人的本性愉快、喜悦，幸福自然就存在其中了。品格会补偿任何缺憾，就像月亮把影子投在山上，月亮的圆满会漠视崎岖的山川，以其自身的美好而深感幸福。所以，不要被抑郁情绪左右了你，你需要做的是为自己找到一份简单的快乐。

了解抑郁症状，找对方法消除抑郁

抑郁的三大主要症状是情绪低落、思维迟缓和运动抑制。

情绪低落就是高兴不起来、总是忧愁伤感，甚至悲观绝望。

思维迟缓就是自觉脑子不好使，记不住事，思考问题困难。人觉得脑子空空的、变笨了。运动抑制就是不爱活动，浑身发懒，走路缓慢，言语少等。严重的可能不吃不动，生活不能自理。

抑郁的表现多种多样，具备以上典型症状的人并不多见。很多人只具备其中的一点或两点，严重程度也因人而异。心情压抑、焦虑、兴趣丧失、精力不足、悲观失望、自我评价过低等，都是抑郁的常见症状，有时很难与一般的短时间的心情不好区分开来。如果上述的不适早晨起来严重，下午或晚上有部分缓解，那么，你抑郁的可能性就比较大了。

严重的抑郁会导致自杀。

自杀是抑郁症最危险的情况。社会自杀人群中可能有一半以上是抑郁症患者。有些不明原因的自杀者可能生前已患有严重的抑郁症，只不过没被及时发现罢了。由于自杀是在疾病发展到一定的严重程度时才发生的，所以及早发现疾病，及早治疗，对抑郁症患者非常重要。现代人受社会、生活各方面压力的困扰，生活步调快，得失之间也变得鲜明无比，情绪的震荡常让一些上班族们晃得七荤八素，加上人际间竞争的复杂化，若稍有心理调适不当或外在支持无法配合，极易落入情绪忧郁的恶性循环中，引发失眠抑郁症等心理问题。

失眠抑郁症对人的身体影响丝毫不亚于精神折磨，因此很多病友都在急切地寻找怎样治疗失眠抑郁症见效最快最好的方法。

患有抑郁症的人，不同的人会表现出不同的抑郁状态，如果症状轻微的话，可以尝试自救。以下将介绍14项规则，认真遵守，抑郁的症状便会很快消失：

（1）遵守生活秩序，从稳定规律的生活中领会生活情趣。按时就餐，均衡饮食，避免吸烟、饮酒及滥用药物，有规律地安排户外运动，与人约会准时到达，保证8小时睡眠。

（2）注意自己的外在形象，保持居室整齐的环境。

（3）即使心事重重，沉重低落，也试图积极地工作，让自己阳光起来。

（4）不必强压怒气，对人对事宽容大度，少生闷气。

（5）不断学习，主动吸收新知识，尽可能接受和适应新的环境。

（6）树立挑战意识，学会主动解决矛盾，并相信自己会成功。

（7）遇事不慌，即使你心情烦闷，仍要特别注意自己的言行，让自己合乎生活情理。

（8）对别人抛弃冷漠和疏远的态度，积极地调动自己的热情。

（9）通过运动、按摩松弛身心。开阔视野，拓宽自己的兴趣范围。

（10）俗话说："人比人，气死人。"不要将自己的生活与他人进行比较，尤其是各方面都强于你的人，做最好的自己就行了。

（11）用心记录美好的事情，锁定温馨、快乐的时刻。

（12）失败没有什么好掩饰的，那只能说明你暂时尚未成功。

（13）尝试以前没有做过的事，开辟新的生活空间。

（14）与精力旺盛又充满希望的人交往。

此外，我们还可以根据各自不同的情绪反应，对自己施行一些辅助治疗，例如：

1. 心理治疗

以药物治疗为主，心理治疗为辅的综合疗法，是目前临床医学界在考虑怎样治疗失眠抑郁症时的首选方法。在用药物治疗的同时，配合心理治疗主要是用来改变不适当的认知或思考习惯或行为习惯，是一种辅助的治疗方法。

2. 移情治疗

享受阳光和运动的美好，能够让抑郁症患者的心情得到显著的放松。同时培养对新鲜事物的兴趣和爱好，让自己的生活每天都充实、积极，这是患者在寻求怎样治疗失眠抑郁症疗法时，不用花钱自己动手就能办到的方法。

3. 食疗方法

"催眠"食谱：球状莴苣有镇静、安眠的功效，生食、煮汤或热炒，安神催眠的效果都不错。香蕉的成分里有诱导睡眠的褪黑激素，以及天然安眠药色胺酸。

"抗抑郁"食谱：酸枣仁、百合、龙眼、莲子，都有解郁、安神的功效，首乌和桑葚有滋补肝肾之效，可治抑郁症、失眠、健忘烦躁等症。

抑郁症的内心变化是，全盘否定自己。否定过去：经常想起一些不愉快的往事，总觉得自己对不起别人。否定现在：自我评价低，觉得自己的工作效率低，又浑身是病，是家里人的包袱。否定将来：认为前景灰暗，度日如年，对未来充满了绝望、自责、自罪的情绪，以为自己是个多余的人，只有死了才能解脱。

生活中，因为抑郁而导致的悲剧时有发生，因此，我们要提高对抑郁情绪的重视，采取积极措施进行预防，以免自身受到危害。

第七章　有效地表达自己，让阳光洒满心灵

孤独是怎么形成的

极度的孤独或长期的孤独，会使自己与别人隔绝，这是失败的个性特征。

这类孤独个性的形成，是由于与生活隔绝、与真实生活远离而造成的。一个人如果远离真实的生活，就会将自己与生活的基本接触完全隔开。那些孤独的人时常生活在恶性循环之中，因为他感到自己的独立，所以与别人的接触并不能使他获得快乐。久而久之，就很容易形成孤僻。有一部叫《中锋在黎明前死去》的电影，说的是一个著名足球中锋，他曾经带领自己的球队夺得多个桂冠。后来，他被一位百万富翁看中并以高价聘用，不过不是让他去踢球，而是让他和一位物理学家和舞蹈家一起，在富翁的豪华别墅里，作为"展品"存在，以满足富翁的虚荣心和占有欲。中锋离开了球场，虽然有优厚的待遇和高级的享受，可整天无所事事，让他生活在一种难以忍受的孤独之中，他终于在忧郁中死去。人是社会的产物，离开了社会生活与人际交往，人的性格会扭曲变形，这是十分可怕的。所以罗姆说："人之最根本的需要是克服分离，挣脱其孤独的牢狱。"

孤独的人有种与其他人疏离、隔绝的感觉。当你有了这种感觉，就意味着你得多多跟人接触了，特别是在心灵上要与人契合，否则即便有再多的朋友，仍可能会产生孤独心理。

一位心理学家认为，真正的孤独，往往产生于那些与外界没有任何情感和思想交流的人。事实上，不管你身处何地，只要你对周围的一切缺乏了解，与身外的世界无法沟通，你就不得不饮下孤独酿成的苦酒。

也许因为人类早在原始社会就过惯了群居生活，所以现代社会才有了"孤独"这样一种世纪病。人害怕自己跟他人不一样，害怕被别人排斥，害怕在不幸的时候孤立无援，害怕自己的思想得不到旁人的理解……总之内心有一种恐慌。似乎人类的心灵越来越脆弱了。

要想从根本上克服内心的脆弱，莫过于给自己确立一些目标，培养某种爱好。一个懂得自己活着是为了什么的人，是不会感到寂寞的；同样，一个活着而有所爱、有所追求的人，也是不怕寂寞的。

摆脱孤独，方法很简单

孤独是每个人都会有的心理体验。

有人用喝酒排遣孤独，有人把时间排得满满的，让孤独的感觉无处插足。但用这样的方式驱走的是寂寞而不是孤独。孤独是一种思想上、情感上无以沟通、无倚无靠、无人理解与认同的感觉，这种感觉会让我们心情抑郁，情绪低沉；但同时，对孤独的体验和玩味也会使我们富有个性、善于思索，走向心理成熟。

要走出孤独织就的渔网，首先要战胜自卑，因为总觉得跟别人不一样，所以就不敢跟别人接触，这是自卑心理造成的一种孤独状态。这就跟作茧自缚一样，要冲出这层包围着自己的黑暗，必须先咬破自卑心理组成的茧。

其实，大可不必为了自己跟别人不一样而忧心忡忡，人与人是既一样又不一样的。只要你自信一点，钻出自织的"茧"，你就会发现跟别人交往并不是一件难事。要学会与外界交流，独立并不意味着与世隔绝。

当你感觉到孤独的时候，翻一翻你的通讯录，也许你可以给某位久未见面的朋友写封信；或者给哪位朋友打一个电话，约他去看一场周末上映的电影；或者是请几位朋友来吃一顿饭，你亲自下厨，炒上几个香喷喷的菜，都别有一番情趣。

要对孤独认同和接纳。孤独是每个人心理成长过程中不时光顾的朋友，从未感受到孤独的人是不健全的。人感受到孤独时一般心情都是低调的。此时，如能静下心来，细细梳理自己的情感，审视自己的内心世界，在走出孤独的同时，也会伴随着人生的思索和升华。

要学会为别人着想，为别人做一些事情。全心照顾孩子的母亲不会感受到孤独，热恋中的情人即使天各一方也不会孤独，因为他们的心思都不在自身。只要花一些时间和精力关心、关注别人，就会在互动的人际关系中体验到一种自我价值感而不是孤独。温暖别人的火，也会温暖自己。

另外，适度地离开熙熙攘攘的尘嚣世界，接近大自然，享受大自然带给我们的乐趣，也是排遣孤独的良好方式。一对年轻的美国夫妇在繁华的纽约市中心居住。时间一长，觉得生活就像部运转的机器，总是在忙忙碌碌地转着，太千篇一律了，即使是那些花样繁多的休闲娱乐项目，也像是麦当劳、肯德基等那些快餐一样，只能满足一时的胃口，过后很少会有余香留下的。于是他们决定去乡下放松放松。他们开车南行，到了一处幽静的丘陵地带，看见小山旁边有个木屋，木屋前坐了一个居民。那个年轻的丈夫就问乡下人："你住在这样人烟稀少的地方，不觉得孤单吗？"

那乡下人说："你说孤单？不！绝不孤单！我凝望那边的青山时，青山给我一股力量。我凝望山谷，每一片叶子都包藏着生命的秘密。我望着蓝色的天，看见云彩变幻成永恒的城堡。我听到溪水潺潺，好像向我的心灵诉说。我的狗把头靠在我的膝上，从它的眼中我看到忠诚和信任。这时我看见孩子们回家了，衣服很脏，头发蓬乱，可是嘴唇上却挂着微笑，叫我'爸爸'。我觉得有两只手放在我肩上，那是我太太的手，碰到悲愁和困难的时候，这两只手总是支持着我。所以我知道上帝总是仁慈的。你说孤单？不！绝不孤单！"这绝对是最佳的回答。能怀着感恩的心态品味一切，并和周遭的事物融为一体，喜悦和幸福的感觉便会在内心滋长。

当然，你还可以选择更多的方式去驱除内心的苦闷和阴影。一些有过痛苦经历的人都说，当他们遭到厄运的袭击，而又不能够对人倾诉时，他们会不由自主地走到江边去，让清爽的江风吹着，心情就会渐渐地开朗。有一个感情丰富的女孩子说，她常常跑到最热闹的街道上去，她觉得只要置身于川流不息的人流，就会忘掉自己的孤独。

最后，你可以通过确立人生目标的方式来起到驱赶孤独感的作用。

做一个懂得生活，且会享受生活的人，让我们的生活充实起来，多为自己找一些感兴趣的事情来做，外面的世界那么美好，我们没有理由把自己困在孤独这张渔网中，暗自消沉。

改变冷漠的表情

冷漠的人是可悲的，因为他在对世人冷漠的同时，也把自己冰冻住了。

在加州奥克兰的密尔斯大学，校长林·怀特博士在一次女青年的晚餐聚会上发表了一段极为引人注意的演讲，内容提到的便是这种现代人的孤寂感：

"20世纪最流行的疾病是孤独。"他如此说道，"用大卫·里斯曼的话来说，我们都是'寂宽的一群'。由于人口愈来愈多，人性已汇集成一片汪洋大海，根本分不清谁是谁了……居住在这样一个'不具一格'的世界里，再加上政府和各种企业经营的模式，人们必须经常由一个地方换到另一个地方工作——于是，人们的友谊无法持久，时代就像进入另一个冰河时期一样，使人的内心觉得冰冷不已。"

有人说，孤独是现代人无可逃脱的宿命。这是一种很武断的说法。只要我们有心，只要我们肯改变冷漠的表情，打开孤独的心门，给自己多一点的温情，我们就一定可以走出孤独的情绪，让自己变得热情起来。李森有生以来，第一次对自己和父亲的关系感到满意。李森这种感觉颇为奇怪，因为他的父亲刚动完心脏手术，但他们却有了数十年来第一次真正的谈话。

李森的父亲向来强壮而沉默寡言，他的话不多，就算真的说话，也不是为了表达情感。李森记得自己小时候对父亲很尊敬，甚至是恐惧，但是当他需要帮助或遇到麻烦时，找的一定是妈妈。他知道父亲爱他，只是从未听到父亲向他表达过这份爱。

父亲手术后坚持要李森留下来陪他过夜。整个晚上，父亲一直说个不停，他告诉李森，其实在他心里，他一直都为有李森这样一个儿子感到骄傲。他还向李森道歉，请他原谅那么多年来自己一直没有很好地照顾他，总是把他冷落在一边。父亲说到最后，已经是老泪纵横，他说他很开心李森能够留下来陪他。

那天夜里，李森感受到了从来没有过的幸福和快乐，他第一次了解到父亲的心里是多么地爱他，李森也破天荒的第一次告诉父亲，自己一直以来也都是爱他的。

出院之后，父子俩觉得和以前有了不一样的感觉，具体是什么却又说不出来，他们只觉得彼此间的感情深厚了许多。我们之所以孤独，是因为我们对自己撒了谎，我们不肯面对自己内心的柔软，总觉得一个强大的人本不应该表现得太过感性，我们宁可自己是冷漠的，也不让自己看上去是柔软的。

其实，柔软并不是软弱，软弱是一种不自强的表现，而柔软是一种情怀、一种包容，悲悯的情怀，它具有以柔克刚的力量。认识到这一点，我们是不是觉得自己被自己所骗，误入冷漠的圈套了呢。如果你想通了，那么，就请勇敢地改变你冷漠的表情，热情地表达出你的真实情感，远离孤独的泥沼。

你有"都市孤独症"吗

孤独是一种隔离，这种隔离会改变你对周围环境的正常感觉。生活在城市里，我们常常会碰上这样的情况：厚实的电话本，几百张名片，MSN、QQ上好友成群……然而，危难之时或欣喜之际，翻开电话本、名片夹，打开电脑寻找、梳理，却难以找到一个朋友来分担、分享。刘先生自己开公司已经快两年了，用他的话说："这两年过的是没日没夜的日子。"白天打理各种业务，晚上还要陪客户吃饭、联络感情，夜里睡觉也不踏实，满脑子都是公司的事。公司开张快两年了，完全没有自己的业余生活。

刘先生说："不忙的时候，你发现别人忙，找不到朋友可以说话、谈心，心里不踏实。等到自己忙的时候，发现没有人愿意和你交流、谈心，而你也确实没有时间去和别人沟通。不管怎样，都觉得自己很孤独。"孤独，已成为现代都市人生活的一种常态。城市中孤独者的数量越来越多，有的人将之称为"都市孤独症"，从青少年到老人，在拥挤不堪的都市，无处不在的生存和竞争压力，以及人际关系日渐淡漠中煎熬着的人们，都面临被"城市孤独症"席卷的危险。

要解决孤独的心理问题，就要对孤独症有基本的了解：

【病因】孤独综合征症状的个体差异性很大。孤僻消极的个性是内因；现代都市的拥挤、社会竞争的加剧、生存压力的加大、信息的泛滥是外因。此外，各种各样的职业角色，以及单门独户、封闭的现代住宅也是诱发都市孤独症的原因。

【病症】孤独感产生后随之带来的通常是情绪低落、忧郁、焦虑、失眠等不健康状态。心理科医生指出，有孤独倾向的患者来就诊时并不知道自己症结在此。他们的失眠、焦虑等临床症状严重影响了正常的工作和生活，结果就医时发现已患了严重的孤独倾向，也就是说，是孤独倾向直接或间接造成了上述症状。

【治疗】解除孤独感大致有两个途径：一为本人的自我管戒；二为心理医生的疏导和药物治疗。一旦发现自己有孤独倾向，应该清醒地告诉自己，把自己禁锢在孤身独处的樊笼里，得到的只有孤独而不是快乐。应该勇敢坚定地打开心灵的门窗，走出个人小天地，积极参与社交活动。

从事心理研究的相关专家指出：人们可以采取三种方式避免孤独感的产生。一是适度紧张的工作可以避免心理上滋生出的某种失落感，充实的生活对改善人的抑郁心理有微妙的作用；二是尽可能地培养起良好的兴趣爱好或参加一些公益活动，引发新的追求；三是适当变换环境，避免滋生惰性，到新的环境、接受具有挑战性的工作能激发人的潜能与活力，随环境的变化而变换自己的心境，使自己始终保持健康向上的心理。

其实，我们都乐意与别人交往，但一旦进行比较重要的而且时间较长的交谈就会出现困难。缺乏基本的社交技能，更没有机会去训练社交技能，所以，难以有持久的朋友。他们对自己的伙伴不太感兴趣，常常不能对他人所说的话加以评论，也较少向对方提供有关自己的信息。相反，这些孤独者更多的是谈论自己并且常介绍新的与对方的兴趣无关的话题，倾向于扮演一个"被动消极的社交角色"，也就是说，在交谈中不愿付出太多努力。他们不知道这种交往方式是怎样赶跑了潜在的朋友。心理学家认为，通过基本社交技能的训练，可以使孤独者走出孤独的恶性循环。

"钱不是问题，就缺朋友。"2009年的贺岁片《非诚勿扰》中秦奋的感叹道出了物化社会下人们的"孤独症"困扰。对于生活在都市中的人来说，"朋友"的数量越来越多，知心的好友越来越少，知己更是一种奢望。就连都市中的孩子们，都已经没有了发小儿。是城市的扩大无形中拉开了人们心与心的距离？还是现代化的生活节奏淡化了我们彼此亲近的努力？

这是一个很沉重的话题，我们都应该好好反思一下自己，我们的孤独感到底来自哪里？

孤独要适可而止

每种情绪都有它的两面性，有好的一面，自然也会有不好的一面。孤独也是如此，你可以享受它。但不能依赖它，并且任由自己往孤独深处走。

其实放眼整个人生，孤独本身无所谓好坏，它只是一个无法轻易回避的人生问题和哲学命题。安东尼·斯托尔说："仓促的世界使我们逐渐感到厌倦，相对的，孤独是多么从容，多么温和。"在他看来，孤独并不是坏事，因为这样可以使他个人的精神世界不被世俗侵犯，他可以用他愿意的节奏和方式去生活。

但对于不能享受孤独的人来说，孤独无异于一个牢笼。有个女孩出身农民家庭，父母均无文化。她自小勤奋好学，家中对她寄予的希望很大，她也想依靠自身的努力使父母生活得更好一些。因此，她自小就埋头苦读，从小学到高中，再到大学，她的学习都很好。但由于一心读书，她很少交朋友，根本就没有什么知心伙伴。因此，她常感到很孤单、很寂寞。尤其是参加工作后，工资较低，仍旧无法接济父母，她心里经常自责。

另一方面，她很难与人相处，总是一人独来独往，心中也很想与人交往，但又不敢，也不知道怎样去结交朋友。大多有孤独感的人，并不是自己情愿离群索居、孤身独守的。他们有的是在坎坷难行的人生路上遇到了伤人肺腑的痛苦，因而或嗟叹人生艰难，埋怨命运刻薄，或痛恨世态炎凉，咒骂人心虚伪；有的感到自己怀才不遇，知音难觅，得不到别人的理解，因而也不愿去理解别人，不如独处一隅洁身自好；也有的是自己看不起自己，不相信自己，在人群中徒见别人风流潇洒、知识渊博，因而自惭形秽，悲观自己才貌平庸，才智低下，不敢也不愿意与人交往……境遇各有不同，其结果都大致差不多：把自己置身于孤独的控制之下，陷入无边的伤感之中。

许多孤独的人之所以如此，是因为他们不了解爱和友谊并不是从天而降的礼物。一个人要想得到他人的欢迎，或被人接纳，一定要付出许多努力和代价。要想让别人喜欢我们，的确需要尽点心力。情爱、友谊或快乐的时光，都不是一纸契约所能规定的。让我们面对现实，无论是丈夫离去，或太太过世，活着的人都有权利快乐地活下去。但是，他们必须了解：幸福并不是靠别人来施予，而是要自己去赢取别人对你的需求和喜爱。

因此，我们需要提高对社会交往与开放自我的认识。交往能使人的思维能力和生活机能逐步提高并得到完善，丰富人的情感，维护人的心理健康。一个人的发展高度，决定于自我开放、自我表现的程度。克服孤独感，就要把自己向交往对象开放。既要了解他人，又要让他人了解自己，在社会交往中确认自己的价值，实现人生的目标，成为生活的强者。

物有盛衰，人有生死。顺应自然，走出孤独的阴影，投入地活着，相信自己的能力，实现自我的最大价值，才是人生应取的态度。

别给自己设牢

孤独是种很隐密的情绪，从某种程度上讲，孤独是很私密的情绪。有些人喜欢孤独带给他的宁静，他们会把孤独当成一种保护自己的方式。他们怕外面的世界，紧闭着心灵的大门，不敢走出去。其实，他们也想多接触一些人，多交一些朋友，但是，他们总是不知道怎样去表达自己。有一位在网络公司工作的朋友谈到友谊时曾说："我真希望为自己找一个知心朋友。我有不少媒体的朋友，但无一是可称得上知己的，我感到十分孤单。偶尔心血来潮，毫无缘由地打电话，结果仅仅是问个好，谈天说地的事从来没有过——根本就没有这样的对象。没有朋友、没有友谊，结果陷在孤单的旋涡中。"很多时候，我们抱怨孤独，抱怨没有真正的朋友。其实，是我们自己先把自我封闭在一个狭窄的世界里了，假如你不先伸出友谊的手，又怎能奢望别人来握你的手呢？敞开你的心扉，主动结交一些真正的朋友。当你孤独时，当你烦恼时，不妨打个电话给朋友，邀朋友一块儿散散步，或是共进晚餐，或是去看望一下久违的朋友……做完这一切后，或许你会突然发现：有个朋友真好！

孤独就像弹力墙，你越是害怕它，它就会变得越强大。当孤独强大到一定程度时，它将会扭曲你的性格，使你变得孤僻。5年前，玛丽失去了自己的丈夫，她悲痛欲绝。自那以后，她便陷入了孤独与痛苦之中。"我该做些什么呢？"在她丈夫离开近一个月之后的一天晚上，她对朋友哭诉："我将住到何处？我将怎样度过一个人孤独的日子？"

朋友安慰她说，她的孤独是因为自己身处不幸的遭遇之中，才50多岁便失去了自己生活的伴侣，自然令人悲痛异常。但时间一久，这些伤痛和孤独便会慢慢减缓消失，她也会开始新的生活——从痛苦之中建立起自己新的幸福。

"不！"她绝望地说道，"我不相信自己还会有什么幸福的日子。我已不再年轻，孩子也都长大成人，成家立业。我孑然一身还有什么乐趣可言呢？"抱着这种孤独，玛丽得了严重的自怜症，而且不知道该如何治疗。好几年过去了，她的心情一直都没有好转。

有一次，朋友忍不住对她说："我想，你并不是要特别引起别人的同情或怜悯。无论如何，你可以重新建立自己的新生活，结交新的朋友，培养新的兴趣，千万不要沉溺在旧的回忆里。"她没有把朋友的话听进去，因为她还在为自己的孤独自怨自叹。后来，她觉得孩子们应该为她的幸福负责，因此便搬去与一个结了婚的女儿同住。

但事情的结果并不如意，由于她的孤僻，使她和女儿都面临一种痛苦的经历，甚至恶化到使母女反目成仇。玛丽后来又搬去与儿子同住，但也好不到哪里去。后来，孩子们只好共同买了一间公寓让她独住，但这更加重了她的孤独。

她对朋友哭诉道，所有的家人都弃她而去，没有人要她这个母亲了。玛丽的确一直都没有再享受到快乐的生活，因为她认为全世界都在孤立她。她实在是既可怜，又可悲，虽然已过半百了，但情绪还是像小孩一样没有成熟。

人类是社会动物，需要群居，需要沟通。一个人如果长时间独处，情绪很容易变得敏感。这种人的心灵是很脆弱的，时常会因为他人一句无意的话导致情绪低落，一旦这种状况发生的频率多了，他们潜意识的自我保护情绪就会打开，内心就会排斥和他人接触，这无形当中就为自己设置了一道墙，别人走不进去，他们自己也害怕出去，久而久之，人也变得孤独了。

孤独情绪也有正向作用

空白是孤独的高潮，也是机遇诞生的沃土。寂寞过后你陡然感到头脑里一片茫然。此时的空白其实并不是空白，而是孤独成熟阶段短暂的憩息。许多伟人往往能在空白的瞬间捕捉那一闪即逝的灵光，做出不同凡响的贡献。一个关键性的决策、一曲悲壮的交响乐、一项绝无仅有的创造也许就在短暂的空白里萌生了。对于文学作品而言，精品就是空白枝头结出的累累硕果。好的作品在酝酿时是孤独的自白，在产生时是孤独的煎熬，在问世后是作者与读者心灵的对话和交流。大多人的孤独只是停留在一片空白上，之后就回到最初要走的坦途，却失却了孤独的最佳境界，成功的契机也就白白错过了。

孤独的确是一笔不可多得的精神财富，是命运给予我们的厚赠。从某种意义上说，选择了事业就选择了孤独；拥有了孤独就拥有了欢乐之泉。享受孤独，就是享受绮丽的人生。

孤独是一种难得的感觉，在感到孤独时轻轻地合上门和窗，隔去外面喧闹的世界，默默地坐在书架前，用粗糙的手掌爱抚地拂去书本上的灰尘，翻着书页嗅觉立刻又触到了久违的纸墨清香。正像作家纪伯伦所说："孤独，是忧愁的伴侣，也是精神活动的密友。"孤独，是人的一种宿命，更是精神优秀者所必然选择的一种命运。

提到孤独，人们就会想到"离群索居""孤影自怜""孑然一身"。在世人似乎只有合群才是正常的。才能免除孤单，才能得到幸福。其实，这只是浅层次的孤独，真正的孤独是一种高贵的品格，一种宁静的心境。不是所有的人都喜欢孤独，也不是所有的人都能拥有孤独，更不是所有的人都能读懂孤独、享受孤独。粗俗浅薄的人只会无聊，孤独有别于无聊的寂寞，寂寞者的心灵总是空虚孱弱，充满恐怖，往往会在孤独中无奈落寞，迷失方向甚至沉沦颓废。

每个人都活在群体中，即便如此，每个人又都是独立的。也就是说，关于自己的任何事情，与他人毫无关系。在很大程度上，为了自己的事情，人还是要忍受孤独和寂寞的。能真正品味成功的人，都是可以感受孤独、耐得住孤独的人，伟大的生物学家、优秀的教育学家童第周就是如此。童第周——中国伟大的科学家，生前曾担任过中国科学院副院长、动物研究所所长。在他的人生道路上就有着孤独的相伴，用他的话说是：要用一颗平和的心去面对孤独，用一颗乐观的心去感受孤独，这时孤独就不会令你感到害怕，相反还会让你感到欣喜。而他也正是用这样的心去面对孤独的，最终他也更好地品味了成功。

童第周出生在浙江省鄞县的一个农村家庭，由于家境贫穷，没钱进学校读书，他只能在家里边做农活，边跟父亲学点文化。看着其他的小伙伴可以背着书包上学，而自己却不能，童第周幼小的心灵有着无法释放的孤独。在这份孤独中，童第周给自己立下一个志向——要考进当时在省内名望极高的宁波效实中学读书。

在那一段与孤独相伴的日子里，他经过自己的努力，终于考入了效实中学，成为一个高三插班生，但是他的成绩却是全班倒数第一。面对这样的成绩，童第周的失落和他内心的孤独是无人可以体会的。就在那一刻，他下定决心，一定要把成绩搞上去。

有了这种信念的童第周，开始发愤图强。他利用晚上的时间，别的同学一睡下，他就会悄悄起来，独自一人在空荡荡的走廊里，借着昏黄的灯光，复习功课。

在孤独中隐忍奋发的童第周，终于在期中考试中考出了令人出乎意料的成绩：他几何得了满分，而其他各科成绩也达到了 70 分。期末考试更是考出了全校第一的好成绩，他的进步之快在学校引起了极大的轰动。

当校长称赞他进步神速时，童第周说了这样一番话："在效实中学的'两个第一'影响了我的一生，而在这'两个第一'的转变过程中，影响我最深的却是内心的那一份孤独，是孤独让我更好地品味了成功。"

1924 年，童第周考入了复旦大学生物系，经过努力，还未毕业的他就已经成为了生物系有名的高才生。

1930 年，童第周远赴比利时的首都布鲁塞尔，在欧洲著名的生物学家勃朗歇尔教授的指导下，研究胚胎学。这时他做的研究是卵细胞膜的剥除，而这是一项难度很大的手术，要求人在显微镜下把青蛙的卵细胞剥开，由于其卵小膜薄，很多人都失败了。

孤身一人在异国他乡求学，童第周没有人可以问，也没有人可以与他一起分担，唯一陪伴着他的就是那份坦然面对孤独的平和的心情。每次失败后，他都会详细地记录下试验的经过，从中找出失败的原因，从而总结出怎样才能更好地剥除卵细胞。他告诉自己，能经得起失败、经得起孤独的人，才能更好地走向成功。

就这样，童第周在经历了一次次的失败、感受了一个个孤独的白天黑夜之后，终于完成了这项实验任务，而他也成为当时唯一一个能成功完成剥除手术的人，并因此震动了欧洲生物界。就连勃朗歇尔教授也连声称赞他道："童第周真行！中国人真行！"因为就连教授本人搞这个实验几年了都没有成功。之后童第周更是用这种不怕孤独、不怕失败的精神取得了一个又一个骄人的成绩。童第周成功了，他的成功中也有孤独的功劳。渴望孤独能尽情享受孤独的人，大多是内心充盈，志存高远，为了自己的心性不受约束，而以独处来构建自己心灵上的"世外桃源"，保持自己灵魂的洒脱，正如在一般人眼中，雄鹰在空中翱翔形只影单，是孤独的，但它所拥有的是整个蓝天。孤独，让你的灵魂能达到人生的最高境界。

布雷斯巴斯达曾经说过："所有人类的不幸，都是起始于无法一个人安静地坐在房间里。"许多人抱怨生活的压力太大，感到内心烦躁，不得清闲。于是，追求清静成了许多人的梦想，但却害怕孤独。而其实孤独才是人生中的一种大境界，它是一首诗，一道风景，是那种你在桥上看风景、看风景的人在桥上看你的美丽。

洗尽尘俗，褪去铅华，在这喧嚣的尘世之中，要保持心灵的清静，必须学会享受孤独。

孤独像个沉默少言的朋友，在清静淡雅的房间里陪你静坐，虽然不会给你谆谆教导，但却会引领你反思生活的本质及生命的真谛。孤独时你可以回味一下过去的事情，以明得失；也可以计划一下未来，以未雨绸缪。你也可以静下心来读点书，让书籍来滋养一下干枯的心田；也可以和妻子一起去散散步，弥补一下失落的情感；还可以和朋友聊聊天，古也谈谈，今也谈谈，不是神仙，胜似神仙。

当你深深感受到孤独的存在时，不妨轻轻地关上门窗，隔去外界的喧闹，一个人独处，细心品味孤独的滋味。虽然它静寂无声，却可以让你更好地透视生活，在人生的大起大落面前，保持一种洞若观火的清明和睿智。

波澜万丈的生活激荡人心，令人心驰神往，但在人生的河流中，更多的则是平静。你总要学会一个人慢慢地享受人生，总会有那么一个时刻，你是孤独无助的，但不要害怕，因为这本身就是人生给你的最高馈赠。正如罗曼·罗兰所说："世上只有一个真理，便是忠实人生，并且爱它。"那么，当孤独来临时，去体味它，享受它，在欣赏完夏花的绚烂之后，不妨沉下心来，品读秋叶的静美。

孤独是一朵温情的花儿，我们要善待孤独，让那丝缕的馨香抚平我们的躁动，让我们在宁静中体会自我的价值。

不要为打翻的牛奶哭泣

在日常生活中，我们总是牵挂得太多，我们总是太在意得失，所以我们的情绪起伏，被人性中负面的情绪所牵制。被负面人性牵着鼻子走的人，不可能活出洒脱的境界。懊恼常常是人们在失去之后的最大反应，殊不知，懊恼已于事无补，根本不能左右事态的发展。所谓烦恼处处有，看开便全无，不要为打翻的牛奶懊恼，是智者生活的写照。波尔·布朗特威博士曾经给成功学大师卡耐基讲过他学来的宝贵教训，让卡耐基很受启发，卡耐基说："20年前，我是一个杞人忧天的大学生，常常一旦受挫便闷闷不乐，焦虑得无法入眠。想起做过的事，便后悔为什么不用更好的方法；对说出了口的话后悔说得不够恰当。

"有一天，我们班聚集在科学实验室，波尔·布朗特威博士早已在那边等候。他的桌上放了一杯牛奶。当我们坐下来时，所有人的注意力都集中在那杯牛奶上，心里揣测着那杯牛奶和卫生学有什么关系时，老师突然站了起来，牛奶被打翻了。博士叫我们过来仔细看牛奶杯的碎片：'仔细地看啊！你们要永远记住这个教训，牛奶已经打翻了，就算你再怎么懊恼，也不可能再收回来。也许会想到刚才小心点不就得了？但已经晚了，所以我们只好把牛奶的事忘得一干二净，而对未来从长计议。'"人总是会很容易原谅自己，不过，这只是表面上的饶恕而已，如果不这么自我安慰的话，如何去面对他人？但在深层的思维里，一定会反复地自责："为什么我会那么笨？当时要是细心一点就好了。"

如果你还不相信，请你再想想自己有没有犯过严重的错误？如果想得出来的话，那你一定有过耿耿于怀，并没真正忘了它。表面上你是原谅了自己，实际上你是将自责收进了潜意识里。

没错，我们是犯了错。但是如果你牢牢地抓住这个错误不放，痛苦的只能是自己。辩证地分析错误，从错误中汲取经验，接下来就应该获得绝对的宽恕，再下来就得把它给忘了，继续前进。

其实，犯错对任何人而言，都不是一件愉快的事情，一个人遭受打击的时候，难免会格外消沉。在那段灰色的日子里，你会觉得自己就像失败的拳击选手，被那重重的一拳击倒在地上，头昏眼花满耳都是观众的嘲笑声和那失败的感觉。这时候，你会觉得简直不想爬起来了，觉得你已经没有力气爬起来了！可是，你会爬起来的。不管是在裁判数到十之前，还是之后。而且，你还会慢慢恢复体力，平复创伤，你的眼睛会再度张开，看见光明的前途。你会淡忘掉观众的嘲笑和失败的耻辱。你会为自己找一条合适的路——不要再去做挨拳头的选手。

玛丽·科莱利说："如果我是块泥土，那么我这块泥土，也要预备给勇敢的人来践踏。"如果在表情和言行上时时显露着卑微，每件事情上都不信任自己、不尊重自己，那么这种人也得不到别人的尊重。

造物主给予人巨大的力量，鼓励人去从事伟大的事。这种力量潜伏在我们的脑海里，使每个人都具有雄韬伟略，能够精神不灭、万古流芳。如果一个人不尽到对自己人生的职责，在最有力量、最可能成功的时候不把自己的力量施展出来，那么你就不可能成功。

宽恕自己，别和自己过不去，你才能把犯错与自责的逆风化为成功的推力。

心胸豁达，远离后悔情绪

在漫长的岁月中，我们都会碰到一些令人不快的情况，它们既然是这样，就不可能是别的样子。但我们也可以有所选择，可以把它们当作一种不可避免的情况加以接受，并且适应它；或者用后悔来毁了我们的生活，甚至最后可能会弄得精神崩溃。

人们产生后悔的原因大致可以分为两种：第一种是在作出决定之前对可能出现的消极后果有一定的预知，但由于疏忽大意或者盲目乐观，对这种危险的苗头没能采取必要的预防措施，在这种情况下，作决定的人往往非常后悔，因为他已经接近正确的选择，只因一念之差发生了重大遗漏。《费城日报》的富雷特·法兰杰特先生是一个懂得将古老真理融入现代生活而受益的人。有一次，他在对某一所大学毕业生致词时说："曾拿锯子锯过木头的人，请举手！"大部分的学生都举起了手。之后他又问："现在，曾拿锯子锯过木屑的人请举手！"结果没有一个人举手。

"当然，拿锯子锯木屑是不可能的。木屑是锯剩的残渣，而我们的过去不也像木屑一样吗？为无法挽救的事追悔不已，不就像拿着锯子锯木屑一般吗？"富雷特说。他用这种方法来教会学生们如何克服后悔。很多事情发生了就是发生了，既然无法挽回，那么，我们为什么还要执迷不悟地向往事忏悔呢？清醒的认识到后悔情绪对我们的危害，将有助于我们摆脱它：

（1）后悔情绪能使人丧失前行的激情。受后悔情绪的影响，仿佛使人背了一个沉重的包袱，做任何事情无精打采；

（2）后悔情绪能给人带来郁闷的感受。每当想起不愉快的往事，令人缺乏自信和快乐；

（3）后悔情绪能使人浪费宝贵的光阴。整天受后悔情绪的影响，会在不自觉中放弃当下需要做的重要事情，因而浪费宝贵的时间。

周广仁，曾任中央音乐学院教授，钢琴系主任。她是中国第一位在国际比赛中获奖的钢琴家，一直以弹钢琴为生的周广仁在一次意外中，两根手指断了，这对于她来说无疑是一个致命的打击，面对如此大的挫折，她没有一点儿懊恼情绪，随后，她倾注全部心血投入钢琴普及教育，培育了无数有发展潜力的琴童，被誉为"中国钢琴教育的灵魂"。她在做客中央电视台《艺术人生》中说道："我这个人是属于比较现实、比较乐观，我很少往后看，我总是往前看。""我总是往前看"，这就是我们需要学习的一个核心内容，后悔之所以称之为后悔，是因为我们总是回顾，总是往后看，所以，我们迟迟走不出后悔的阴霾。

那么，该如何摆脱后悔情绪呢？可以从如下 3 个方面着手：

（1）反思自己，避免重复过去的覆辙。在学习和工作中出现错误、失误的时候，不要后悔，要反思自己，是什么原因导致自己在学习和工作中出现错误、失误，并找到避免重复过去错误、失误的方法，以指导自己不断完善学习和工作。

（2）面向未来，着眼于未来的职业发展。在职场上，过去的工作出现错误、失误并不重要，重要的是在未来工作中谨防过去的错误、失误"死灰复燃"，面向未来，并着眼于未来职业发展，会使我们忘却过去工作中的错误、失误，克服后悔情绪的消极影响，从而真正摆脱后悔情绪的困挠。

（3）抓住当下，把握职场宝贵的发展机会。后悔情绪会使一个人滋生"活在过去"，忽视当今需要做好重要事情的心理；抓住当下，把握职场宝贵的发展机会，如求职、就业、晋升和创造业绩等，这是职场人士最重要的事情，不能有丝毫懈怠。只有远离后悔情绪，才能有效抓住当下，把握一个又一个职场发展机会。

错过了就别后悔。后悔不能改变现实，只会消弭未来的美好，给未来的生活增添阴影。最后，让我们牢记下面的话：要是我们得不到我们希望的东西，最好不要让忧虑和悔恨来苦恼我们的生活。且让我们原谅自己，学得豁达一点儿。

走出后悔情绪，给自己一次机会

原谅自己的过失，给自己一次机会。

坦然地面对自己的缺点，并非要你不在乎缺点的存在，或者干脆破罐子破摔，而是要你正视缺点的存在，不逃避、不沮丧，在以后的生活中努力改正，这才是积极的态度，也是唯一正确的态度。当你认识到这一点时，你会惊奇地发现，工作起来有时也是很轻松的。因为它让你明白了最重要的一点：你身为社会中的一员，没有必要扮演唯一聪明或者永远正确的角色，原谅自己的过失更需要一颗宽大的心。盖茨堡之战，无疑是西方世界最光辉动人的一次战役。乔治·皮凯特将军本人，则是这场战争的灵魂人物。

皮凯特的军队毫无阻碍地向前进。他们穿过了果园和玉米田，越过了草原和峡谷。每逢遭到敌军的时候，纵然死伤无数，但随后的人马立刻填补空缺，毫不退缩。整个丘陵上成了一片火海、屠杀场和有如火山爆发后的炽热场面。没多久，皮凯特的 5000 名兵将，已折损有 4/5 之多。那些士兵都奋勇地冲上前去，越过石墙，用利刀戳进敌人的胸膛，用枪托击碎敌人的头骨，然后把南方军的旗帜插在战场上。

军旗只在那儿飘扬了一会儿。即使那只是短暂的一会儿，却是南军战功的辉煌纪录。皮凯特的冲刺——勇猛、光荣，却是结束的开始。

皮凯特将军失败了。他没办法突破北方，而他也明白这一点。南方的命运决定了将军大感懊丧，震惊不已，他将辞呈送交南方的戴维斯总统，请求改派"一个更年轻有为之士"。假如皮凯特将军要把毕克德的进攻所造成的惨败归咎于任何人的话，他能够找出数十个借口：有些师长失职啦，骑兵到得太晚不能接应步兵啦，这也不对，那也错了……

但是皮凯特将军不愿意责怪别人。当残兵从前线退回南方战线时，皮凯特将军亲自出迎，自我谴责起来，"这是我的过失，"他承认说，"我，因我一个人，败了这场战斗。"历史上很少有将军有如此勇气和情操，自己独负战争失败的责任。指出自己的不足，原谅自己的过失，在任何情形下，都要比为自己争辩还有效。认为糟糕的状况全是由自己的缺点一手造成的，因而悔恨或者自暴自弃，不亚于为自己套上绳索。因为，花时间处理后果比无谓地自我检讨或是自我怨恨更有作用。

生活中，不如意事十之八九，我们不能委曲求全，我们只要八度幸福即可。可是有时你会发现自己不快乐的原因，不是别人，而是你自己。面对你自己无大碍的小过失，你可曾试着原谅你自己呢？

所以我们要看到，自己原来也有很多的缺点，自己原来也有做错事的时候，自己本身并不是一个完人；而你原来认为不好的人，也有一些你没有的优点。所以，要学会看到自己的弱点，看到别人的优点。考虑问题时要试着从对方的角度出发，以求大同、存小异，这样你才能善待他人，也善待自己。其次，你得承认，自己也得到过别人的宽容，自己也需要别人的宽容。这样一想，我们还有什么不能宽容他人的呢？

宽容别人的同时，自己也就把怨恨或嫉恨从心中排掉了，也才会怀着平和与喜悦的心情看待任何人和任何事，会带着愉快的心情生活。所以，在生活的磨难中逐步学会宽容，能原谅他人的人，心里的苦和恨比较少；或者说，心胸比较宽阔的人，就容易宽容他人。

莎士比亚说："聪明的人永远不会坐在那里为他们的损失而悲伤，却会很高兴地去找出办法来弥补他们的创伤。"由于我们试图抓住一些无法挽回的不幸的事情，我们就会不断地为自己增加负担和烦恼，这样一来，我们的负面情绪就会更加泛滥。因此，在我们作出错误的决定或者事情之后，先来分析一下失误的原因，接下来就是原谅自己，而不是一再地谴责。

放过自己，学会向前看

一说起后悔，许多人都有着各式各样的后悔经验：职场生涯放弃了更有发展的岗位，投靠了状况不佳的公司；股市投资该买的没买、该卖的没卖；谈婚论嫁时错过了最心爱的对象，选择了不该选的伴侣……仔细一想，若斤斤计较，后悔之事天天都在发生。

不知你是否想过，后悔的情绪其实对我们影响甚大。由于后悔，我们会无法感受收获带来的快乐。因为后悔心情在作祟，所以我们容易陷入强烈的自责及失落感。

此外，太过强烈的懊悔情绪，也会让你我在生活中失去前进的动力。在投资上曾作出后悔莫及的决定，或在职场上抉择失误，使自己失去好的发展机会，后悔就如同曾被洪水猛兽侵袭一般，让人记忆深刻，甚至痛苦得不能自拔。

陷入后悔情绪的林月就是一个很好的例子，她说：一个月前我把一份很体面、待遇也很可观的工作辞掉了。由于那时内心浮躁，觉得自己应该还有更好的发展，而且我的专业是做软件开发的，之所以去之前的公司，完全是因为自己刚毕业，什么经验都没有，工作也不太好找。其实，在这家公司工作了一年，也没觉得有什么不好。

也不知道自己是着了什么魔了，稀里糊涂就把工作给辞了。一周前，我们同学聚会，看到同学们的境遇我就后悔了，开始怀疑自己是不是真的适合做软件，一切都从零开始，很害怕以后待遇不会超过之前，所以一想到这些，就觉得特别后悔，感觉每天都活在痛苦中。

好友得知我辞职的消息，一直埋怨说我傻，说现在找个工作多难啊，你那么好的待遇，真是身在福中不知福。我觉得自己是错了，这种后悔真的很可怕，有时候晚上很清醒，似乎把什么都想明白了，但是到了第二天情绪又会变得很糟糕，真有种崩溃的感觉。我现在什么都做不了，后悔就像一条细细的绳子一样，把我紧紧地绑了起来，我觉得自己都不能呼吸了。世上没有卖后悔药的，做过的事情，也无法退回原地，林月纵然痛苦万分，也不能改变现实。面对这种境地，我们唯一能做的就是学会调节我的情绪，让后悔的心情随风而逝，精神抖擞地迎接下一个挑战。

其实，这个世界上有一大半的悲剧是因为人们想不开而造成的，正因为这种一时间想不开的情绪，使我们陷入求而不得的烦恼之中，而最终无力自拔。例如在工作时不好好工作，在娱乐时不好好娱乐，在恋爱时不好好恋爱。这使得我们总是在事情的最后后悔感叹自己当初的所作所为，并以"如果""假设"的抱怨方式，来纾解自己的想不开，结果却是徒劳的。

人们常说的生命意义，就是能随时随地心安理得、顺其自然的一种状态，也就不会大悲大喜弄得身心俱疲。想要获得这样的生活状态，首先要学会安抚自己的情绪，只有把一切想开看淡，我们才能收获一颗欢喜之心。所以，我们应该珍惜生活中的每一分钟，不要在虚幻中浪费宝贵的时间，让我们的情绪如山涧的潺潺溪流一般，变得温顺而平和，只有我们想开了，把握住眼前的幸福，我们才能够真正地把自己安置在天堂之中。

对梦想锲而不舍

那些被历史铭记的人之所以伟大，是因为他们都有一个共同点，那就是对梦想的锲而不舍，对成功的执著追求。

一个人取得的成就和他为之付出的努力是分不开的，只要我们肯坚守梦想，我们也一定能够成为一个卓越的人。达尔文的父亲是一位著名的医生，他希望自己的儿子能继承自己的事业，也当一名医生，可是达尔文无心学医，进入医科大学后，他成天去收集动、植物标本，父亲对他无可奈何，又把他送进神学院，希望他将来当一名牧师。然而，达尔文的兴趣也不在牧师上，达尔文有他自己的理想，他9岁的时候就对父亲说："我想世界上肯定还有许多未被人们发现的奥秘，我将来要周游世界，进行实地考察。"为此，达尔文一直在积极准备。为了有利于自己观察和收集动、植物标本，达尔文抛弃了事务，经过5年的环游旅行，达尔文在动、植物和地质等方面进行了大量的观察和采集，回国后又做了近20年的实验，终于在1859年出版了震动当时学术界的《物种起源》一书，它以全新的进化思想推翻了神创论和物种不变论，把生物学建立在科学的基础上，提出震惊世界的论断：生命只有一个祖先，生物是从简单到复杂，从低级到高级逐渐发展而来的。达尔文从小就为自己树立了坚定的目标，尽管在通往梦想的路上一再碰到阻碍，但是他没有放弃，终于，通过自己坚持不懈的努力，他实现了自己的梦想，并且取得了伟大的成就。

梦想是自己的，不要因为碰到一些挫折，就垂头丧气，让不好的情绪左右了自己的信念，这样，只会一事无成。有一个叫布罗迪的英国教师，在整理阁楼上的旧物时，发现了一沓作文本。作文本上是一个幼儿园的31位孩子在50年前写的作文，题目叫《未来我是……》。

布罗迪随手翻了几本，很快便被孩子们千奇百怪的自我设计迷住了。比如，有个叫彼得的小家伙说自己是未来的海军大臣，因为有一次他在海里游泳，喝了三升海水而没被淹死；还有一个说，自己将来必定是法国总统，因为他能背出25个法国城市的名字；最让人称奇的是一个叫戴维的盲童，他认为，将来他肯定是英国内阁大臣，因为英国至今还没有一个盲人进入内阁。总之，31个孩子都在作文中描绘了自己的未来。

布罗迪读着这些作文，突然有一种冲动：何不把这些作文本重新发到他们手中，让他们看看现在的自己是否实现了50年前的梦想。

当地一家报纸得知他的这一想法后，为他刊登了一则启事。没几天，书信便向布罗迪飞来。其中有商人、学者及政府官员，更多的是没有身份的人……他们都很想知道自己儿时的梦想，并希望得到那作文本。布罗迪按地址一一给寄了去。

一年后，布罗迪手里只剩下戴维的作文本没人索要。他想，这人也许死了，毕竟50年了，50年间是什么事都可能发生的。

就在布罗迪准备把这本子送给一家私人收藏馆时，他收到了英国内阁教育大臣布伦克特的一封信。信中说："那个叫戴维的人就是我，感谢您还为我保存着儿时的梦想。不过我已不需要那本子了，因为从那时起，那个梦想就一直在我脑子里，从未放弃过。50年过去了，我已经实现了那个梦想。今天，我想通过这封信告诉其他30位同学：只要不让年轻时美丽的梦想随岁月飘逝，成功总有一天会出现在你眼前。"布伦克特的这封信后来被发表在

《太阳报》上。他作为英国第一位盲人大臣，用自己的行动证明了一个真理。假如谁能把3岁时想当总统的愿望执著地努力奋斗50年，那么他现在一定已经是总统了。

当年迪士尼为了实现建立"地球最欢乐之地"的美梦，四处向银行融资，可是被拒绝了302次之多，每家银行都认为他的想法怪异。其实并不然，他有远见和实现梦想的决心。

今天，每年都有上百万游客享受到前所未有的"迪士尼欢乐"，这全都出于一个人的决心——这就是坚持梦想的人生。

类似的故事还有很多很多。无一例外，它们都告诉我们：要完成既定的梦想就必须坚持，坚持，再坚持。没有锲而不舍坚持到底的精神，就很难收获成功。

培养战胜挫折的意志

人的一生不可能一帆风顺，总会存在着这样或者那样的挫折和困难。很多人在面对挫折与困难时丧失了挑战的勇气，从此甘于平庸；而有些人则凭着自己顽强不屈的性格勇敢地挑战挫折和困难，并最终取得了胜利。25岁的小袁从某名牌大学毕业后到某外资公司工作，与公司女职员小莉一见钟情。但两周后小莉毅然离去，留给小袁的是一腔的惆怅和烦恼。平素爱说笑的他变得沉默寡言，开始失眠，情绪消沉，一天到晚昏昏沉沉，人变得越来越消瘦，终日兴味索然。他开始怀疑生活的意义，感到自己是这个世界上多余的人。他终日唉声叹气，口口声声"连累了父母，还不如死了好"。小袁是由于恋爱遭受挫折而产生了消沉心理。消沉是指心灰意冷、沮丧颓唐的消极情绪。通常在以下几种情景中产生：一种是追求的目标脱离实际，看不到现实生活的复杂，由于力不从心而最后失败，消沉心理油然而生；一种是意志薄弱，遇到挫折就灰心失望，觉得命运总跟自己作对，处处不顺心、事事不如意，于是就显得精神萎靡。1899年7月21日，海明威出生于美国伊利诺伊州芝加哥市郊的橡树园镇，他10岁开始写诗，17岁时发表了他的小说《马尼托的判断》。上高中期间，海明威在学校周刊上发表作品。14岁时，他曾学习过拳击，第一次训练，海明威被打得满脸鲜血，躺倒在地。但第二天，海明威还是裹着纱布来了。20个月之后，海明威在一次训练中被击中头部，伤了左眼，这只眼的视力再也没有恢复。

1918年5月，海明威志愿加入赴欧洲红十字会救护队，在车队当司机，被授予中尉军衔。7月初的一天夜里，他的头部、胸部、上肢、下肢都被炸成重伤，人们把他送进野战医院。他的膝盖被打碎了，身上中的炮弹片和机枪弹头多达230余片。他一共做了13次手术，换上了一块白金做的膝盖骨。有些弹片没有取出来，直到去世还留在体内。他在医院躺了3个多月，接受了意大利政府颁发的十字军勋章和勇敢勋章，这一年他刚满19岁。

日本偷袭珍珠港后，海明威参加了海军，他以自己独特的方式参战，他改装了自己的游艇，配备了电台、机枪和几百磅炸药，他在古巴北部海面搜索德国的潜艇。1944年，他随美军在法国北部诺曼底登陆。他率领法国游击队深入敌占区，获取大量情报，并因此获得一枚铜质勋章。记住莎士比亚曾经写下的一句话："当太阳下山时，每个灵魂都会再度诞生。"再度诞生就是你把失败抛到脑后的机会。每一次的逆境、挫折、失败以及不愉快的经历，都隐藏着成功的契机，而不是增加你消沉的机会。

成功者并不一定都具有超常的智能，命运之神也不会给予他特殊的照顾。相反，几乎所有成功的人都经历过坎坷，都是命运多舛，而他们是从不幸的逆境中奋然前行。其关键在于成功的人有着顽强拼搏的性格，而不是甘心被消沉的情绪所左右。这种顽强的精神让他们在困难和挫折面前不会消沉、不会堕落，反而让他们越挫越勇，最后成为"真的猛士"，并在历经艰难险阻、风风雨雨后收获了一片属于自己的天地。

第八章　情绪排毒，排除扼杀自己的情绪

情商体现的是一种沟通能力

有高情商的人，往往都是一些影响力很强的人。那么情商是什么，影响力的本质又是怎么回事，他们之间又呈现着怎么样的关系呢？

情商是什么？关于这个问题，不同的人有不同的看法。

美国心理学家比德·拉勒维和约翰·麦耶提出了情商这一概念，情商又称为情绪智慧、情绪智力，是一种心理素质，这是一个人感受理解、控制、运用表达自己以及他人情绪的一种能力。

对于情商，即使不同的人说法不完全相同，但从很多人的说法中，我们基本可以给情商下一个简单的定义，那就是人们控制自己情绪和影响别人情绪的能力。凯文·米勒小时候学习成绩不好，高中毕业时靠着体育方面的才能，才勉强进入芝加哥大学学习。许多年后，在他公开的日记中有这样的记述："老师和父亲都认为我是一个笨拙的儿童，我自己也认为其他孩子在智力方面比我强。"可是，凯文·米勒经过多年的努力，却成为美国著名的洛兹集团的总裁。那么，是什么让他从平凡走向卓越的呢？是情商。达尔文在他的日记中说："教师、家长都认为我是平庸无奇的儿童，智力也比一般人低下。"但他成了伟大的科学家。

爱因斯坦在1955年的一封信中写道："我的弱点是智力不好，特别苦于记单词和课文。"但他成了世界级的科学大师。洪堡上学时的成绩也不好，一次演讲中他说道："我曾经相信，我的家庭教师再怎样让我努力学习，我也达不到一般人的智力水平。"可是，20多年后他却成为杰出的植物学家、地理学家和政治家。一个情商很高的交流者也可以像锁匠那样观察思索，了解任何人的内心组合，从而探索出别人的内心结构。

你见过熟练的锁匠干活吗？简直就跟玩魔术一样。

他摆弄一把锁，能听到一些你听不到的声音，看到一些你看不到的东西，感觉到一些你感觉不到的情况，不一会儿，他就了解了锁的整个结构，并且把它修好。

一个情商很高的交流者也是这样工作的。你可以了解任何人的内心组合——可以像锁匠那样考虑、思索，从而构建出别人的内心结构。

你必须看到你以前没有看见过的东西，听到你以前没有听见过的东西，感觉到你以前没有感觉到的东西，提一些你以前没有提过的问题。如果你恰到好处地做到这些，你就能了解任何人在任何状态下的策略，就会知道如何准确地向别人提供他们需要的东西。

了解别人策略的关键就是要注意他们的言行举止。要知道，人们将把你想知道的有关他们策略的一切信号都传达给你，有时是通过语言，有时是通过行动，有时甚至是通过眼神。

你可以学会巧妙地阅读一个人，就像你能学会读一本书、一本地图一样。记住，策略只不过是产生特殊结果的一种特殊组合。你需要做的，就是促使人们去感受对他的策略，同时仔细观察他们的特殊反应。

只有通过情绪感染了对方，才能对对方施以影响。

情绪的感染力无处不在，在每一次与人交往的过程中，我们都会有意识或无意识地透

露着我们的情绪，彼此间接受了对方的情感信息，很容易就会受到感染。能够通过情绪感染他人的人，一定是具备高智商的人。美国作家爱默生说过，智慧的可靠标志就是能够在平凡中发现奇迹，所以，我们应该善于让每一片智慧之叶都折射出灵悟的光芒，这样我们离成功就会越来越近了。

因此，寻求智慧的源泉，探求智慧的培养方式，提高智商的指数，就成为我们立志拥有完美人生的重要组成部分。

前面我们谈过情绪具有投射作用。当一个人满怀热情与人交往时，会把更多的注意力投注在交往对象以及双方的情感互动与交流上，使两人之间的情绪同步协调，而热情者往往是主动者、控制者。

在情绪互动的过程中，高情商者往往是情绪的主导者，即由他把情绪传导给周围的人。

一位领导者是否成功胜任的一个重要标志，是他是否能鼓舞员工的士气，使他们居于一种比较积极、兴奋的情绪状态中，从而产生更好的工作绩效。

表达情绪信息，使他人顺应你的情绪步调，一般有两种形式：语言和非语言。语言本身就含有丰富的情感信息，如何组织安排语言、运用什么样的词汇与人交谈，既是一项智商，也是一项情商。

善于了解他人，知道他人的所思、所想、所感，是一个人拥有高情商的表现。高情商者在社交生活中不盲目、不糊涂，他们能够根据对方的心灵活动采取相应的对策，因而能获得良好的人际关系，取得较大的成功。

"逆境情商"帮你克服挫折情绪

真正的高情商的强者不是永远不会遭遇困难，而是身处挫折时坚强不屈。他们热爱自己的事业，不怕长途跋涉，不怕肩负重担，好似飞蛾扑火，绝不会轻言放弃。

为自己设置启动好情绪的程序，当我们身处逆境时，及时启动，我们就不会陷入被动的境地。山里住着一位以砍柴为生的樵夫，通过自己辛苦的劳动，终于完成了一间可以遮风挡雨的房子。有一天，他挑着砍好的木柴到城里交货，当他回家时，却发现他的房子起火了。左邻右舍都前来帮忙救火，但是因为傍晚的风势过大，没有办法将火扑灭，一群人只能静待一旁，眼睁睁地看着炽烈的火焰吞噬了整栋小屋。

当大火终于熄灭以后，只见这位樵夫手里拿了一根棍子，跑进倒塌的屋里不断地翻找着。围观的邻人以为他在翻找藏在屋里的珍贵宝物，所以都好奇地在一旁注视着他的举动。过了半晌，樵夫终于兴奋地叫着："我找到了！我找到了！"邻人纷纷向前一探究竟，才发现樵夫手里捧着的是一片斧刃，根本不是什么值钱的宝物。

只见樵夫兴奋地将木棍嵌进斧刃里，充满自信地说："只要有了这柄斧头，我就可以再建造一个更坚固耐用的家。"事情对我们发生什么作用，将因我们在内心发现什么来定。生命并非总是由一手好牌来决定，往往倒是由善于处理一手坏牌来决定。

人们往往把外界的折磨与挫折看做人生中纯粹消极的、应该完全否定的东西。当然，外界的折磨与挫折不同于主动冒险，冒险有一种挑战的快感，而我们忍受折磨总是迫不得已的。然而，对于高情商的人来说那些挫折和横逆的折磨对人生不但不是消极的，还是一种促进他们成长的积极因素。

如果你现在还在遭受这样那样的折磨，你就该庆幸，因为命运给了你战胜自我、升华自我的机会。换一种眼光来看待这些折磨吧，感谢那些在工作和生活上折磨你的人，你就会获得幸福。唯有以这种态度面对人生，才能获得真正的成功。

挫折是一笔宝贵的财富，他可以让人们的美丽增值。

英国有一句谚语是这样的："一个人如果有自己系鞋带的能力，那么他就有上天摘星星的机会。"所以无论我们遇到什么样的困难，都应当把它当一笔精神财富，为自己的人生增值。坚持到底，面对困难永不气馁，这样才能为自己赢得机会。

苦难不会长久，强者却可长存。卢梭曾说过："人要是惧怕痛苦，惧怕折磨，惧怕不测的事情，那么他的人生就只剩下'逃避'二字。"生活中不如意的事情有很多，我们一生很少有几次真正感到自己的生活一帆风顺，海阔天空。人生际遇不是个人力量所能左右的，而在诡谲多变、不如意事常有八九的环境中，唯一能使我们迎接挫折而不被其击倒的办法，就是调动我们的好情绪，去正视它、接受它。

史铁生说："对困境先要对它说'是'，接纳它，然后试着跟它周旋，输了也是赢。"情绪也是如此，勇于向自己的坏情绪宣战，你就已经迈出了成功的第一步。

理解他人的情绪

人的一生中，有许许多多无可奈何、身不由己的事情，就好比一碗满满的水一样，稍不留神就会溢出来，所以，有些事情难免会影响自己的情绪。当然，人的忍耐力是有一定限度的，在自己一时的气愤之下是很难控制自己的情绪。

我们都知道当我们的情绪不受控时会引发许多不好的反应，而且还会弄僵原本和气的环境，让无辜的人也受到波及。一位哲学家曾说过这样一句活："体谅好比是一种心理解脱，体谅别人的同时，也使自己得到解脱。"其实人人都是一样的，人同此心，心同此理。当他人发脾气、抱怨，疑惑愤怒的时候，我们也要尊重他人的情绪，并对此加以体谅。体谅是一种最有效的心理良药，能使人摆脱不良心境的困惑。所以，当工作中遇到不顺心的事，在还没有了解事情原委之前，不要随便指责他人情绪。

下面，我们先来看看，对待他人的消极情绪人们通常采取的方式，我们分成两组，A组是消极的抚慰方式，B组是积极的抚慰方式，看一下，你是哪一种，是不是做到了理解他人情绪。

A组：

交换型：一个小朋友因为丢了心爱的铅笔刀而伤心，这时他母亲说："宝贝，妈妈再给你买一个玩具，但你要保证不哭了，我才给你买。"在我们身边，经常可以看到这样的情况，当一个人因为某些事情而悲伤难过时，他身边的朋友总会说："你不要再难过了，我们去散散步、兜兜风吧。"面对别人的悲伤，我们总会让他去做别的一些事来代替他自己正在发生的情绪。

惩罚型：很多人在面对别人的悲伤、害怕、生气和愤怒等情绪时，在劝说无效的情况下，往往就会采用批评、指责或训斥的态度对待他，尤其是家长对孩子，领导对下属最容易采取这种方法。

冷漠型：面对一个人出现一些自己承受不了的情绪时，他的亲人或朋友往往会采取逃走或忽略的态度。很多家长当自己的孩子有情绪时，他们要么走开，要么置之不理，任孩子承受情绪的煎熬。

说教型：孩子闹情绪，家长会给他讲一大堆道理，员工有情绪，老板会给他讲一堆大道理。诸如怎么一点小事就哭，你应该做负责任的人等。很多人习惯用"应该"和"不应该"的道理去试图阻止别人的情绪发生。身边的长者、家人或好朋友就经常会用这种方式来"安慰"和"关怀"我们。

使用这四种情绪处理的方式对人对己都没好处，尤其是对他人会造成诸多影响。首先会让人形成认为悲伤、难过、愤怒、恐惧等一切的所谓负面情绪，只要表现出来，就是有害无益的观念。其次则会让自己变得越来越没有能力面对和处理情绪，不利于从情绪的体验当中学习提升并获取正面的价值。情绪长期得不到正确对待和处理的人，内心世界将会更加封闭，他们往往压抑自己的真实情绪，导致逐渐失去流动的生命力。

要改进或提升其他人的生命品质，比如自己的员工或同事、朋友等，需要做到先处理情绪，再处理事情。有效工具是积极聆听，通过有效的聆听、发问、区分和回应，设身处地了解和接纳他人的情绪，解读其未觉察的内在情感，协助对方处理情绪。

B组：

接纳：这一点在处理单位人际关系时特别重要，看到同事不开心，不要躲开他，而是走到他身边，用关切的语气问："我看到你愁眉不展的样子，好像不开心，发生了什么事？需要我的帮助吗？"当你用这种认同的口吻和对方说话时，对方一定能感受到你的关怀及诚意。对情感比较"麻木"的都市人来说，你的这种接纳帮他恢复了情绪知觉，他没有理由不被你感动。

分享：成功接纳了对方的情绪，他才愿意进一步和你谈内心的感受。分享的第一步就是他的内心感受，一般来说，女性情感表达平均能力要远远高于男性，心理开放的人比心理压抑的人在表达上更清晰、更敏锐。在对方对自身情感不觉察的情况下，你可以有意识地引导他表达感受，和他一起分享这种感觉，协助他学习区分情绪的界限。等对方情绪稳定下来，就肯定会说出事情的经过。

区分：帮助对方区分哪些责任是他应该负责却没有做好的，而哪些责任又是外在的客观属性。如一个同事在办公室讲"荤笑话"被上司处罚，心情很沮丧。这时可以问他："你觉得哪些行为在办公室不能做？"他会很清晰地回答："这次被罚就知道了，办公室里禁谈色情内容。"通过这个问题很容易就让对方了解了该不该做的事的界限，能使他在把控自己的行为上更准确、稳重。

回应：最后还是应该回归到现实中，让对方制订一个有效的行动计划，以达成预定的目标。

大家可以问自己这样几个问题，这件事的发生对我有什么好处、现在的状况还有哪些不完善、我现在要做哪些事情才能达成我要的结果、过程中哪些错误我不能再犯以及我要如何达成目标并且享受过程。通过这几个问题来加强自己规划方案的有效性和行动的准确性。

日常生活中时有这样、那样的事情发生，比如说：脾气暴躁、不合自己意或不顺心的，这样的人就很容易生闷气、发脾气，做事沉不住气，不分青红皂白地指责人家，把自己的痛苦建立在别人的快乐之上，来排遣自己心中的不满。

我们应该抱着与人为善的态度，对别人的错误，在不伤害别人自尊心的原则下，诚意而婉转地加以解释与劝导，安慰他人，鼓励他们改正，这样做，对于改善你的人际关系更有效。不要随便指责别人的坏情绪。

怎么样，找出属于你的正确方式了吗？仔细分析一下利弊，掌握最好的方式，这样，不但能帮助他人缓解情绪，还会让你多个知心朋友呢。

管理自己的情绪

管理你的情绪，要向驯兽师驯服不羁的野马一样，只有这样，你才能不受坏情绪的影响，否则，你很可能会做出一些不理智的事情来。

情绪就像心中的一把火，火光过于强烈旺盛会焚毁身心的殿堂，使平静安然的生活化为乌有。但倘若火光完全熄灭或者过于柔弱，我们则会失去体验快乐的感觉，生活变得如白开水般乏味。人们通常会对此感到困惑：我们要如何处理情绪？是任由情绪如脱缰野马般来去自由，还是把情绪压抑下去，不让它在心灵的草原上放纵驰骋？

我们在谈这些之前，首先要明白一个问题：情绪本身是没有好坏之分的，它是源自内在的一种心理活动。困惑我们的，往往是我们自身对于情绪的不当处理。不懂得自我调节，不能很好地控制我们的内心也是导致压力产生的重要原因。

生活中，我们会经常听到这样的话：领导对员工说，不要把情绪带到工作中；太太对先生说，不要把情绪带回家；老师对学生说，你怎么能带着情绪和我说话……这些话语都无形地表达出我们对"情绪"的恐惧和无助。正因为这样，很多人在面对情绪到来时，往往会处理不当，轻者影响日常工作，重者甚至会让自己的人际关系受到损害，让自己身心疲惫。

一个能很好管理自己情绪的人，通常都能获得成功的人生。国外某机构曾做过这样一个实验：实验人员把一组4岁儿童分别领入空荡荡的大房间，只在一张桌子上放着非常显眼的东西：软糖。这些孩子进来前，实验人员告诉他们，你可以在走出大厅前吃掉这块糖，但如果你能坚持在走出大厅前不吃这颗糖的话，就可以获得奖励：能再得到一块糖。

最后的结果是两种情况都有。专家们把坚持下来得到第二块糖的孩子归为一组，没有坚持下来只吃到一块糖的孩子归为另一组。之后，专家对这两组孩子进行了为期14年的追踪研究，最终结果显示：那些向往未来但能克制眼前诱惑的孩子，在学业、品质、行为、操守方面，与另一组相比优秀很多。这则实验说明，决定人生成功的因素并非只有传统智商理论所认定的那些东西，非智力因素特别是情绪智力对个人成功有极为重要的影响。事实上，导致这种现象存在的并不是情绪本身，而是我们能否对情绪进行适度的调控。心理学家经过长期研究认为：人与人之间智商没有明显的差别，有人成功有人未能成功，与各自情商密切相关，情商要素之一就是自控能力。从某种意义上讲，情商表现的是人们通过控制自己的情绪来提高生活品质的能力，即如何激活潜能，克制情绪冲动，使自己始终对未来充满希望。

请记住，这点很重要：不要抵抗，试着平静下来，用理智和智慧命令情绪的野马听从你的指令。试着想象它们变得听话，逐渐安静下来，并开始慢慢地吃草。

最后，情绪的野马被驯服了，你找回了平静的自己。

如果你能控制情绪的表达，在负面情绪出现时巧妙地把它过滤或者转化，同时让正面情绪自由地流露，使之成为潜意识的一种能量，那么，你就会发现情绪是一种惊人的力量：如果熟谙控制情绪的智慧，我们就能使内在的自己与当下的自己保持步调一致，并由此获得安全感，让生命的空间变得更加开阔。

我们为什么有厌烦情绪

我们的物质生活越来越好，可我们的情绪却越来越善变，甚至我们愈来愈厌倦我们现有的生活。比如，我们寻求娱乐却常常觉得索然无味；甚至在剧院上演一幕精彩的戏剧时，也常常出现幕还没拉上就走了好几批观众的现象。我们坐在电视机前，看着一出又一出的电视剧、电影，但脑子里却不知道想了些什么。我们看书的时候也是心不在焉，大多数人在说"我累了"的时候，实际上是指他们对自己所做的事情厌倦了，对自己的生活感到索然无味。

弗莱德曼所讲的"无名病"就是厌烦病。各个行业、各个阶层的人都会患这种病；无论你有什么，抑或你没有什么，都不能保证你不会患上厌烦病。无论是聪明的还是愚拙的，都同样会患上此病。有一个商人去医院看病，但说不清自己有什么不适。医生给他做了彻底的检查，结果找不到这个商人有任何毛病，于是商人再去医生那儿做进一步查询。经过一段轻松的谈话后，医生就对他说："我有一个好消息要告诉你，你的体格检验完全正常，我不用在你的病历卡上写任何东西。"

商人听了并不显得很高兴，他说："医生，我从早晨起床到晚上睡觉，没有一刻不觉得疲倦。"这时，医生才意识到他的病人患的是"厌烦病"，而不是一般的身体不适。于是医生就开始指出商人所拥有的一切：兴隆的生意、舒适的生活、漂亮的妻子、可爱的孩子和其他能用金钱买到的东西。但这个商人听了以后却说："让别人把这些东西都拿去吧，我对这些简直烦透了。"为什么会出现这种现象？难道患这种病的人大多不是生活一帆风顺的人吗？难道他们不是处于别人不能奢望的"顺境"之中吗？

这还是和我们的心理习惯有关。这个世界上，可以说除了圣人之外，没有人能随时感到快乐。你的生活没有目的、没有目标，你不明白自己和你的命运；你无目的地做完一件又一件的事，到处搜寻，但最后厌烦了、疲乏了；你就像飞机在暴风雨中找寻降落点，但前景却一片模糊。

我们总是会感觉到无处不在的压力，为此，我们身心疲乏。身心疲乏是一种综合状态，也是一种危机状态，它是健康的主要杀手。有这种危机感的人感觉不到生活中有趣、有意义的地方，经常出现这样几种典型症状：冷漠、无聊、沮丧、乏力、身体不适等，在心理上体现为刻板僵化、态度消极、工作艰苦、效率降低等状态。

另外重要的一点是，疲劳的人没有好情绪。

哥伦比亚大学的桑戴克博士为研究厌烦与疲劳的关系进行了一系列实验。他找了一组学生，用不断改变他们兴趣的方法，使他们几乎一个星期不睡觉。桑戴克博士在总结他的实验时说："厌烦是引起疲劳的真正原因。"

这并不是说，如果你对自己所做的事情非常感兴趣，你就可以整夜不睡。但要明白，厌烦引起疲劳，疲劳使你更厌烦。

莱利说："我们感到厌烦是因为无事可做时变得烦躁，这时就有一种行动的需要。厌烦并不是厌世，它可以很有用。当没有东西回报我们时，我们节省自己的能量，只有这样，当我们想再次投入时，才能够做得到。在'做有回报的事'和'做有回报的事却不高兴'之间需要有一种平衡。"

厌倦是人们常有的情绪体验，却会给人的身心、事业的成就造成极大的影响。当你有了厌倦情绪的时候，就需要重新审视自己的目标，知道自己到底想要什么之后，再积极从中发掘乐趣，以饱满的热忱坚持下去，直到成功。

人生无目标，生活无动力，就极易产生厌倦的感觉。尤其是那些厄运连绵的人，觉得活着很空虚、很无聊、特没劲。这种消极的生活态度使他们郁郁寡欢、萎靡不振，做什么事都提不起精神来，在国外称之"厌倦症"。他们特别怕苦怕累，不愿付出任何辛苦。虽处于青春年华，却死气沉沉，如人生暮年。他们体会到的是人生的无目的性和失望的痛苦滋味。

如何缓解我们的厌烦情绪？明确的人生目标是最有效的方法。努力改变原来的想法、做法，但"还没有成功"，因此怀疑自己的能力，产生厌倦的情绪而停止前进的人很多。许多人无法达到目标的最大原因就是，他们没有意识到毅力是使不可能的事成为可能的最大的动力，而因一时的挫折和平淡就立即投降。

如果发现自己目前离理想比较远，你就必须寻找一条能帮助自己达到较高理想的成长之路。你可以先在较低的职位上工作，做好本职工作，学会爱自己的职业有百利而无一弊，然后找机会进修。最低限度也要找出妨碍你日后发展的不利因素，加以改进。差距太大时，不能好高骛远，要先分段实现目标。谨记，循序渐进是改变不称心工作的最好方法。

生气是用别人的错误惩罚自己

俗话说："生气是拿别人的错误来惩罚自己。"当一件妨碍我们的事情发生时，我们与其去生气，声嘶力竭地斥责，不如莞尔一笑，学会宽容。

高山因为承受着土石树木，所以才变得雄伟；大海正是容纳了百川，所以方显得辽阔。如果对任何不顺心的事情都能一笑了之，生活中不开心的事就会减少。记住：退一步海阔天空。学会宽容地对待这个世界，也是我们爱自己的一种方式。

莎士比亚忠告人们说："不要因为你的敌人而燃起一把怒火，灼热得烧伤你自己。"富兰克林说："对于所受的伤害，宽容比复仇更高尚。因为宽容所产生的心理震动，比责备所产生的心理震动要强大得多。"如果自己能够宽容别人，不但自己能够及时释放心理垃圾，而且别人也能够因此而宽容自己，同时与自己友好相处。假如别人伤害了自己，千万不要只会怨恨，关键是要学会宽容，并避免被别人再次伤害。

心胸太狭窄，绝对是一件坏事；报复心太强烈，只能害自己。宽容别人不仅是自己的一种美德，更是让自己健康长寿的秘诀。所以，我们应该学会宽容，因为这不仅是对他人的理解容纳，更是我们爱自己的一种方式。拥有宽容之心的人是智慧而大气的，他们不仅自己生活得更从容，也会让身边的人感觉到轻松自在。

学会宽容能使自己保持一种恬淡、安静的心态，去做自己应该做的事情。整日为一些闲言碎语、磕磕碰碰的事情郁闷、恼火、生气，总去找人诉说，与对方辩解，甚至总想变本加厉地去报复，这将会贻误自己的事业，失去更多美好的东西。我们要成为生活的强者，就应豁达大度，笑对人生。有时一个微笑、一句幽默，也许就能化解人与人之间的怨恨和矛盾。填平感情的沟壑，试着用宽容的心去对待你的婚姻家庭，很多问题都会迎刃而解。

同时，学会宽容也是一个人成熟的标志。宽容的人常常表现出勇于承担责任的作风，如果肯自我反省，就可以从失败和差错中找到自己所应负的责任。当一个人心平气和的时候，才可能保持清醒的头脑，找出失败的原因，采取克服差错的有效措施，以便使自己的工作和生活更加顺风顺水。

宽容，首先表现在处世上不愤世嫉俗、感情用事。生活中，确实存在很多矛盾和困难，会遭遇许多不公平的事，会碰到一些令人无法忍受的人，还有这个"难"，那个"难"，真让人有点喘不过气来。诅咒、谩骂、生闷气都无济于事，倒给疲惫的身躯又增加了新的负担。只要冷静观察，就会发现人们的生活本来就是苦、辣、酸、甜俱全。在生活中，"看不惯"的很多，理解不了的也很多，失望的也很多。但人的能力毕竟是有限的，愤世嫉俗不会改变事态的发展，不会使关系缓和。所以，首先应当适应事件的发展，在适应中发现"破绽"，掌握改造的契机和本领，而不是游离其外去指手画脚。这就是一种宽容的表现，人要顺利走完生命的旅程，就离不开宽容。

其次，宽容体现在对别人的不苛求，"但能容人且容人"。每个人都有自己的思维、工作、学习、生活习惯，既有其长处，也有其短处。在社会生活中，我们总要同各种各样的人打交道。所以我们必须习惯于人际交往，善于同各种各样的人，特别是同能力、天赋等各方面不及自己或脾气与自己不同的人友好相处，协调共事。如果你只注意到别人的缺点，就容易使自己陷入孤立无援的境地。相反，换个角度，多注意别人的长处，用理解、同情和爱心去影响别人，使他既能认识自己的缺点，又能心悦诚服地改正，你就会处处碰到信赖和爱戴自己的朋友和下属，你的人际关系也会因此得到很好的发展。

给人面子，既无损自己的体面，又能使人产生感激和敬重之情。不计较小事，不苛求别人，会为你赢得更多的时间和精力。胸襟广阔，能容人容物是我们追求的境界，因为大度和宽容能给你带来好处。在短暂的生命里程中，学会宽容意味着你的心情更加快乐，宽容是我们一生中最有魅力的财富。

学会和压力相处

社会生活节奏的加快、日趋激烈的竞争和永无止境的欲望，使人们承受着越来越重的压力，被迫加入到亚健康的行列中。有人说，白领的生活压力很大，每个人体内都隐藏着一个计时炸弹，一触即"爆"。

工作压力由于各行各业竞争的加剧，求职难已成了不争的事实。即使有了工作，在这个飞速发展的社会里，人们又时时面临"下岗"的威胁。据有关调查表明，在就业人群中有将近一半在工作中是不愉快的，90%的人在消耗大量的时间和精力从事与他们生活目标关系不大的工作。巨大的无形压力正"追杀"着都市的白领一族。据调查，85%的白领认为自己缺乏职业安全感，担心失业、职业不稳定，缺少归属感，对可能出现的失败表示忧虑。生活压力使人们不得不面对住房紧张、环境污染、交通拥挤、抚养孩子、照顾父母、支付医疗保险这些难题。生活的快节奏、多变性，给人们的恋爱、婚姻、家庭带来了许多不确定的因素，情感受挫机增加。由于种种利益冲突，人际关系变得越来越复杂，情感交流日益减少。即使遭遇了困难和挫折，也找不到地方宣泄。

许多人常常无奈地感叹：物质条件好了，但却很难开心一笑了。心理学专家认为，这是在竞争日益激烈的现代社会中，人们的心理压力过大，而心理承受能力有限所致。

无形的压力会在人的生理和心理方面引起诸多不良反应。生理症状主要表现为头疼、疲劳、失眠、消化不良、颈痛和背痛等。心理症状主要包括紧张、焦虑、愤怒、消极、悲观、玩世不恭和注意力不集中等。更严重的则表现出抑郁症征兆，孤僻，绝望，甚至想自杀。虽然心理压力是社会文明时代产生的一种自然形态，但是日积月累会造成某种障碍或生理机能失调，影响身心健康。不久前，北京一家医院公布了历时10年在70万人中进行的一项调查结果：脑梗死、脑出血等因素引发的猝死，35岁年龄组的男女发病率分别增加了136%和220%；冠心病，45～49岁年龄组的男性增加了50%，55～59岁年龄组的女性增加了32%。同时，青年人的心理与健康问题越来越突出，心脏病发病年龄年轻化至30岁。压力使"职业枯竭"逼近我们。所谓职业枯竭，是指在工作重压下的一种身心俱疲状态。大多数人认为，压力是负面的，是具有伤害性的。其实，若把压力视为积极的、正面的，就可作为生命中的"激素"，促使个人成长；若视为消极的、负面的，就会成为个人的"死敌"，令人喘不过气来。

加拿大医学教授赛勒博士曾说："压力是人生的燃料。"他提醒我们，不要认为压力只有不良影响，应多去开发压力的有利因素。适当的压力并非坏事，若压力调适得当，会转化为动力，不仅能减少疾病的发生，使自己活得更舒适、更有意义，还可驱使我们去挑战自己的能力，激发个人潜能。

既然无法逃避压力，就要学会与压力相处，学会调节心理平衡。如何舒缓工作压力，保持良好的生活状态，促进身心健康呢？我们可以从以下几个方面入手：

1. 淡泊名利，不必给自己制订过高的目标

医学研究证明，对自己要求过高的人很容易有心脏疾患，引发病症的根本原因是他们的负面特质，即过高的期望不能实现时，往往对身边的人充满敌意，对前途悲观失望，这些才是最危险的因素。一个人的快乐，并非是它拥有的多，而是它计较得少。舍弃不一定是失去，而是另一种更广阔的拥有。

2. 放松心情，保持乐观向上的心态

现代心理学研究发现，人在心情愉快时，整个新陈代谢就会改善。烦闷、懊恼、愤恨、焦虑、忧伤，是产生压力的催化剂。因此，要经常保持愉快的心情，培养坚强、乐观、开朗、幽默的性格，具有广泛的爱好和兴趣，始终保持积极向上的生活态度。同时应当加强意志和魄力的训练，培养自己不畏强手、勇于拼搏的精神，不断提高对压力的承受能力。

3. 适度转移和释放压力

面对压力，转移是一种最好的办法。压力太重"背"不动了，就放下来不去想它，把注意力转到让你轻松快乐的事情上来。等心态调整平和以后，已经坚强起来的你，还会害怕你面前的压力吗？

4. 劳逸结合，寻求工作以外的乐趣

短期旅游、爬山远眺、呼吸新鲜空气等活动都能够开阔视野、增加精神活力。忙里偷闲听听音乐、跳跳舞、唱唱歌、聊天逛街，也是消除疲劳、让紧张的神经得到松弛有效的方法和精神良药。

5. 学会运用弹性思维

心理学家通过跟踪研究表明，一个富有弹性思维的人，往往能冷静地应对各种变化，化逆境为顺境，变压力为动力。所以我们要学会运用弹性思维，抱着"车到山前必有路"的潇洒气概，为自己创造一个积极、有序、宽松、和谐的生存环境。

所以，要学着和压力相处，不要一味地逃避，因为逃避既解决不了任何问题，还会加重你的情绪负荷，要知道，一旦压力情绪爆发开来，它所造成的不利影响是很难预计的。

哭泣，缓解不良情绪的方式

心理郁结需要发泄，内心悲哀也需要发泄，这时就要运用到另一手段：哭泣。

悲伤是每个人都会经历的情绪，流泪乃至放声大哭，是很正常的情感流露。然而在实际生活中要做到这一点，并不是一件容易的事。

医学证明，眼泪不仅是物质毒素的载体，也可以冲刷掉心理毒素。流泪可以缓解人的压抑感。有关专家通过对眼泪进行化学分析发现，泪水中含有两种重要的化学物质，即亮氨酸—脑啡肽复合物及催乳素。有趣的是，这两种化学物质仅存于受情绪影响而流出的眼泪中，在受洋葱或风沙刺激后流出的眼泪中则不含有这两种物质。研究发现，它们分别与人的紧张情感和体内痛感的麻痹有关。这些物质随着泪水被排出体外，可以起到缓和紧张情绪的作用。所以，人在极度痛苦或过于悲伤时，痛哭一场，往往会收到积极的心理效应。

通过哭来发泄自己内心的痛苦，可以缓解不良情绪带给自己的压力。有个女孩子，在高考中发挥失利，没有考上理想的大学。因为这次打击，原本开朗的她情绪开始低落，长时间的郁郁寡欢，引发了癔症。

女孩的父母想尽办法来开解她，为此还组织一家人出去旅游，但是却起不到任何作用。女孩依旧是走不出高考失利的阴影，终日沉默不语，常常发呆。父母怕她这样继续下去会有心病，便找了个心理医生为她医治。

医生了解了女孩的病因之后，只轻轻地说了一句话——"哭出来吧！"

听到这句话女孩子的眼泪唰地就流了出来，之后一发不可收拾，越哭声音越大。她的父母听见了，还以为孩子要想不开了，跑进去就朝着医生一通埋怨。医生并没有为自己辩护，等到女孩的父母发泄完了，女孩也停止哭喊，她低着头走到父母面前，内疚地说道："对不起，让你们担心了，我觉得现在好多了。"

医生这时才走过去，说道："你不该压抑着自己的情绪，想哭就哭出来，这样，那些坏情绪才能找到发泄的出口。"心理医生让女孩哭出来，就是为了让她把心中的抑郁和伤心发泄出来，这样才能使气血通顺，身心舒畅。很多时候，人处在极其痛苦的状态下，特别是在丧失了亲人的时候，大哭一场可以把自己的悲痛宣泄出来。

当然，哭的时候也要讲究时间、地点和条件，最好在没有人的地方大哭一场，以减轻心中的压力。一个人学会笑和哭都很重要。当然，学会笑更加重要，让笑伴随自己终生，常笑的人天天自信，天天乐观，天天开心，天天得意，对自己的心理健康来说无疑是随身的法宝。

但学会哭也很重要。当然，我们不能天天哭，但是在人的一生中不可能不遇到挫折，特别是在遇到自己的亲人亡故那些非常痛苦的时候，哭也会减轻内心的痛苦，释放内心的压力，对改善人的情绪起着很重要的作用。

但是，不幸的是，我们的文化似乎并不鼓励以哭泣来宣泄情绪。每当孩子在受到委屈时，便会不由自主地哭，此时大人就会说："不哭，不哭。"尤其大家更会取笑爱哭的小男生。最不可取的教育方式是，在打完孩子后说："不准哭，哭的话再打喔！"孩子在压抑不哭下，已种下将来情绪失控的种子。

我们都知道，孩子是不容易有精神疾病的，他们之所以这样，除了因为他们未受到太多压力外，还因为他们爱哭的本事。这正保护了他们免于承受太大的委屈，而大人容易出现心理问题，也正是他们开始习得压抑情绪所致。因此，当心情不佳或情绪不稳时，应找各种渠道说出你所受的委屈。如果有机会的话，要尽情地哭，哭过之后心理就舒坦了。

喊叫和哭泣的权力是上天赐予给人体的宣泄情感毒素的渠道。抑郁就大声喊，悲痛就放声哭。我们每个人都应当大胆地使用这个上天赐予的排毒方法。

建立转换到正向情绪的习惯

培养正向思维方式，建立正向情绪习惯，是一个成功者必须通过的两大课题。

只有我们的思维朝着良性方向进行，我们的心态和情绪才不会跑偏。我们总是为情绪的问题所困扰。其实，有时候情绪就是一盘待炒的蔬菜，我们把生活的锅温热，菜的口味是怎样的，都是由我们自己来决定的。

理性地面对生活，不要把油灯当成洒满月光的花朵。人生的旅程没有坦途，晴朗的天空也会出现阴霾，明朗的心境也会飘过阴云。我们会因小小的挫折而悲观，会因自己的境遇而自卑，会为残花的败落而黯然神伤、潸然泪下，会为无端的小事而暴怒、吵闹，会为茫然的前景而惶恐，会为生活的琐事而烦恼。有两个见解不同的人在争论三个问题。

第一个问题："希望是什么？"

悲观者说："是地平线，就算看得到，也永远走不到。"

乐观者说："是灯塔，为我们照亮前方的路。"

第二个问题："风是什么？"

悲观者说："是灾难，吹垮我们的房屋，危害我们的生命。"

乐观者说："是帆的伙伴，能把你送到胜利的彼岸。"

第三个问题："生命是不是花？"

悲观者说："是不是又有什么关系呢，总归要凋谢的。"

乐观者说："只有花落之后，我们才能收获果实啊！"

突然，命运出现了，他也提出了三个问题。

第一个："一直向前走，会怎样？"

悲观者说："会碰到坑坑洼洼。"

乐观者说："会看到柳暗花明。"

第二个："春雨好不好？"

悲观者说："不好！野草会因此长得更疯！"

乐观者说："好，百花会因此开得更艳！"

第三个："如果给你一片荒山，你会怎样？"

悲观者说："修一座坟茔！"

乐观者反驳："不！种满山绿树！"

于是命运分别给了他们一样礼物：给了乐观者成功，给了悲观者失败。你自信能够成功，成功的可能性就会大为增加。每当你相信"我能做到"时，自然就会想出"如何去做"的方法，并为之努力。无论是什么，我们都应该在实现目标之前进行积极的自我暗示，这样，我们就更容易成功。

我们的大脑存有两股力量，一股力量使我们觉得自己天生是做伟人的；另一股力量却时时提醒我们："你办不到！"这样一对矛盾的内部力量的斗争，在我们遇到困境与失败时，会变得更加激烈。我们做人最大的敌人是自疑和害怕失败。它们经常扯我们的后腿，不让我们去尝试，或在失败后给我们以打击；它们吸取我们的能量，使得我们只能使用真正能力的一小部分。

不要用"办不到"打压自己积极的情绪，如果我们一而再地压制积极情绪，它或许真的会藏起来，如果真是这样，你的能力纵然再强，也会被你自己埋没了。

心理学家说，你想要什么状态，就装出你已经有了那个状态。如果你累了，感到疲倦，你就告诉自己你不累，你的精力很充沛，状态很好。情绪也是一样。如果我们时时提醒着自己，及时纠正不良情绪，我们就很容易建立正向情绪的习惯，我们的内心才会充满积极向上的能量。

凡事看好的一面，拥抱正向语言

任何负面语言都会对我们的情绪产生一定的影响。我们都希望多听到友善和赞美的语言，但是，生活中负面语言是很难避免的。

挤公车的时候，我们经常会听到这样的话："挤什么挤，赶着去投胎啊！""哎呀，你撞到我了，不长眼啊！"听到这样的话，我们的坏情绪很容易就被触动，然后呢，吵闹，怒骂，狂吼，这样就能解决问题？不能，反而会让我们更加的不开心。那么，尝试一下，避免负面语言的攻击，另类解读，拥抱正向语言。

布雷默说："真正的快乐是内在的，它只有在人类的心灵里才能发现。"汤姆斯现在处于情绪上的低谷期，他经常一个人发呆，觉得周围的每一个人看起来都不那么顺眼，身边发生的事情也总是不按自己想象中的样子来。他觉得人生看起来真的是很灰暗。朋友们得知了他的情况，建议他去找心理医生聊聊。

心理医生问清楚汤姆斯的心理状况以后，让汤姆斯把自己觉得心烦的事情都列成条写下来。汤姆斯照着医生的话想了想，觉得现在让自己心烦的事情有以下这么几件：

（1）我的老板经常对我大声吼叫。

（2）我的个人所得税今年要比去年多缴 2000 元。

（3）我没有多余的钱去买礼物给我的女朋友。

（4）事情总会在我将要做成功的时候突然失败。

心理医生看了看他列出的几条，赞扬他做得很好，然后，在他的第一条后面写下："太好啦！老板还能告诉你他的感受，真好。这表示他还十分看重你，否则他早就把你给开除了。"然后，他又把字条放回到汤姆斯的面前，说："请你照着我的样子，在每一条的后面都写上这样的话，而且都要以'太好啦'开头。"

这可把汤姆斯给难住了，他绞尽脑汁，想了又想，终于把后面的 3 条也按医生的要求给写出来了：

"（2）我的个人所得税今年要比去年多缴 2000 元。——太好啦，这证明了我今年比去年收入更多，这是一个好的兆头。"

"（3）我一直想给恋人买一份礼物，可惜我的钱不够用。——太好啦！我有机会发挥想象力，做一个她想不到的礼物送给她，而不需买那些商店里毫无特色的礼物。"

"（4）每次我觉得自己快要成功的时候，失败就来了。——太好啦！我能察觉出过去之所以会失败的原因，现在有机会找出它们，并且记得永不再犯。"

医生把汤姆斯夸奖了一番，问："你现在的感觉怎么样，汤姆森先生？"汤姆森也笑着说："很奇怪啊，医生，我在写这些东西的时候虽然觉得很辛苦，但是随着我把它们渐渐地写出来的时候，我的心里也渐渐地轻松起来，我发现事情原来也有好的方面。"乐观是指人精神愉快，对事物发展充满信心。保持乐观的心态，有利于人们的身心健康发展。医生对汤姆斯的医治其实很简单，汤姆斯只看到了事情的悲观面，医生所做的工作，就是培养汤姆斯的乐观情绪，使他学会热爱生活。

一个乐观的人，他的精神面貌始终是昂扬向上的。反之，一个悲观的人，他不会有什么理想、目标，也不会用心去学习。因此，保持乐观，对人们的学习和生活至关重要。

乐观情绪是自己给的，当不好的语言进入耳朵，只要不入心就好。把他人的不好言语当做一道翻译题，用正向语言进行解读，你就会发现，生活中当真是没有什么人际摩擦的。

"缺陷"也可以变成优势

因为自身的缺陷，而终日闷闷不乐，情绪就很容易发霉，让你对自己越发的不满意。因此，当缺陷不能改变时，我们能做的就是坦然地接受它。

其实，很多事情都是如此，当你不惧怕的时候，再悲惨的事情也不足以动摇你。世上没有十全十美的人，每个人都有自己的难言之隐。你能看到名人的光鲜亮丽，可是光鲜亮丽的背后是什么，我们就不得而知了。去观察一个人，没有谁能做到能够全面的剖析。所以，面对自己的缺陷，只要自己不介意，任何人的言语都不能让你感到自卑，因为，你接纳了自己。

喜欢爵士乐的人也许都知道比莉·哈乐黛，她在自己的经典成名曲中这样唱道："当你大笑时，太阳也跟着通体明亮；当你哭泣时，天空会跟着你掉泪，所以停止叹息吧，捡回你的笑容；因为当你微笑时，整个世界都会对你微笑。"

其实，人生真的没有我们想象中那么糟糕，它是一个有韧性的弧，如果开始的一端充满了坎坷，那么结尾处必定是甜美的，令人期待的。20 世纪 80 年代，有一位名叫安德森的模特公司经纪人，看中了一位身穿廉价衣服、不拘小节、不施脂粉的大一女生。

这位女生来自美国伊利诺伊州一个蓝领家庭，唇边长了一颗显眼的大黑痣。她从没看过时装杂志，没化过妆，要与她谈论时尚等话题，好比是牵牛上树。

每年夏天，她就跟随朋友一起，在玉米地里剥玉米穗，以赚取来年的学费。安德森偏偏要将这位还带着田野气息的女生介绍给经纪公司，结果遭到一次次的拒绝。有的说她粗野，有的说她恶煞，理由纷纭杂沓，归根结底是那颗唇边的大黑痣。安德森却下了决心，要把女生及黑痣捆绑着推销出去。他给女生做了一张合成照片，小心翼翼地把大黑痣隐藏在阴影里，然后拿着这张照片给客户看，客户果然满意，马上要见真人。真人一来，客户就发现"货不对版"，当即指着女生的黑痣说："你给我把这颗痣拿下来。"

激光除痣其实很简单，无痛且省时，女生却说："对不起，我就是不去。"女生脸上表露的情绪深深打动了安德森，他有种奇怪的预感，他坚定不移地对女生说："你千万不要摘下这颗痣，将来你出名了，全世界就靠着这颗痣来识别你。"女生骄傲地昂起头，说："不管在什么样的境地，我都会坚持做我自己。"

果然，几年后她红极一时，日入2万美元，成为天后级人物，她就是名模辛迪·克劳馥。她的长相被誉为"超凡入圣"，她的嘴唇被称作芳唇，芳唇边赫然入目的就是那颗今天被视为性感象征的桀骜不驯的大黑痣。一个典型的"丑小鸭"变成"美天鹅"的例子，却给了我们一个深刻的启示：生活中没有什么是不可能的，只要你对生活充满信心，即使是寂寞山谷的角落里，野百合也能感受到春天的气息。

有些人在厄运袭来时，就觉得自己是天底下最倒霉的人。其实，事情并不完全是这样。也许你在某件事上是"倒霉"的，但你在其他方面可能依然很幸运。和那些更不幸者相比，你是一个十分幸运的人。

英国作家萨克雷有句名言："生活是一面镜子，你对它笑，它就对你笑；你对它哭，它也对你哭。"的确，如果我们以欢悦的态度微笑着对待生活，生活就会对我们"笑"，我们就会感受到生活的温暖和愉快。而我们如果总是以一种痛苦的、悲哀的情绪注视生活，那么生活的整个基调在我们心中也就会变得灰暗了。那么，我们就先将烦恼抛却，不管别人怎样看我们，我们都要勇敢地选择微笑，将思想指向阳光处，这样你就能在平淡无奇甚至困难中找到属于自己的一缕阳光。

自卑情绪并不能帮助你，学着向自己微笑吧，不要被缺陷束缚住你的快乐，任何人都有追求幸福和梦想的权利。

第九章　情绪规划人生，点亮梦想之灯

情绪调适：给不良情绪杀杀菌

情绪也会感染病菌，只是及时给坏情绪杀杀菌，它也可以变成好情绪。

那么，如何杀菌呢？送你一剂灵丹妙药，这就是三字箴言：看得开。人生在世，情绪可能会时时处处地左右着一个人的言谈举止。情绪调适好了，就会生活幸福，学习进步，工作愉快，否则就可能招致不少的麻烦。

一个人的情绪不是一成不变的。不好的情绪，也可称为消极情绪，在某种条件下，可以调适为好的情绪，即人们常说的积极情绪。从而，会使人生的某个环节的难受，转变为一种享受。

人生在世，不过百年，如果你选择了让自己幽怨地过这一生，真是辜负了大好年华。人活一辈子并不容易，忧伤也是活，高兴也是活，既然同样是活着，为什么还有人选择生气？选择郁闷甚至是抑郁而终呢？为什么不能开开心心地生活呢？

人的一生很短暂，不要事事斤斤计较，关键时刻要看得开。

人的一生并不是一帆风顺的，总会遇到许多挫折，磨难，在逆境中学会看得开，看得远，人一生才走得远，走得平稳。

看得开与看不开是人生的两种态度，两种不同人生的境界。或者说它本来就是两种人生的截然不同的反映。

一个人看得开，他的情绪是积极的，任何事情在他眼里都会变得很自然，没有应该和不应该，只有一颗随喜心。

一个人不小心伤害了你，你并没有去和他计较，依然保持一颗平和的心态做自己的事，你们之间再没有发生矛盾。一个人不小心伤害了你，你去和他计较，要他向你赔礼道歉，要他向你赔偿损失，言语之中大家生了气，动了手，伤害进一步扩大，结果他打伤了你进了派出所，你受了伤进了医院，看不开让你和他双方都受到了损害。看得开，一笑了之，则避免了事态的恶化。

一个人在工作中看得开，积极肯干，认为多做点没什么关系，"力气用不尽，井水挑不干"，从不与人计较，同事喜欢他，领导看重他，他从一名普通的工人做到了公司的副老总。而一位看不开的人，对任何事都斤斤计较，多做一点都不愿意，没有人愿意与他一道工作，结果他被公司炒了鱿鱼。

林肯说："人快乐的程度多半是自己决定的。"人生际遇对快乐程度的影响，其实远不及我们对事件的反应来得重要。托尼和弟弟比尔同时失业了。比尔想，这下完了，没有工作，以后该怎么生活呢？而托尼却不这样认为，他认为这是个尝试新的工作，独立自主的好机会。于是，他每天都积极地出去找工作，虽然常常被拒之门外，但他依然很乐观，哼着歌，满脸微笑。托尼觉得，丢掉什么也不能丢掉好情绪，如果自己每天都闷闷不乐，很难想象生活该如何继续。

比尔却不同，他觉得自己接受不了失业的事实，他开始变得情绪紧张，脾气暴躁，甚至会为了一丁点儿的事情而大动肝火。就这样，他在坏情绪中越陷越深，他总是觉得自己一无是处，生活也没有了意义。终于，在极度的抑郁中，他跳下了 20 层高楼，一了百了。

一样的处境，一个人兴高采烈，另一个人却自杀了！一个人眼中的灾祸却是另一个人心目中的契机。快乐实在也不是那么容易得到的东西。有时它可视为人生最大的挑战，需要投入全部的决心、毅力、自制力。成熟代表为自己的快乐负责，把注意力集中于已经拥有的一切，而不是放在没有得到的东西上。

一个人心里想些什么是别人无法控制的，因此，快乐与否的感觉操纵在你自己手中。别人不能把思想硬灌进你的脑子里，要寻求快乐，必须专心思考快乐的事，但我们是否经常反其道而行之？我们是否经常不把别人的赞美放在心上，却为一两句不中听的话生气好几天？如果你容许不愉快的经验或恶言占据你的心灵，后果只能自己承担。记住，你是自己思想的主宰。

大多数的人，对好话只记得几分钟，坏话却能数年不忘。他们就像收集垃圾的人，把 20 年前人家丢给他们的垃圾背着到处跑。

有时快乐需要努力去达成。就像维持家的整洁美观——你得把好东西陈列出来，把垃圾丢掉。快乐就是搜寻生命中的好东西，有人看见美丽的风景，有人却只见玻璃窗脏了。看见什么，靠你自己用思想作抉择。

一个人在生活中看得开，他不会被生活中的琐事所累，即使生病了，也痛并快乐着，哼着歌曲，依然热爱生活，接受医生的治疗，他的人生是积极健康的，乐观向上的，富有感染力的。一个人为了一点小事，看不开，自寻烦恼，自打死结，把自己的心灵封闭起来，心中没有一丝阳光，自甘堕落，自我毁灭，成为生活的淘汰者。

学会在平淡的日子里捡拾幸福的人，就是最能控制自己情绪的人。只有做了自己情绪的主人，才能及时弊弃掉那些糟糕的情绪，学会用另一种心情来看待事物，结果可能收获的就是满满的幸福而不是伤心的眼泪。

调换一下位置，效果大不一样

任何事物都有它的多面性，比如，看鸡蛋，你横着看，它是扁圆的，立起来看，它就会被拉长；看一个人的背影，纤细高挑，我们就会想了，这人一定是个美女，但当你真正看到她的样子的时候，你或许就失望了。

位置变了，效果自然也有了改变。人常说："万事万物都是多面的，好坏都是双刃剑，有利就有弊。"一个诗人听说一个年轻人想跳桥自杀，而他手里拿着的是诗人的诗集《命运扼住了我的喉咙》。诗人听说后，拿了另一本诗集，赶紧冲到桥上。诗人来到桥上，走到年轻人面前。年轻人见有人上前，便做出欲跳的姿态说道："你不要过来！你不用劝我，我是不会下来的，命运对我太不公平了。"诗人冷冷地说："我不是来劝你的，我是来取回我那本诗集的。"年轻人听了很疑惑，竟然不知道该说什么了。

"我要将这本诗集撕碎，不再让它毒害别人的思想，我可以用我手中的这本诗集和你手中的那本交换。"年轻人犹豫了一会儿，答应了诗人的请求。年轻人接过诗人手上的那本诗集，有点吃惊，因为诗人手上的那本诗集的名字和原来那本如此的相似，但又是如此的不同——《我扼住了命运的喉咙》。

诗人接过年轻人手中的那本诗集，对着它凝望了一会儿，便将它撕得粉碎，撕完后，诗人又说道："当我四肢健全时，我曾多次站在你那里，但当我经历了那场车祸变成残疾后，我便再也没站在那儿过。"诗人说完，用深切的目光望着年轻人。年轻人迎着诗人的目光沉思了一会儿，终于从桥上下来了。很多时候，我们和上面这个年轻人一样，总是被身边的人和事牵绊着、主宰着，把自己的人生交给命运去处理，而忘了自己其实是自己人生的主人，我们的命运和心灵应该由自己做主。

如果说生命是一艘航船，那么我们对舵的把握程度，就决定了我们拥有怎样的人生。一个人的命运好不好，首先是自己决定的。敢于主宰和规划人生，奇迹便会不断产生。

世界上的人基本上分为两大类：一种人拥有积极乐观的人生态度，而另外一种人拥有消极悲观的人生态度。不同的人生态度，决定不同的人生结果。那些积极乐观的人，总是自己掌握自己的命运之舵，从而顺利到达幸福的彼岸；而那些消极悲观的人，总是把自己的命运之舵交给别人，或者依靠所谓的命运之神，结果永远在苦海里挣扎。如果有了积极的心态，又能不断地努力奋斗，那么世上一切事情都有成功的可能。如果既没有积极的心态，又不肯好好去努力，那么将永远和幸福失之交臂。

亨利曾经说过："我是命运的主人，我主宰我的心灵。"做人应该做自己的主人，应该主宰自己的命运，而不能把自己交付给别人。然而，生活中有些人却不能主宰自己，有的人把自己交付给了金钱，成为金钱的奴隶；有的人为了权力，成了权力的俘虏；有的人经不住生活中各种挫折与困难的考验，把自己交给了上帝；有的人经历一次失败后便迷失了自己，向命运低头，从此一蹶不振。

一个不想改变自己命运的人，是可悲的；一个不能靠自己的能力改变命运的人，是不幸的。一个人想获得成功，必定要经过无数的考验，而一个经受不住考验的人是绝对不能干出一番大事的。很多人之所以不能成就大事，关键就在于无法激发挑战命运的勇气和决心，不善于在现实中寻找答案。古今中外的成功者，无不是凭借自己的努力奋斗，掌控命运之舟，在波峰浪谷间破浪扬帆。

每个人都要努力做命运的主人，不能任由命运摆布自己。像莫扎特、梵·高这些历史上的名人都是我们的榜样，他们生前都遭遇过许多挫折，但他们没有屈服于命运，没有向命运低头，而是向命运发起了挑战，最终战胜了命运，成为自己的主人，成了命运的主宰。

情绪分两面，一面积极向上，为我们披荆斩棘地开创美好明天；一面消极沮丧，使我们丧失了创造美好生活的勇气，沦落为悲惨的人，如何选择，相信每个人都有了答案。不要把精力浪费在令人低落的事情上，换个位置，也许你就会发现让你重获勇气的一面。生活之所以美好，是因为它的不确定性，幸福就像是被压在石头下面的小草，只要我们用力躲开石头，就会看到生命的绿色。

克服职场压力，化解不良情绪

在生活中，当我们受到情绪困扰而不愉快时，往往借埋头工作来逃避不悦的心境。却很少有人正视自己的真实感受，和自己做一下情感互动。我们总是很容易把生活的重点放在最终结果上，却很少体会过程带给我们的惊喜。

不要总是抛给自己消极的问题，诸如"你的工作很不开心吗""你的生活是不是糟糕透了""我还能改变什么呢"，等等。这些问题本身就是一种致命的压力，让你无从喘息。假如你能换一种方式来提问，比如："你需要从哪里入手找到更多的工作乐趣呢？""生活中的趣事太少了，怎样增加我的快乐感呢？""我是不是要向周围的人请教一下，自身有哪些地方需要改进？"

当这些问题出现在你的脑海中时，你就会发现这种要求为生活带来了很多迎合个性的快乐和乐趣。当然，其实快乐大多是来自我们生命本身和内心的，只要我们肯正视，什么压力都能解决。要记住，在这种快节奏的生活和工作中，我们更需要笑声、爱心、给予、分享、谈话、倾听、忠诚、美丽、和平，这些都是来自心灵的快乐。

我们每天都面临各种选择，我们可以用多种方法来作决定。可以把心灵放在第一位，为我们的工作和生活增添更多的善良、同情心、真诚、真实与爱心。我们也可以把个性放在第一位，让自己更加自我。但不管怎样，改善工作情绪就必须消除压力。

压力是在工作中最让人恐慌的事情之一。压力不是人或事造成的，而是由我们对待人和事的方式造成的。张扬是某大型企业的销售经理。在公司，她是一位上进心极强的职业女性，工作业绩各方面都十分优秀，深得老板的赏识和器重，她也为此十分自豪并更加卖力地工作。但是近几个星期以来有一件事一直困扰着她，那就是早醒：她每天清早 5 点钟就会突然醒来，再也不能重新入睡，必须马上开始思考和处理工作上的问题才会稍微心安，但是由于睡眠不足，导致白天精神不佳，心理压力巨大。压力是我们日常生活中不可避免的、十分重要的成分。克服压力的诀窍就在于学习如何从焦虑情绪中发现一些积极的东西，从而管理压力。如果你不能很好地管理压力，将会导致生理、感情或者动作紊乱。相反，如果你能恰当地管理压力，这些生理变化可以导致精神和或身体状态的转变，在关键时刻可以帮助你。如何克服这些压力呢？

第一步，只有正确认识压力，你才能找到克服压力的突破口。

首先，要对压力有个正确的认识。认识到压力的本质是什么？认识到压力的必然性与必要性。尤其是不仅要认识到它的消极面，还要认识到它的积极面。著名心理学家罗伯尔说得好："压力如同一把刀，它可以为我们所用，也可以把我们割伤。那要看你握住的是刀刃还是刀柄。"

其次，正确评估自己、接受自己。不要过高地把自己定位于无所不能；也不要把自己看得一无是处。每个人都是有所能而有所不能，找到自己最擅长的那一点，并使之最大化，你就因游刃有余而倍感轻松。永远保持一颗平常心，不要把目标定得高不可攀，凡事量力而行，随时调整目标也未必是弱者的表现。不要时时处处与别人比，尤其是不要拿自己的短处与别人的长处比。你可以分析一下你所有熟悉的人，他们一定有强于你的地方，但也一定有不如你之处，不要感到意外。

最后，认识环境、适应环境。我们正处在一个竞争激烈的现代社会，这是一个适者生存的世界。这个环境中肯定有许多不公平、不合理、不适应、不近人情之处，但对个体来说，这个环境又是不可更改的事实前提。我们只能入乡随俗，而不可能让风俗随我。如果我们对环境的埋怨能改变环境，那我们就一起去埋怨吧，埋怨可是件不费多大力气的事。可惜的是，埋怨不能改变环境，不能解决问题。

第二步，定位你的人生，体现自我价值。

意思就是说：你想要成为什么样的人？你的人生目标是什么？这些看似与具体压力无关的东西其实对我们的影响却是很大的，对很多压力的反思最后往往都要归结到这个方面。卡耐基说："我非常相信，这是获得心理平静的最大秘密之一——要有正确的价值观念。而我也相信，只要我们能定出一种个人的标准来——就是和我们的生活比起来，什么样的事情才值得的标准，我们的忧虑有 50% 可以立刻消除。"

第三步，学会调整各种内外因素。

我们首先要做的是：改变外在压力因素。比如实在受不了就辞职，换一份适合自己的新工作。或者肯定地告诉老板给你压力不要过大，重新安排你的时间。外在的压力因素对人的影响是很大的，外在环境的调整和改变将使一些压力得到缓解。而其中的关键还是要发挥自己的主观能动性，积极地去适应或者有意识的改变。

其次，改变你的内在想法。不要把工作压力带回家，回家后拒绝工作，改变过于追求尽善尽美的想法，不要认为你得对别人的问题负责。更多的压力不在于外在的压迫，而更在于自己的一些不合理的想法，比如过高的不切实际的愿望。

最后，还要注意改变和调整你的身体状态。学会休息放松，适当运动和锻炼身体，正确的营养饮食习惯，充足的睡眠等。

第四步，压力不是你一个人的，要懂得与人沟通，懂得沟通的人，一般不会存在焦虑情绪。所以，我们平时要积极改善人际关系，特别是要加强与上司、同事及下属的沟通。一定要记住一点，压力过大时要寻求主管的协助，不要试图一个人就把所有压力承担下来，因为，这不仅是对我们自身负责，也是对工作的负责。

第五步，理性反思，要清楚地知道压力对于你意味着什么。

理性反思，积极进行自我对话和反省。对于一个积极进取的人而言，面对压力时可以自问，"如果没做成又如何？"这样的想法并非找借口，而是一种有效疏解压力的方式。但如果本身个性较容易趋向于逃避，则应该要求自己以较积极的态度面对压力，告诉自己，适度的压力能够帮助自我成长。

第六步，管理好自己的时间，不要让你的安排左右你。

快节奏的工作和时间的紧张感往往是工作压力产生的重要因素。通常情况下我们总是觉得手上有忙不完的工作，这些工作又都十分紧迫，因此，我们总觉得时间不够用。如何解决这种难题呢？最有效的方法就是学会管理你的时间，不要让你的安排左右你，你要自己安排你的事。在进行时间安排时，你要懂得权衡各种事情的优先顺序，对工作要有前瞻能力，把重要但不一定紧急的事放到首位，防患于未然，如果总是在忙于救火，那将使我们的工作永远处于被动之中。

第七步，凡是抱着乐观的态度，开启你的积极情绪。

首先，懂得利用幽默使自己的情绪积极化。

工作是严肃的，但严肃不意味着刻板、死气沉沉。在工作中，有一些适当的、高品位的幽默可以化解冲突、可以活跃气氛、可以振奋精神、可以缓解压力。并且，它是低成本甚至是无成本的，我们没有任何理由排斥它。

其次，发挥积极自我暗示的力量。

我们要多对自己说一些："我行！我能胜任！我很坚强！我不惧怕压力！我喜欢挑战！"少对自己说一些："我不行！我太差了！我受不了了！我要崩溃了。"积极的自我暗示可以影响你的心态，进而影响你的行为及其行为结果。

最后，不要总是让明天的烦恼困扰你，要珍惜你现在所拥有的。

人性的一个共同的弱点就是企盼得到自己没有得到的东西，而对自己所拥有的一切却不那么珍惜。只有在失去自己现在所拥有的东西时，才倍感它的珍贵与不可替代。

第八步，学会放松身心，你的情绪才会更健康。

以下是帮助你在日常生活中减轻压力的具体方法，简单方便，经常运用可以起到很好的效果：

（1）早睡早起。在你的家人醒来前一小时起床，做好一天的准备工作。

（2）同你的家人和同事共同分享工作的快乐。

（3）一天中要多休息，从而使头脑清醒，呼吸通畅。

（4）利用空闲时间锻炼身体。

（5）不要急切地、过多地表现自己。

压力不容小觑，如果我们稍不注意，就会让压力钻了空子，危害到我们的身心健康。

压力的外在表现只是冰山上的一角，在一般情况下，压力的外在表现往往是一个人情绪状态等方面的综合反映，它的原因往往是来自多个方面。了解自身压力产生的原因，并加以克服，如果你掌握了以上要领，就可以把压力拒之门外，享受轻松生活。

心境对情绪的巨大影响

澳大利亚的一份《育儿教育》上给我们讲述了这样一个小故事。在澳大利亚，有一家人全家出动，爸爸、妈妈和8岁的儿子汤姆、4岁的女儿萨拉到假日森林中去度假。森林中是那么美好、那么有趣，孩子们在森林里欢快地嬉戏打闹，大自然的一切对他们都是那么地新奇。

林中旷地附近长着一丛丛野菊花，粉红粉红的，芬芳扑鼻。全家人都坐在灌木附近。突然，天空黑了下来，大雨倾盆而下。

汤姆很懂事地把自己的雨衣给了妈妈，似乎他并不怕淋雨；而妈妈又把雨衣给了萨拉，似乎她也不怕淋。

萨拉问道："妈妈，汤姆把自己的雨衣给了你，你又把雨衣给我穿上，你们干吗这样做呢？"

"我们当然要这么做了，因为每个人都应该保护更弱小的人嘛！"妈妈回答。

"那么，你的意思就是说我是最弱小的人了？"萨拉问道。

"要是你任何事物都保护不了，那你就是最弱小的人了！"妈妈笑着回答。

萨拉朝菊花丛走去，她掀起雨衣的下部，盖在粉红的花上。滂沱大雨已冲掉了几片花瓣，花儿低垂着头。它们看起来那么娇嫩纤弱，一点儿防卫能力都没有。

"妈妈，你看，我并不是最弱小的！"萨拉自豪地说。

"嗯，对呀，现在你帮助了别人，你就是强者，是勇敢的人了！"妈妈这样回答。这位妈妈的爱心很让我们感动，小萨拉的聪明善良也非常让人动容。尽管只是一朵小小的花儿，但是萨拉却从保护小花中找到了自己是强者的证明。这么小的孩子，她懂得如何让她的脑袋拐个弯，知道退后一步去考虑问题：我是弱小的，但还有比我更弱小的东西呢。正因为她会这么想，她才会更自信、更快乐。

多数家长把孩子看得过于弱小，认为他们这不能做，那也不能干，恨不得把孩子用玻璃罩子罩起来，结果使多数孩子对自己的能力缺乏信心，更加认为自己什么都做不了，长大之后也会变得畏首畏尾。但是，如果能让他们找到证明自己有用的地方，他们就会更加自信。

通过看上面的这个故事，我们可以领会到心境对情绪的影响。其实，在生活中，我们有很多的麻烦事，都是因为我们自己太过固执而不肯退后造成的。退后是一种心境，是一种可以宽宏大度看待事物的心境，而且，往往当我们退一步的时候，就会看到更开阔的天空。

所以，当我们被一些事情蒙蔽，感到生气、焦躁或是不安的时候，不要急着往前冲，先退后两步，也许效果会不同。退后几步，并不表示我们甘于懦弱，而是能让我们的视野更开阔，让我们把前面的路看得更清楚，更让我们有时间审时度势，把周围的情况分析得更透彻，从而做出正确的判断。而且，因为退后了两步，矛盾便会一下子化解得无影无踪，从而让你拥有海阔天空的心境。

人的一生难免会有被枷锁困住的时候。生活就像是波涛汹涌的大海，我们就是海上的小舟，在未知的海面上，我们会遭遇各种各样的事情，我们的情绪也自然会受到影响。

想要摆脱这些不良情绪，我们就要学会转换心境。用我们的眼睛去看大自然，多发现生活中的美好，心境自然也会变得平和喜悦，如果明知道有很多东西能够改善你的心境，你也做不到，那就是我们的悲哀了。我们一直以来最信奉的方法是整理思路并寻找解决的途径——找到自身的缺点，把烦恼对生活的破坏降到最低。

心境，也许就是一张张等待显影的底片，在心灵快门揿动的刹那，显影生命的片段与生活的诸多真实细节。

加减乘除法，情绪大减压

近年来，世界各国的医学专家不断向人们发出警告，由心理压力引起的身心疾病已呈大幅度上升趋势。这种状况应引起各界人士的关注，如何引导人们自我减压也势在必行。而专家的建议是：给你的生活做"加减乘除"法。

1. 加法

积极参加体育锻炼，拓展生活圈子。任何项目的体育活动都能使人感到惬意，但前提是不要运动量过大。另外，与其在家中使用健身器械，不如到公园散步、同朋友踢球或者登山、游泳；有意结交新朋友，接受新信息，开阔视野。

人生在世，总要追求一些东西，追求什么是人的自由，所谓人各有志，只要不违法，手段正当，不损害别人，符合道德伦理，追求任何东西都是合理的。一个进步的社会应该鼓励个人用自己的双手，增加人生的价值和内涵，使人生物质世界和精神世界都更加富有和充实。加法人生的原则是提倡公平竞争，无论在物质财富上还是在精神财富上胜出者，都应给予鼓励。加法加的是什么？是你的积极的、愉悦的、平和的情绪，它们可以让你的人生朝着积极的走向延伸。

2. 减法

降低生活标准，接受别人帮助。对生活高标准、严要求的人不在少数，这些人应该学会适度放松；不要认为自己能够做好一切事情。如果遇到力不能及的事，最好能请别人帮忙。

人生是对立统一体。哲人说人生如车，其载重量有限，超负荷运行促使人生走向其反面。人的生命有限，而欲望无限。我们要学会辩证地看待人生，看待得失，用减法减去人生过重的负担。否则，负担太重，人生不堪重负，结果往往事与愿违。人生应有所为，有所不为。

减法减去的是什么？是消极的、有负荷的情绪，这样我们才能轻装上阵，打一场漂亮的人生仗。

3. 乘法

给自己留一些时间，要学会多留些时间给自己。一个人如果总是不闲着，会使周围人的情绪也随之紧张。如果感到累了，一定要休息；即使不累，为了爱惜自己也不妨躺下来放松一会儿。

人生的成功与否，与个人努力有关，更与机遇有关。哲人说，人生的道路尽管很漫长，但要紧处就那么几步。对于人生而言，奋斗固然重要，但能否抓住机遇也是十分关键的。在人生的关键时刻，一次努力能抵得上平时几次、几十次的努力，一年的奋争能抵得上几年甚至十几年、几十年的奋争。从这种意义上讲，在关键时刻把握住人生就实现了人生的乘法。

乘法是什么？是我们在面对压力和困难时必须具有的高涨情绪，把你的潜在能量发掘出来，以乘法将这份能量加以扩大。只有这样，在关键时刻，才会得到应有的回报，人生的光环随之而来。

4. 除法

不要同时做好几件事，把家务分开做。不要总想自己能够同时做好几件事。与其同时忙碌好几件事情，不如考虑如何提高效率，最好是把家务分成几部分来做。例如：今天整理浴室，明天给房间除尘，后天再擦窗户。心理学家认为，适度的家务劳动并不会使人感到疲劳，而且还会给人带来愉快感。

有人曾写下一个著名的幸福公式，幸福程度＝目标实现值÷目标期望值。也就是说，在目标实现值固定的前提下，目标期望值越高，幸福程度越低，而期望值越低，幸福程度越高。我们平时所说的"知足者常乐"也包含这种意思。

很多时候，人生不能寄期望值过高，树立理想是必要的，但树立的理想过于远大，超出了自己的自身能力和条件，那是十分有害的，这样容易造成人生的目标期望值和实现值反差太大，使人产生自卑情绪和失落情绪。

即刻开始，拿出纸和笔，把你的人生好好演练一遍，怎样加减，如何乘除，才能得到你想要的结果，那么，你就可以按照这套公式规划你的人生了。

情绪懈怠，用压力刺激

其实人每天都有可能产生很多的不愉快情绪。我们每天都有可能碰到和自己对着干的人，或者遇到我们看不顺眼的家伙，或者听到极不顺耳不中听的语言，或者遇到非常棘手的事和非常残酷的环境。这些不顺心的事情，总是能轻而易举地击中我们的坏情绪，它让我们焦躁不安，烦恼怨恨。于是，我们时常会这样想：要是这个人从周围消失就天下太平了，要是我们能离开那个残酷的环境就万事大吉了。可结果往往是出人意料。你越讨厌的人就越容易在你面前出现，你越害怕的残酷环境和挫折就越容易光顾你。

不过反过来想一想，有压力或许并不是一件坏事情。正是因为挫折和残酷环境的存在，我们才有动力想做得更好，想要出人头地或出类拔萃，我们试图把那些不断袭来的挫折与逃之不离的残酷环境当做挖掘自身潜力的工具，并为此不断去努力去拼搏，这样我们的意志和毅力就会不断增强，我们自己也会越来越强大。1860年，林肯当选为美国总统。有一天，有位名叫巴恩的银行家到林肯的总统官邸拜访，正巧看见参议员萨蒙·蔡思从林肯的办公室走出来。于是，巴恩对林肯说："如果您要组阁的话，千万不要将此人选入您的内阁。"

林肯奇怪地问："为什么？"

巴恩说："因为他是个自大成性的家伙，他甚至认为他比您伟大得多。"

林肯笑了："哦，除了他以外，您还知道有谁认为自己比我伟大得多？"

"不知道，"巴恩答道，"不过，您为什么要这样问呢？"

林肯说："因为我想把他们全部选入我的内阁。"

事实证明，巴恩的话是有道理的。蔡思果然是个狂态十足、极其自大，而且妒忌心极重的家伙。他狂热地追求最高领导权，本想入主白宫，不料落败于林肯，只好退而求其次，想当国务卿。林肯却任命了西华德，无奈，只好坐第三把交椅——当了林肯政府的财政部长。为此，蔡思一直怀恨在心，激愤不已。不过，这个家伙确实是个大能人，在财政预算与宏观调控方面很有一套。林肯一直十分器重他，并通过各种手段尽量减少与他的冲突。

后来，目睹过蔡思种种行为，而且搜集了很多资料的《纽约时报》主编亨利·雷蒙顿拜访林肯时，特地告诉他蔡思正在狂热地上蹿下跳，谋求总统职位。林肯以他一贯以来特有的幽默对雷蒙顿说："亨利，你不是在农村长大的吗？那你一定知道什么是马蝇了。有一次，我和我兄弟在肯塔基老家的农场里耕地。我吆马、他扶犁，偏偏那匹马很懒，老是磨洋工。但是，有一段时间它却在地里跑得飞快，我们差点都跟不上它。到了地头，我才发现，有一只很大的马蝇叮在它的身上，于是我把马蝇打落了。我的兄弟问我为什么要打掉它，我告诉他，不忍心让马被咬。我的兄弟却告诉我就是因为有那家伙，这匹马才跑得那么快。"然后，林肯意味深长地对雷蒙顿说："现在正好有一只名叫'总统欲'的马蝇叮着蔡思先生，那么，只要它能使蔡思那个部门不停地跑，我还不想打落它。"在任何时候都不要惧怕压力，适当的压力只会让你更好地发挥你自己的能力，竞争会检验你的表现，遇到压力最简单的解决办法就是：勇敢迎接它，它会唤醒你更好的一面。如果每天都给自己一点压力，你就会感觉到自己的重要性。

所以在压力与动力面前，就看我们如何选择了。我们是压制自我情绪选择被迫去做，还是以乐观积极的情绪去面对。这两种情绪都始于一种义务的层面，但后者会得到更积极的生活体验，后者所作出的效果和成绩都是事半功倍的；如果是采取消极悲观的情绪去面对，你不但每天心情不愉快，生活不幸福，办事效率降低而且还容易出差错，加之人际关系紧张，身体状况亦可能欠佳。

给自己找一个对手刺激你的积极情绪，将压力转化为积极进取的动力，能使人挑战自我，挖掘潜力，激起创造性。只有意志消沉、精神颓废、闭目塞听者，面对压力的时候才无法将此转化为奋起直追的动力。

真诚赞美他人

赞美，是情绪的调节剂。一句赞美的话，可以让对方喜笑颜开；一句赞美的话，可以让他人对你产生好感，为你赢得好人缘。在生活中，我们都有被他人赞美的经历。当我们获得成功时，他人一句真诚的赞美会带给我们很大的快乐。当我们情绪低落时，他人的一句真诚赞美会带给我们重新出发的信心。

记住这些生活的细节，记住这些由衷的赞美，当我们深刻地了解到他人的赞美带给我们的帮助时，我们就会了解，在我们周围的人也同样渴望来自他人的欣赏和赞扬。所以聪明的人从不吝惜自己真诚的赞美。

人的本性中有一个重要方面：即对赞美的渴求。生理层次上，每个人都愿意听别人赞美自己漂亮、强壮、健康、年轻，吃、穿、住等条件比别人优越；人际关系中，每个人都希望与别人和睦相处，获得好的人缘，得到亲朋好友的尊重和认可；事业上，每个人渴求在社会上谋求一席之地，实现自我价值。一句话，对赞美的渴望源于人的本性，具有无穷的力量，无论对什么样的人都是这样。

人们对于赞扬和认可总是不设防的，往往一句简单又看似无心的赞扬，就是良好关系的开端，人与人的距离由此而拉近。因为，赞美是引发好情绪的主要因素。有位成功的商人刚走出办公大楼，就碰到一个着装老旧的铅笔推销员向他推销铅笔。这位商人看着推销员十分认真的神情，顿时生出怜悯之情，商人不假思索地掏出10元钱，塞到推销员手中，而后扭头走了。

刚走出几步，商人突然意识到这样做有些不妥，于是他急忙返回。商人先是向推销员点了点头，然后抱歉地解释说自己忘了取笔，希望对方不要介意，还郑重其事地对推销员说："您和我一样，都是商人，而且，我们都是认真的商人。"说完这句话，商人微笑着走了。

一年之后，商人去参加一个商务活动，一位西装革履、风度翩翩先生一见到他就上前主动和他握手。商人被突发的状况弄得一头雾水，他不记得自己认识这样一位成功的人。正当商人困惑之际，那位先生不无感激地自我介绍道："您可能早已忘记我了，而我也不知道您的名字，但我永远不会忘记您，您就是那位真诚赞美过我，重新给了我自尊和自信的人。我一直觉得自己是一个推销铅笔的乞丐，直到您亲切地对我说，我和您一样是商人为止。"没想到商人简单的一句话，竟使一个处境窘迫的人找回了自信，使他看到了自己的价值和优势。倘若当初没有那一句充满赞美的鼓励话语，纵然给他再多的金钱也无济于事，也不会出现从自认乞丐到自信自强的巨变——这就是赞美的力量。

赞美，如一缕春风、一泓清泉，一颗给人温暖的舒心丸，它能够催人奋进，成为密切人际关系的黏合剂。它常常与真诚、谦虚、宽容、赞赏、善良、友爱相得益彰，与虚伪、狂妄、苛刻、嘲讽、势利水火不容。给成功者以赞美，表明了自己对成功的敬佩、赞美和追求；给失败者以赞美，表明了自己对别人失败后的同情、安慰和鼓励。

在我们的感知中，赞美总是能有效地起到激励和调节情绪的作用。当别人自卑时，用他的某部分优点鼓励他；当别人有过失的时候，用赞扬使其恢复自信和自尊，由此建立患难真情；当别人开始抵触时，尝试用赞美树立双方的共同立场，减少对立。

赞美在人际交往中扮演着相当重要的角色，尤其是在下属和上司的交往中，赞美是必不可少的：

第一，它是上司与下属交往中的缓冲器。经由适度的赞美，可以使双方的冲突缓和消除，乃至感情更为亲切。如果上下之间的关系曾因争执而闹僵，凭着适度的赞美便有可能解冻。人们只知不打不相识，却没意识到不捧不相亲。对于解决人际冲突来说，或打或捧，都可视情况而用。

第二，它是下属对上司的一种激励。激励，不仅仅指上司对下属，下属也可以用于上司。人人需要激励，人人可用激励，如果下属能够对上司的成就适时赞誉，则必能满足他的成就感而倍加激发他的兴业志向，这种赞许由下属提出来，即使有些超度，也是最为直接有效的。真正高明的上司，最希望得到的还是下属的掌声或捧场，这和表演者的高成就心理是形异实同的。

赞美虽然是件很好的事，但它并不是一件简单的事。若在赞美别人时，不能恰如其分，即使你的赞美是多么地真诚，也会让好事变成坏事。所以，赞美是需要一定技巧、注重一定方法的。要想让你展现完美的情商，前面的赞美方法是不得不掌握的。你只有懂得了这些赞美的技巧，才能真正成为一个受欢迎的人。

发自内心赞美，会让他人感受到你的真诚，和你产生即时的情绪共鸣，因此，当他人对你的赞美有了回应时，那就表示赞美已经起到了引发情绪共鸣的作用，而此时，你的好人缘就已经建立了。

幸福，在于你能为自己找快乐

常听人说一句话："为什么别人可以这么幸福，我却得不到？"我们不禁要问：你爱自己吗？一个连自己都不爱的人，他怎能渴求会得到爱，得到幸福。只有先爱护自己，幸福才会找上门。爱自己就让自己每天都开开心心的；爱自己就让自己每天都健健康康的；爱自己就让心胸变得更广阔，爱自己就要多发掘生活中的美好。可能你没有钱，但你关心你的家人和朋友；可能你不漂亮，可你有健康的身体；可能你体质弱，但你有一颗乐观的心。也许你觉得自己一无所有，那请你低头看看你自己，你还活着，活着就是希望，就是幸福。

之所以出现这种现象，是因为我们每个人对幸福的认知不同，我们所体验到的幸福感也有差别。有的人认为我有钱就幸福，有的人认为我找到一个真心相爱的人就幸福，有的人则认为衣食无忧就是幸福，更甚至会有人觉得吃一顿可口的饭菜，去郊外呼吸一下新鲜空气就是幸福。

幸福没有标准答案，但是却有一点共同之处，那就是快乐。因为快乐是检验幸福的一个重要指标。幸福要靠自己去发现，去寻找，抓住生活中每一份细微的快乐，其实每个人都是幸福的。幸福不在于生活的本身，而在于你看待生活的态度，在于你感受生活的情绪。曾经有一部电影叫《求求你，表扬我》，演员范伟饰演的打工仔在接受王志文扮演的记者采访时说了这样一段话："幸福什么呢？幸福就是：我饿了，你手里有一肉包子！那你就比我幸福；再比如我冷了，你有一件厚大衣！那你就比我幸福；再比如我想上厕所，可就一个坑，你去了！那你就比我幸福……"

这段关于幸福的描述听起来有点可笑，因为这些例子实在太过日常化，甚至会让人觉得有点粗陋。但就是在这样的例子里，人们才能更好地明白：幸福的本质就是一种愿望的满足。幸福就像一个神奇的魔方，转动中组合出不同的色彩和图案。有时候，我们需要的是热情与希望，有时候我们需要的是关怀与帮助；有时候我们想要的是香车宝马；有时候我们需要的只是"冬天的棉袄，夏天的蒲扇"。当你得到了你所需要的，你所希望的时候，你的拥有就是一种幸福。

此时此刻的幸福，才是我们能够把握的。

如果非要给天下的幸福做个统一的答案，那就是：当我们获得了内心的宁静、喜悦与祥和时，无论贫穷还是富贵，幸福之树也便开始在心里扎根、成长了。这个时候，我们只需要去做一件事：用自己的智慧找到更多的幸福。

不快乐是因为生活与预期不符。我们的要求不能满足，认为人生不是它"应该"有的样子，我们就会快乐不起来。所以我们会说："要怎样怎样我就会快乐。"但人生没有那么完美的。人生常出现愤怒、沮丧、成功、失败，提出快乐的条件其实是自欺。

境由心生，快乐靠自己决定。很多人一生的生活方式，好像有一天他们会抵达一个名叫"快乐"的公车站。他们以为，有一天所有的事物都会变得完全符合理想，到时他们可以喘口气，说："我终于找到快乐了！"所以他们的一生都可以用"只要怎样怎样，我就会快乐"作一总结。

快乐就像是不知名的野花一样，遍布在我们的周围，只是很多时候，我的目光很容易错过那些惬意生长的野花，总是苦苦寻觅着那些不易见到，不易得到的奇花异草。

下面这段文字是一位85岁、得知自己将不久于人世的老先生写的，很值得一读。"如果我能重活这一生，我要尝试犯更多的错误。我不会那么刻意求完美。我要多休息、随遇而安，我处事不会像这次那么精明。其实世间值得去斤斤计较的事少得可怜。我会更疯癫些，也不那么讲究卫生。

"你知道，我就是那种一天又一天、一个钟点又一个钟点，过得小心谨慎、清醒合理的人。哦，我也曾放纵过，如果一切能重来，我要享有更多那样的时刻——每一刻、每一分、每一秒。

"如果一切能重来，我要在早春赤足走到户外，在深秋竟夜不眠。我要多坐几趟旋转木马，多看几次日出，跟更多的儿童玩耍，只要人生能够重来。

"但是你知道，不能了。"老人用自己的一生向我们提出了一个警示：珍惜那些存在于我们生命中的任何细节，不管是苦痛的，还是欢喜的，它们都值得我们用心纪念，情绪让我们体验了人生，也让我们真真实实地感受到了自我人生有限，要活得更快乐、更充实，其实根本不需要改变这世界。世界已经够美了，需要改变的是我们自己，是我们流露出的那些真实的情绪。

世界本来就不"完美"。我们不快乐的程度取决于现实跟它们"应该是"的样子之间有多大距离。如果我们不凡事苛求完美，快乐这档子事就简单得多了。我们只需要决定自己比较喜欢事物朝哪个方向发展，即使不能如愿，我们还是可以快乐的。

有位印度大师对急于寻求满足的弟子说："我把秘诀教给你，你要快乐，从现在开始觉得快乐就是了！"

幸福的家庭大多是相似的，而幸福的体会却因人而异、千差万别。因为幸福的答案并不统一，他深藏在每个人的心底，人们根据自己的需要来调整爱、判断爱、感受爱、收获爱。每个人都因为所处位置的不同、需要不同，而对幸福生出不同的体会。

那么，你觉得你快乐吗，你幸福吗？找一面镜子看看自己，你会很快得到答案。记住，情绪是不会骗人的。

用积极情绪影响他人

有策略地展现你的积极情绪是一种有效的相互影响人际关系的技巧，但却很少有人能够熟练地掌握这种技巧。有策略地展现积极情绪需要某种技巧，它需要很强的自我克制能力和约束力。你还得注意你想要对别人产生的影响。

美国杰出的推销员雷蒙·施莱辛斯基在应对客户的拒绝时，喜欢采取"让客户给我5分钟"的办法。他说："通常我在做销售拜访的时候，我总是要求客户或潜在的客户给我5分钟的时间。而事实上我可能需要的只是2分钟。

"当然,有时你无法在5分钟内把你的故事说清楚,但是只有你要求别人给你5分钟时间,他们才更有可能给你一个正式的约会。一旦你走进了大门，并对他们描述了一件完美的事物,即便这可能会持续半个甚至一个小时,人们一般都会让你继续下去。而从另一方面来看,如果人们对你所说的丝毫没有兴趣,那么1分钟都已经是多余的了。

"就是我早期惯用的通过要求5分钟的机会进行15或者20分钟的生动游说。通常情况下，我会用5分钟的时间进行简单的介绍，然后站起来假装准备离去，这时候客户一般都会不自觉地放松警惕，我就抓住这个时机说：'还有一点需要解释。'

"于是又可以游说两三分钟，这时我会说：'我确实得走了，但是在走之前我希望确信您已经完全明白了我所说的东西。'

"我拿起皮包走向房门，就在关门之前我又会停顿一下，然后说：'我希望您再最后考虑一下。'这5分钟的商业拜访取得成功的原因并不仅仅在于这5分钟里让客户了解了什么，而是你在与他见面之前所做的辛苦准备，为此你可能需要花费几个星期甚至几个月的时间。

"因为当5分钟的约会结束的时候，我甚至将比他的家人还更了解我所面对的客户，包括他的兴趣、观点、爱好和需要，等等。"实际上，5分钟只是一个展示自己的机会，施莱辛斯基要做的是，无论有多少时间，他都要遵循三个原则来进行自己的推销讲话，以激发客户对产品的兴趣。第一，在最初说话的几秒钟内用生活或工作中客户最关心的事情把客户的注意力吸引过来。第二，每个人都有情感的弱点，比如一些令客户非常感动并认同的事情。而这些事可能与他们的生活和工作毫无关联，它可能只是一个梦想、一个希望或者一个承诺。销售就是要发现客户的情感弱点，然后迫使他们说"是"。第三，尽量避免和客户发生分歧。

在言谈之间观察他人情绪，适时地用自己的情绪调动他人的情绪，这是我们成功打入他人内心的秘密武器。当然，情绪的表露是很难控制的，因为情绪是一个人内心世界的真实写照，它可以直接反应一个人的喜怒哀乐。当你有意识地去诱导他人情绪的时候，你就已经调动起了你的积极情绪。

如果你还没有足够的信心来控制自己的情绪，那么，平时就要注意培养你的积极情绪，并在适当的时机，有计划地展现你的积极情绪，对他人也是一种无形的影响。

情感协调，引导他人情绪

正确的情感协调是建立良好人际关系的基础。心理学家卡西波指出，人际关系的好坏与情感协调能力很有关系。如果你善于顺应他人的情绪或使别人顺应你的步调，人际互动必然较顺畅。成功的表演者便能够使千万人随着他的情绪共舞。不善于传递或接收情绪信息的人，在人际互动上总是滞碍难行，因为别人与其相处易感到不自在，虽然他们可能说不出任何理由。

人际互动中决定情感步调的人，自然居于主导地位，对方的情感状态将受其摆布。这与生物学的生物时钟很接近。譬如说对正在跳舞的两个人而言，音乐便是他们的生物时钟。在人际互动上，情感的主导地位通常属于较善于表达或较有权力的人。通常是主导者话较多，另一人较常观察主导者的表情。高明的演说家便极擅长带动观众的情绪。汤姆·霍普金斯是当今世界著名的推销训练大师，被誉为"世界上最伟大的推销大师"。有一次，他在接受一家报纸记者的采访时，记者向他提出一个挑战性的问题，要他当场展示一下如何把冰卖给因纽特人。

于是就有了下面这个脍炙人口的销售故事。

"您好！因纽特人。我叫汤姆·霍普金斯，在北极冰公司工作。我想向您介绍一下北极冰给您和您的家人带来的许多益处。"汤姆一脸灿烂的笑容，热情地推销着自己的产品。

因纽特人觉得汤姆很有意思，也笑着说道："这可真有趣。我听到过很多关于你们公司的好产品，但冰在我们这儿可不稀罕，它用不着花钱，到处都是，我们甚至就住在冰块里面。"

听了这话，汤姆并没有气馁，他依旧满脸笑容，耐心地向因纽特人介绍说："是的，先生。注重生活质量是很多人对我们公司感兴趣的原因之一，而看得出来您就是一个很注重生活质量的人。你我都明白价格与质量总是相连的，能解释一下为什么你目前使用的冰不花钱吗？"

因纽特人："很简单，因为这里遍地都是。"

"您说得非常正确。你使用的冰就在周围。日日夜夜，无人看管，是这样吗？"汤姆的语气开始放慢下来，情绪有了细微的变化，言语中也没有了起初的活泼。

因纽特人耸耸肩，摊开双手回道："噢，是的。这种冰太多太多了。"

"哦，先生，我觉得很难过。"汤姆的表情有些沮丧，情绪也跟着低落下来："先生，现在冰上有我们——你和我，你看那边还有正在冰上清除鱼内脏的邻居们，北极熊正在冰面上重重地踩踏。还有，你看见企鹅沿水边留下的脏物吗？请您想一想，设想一下好吗？至少，这会影响我的好心情。"

因纽特人听了，他向远处看了看，神色有些厌恶，可他仍然坚持说："我宁愿不去想它。"

汤姆作出一副无可奈何的样子，叹了口气说："也许这就是这里的冰不用花钱的缘由。"

"对不起，我突然感觉不大舒服。"因纽特人的情绪有了急剧的变化，他的脸色看上去似乎真的不太好。

汤姆意识到再接着问下去，势必会让因纽特人对他产生反感情绪，于是，他转换了另外一种方式，询问道："当然，给您家人饮料中放入这种无人保护的冰块，你一定会先进行消毒，那您如何去消毒呢？"

因纽特人的情绪有了一些缓和，他答道："煮沸吧，我是这么想的。"

汤姆："是的，先生。煮过以后您又能剩下什么呢？"

因纽特人："水。"

汤姆看到因纽特人的表情有了明显的困惑，他立刻抓住这个机会，很认真地说道："这样你是在浪费自己时间。说到时间，假如您愿意在我这份协议上签上您的名字，今天晚上你的家人就能享受到既干净又卫生的北极冰块饮料。噢，对了，我很想知道您的那些清除鱼内脏的邻居，您以为他们是否也乐意享受北极冰带来的好处呢？"

印纽特人还来不及反应，就顺着汤姆的话说道："我想他们也不乐意吧。"故事中的汤姆是一个很善于抓住他人情绪因势利导的人，他巧妙地运用话术战略，控制了因纽特人的情绪起落，从而达到了自己成功推销产品的目的。

其实，情感协调是一个人所具有的最重要的交流技巧之一。无论是对于一个出色的演员或是一个优秀的推销商，无论是对于称职的父母或是亲密的朋友，无论是对于一个演说家或是一个政治家来说，真正需要的就是情感协调，这是一种强烈的吸引别人、联系别人、建立强大的人际关系的能力。

通过与别人的情感协调，可以让工作变得简单、容易、趣味横生。在生活中，无论你想干什么、看什么、创造什么或要体验什么，不管是精神上的自我实现还是物质上的充分成功，都会有一些人能帮助你既快且客易地达到目标。他们知道怎样做才能使你快速地收到成效。要想获得这些人的帮助，就要实现与他们的情感协调，和他们进行密切合作，让他们把你看作伙伴。

创造情感协调，就是创造和揭示共同之处，我们称这个过程为"镜现"。有很多方式可以寻找与他人的共同之处，从而达到情感协调。你可以通过共同兴趣——如服装式样、文娱活动等，也可以通过同一类型的朋友或熟人，还可以通过信仰等等。通过这些共同点，就能发展友谊，建立联系。而所有这些都是通过语言进行交流的。进行情感协调的一般方式就是交换彼此的信息。不过，研究表明，双方之间的交流只有7%是通过词语实现的，38%是通过声调实现的，可见一个人的外在行为比他的语言提供的信息更多。

"镜现"是情感协调中的自然过程，是一种无意识的行为。进行情感协调的秘诀，就是要使我们能随心所欲地与任何人甚至是陌生人进行情感协调。

如果你能和某人建立协调的情感，要不了多久你就能改变他的行为，使他适应你的行为。善于与人交流的人，他们通过交流来掌握人们的即时情绪，向人们灌输宏伟蓝图和基本思想，激发人们的干劲。他们在人们的心中树立起一系列的形象。他们把员工与理想联系起来，使他们的工作有意义，有目标和集体感。他们通过故事、符号和丰富的语言，从而将他人的注意力吸引到重要的事情上来。

让他人更乐于走近你的秘诀

在现实生活中，只要你时时超越自我情绪的困惑，你就能保持轻松愉快的心境，你的面孔也会因此而涌起幸福的微笑，并感染他人，而且他人的微笑又会反过来强化你的愉悦和微笑，形成你与他人之间人际关系的良性循环。这无疑会极大地促进你优美的个性和完美的形象，使你赢得更多人的支持和喜欢。

无论是生活中还是工作中，如果一个人对你满面冰霜、横眉冷对，另一个人对你面带笑容，温暖如春，他们同时向你请教一个工作上的问题，你更欢迎哪一个？当然是后者。一个真诚的人，他总是微笑地对待每一个人，每一件事。

一个人的面部表情亲切、温和、充满喜气，远比他穿着一套高档、华丽的衣服更吸引人注意，也更容易受人欢迎。有一位有名的公司总裁大卫·史汀生几乎具备了成功男人应该具备的所有优点——他有明确的人生目标，有不断克服困难、超越自己和别人的毅力与信心；他大步流星、雷厉风行、办事干脆利索、从不拖沓；他的嗓音深沉圆润，讲话切中要害；他总是显得雄心勃勃，富于朝气；他对于生活的认真与投入是人尽皆知的，而且，他对同事也很真诚，讲求公平对待，每一个与之交往的人都乐意与之深交。

但初次见到他的人却对他少有好感。这令熟知他的人大为吃惊。为什么呢？因为他的脸上，一般少有微笑。如果一个人他深沉严峻的脸上永远是炯炯的目光，紧闭的嘴唇和紧咬的牙关，即使在轻松的社交场合也是如此，那么，即使他在舞池中优美的舞姿几乎令所有的女士动心，但却很少有人同他跳舞。公司的女员工见了他更是畏如虎豹，男员工对他的支持与认同也不是很多。由此可知，没有微笑使他成为了一个令人畏惧的人，一个不受欢迎的人，没有微笑就没有生机。

微笑是一种宽容、一种接纳，它缩短了彼此间的距离，使人与人之间心心相通。喜欢微笑着面对他人的人，往往更容易走入对方的天地。难怪学者们强调："微笑是成功者的先锋。"有一位性格抑郁沉闷、心情沮丧的学生，毕业后被分在幼儿园。当她面对天真可爱的孩子们时，又不得不强颜欢笑给他们上课。一天天过去了，令人惊奇的是她竟变成了活泼愉快并能发自内心微笑的姑娘。舒心的微笑使她振作起来了。一个因偷窃寝室同学饭票的女学生，被叫到了老师面前。老师面对这位红着脸低着头的学生，微笑着注视了良久后，只轻轻地说了一句话："还是由你自己说吧！"学生立即哭了，并彻底承认了错误。试想，假若这位老师大动肝火，结果又会怎样？在这里，微笑既是对对方的宽容和理解，也是对对方的启发和诱导，更是对对方含蓄的指责和批评。微笑是表达真诚、表达善意的高难度社交技巧之一，是一种文明的表现，它显示出一种力量、涵养和暗示。法国作家阿诺·葛拉索说："笑是没有副作用的镇静剂。"在工作或生活中，我们总会遇到形形色色的人，有爱发脾气者，有刻薄挑剔者，有出言不逊、咄咄逼人者，也有与你存有隔阂芥蒂之人，对付这些"难对付之人""含蓄的微笑往往比口若悬河更可贵"。面对别人的胡搅蛮缠、粗暴无礼，只要你微笑冷静，你就能稳控局面，用微笑减缓对方的刺激，以微笑化解对方的攻势，从而以静制动，以柔克刚，摆脱窘境。一个中年领导干部说："自从我开始坚持对同事微笑之后，起初大家非常惊讶，后来就是欣喜、赞许。两个月来，我得到的快乐比过去一年中得到的满足感与成就感还要多。现在，我已养成了微笑的习惯，而且我发现人人都对我微笑。过去冷若冰霜的人，现在也热情友好起来。上周单位搞民主评议，我几乎获得了全票，这是我参加工作这么多年来从未有过的大喜事！"有着微笑面孔的人，一定是一个真诚的人，总会有希望。因为一个人的笑容就是他好意的信使，他的笑容可以照亮所有看到他的人。没有人喜欢帮助那些整天皱着眉头，愁容满面的人，更不会信任他们。而对于那些受到上司、同事、客户或家庭的压力的人，一个笑容就能让他们觉得一切都是有希望的，世界是有欢乐的。

当客人来访或是你走入一个陌生的环境，由于陌生或羞涩，往往会端坐不语或拘谨不安。此时，你若微笑，就能使紧张的神经松弛，消除彼此间的戒备心理和陌生感，相互产生良好的信任感和亲近感。记住：要使他人微笑，你自己先得微笑。

微笑是一个有涵养的人的起码素质，是对他人一种和蔼友善的表示。它既能反映出你控制和表现自己情绪的能力，也能显示出你主动热情、坦率大方的个性。当你不慎得罪了你的朋友和同事，当你无意冒犯了你的上司和长辈，你很想向他们解释道歉，却又碍于颜面难以启齿时，只要你主动真诚地对他们报以微笑，一切矛盾都可迎刃而解。从现在开始，用真诚的微笑去面对你遇见的每个人、每件事，你会发现，你的视野突然变宽了，你的人生突然变得更开阔了，而你的工作，也将更加得心应手了。

求同存异，建立友好关系

通过一个人的情绪表露，我们可以对其性格窥探一二。一个人不可能和所有的人都成为亲密朋友，但是，如果我们对一个人的性格有所了解，打起交道来，也会轻松许多，工作起来也能相互协调。

可见，掌握一个人的情绪，对我们处理社交关系是有很大帮助的。在平时交往中，如果我们多用些心思去观察周围人的情绪，时日久了，对他们的性格也就有了更深的了解。人的性格有时是多面的，与不同性格的人相处时应该看到，既然别人与自己性格不同，他在待人接物方面，自然有许多方面与自己不一样。当我们看到了别人与自己的不同之处后，不要觉得这也不顺眼、那也看不惯，更不要讨厌和嫌弃别人。

为此，我们要学会求同存异，学会在不同之中，发现共同之处，好情绪可以帮这个忙。比如，你若是一个性格平和的人，张三曲解了你的意思，你在解释的时候，可能情绪不会那么激烈，言辞也比较委婉。如果你身边有一个刚直倔强的同事，遇上同样的事情，他给张三提意见，可能情绪就会比较激烈，说话也单刀直入，语言尖锐，更甚至他可能转而批评你，说你给别人提意见转弯抹角，是钝刀割肉。

这时候，如果你只看到那个直率的同事开展批评的态度和方式跟你不一样，通过他的情绪表现，你可能会觉得他太鲁莽，太不讲情面，于是，你就会得出跟他格格不入，合不来的结论。但如果你结合事态，分析一下他情绪激动的原因，那么，你就会发现除了看到你们两人提意见时的方式不同以外，还能看到他和你一样，也是出于一片好心，真心帮助朋友，你可能就不会觉得他粗鲁无情，而觉得他有难得的古道热肠，同时也不会计较他对你的批评。我们要是能够理解他人的情绪，稳定好自己的情绪，多看别人和自己之间的共同点，我们与不同性格的人相处就将变得得心应手。

与人相处，要注意多发现别人的优点，取长补短。两个性格不同的人在一起，由于对比明显，双方很快就会发现对方的长处和短处。发现了别人的短处之后，正确的态度是给别人指出来，帮助他。世界上一切事物都不是尽善尽美的。每个人在思想上、性格上都存在缺点，我们对人不能求全责备，谁要寻找没有缺点的朋友，那他就会没有朋友。在和自己性格不同的人身上，我们更要注意多发现其长处和优点。比如，急性子的人，要看到慢性子的人考虑问题时的周全，特别是干某种需要耐心的工作时，他应当受到触动；慢性子的人，要看到急性子的人干事麻利、不拖拉。如此一来，不仅可以融洽相互间的关系，还可以使大家在交往之中有所收获。

跟性格不同的人相处，胸怀应该宽一些，气量应该大一些，应该提倡宽容。当然，我们说的宽容并不是不讲原则的宽容。我们应该尊重别人的兴趣和爱好，对别人生活中的一些细枝末节，要能容得下。这样方可顺利地与不同性格的人相处。

跟不同性格的人相处，还要注意讲究不同的方式方法。俗话说，一把钥匙开一把锁。跟不同性格的人打交道，要看到性格不同的人有他自身的特点，要针对这些特点采取因人而异的恰当态度。